开源.NET 生态软件开发

C# 12 和.NET 8 入门与跨平台开发

(第 8 版)

[美] 马克 • J. 普莱斯(Mark J. Price) 著
叶伟民 译

清華大學出版社
北 京

北京市版权局著作权合同登记号 图字：01-2024-4442

图书在版编目（CIP）数据

C# 12 和.NET 8 入门与跨平台开发 : 第 8 版 / (美) 马克·J.普莱斯 (Mark J. Price) 著 ; 叶伟民译. 北京 : 清华大学出版社, 2025. 3. -- (开源.NET 生态软件开发). --ISBN 978-7-302-68296-7

Ⅰ. TP312.8；TP393.092

中国国家版本馆 CIP 数据核字第 2025QL1699 号

责任编辑：王　军　韩宏志
封面设计：高娟妮
装帧设计：恒复文化
责任校对：马遥遥
责任印制：刘海龙

出版发行：清华大学出版社
网　　址：https://www.tup.com.cn，https://www.wqxuetang.com
地　　址：北京清华大学学研大厦 A 座　　邮　　编：100084
社 总 机：010-83470000　　邮　　购：010-62786544
投稿与读者服务：010-62776969，c-service@tup.tsinghua.edu.cn
质 量 反 馈：010-62772015，zhiliang@tup.tsinghua.edu.cn
印 装 者：河北鹏润印刷有限公司
经　　销：全国新华书店
开　　本：170mm×240mm　　印　　张：41　　字　　数：1210 千字
版　　次：2025 年 4 月第 1 版　　印　　次：2025 年 4 月第 1 次印刷
定　　价：198.00 元

产品编号：106732-01

译者简介

叶伟民

拥有 19 年.NET 软件开发经验

《.NET 内存管理宝典》等 6 本书的译者

《精通 Neo4j》一书作者之一

广州.NET 俱乐部主席

全国各地.NET 社区名录维护者之一

广州神机妙算大数据科技有限公司 CEO

美国硅谷海归

作 者 简 介

Mark J. Price是一位拥有20多年C#编程经验的微软认证技术专家，他专注于C#编程以及构建Azure云解决方案。自1993年以来，Mark已通过了80多次微软编程考试，他特别擅长传道授业。从2001年到2003年，Mark在美国雷德蒙德全职为微软编写官方课件。当C#还处于alpha版本时，他的团队就为C#编写了第一个培训教程。在微软任职期间，他为培训师上课，指导微软认证培训师快速掌握C#和.NET。Mark工作中的大部分时间都在培训各类学生，从16岁的新人到70岁的退休人员，其中大部分是专业开发人员。Mark拥有计算机科学学士学位。

感谢所有读者，你们的支持让我能够有机会撰写这些图书。

特别感谢通过我的GitHub存储库、邮件或者在Discord上与我和本书的社区进行交流并提供反馈的那些读者。你们让我的图书在新版本中变得更好。

尤其要感谢Troy，他从本书的读者成为我的同事，更重要的是，成了我的好朋友。

审校者简介

Troy Martin 通过自学成为一名开发人员。Troy 从事开发工作已经超过 10 年了，近几年主要关注 C#。Troy 对编程有强烈的兴趣，已经获得了超过 20 项关于多种语言和游戏开发引擎的认证。Troy 目前致力于开发自己的第一个独立游戏项目，以及帮助其他人实现自己的编程目标。

Troy 想对女朋友 Haley 说声感谢，她在 Troy 最低谷的时候也一直陪伴和支持 Troy。

另外，对本书的作者 Mark Price，Troy 也要表达最深的谢意。在审校本书的过程中，他提供了许多有用的信息，他是一位很好的朋友。

前　言

有些 C#书籍长达数千页，旨在全面介绍 C#编程语言、.NET 库和应用程序模型(如网站、服务、桌面应用和移动应用)。

本书与众不同，内容简洁清晰、行文流畅，每个主题都配有实际动手演练项目。进行总体叙述的广度是以牺牲一定深度为代价的，但如果愿意，你就会发现许多主题都值得进一步探索。

本书也是一本循序渐进的学习指南，可用于通过跨平台的.NET 学习现代 C#实践，并简要介绍 Web 开发的基础知识，以及可以使用它们构建的网站和服务。本书最适合 C#和.NET 初学者阅读，也适合学过 C#但感觉在过去几年自身技术已落伍的程序员阅读。

如果有使用旧版本 C#语言的经验，那么可以在 2.1 节查看介绍新语言特性的表格，并直接跳到相应的部分阅读。

如果有使用较旧版本的.NET 库的经验，那么可以在 7.1 节查看新库特性。

本书将指出 C#和.NET 的一些优缺点，让你能够在同事面前留下深刻的印象，并快速提高工作效率。本书的解释不会事无巨细，以免因放慢速度导致读者感到无聊，而是假设读者足够聪明，能够自行对一些初、中级程序员需要了解的主题进行搜索和解释。

一些章节提供了链接，想要了解更多细节的读者可以访问这些链接，查看仅在线提供的一些相关内容。

本书内容

第 1 章介绍如何设置开发环境，以使用 Visual Studio 2022、Visual Studio Code 及 C# DevKit。然后将介绍如何在这些环境中使用 C#和.NET 创建最简单的应用程序。对于简化的控制台应用程序，将使用 C# 9 中引入的顶级程序功能。在 C# 10 及更高版本中，项目模板默认使用了顶级程序功能。该章还介绍了可以从哪里寻求帮助，包括 ChatGPT 和 GitHub Copilot 等 AI 工具，以及与我联系的方式，以便在某个问题上获得帮助，或者向我提供反馈，使我能够在 GitHub 存储库或将来的印刷版本中改进本书。

第 2 章介绍 C#的版本。该章将解释 C#日常用来为应用程序编写源代码的语法和词汇。特别是，该章将讲述如何声明和处理不同类型的变量。

第 3 章讨论如何使用操作符对变量执行简单的操作，包含比较，编写决策代码，模式匹配，以及重复语句块和类型之间的转换。

第 4 章讲述如何遵循 Don't Repeat Yourself (不要重复自己，DRY)原则，使用命令式和函数式风格编写可重用的函数。在该章你将学习使用调试工具来跟踪和删除 bug，利用热加载在应用程序运行过程中进行修改，在执行代码时监视代码以诊断问题，以及在将代码部署到生产环境之前严格测试代码，以删除 bug 并确保稳定性和可靠性。该章还介绍在不可避免地发生错误时，如何编写防御性代码来处理这些错误，包括在 ArgumentOutOfRangeException 类上使用.NET 8 引入的 ThrowIfLessThan 等守卫语句。

第 5 章讨论类可以拥有的所有不同类别的成员，包括存储数据的字段和执行操作的方法。你将使用面向对象编程(Object-Oriented Programming，OOP)概念，如聚合和封装，并学习如何管理类型的名称空间，包括 C# 12 引入的为任何类型创建别名的能力。你将学习一些语言特性，比如元组语法支持和 out 变量，局部函数，默认的字面值和推断出的元组名称，以及如何使用 C# 9 中引入的 record 关键字、init-only 属性和 with 表达式来定义和使用不可变类型。该章还将介绍 C# 11 引入的 required 关键字，它可以帮助避免过度使用构造函数来控制初始化，以及 C# 12 为非记录类型引入的主构造函数。

第 6 章解释如何使用 OOP 从现有类型派生出新的类型。在该章你将学习如何定义操作符、委托和事件，如何实现关于基类和派生类的接口，如何覆盖类型成员以及使用多态性，如何创建扩展方法，如何在继承层次结构中的类之间进行转换，以及 C# 8 中引入的可空引用类型带来的巨大变化，并且在 C# 10 及更高版本中使其成为默认类型。

第 7 章将介绍与.NET Standard 兼容的.NET 类型以及它们与 C#的关系。在该章你将学习如何在任何受支持的操作系统(Windows、macOS 和 Linux 变体)上编写和编译代码，如何打包、部署和分发自己的应用程序和库。你可以学习如何使用遗留的.NET Framework 库，如何将遗留的.NET Framework 代码库移植到现代.NET，以及关于源代码生成器和如何创建它们的知识。

第 8 章讨论允许代码执行常见实际任务的类型，例如操作数字和文本、在集合中存储项和通过低级类型使用网络。 在该章你将学习正则表达式，让正则表达式变得更容易编写的一些改进方法，以及如何使用源代码生成器来提高它们的性能。

第 9 章讨论与文件系统的交互、对文件和流的读写、文本编码、诸如 JSON 和 XML 的序列化格式，还涉及改进的功能以及 System.Text.Json 类的性能问题。如果你使用 Linux，那么可能会对如何在代码中处理 tar 存档感兴趣，你可通过该章了解相关知识。

第 10 章解释如何使用名为 Entity Framework Core (EF Core)的 ORM 技术来读写关系数据库，如 Microsoft SQL Server 和 SQLite。在该章你将了解如何使用数据库优先模型定义映射到数据库中现有表的实体模型，如何定义可以在运行时创建表和数据库的“代码优先”模型，以及如何使用事务将多个修改组合起来。

第 11 章介绍 LINQ。LINQ 语言扩展增加了处理条目序列、筛选、排序，以及将它们投影到不同输出的能力。介绍.NET 6 中新引入的 LINQ 方法，如 TryGetNonEnumeratedCount 和 DistinctBy，以及.NET 7 中新引入的 LINQ 方法，如 Order 和 OrderDescending。该章的在线小节介绍了如何使用并行 LINQ (PLINQ)，如何使用 LINQ to XML，以及如何创建自己的 LINQ 扩展方法。

第 12 章介绍可以使用 C#和.NET 构建的 Web 应用程序的类型。该章还将通过构建 EF Core 模型来表示虚构组织 Northwind 的数据库。Northwind 数据库将贯穿用于本书的剩余部分。最后，介绍了常用的 Web 技术。

第 13 章介绍在服务器端通过 ASP.NET Core 使用现代 HTTP 架构构建网站的基础知识。在该章你将学习如何实现一种 ASP.NET Core 特性(Razor Pages)，从而简化为小型网站创建动态网页的过程，还将学习如何构建 HTTP 请求和响应管道。该章的两个在线小节介绍了如何使用 Razor 类库来重用 Razor Pages，以及如何在网站项目中启用 HTTP/3。

第 14 章解释如何使用 ASP.NET Core Web API 构建后端 REST 体系结构 Web 服务。讨论如何使用 OpenAPI 记录和测试它们，以及如何使用工厂实例化的 HTTP 客户端正确地使用它们。该章介绍了一些高级特性，如健康检查、添加安全性 HTTP 头和最小 API，以及如何在发布过程中使用原生的提前(AOT)编译，从而缩短启动时间和减少内存占用。

第 15 章介绍如何使用 Blazor 构建 Web 用户界面组件，这些组件既可以在服务器端执行，又可以在 Web 浏览器中执行。该章还讨论如何使用.NET 8 新引入的托管模型，构建能够容易地在客户端和服务器之间进行切换的组件。

第 16 章“结语”针对进一步学习 C#和.NET 提供了一些选项。

附录 A 中提供了各章练习的答案(在线提供)。

本书在线提供了一章“使用 MVC 模式构建网站”，介绍如何利用 ASP.NET Core MVC 以一种易于进行单元测试和管理的方式构建大型、复杂的网站。你将了解启动配置、身份验证、路由、模型、视图和控制器。在这里还将了解一种.NET 社区热切期盼并最终在 ASP.NET Core 7 中实现的特性：输出缓存。可扫描封底二维码下载该章的中文版。

要做的准备工作

可在许多平台上使用 Visual Studio Code 和命令行工具开发和部署 C#和.NET 应用程序，包括 Windows、macOS 和各种 Linux 发行版。只需要一个支持 Visual Studio Code 和互联网连接的操作系统就可以学习本书的内容。

如果更喜欢其他选项，那么可以自由选择使用 Visual Studio 2022，或者 JetBrains Rider 这样的第三方工具。

下载示例代码、彩色图片、附录 A

本书代码可通过扫描封底的二维码进行下载。书中的一些屏幕截图和图表用彩色效果可能更佳，为此，我们专门制作了一份 PDF 文件，读者可通过扫描封底二维码下载该文件。另外，本书附录 A 给出了各章练习的答案，读者可通过扫描封底的二维码进行下载。

目　　录

第1章 C#与.NET入门

本章的目标是建立开发环境，让你了解现代.NET、.NET Core、.NET Framework、Mono、Xamarin和.NET Standard之间的异同，使用各种代码编辑器通过C# 12和.NET 8创建尽可能简单的应用程序。另外，本章还指出了寻求帮助的方式。

本章涵盖以下主题：

- 本书内容简介
- 设置开发环境
- 理解.NET
- 使用Visual Studio 2022构建控制台应用程序
- 使用Visual Studio Code构建控制台应用程序
- 充分利用本书的GitHub存储库
- 寻求帮助

1.1 本书内容简介

首先来介绍本书的代码解决方案和结构。

1.1.1 获取本书的代码解决方案

本书的GitHub存储库包含了解决方案，这些解决方案为所有代码任务提供了完整的应用项目，GitHub存储库的地址为https://github.com/markjprice/cs12dotnet8。

在Web浏览器中导航到GitHub存储库后，只需要按下.(点)键或在上面的链接中将.com更改为.dev，即可将GitHub存储库更改为使用GitHub Codespaces的、基于Visual Studio Code的编辑器，如图1.1所示。

注意：

我们提供了一个PDF文件，其中包含本书中使用的屏幕截图和图表的彩色版本。可以扫描本书封底的二维码下载此PDF文件。

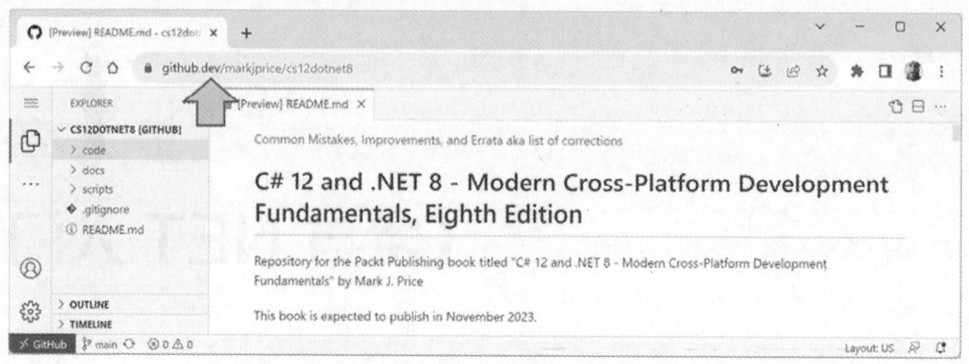

图 1.1　编辑本书的 GitHub 存储库的 GitHub Codespaces

完成本书的编码任务时，在浏览器中运行的 Visual Studio Code 非常适合与读者选择的代码编辑器一起运行。若有必要，可以比较自己的代码与解决方案代码，并轻松地复制和粘贴需要的部分。

注意：

读者不需要使用或者了解 Git，就能获得本书的解决方案代码。通过链接 https://github.com/markjprice/cs12dotnet8/archive/refs/heads/main.zip，可以直接下载包含所有代码解决方案的一个 ZIP 文件，然后将该 ZIP 文件解压到本地文件系统中。

1.1.2　本书使用的.NET 术语

本书用“现代.NET”来指代.NET 8 及其前身，如.NET 6(来自.NET Core)。用“旧.NET”这个术语来指代.NET Framework、Mono、Xamarin 和.NET 标准。

现代.NET 是这些传统平台和标准的统一体。

1.1.3　本书的结构和风格

在第 1 章后，本书可以分为三大部分：第一大部分介绍 C#语言的语法和词汇；第二大部分介绍.NET 中用于构建应用程序功能的可用类型；第三大部分介绍可以使用 C#和.NET 构建的一些常见的跨平台网站、服务和浏览器应用程序。

大多数人学习复杂主题的最佳方式是模仿和重复，而不是阅读关于理论的详细解释。因此，本书不会对每一步都做详细解释，而是编写一些代码，然后观察代码的运行。

你不需要立即知道所有细节。随着时间的推移，你将学会创建自己的应用程序，你所获得的知识将超越任何书籍所能教你的。

借用 1755 年版《英语词典》的作者 Samuel Johnson 的话来说：“书中有一些可笑的荒谬之处，这些错误和荒谬之处是任何综合性作品都无法避免的。”我对这些问题负全部责任，希望你能理解我面临的挑战；我所编写的这本书涉及一些快速发展的技术(如 C#和.NET)，而读者可以用它们构建应用程序。

注意：

如果你对本书有意见，请首先联系我，而不是在Amazon上留下负面评论。图书作者无法直接回应Amazon评论，所以我无法联系你来解决问题，并为你提供帮助，或者至少倾听你的反馈，并尽量在下个版本中做得更好。如果有疑问，请在本书的Discord 频道(https://packt.link/csharp12dotnet8)提出问题，给我发邮件(markjprice@gmail.com)，或者在本书的GitHub存储库中提交问题，其地址为：https://github.com/markjprice/cs12dotnet8/issues。

1.1.4 本书讨论的主题

本书讨论了以下主题。

- 语言基础：C#语言的基础特性，从声明变量、编写函数到面向对象编程。
- 库基础：.NET 基类库的基础特性，以及可用于执行常见任务(如数据库访问)的一些重要的可选包。
- Web 开发基础：ASP.NET Core 框架针对服务器端和客户端网站开发以及 Web 服务开发提供的基础特性。

1.1.5 *Apps and Services with .NET 8*一书中涵盖的主题

与本书同属一个系列的*Apps and Services with .NET 8*一书中涵盖了以下主题。

- 数据：SQL Server、Azure Cosmos DB。
- 专用库：日期、时间、时区和国际化；用于图片处理、日志、映射和生成PDF文件的常用第三方库；多任务和并发性等。
- 服务；缓存、排队、后台服务、gRPC、GraphQL、Azure Functions、SignalR和最小API。
- 用户界面：ASP.NET Core、Blazor和.NET MAUI。

在阅读本书时，最好逐章依次阅读，因为本书是在打造你的基本技能和知识。

如果你对构建gRPC服务特别感兴趣，则可以直接阅读该章，而不需要阅读之前介绍最小API服务的那一章。

要了解我在Packt出版的所有图书，可以访问下面的链接：

https://subscription.packtpub.com/search?query=mark+j.+price

在Amazon上可以找到类似的清单：

https://www.amazon.com/Mark-J-Price/e/B071DW3QGN/

也可以在其他畅销书网站搜索我的图书。

1.2 设置开发环境

在开始编程前，需要准备一款针对C#的代码编辑器。微软提供了一系列代码编辑器和集成开发环境(Integrated Development Environment，IDE)，包括：

- Visual Studio 2022 for Windows

- Visual Studio Code (用于 Windows、macOS 或 Linux)
- Visual Studio Code for the Web 或 GitHub Codespaces

第三方已经创建了自己的 C#代码编辑器，如 JetBrains Rider 也可以用于 Windows、macOS 或 Linux，但使用它需要购买许可。JetBrains Rider 很受有经验的.NET 开发人员的欢迎。

警告：

虽然 JetBrains 是一家优秀的公司，出品过优秀的产品，但 Rider 和 Visual Studio 的 ReSharper 扩展是软件，而所有软件都有 bug 和奇怪的行为。例如，它们可能显示错误，说无法解析你的 Razor Pages、Razor View 和 Blazor 组件中的符号，但你可以编译并运行那些文件，因为它们实际上并不存在问题。如果你安装了 Unity Support 插件，它会警告说装箱操作存在问题(对于 Unity 游戏开发人员，这确实是一个问题)，但在非 Unity 项目中，这个警告并不适用。

1.2.1 选择适合学习的工具和应用程序类型

学习 C#和.NET 最好的工具和应用程序类型是什么?

在学习时，最好使用能够帮助编写代码和配置，但不会隐藏实际情况的工具。IDE 提供了易用的图形用户界面，但它们到底在底层做了些什么工作呢？一个更接近实际操作、更基本的代码编辑器也可为编写代码提供帮助，在学习过程中效果更好。

话虽如此，可以认为最好的工具是已经熟悉的工具，或者团队用作日常开发工具的工具。出于这个原因，希望读者可以自由选择任何 C#代码编辑器或 IDE 来完成本书中的编码任务，包括 Visual Studio Code、Visual Studio 2022 甚至 JetBrains Rider。

第 1 章详细说明了如何在 Visual Studio 2022 for Windows 和 Visual Studio Code 中创建多个项目。还提供了一些链接。访问这些链接，可以看到针对其他代码编辑器的在线说明，如下面这个链接所示：https://github.com/markjprice/cs12dotnet8/ blob/main/docs/code-editors/README.md。

在之后的章节中，只给出项目名称和通用说明，以便你使用自己喜欢的任何工具。

为学习 C#语言构造和许多.NET 库，最好编写不会因不必要的代码而分心的应用程序。例如，不需要仅仅为了学习如何编写 switch 语句而创建整个 Windows 桌面应用程序或网站。

因此，学习第 1~11 章中的 C#和.NET 主题的最好方法是构建控制台应用程序。此后，在第 12~16 章，将构建网站、服务和 Web 浏览器应用程序。

1. Polygot Notebooks 扩展的优缺点

Visual Studio Code 的 Polyglot Notebooks 扩展为编写代码片段提供了一个简单、安全的地方，可用于实验和学习的目的。例如，数据科学家使用它们分析和可视化数据。学生使用它们学习如何编写小段代码，从而熟悉语言构造和探索 API。

Polygot Notebooks 能够创建一个简单的 Notebook 文件，混合了 Markdown 的“单元格”(格式丰富的文本)和 C#以及其他相关语言代码，如 PowerShell、F#和 SQL(用于数据库)。该扩展通过托管一个.NET Interactive 引擎的实例来实现这种功能。

注意：

Polygot Notebooks 扩展原来的名称是.NET Interactive Notebooks 扩展。之所以被重命名，是因为它并不仅限于 C#和 F#等.NET 语言。该扩展保留了它原来的标识符 ms-dotnettools.dotnetinteractive-vscode。

.NET Interactive Notebooks 存在一些限制：

- 无法用于创建网站、服务和应用。
- 无法使用 Console 类的 ReadLine 或 ReadKey 方法来获取用户输入(不过，存在一些替代方法。如果你完成本章末尾在线提供的练习题，就能够学到这些替代方法)。
- 不能将参数传递给它们。
- 不允许定义自己的名称空间。
- (暂时)没有任何调试工具。

在本章最后，你可以完成一个可选的练习题来练习使用 Polygot Notebooks。

2. 使用 Visual Studio Code 进行跨平台开发

可以选择的最现代、量级最轻的代码编辑器是 Visual Studio Code，这也是唯一一个来自微软的跨平台代码编辑器。Visual Studio Code 可以运行在所有常见的操作系统中，包括 Windows、macOS 和许多 Linux 发行版，如 Red Hat Enterprise Linux (RHEL)和 Ubuntu。

Visual Studio Code 是现代跨平台开发代码的优秀选择，因为它提供了一个广泛的、不断增长的扩展集来支持除 C#外的多种语言。对于 C#和.NET 开发人员来说，最重要的扩展是 2023 年 6 月发布预览版的 C# Dev Kit，因为它使得 Visual Studio Code 从一个通用的代码编辑器，变成了一个针对 C#和.NET 开发人员优化过的工具。

更多信息：

在官方声明中，可以了解关于 C# Dev Kit 扩展的更多信息，地址如下所示：https://devblogs.microsoft.com/visualstudio/ announcing-csharp-dev-kit-for-visual-studio-code/。

Visual Studio Code 是跨平台的、轻量级的，可安装在所有平台上(应用程序将被部署到这些平台上)，可以快速修复 bug，等等。选择 Visual Studio Code 意味着开发人员可以使用跨平台代码编辑器来开发跨平台应用程序。ARM 处理器支持 Visual Studio Code，这样就可以在 Apple Silicon 计算机和 Raspberry Pi 上进行开发。

Visual Studio Code 对 Web 开发提供了强大的支持，不过它目前对移动和桌面开发的支持很弱。

Visual Studio Code 也是目前最流行的代码编辑器或集成开发环境，根据 Stack Overflow 在 2023 年所做的调查，超过 73%的专业开发人员选择了它。可以在以下链接查看这次调查的结果：https://survey.stackoverflow.co/2023/。

3. 使用 GitHub Codespaces 进行云开发

GitHub Codespaces 是一个基于 Visual Studio Code 的完全配置的开发环境，可以在云环境中运行，并通过任何 Web 浏览器访问。它支持 Git 存储库、扩展和内置命令行界面，因此可以从任何设备进行编辑、运行和测试。

更多信息：

可访问以下网址来了解关于 GitHub Codespaces 的更多信息：https://github.com/features/ codespaces。

4. 使用 Visual Studio for Windows 进行通用开发

Microsoft Visual Studio 2022 for Windows 可以创建大多数类型的应用程序，包括控制台应用程序、网站、Web 服务和桌面应用程序。尽管可以使用 Visual Studio 2022 for Windows 来编写跨平台移动应用程序，但仍需要 macOS 和 Xcode 编译它。

Visual Studio for Windows 只能在 Windows 10 1909 或更新版本的 Home、Professional、Education 或 Enterprise 版上运行；或者在 Windows 11 21H2 或更新版本的 Home、Pro、Pro Education、Pro for Workstations、Enterprise 或 Education 版上运行。也支持 Windows Server 2016 及更新版本。不支持 32 位操作系统和 Windows S 模式。

警告：

Visual Studio 2022 for Mac 没有对.NET 8 提供正式支持，并且官方将在 2024 年 8 月停止对它的支持。如果你一直在使用 Visual Studio 2022 for Mac，那么应该转向 Visual Studio Code for Mac、JetBrains Rider for Mac，或者在本地计算机或者云中，通过 Microsoft Dev Box 等技术在虚拟机中使用 Visual Studio 2022 for Windows。从以下地址可以阅读 Visual Studio 2022 for Mac 的停止服务公告：https://devblogs.microsoft.com/visualstudio/visual-studio-for-mac-retirementannouncement/。

5. 我使用了什么

为了编写和测试本书的代码，使用的硬件如下：

- HP Spectre(英特尔)Notebook 计算机
- Apple Silicon Mac mini (M1)台式计算机

使用的软件如下：

- Visual Studio 2022 for Windows
    - HP Spectre(英特尔)笔记本计算机上的 Windows 11
- Visual Studio Code
    - Apple Silicon Mac mini (M1)台式计算机上的 macOS 操作系统
    - HP Spectre(英特尔)笔记本计算机上的 Windows 11
- JetBrains Rider
    - Apple Silicon Mac mini (M1)台式计算机上的 macOS 操作系统
    - HP Spectre(英特尔)笔记本计算机上的 Windows 11

希望读者可以访问各种各样的硬件和软件，因为明白了平台的差异可以加深对开发挑战的理解，不过上述任何一个组合足以学习 C#和.NET 的基础知识并了解如何构建实际的应用程序和网站。

更多信息：

可以通过阅读我在以下链接撰写的文章，了解如何在安装了 Ubuntu Desktop 64 位的 Raspberry Pi 400 上使用 C#和.NET 编写代码：https:// github.com/markjprice/cs12dotnet8/tree/main/docs/raspberry-pi-ubuntu64。

1.2.2 跨平台部署

为开发选择的代码编辑器和操作系统并不会限制代码的部署位置。

.NET 8 支持以下部署平台。

- **Windows：** Windows 10 版本 1607 或更新版本，Windows 11 版本 22000 或更新版本、Windows Server 2012 R2 SP1 或更新版本，Nano Server 版本 1809 或更新版本。
- **macOS：** macOS Catalina 版本 10.15 或更新版本，以及 Rosetta 2 x64 模拟器。
- **Linux：** Alpine Linux 3.15 或更新版本，Debian 11 或更新版本， openSUSE 15 或更新版本，Oracle Linux 8 或更新版本，Red Hat Enterprise Linux (RHEL) 8 或更新版本，SUSE Enterprise Linux 12 SP2 或更新版本，Ubuntu 20.04 或更新版本。
- **Android：** API 21 或更新版本。
- **iOS 和 tvOS：** 11.0 或更新版本。
- **Mac Catalyst：** 10.15 或更新版本。ARM64 上的 11.0 或更新版本。

警告：

.NET 对 Windows 7 和 8.1 的支持在 2023 年 1 月结束：https://github. com/dotnet/core/issues/7556。

在.NET 5 及后续版本中支持 Windows ARM 64 意味着可以在 Windows ARM 设备上进行开发和部署，如 Microsoft 的 Windows Dev Kit 2023(原来的 Project Volterra)和 Surface Pro X。

更多信息：

通过以下链接可以了解最新支持的操作系统和版本：https://github.com/dotnet/core/blob/main/release-notes/8.0/supported-os.md。

1.2.3 下载并安装 Visual Studio 2022

许多专业.NET 开发人员在日常开发工作中使用 Visual Studio 2022 for Windows。即使选择使用 Visual Studio Code 来完成本书中的编码任务，也可能需要熟悉 Visual Studio 2022 for Windows。只有当使用一个工具编写了一定数量的代码后，才能真正判断这个工具能否满足你的需求。

如果没有 Windows 计算机，那么可以跳过本节，继续学习下一节，在 macOS 或 Linux 操作系统中下载并安装 Visual Studio Code。

自 2014 年 10 月以来，微软已经为学生、开源贡献者和个人免费提供了专业的、高质量的 Visual Studio for Windows 版本。它被称为社区版。任何版本都适合本书。如果尚未安装，现在就安装它。

(1) 从以下链接下载 Microsoft Visual Studio 2022 17.8 或更新版本(Windows 版本)：https://visualstudio.microsoft.com/downloads/。

(2) 启动安装程序。

(3) 在 Workloads 选项卡上，选择以下内容：

- ASP.NET and web development
- .NET desktop development(它包括 Console Apps)
- Desktop development with C++及所有默认组件(因为这个选项能够发布启动速度更快、内存占用更小的控制台应用程序和 Web 服务)

(4) 单击 Install 并等待安装程序获取选定的软件并安装。

(5) 安装完成后，单击 Launch。

(6) 第一次运行 Visual Studio 时，系统会提示登录。如果你有微软账户，就使用该账户。如果没有微软账户，就通过以下链接注册一个新的账户：https://signup.live.com/。

(7) 第一次运行 Visual Studio 时，系统会提示配置环境。对于 Development Settings，选择 Visual C#。对于颜色主题，我选择了 Blue，但你可以选择任何你喜欢的颜色。

(8) 如果想自定义键盘快捷键，可导航到 Tools | Options…，然后选择 Keyboard 部分。

Visual Studio 2022 for Windows 键盘快捷键

本书避免显示键盘快捷键，因为它们通常是自定义的。如果它们在代码编辑器中是一致的且经常使用，本书将尝试展示它们。

若想识别和定制键盘快捷键，可访问如下链接了解相关信息：https://learn.microsoft.com/en-us/visualstudio/ide/identifying-and-customizingkeyboard-shortcuts-in-visual-studio。

1.2.4 下载并安装 Visual Studio Code

在过去几年，Visual Studio Code 得到了极大改进，它的受欢迎程度让微软公司感到惊喜。如果读者很勇敢，喜欢挑战，则可以试用内部版，这是下一个版本的每日构建版。

即使计划只使用 Visual Studio 2022 for Windows 进行开发，也建议下载并安装 Visual Studio Code 并尝试使用它完成本章的编码任务，然后决定是否坚持在本书的剩余部分只使用 Visual Studio 2022。

现在，可下载并安装 Visual Studio Code、.NET SDK、C#和 C# DevKit 扩展，步骤如下。

(1) 从以下链接下载并安装 Visual Studio Code 的稳定版本或内部版本：https://code.visualstudio.com/。

更多信息：

如果需要有关安装 Visual Studio Code 的更多帮助，可通过以下链接阅读官方安装指南：https://code.visualstudio. com/docs/setup/setup-overview。

(2) 从以下链接下载并安装.NET SDK 8.0，并至少安装另一个版本，如 6.0 和 7.0：https://www.microsoft.com/net/download。

更多信息：

在现实场景中，你的计算机上大概率不会只安装一个.NET SDK 版本。为了学习如何控制使用哪个.NET SDK 版本来构建项目，需要安装多个版本。在 2023 年发布.NET SDK 8 时，支持的版本包括.NET 6、.NET 7 和.NET 8。你可以安全地在一个机器上安装多个 SDK。最新版本的 SDK 将用于构建项目。

(3) 要在用户界面中安装C# Dev Kit扩展，必须先启动Visual Studio Code应用程序。

(4) 在Visual Studio Code中，单击Extensions图标或导航到View | Extensions。

(5) C# Dev Kit扩展是最流行的扩展之一，在列表的顶部应该能够看到它；也可以在搜索框中输入C#。

注意：

C# Dev Kit依赖于C#扩展的2.0或更高版本，所以你不需要单独安装C#扩展。注意，C#扩展 2.0 或更高版本不使用 OmniSharp，因为它有了一个新的语言服务协议(Language Service Protocol，LSP)主机。C# Dev Kit还依赖于.NET Install Tool for Extension Authors和IntelliCode for C# Dev Kit扩展，所以它们也会被安装上。

(6) 单击Install，等待下载和安装支持包。

最佳实践：

一定要阅读 C# Dev Kit 的许可协议。它的许可的限制性比 C#扩展更高：https://aka.ms/vs/csdevkit/license。

1. 安装其他扩展

本书后续章节将使用更多Visual Studio Code扩展，如果想现在安装它们，可参照表1-1。

表1.1 本书用到的其他扩展

扩展名和标识符	说明
C# Dev Kit ms-dotnettools.csdevkit	Microsoft提供的官方C#扩展。使用Solution Explorer管理你的代码，使用集成的单元测试发现和执行机制测试你的代码 包含C#以及IntelliCode for C# Dev Kit扩展
C# ms-dotnettools.csharp	提供C#编辑支持。包括语法高亮，智能感知，Go To Definition，查找所有引用，对.NET的调试支持，以及在Windows、macOS和Linux中对csproj项目的支持
IntelliCode for C# Dev Kit ms-dotnettools.vscodeintellicodecsharp	为Python、TypeScript/JavaScript、C#和Java开发人员提供了AI辅助开发特性
MSBuild项目工具 tintoy.msbuild-project-tools	为MSBuild项目文件提供智能感知功能，包括<PackageReference>元素的自动完成
Polyglot Notebooks ms-dotnettools.dotnet-interactive-vscode	这个扩展增加了在Notebook中使用.NET和其他语言的支持。它依赖于Jupyter扩展(ms-toolsai.jupyter)，Jupyter扩展又有自己的依赖项
ilspy-vscode icsharpcode.ilspy-vscode	反编译MSIL程序集——支持现代.NET、.NET Framework、.NET Core和.NET Standard
REST Client humao.rest-client	发送HTTP请求并在Visual Studio Code中直接查看响应

2. 使用命令行管理Visual Studio Code扩展

可以在命令行或终端安装Visual Studio Code扩展，如表1.2所示。

表 1.2　列举、安装和卸载扩展的命令

命令	说明
code --list-extensions	列举已安装的扩展
code --install-extension <extension-id>	安装指定的扩展
code --uninstall-extension <extension-id>	卸载指定的扩展

例如，要安装 C# Dev Kit 扩展，可以在命令行输入下面的命令：

```
code --install-extension ms-dotnettools.csdevkit
```

更多信息：

我创建了 PowerShell 脚本，用于安装和卸载前面的表中列出的所有 Visual Studio Code 扩展。你可以通过下面的链接找到它们：https://github.com/markjprice/cs12dotnet8/tree/main/scripts/extension-scripts/。

3. 理解 Microsoft Visual Studio Code 版本

微软公司几乎每个月都会发布 Visual Studio Code 的新特性版本，并且会更频繁地发布 bug 修复版本。例如：

- 1.79.0 版，2023 年 5 月发布的新特性版本。
- 1.79.1 版，2023 年 5 月发布的 bug 修复版本。

本书使用的是 1.82.0 版，是 2023 年 8 月发布的 bug 修复版本，但是 Visual Studio Code 版本不如你需要安装的 C# Dev Kit 或 C#扩展版本重要。我推荐使用 C#扩展 v2.8.23 或更高版本，C# Dev Kit v0.5.150 或更高版本。

C#扩展虽然不是必需的，但它提供了输入时的智能感知、代码导航和调试等功能，因此使用起来很方便，十分有必要安装，并且应该经常更新它，以支持最新的 C#语言特性。

4. Visual Studio Code 快捷键

如果想为 Visual Studio Code 定制键盘快捷键，可访问如下链接来学习如何定制：https://code.visualstudio.com/docs/getstarted/keybindings。

建议根据使用的操作系统下载一份 PDF 格式的操作系统快捷键。

- Windows：https://code.visualstudio.com/shortcuts/keyboard-shortcuts-windows.pdf。
- macOS：https://code.visualstudio.com/shortcuts/keyboard-shortcuts-macos.pdf。
- Linux：https://code.visualstudio.com/shortcuts/keyboard-shortcuts-linux.pdf。

1.3 理解.NET

忘记过去的人必将重蹈覆辙。

——乔治 • 桑塔亚纳

.NET、.NET Core、.NET Framework 和 Xamarin 是相关的，它们是开发人员用来构建应用程序和服务的平台。

如果你不熟悉.NET 的历史，那么我建议你访问下面的链接来了解上述每个.NET 概念：

https://github.com/markjprice/cs12dotnet8/blob/main/docs/ch01-dotnet-history.md

1.3.1　了解.NET 支持

.NET 版本可以是长期支持的(LTS)版本，也可以是标准支持的版本(STS)，即以前的“当前(Current)版本”，还可以是预览的(Preview)版本。下面解释了这 3 种版本：

- 对于不打算频繁更新的应用程序，LTS 版本是不错的选择，不过你必须为生产代码每月更新.NET 运行时。LTS 版本将在 GA 版本发布后的 3 年内受到微软支持，或下一个 LTS 版本发布后的 1 年内受到支持(以二者中较长的为准)。
- STS 版本包含可能根据反馈进行更改的功能。对于正在积极开发的应用程序，这是很好的选择，因为它们提供了最新的改进。Standard 版本将在 GA 版本发布后的 18 个月内受到微软公司支持，或下一个 STS 或 LTS 版本发布后的 6 个月内受到支持(以二者中较长的为准)。
- Preview 版本用于公众测试。对于想要使用最新技术的有冒险精神的程序员，或者想要及早了解新的语言特性、库以及应用和服务平台的编程图书作者来说，这是很好的选择。微软公司通常不为 Preview 版本提供支持，但是 Preview 或 Release Candicate(RC)版本可能被宣布为 Go Live(上线)，这意味着微软公司会在生产环境中为它们提供支持。

STS 和 LTS 在整个生命周期中，都会获得安全性和可靠性方面的关键补丁。

最佳实践：

必须更新最新的补丁才能获得支持。例如，如果系统运行的是.NET 运行时 8.0.0 版本，但微软公司已发布了 8.0.1 版本，就需要安装 8.0.1 版本来获得支持。更新将在每个月的第二个周二(也称为“补丁周二”)发布。

为了帮助你更好地理解 STS 和 LTS 版本，使用色条对它们进行直观的表示是很有帮助的。对于 LTS 版本，使用 3 年长的黑色条；对于 STS 版本，使用 1 年半长度的灰色条，如图 1.2 所示。

版本	支持的版本	2023年	2024年	2025年	2026年	2027年	2028年
.NET 6	LTS						
.NET 7	STS						
.NET 8	LTS						
.NET 9	STS						
.NET 10	LTS						
.NET 11	STS						

图 1.2　近期的和计划的 STS 和 LTS 版本的支持时间

在.NET 8 的生命周期中，有两个老版本将结束支持，有两个新版本将会发布。你可能会使用.NET 9 或.NET 10 来学习本书，但显然，本书无法介绍将来版本的新特性。

更多信息：

End of support 或 End of life(结束支持)指的是在这个日期之后，微软公司不再提供 bug 修复、安全更新和技术帮助。

如果需要微软公司的长期支持，那么现在选择并坚持使用.NET 8，即使微软公司在 2024 年发布了.NET 9 也是如此。这是因为.NET 9 将是 STS 版本，因此它将在 2026 年 5 月失去支持，而.NET 8 要到 2026 年 11 月才会失去支持。一旦.NET 10 发布，就应该开始将你的.NET 8 项目升级到.NET 10。你有 1 年的时间完成升级，之后.NET 8 将会停止支持。

最佳实践：

记住，对于所有版本，都必须升级到 bug 修复版本，如.NET 运行时 8.0.1 和.NET SDK 8.0.101(它们将于 2023 年 12 月发布)，因为每个月都会有更新发布。

在本书英文版于 2023 年 11 月出版时，除了下面列出的版本(按停止支持的日期排序)，其他.现代.NET 版本都已走到了尽头：

- .NET 7 将于 2024 年 5 月 14 日停止支持。
- .NET 6 将于 2024 年 11 月 12 日停止支持。
- .NET 8 将于 2026 年 11 月 10 日停止支持。

更多信息：

通过访问以下链接，可以了解当前支持的.NET 版本，以及它们将在什么时候停止支持：https://github.com/dotnet/core/blob/main/releases.md。

1. 了解.NET 的支持阶段

一个.NET 版本的生命周期要经历几个阶段，在这些阶段中，它们将获得不同程度的支持，如下面的列表所述：

- 预览：无支持。在 2023 年 2 月到 2023 年 8 月，.NET 8 预览 1 到预览 7 处于这个支持阶段。
- 上线：在 GA 之前支持，GA 发布之后将立即停止对它们的支持，所以一旦有最终发布版可用，你必须尽快升级到最终发布版。在 2023 年 9 月到 2023 年 10 月，.NET RC1 和 RC2 处于这个支持阶段。
- 活跃：在 2023 年 11 月到 2026 年 5 月，.NET 8 将处于这个支持阶段。
- 维护：在生命周期的最后 6 个月，只提供安全修复方面的支持。在 2026 年 5 月到 2026 年 11 月，.NET 8 将处于这个支持阶段。
- 停止支持：不再支持。.NET 8 将在 2026 年 11 月到达这个阶段。

2. 了解.NET Runtime 和.NET SDK 版本

如果你还没有构建一个独立的应用程序，那么只需要安装.NET Runtime，就能够让操作系统运行一个.NET 应用程序。.NET SDK 包括.NET Runtime、编译器以及构建.NET 代码和应用程序需要的其他工具。

.NET Runtime 版本控制遵循语义版本控制。也就是说，主版本表示非常大的更改，次版本表示新特性，而补丁版本表示bug的修复。

.NET SDK版本控制不遵循语义版本控制。主版本号和次版本号与匹配的运行时版本绑定。第三个数字遵守的约定指出了SDK的次版本号和补丁版本号。将次版本号乘以100，加到了补丁版本号上。

表1.3给出了一个例子。

表1.3　.NET Runtime和SDK的变更和版本

变更	运行时	SDK
初始版本	8.0.0	8.0.100
SDK bug修复	8.0.0	8.0.101
运行时和SDK bug修复	8.0.1	8.0.102
SDK新特性	8.0.1	8.0.200

3. 列举和删除.NET的版本

.NET Runtime更新与主版本(如8.x版)兼容。.NET SDK的更新版本保留了构建适用于旧版运行时的应用程序的能力，这使得安全删除旧版.NET成为可能。

执行以下命令后，就可以看到目前安装了哪些SDK和运行时：

```
dotnet --list-sdks
dotnet --list-runtimes
dotnet --info
```

注意：

为了方便你在命令提示符或终端输入命令，下面的链接列出了本书中用到的所有命令，你可以根据需要复制和粘贴它们：https://github.com/markjprice/cs12dotnet8/blob/main/docs/command-lines.md。

在Windows上，可使用App & features部分删除.NET SDK。

在Linux上，没有一种机制能够直接删除.NET SDK，但是你可以访问下面的链接来了解更多信息：https://learn.microsoft.com/en-us/dotnet/core/install/remove-runtime-sdkversions?pivots=os-linux。

注意：

可以使用第三方工具来完成这项任务，例如友好的.NET SDK管理器Dots(https://johnnys.news/2023/01/Dots-a-dotnet-SDK-manager)。在撰写本书时，必须从该工具的GitHub存储库提供的源代码构建该应用，所以只推荐高级开发人员使用该工具。

1.3.2　理解中间语言

dotnet CLI工具使用的C#编译器(名为Roslyn)会将C#源代码转换成中间语言(Intermediate Language，IL)代码，并将IL存储在程序集(DLL或EXE格式的文件)中。IL代码语句就像汇编语言指令，由.NET的虚拟机CoreCLR执行。

在运行时，CoreCLR从程序集中加载IL代码，再由JIT编译器将IL代码编译成本机CPU指令，最后由机器上的 CPU 执行。

以上两步编译过程带来的好处是，微软公司能为 Linux、macOS 以及 Windows 创建 CLR。相同的 IL 代码能够在各个地方运行，因为编译过程的第二步将为本地操作系统和 CPU 指令集生成代码。

不管源代码是用哪种语言(如 C#、Visual Basic 或 F#)编写的，所有.NET 应用程序都会为存储在程序集中的指令使用 IL 代码。使用微软和其他公司提供的反汇编工具(如.NET 反编译工具扩展 ILSpy)可以打开程序集并显示 IL 代码。第 7 章将介绍更多相关知识。

1.3.3 比较.NET 技术

表 1.4 对现在的.NET 技术进行了总结和比较。

表 1.4 比较.NET 技术

.NET 技术	说明	驻留的操作系统
现代.NET	现代特性集，完全支持 C# 8 到 C# 12，支持移植现有应用程序，可用于创建新的桌面、移动和 Web 应用程序及服务。可以支持旧的.NET 平台	Windows、macOS、Linux、Android、iOS、tvOS、Tizen
.NET Framework	旧的特性集，提供有限的 C# 8.0 支持，不支持 C# 9 及更高版本，应仅用于维护现有的应用程序	只用于 Windows
Xamarin	用于移动和桌面应用程序	Android、iOS 和 macOS

1.3.4 使用代码编辑器管理多个项目

Visual Studio 2022 for Windows、JetBrains Rider 甚至 Visual Studio Code (安装 C# Dev Kit 扩展后)都有一个名为“解决方案”的概念，允许同时打开和管理多个项目。我们将使用一个解决方案来管理本章创建的两个项目。

1.4 使用 Visual Studio 2022 构建控制台应用程序

本节的目的是展示如何使用 Visual Studio 2022 for Windows 构建控制台应用程序。

如果没有 Windows 计算机，或你想使用 Visual Studio Code，那么可以跳过这一节，因为代码是相同的，只是工具体验不同。不过，我推荐你阅读本节，因为这里确实对代码做了一些解释，并说明了顶级语句的工作方式，这些信息适用于所有编辑器。

本节也在 GitHub 存储库上提供(以便能够在本书出版后根据需要进行更新)，地址如下所示：

https://github.com/markjprice/cs12dotnet8/blob/main/docs/code-editors/vs4win.md

如果你想查看关于 JetBrains Rider 的类似说明，可以访问 GitHub 存储库上的以下链接：

https://github.com/markjprice/cs12dotnet8/blob/main/docs/code-editors/rider.md

1.4.1 使用 Visual Studio 2022 编写代码

开始编写代码吧!

(1) 启动 Visual Studio 2022。你可能会看到一个新的 Welcome 选项卡，它取代了原来的模态对话框，如图 1.3 所示。

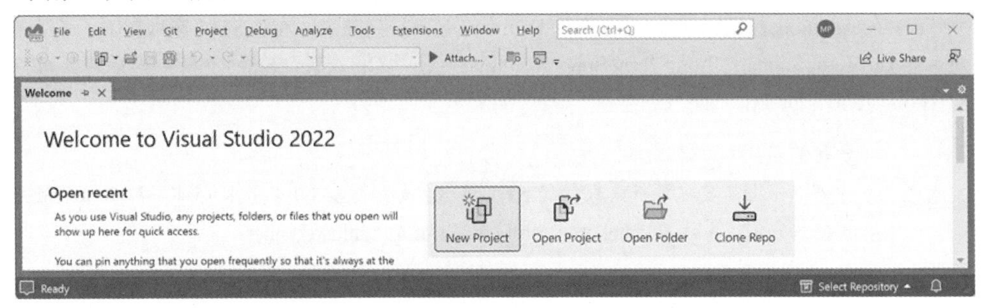

图 1.3　包含 New Project 等按钮的 Welcome 选项卡

(2) 在 Welcome 选项卡中，单击 New Project。如果你使用的 Visual Studio 2022 版本显示的是一个模态对话框，则在 Get started 部分单击 Create a new project。

(3) 在 Create a new project 对话框中，选择 C#语言来过滤项目模板，然后在 Search for templates 框中输入 console，并选择 Console App，确保选择 C#项目模板而不是其他语言，如 Visual Basic 或 C++，并且项目模板是跨平台的，而不是只针对 Windows 的.NET Framework，如图 1.4 所示。

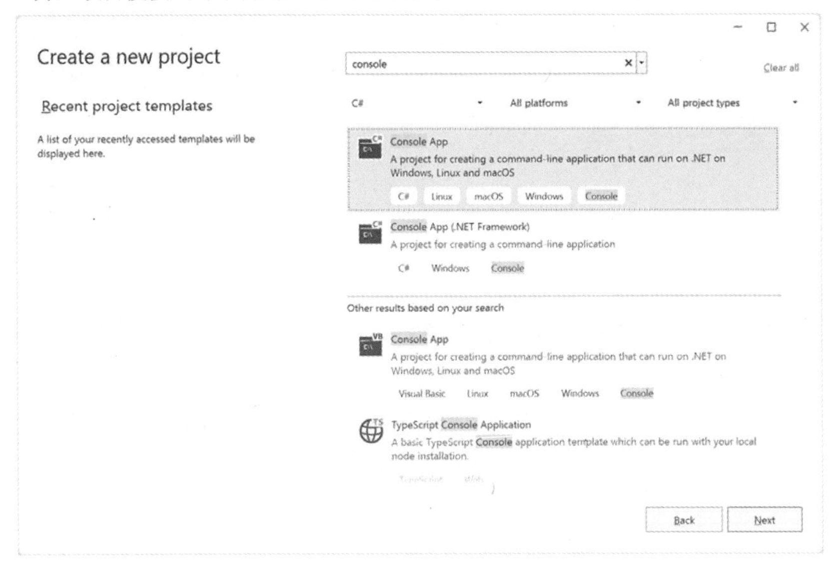

图 1.4　选择现代跨平台.NET 的 C# Console App 项目模板

(4) 单击 Next 按钮。

(5) 在 Configure your new project 对话框中，为项目名称输入 HelloCS，为位置输入 C:\cs12dotnet8，为解决方案名称输入 Chapter01。

注意：

在 GitHub 存储库的以下链接位置，可以找到更多关于使用 Visual Studio 2022 创建新项目的屏幕截图：https://github.com/markjprice/cs12dotnet8/blob/main/docs/ch01-project-options.md。

(6) 单击 Next 按钮。

(7) 在 Additional information 对话框的 Framework 下拉列表中，注意 SDK 选项指出了该版本是 Standard Term Support、Long Term Support、Preview 还是 Out of support(不支持)，然后选择.NET 8.0 (Long Term Support)。

更多信息：

你可以根据需要安装任意数量的.NET SDK。如果缺少.NET SDK 版本，可从以下链接安装它们：https://dotnet. microsoft.com/en-us/download/dotnet。

(8) 保持 Do not use top-level statement 复选框的未选中状态。本章后面将创建一个选择了此选项的控制台应用程序，以便你能够看到二者的区别。

(9) 保持 Enable native AOT publish 复选框的未选中状态。第 7 章将介绍此选项的作用。

(10) 单击 Create 按钮。

(11) 如果看不到 Solution Explorer，则导航到 View | Solution Explorer。

(12) 如果未显示代码，就在 Solution Explorer 中，双击以打开名为 Program.cs 的文件，请注意 Solution Explorer 显示了 HelloCS 项目，如图 1.5 所示。

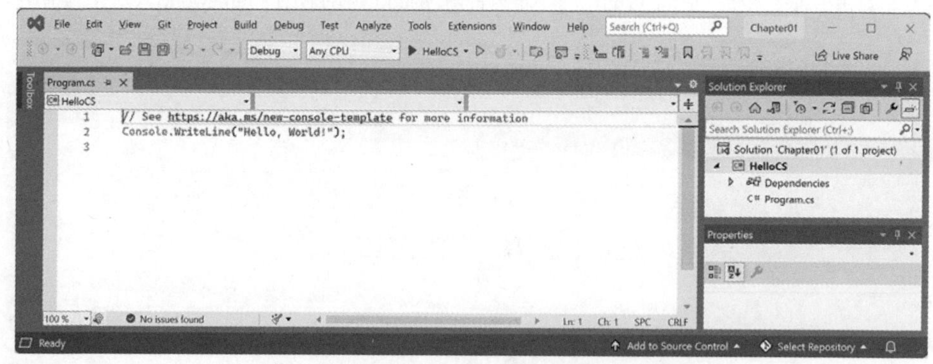

图 1.5　在 Visual Studio 2022 中编辑 Program.cs 文件

(13) 注意，Program.cs 的代码只包含一个注释和一条语句，如下面的代码段所示：

```
// See https://aka.ms/new-console-template for more information
Console.WriteLine("Hello, World!");
```

更多信息：

这个模板使用了 C# 9 中引入的顶级程序特性，本章后面将介绍该特性。如代码中的注释所述，从以下链接可以阅读关于这个模板的更多信息：https://aka.ms/new-console-template。

(14) 在 Program.cs 中，修改第 2 行，以便写入控制台的文本是 Hello, C#!

更多信息：

读者必须查看或者键入的所有代码示例和命令都以纯文本形式显示，所以你不需要从图 1.5 那样的屏幕截图中阅读代码或命令，因为在纸上显示时，屏幕截图中的代码不够清晰。

1.4.2 使用Visual Studio编译和运行代码

下一个任务是编译并运行代码，步骤如下。

(1) 在Visual Studio中，导航到Debug | Start Without Debugging。

> **最佳实践：**
> 在Visual Studio 2022中启动一个项目时，可以选择是否附加调试器。如果不需要调试，则最好不要附加调试器，因为附加调试器需要更多资源，从而会拖慢所有东西。而且，附加调试器后，只能启动一个项目。如果你想运行多个项目，每个项目都附加调试器，就必须启动Visual Studio的多个实例。在工具栏中，单击绿色的空心三角形按钮(图1.5中在顶部工具栏的HelloCS的右边，读者可扫描封底二维码，下载和查看彩图)，可以直接启动项目，而不进行调试；单击绿色实心三角形按钮(图1.5中在顶部工具栏的HelloCS的左边)，可以在调试模式下启动项目。

(2) 控制台窗口的输出将显示应用程序的运行结果，如图1.6所示。

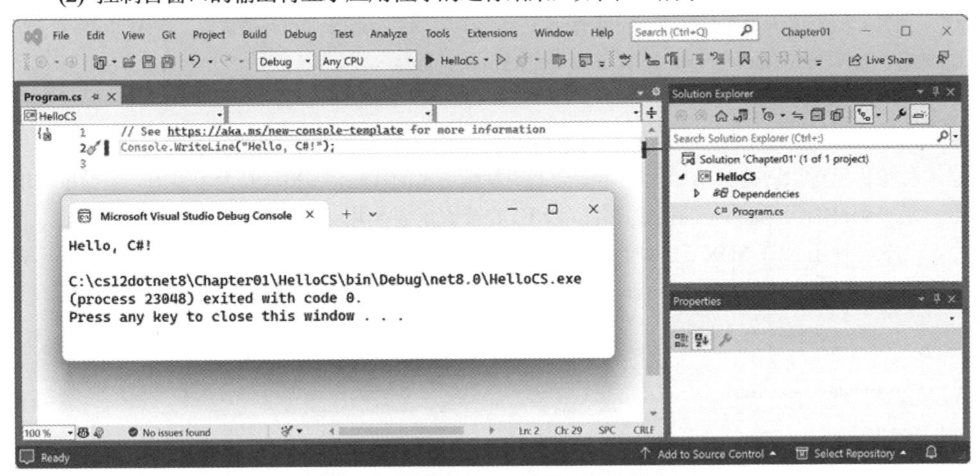

图1.6 在Windows上运行控制台应用程序

(3) 按任意键关闭控制台窗口并返回Visual Studio。

(4) 可以选择关闭Properties窗格，为Solution Explorer留出更多纵向空间。

(5) 双击HelloCS项目，然后注意，HelloCS.csproj项目文件会显示这个项目的目标框架被设置为net8.0，如图1.7所示。

(6) 在Solution Explorer工具栏中，切换Show All Files按钮，注意编译器生成的bin和obj文件夹是可见的，如图1.7所示。

理解编译器生成的文件夹和文件

前面创建了编译器生成的两个文件夹，分别为obj和bin。下面介绍了这两个文件夹：

- obj文件夹为每个源代码文件包含一个已编译的目标文件。这些对象还没有被链接到最终的可执行文件。
- bin文件夹包含应用程序或类库的二进制可执行文件，相关内容详见第7章。

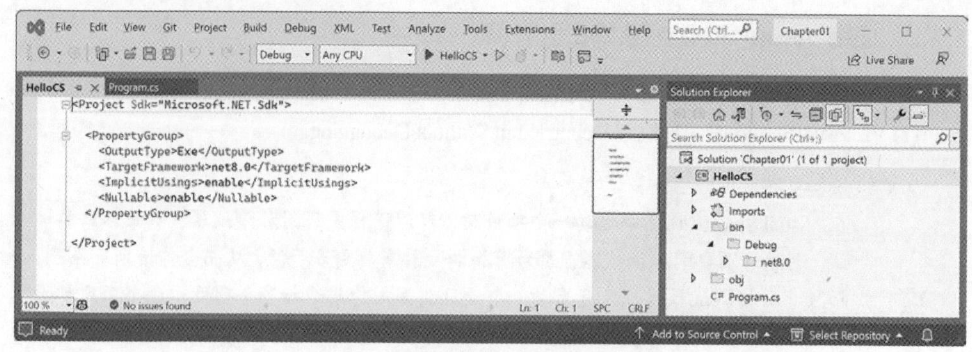

图 1.7　显示编译器生成的文件夹和文件

你不需要查看这些文件夹或了解它们的文件(但如果你感到好奇，可以查看它们)。

注意，编译器需要创建临时文件夹和文件来完成工作。可以删除这些文件夹及其文件，下一次“构建”或运行项目的时候会自动重建它们。开发人员经常删除这些临时文件夹和文件来“清理”项目。Visual Studio 甚至在 Build 菜单上有一个名为 Clean Solution 的命令，它可以删除一些临时文件。Visual Studio Code 的等效命令是 dotnet clean。

1.4.3 理解顶级程序

如果你见过以前的.NET 项目，可能会期望看到更多的代码，哪怕只是为了输出一条简单的消息。这个项目的代码很少，是因为在针对.NET 6 及更新版本时，编译器会自动编写一些代码。

如果你使用.NET SDK 5.0 或更早版本创建这个项目，或者如果你选中了 Do not use top-level statements 复选框，那么 Program.cs 文件将包含更多语句，如下所示：

```
using System;

namespace HelloCS
{
class Program
{
  static void Main(string[] args)
  {
    Console.WriteLine("Hello, World!");
  }
}
}
```

在.NET SDK 6 或更新版本的编译期间，所有用于定义 Program 类及其 Main 方法的样板代码都会自动生成并封装我们编写的语句。

这使用了一种称为顶级程序的功能，.NET 5 中已经引入该功能，但直到.NET 6，微软才更新了控制台应用程序的项目模板，在默认情况下使用顶级语句。在.NET 7 或更新版本中，Microsoft 添加了一些选项，使你能够根据自己的喜好选择使用原来的风格：

- 如果使用 Visual Studio 2022，可以选择 Do not use top-level statements 复选框。
- 如果在命令行使用 dotnet CLI，可以添加一个开关：

```
dotnet new console --use-program-main
```

> **警告：**
> 自动生成的代码没有定义名称空间，所以 Program 类被隐式定义在一个没有名称的空名称空间中，而不是定义在一个采用项目名称的名称空间中。

1. 顶级程序的要求

关于顶级程序，需要记住的要点包括：

- 项目中只能有一个这样的文件。
- 任何 using 语句仍然必须放在文件的顶部。
- 如果你声明任何类或其他类型，必须把它们放到文件底部。
- 尽管在显式定义时，必须使用 Main 这个方法名称，但当编译器创建该方法时，会将其命名为<Main>$。

2. 隐式导入名称空间

文件顶部的 using System;语句用于导入 System 名称空间。这将启用 Console.WriteLine 语句。为什么我们不需要把它导入项目中呢？

我们仍然需要导入 System 名称空间，只是现在使用 C# 10 和.NET 6 中引入的特性就可以完成了。如下所述。

(1) 在 Solution Explorer 中，依次展开 obj 文件夹、Debug 文件夹和 net8.0 文件夹，打开文件 HelloCS.GlobalUsings.g.cs。

(2) 注意，这个文件是由编译器为面向.NET 6 或更新版本的项目自动创建的，它使用了 C# 10 中引入的一个叫作全局名称空间导入的特性，该特性导入了一些常用的名称空间，如 System，以便在所有代码文件中使用，代码如下所示：

```
// <autogenerated />
global using global::System;
global using global::System.Collections.Generic;
global using global::System.IO;
global using global::System.Linq;
global using global::System.Net.Http;
global using global::System.Threading;
global using global::System.Threading.Tasks;
```

(3) 在 Solution Explorer 中，单击 Show All Files 按钮隐藏 bin 和 obj 文件夹。

第 2 章将详细解释隐式导入特性。现在请注意.NET 5 和.NET 6 之间的一个重大变化：许多项目模板(如控制台应用程序的模板)使用新的 SDK 和语言特性来隐藏实际发生的事情。

3. 通过抛出异常显示隐藏的代码

现在来看看隐藏的代码是如何写入的。

(1) 在 Program.cs 中输出消息的语句之后，添加一条语句来抛出一个异常，如下面的代码所示：

```
throw new Exception();
```

(2) 在 Visual Studio 中，导航到 Debug | Start Without Debugging(不要在调试模式下启动项目，否则异常会被调试器捕获)。

(3) 控制台窗口的输出将显示运行程序的结果，可以看到编译器定义了一个隐藏的 Program 类，其中包含一个名为<Main>$的方法，它有一个名为 args 的参数，用于传入实参，如图 1.8 所示。

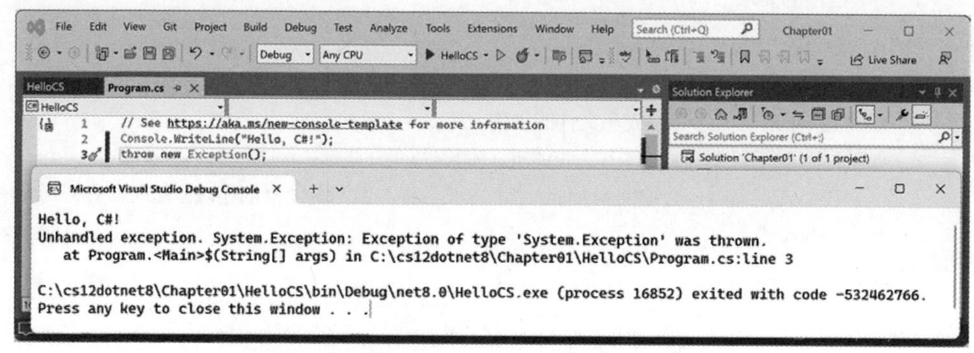

图 1.8　通过抛出异常来揭示隐藏的 Program.<Main>$方法

(4) 按任意键关闭控制台应用程序的窗口，返回到 Visual Studio。

1.4.4 揭示 Program 类的名称空间

现在，我们来找出定义 Program 类的名称空间：

(1) 在 Program.cs 中，抛出异常的语句之前，添加语句来获取 Program 类所在的名称空间的名称，然后将它打印到控制台，如下面的代码所示：

```
string name = typeof(Program).Namespace ?? "None!";
Console.WriteLine($"Namespace: {name}");
```

注意：

??是空合并操作符。第一条语句的含义是：“如果 Program 的名称空间是 null，则返回 None，否则返回名称。”本书后面将详细解释这些关键字和操作符。现在，只需要输入并运行上面的代码，看看它们做了什么工作。

(2) 在 Visual Studio 中，导航到 Debug | Start Without Debugging。

(3) 控制台窗口的输出将显示运行这个应用程序的结果，包括隐藏的 Program 类没有名称空间这一点，如下所示：

```
Namespace: None!
```

(4) 按任意键关闭控制台应用程序的窗口，返回到 Visual Studio。

1.4.5 使用 Visual Studio 2022 添加第二个项目

在解决方案中添加第二个项目，探索如何管理多个项目。

(1) 在 Visual Studio 中，导航到 File | Add | New Project。

警告：

上面的步骤在现有解决方案中添加一个新项目。不要使用 File | New | Project，因为该命令用于创建一个新项目和一个解决方案(不过弹出的对话框包含一个下拉列表，可以从中选择添加到现有解决方案)。

(2) 在 Add a new project 对话框，在 Recent project templates 中选择 Console Application [C#]，然后单击 Next 按钮。

(3) 在 Configure your new project 对话框中，输入项目名称 AboutMyEnvironment，保留位置为 C:\cs12dotnet8\Chapter01，然后单击 Next 按钮。

(4) 在 Additional information 对话框中，选择.NET 8.0(Long Term Support)，并选中 Do not use top-level statements 复选框。

警告：

确保选中 Do not use top-level statements 复选框，以便能够看到老式的 Program.cs。

(5) 单击 Create 按钮。

(6) 在 AboutMyEnvironment 项目中，注意 Program.cs 文件中包含定义了与项目名称匹配的名称空间的语句，一个名为 Program 的内部类，以及一个名为 Main 的静态方法，它有一个名为 args 的参数，而且什么都不返回(返回类型为 void)，如下面的代码所示：

```
namespace AboutMyEnvironment
{
  internal class Program
  {
    static void Main(string[] args)
    {
      Console.WriteLine("Hello, World!");
    }
  }
}
```

(7) 在 Program.cs 的 Main 方法中，删除现有的 Console.WriteLine 语句，然后添加语句来输出当前目录、操作系统的版本以及 Program 类的名称空间，如下面的代码所示：

```
Console.WriteLine(Environment.CurrentDirectory);
Console.WriteLine(Environment.OSVersion.VersionString);
Console.WriteLine("Namespace: {0}", typeof(Program).Namespace);
```

(8) 在 Solution Explorer 中，右击 Chapter01 解决方案，然后选择 Configure Startup Projects…。

(9) 在 Solution 'Chapter01' Property Pages 对话框中，将 Startup Project 设置为 Current selection，然后单击 OK。

(10) 在 Solution Explorer 中，单击 AboutMyEnvironment 项目(或该项目中的任意文件或文件夹)，注意 Visual Studio 会以粗体显示项目名称，指出 AboutMyEnvironment 现在是启动项目。

最佳实践:

我推荐采用这种方式设置启动项目，因为这样一来，就很容易切换启动项目：只需要单击另一个项目(或项目中的任何文件)使其成为启动项目。虽然可以通过右击一个项目将其设置为启动项目，但如果之后想要运行一个不同的项目，就必须再次手动修改。单击项目中任何位置的方式更加简单。在大部分章节中，你一次只需要运行一个项目。第 14 章将展示如何配置多个启动项目。

(11) 导航到 Debug | Start Without Debugging，运行 AboutMyEnvironment 项目，并注意结果，如下面的输出和图 1.9 所示。

```
C:\cs12dotnet8\Chapter01\AboutMyEnvironment\bin\Debug\net8.0
Microsoft Windows NT 10.0.22621.0
Namespace: AboutMyEnvironment
```

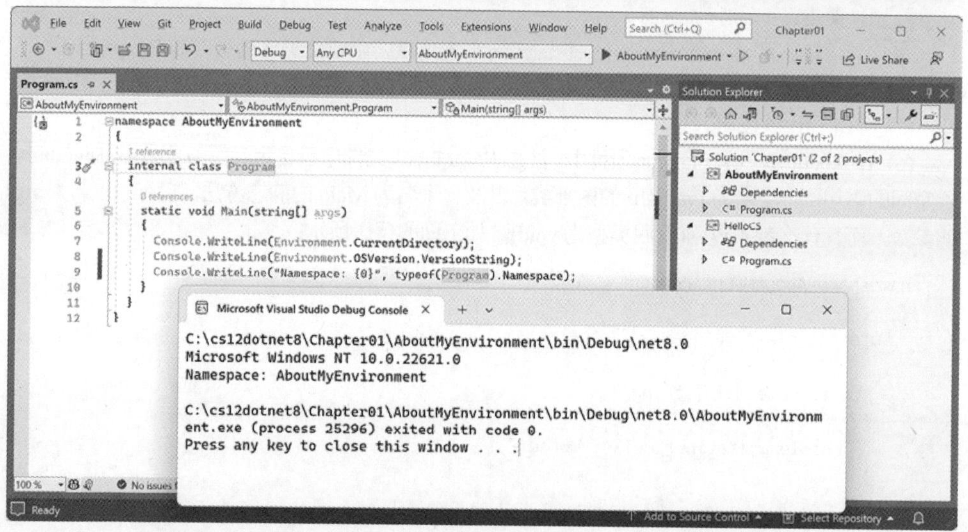

图 1.9　在包含两个项目的 Visual Studio 解决方案中运行一个控制台应用程序

更多信息:

Windows 11 只是一种品牌宣传。它的正式名称是 Windows NT，主版本号仍然是 10！但是，它的补丁版本是 22000 或更高版本。

(12) 按任意键关闭控制台应用程序的窗口，返回 Visual Studio。

注意:

当使用 Visual Studio 2022 for Windows 运行控制台应用程序时，会从 <projectname>\bin\Debug\net8.0 文件夹中执行该应用。在后续章节中使用文件系统时，记住这一点很重要。当使用 Visual Studio Code 时，或者更准确地说，使用 dotnet CLI 时，行为是不同的，后面将介绍这一点。

1.5 使用 Visual Studio Code 构建控制台应用程序

本节的目标是展示如何使用 Visual Studio Code 和 dotnet 命令行(CLI)构建控制台应用程序。

如果不想尝试 Visual Studio Code 或 dotnet 命令行工具，那么请随意跳过此节，然后继续阅读第 1.6 节。

本节中的指令和屏幕截图都是针对 Windows 的，但是相同的操作也适用于 macOS 和 Linux 发行版的 Visual Studio Code。

主要区别在于本机命令行操作，比如在 Windows、macOS 和 Linux 上，删除文件时使用的命令和路径就可能不同。幸运的是，dotnet CLI 工具及其命令在所有平台上都是相同的。

1.5.1 使用 Visual Studio Code 编写代码

下面开始编写代码吧!

(1) 启动你常用的文件系统管理工具，例如 Windows 上的 File Explorer 或 Mac 上的 Finder。

(2) 在 Windows 上导航到 C:盘，在 macOS 或 Linux 上导航到你的用户文件夹(我的文件夹的名称是 markjprice 和 home/markjprice)，或者你想要用来保存项目的任何目录或驱动器。

(3) 创建一个新文件夹，命名为 cs12dotnet8(如果你完成了第 1.4 节的练习，则此文件夹已经存在)。

(4) 在 cs12dotnet8 文件夹中，创建一个名为 Chapter01-vscode 的新文件夹。

更多信息：

如果你没有完成第 1.4 节的练习，则可以把这个文件夹命名为 Chapter01，但是我认为你会想要完成第 1.4 节和本节的练习，所以需要使用不会造成冲突的名称。

(5) 在 Chapter01-vscode 文件夹中，打开命令提示符或终端。例如，在 Windows 上，右击文件夹，然后选择 Open in Terminal。

(6) 在命令提示符或者终端，使用 dotnet CLI 创建一个名为 Chapter01 的解决方案，如下面的命令所示：

```
dotnet new sln --name Chapter01
```

更多信息：

可以使用-n 或--name 作为开关来指定名称。默认名称将匹配文件夹的名称，如 Chapter01-vscode。

(7) 注意结果，如下面的输出所示：

```
The template "Solution File" was created successfully.
```

(8) 在命令提示符或终端，使用 dotnet CLI 为名为 HelloCS 的控制台应用程序创建一个子文件夹和项目，如下面的命令所示：

```
dotnet new console --output HelloCS
```

更多信息：

可以使用-o 或--output 作为开关，指定文件夹和项目的名称。默认情况下，dotnet new console 命令会针对最新的.NET SDK 版本。要针对一个不同的版本，可以使用-f 或--framework 开关来指定目标框架。例如，要针对.NET 6，可以使用下面的命令：dotnet new console -f net6.0

(9) 在命令提示符或终端，使用 dotnet CLI 将项目添加到解决方案中，如下面的命令所示：

```
dotnet sln add HelloCS
```

(10) 注意结果，如下面的输出所示：

```
Project `HelloCS\HelloCS.csproj` added to the solution.
```

(11) 在命令提示符或终端，启动 Visual Studio Code，然后使用.(点号)打开当前文件夹，如下面的命令所示：

```
code .
```

(12) 如果看到提示 Do you trust the authors of the files in this folder?，则选中 Trust the authors of all files in the parent folder 'cs12dotnet8'复选框，然后单击 Yes, I trust the authors。

(13) 在 Visual Studio Code 的 EXPLORER 的 CHAPTER01-VSCODE 文件夹视图中，展开 HelloCS 文件夹，将看到 dotnet 命令行工具创建了两个文件，HelloCS.csproj 和 Program.cs，以及 bin 和 obj 文件夹，如图 1.10 所示。

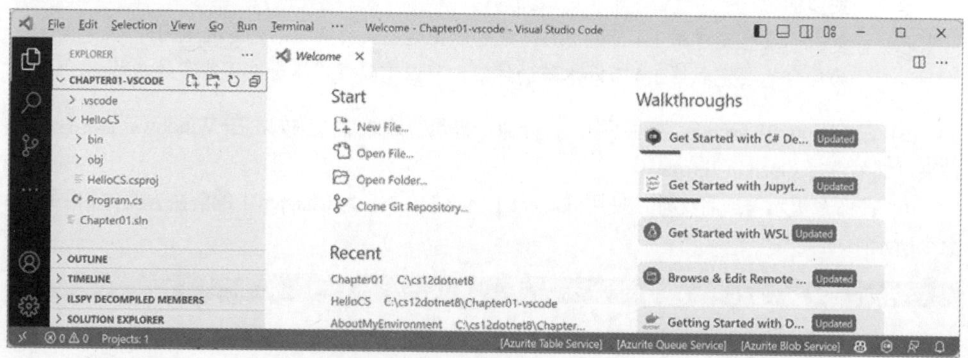

图 1.10 EXPLORER 显示创建了两个文件和两个文件夹

(14) 导航到 View | Output。

(15) 在 OUTPUT 窗格中，选择 C# Dev Kit，注意该工具识别并处理了解决方案，如图 1.11 所示。

(16) 在 EXPLORER 的底部，注意 SOLUTION EXPLORER。

(17) 将 SOLUTION EXPLORER 拖动到 EXPLORER 的顶部并展开。

(18) 在 SOLUTION EXPLORER 中，展开 HelloCS 项目，然后单击名为 Program.cs 的文件，以便在编辑器窗口中打开它。

(19) 在 Program.cs 中，修改第二行，以便将文本 Hello, C#!写入控制台。

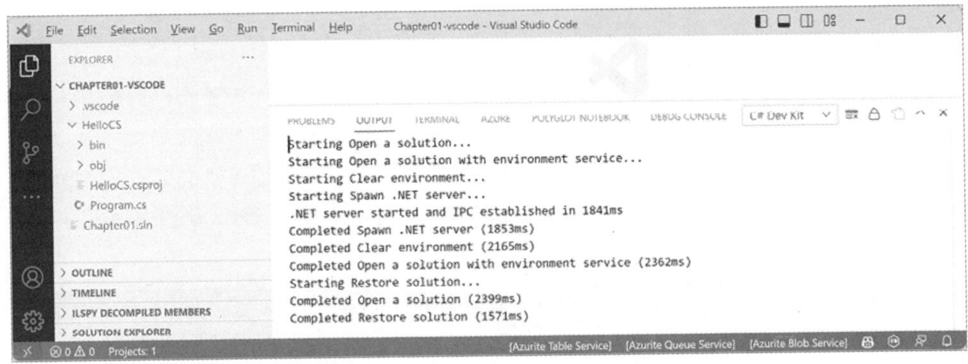

图 1.11 C# Dev Kit 处理解决方案文件

最佳实践：

导航到 File | Auto Save。打开此选项后，就不必每次都记得在重新构建应用程序前先进行保存。

1.5.2 使用 dotnet CLI 编译和运行代码

下一个任务是编译和运行代码。

(1) 在 SOLUTION EXPLORER 中，右击 HelloCS 项目中的任意文件，然后选择 Open In Integrated Terminal。

(2) 在 TERMINAL 中，输入下面的命令：dotnet run。

(3) TERMINAL 窗口中的输出将显示运行应用程序的结果，如图 1.12 所示。

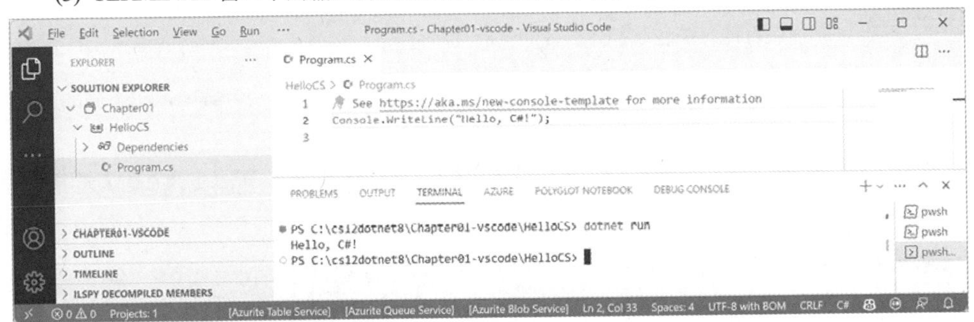

图 1.12 在 Visual Studio Code 中运行第一个控制台应用程序的输出

(4) 在 Program.cs 中输出消息的语句的后面，添加语句来获取 Program 类的名称空间，将其写出到控制台，然后抛出一个新异常，如下面的代码所示：

```
string name = typeof(Program).Namespace ?? "None!";
Console.WriteLine($"Namespace: {name}");
throw new Exception();
```

(5) 在 TERMINAL 中，输入下面的命令：

```
dotnet run
```

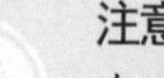

注意：

在 TERMINAL 中，可以按上下方向键遍历之前执行的命令，按左右方向键编辑命令，最后按 Enter 键运行命令。

(6) TERMINAL 窗口的输出将显示运行程序的结果，可以看到编译器定义了一个隐藏的 Program 类，其中包含一个名为<Main>$的方法，它有一个名为 args 的参数，用于传入实参，并且它没有名称空间，如下面的输出所示：

```
Hello, C#!
Namespace: None!
Unhandled exception. System.Exception: Exception of type 'System.
Exception' was thrown.
   at Program.<Main>$(String[] args) in C:\cs12dotnet8\Chapter01-vscode\
HelloCS\Program.cs:line 7
```

1.5.3 使用 Visual Studio Code 添加第二个项目

下面添加第二个项目，以探索如何管理多个项目。

(1) 在 TERMINAL 中，切换到 Chapter01-vscode 目录，命令是：cd ..。

(2) 在 TERMINAL 中，输入下面的命令，以使用老式的、不使用顶级程序的风格，创建一个名为 AboutMyEnvironment 的控制台应用程序项目，如下面的命令所示：

```
dotnet new console -o AboutMyEnvironment --use-program-main
```

注意：

在 TERMINAL 中输入命令时要小心。在输入可能产生破坏性影响的命令之前，一定要确保自己位于正确的文件夹中。

(3) 在 TERMINAL 中，使用 dotnet CLI 将新项目文件夹添加到解决方案中，如下面的命令所示：

```
dotnet sln add AboutMyEnvironment
```

(4) 注意结果，如下面的输出所示：

```
Project `AboutMyEnvironment\AboutMyEnvironment.csproj` added to the
solution.
```

(5) 在 SOLUTION EXPLORER 的 AboutMyEnvironment 项目中，打开 Program.cs。然后，在 Main 方法中，修改现有语句来输出当前目录、操作系统版本字符串以及 Program 类的名称空间，如下面的代码所示：

```
Console.WriteLine(Environment.CurrentDirectory);
Console.WriteLine(Environment.OSVersion.VersionString);
Console.WriteLine("Namespace: {0}", typeof(Program).Namespace);
```

(6) 在 SOLUTION EXPLORER 中，右击 AboutMyEnvironment 项目中的任意文件，然后选择 Open In Integrated Terminal。

(7) 在 TERMINAL 中输入命令，如下所示：

```
dotnet run
```

(8) 注意 TERMINAL 窗口的输出，如图 1.13 所示。

```
C:\cs12dotnet8\Chapter01-vscode\AboutMyEnvironment
Microsoft Windows NT 10.0.22621.0
Namespace: AboutMyEnvironment
```

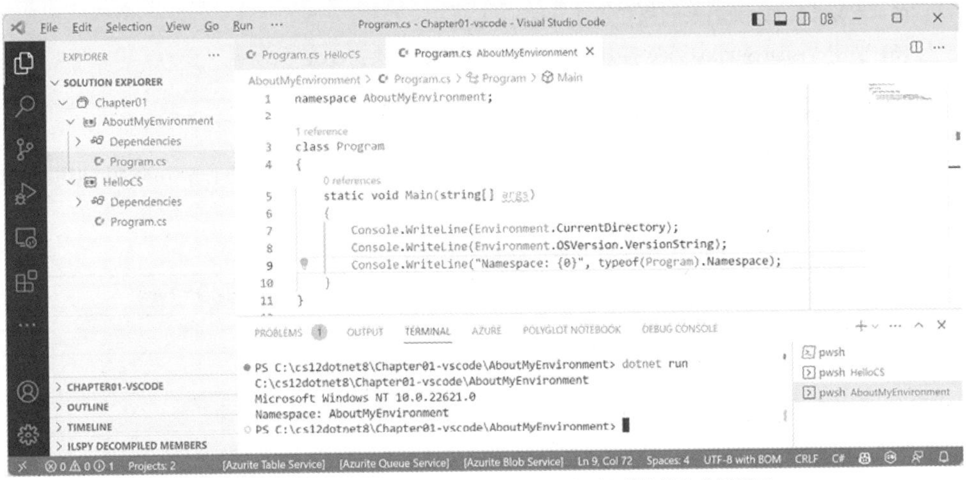

图 1.13 在 Visual Studio Code 中运行带有两个项目的控制台应用程序

注意：

一旦打开多个终端窗口，就可以通过在 TERMINAL 右端的面板中单击终端窗口的名称来切换它们。默认情况下，其名称将是常用 shell 的名称，如 pwsh、powershell、zsh 或 bash。通过右击并选择 Rename 可以修改这个名称。

当使用 Visual Studio Code 运行控制台应用程序时，或者更准确地说，使用 dotnet CLI 来运行时，会从<projectname>文件夹中执行该应用程序。当使用 Visual Studio 2022 for Windows 时，会从<projectname>\bin\Debug\net8.0 文件夹中执行该应用程序。在后面的章节中使用文件系统时，记住这一点很重要。

如果在 macOS Ventura 上运行这个程序，环境操作系统会有所不同，如下所示：

```
Unix 13.5.2
```

最佳实践：

虽然源代码(如.csproj 和.cs 文件)相同，但编译器自动生成的 bin 和 obj 文件夹可能存在不匹配的地方，并导致错误。如果你想同时在 Visual Studio 2022 和 Visual Studio Code 中打开相同的项目，则需要在另外那个代码编辑器中打开项目之前，先删除 bin 和 obj 临时文件夹。因为存在这个问题，所以本章中为 Visual Studio Code 项目创建了一个不同的文件夹。

1.5.4 Visual Studio Code 的步骤小结

在 Visual Studio Code 中，执行下面的步骤来创建解决方案和项目：

(1) 为解决方案创建一个文件夹，如 Chapter01

(2) 在文件夹中创建一个解决方案文件：dotnet new sln

(3) 使用模板创建文件夹和项目：dotnet new console –o HelloCS

(4) 将文件夹及其项目添加到解决方案中：dotnet sln add HelloCS

(5) 重复步骤(3)和(4)来创建和添加其他项目。

(6) 使用 Visual Studio Code 打开包含解决方案的文件夹：code

1.5.5 本书中使用的其他项目类型小结

Console App/console 项目只是一种项目模板类型。本书中还将使用表 1.5 中的项目模板创建项目：

表 1.5 不同代码编辑器中的项目模板名称

Visual Studio 2022	dotnet new	JetBrains Rider - Type
Console App	console	Console Application
Class Library	classlib	Class Library
xUnit Test Project	xunit	Unit Test Project - xUnit
ASP.NET Core Empty	web	ASP.NET Core Web Application - Empty
Razor Class Library	razorclasslib	ASP.NET Core Web Application - Razor Class Library
ASP.NET Core Web App (Model-View-Controller)	mvc	ASP.NET Core Web Application - Web App (Model-View-Controller)
ASP.NET Core Web API	webapi	ASP.NET Core Web Application - Web API
ASP.NET Core Web API (native AOT)	webapiaot	ASP.NET Core Web Application - Web API(native AOT)
Blazor Web App	blazor	blazor

将任何类型的新项目添加到解决方案的步骤是相同的，只不过项目模板的类型名称会有区别，有时候控制一些选项的命令行开关也会有区别。我会指出与默认值不同的那些开关和选项。

以下网址总结了项目模板默认值、选项和开关：https://github.com/markjprice/cs12 dotnet8/blob/main/docs/ch01-project-options.md。

1.6 充分利用本书的 GitHub 存储库

Git 是一种常用的源代码管理系统。GitHub 是一个公司、网站和桌面应用程序，它使 Git 管理更容易。微软在 2018 年收购了 GitHub，所以它将继续与微软的工具进行更紧密的整合。

我为本书创建了一个 GitHub 库，用它来做以下事情。

- 保存图书的解决方案代码，可在出版后进行维护。

- 提供额外的材料来扩展本书，比如勘误表的修正、微小的改进、有用的链接列表，以及纸质书中无法容纳的较长文章。
- 如果读者有关于本书的问题，可通过这个存储库与我联系。

最佳实践：
强烈建议所有读者都查看本书的勘误表、改进、出版后变更以及常见错误页，此后再尝试练习本书中提供的任何编码任务。地址如下所示：https://github.com/markjprice/ cs12dotnet8/blob/main/docs/errata/errata.md。

1.6.1 了解 GitHub 上的解决方案代码

本书存放于 GitHub 存储库中的解决方案代码为每章包含一个文件夹，你可以使用下面的代码编辑器打开任何一个解决方案：

- Visual Studio 2022 或 JetBrains Rider：打开.sln 解决方案文件。
- Visual Studio Code：打开包含解决方案文件的文件夹。

第 1 章~第 11 章有各自的解决方案文件，其名称的格式为 ChapterXX.sln，XX 代表章号。第 12~15 章共用一个解决方案文件，其名称为 PracticalApps.sln。

从以下地址可以找到所有代码解决方案：

https://github.com/markjprice/cs12dotnet8/tree/main/code

最佳实践：
如有需要，可以随时翻阅本章来回顾如何在你选择的代码编辑器中创建和管理多个项目。GitHub 存储库提供了 3 个代码编辑器(Visual Studio 2022、Visual Studio Code 和 JetBrains Rider)的分步骤说明以及一些屏幕截图：https://github.com/markjprice/cs12dotnet8/tree/main/docs/code-editors/。

1.6.2 对本书提出问题

如果困惑于本书的任何说明，或者发现正文或者解决方案中存在代码错误，请在 GitHub 存储库中提出问题。

(1) 使用喜欢的浏览器导航到以下链接：https://github.com/markjprice/cs12dotnet8/issues。

(2) 单击 New Issue。

(3) 输入尽可能多的细节，以帮助诊断问题。例如：

- 小节标题、页码和步骤编号。
- 代码编辑器，如 Visual Studio 2022、Visual Studio Code 等，包括版本号在内。
- 相关的、必要的、尽可能详明的代码和配置。
- 描述预期行为和所经历的行为。
- 截图(可以把图片文件拖放到问题输入框中)。

下面两项的重要性相对低一些，但也可能会有用：

- 操作系统，如 Windows 11(64 位)或 macOS Ventura 13.5.2 版本。
- 硬件，如英特尔、Apple Silicon 或 ARM CPU。

我不能总是立即对问题给出答复。但我希望所有读者都能通过本书获得成功，所以我很乐意在力所能及的范围内帮助读者。

1.6.3 反馈

如果你想为我提供关于本书的更加一般性的反馈，可以向我发邮件(markjprice@ gmail.com)或者在本书的 Discord 频道中向我提问。你可以匿名提供反馈。如果想得到回复，可以提供一个电子邮件地址；我只会用这个邮箱地址进行回复。

请使用这个邀请链接加入 Discord 来与我以及本书的其他读者进行交流：https://packt.link/csharp12dotnet8。

建议将这个链接添加为书签。

我喜欢听读者说他们喜欢本书的哪些内容，关于改进的建议，以及他们是如何使用 C#和.NET 的。不要害羞，请联系我!

提前感谢你的深思熟虑和建设性反馈意见。

1.6.4 避免常见错误

完成本书的分步骤任务后，读者常会尝试去独立编写类似的代码，但有时会遇到问题。此时，他们可能会在 GitHub 存储库上提出问题，也可能在本书的 Discord 频道提出问题。

我从这些问题中总结出了一些常见的错误，并在存储库中通过一个页面来列举并解释这些潜在的陷阱，以及如何解决它们：

https://github.com/markjprice/cs12dotnet8/blob/main/docs/errata/common-mistakes.md

1.6.5 从 GitHub 存储库下载解决方案代码

如果想在不使用 Git 的情况下下载所有解决方案文件，请单击绿色的 Code 按钮，然后选择 Download ZIP，如图 1.14 所示。

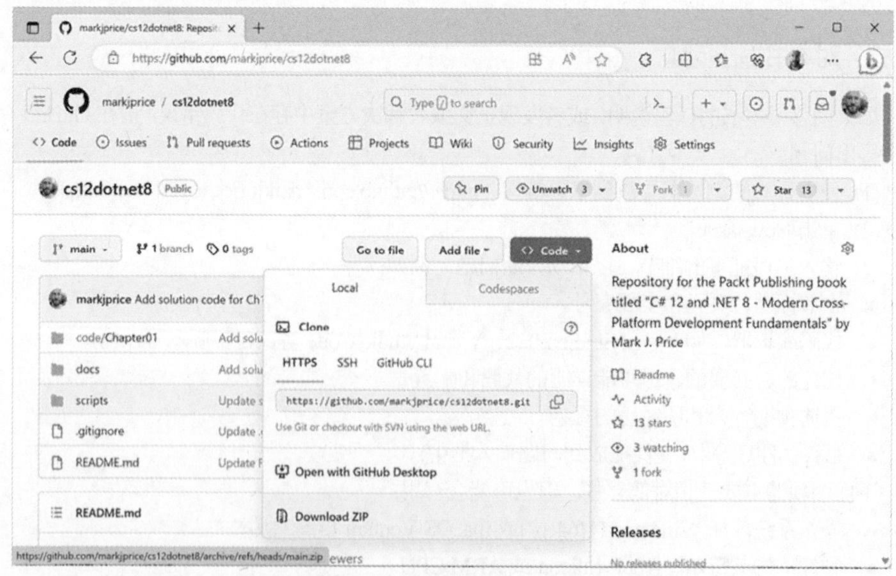

图 1.14 将存储库下载为 ZIP 文件

最佳实践：

最好将代码解决方案克隆或下载到一个短的文件夹路径中，如 C:\cs12dotnet8\或 C:\book\，以避免构建过程生成的文件超出最大路径长度。还应该避免特殊字符(如#)，例如，不要使用 C:\C# projects\。对于简单的控制台应用项目，这个文件夹名称可能不会造成问题，但一旦你开始添加自动生成代码的功能，就可能遇到奇怪的问题。应该让文件夹的名称保持简短。

1.6.6　在 Visual Studio Code 和命令行中使用 Git

Visual Studio Code 支持 Git，但需要使用你的操作系统的 Git 安装，所以必须先安装 Git 2.0 或更新版本。

可通过以下链接安装 Git：https://git-scm.com/download。

如果喜欢使用图形用户界面，可从以下链接下载 GitHub Desktop：https://desktop. github.com。

克隆本书解决方案代码存储库

下面克隆本书解决方案代码存储库。在接下来的步骤中，将使用 Visual Studio Code 终端，但也可在任何命令提示符或终端窗口中输入命令。

(1) 在用户文件夹或 Documents 文件夹中创建名为 Repos-vscode 的文件夹，也可在希望存储 Git 存储库的任何地方创建该文件夹。

(2) 在命令提示符或终端打开 Repos-vscode 文件夹，然后输入以下命令：

```
git clone https://github.com/markjprice/cs12dotnet8.git
```

注意：

克隆各个章节的所有解决方案需要一分钟左右的时间，所以请耐心等待。

1.7　寻求帮助

本节主要讨论如何在网络上查找关于编程的高质量信息。

1.7.1　阅读 Microsoft Learn 中的文档

关于微软开发工具和平台帮助的权威资源是 Microsoft Learn 上提供的技术文档，参见 https://docs.microsoft.com/。

1.7.2　本书中的文档链接

微软的官方.NET 文档需要覆盖所有版本。文档中显示的默认版本总是最新的 GA 版本。

例如，在 2023 年 11 月到 2024 年 11 月，文档页面中显示的默认.NET 版本将是 8.0。在 2024 年 11 月到 2025 年 11 月，文档页面中显示的默认.NET 版本将是 9.0。下面的链接将基于当前日期自动定向到当前版本：

https://learn.microsoft.com/en-us/dotnet/api/system.diagnostics.codeanalysis. stringsyntaxattribute

要查看专门针对.NET 7 的文档页面，可以在链接末尾追加?view=net-7.0。例如，可以使用下面的链接：

https://learn.microsoft.com/en-us/dotnet/api/system.diagnostics.codeanalysis.stringsyntaxattribute?view=net-7.0

本书中的所有文档链接都没有指定版本，所以在 2024 年 11 月之后，它们将显示针对.NET 9.0 的文档页面。如果你想强制文档显示.NET 8.0 的版本，可以在链接末尾追加?view=net-8.0。

通过在链接末尾追加#applies-to，可以检查支持某个.NET 特性的版本，例如：

https://learn.microsoft.com/en-us/dotnet/api/system.diagnostics.codeanalysis. stringsyntaxattribute#applies-to

从这个链接可知，只有在.NET 7 或更高版本中才可以使用 StringSyntax 特性。

1.7.3 获取关于 dotnet 工具的帮助

在命令行，可以向 dotnet 工具请求有关 dotnet 命令的帮助。其语法为：

```
dotnet help <command>
```

这会在浏览器中打开介绍指定命令的文档页面。常用的 dotnet 命令包括 new、build、run 等。

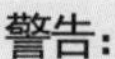

警告：

dotnet help new 命令在.NET 3.1 到.NET 6 都能够工作，但是在.NET 7 中会返回一个错误：Specified command 'new' is not a valid SDK command. Specify a valid SDK command. For more information, run dotnet help。希望这个 bug 会很快被修复！

命令行文档是另外一种形式的帮助信息，其语法如下所示：

dotnet <command> -?|-h|--help

例如，dotnet new -?或 dotnet new -h 或 dotnet new--help 会在命令行输出关于 new 命令的文档信息。

更多信息：

dotnet help help 会在浏览器中打开关于 help 命令的页面，而 dotnet help -h 会在命令行输出关于 help 命令的文档。

我们来看一些例子：

(1) 要在浏览器窗口中打开 dotnet build 命令的官方文档，请在命令行或 Visual Studio Code 终端输入以下命令，并注意浏览器中打开的页面，如图 1.15 所示。

```
dotnet help build
```

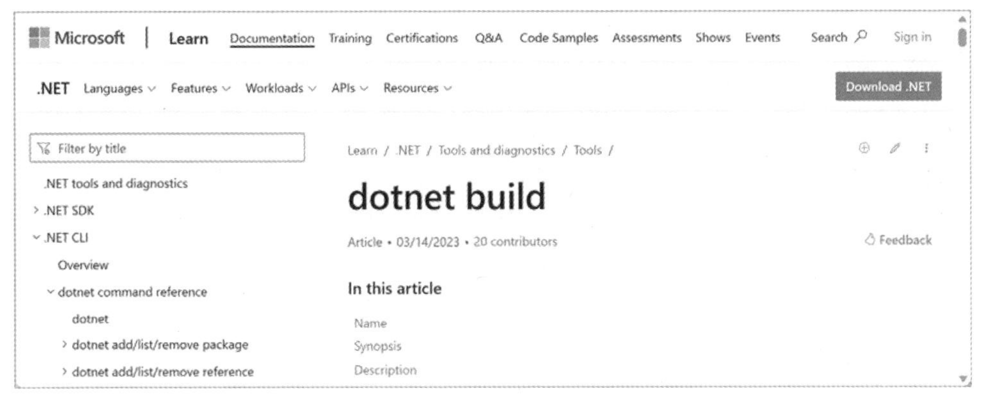

图 1.15　介绍 dotnet build 命令的 Web 页面文档

(2) 要在命令行中获得帮助输出，可使用-?或-h 或--help 标志，命令如下所示。

```
dotnet build -?
```

(3) 部分输出如下：

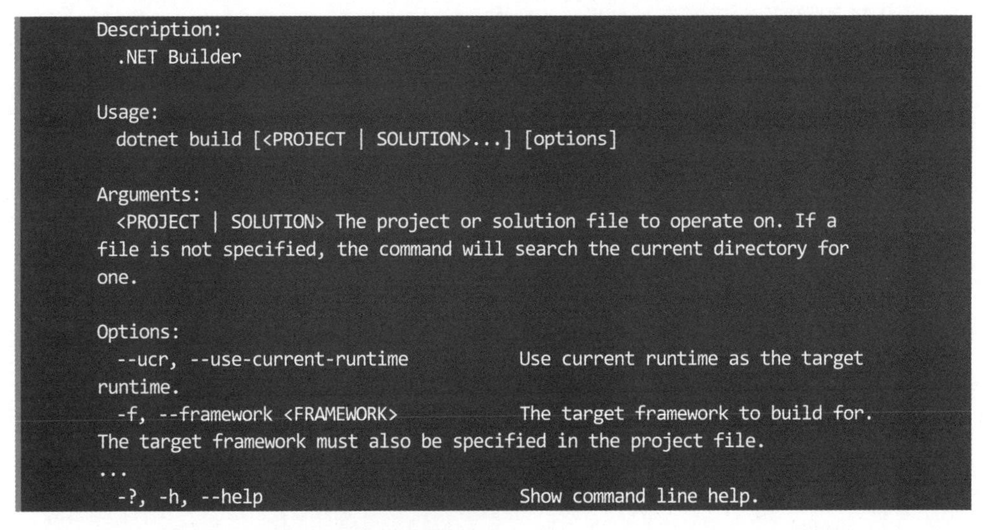

```
Description:
  .NET Builder

Usage:
  dotnet build [<PROJECT | SOLUTION>...] [options]

Arguments:
  <PROJECT | SOLUTION> The project or solution file to operate on. If a
file is not specified, the command will search the current directory for
one.

Options:
  --ucr, --use-current-runtime          Use current runtime as the target
runtime.
  -f, --framework <FRAMEWORK>           The target framework to build for.
The target framework must also be specified in the project file.
...
  -?, -h, --help                        Show command line help.
```

(4) 为下面的命令重复两种类型的帮助请求：add、help、list、new 和 run。记住，由于.NET 7 中引入的一个 bug，new 命令的 Web 页面可能不会显示。

1.7.4 获取类型及其成员的定义

代码编辑器最有用的特性之一是 Go To Definition (F12)。它在 Visual Studio Code、Visual Studio 2022 和 JetBrains Rider 中可用。它将通过读取已编译程序集中的元数据，显示类型或成员的公共定义。

有些工具(如.NET 反编译工具 ILSpy)甚至可将元数据和 IL 代码反向工程化为 C#或另一种语言。

Go To Implementation (Ctrl + F12)是一种类似且相关的特性。它不是读取元数据或者执行反编译，而是用来显示使用可选的源链接特性嵌入的实际源代码。

警告：

Go To Definition 应该访问成员或类型的反编译后的元数据。但是，如果之前查看过源链接，则它会访问源链接。Go To Implementation 应该访问成员或类型的源链接实现。但是，如果禁用了源链接，则它会访问反编译后的元数据。

下面看看如何使用 Go To Definition 特性：

(1) 在你使用的代码编辑器中，打开名为 Chapter01 的解决方案/文件夹。

如果你使用的是 Visual Studio 2022：

- 导航到 Tools | Options。
- 在搜索框中，输入 navigation to source。
- 选择 Text Editor | C# | Advanced。
- 清除 Enable navigation to Source Link and Embedded sources 复选框，然后单击 OK，如图 1.16 所示。

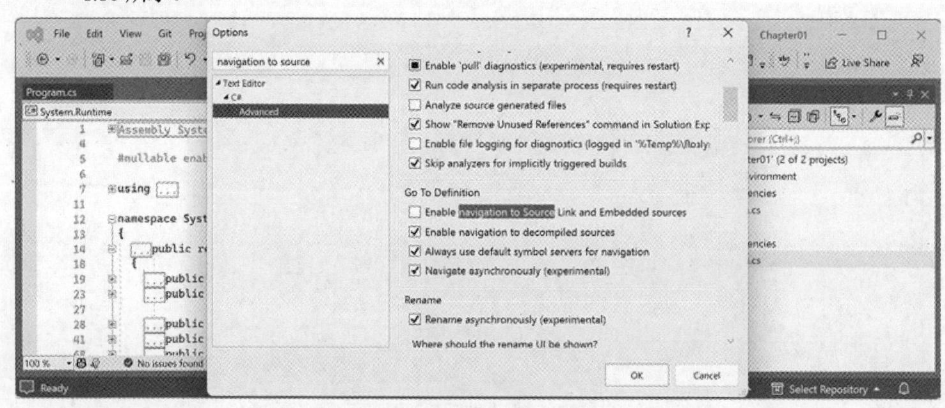

图 1.16　为 Go To Definition 特性禁用 Source Link

更多信息：

可以从元数据通过逆向工程得到定义，或者如果启用了原始的源代码，也可以从源代码加载定义。我个人认为从元数据获得代码更加有用，稍后你将看到这一点。在本节最后，试着打开 Source Link 选项，看看二者的区别。

(2) 打开 HelloCS 项目，在 Program.cs 的底部输入以下语句，声明一个名为 z 的整型变量：

```
int z;
```

(3) 在 Visual Studio 2022 或者 Visual Studio Code 中，右击 int，并从弹出的菜单中选择 Go To Definition。在 JetBrains Rider 中，选择 Go to | Go to Declaration or Usages。

(4) 在新出现的代码窗口中，可以看到 int 数据类型是如何定义的，如图 1.17 所示。

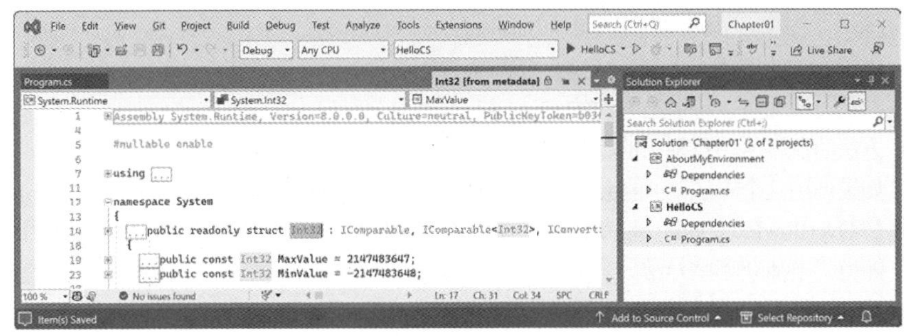

图 1.17　int 数据类型的元数据

可以看到，int 数据类型具有以下特点：

- 是用 struct 关键字定义的
- 在 System.Runtime 程序集中
- 在 System 名称空间中
- 被命名为 Int32
- 是 System.Int32 的别名
- 实现了 IComparable 等接口
- 最大值和最小值为常数
- 拥有 Parse 等方法(在图 1.17 中不可见)

更多信息：

现在，Go To Definition 特性似乎不是很有用，因为你还不知道一些术语的含义。等到阅读完本书的第一部分(包括第 2~6 章)，你就会对这个特性有足够的了解，使用它时也会变得非常顺手。

(5) 在代码编辑器窗口中，向下滚动，找到带单个 string 参数的 Parse 方法，如下面的代码所示：

```
public static Int32 Parse(string s)
```

(6) 展开代码，查看描述这个方法的注释，如图 1.18 所示。

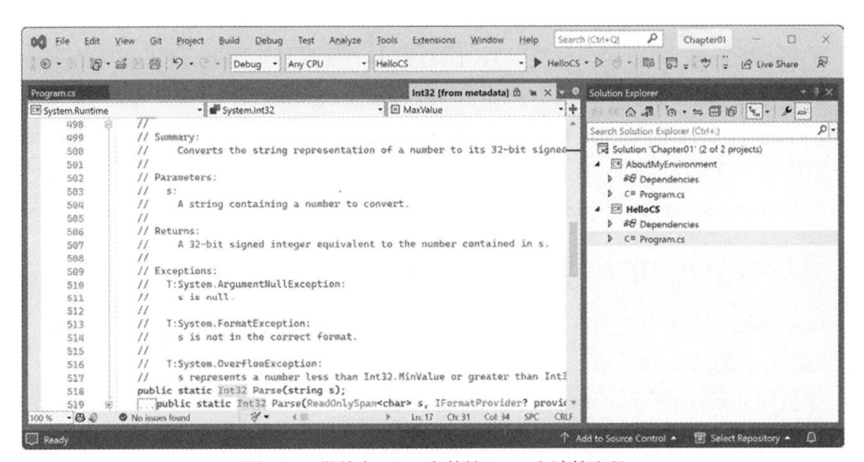

图 1.18　带单个 string 参数的 Parse 方法的注释

在注释中，微软记录了以下内容：

- 描述方法的摘要。
- 参数，比如可以传递给方法的 string 值。
- 方法的返回值，包括它的数据类型。
- 如果调用这个方法，可能会发生三个异常，包括 ArgumentNullException、FormatException 和 OverflowException。现在，我们知道了可以在 try 语句中封装对这个方法的调用，并且知道了要捕获哪些异常。

你可能已经迫不及待地想要了解这一切意味着什么!

再忍耐一会儿。本章差不多结束了，第 2 章将深入介绍 C#语言的细节。下面我们再看看还可从哪里寻求帮助。

1.7.5 配置内联提示

在本书的代码中，当调用一个方法时，我常常会显式指定命名参数，以帮助读者了解方法调用的参数。例如，在下面的代码中，我指定了参数 format 和 arg0 的名称：

```
Console.WriteLine(format: "Value is {0}.", arg0: 19.8);
```

内联提示不需要你显式键入，就能够显示参数的名称，如图 1.19 所示：

Visual Studio 2022

Inline Hints

☑ Display all hints while pressing Alt+F1

☑ Color hints

☑ Display inline parameter name hints

Visual Studio Code

Dotnet › Inlay Hints: Enable Inlay Hints For Parameters

☑ Display inline parameter name hints

```
Console.WriteLine(format: "Value is {0}.", arg0: 19.8);
```

图 1.19 配置内联提示

大部分代码编辑器都提供了这种功能，你可以永久启用它，也可以指定在按下特定键组合(如 Alt+F1 或 Ctrl)时启用它：

- 在 Visual Studio 2022 中，导航到 Tools | Options，然后导航到 Text Editor | C# | Advanced，滚动到 Inline Hints 部分，选中 Display inline parameter hint names 复选框，然后单击 OK。
- 在 Visual Studio Code 中，导航到 File | Preferences | Settings，搜索 inlay，选择 C#过滤器，然后选中 Display inline parameter name hints 复选框。
- 在 JetBrains Rider 中，在 Settings 中，导航到 Editor | Inlay Hints | C# | Parameter Name Hints。

1.7.6 在 Stack Overflow 上寻找答案

Stack Overflow 是最受欢迎的第三方网站，可以在上面找到编程难题的答案。下面来看一个例子：

(1) 启动喜欢的 Web 浏览器。

(2) 导航到 stackoverflow.com。在搜索框中，输入 securestring，注意得到的搜索结果，如图 1.20 所示。

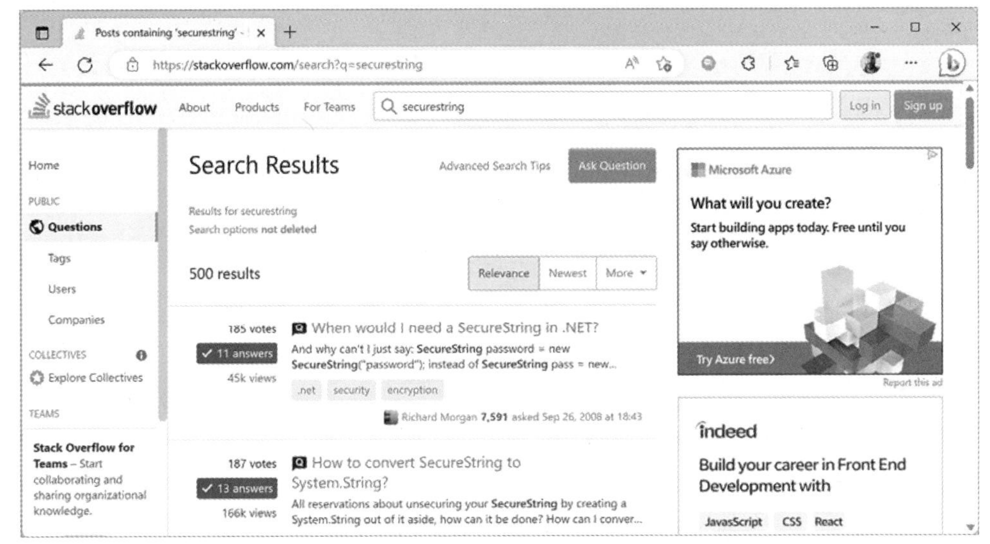

图 1.20　在 Stack Overflow 中搜索 securestring 得到的结果

1.7.7　使用谷歌搜索答案

可使用谷歌提供的高级搜索选项，以增大找到答案的可能性。具体执行步骤如下。

(1) 导航到谷歌：https://www.google.com/。

(2) 使用简单的谷歌查询搜索关于 garbage collection(垃圾回收)的信息。请注意，你可能会先看到一堆与本地区垃圾回收服务相关的广告，然后才能看到维基百科针对垃圾回收在计算机科学领域的定义。

(3) 可通过将搜索结果限制在有用的站点(如 Stack Overflow)、删除我们可能不关心的语言(如 C++、Rust 和 Python)或显式添加 C#和.NET 来改进搜索功能，如下所示：

```
garbage collection site:stackoverflow.com +C# -Java
```

1.7.8　搜索.NET 源代码

有时候，你能够从查看微软团队实现.NET 的方式学到很多东西。.NET 的整个代码库的源代码以 GitHub 公开存储库的方式提供。例如，你可能知道，有一个内置的特性可用于验证电子邮件地址。我们来试试在存储库中搜索单词“email”，看看是否能知道它的工作方式：

(1) 在 Web 浏览器中导航到 https://github.com/search。

(2) 单击 advanced search。

(3) 在搜索框中，键入 email。

(4) 在 In these repositories 框中，键入 dotnet/runtime(你可能也会想要搜索 dotnet/core、dotnet/aspnetcore、dotnet/wpf 和 dotnet/winforms)。

(5) 在 Written in this language 框中，选择 C#。

(6) 在页面顶部，注意已经生成了高级查询。单击 Search，然后单击 Code 过滤器，注意结果中包含 EmailAddressAttribute，如图 1.21 所示。

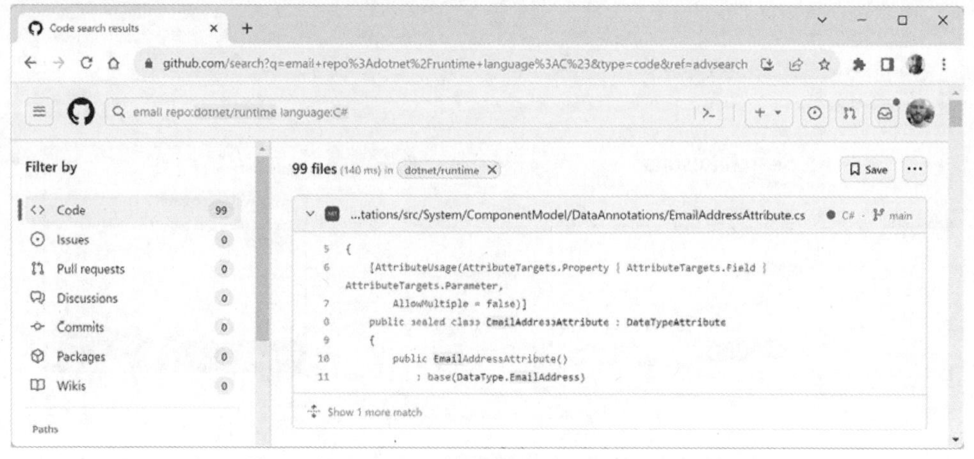

图 1.21 在 dotnet/runtime 存储库中针对 email 进行高级搜索

(7) 单击源文件，注意它实现电子邮件验证的方式是检查 string 值中包含一个@符号，但该@符号不是第一个或最后一个字符，如下面的代码所示：

```
// only return true if there is only 1 '@' character
// and it is neither the first nor the last character
int index = valueAsString.IndexOf('@');

return
    index > 0 &&
    index != valueAsString.Length - 1 &&
    index == valueAsString.LastIndexOf('@');
```

(8) 关闭浏览器。

更多信息：

为了方便你搜索，下面提供了一个链接，你可以通过替换其中的搜索词 email 来快速搜索其他词：https://github.com/search?q=%22email%22+repo %3Adotnet%2Fruntime +language%3AC%23&type=code&ref=advsearch。

1.7.9 订阅官方的.NET 博客

要跟上.NET 的最新动态，值得订阅的优秀博客就是.NET 工程团队编写的官方.NET 博客，网址为 https://devblogs.microsoft. com/dotnet/。

1.7.10 观看 Scott Hanselman 的视频

来自微软的Scott Hanselman在YouTube上有一个很好的频道，介绍学校不会教你的一些关于计算机的知识，网址为http://computerstufftheydidntteachyou.com/。

我建议每个从事计算机工作的人关注这个频道。

1.7.11 ChatGPT和GitHub Copilot等AI工具

在过去一段时间，编码和开发界最大的改变之一是生成式AI工具的出现，它们能够帮助完成许多编码任务，如完成一条代码语句、实现整个函数、编写单元测试以及为现有代码提出修复建议。

更多信息：

从Stack Overflow在2023年做的Developer Survey中，你可以了解开发人员对AI工具的观点。“他们当中44%的人已经在开发过程中使用AI工具，26%的人计划很快使用AI工具。”详见https://stackoverflow.blog/2023/06/14/hype-or-not-developers-havesomething-to-say-about-ai/。

ChatGPT现在有两个模型：3.5(免费)和4.0(每月20美元)。

假设你需要编写一个C#函数来验证电子邮件地址。你可能会在ChatGPT中输入下面的提示：

```
write a c# function to validate an email address
```

ChatGPT会提供一个包含方法的完整类，如图1.22所示。

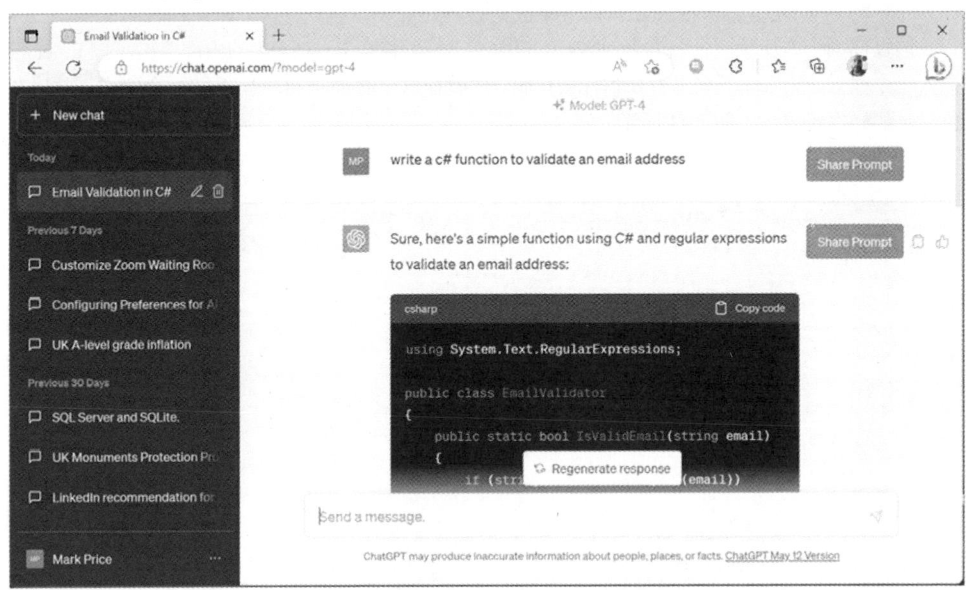

图1.22 ChatGPT编写了一个函数来验证电子邮件地址

然后，它会解释代码，并提供调用该函数的例子，如下面的代码所示：

```
bool isValid = EmailValidator.IsValidEmail("test@example.com");
Console.WriteLine(isValid ? "Valid" : "Invalid");
```

但是，像ChatGPT这样的通用生成式AI是C#程序员的最佳搭档吗？

微软专门针对程序员提供了一个叫做GitHub Copilot的服务，它可以在代码编辑器中直接完成代码。微软使用GPT-4增强了该服务，使其具备更多智能。它有针对Visual Studio 2022、Visual Studio Code和基于JetBrains IntelliJ的IDE的代码编辑器插件。

> **更多信息：**
> 我个人很喜欢 Copilot 这个名称，它明确说明了你才是 pilot(飞行员)。你最终负责“驾驶飞机”。但对于简单的或者枯燥的任务，你可以交给副驾驶完成，同时随时准备着在必要的时候进行接管。

GitHub Copilot 对学生、教师和一些开源项目的维护人员免费。对于其他人，它提供一个 30 天的免费试用期，然后针对个人，每月收费 10 美元，或者每年收费 100 美元。当注册账户后，你可以加入等待列表，以获取更高级的实验性 GitHub Copilot X 特性。

你应该在网上查看不同代码编辑器中能够使用的 Copilot 特性。可以想到，这是一个快速变化的领域，如果我今天在书中写下相关内容，很可能在你读到这本书的时候，那些内容已经过期，所以建议你访问下面的网址来了解这些特性：https://github.com/features/copilot。

> **更多信息：**
> JetBrains 有自己的类似服务，称为 AI Assistant，可以在以下网址了解相关信息：https://blog.jetbrains.com/idea/2023/06/ai-assistant-injetbrains-ides/。

现在的 GitHub Copilot 能为你做什么呢？

假设你刚刚添加了一个名为 Product.cs 的新类文件。你在 Product 类的内部单击，按 Enter 键插入一个空行，然后停下来思考要写什么代码。而就在这个时候，GitHub Copilot 会生成一些以灰色显示的样本代码，如图 1.23 所示。

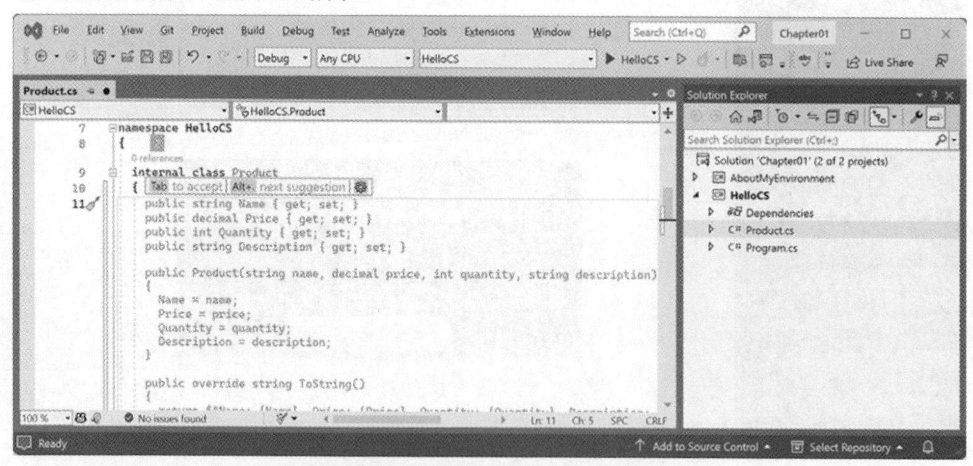

图 1.23　GitHub Copilot 建议如何定义一个 Product 类

此时，你可以浏览代码，如果它接近你的想法，就可以按 Tab 键插入这些代码，或者也可以按 Alt + .(点号)来切换到其他建议。

有时候，代码与你的想法相差太远，此时你可以忽略建议，自己编写代码。但很多时候，建议的代码会有可取之处，或者能够提醒你需要使用的语法。有些时候，它简直就像魔法，编写出几十行正符合你需要的代码。

微软使用公开的 GitHub 存储库中的代码来训练它的 AI 工具，包括我从 2016 年开始为本书的各个版本创建的所有存储库。这意味着对于本书的读者，它建议的代码可能是非常准确的预测，并包含我在代码中常常引用的一些流行文化信息。就好像我(Mark J. Price)是“机器中的幽灵”，指导你进行编码。

可以想见，这个自定义的ChatGPT已经吸收了所有微软官方的.NET文档、关于.NET的所有公开博客文章，可能还包括几百本关于.NET的图书。你可以与它对话，找出代码中的bug，或者看看它建议如何解决一个编程问题。

更多信息：

你可以在以下网址注册GitHub Copilot: https://github.com/githubcopilot/signup/。

1.7.12 当工具成为障碍时禁用工具

虽然这些工具很有用，但它们有时候会成为障碍，在你的学习过程中尤其如此，因为它们可能会悄悄地替你做一些工作。如果你不自己做这些工作几次，就不会真正学会它们。

要在Visual Studio 2022中为C#配置IntelliSense：

(1) 导航到Tools | Options。

(2) 在Options对话框的树状视图中，导航到Text Editor | C# | IntelliSense。

(3) 单击标题栏的?按钮，以查看文档。

要在Visual Studio 2022中配置GitHub Copilot X：

(1) 导航到Tools | Options。

(2) 在Options对话框的树状视图中，导航到GitHub | Copilot。

(3) 将Enable Globally设置为True或False，然后单击OK。

要在Visual Studio Code中禁用GitHub Copilot X：

(1) 在状态栏的右端，通知图标的左侧，单击GitHub Copilot图标。

(2) 在弹出的菜单中，单击Disable Globally。

(3) 要启用GitHub Copilot X，再次单击其图标，然后单击Enable Globally。

更多信息：

要获得关于JetBrains Rider IntelliSense的帮助信息，请访问下面的网址：https://www.jetbrains.com/help/rider/Auto-Completing_Code.html。

1.8 实践和探索

现在尝试回答一些问题，从而测试自己对知识的掌握程度，获得一些实际操作经验，并对本章涉及的主题进行更深入的研究。

1.8.1 练习1.1：测试你掌握的知识

试着回答以下问题，记住，虽然大多数答案可在本章中找到，但你需要进行一些在线研究或编写一些代码来回答其他问题：

(1) Visual Studio 2022比Visual Studio Code更好吗?

(2) .NET 5和更新版本比.NET Framework更好吗?

(3) .NET Standard 是什么？为什么它仍然重要？

(4) 为什么程序员可使用不同的语言(如 C#和 F#)编写运行在.NET 上的应用程序？

(5) 什么是顶级程序？如何访问命令行参数？

(6) .NET 控制台应用程序的入口点方法是什么？如果你没有使用顶级程序特性，应该如何显式地声明它？

(7) 在顶级程序中，Program 类定义在哪个名称空间中？

(8) 可在哪里寻找关于 C#关键字的帮助？

(9) 可在哪里寻找常见编程问题的解决方案？

(10) 在使用 AI 帮助自己编写代码后，你应该做些什么？？

提示：

可从 GitHub 存储库的 README 文件中的链接下载附录 A(英文版)：https://github.com/markjprice/ cs12dotnet8。

1.8.2 练习 1.2：使用浏览器在任何地方练习 C#

不需要下载并安装 Visual Studio Code，甚至不需要 Visual Studio 2022，就可以编写 C#代码。可以在以下任何链接开始在线编码：

- Visual Studio Code for Web：https://vscode.dev/
- SharpLab：https://sharplab.io/
- C# Online Compiler | .NET Fiddle：https://dotnetfiddle.net/
- W3Schools C# Online Compiler：https://www.w3schools.com/cs/cs_compiler.php

1.8.3 练习 1.3：探索主题

撰写一本书是一段精心策划的历程。笔者试图在纸质书中找到适当的主题平衡。我所写的其他内容可以在本书的 GitHub 存储库中找到。

相信本书涵盖了 C#和.NET 开发人员应该拥有或知道的所有基本知识和技能。一些较长的例子可在微软文档或第三方作者的文章中找到，本书提供了相关的链接。

请通过以下网页了解本章所涵盖主题的更多详情：

https://github.com/markjprice/cs12dotnet8/blob/main/docs/book-links.md#chapter-1---hello-c-welcome-net

1.8.4 练习 1.4：探索 Polygot Notebooks

完成下面的在线小节，以探索如何使用 Polygot Notebooks 及其.NET Interactive 引擎：

https://github.com/markjprice/cs12dotnet8/blob/main/docs/ch01-polyglot-notebooks.md

1.8.5 练习 1.5：探索现代.NET 的主题

微软使用 Blazor 创建了一个网站，显示了现代.NET 的主要主题：https://themesof.net/。

1.8.6　练习1.6：Free Code Camp和C#认证

在很长一段时间，微软举办过针对C# 5的考试：*Exam 70-483: Programming in C#*。我把获得考试资格和通过考试需要的技能教给了几百个开发人员。遗憾的是，这个考试在几年前被取消了。

2023年8月，微软宣布针对C#提供了一个新的基础认证，以及35小时的免费在线课程。你可以访问下面的链接来了解关于如何进行认证的更多信息：

https://www.freecodecamp.org/learn/foundational-c-sharp-with-microsoft/

1.8.7　练习1.7：.NET的alpha版本

你可以从下面的链接下载.NET的未来版本，包括alpha版本(但可能你不应该这么做)：

https://github.com/dotnet/installer#table

例如，在2023年8月，可以下载.NET SDK 9 alpha，它包含.NET 8运行时的一个早期候选发布版，不过很少有人下载它，所以Edge会显示警告，试图阻止你下载，如图1.24所示：

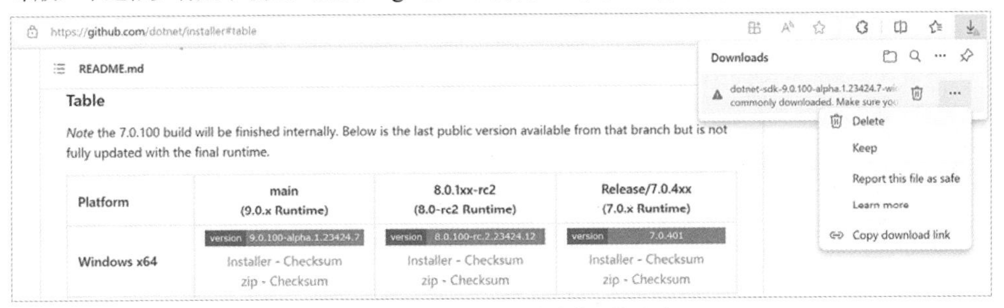

图1.24　.NET的alpha版本的下载页面

警告：

alpha版本是供微软员工内部使用的。beta版本(官方预览版)则是供外部使用的，并会在微软的博客中公开宣传。就我个人而言，在2023年12月之前，我不会下载.NET 9的alpha版本，但到了12月份，alpha版本可能会相比.NET 8增加一些新特性，那个时候我可能会下载它。当2024年2月发布了.NET 9的官方预览版后，我推荐使用官方预览版。

关于使用本书学习.NET 9或10的更多信息，请访问下面的链接：https://github.com/markjprice/cs12dotnet8/blob/main/docs/dotnet9.md。

1.9　本章小结

本章主要内容：

- 设置了开发环境。
- 在一篇在线文章中讨论了现代.NET、.NET Core、.NET Framework、Xamarin和.NET Standard之间的异同。

- 使用带.NET SDK CLI 的 Visual Studio 2022 和 Visual Studio Code，在解决方案中创建了一些简单的控制台应用程序。
- 学习如何从 GitHub 存储库下载本书的解决方案代码。
- 学会了如何寻求帮助。既可以采用传统方式，使用 help 命令的开关、文档和文章，也可以采用现代方式，与擅长编码的 AI 进行交流，或者使用基于 AI 的工具来执行繁重的工作。

第 2 章将学习 C#。

第2章

C#编程基础

本章全面介绍了 C#编程语言的基础知识。在本章的学习过程中，你将学习如何使用 C#语法编写语句，还将了解一些几乎每天都会用到的常见词汇。此外，到本章结束时，你将对如何在计算机内存中临时存储和处理信息充满自信。

本章涵盖以下主题：

- 介绍 C#语言
- 了解 C#编译器版本
- 理解 C#语法和词汇
- 使用变量
- 进一步探索控制台应用程序
- 理解 async 和 await

2.1 介绍 C#语言

本书的这一部分是关于 C#语言的——每天用来编写应用程序源代码的语法和词汇。

编程语言与人类语言有很多相似之处，但有一点除外：在编程语言中，可以自己创建单词！

在 Seuss 博士于 1950 年撰写的 *If I Ran the Zoo*(《如果我来经营动物园》)一书中，他写道：

然后，只是为了向他们展示，我将前往 Kar-Troo，带回一只 It-Kutch、一只 Preep、一只 Proo、一只 Nerkle、一只 Nerd，还有一只 Seersucker!

2.1.1 理解 C#语言版本和特性

本书的这一部分主要是为初学者编写的，因此涵盖了所有开发人员都需要知道的基本主题，从声明变量到存储数据，再到如何自定义数据类型。

本节涵盖 C#语言从版本 1 到最新版本 12 的所有特性。

如果你已经对 C#的旧版本有所了解，并且有兴趣了解其最新版本的新特性，下面列出了该语言的版本和它们的重要新特性。

你可以通过以下链接在 GitHub 仓库中查看相关信息：https://github.com/markjprice/cs12dotnet8/blob/main/docs/ch02-features.md。

2.1.2 了解 C#标准

多年来，微软已经向标准化机构提交了几个版本的 C#，如表 2.1 所示。

表 2.1 C#语言的 ECMA 标准

C# 版本	ECMA 标准	ISO/IEC 标准
1.0	ECMA-334:2003	ISO/IEC 23270:2003
2.0	ECMA-334:2006	ISO/IEC 23270:2006
5.0	ECMA-334:2017	ISO/IEC 23270:2018
6.0	ECMA-334:2022	ISO/IEC 23270:2022

更多信息：

C# 7.3 的 ECMA 标准仍然是一个草案。所以，根本不用去考虑 C# 8 到 12 版本何时会成为 ECMA 标准！微软在 2014 年已将 C# 开源。可通过以下链接阅读最新的 C# 标准文档：https://learn.microsoft.com/en-us/dotnet/csharp/language-reference/ specifications。

比 ECMA 标准更实用的是一些公共的 GitHub 仓库，这些仓库尽可能地让 C#及相关技术的工作保持透明和开放，如表 2.2 所示。

表 2.2 C#的公共 GitHub 仓库

说明	链接
C# 语言设计	https://github.com/dotnet/csharplang
编译器实现	https://github.com/dotnet/roslyn
描述语言的标准	https://github.com/dotnet/csharpstandard

2.2 了解 C#编译器版本

.NET 语言编译器(对于 C#、Visual Basic，也称为 Roslyn)和 F#的独立编译器是作为.NET SDK 的一部分发布的。要使用特定版本的 C#，就必须安装对应版本的.NET SDK，如表 2.3 所示。

表 2.3 不同 C#编译器版本对应的.NET SDK 版本

.NET SDK 版本	Roslyn 编译器	默认的 C#版本
1.0.4	2.0-2.2	7.0
1.1.4	2.3-2.4	7.1
2.1.2	2.6-2.7	7.2
2.1.200	2.8-2.10	7.3
3.0	3.0-3.4	8.0
5.0	3.8	9.0
6.0	4.0	10.0
7.0	4.4	11.0
8.0	4.8	12.0

创建类库时，可选择以.NET Standard 为目标，也可选择现代.NET 的各个版本。它们具有默认的 C#语言版本，如表 2.4 所示。

表 2.4　不同.NET Standard 版本对应的默认 C#编译器版本

.NET Standard	C#
2.0	7.3
2.1	8.0

更多信息：
虽然必须安装最低版本的.NET SDK 才能访问特定的编译器版本，但书中所创建的项目可以针对较旧版本的.NET，且仍然可以使用现代编译器版本。例如，如果安装了.NET 7 SDK 或更高版本，就可在以.NET Core 3.0 为目标的控制台应用程序中使用 C# 11 语言特性。

2.2.1 如何输出 SDK 版本

下面看看有哪些可用的.NET SDK 和 C#语言编译器版本。

(1) 在 Windows 上，启动 Windows Terminal 或命令提示符。在 macOS 上，启动 Terminal。

(2) 要确定可以使用哪个版本的.NET SDK，请输入以下命令：

```
dotnet --version
```

(3) 注意，撰写本书时使用的版本是 8.0.100，这表明它是 SDK 的初始版本，尚未包含任何 bug 或新特性，输出如下：

```
8.0.100
```

2.2.2 启用特定的语言版本编译器

一些开发工具，如 Visual Studio 和 dotnet 命令行接口，都假设你希望在默认情况下使用 C#语言编译器的最新主版本。所以在 C# 8 发布之前，C# 7 是最新主版本，于是默认使用 C# 7.0。要使用 C#次版本(如 C# 7.1、C# 7.2、C# 7.3)中的改进，就必须在项目文件中添加配置元素<LangVersion>，如下所示：

```
<LangVersion>7.3</LangVersion>
```

在 C# 12 和 .NET 8 之后，如果微软发布了 C# 12.1 编译器，并且希望使用 C# 12.1 的新语言特性，就必须在项目文件中添加配置元素，如下所示：

```
<LangVersion>12.1</LangVersion>
```

<LangVersion>的潜在取值如表 2.5 所示。

表 2.5 <LangVersion>的潜在取值

潜在取值	说明
7、7.1、7.2、7.3、8、9、10、11、12	如果已经安装了特定的版本，就使用相应的编译器
latestmajor	使用最高的主版本，例如，2019 年 8 月发布的 C# 7.0、2019 年 10 月发布的 C# 8、2020 年 11 月发布的 C# 9、2021 年 11 月发布的 C# 10、2022 年 11 月发布的 C# 11、2023 年 11 月发布的 C# 12
latest	使用最高的主版本和最高的次版本，例如，2017 年发布的 C# 7.2、2018 年发布的 C# 7.3、2019 年发布的 C# 8、2024 年上半年可能发布的 C# 12.1
preview	使用可用的最高预览版本，例如，2023 年 7 月发布的 C# 12.0，其中也附带安装了.NET 8 Preview 6

2.2.3 使用未来的 C#编译器版本

在 2024 年 2 月，微软发布了.NET 9 的第一个预览版，其中包含了 C# 13 编译器。你可以通过以下链接安装其 SDK：

https://dotnet.microsoft.com/en-us/download/dotnet/9.0

在 2024 年 2 月之前，这个链接可能会显示 404 Missing resource 错误，所以在那之前请不要尝试使用它！

安装.NET 9 SDK 预览版后，就能使用它来创建新项目并探索 C# 13 中的新语言特性。创建新项目后，就可以编辑.csproj 文件并添加<LangVersion>元素了，将其设置为 preview，以使用预览版的 C# 13 编译器，如以下高亮显示的代码行所示：

```
<Project Sdk="Microsoft.NET.Sdk">
  <PropertyGroup>
    <OutputType>Exe</OutputType>
    <TargetFramework>net9.0</TargetFramework>
    <LangVersion>preview</LangVersion>
  </PropertyGroup>
</Project>
```

2.2.4 .NET 8 的 C#编译器切换到后续版本

.NET 8 是一个 LTS(长期支持)版本，因此微软承诺为继续使用.NET 8 的开发人员提供至少三年的支持。但这并不意味着你必须使用 C# 12 编译器三年！

在 2024 年 11 月，微软可能会发布.NET 9，其中可能包含具有新特性的 C# 13 编译器。尽管.NET 8 的后续版本可能会包含 C# 13 编译器的预览版，但为了获得微软的正式支持，应该谨慎使用。将<LangVersion>设置为 Preview 仅适用于探索目的，而非生产项目，因为预览版可能没有得到微软的全面支持，且更有可能包含错误。微软提供预览版是为了收集开发人员的反馈，以便他们可以继续改进 C#。

一旦 2024 年 11 月.NET 9 SDK 公开发布，就可以在继续以.NET 8 为目标的项目中，使用.NET 9 SDK 及其 C# 13 编译器。要实现这一点，需要将目标框架设置为 net8.0，并在项目文件中添加一个<LangVersion>元素，并将其值设置为 13，如下面高亮显示的代码行所示：

```
<Project Sdk="Microsoft.NET.Sdk">
  <PropertyGroup>
```

```
    <OutputType>Exe</OutputType>
    <TargetFramework>net8.0</TargetFramework>
    <ImplicitUsings>enable</ImplicitUsings>
    <Nullable>enable</Nullable>
    <LangVersion>13</LangVersion>
  </PropertyGroup>
</Project>
```

前面提到的项目以.NET 8.0 为目标，因此只要它运行在得到每月补丁更新的.NET 8 运行时上，它将得到微软的支持直到 2026 年 11 月。如果该项目使用.NET 9 SDK 进行构建，那么开发人员可以将<LangVersion>设置为 13，以利用 C# 13 编译器的新特性。

如果你将项目的目标设置为 net9.0(如果你已经安装了.NET 9 SDK，新项目将默认以 net9.0 为目标)，那么默认的编程语言将是 C# 13，因此无需在项目文件中明确设置<LangVersion>。在 2025 年 2 月，微软可能会发布.NET 10 的初步预览版，随后在 2025 年 11 月，它可能会发布.NET 10 的正式版以供生产环境中使用。届时，你可以通过以下链接安装.NET 10 SDK，并以与上面描述的.NET 9 中 C# 13 相同的方式探索 C# 14(如果它随.NET 10 一起发布)：

https://dotnet.microsoft.com/en-us/download/dotnet/10.0

再次提醒，上述链接是为将来使用提供的！在 2025 年 2 月之前，这个链接可能会显示 404 Missing resource 错误，所以在那之前请不要尝试使用它。

警告：

一些 C#语言特性依赖于底层.NET 库的更新。即使安装了带有最新编译器的最新 SDK，但当针对较旧版本的.NET 开发时，也可能无法利用所有的新语言特性。举例来说，C# 11 引入了 required 关键字，但是这个关键字无法用在以.NET 6 为目标的项目中，因为它依赖于一些新的属性，而这些属性仅在.NET 7 或更高版本中可用。幸运的是，如果你尝试在代码中使用了不受当前.NET 版本支持的 C#特性，编译器会给出相应的警告。因此，在开发过程中，你应该为这种可能性做好准备。

2.2.5　显示编译器版本

我们首先编写显示编译器版本的代码。

(1) 如果你已完成了第 1 章，那么应该有了一个名为 cs12dotnet8 的文件夹。如果没有，就需要创建它。

(2) 使用自己喜欢的代码编辑器创建一个新的项目，该项目的定义如下所示。

- 项目模板：Console App [C#] / console
- 项目文件和文件夹：Vocabulary
- 解决方案文件和文件夹：Chapter02
- 不使用顶级语句：已清除
- 启用原生 AOT 发布：已清除

最佳实践：

如果忘记了如何操作或者没有完成前一章的内容，那么可以回顾第 1 章中创建包含多个项目的解决方案的分步说明。

(3) 在 Vocabulary 项目中，在 Program.cs 文件的注释之后添加一条语句，将 C#版本显示为错误，代码如下所示：

```
#error version
```

(4) 运行控制台应用程序。

- 在 Visual Studio 2022 中，导航到 Debug | Start Without Debugging。当提示是否要继续并运行上一次成功构建的控制台应用程序时，单击 No 按钮。
- 在 Visual Studio Code 中，在 Vocabulary 文件夹的终端中输入 dotnet run 命令。注意，我们预期会出现一个编译错误，所以当你看到它时不要惊慌！

(5) 注意，编译器版本和语言版本会以编译器错误消息编号 CS8304 的形式出现，如图 2.1 所示。

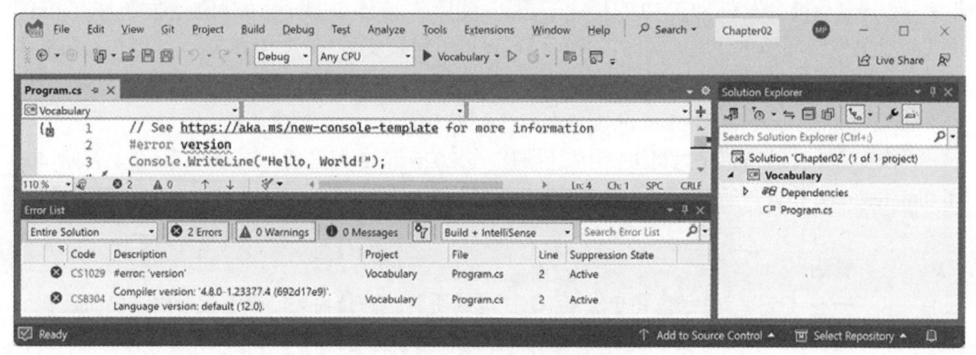

图 2.1　显示 C#语言版本的编译器错误

Visual Studio Code 中的 PROBLEMS 窗口或 Visual Studio 中的 Error List 窗口内的错误消息显示 Compiler version: '4.8.0...'，语言版本为 default (12.0)。

(6) 注释掉导致错误的语句，代码如下所示：

```
// #error version
```

(7) 注意，编译器错误消息消失了。

2.3　理解 C#语法和词汇

本章先介绍 C#的语法和词汇的基础，将创建多个控制台应用程序，每个应用程序都显示了 C#语言的相关特性。

2.3.1　了解 C#语法

C#语法包括语句和代码块。要对代码进行说明，可以使用注释。

最佳实践：

注释不应该是对代码进行说明的唯一方式。为变量和函数选择合理的名称、编写单元测试和创建实际的文档是对代码进行说明的其他一些方法。

2.3.2　语句

在英语中，人们使用句点来表示句子的结束。一个句子可由多个单词和短语组成，单词的顺序是语法的一部分。例如，在英语短语“the black cat”中，形容词 black 在名词 cat 之前；而在法语语法中，与“the black cat”含义相同的短语为“le chat noir”，其形容词 noir 跟在名词 chat 的后面。从这里可以看出，单词的顺序很重要。

C#用分号来表示语句的结束。一个 C#语句可由多个类型、变量和由标记(token)组成的表达式组成。每个标记之间通过空白或其他明显不同的标记(如操作符= 或 +)来分隔。

例如，在下面的 C#语句中，decimal 是类型，totalPrice 是变量，而 subtotal + salesTax 是表达式：

```
decimal totalPrice = subtotal + salesTax;
```

以上表达式由一个名为 subtotal 的操作数、操作符+和另一个名为 salesTax 的操作数组成。操作数和操作符的顺序很重要，因为顺序会影响其意义和结果。

2.3.3　注释

注释是对代码进行文档化的主要方法，可增加对代码工作原理的理解，可供其他开发人员阅读，甚至在几个月后可供你自己阅读。

注意：

在第 4 章中，将学习关于以三个斜杠///开头的 XML 注释，并使用合适的工具生成网页，以对代码进行文档化。

可使用双斜杠//添加注释来解释代码。通过插入//，编译器将忽略//后面的所有内容，直到行尾，如下所示：

```
// Sales tax must be added to the subtotal.
var totalPrice = subtotal + salesTax;
```

要编写多行注释，请在注释的开头使用/*，在结尾使用*/，如下所示：

```
/*
This is a
multi-line comment.
*/
```

虽然/**/最常用于多行注释，但它也适用于在语句中间进行注释，如以下代码所示：

```
decimal totalPrice = subtotal /* for this item */ + salesTax;
```

最佳实践：

设计良好的代码，包括具有命名良好的参数的函数签名和类的封装，在一定程度上可以是自文档化的。当发现自己的代码中添加了太多的注释和解释时，就问问自己：可以重写这段代码(也就是重构)，使它更容易理解，而不需要长注释吗？

可使用代码编辑器的一些命令方便地添加和删除注释字符，如下所述。

- Visual Studio 2022：导航到 Edit | Advanced | Comment Selection 或 Uncomment Selection。
- Visual Studio Code：导航到 Edit | Toggle Line Comment 或 Toggle Block Comment。
- JetBrains Rider：导航到 Code | Comment with Line Comment 或 Comment with Block Comment

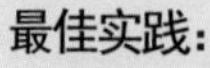

最佳实践：

可通过在代码语句之前或之后添加描述性文本来注释代码。可通过在语句之前或语句周围添加注释字符来注释掉代码，从而使语句处于非活动状态。取消注释意味着删除注释字符。

2.3.4 代码块

在英语中，换行表示一个新的段落。C#用花括号{}表示代码块。

代码块以声明开始，以指示要定义的内容。例如，一个代码块可以定义许多语言构造的开始和结束，包括名称空间、类、方法或 foreach 这样的语句。

在本章及后续章节中将介绍更多关于名称空间、类和方法的知识，但现在仅简要介绍其中的一些概念：

- **名称空间**包含类型(如类)，以便将它们分组在一起。
- **类**包含对象的成员(包括方法)。
- **方法**中的语句实现对象可以执行的操作。

像 Visual Studio 2022 和 Visual Studio Code 这样的代码编辑器提供了一种便捷的功能，可以通过在代码左侧边缘移动鼠标光标来切换[-]或[+]或者指向下方或右方的箭头符号，从而折叠和展开代码块，如图 2.2 所示。

Visual Studio 2022

```
// Loop through all the types in the assembly.
foreach (TypeInfo t in a.DefinedTypes)
{
  // Add up the counts of all the methods.
  methodCount += t.GetMethods().Length;
}
```

```
// Loop through all the types in the assembly.
foreach (TypeInfo t in a.DefinedTypes)[...]
```

Visual Studio Code

```
// Loop through all the types in the assembly.
foreach (TypeInfo t in a.DefinedTypes)
{
  // Add up the counts of all the methods.
  methodCount += t.GetMethods().Length;
}
```

```
// Loop through all the types in the assembly.
foreach (TypeInfo t in a.DefinedTypes)···
```

图 2.2 带有展开和折叠代码块功能的代码编辑器

2.3.5 区域

你可以在想要的任何语句周围定义自己的带标签的区域，这些区域允许你在大多数代码编辑器中像折叠和展开代码块一样操作它们，如下面的代码所示：

```
#region Three variables that store the number 2 million.

int decimalNotation = 2_000_000;
int binaryNotation = 0b_0001_1110_1000_0100_1000_0000;
int hexadecimalNotation = 0x_001E_8480;

#endregion
```

通过这种方法，这些区域可以被视为可以折叠的注释块，以显示该块的功能摘要。

在我的 GitHub 仓库的解决方案代码中，我将在整个项目中使用#region 块，特别是在我们还未开始定义函数之前的早期章节中。这些函数本身可以作为可折叠的区域，但出于节省空间的考虑，我在印刷版书籍中将不会显示这些#region 块。因此，请根据你的个人需求和代码组织习惯来决定是否在你的代码中使用#region 块。

2.3.6 语句和语句块的示例

在未使用顶级程序功能的简单控制台应用程序中，我在语句和语句块中添加了一些注释，如下所示：

```
using System; // A semicolon indicates the end of a statement.

namespace Basics
{ // An open brace indicates the start of a block.
  class Program
  {
   static void Main(string[] args)
   {
    Console.WriteLine("Hello World!"); // A statement.
   }
  }
} // A close brace indicates the end of a block.
```

注意，C# 语法使用了一种特定的大括号风格，其中开括号{ 和闭括号 }都各自独立成行，且具有相同的代码缩进级别，如下面的代码所示：

```
if (x < 3)
{
  // Do something if x is less than 3.
}
```

其他语言(如 JavaScript) 也使用大括号风格，但它们的格式有所不同。在 JavaScript 中，开括号 { 通常放在声明语句的末尾，如下面的代码所示：

```
if (x < 3) {
  // Do something if x is less than 3.
}
```

你可以使用自己喜欢的任何风格，因为编译器并不会因为风格的不同而拒绝编译代码。。

在编写用于印刷书籍的代码时，为了节省垂直空间，我有时会选择使用 JavaScript 风格的大括号放置方式。但大多数情况下，我还是会坚持使用 C#风格的大括号放置方式。我在缩进时使用了两个空格而不是更常见的四个空格，这是因为我的代码将被打印在书中，页面的宽度有限，使用两个空格可以更有效地利用页面空间。

更多信息：

可在以下链接中找到 C#的官方编码风格规范：https://learn.microsoft.com/en-us/dotnet/csharp/fundamentals/codingstyle/coding-conventions。

然而，不论这些官方指南如何推荐，我都建议你遵守你的开发团队已经采纳的任何编码标准，除非你是一名单独开发人员。在这种情况下，只要你的代码能编译，你就可以使用自己喜欢的任何编码规范。不过，为了你自己未来能够更轻松地理解和维护代码，请尽量保持一种编码风格的一致性！

最佳实践：

微软官方文档中使用的括号风格是 C#中最常用的编码风格，这种风格强调代码的可读性和一致性。例如，在以下链接中可以查看 for 语句的示例，其中展示了这种括号风格的使用方法：https://learn.microsoft.com/en-us/dotnet/csharp/language-reference/statements/iteration-statements。

2.3.7 使用空白字符格式化代码

空白字符包括空格、制表符和换行符。你可以按照自己喜欢的方式使用这些空白字符来格式化代码，因为额外的空白字符对编译器的执行结果没有影响。

以下四条语句在功能上都是等价的：

```
int sum = 1 + 2; // Most developers would prefer this format.

int
sum=1+
2; // One statement over three lines.

int      sum=    1    +2;int sum=1+2; // Two statements on one line.
```

在前述语句中，唯一需要的空白字符是 int 和 sum 之间的一个，用以告诉编译器它们是不同的标记。可以使用任何单个空白字符，如空格、制表符或换行符，编译器都能正确解析代码。

更多信息：

可通过以下链接阅读 C#空白字符的正式定义：https://learn.microsoft.com/en-us/dotnet/csharp/language-reference/language-specification/lexical-structure#634-white-space。

2.3.8 了解 C#词汇表

C#词汇表由关键字、符号字符和类型组成。

本书中一些预定义的保留关键字包括 using、namespace、class、static、int、string、double、bool、if、switch、break、while、do、for、foreach、this 和 true。

一些符号字符可能包括"、'、+、－、*、/、%、@和$。

还有其他一些上下文关键字，它们仅在特定上下文中具有特定含义。如 and、or、not、record 和 init。

然而，这仍然意味着 C#语言中只有大约 100 个实际的关键字。

最佳实践：

C#关键字都以小写字母形式表示。虽然可以使用小写字母来表示自己的类型名称，但也不应该这样做。在 C# 11 及后续版本中，如果这样做，编译器将发出如下警告：

Warning CS8981 The type name 'person' only contains lower-cased ascii characters. Such names may become reserved for the language.

2.3.9　将编程语言与人类语言进行比较

英语有超过 250 000 个不同的单词，那么 C#为什么只有大约 100 个关键字呢？此外，如果 C#的单词量仅为英语单词量的 0.0416%，那么为什么 C#如此难学呢？

人类语言和编程语言之间的一个关键区别是，开发人员需要能够定义具有新含义的新“单词”。除了 C#语言中的大约 100 个关键字，本书还将介绍其他开发人员定义的数十万个“单词”中的一些，你将学习如何定义自己的“单词”。

全世界的程序员都必须学习英语，因为大多数编程语言使用的都是英语单词，如 if 和 break。有些编程语言使用其他人类语言，如阿拉伯语，但这类情况很少见。如果感兴趣，下面这段 YouTube 视频链接展示了一种阿拉伯语编程语言：https://youtu.be/dkO8cdwf6v8。

2.3.10　修改 C#语法的配色方案

默认情况下，Visual Studio 2022 和 Visual Studio Code 将 C#关键字显示为蓝色，以使它们更容易与其他代码区分。这两种工具都允许自定义配色方案。

在 Visual Studio 2022 中：

(1) 导航到 Tools | Options。

(2) 在 Options 对话框的 Environment 部分，选择 Fonts and Colors，再选择要自定义的显示项。也可以搜索该部分，而不采用浏览的方式进行选择。

在 Visual Studio Code 中：

(1) 导航到 File | Preferences | Color Theme (在 macOS 中是位于 Code 菜单上)。

(2) 选择一个颜色主题。作为参考，我将使用 Light+(default light)颜色主题，以便屏幕截图在印刷的书中看起来效果更好。

在 JetBrains Rider 中：

导航到 File | Settings | Editor | Color Scheme。

2.3.11　如何编写正确的代码

像记事本(Notepad)这样的纯文本编辑器并不能帮助你写出正确的英语文本。同样，记事本也不能帮助你写出正确的 C#代码。

微软的 Word 软件可以帮助你写英语文本，Word 软件会用红色波浪线来强调拼写错误，比如 icecream 应该是 ice-cream 或 ice cream；而用蓝色波浪线强调语法错误，比如句子应该使用大写的首字母。

与此类似，Visual Studio 2022 和 Visual Studio Code 的 C#扩展可通过突出显示拼写错误(比如

方法名 WriteLine 中的 L 应该大写)和语法错误(比如语句必须以分号结尾)来帮助编写 C#代码。

C#扩展不断地监视输入的内容，并通过彩色波浪线高亮显示问题来提供反馈，这与 Word 软件类似。

下面看看具体的实现步骤。

(1) 在 Program.cs 中，将 WriteLine 方法中的 L 改为小写。

(2) 删除语句末尾的分号。

(3) 在 Visual Studio Code 中导航到 View | Problems，或在 Visual Studio 中导航到 View | Error List，或在 JetBrains Rider 中，导航到 View | Tool Windows | Problems，注意，红色波浪线出现在错误代码的下方，并且会显示相关细节，如图 2.3 所示(说明：本书为黑白印刷，彩色效果可参考在线资源，后面类似情形不再单独说明)。

(4) 修改两处编码错误。

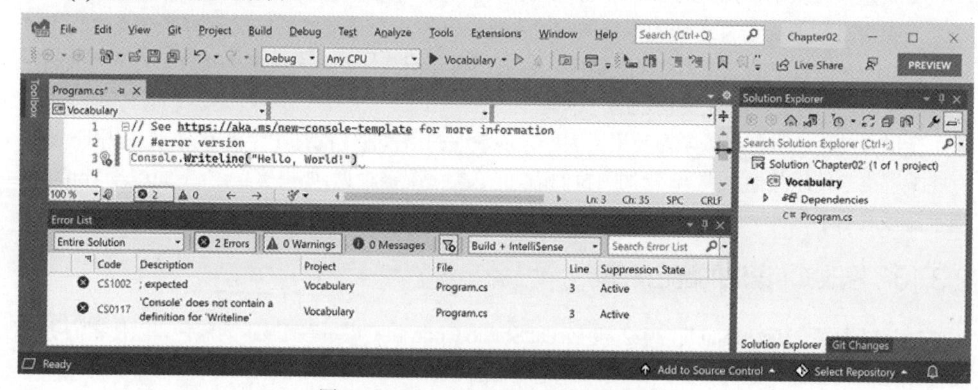

图 2.3 Error List 窗口显示了两个编译错误

2.3.12 导入名称空间

System 是一个名称空间，类似于类型的地址。要指出某人的确切位置，可以用 Oxford.HighStreet.BobSmith，它告诉我们在牛津市的 High Street 大街上寻找一个叫 Bob Smith 的人。

System.Console.WriteLine 告诉编译器在 System 名称空间的 Console 类型中查找 WriteLine 方法。

为了简化代码，.NET 6.0 之前的每个版本的控制台应用程序项目模板都在代码文件的顶部添加了一条语句，告诉编译器始终在 System 名称空间中查找没有加上名称空间前缀的类型，如下所示：

```
using System; // import the System namespace
```

我们称这种操作为导入名称空间。导入名称空间的效果是，名称空间中的所有可用类型都对程序可用，而不需要输入名称空间前缀，在编写代码时名称空间中所有可用的类型将以智能感知的方式显示。

2.3.13 隐式和全局导入名称空间

传统上，每个需要导入名称空间的.cs 文件都必须首先使用 using 语句来导入这些名称空间。像 System 和 System.Linq 这样的名称空间几乎在所有的.cs 文件中都是必需的，所以每个.cs 文件的前几行通常要包含几个 using 语句，如下面的代码所示：

```
using System;
using System.Linq;
using System.Collections.Generic;
```

当使用 ASP.NET Core 创建网站和服务时，每个文件都需要导入几十个名称空间。

C# 10 引入了一个新的关键字组合，并且.NET SDK 6 引入了一种新的项目设置，一起使用它们可以简化公共名称空间的导入。

global using 关键字组合意味着只需要在一个.cs 文件中导入一个名称空间，它将在所有.cs 文件中都可用。可以把 global using 语句放到 Program.cs 文件中，但我建议为这些语句创建一个名为 GlobalUsings.cs 的单独文件，其中包含所有 global using 语句，代码如下所示：

```
global using System;
global using System.Linq;
global using System.Collections.Generic;
```

最佳实践：

开发人员习惯了这个新的 C#特性后，我预计这种文件的命名约定能成为事实上的标准。正如所见，相关的.NET SDK 特性也使用了类似的命名约定。

任何针对.NET 6.0 或更高版本并因此使用 C# 10 及更高版本编译器的项目都会在 obj\Debug\net8.0 文件夹中生成一个<ProjectName>.GlobalUsings.g.cs 文件，以隐式地全局导入一些公共名称空间，如 System。隐式导入的名称空间的具体列表取决于所针对的 SDK，如表 2.6 所示。

表 2.6　.NET SDK 及其隐式导入的名称空间

SDK	隐式导入的名称空间
Microsoft.NET.Sdk	System System.Collections.Generic System.IO System.Linq System.Net.Http System.Threading System.Threading.Tasks
Microsoft.NET.Sdk.Web	与 Microsoft.NET.Sdk 相同，隐式导入的名称空间有： System.Net.Http.Json Microsoft.AspNetCore.Builder Microsoft.AspNetCore.Hosting Microsoft.AspNetCore.Http Microsoft.AspNetCore.Routing Microsoft.Extensions.Configuration Microsoft.Extensions. DependencyInjection Microsoft.Extensions.Hosting Microsoft.Extensions.Logging

(续表)

SDK	隐式导入的名称空间
Microsoft.NET.Sdk.Worker	与 Microsoft.NET.Sdk 相同，隐式导入的名称空间有： Microsoft.Extensions.Configuration Microsoft.Extensions. DependencyInjection Microsoft.Extensions.Hosting Microsoft.Extensions.Logging

下面看看当前自动生成的隐式导入文件。

(1) 在 Solution Explorer 中，单击 Show All Files 切换按钮，注意编译器生成的 bin 和 obj 文件夹现在是可见的。

(2) 在 Vocabulary 项目中，依次展开 obj 文件夹、Debug 文件夹和 net8.0 文件夹，然后打开文件 Vocabulary.GlobalUsings.g.cs。

更多信息：

Vocabulary.GlobalUsings.g.cs 文件的命名约定是<ProjectName>.GlobalUsings.g.cs。注意 g 代表 generated(生成的)，它用于区分开发人员编写的代码文件。

(3) 记住，这个文件是编译器为针对.NET 6.0 的项目自动创建的，并导入了一些常用的名称空间，包括 System.Threading，代码如下所示：

```
// <autogenerated />
global using global::System;
global using global::System.Collections.Generic;
global using global::System.IO;
global using global::System.Linq;
global using global::System.Net.Http;
global using global::System.Threading;
global using global::System.Threading.Tasks;
```

(4) 关闭 Vocabulary.GlobalUsings.g.cs 文件。

(5) 在 Solution Explorer 中，打开 Vocabulary.csproj 项目文件，然后向该项目文件添加其他条目，以控制隐式导入哪些名称空间，如下面高亮显示的代码所示：

```
<Project Sdk="Microsoft.NET.Sdk">

  <PropertyGroup>
    <OutputType>Exe</OutputType>
    <TargetFramework>net8.0</TargetFramework>
    <Nullable>enable</Nullable>
    <ImplicitUsings>enable</ImplicitUsings>
  </PropertyGroup>

  <ItemGroup>
    <Using Remove="System.Threading" />
    <Using Include="System.Numerics" />
    <Using Include="System.Console" Static="true" />
    <Using Include="System.Environment" Alias="Env" />
  </ItemGroup>
```

```
</Project>
```

更多信息：

<ItemGroup>与<ImportGroup>不同。务必要正确使用！还要注意，项目组或条目组中元素的顺序无关紧要。例如，<Nullable>可以在<ImplicitUsings>之前或之后。

(6) 将所做的更改保存到项目文件中。

(7) 依次展开obj文件夹、Debug文件夹和net8.0文件夹，然后打开文件Vocabulary.Global- Usings.g.cs。

(8) 注意，该文件现在导入了 System.Numerics(而非 System.Threading)，Environment 类已经被导入，其别名为Env，并且我们已经静态导入了Console类，如下面高亮显示的代码所示：

```
// <autogenerated />
global using global::System;
global using global::System.Collections.Generic;
global using global::System.IO;
global using global::System.Linq;
global using global::System.Net.Http;
global using global::System.Numerics;
global using global::System.Threading.Tasks;
global using Env = global::System.Environment;
global using static global::System.Console;
```

(9) 在 Program.cs 文件中添加一条语句，从计算机输出一条消息。注意，由于我们已经静态导入了Console类，因此可以直接调用其方法，如WriteLine，而无需在前面加上Console前缀。同样，由于我们已经为 Environment 类设置了别名 Env，因此也可以使用该别名来引用它，如下面的代码所示：

```
WriteLine($"Computer named {Env.MachineName} says \"No.\"");
```

(10) 运行该项目并注意如下输出消息。

```
Computer named DAVROS says "No."
```

更多信息：

你的计算机名称将会不同，除非像我一样按照《神秘博士》(Doctor Who)中的角色来命名你的计算机。

可通过完全删除项目文件中的<ImplicitUsings>元素或将其值改为 disable 来禁用所有为 SDK 隐式导入的名称空间特性，如下面的代码所示：

```
<ImplicitUsings>disable</ImplicitUsings>
```

最佳实践：

如果你希望方便管理，可能会考虑手动创建一个单独的文件，用于存放所有 global using 语句，而不是让一些文件自动包含这些语句，而其他文件则需要你手动添加。不过，我个人的建议是保留这个功能，并通过编辑项目文件来定制在 obj 文件夹层级中自动生成的类文件所包含的内容。这样做既可以保留自动生成的便利性，又能满足你定制化的需求。

2.3.14 动词表示方法

在英语中，动词是表示动作或行动的词，如 run 和 jump。在 C#中，动作或行动被称为方法。C#有成千上万个方法可用。在英语中，动词的写法取决于动作发生的时间。例如，jump 的过去进行时是 was jumping，现在时是 jumps，过去时是 jumped，将来时是 will jump。

在 C#中，像 WriteLine 这样的方法会根据操作的细节改变调用或执行的方式。这称为重载，第 5 章将详细讨论有关重载的内容。但现在考虑以下示例：

```
// Outputs the current line terminator.
// By default, this is a carriage-return and line feed.
Console.WriteLine();

// Outputs the greeting and the current line terminator.
Console.WriteLine("Hello Ahmed");

// Outputs a formatted number and date and the current line terminator.
Console.WriteLine(
  "Temperature on {0:D} is {1}°C.", DateTime.Today, 23.4);
```

> **更多信息：**
> 当我展示没有附带逐步编号说明的代码片段时，我并不希望你直接将其复制并执行。因为这些代码片段在缺乏相应上下文的情况下是无法正常运行的。

另一个不同且不太精确的类比是，有些动词虽然拼写相同，但根据上下文有不同的含义。

2.3.15 名词表示类型、变量、字段和属性

在英语中，名词是指事物的名称。例如，Fido 是一只狗的名字。单词 dog 告诉我们 Fido 是什么类型的动物，所以为了让 Fido 去拿球，我们会喊它的名字。

在 C#中，与英语名词相对应的概念是类型、变量、字段和属性。例如：

- Animal 和 Car 是类型；也就是说，它们是用来对事物进行分类的名词。
- Head 和 Engine 可能是字段或属性，它们是属于 Animal 和 Car 的名词。
- Fido 和 Bob 是变量，也就是说，它们是指代特定对象的名词。

C#可用的类型有成千上万种，但是注意，这里并没有说“C#中有成千上万种类型”。这种差别很细微，但很重要。C#语言只有少数几个用于类型的关键字，如 string 和 int。严格来说，C#没有定义任何类型。像 string 这样看起来像是类型的关键字实际上是别名，它们代表 C# 运行平台上提供的类型。

你要知道，C#不能单独存在；毕竟，它是一种运行在不同.NET 变体上的语言。理论上，可以为 C#编写使用不同平台和底层类型的编译器。实际上，C#的平台是.NET，.NET 为 C#提供了成千上万种类型，包括 System.Int32(C# 关键字别名 int 映射到的类型)以及许多更复杂的类型，如 System.Xml.Linq.XDocument。

注意，术语 type(类型)与 class(类)很容易混淆。你有没有玩过室内游戏《二十个问题》？在这个游戏中，任何东西都可以归类为动物、蔬菜或矿物。在 C#中，每种类型都可以归类为类、结构体、枚举、接口或委托。第 6 章将解释这些相关内容。例如，C#关键字 string 是类，而 int

是结构体。因此，最好使用术语 type 指代它们。

2.3.16　揭示 C#词汇表的范围

我们知道，C#中有大约 100 个关键字，但是有多少类型呢？下面编写一些代码，以便找出简单的控制台应用程序中有多少类型(及方法)可用于 C#。

现在不用担心代码是如何工作的，但要知道此处使用了一种叫作反射(reflection)的技术。执行以下步骤：

(1) 注释掉 Program.cs 文件中所有的现有语句。

(2) 首先在 Program.cs 文件的顶部导入 System.Reflection 名称空间，这样我们就可以使用该名称空间中的一些类型，如 Assembly 和 TypeName，代码如下：

```
using System.Reflection; // To use Assembly, TypeName, and so on.
```

最佳实践：

在本项目中，可以使用隐式导入和 global using 特性为所有.cs 文件导入 System.Reflection 名称空间，但由于只有一个文件，因此最好在需要的文件中导入名称空间。

(3) 编写语句，获取编译后的控制台应用程序，并遍历它可以访问的所有类型，输出每个类型的名称及其所包含的方法的数量，如以下代码所示：

```
// Get the assembly that is the entry point for this app.
Assembly? myApp = Assembly.GetEntryAssembly();

// If the previous line returned nothing then end the app.
if (myApp is null) return;

// Loop through the assemblies that my app references.
foreach (AssemblyName name in myApp.GetReferencedAssemblies())
{
  // Load the assembly so we can read its details.
  Assembly a = Assembly.Load(name);

  // Declare a variable to count the number of methods.
  int methodCount = 0;

// Loop through all the types in the assembly.
foreach (TypeInfo t in a.DefinedTypes)
{
  // Add up the counts of all the methods.
  methodCount += t.GetMethods().Length;
}

// Output the count of types and their methods.
WriteLine("{0:N0} types with {1:N0} methods in {2} assembly.",
  arg0: a.DefinedTypes.Count(),
  arg1: methodCount,
  arg2: name.Name);
}
```

更多信息：

N0 是大写 N，后跟数字零，而不是大写的 N 后跟大写字母 O。它的意思是“用零(0)位小数来格式化数字(N)。”

(4) 运行该项目。你将看到在操作系统(OS)上运行的最简单应用程序中实际可用的类型和方法的数量。显示的类型和方法的数量会根据使用的操作系统而有所不同，如下所示是在 Windows 上的输出示例：

```
0 types with 0 methods in System.Runtime assembly.
41 types with 639 methods in System.Console assembly.
112 types with 1,190 methods in System.Linq assembly.
```

更多信息：

为什么 System.Runtime 程序集不包含任何类型？这个程序集比较特殊，因为它只包含类型转发器(type-forwarder)而不包含实际类型。类型转发器表示在.NET 之外或出于其他高级原因而实现的类型。

(5) 在导入 System.Reflection 名称空间后，在文件顶部添加语句来声明一些变量，如下所示：

```
// Declare some unused variables using types in
// additional assemblies to make them load too.
System.Data.DataSet ds = new();
HttpClient client = new();
```

(6) 再次运行控制台应用程序并查看结果，结果应该如下所示：

```
0 types with 0 methods in System.Runtime assembly.
406 types with 7,139 methods in System.Data.Common assembly.
425 types with 4,681 methods in System.Net.Http assembly.
41 types with 639 methods in System.Console assembly.
112 types with 1,190 methods in System.Linq assembly.
```

现在，你应该可以更好地理解为什么学习 C#是一大挑战，因为有太多的类型和方法需要学习。方法只是类型可以拥有的成员的一种类别，而其他程序员正在不断地定义新的类型和成员！

2.3.17 请求 ChatGPT 解释代码的示例

我们在 Vocabulary 项目中编写的代码是一个很好的例子，它说明了何时希望使用 ChatGPT 来解释某些内容。如果你输入一个提示“Explain the following code:”后跟着该代码，以下是在 2023 年 7 月编写本书时 ChatGPT 给出的响应：

“This C# code performs an analysis of the assemblies (essentially libraries or modules) referenced by the current application. It tallies up the total number of types and methods in each referenced assembly. Let's break down the code in more detail:

1. System.Reflection namespace is used to work with assemblies, modules, types, methods, and so on, at runtime.

2. The System.Data.DataSet and HttpClient instances are declared but not used. The comment implies that these are declared to ensure their respective assemblies are loaded for the subsequent analysis. Creating

instances of classes from certain assemblies can cause those assemblies to be loaded into memory.

3. Assembly.GetEntryAssembly() gets the assembly that is the entry point of the application.

4. If myApp is null (meaning there's no entry assembly, which should be impossible in a normally running .NET app), the application exits.

5. The foreach loop iterates over each assembly name in the referenced assemblies of the entry point assembly.

6. Assembly.Load(name) loads an assembly given the assembly name. This allows you to interact with the assembly programmatically.

7. A counter variable methodCount is declared and initialized to 0. This is used to count the total number of methods in the assembly.

8. Another nested foreach loop then iterates over each type in the assembly.

9. For each type, it gets the number of methods (t.GetMethods().Length) and adds it to the methodCount.

10. Finally, the number of types and their methods in the assembly are output to the console using WriteLine(). The {0:N0} format specifer in the string is a placeholder for a number (0 refers to the argument index, N is for number format, and 0 afer N specifes the number of decimal places).

So, in essence, this script counts how many types and methods exist in each assembly referenced by the application. This might be useful to understand the complexity or size of the dependencies the application has."

对应的中文注释

"这段C#代码对当前应用程序引用的程序集(基本上是库或模块)进行了详细分析。它统计了每个被引用程序集中包含的类型和方法的总数。

以下是对代码的详细解析:

1. System.Reflection 名称空间用于在运行时处理程序集、模块、类型、方法等。

2. 声明了 System.Data.DataSet 和 HttpClient 的实例，但并未实际使用。注释暗示声明这些实例是为了确保它们所属的程序集被加载以供后续分析。从某些程序集中创建类的实例可能导致这些程序集被加载到内存中。

3. Assembly.GetEntryAssembly()用于获取应用程序的入口程序集。

4. 如果 myApp 为空(意味着没有入口程序集，这在正常运行的.NET 应用程序中应该是不可能的)，则应用程序退出。

5. foreach 循环遍历入口程序集所引用的每个程序集的名称。

6. Assembly.Load(name)方法根据程序集名称加载每个程序集。这允许你以编程方式与该程序集进行交互。

7. 声明并初始化计数器变量 methodCount 为 0。这个变量用于计算程序集中方法的总数。

8. 另一个嵌套的 foreach 循环随后遍历程序集中的所有类型。

9. 对于每个类型，使用 t.GetMethods().Length 获取其方法的数量并将其累加到 methodCount 上。

10. 最后，使用 WriteLine()方法将程序集中类型及其方法的数量输出到控制台。字符串中的{0:N0}格式说明符是一个数字占位符(0 指的是参数索引，N 用于数字格式，N 后面的 0 指定了小数位数)。

所以，本质上，这个脚本计算了应用程序所引用的每个程序集中有多少个类型和方法。这有助于开发人员理解应用程序的依赖项的复杂性或规模。”

现在回到真实的 Mark：这是一个非常准确且清晰的解释，没有错误或幻觉！

最佳实践：

像 GitHub Copilot 和 ChatGPT 这样的工具对于程序员来说，在学习新事物时特别有用。而一个优秀的程序员总是不断地在学习新东西！这些工具不仅可用于编写代码，还可用于解释其他人编写的现有代码，甚至提出改进建议。

2.4 使用变量

所有应用程序都要处理数据。数据都是先输入，再处理，最后输出。

数据通常通过文件、数据库或用户输入进入我们的程序，并可以临时放入变量中，这些变量存储在正在运行的程序的内存中。当程序结束时，内存中的数据会丢失。数据通常被输出到文件和数据库中，也会输出到屏幕或打印机。当使用变量时，首先应该考虑它在内存中占用了多少空间，其次考虑它的处理速度有多快。

可通过选择合适的类型来控制这些。可将简单的常见类型(如 int 和 double)视为不同大小的存储盒，其中较小的存储盒占用的内存较少，但处理速度可能没有那么快。例如，在 64 位操作系统上添加 16 位数字的速度，可能不如添加 64 位数字的速度快。这些盒子有的可能密集地堆放在附近，有的可能被扔到更远的一大堆盒子里。

2.4.1 命名和赋值

事物都有命名约定，最好遵循这些约定，如表 2.7 所示。

表 2.7 命名约定及其适用的场景

命名约定	示例	适用场景
驼峰样式	cost、orderDetail、dateOfBirth	局部变量、私有字段
标题样式	String、Int32、Cost、DateOfBirth、Run	类型、非私有字段以及其他成员(如方法)

有些 C#程序员喜欢在私有字段的名称前加下画线，例如，使用_dateOfBirth 而非 dateOfBirth。私有成员的命名并没有被正式定义，因为它们在类外是不可见的，所以这两种命名方式都是有效的。

最佳实践：

遵循一组一致的命名约定，将使代码更容易被其他开发人员理解(以及将来自己理解)。

下面的代码块显示了一个声明已命名的局部变量并使用=符号为之赋值的示例。注意，可使用C# 6中引入的关键字nameof输出变量的名称：

```
// Let the heightInMetres variable become equal to the value 1.88.
double heightInMetres = 1.88;
Console.WriteLine($"The variable {nameof(heightInMetres)} has the value
{heightInMetres}.");
```

警告：

在上面的代码中，用双引号括起来的消息因为本书篇幅的原因发生了换行，当你在代码编辑器中输入类似这样的语句时，请将它们全部输入到一行中。

更多消息：

在C# 12中，nameof可能能够从静态上下文中访问实例数据。你将在第5章中学习实例数据和静态数据之间的区别。

2.4.2 字面值

给变量赋值时，赋予的经常(但不总是)是字面值。什么是字面值呢？字面值是表示固定值的符号。数据类型的字面值有不同的表示法，接下来将列举使用字面符号为变量赋值的示例。

注意：

可以在C#语言规范中阅读字面量的正式定义：https://learn.microsoft.com/en-us/dotnet/csharp/language-reference/language-specification/lexical-structure#645-literals。

2.4.3 存储文本

对于一些文本，比如单个字母(如A)，可存储为char类型。

最佳实践：

实际上，事情可能比这更复杂。埃及象形文字A002 (U+13001)需要两个System.Char值(称为代理对)，即\uD80C和\uDC01来表示它。不要始终假设一个字符等于一个字母，否则可能在代码中引入难以察觉的错误。

字符是通过在字面值的两边使用单引号来赋值的，也可直接赋予函数调用的返回值，如下所示：

```
char letter = 'A'; // Assigning literal characters.
char digit = '1';
char symbol = '$';
char userChoice = GetChar(); // Assigning from a fictitious function.
```

对于另一些文本，比如多个字母(如Bob)，可存储为string类型，并在字面值的两边使用双引号进行赋值，也可直接赋予函数调用或构造函数的返回值，如下所示：

```
string firstName = "Bob"; // Assigning literal strings.
string lastName = "Smith";
string phoneNumber = "(215) 555-4256";
// Assigning a string returned from the string class constructor.
string horizontalLine = new('-', count: 74); // 74 hyphens.
// Assigning a string returned from a fictitious function.
```

```
string address = GetAddressFromDatabase(id: 563);
// Assigning an emoji by converting from Unicode.
string grinningEmoji = char.ConvertFromUtf32(0x1F600);
```

2.4.4 输出表情符号

要在 Windows 的命令提示符下输出表情符号，必须使用 Windows 终端，因为命令提示符不支持表情符号。同时，需要将控制台的输出编码设置为 UTF-8，如下面的代码所示：

```
Console.OutputEncoding = System.Text.Encoding.UTF8;
string grinningEmoji = char.ConvertFromUtf32(0x1F600);
Console.WriteLine(grinningEmoji);
```

2.4.5 理解逐字字符串

在字符串变量中存储文本时，可以包括转义序列，转义序列使用反斜杠表示特殊字符，如制表符和换行符，如下所示：

```
string fullNameWithTabSeparator = "Bob\tSmith";
```

但如果是在 Windows 上存储文件的路径，并且路径中有文件夹的名称以 t 开头，如下所示：

```
string filePath = "C:\televisions\sony\bravia.txt";
```

那么编译器将把\t 转换成制表符，这显然是错误的!

使用逐字字符串时必须加上@符号作为前缀，如下所示：

```
string filePath = @"C:\televisions\sony\bravia.txt";
```

2.4.6 原始字符串字面值

在 C# 11 中引入了原始字符串字面值特性，利用该特性可以方便地输入任意文本，而不必转义内容。该特性使定义包含其他语言(如 XML、HTML 或 JSON)的字面值变得容易。

原始字符串字面值以三个或更多个双引号字符开始和结束，如以下代码所示：

```
string xml = """
             <person age="50">
               <first_name>Mark</first_name>
             </person>
             """;
```

使用三个或更多个双引号字符的原因在于：如果内容本身需要包含三个双引号字符，那么可以使用四个双引号字符来指示内容的开始和结束。如果内容本身需要包含四个双引号字符，那么可以使用五个双引号字符来指示内容的开始和结束。以此类推。

在前面的代码中，XML 缩进了 13 个空格。编译器会查看最后三个或更多个双引号字符的缩进级别，然后自动从原始字符串字面值内的所有内容中删除该级别的缩进。因此，代码将不再像定义代码时那样缩进，而是与左边距对齐，如以下代码所示：

```
<person age="50">
  <first_name>Mark</first_name>
</person>
```

如果最后三个双引号字符与左边距对齐，如以下代码所示：

```
string xml = """
             <person age="50">
               <first_name>Mark</first_name>
             </person>
""";
```

那么，13 个空格的缩进将不会被移除，如下所示：

```
             <person age="50">
               <first_name>Mark</first_name>
             </person>
```

2.4.7　原始内插字符串字面值

可将使用花括号{}的内插字符串与原始字符串字面值混合使用。通过在字面值的开头添加相应数量的美元符号，可指定指示替换表达式的花括号的数量值。任何小于此值的花括号都被视为原始内容。

例如，如果想定义 JSON，单个花括号将被视为普通花括号，但两个美元符号告诉编译器，任意两个花括号都表示一个替换表达式的值，如以下代码所示：

```
var person = new { FirstName = "Alice", Age = 56 };

string json = $$"""
              {
                "first_name": "{{person.FirstName}}",
                "age": {{person.Age}},
                "calculation": "{{{ 1 + 2 }}}"
              }
              """;

Console.WriteLine(json);
```

上面的代码将生成以下 JSON 文档：

```
{
 "first_name": "Alice",
 "age": 56,
 "calculation": "{3}"
}
```

美元符号的数量告诉编译器需要多少个花括号才能将某内容识别为插值表达式。

2.4.8　有关存储文本的总结

下面进行总结。

- 字面字符串：用双引号括起来的一些字符。它们可使用像\t(表示制表符)这样的转义字符。要表示反斜杠，请使用两个反斜杠\\。
- 原始字符串字面值：包含在三个或更多双引号字符中的字符。
- 逐字字符串：以@为前缀的字面字符串，以禁用转义字符，因此反斜杠就是反斜杠。它还允许字符串值跨越多行，因为空白字符被视为空白，而不会被视为编译器的指令。

- 内插字符串：以$为前缀的字面字符串，以支持嵌入的格式化变量，详见本章后面的内容。

2.4.9 存储数字

数字是希望进行算术运算(如乘法)的数据。例如，电话号码不是数字。要决定是否应该将变量存储为数字，请考虑是需要对数字执行算术运算，还是包含圆括号或连字符等非数字字符，以便将数字格式化为(414)555-1234。在后一种情况下，“数字”是字符序列，因此应该存储为字符串。

数字可以是自然数，如 42，用于计数；也可以是负数，如 -42(也称为整数)；另外，还可以是实数，如 3.9(带有小数部分)，在计算中称为单精度浮点数或双精度浮点数。

下面探讨数字。

(1) 使用自己喜欢的代码编辑器将名为 Numbers 的新控制台应用程序项目添加到 Chapter02 解决方案：

- 在 Visual Studio 2022 中，将启动项目设置为当前选择。

(2) 在 Program.cs 中，删除现有代码，然后输入语句，声明一些使用不同数据类型的数字变量，如下所示：

```
// An unsigned integer is a positive whole number or 0.
uint naturalNumber = 23;
// An integer is a negative or positive whole number or 0.
int integerNumber = -23;

// A float is a single-precision floating-point number.
// The F or f suffix makes the value a float literal.
// The suffix is required to compile.
float realNumber = 2.3f;

// A double is a double-precision floating-point number.
// double is the default for a number value with a decimal point.
double anotherRealNumber = 2.3; // A double literal value.
```

1. 存储整数

计算机把所有东西都存储为位。位的值不是 0 就是 1。这就是所谓的二进制数字系统(binary number system)。人类使用的是十进制数字系统(decimal number system)。

十进制数字系统也称为以 10 为基数的系统，意思是有 10 个数位，从 0 到 9。虽然十进制数字系统是人类最常用的数字基数系统，但其他一些数字基数系统在科学、工程和计算领域也很受欢迎。二进制数字系统以 2 为基数，也就是说只有两个数位：0 和 1。

图 2.4 显示了计算机如何存储数字 10。注意其中 8 和 2 所在的列，对应的值是 1，8+2=10。

128	64	32	16	8	4	2	1
0	0	0	0	1	0	1	0

图 2.4 计算机如何存储十进制数字 10

因此，十进制数字 10 在二进制中表示为 00001010。

2. 使用数字分隔符提高可读性

C# 7 及更高版本中的两处改进是使用下画线_作为数字分隔符以及支持二进制字面值。可以在数字字面值(包括十进制、二进制和十六进制表示法)中插入下画线，以提高可读性。例如，可以将十进制数字 100 000 写成 1_000_000。甚至可以使用印度常见的 2/3 分组：10_00_000。

3. 使用二进制或十六进制记数法

二进制记数法以 2 为基数，只使用 1 和 0，数字字面值的开头是 0b。十六进制记数法以 16 为基数，使用的是 0～9 和 A～F，数字字面值的开头是 0x。

2.4.10 探索整数

下面输入一些代码，列举一些例子。

(1) 在 Numbers 项目的 Program.cs 文件中，输入如下语句，使用下画线分隔符声明一些数字变量：

```
int decimalNotation = 2_000_000;
int binaryNotation = 0b_0001_1110_1000_0100_1000_0000;
int hexadecimalNotation = 0x_001E_8480;

// Check the three variables have the same value.
Console.WriteLine($"{decimalNotation == binaryNotation}");
Console.WriteLine(
  $"{decimalNotation == hexadecimalNotation}");

// Output the variable values in decimal.
Console.WriteLine($"{decimalNotation:N0}");
Console.WriteLine($"{binaryNotation:N0}");
Console.WriteLine($"{hexadecimalNotation:N0}");

// Output the variable values in hexadecimal.
Console.WriteLine($"{decimalNotation:X}");
Console.WriteLine($"{binaryNotation:X}");
Console.WriteLine($"{hexadecimalNotation:X}");
```

(2) 运行该项目，注意结果表明三个数字是相同的，如下所示：

```
True
True
2,000,000
2,000,000
2,000,000
1E8480
1E8480
1E8480
```

计算机总是可以使用 int 类型及其兄弟类型(如 long 和 short)精确地表示整数。

2.4.11 存储实数

计算机并不能始终精确地表示实数，也就是小数或非整数。float 和 double 类型分别使用单精度和双精度浮点数存储实数。

大多数编程语言都实现了 IEEE(Institute of Electrical and Electronics Engineers)浮点运算标准

(Standard for Floating-Point Arithmetic)。IEEE 754 是 IEEE 于 1985 年制定的浮点运算技术标准。

图 2.5 显示了计算机如何用二进制记数法表示数字 12.75。注意其中 8、4、1/2、1/4 所在的列，对应的值是 1，所以 8+4+1/2+1/4=12.75。

128	64	32	16	8	4	2	1	.	1/2	1/4	1/8	1/16
0	0	0	0	1	1	0	0		1	1	0	0

图 2.5　计算机使用二进制表示数字 12.75

因此，十进制数字 12.75 在二进制中表示为 00001100.1100。可以看到，数字 12.75 可以用位精确地表示。但有些数字不能用位精确地表示，稍后将探讨这个问题。

1. 编写代码以探索数字的大小

C#提供的名为 sizeof()的操作符可返回类型在内存中使用的字节数。有些类型有名为 MinValue 和 MaxValue 的成员，它们分别返回在类型变量中可以存储的最小值和最大值。现在，我们将使用这些特性创建一个控制台应用程序，以探索数字类型。

(1) 在 Program.cs 文件的底部输入如下语句，显示三种数字数据类型的大小：

```
Console.WriteLine($"int uses {sizeof(int)} bytes and can store numbers in
the range {int.MinValue:N0} to {int.MaxValue:N0}.");
Console.WriteLine($"double uses {sizeof(double)} bytes and can store
numbers in the range {double.MinValue:N0} to {double.MaxValue:N0}.");
Console.WriteLine($"decimal uses {sizeof(decimal)} bytes and can store
numbers in the range {decimal.MinValue:N0} to {decimal.MaxValue:N0}.");
```

注意：

放在双引号中的字符串值必须在一行中输入(此处受限于纸面宽度而换行)，否则将出现编译错误。

(2) 运行代码并查看输出，结果如图 2.6 所示。

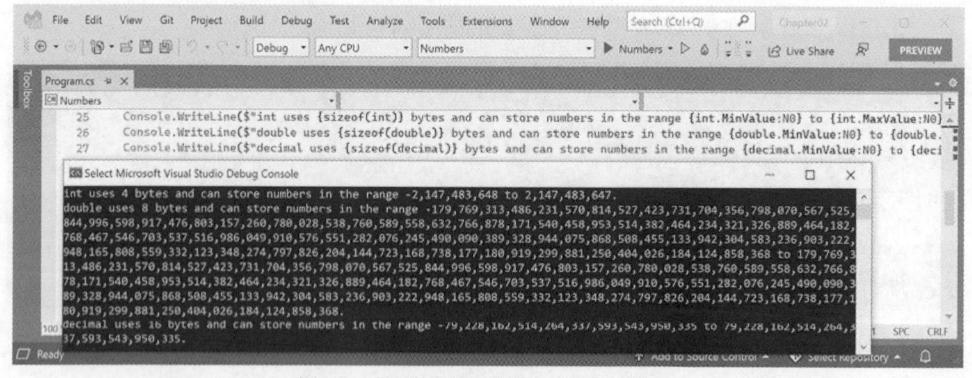

图 2.6　常见数字数据类型的大小和范围信息

int 变量使用 4 字节的内存，可以存储至多 20 亿的正数或负数。double 变量使用 8 字节的内存，因而可以存储更大的值！decimal 变量使用 16 字节的内存，虽然可存储较大的数字，却不像 double 类型那么大。

你可能会问，为什么 double 变量能比 decimal 变量存储更大的数字，却只占用一半的内存空间呢？现在就去找出答案吧!

2. 比较 double 和 decimal 类型

现在，编写一些代码来比较 double 和 decimal 值。尽管代码不难理解，但我们现在不必担心语法。

(1) 输入语句，声明两个 double 变量，将它们相加并与预期结果进行比较，然后将结果写入控制台，如下所示：

```
Console.WriteLine("Using doubles:");
double a = 0.1;
double b = 0.2;
if (a + b == 0.3)
{
  Console.WriteLine($"{a} + {b} equals {0.3}");
}
else
{
  Console.WriteLine($"{a} + {b} does NOT equal {0.3}");
}
```

(2) 运行代码并查看结果，如下所示：

```
Using doubles:
0.1 + 0.2 does NOT equal 0.3
```

更多信息：

在使用逗号作为小数分隔符的地区中，结果看起来会略有不同：0,1 + 0,2 不等于 0,3。

double 类型并不能保证值是精确的，因为有些数字(如 0.1、0.2 和 0.3)在字面上并不能精确表示为浮点值。

如果尝试比较不同的浮点值，比如 0.1 + 0.3 == 0.4，会发现返回结果偶尔也可能为 true，这是因为对于 double 值，尽管它们在数学上可能并不相等，但某些不精确的值在其当前的表示形式下恰好相等。所以，有些数字可以直接比较，但有些则不能。我特意选择了 0.1 和 0.2 与 0.3 进行比较，正如结果所证明的，它们不能进行精确比较。

你可以比较存储在 float 类型中的实数，虽然单精度浮点数的准确性比双精度浮点数低，但由于这种较低的准确性，比较结果可能会出人意料地返回 true!

```
float a = 0.1F;
float b = 0.2F;
if (a + b == 0.3F) // True because float is less "accurate" than double.
...
```

根据经验，应该只在准确性不重要时使用 double 类型，特别是在比较两个数字的相等性时。例如，当测量一个人的身高时，只会使用大于或小于来比较值，而不会使用等于。

上述问题可通过计算机如何存储数字 0.1 或 0.1 的倍数来说明。要用二进制表示 0.1，计算机需要在 1/16 列存储 1、在 1/32 列存储 1、在 1/256 列存储 1、在 1/512 列存储 1，以此类推，参见图 2.7，于是小数中的数字 0.1 是 0.00011001100110011…。

4	2	1	.	1/2	1/4	1/8	1/16	1/32	1/64	1/128	1/256	1/512	1/1024	1/2048
0	0	0		0	0	0	1	1	0	0	1	1	0	0

图 2.7 在二进制中，数字 0.1(十进制)是一个无限循环小数

最佳实践：

永远不要使用==来比较两个 double 值。在第一次海湾战争期间，美国爱国者导弹系统在计算时使用了 double 值，这种不精确性导致导弹无法跟踪和拦截来袭的伊拉克飞毛腿导弹，28 名士兵因此被杀。

现在，我们看看使用 decimal 数字类型的相同代码：

(1) 复制并粘贴之前编写的语句(使用了 double 变量)。

(2) 修改语句，使用 decimal 并将变量重命名为 c 和 d，如下所示：

```
Console.WriteLine("Using decimals:");
decimal c = 0.1M; // M suffix means a decimal literal value
decimal d = 0.2M;

if (c + d == 0.3M)
{
  Console.WriteLine($"{c} + {d} equals {0.3M}");
}
else
{
  Console.WriteLine($"{c} + {d} does NOT equal {0.3M}");
}
```

(3) 运行代码并查看结果，输出如下所示：

```
Using decimals:
0.1 + 0.2 equals 0.3
```

decimal 类型是精确的，因为这种类型可以将数字存储为大的整数并移动小数点。例如，可以将 0.1 存储为 1，然后将小数点左移一位。再如，可将 12.75 存储为 1275，然后将小数点左移两位。

最佳实践：

对整数使用 int 类型进行存储，而对不会与其他值做比较的实数使用 double 类型进行存储。可以对 double 值进行小于或大于比较，等等。decimal 类型适用于货币、CAD 绘图、通用工程以及任何对实数的准确性要求较高的场合。

float 类型和 double 类型有一些有用的特殊值：NaN 表示非数字(例如，除以 0 的结果)，Epsilon 是可以存储在 float 或 double 里的最小正数，PositiveInfinity 和 NegativeInfinity 表示无穷大的正值和负值。它们也有检查这些特殊值的方法，如 IsInfinity 和 IsNan。

2.4.12 新的数字类型和不安全代码

在.NET 5 中引入了 System.Half 类型。和 float、double 一样，该类型可以存储实数。它通常

使用 2 字节的内存。在.NET 7 中引入了 System.Int128 和 System.UInt128 类型。和 int、uint 一样，它们可以存储有符号(正数和负数)和无符号(仅零和正数)的整数值，通常使用 16 字节的内存。

对于这些新的数字类型，sizeof 操作符仅用于不安全代码块中，并且需要在编译项目时启用不安全代码选项。接下来，我们将探索如何做到这一点：

(1) 在 Program.cs 文件的底部，输入语句以显示 Half 和 Int128 数字数据类型的大小，如下所示：

```
unsafe
{
  Console.WriteLine($"Half uses {sizeof(Half)} bytes and can store
numbers in the range {Half.MinValue:N0} to {Half.MaxValue:N0}.");
  Console.WriteLine($"Int128 uses {sizeof(Int128)} bytes and can store
numbers in the range {Int128.MinValue:N0} to {Int128.MaxValue:N0}.");
}
```

(2) 在 Numbers.csproj 文件中，添加一个元素以启用不安全代码，如下面高亮显示的代码所示：

```
<PropertyGroup>
  <OutputType>Exe</OutputType>
  <TargetFramework>net8.0</TargetFramework>
  <ImplicitUsings>enable</ImplicitUsings>
  <Nullable>enable</Nullable>
  <AllowUnsafeBlocks>True</AllowUnsafeBlocks>
</PropertyGroup>
```

(3) 运行 Numbers 项目，并注意两个新数字类型的大小，输出如下所示：

```
Half uses 2 bytes and can store numbers in the range -65,504 to 65,504.
Int128 uses 16 bytes and can store numbers in the range -170,141,183,460,
469,231,731,687,303,715,884,105,728 to 170,141,183,460,469,231,731,687,
303,715,884,105,727.
```

更多信息：

除了像 int 和 byte 这样的常用类型外，sizeof 操作符在用于其他类型时需要在一个不安全代码块中。可通过以下链接了解关于 sizeof 的更多信息：https://learn.microsoft.com/en-us/dotnet/csharp/language-reference/operators/sizeof。不安全代码无法验证其安全性。可通过以下链接了解更多关于不安全代码块的信息：https://learn.microsoft.com/en-us/dotnet/csharp/language-reference/unsafe-code。

2.4.13　存储布尔值

布尔值只能是 true 或 false 这两个字面值中的一个，如下所示：

```
bool happy = true;
bool sad = false;
```

它们最常用于分支和循环。在此，你不需要完全理解它们，因为第 3 章会详细介绍它们。

2.4.14 存储任何类型的对象

有一种名为 object 的特殊类型，这种类型可以存储任何数据，但这种灵活性是以混乱的代码和可能较差的性能为代价的。由于这两个原因，你应该尽可能避免使用 object 类型。下面的步骤展示了在需要时(因为你必须使用 Microsoft 或第三方库，而这些库使用了 object 类型)如何使用 object 类型。

(1) 使用自己喜欢的代码编辑器将一个名为 Variables 的新控制台应用程序添加到 Chapter02 解决方案中。

(2) 在 Program.cs 中，删除现有的语句，之后输入语句以声明并使用 object 类型的变量，如下所示：

```
object height = 1.88; // Storing a double in an object.
object name = "Amir"; // Storing a string in an object.
Console.WriteLine($"{name} is {height} metres tall.");

int length1 = name.Length; // This gives a compile error!
int length2 = ((string)name).Length; // Cast name to a string.
Console.WriteLine($"{name} has {length2} characters.");
```

(3) 运行代码，注意第四条语句不能编译，因为编译器不知道 name 变量的数据类型，如图 2.8 所示。

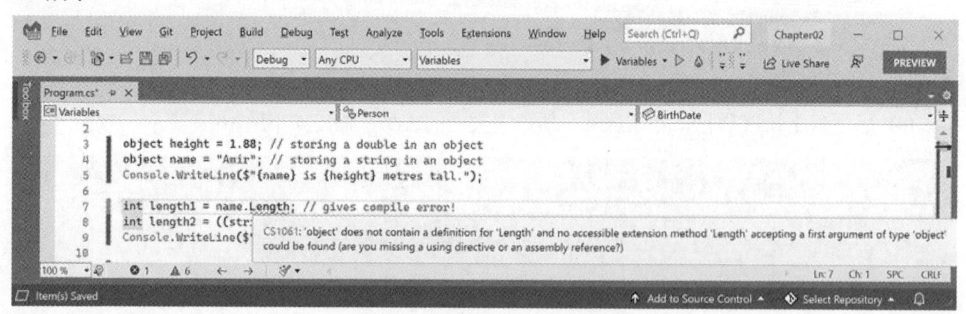

图 2.8 对象类型没有 Length 属性

(4) 在无法编译的语句开头添加双斜杠，以“注释掉”该语句，使其处于非活动状态。

(5) 再次运行代码，注意，如果程序员显式地告诉编译器该 object 变量包含一个字符串(使用前缀 string)，编译器就可以访问字符串的长度，如下所示：

```
Amir is 1.88 meters tall.
Amir has 4 characters.
```

第 3 章将介绍有关类型转换表达式(cast expression)的内容。

object 类型自从 C#的第一个版本起就已经存在，但 C# 2 及更高版本有一种更好的替代方案，称作泛型(Generics)，我们将在第 6 章中介绍它。泛型提供了我们想要的灵活性，而且不会带来性能开销。

2.4.15 动态存储类型

还有一种名为 dynamic 的特殊类型，可用于存储任何类型的数据，并且灵活性比 object 类型更高，代价是性能下降了。dynamic 关键字是在 C# 4 中引入的。但与 object 变量不同的是，存储在 dynamic

变量中的值可以在没有显式进行强制转换的情况下调用成员。下面使用 dynamic 类型。

(1) 添加语句声明一个动态变量，然后相继分配一个字符串字面值、一个整数值、一个整数值数组。最后，添加一条语句，输出动态变量的长度，如下面的代码所示：

```
dynamic something;

// Storing an array of int values in a dynamic object.
// An array of any type has a Length property.
something = new[] { 3, 5, 7 };

// Storing an int in a dynamic object.
// int does not have a Length property.
something = 12;

// Storing a string in a dynamic object.
// string has a Length property.
something = "Ahmed";

// This compiles but might throw an exception at run-time.
Console.WriteLine($"The length of something is {something.Length}");

// Output the type of the something variable.
Console.WriteLine($"something is a {something.GetType()}");
```

> **注意：**
> 第 3 章将介绍有关数组的内容。

(2) 运行代码，注意代码能够工作，这是因为最后赋给 something 的值是一个字符串，而字符串具有 Length 属性，如以下输出所示：

```
The length of something is 5
something is a System.String
```

(3) 在将字符串值赋给 something 变量的语句前加上两个斜杠//，以此注释掉该语句。

(4) 运行代码并注意运行时错误，因为最后赋给 something 的值是一个整数(int)，它没有 Length 属性，所以输出如下所示：

```
Unhandled exception. Microsoft.CSharp.RuntimeBinder.
RuntimeBinderException: 'int' does not contain a definition for 'Length'
```

(5) 将赋给 something 变量整数值的语句注释掉。

(6) 运行代码并注意输出，因为包含三个 int 值的数组具有 Length 属性，所以输出如下所示：

```
The length of something is 3
something is a System.Int32[]
```

dynamic 类型存在的限制是，代码编辑器不能显示智能感知来帮助编写代码。这是因为编译器在构建期间不能对类型进行检查。而 CLR 会在运行时检查成员；如果缺少成员，则抛出异常。

异常是指示在运行时出错的一种方式。第 3 章将详细介绍它们，并说明如何处理它们。

动态类型在与非.NET 系统互操作时最为有用。例如，你可能需要使用 F#、Python 或某些 JavaScript 编写的类库。此外，当需要与技术(如组件对象模型(Component Object Model，COM))

进行互操作时，动态类型也显得尤为必要，例如在自动化操作 Excel 或 Word 时。

2.4.16 声明局部变量

局部变量是在方法中声明的，仅在方法执行期间存在。一旦方法返回，分配给任何局部变量的内存都会被释放。

严格地说，值类型会被释放，而引用类型必须等待垃圾收集。第 6 章将介绍值类型和引用类型之间的区别，以及如何在释放非托管资源时确保只需要进行一次垃圾收集，而不是两次。

1. 指定局部变量的类型

下面进一步探讨使用特定类型和类型推断声明的局部变量。

- 输入如下语句，使用特定类型声明一些局部变量并对它们进行赋值：

```
int population = 67_000_000; // 67 million in UK.
double weight = 1.88; // in kilograms.
decimal price = 4.99M; // in pounds sterling.
string fruit = "Apples"; // string values use double-quotes.
char letter = 'Z'; // char values use single-quotes.
bool happy = true; // Booleans can only be true or false.
```

根据代码编辑器和颜色方案，在每个变量名称的下方会显示绿色的波浪线，并突出显示其文本颜色，以警告这个变量虽然已被赋值，但它的值从未使用过。

2. 推断局部变量的类型

在 C# 3 及后续版本中，可以使用 var 关键字来声明局部变量。编译器会根据赋值操作符=之后的值来推断类型。这种类型推断发生在编译时，因此使用 var 对运行时性能没有影响。

没有小数点的字面数字被推断为 int 类型，除非添加了后缀，如以下列表所述：

- L：推断为 long
- UL：推断为 ulong
- M：推断为 decimal
- D：推断为 double
- F：推断为 float

带有小数点的字面数字被推断为 double 类型，除非添加了 M 后缀(这种情况下，可推断为 decimal 类型)或 F 后缀(这种情况下，则推断为 float 类型)。

双引号用来指示 string 变量，单引号用来指示 char 变量，true 和 false 值则被推断为 bool 类型。

(1) 修改前面的语句以使用 var 关键字，如下所示：

```
var population = 67_000_000; // 67 million in UK.
var weight = 1.88; // in kilograms.
var price = 4.99M; // in pounds sterling.
var fruit = "Apples"; // string values use double-quotes.
var letter = 'Z'; // char values use single-quotes.
var happy = true; // Booleans can only be true or false.
```

(2) 将鼠标悬停在每个 var 关键字上，注意代码编辑器会显示一个工具提示，其中包含已推断出的类型的相关信息。

(3) 在 Program.cs 文件的顶部，导入用于处理 XML 的名称空间，以使用该名称空间中的类型声明一些变量，如下面的代码所示：

```
using System.Xml; // To use XmlDocument.
```

(4) 在 Program.cs 文件的底部，添加如下语句创建一些新对象：

```
// Good use of var because it avoids the repeated type
// as shown in the more verbose second statement.
var xml1 = new XmlDocument(); // Works with C# 3 and later.
XmlDocument xml2 = new XmlDocument(); // Works with all C# versions.

// Bad use of var because we cannot tell the type, so we
// should use a specific type declaration as shown in
// the second statement.
var file1 = File.CreateText("something1.txt");
StreamWriter file2 = File.CreateText("something2.txt");
```

最佳实践：

尽管使用 var 关键字很方便，但一些开发人员避免使用它，以使代码阅读者更容易理解所使用的类型。就我个人而言，我只在类型明显时才使用它。例如，在前面的代码语句中，第一个语句在说明 xml 变量的类型方面和第二个语句一样清楚，但更短。然而，第三条语句在显示 file 变量的类型方面并不清楚，因此第四个语句更合适，因为它显示了类型是 StreamWriter。

3. 使用面向类型的 new 实例化对象

在 C# 9 中，微软引入了另一种用于实例化对象的语法，称为面向类型的 new(target-typed new)。当实例化对象时，可以先指定类型，再使用 new，而不必重复写出类型，如下所示：

```
XmlDocument xml3 = new(); // Target-typed new in C# 9 or later.
```

如果有一个需要设置字段或属性的类型，那么可以推断该类型，如下面的代码所示：

```
// In Program.cs.
Person kim = new();
kim.BirthDate = new(1967, 12, 26); // i.e. new DateTime(1967, 12, 26)

// In a separate Person.cs file or at the bottom of Program.cs.
class Person
{
  public DateTime BirthDate;
}
```

这种实例化对象的方法对于数组和集合特别有用，因为通常它们包含多个相同类型的对象，如以下代码所示：

```
List<Person> people = new() // Instead of: new List<Person>()
{
  new() { FirstName = "Alice" }, // Instead of: new Person() { ... }
```

```
    new() { FirstName = "Bob" },
    new() { FirstName = "Charlie" }
};
```

第 3 章和第 8 章将分别介绍有关数组和集合的知识。

最佳实践：

应尽量使用面向类型的 new 来实例化对象，因为它需要的字符更少，当你从左到右读一个语句时，就像在英语中一样，你立刻就能知道变量的类型，而且它不像 var 关键字那样仅限于局部变量。依我之见，不使用面向类型的 new 的唯一原因是必须使用 C# 9 之前的编译器版本。我承认我的观点并非被整个 C#社区所接受。在本书的其余部分，我一直使用的是面向类型的 new。如果你发现我遗漏了任何情况，请让我知道！

2.4.17 获取和设置类型的默认值

除了 string，大多数基本类型都是值类型，这意味着它们必须有值。可以使用 default()操作符并将类型作为参数传递来确定类型的默认值。可以使用 default 关键字指定类型的默认值。

string 类型是引用类型。这意味着 string 变量包含的是值的内存地址而不是值本身。引用类型的变量可以有空值；空值是字面值，表示变量尚未引用任何东西。空值是所有引用类型的默认值。

第 6 章将介绍关于值类型和引用类型的更多知识。

下面探讨类型的默认值。

(1) 添加如下语句，显示 int、bool、DateTime 和 string 类型的默认值：

```
Console.WriteLine($"default(int) = {default(int)}");
Console.WriteLine($"default(bool) = {default(bool)}");
Console.WriteLine($"default(DateTime) = {default(DateTime)}");
Console.WriteLine($"default(string) = {default(string)}");
```

(2) 运行代码并查看结果，输出如下所示。注意，你的日期和时间的输出格式可能不同，因为日期和时间值是根据你电脑的当前区域设置来格式化的。如果不是在英国运行这段代码，空值会输出为一个空字符串，如下所示：

```
default(int) = 0
default(bool) = False
default(DateTime) = 01/01/0001 00:00:00
default(string) =
```

(3) 添加语句声明 number，赋值，然后将其重置为默认值，如下面的代码所示：

```
int number = 13;
Console.WriteLine($"number set to: {number}");
number = default;
Console.WriteLine($"number reset to its default: {number}");
```

(4) 运行代码并查看结果，如下所示：

```
number set to: 13
number reset to its default: 0
```

2.5　深入研究控制台应用程序

前面已创建并使用了基本的控制台应用程序，下面更深入地研究它们。

控制台应用程序是基于文本的，并在命令提示符下运行。它们通常执行需要脚本化的简单任务，例如，编译文件或加密配置文件的一部分。

同样，它们也可通过传递过来的参数来控制自己的行为。

这方面的典型例子是，可使用 F#语言创建一个新的控制台应用程序，并为其指定一个名称，而不是使用当前文件夹的名称，如下面的命令所示：

```
dotnet new console -lang "F#" --name "ExploringConsole"
```

2.5.1　向用户显示输出

控制台应用程序执行的两个最常见的任务是写入和读取数据。前者使用 WriteLine 方法输出数据，但是，如果不希望行末有回车符(例如，如果以后想继续在该行末编写更多的文本)，那么可以使用 Write 方法。

如果想要将三个字母写入控制台并且这些字母后面没有回车换行，那么应该调用 Write 方法，如下面的代码所示：

```
Write("A");
Write("B");
Write("C");
```

这会在同一行上写入这三个字符，并将光标留在行的末尾，如下面的输出所示：

```
ABC
```

如果想要在控制台中写入三个字母并且在每个字母后面都加上回车换行，那么应该调用 WriteLine 方法，如下面的代码所示：

```
WriteLine("A");
WriteLine("B");
WriteLine("C");
```

这将会写入三行文本，并将光标留在第四行的开始位置。

```
A
B
C

```

1. 使用编号位置参数进行格式化

生成格式化字符串的一种方法是使用编号位置参数(numbered positional argument)。

诸如 Write 和 WriteLine 的方法就支持这一特性，对于不支持这一特性的方法，可以使用 string 类型的 Format 方法对 string 参数进行格式化。

下面开始格式化。

(1) 使用自己喜欢的代码编辑器向 Chapter02 解决方案新添加一个名为 Formatting 的 Console

App/console 项目。

(2) 在 Program.cs 中，删除现有的语句并添加如下语句，声明一些数值变量并将它们写入控制台：

```
int numberOfApples = 12;
decimal pricePerApple = 0.35M;

Console.WriteLine(
  format: "{0} apples cost {1:C}",
  arg0: numberOfApples,
  arg1: pricePerApple * numberOfApples);

string formatted = string.Format(
  format: "{0} apples cost {1:C}",
  arg0: numberOfApples,
  arg1: pricePerApple * numberOfApples);

//WriteToFile(formatted); // Writes the string into a file.
```

WriteToFile 方法是不存在的，这里提到它只是用来说明这种思想。

Write、WriteLine 和 Format 方法最多可以有三个编号的参数，分别为 arg0、arg1 和 arg2。如果需要传递三个以上的值，则无法命名它们

(3) 在 Program.cs 文件中，编写语句，分别将三个、五个参数写入控制台，如以下代码所示：

```
// Three parameter values can use named arguments.
Console.WriteLine("{0} {1} lived in {2}.",
  arg0: "Roger", arg1: "Cevung", arg2: "Stockholm");

// Four or more parameter values cannot use named arguments.
Console.WriteLine(
  "{0} {1} lived in {2} and worked in the {3} team at {4}.",
  "Roger", "Cevung", "Stockholm", "Education", "Optimizely");
```

最佳实践：

当你对字符串格式化更加熟悉之后，就应该停止为参数命名，例如，停止使用 format:、arg0:和 arg1:。前面的代码使用了一种非规范的样式来显示 0 和 1 的来源。

2. JetBrains Rider 及其关于装箱(boxing)的警告

如果使用 JetBrains Rider 并且安装了 Unity Support 插件，那么它会对装箱问题发出很多警告。装箱问题经常出现的一种场景是当值类型(如 int 和 DateTime)被用作字符串格式的位置参数时。对于 Unity 项目来说，这是一个问题，因为它们使用与正常 .NET 运行时不同的内存垃圾收集器。而对于非 Unity 项目(如本书中的所有项目)，可以忽略这些装箱警告，因为它们并不相关。可通过以下链接了解更多关于 Unity 特定问题的信息：https://docs.unity3d.com/Manual/performance-garbage-collection-best-practices.html#boxing。

3. 使用内插字符串进行格式化

C# 6 及后续版本有一个方便的特性，叫作内插字符串(interpolated string)。以$为前缀的字符串

可以在变量或表达式的名称两边使用花括号，从而输出变量或表达式在字符串中相应位置的当前值，以下步骤演示了这一点。

(1) 在 Program.cs 文件的底部输入如下语句：

```
// The following statement must be all on one line when using C# 10
// or earlier. If using C# 11 or later, we can include a line break
// in the middle of an expression but not in the string text.
Console.WriteLine($"{numberOfApples} apples cost {pricePerApple
  * numberOfApples:C}");
```

(2) 运行代码并查看结果，部分输出结果如下所示：

```
12 apples cost £4.20
```

对于短格式的字符串，内插字符串更容易阅读。但对于本书中的代码示例，一行代码需要跨越多行显示，这可能比较棘手。本书的许多代码示例将使用编号位置参数。避免使用内插字符串的另一个原因是无法从资源文件中读取它们以进行本地化。

下一个代码示例并不意味着要被输入项目中。

在 C# 10 之前，字符串常量只能通过连接(使用+运算符)来组合，代码如下所示：

```
private const string firstname = "Omar";
private const string lastname = "Rudberg";
private const string fullname = firstname + " " + lastname;
```

在 C# 10 中，现在可以使用内插字符串(前缀为$)，代码如下所示：

```
private const string fullname = $"{firstname} {lastname}";
```

这种方式只适用于组合字符串常量值，不适合处理其他类型，比如需要在运行时转换数据类型的数字。不能在顶级程序(如 Program.cs)中声明私有的 const 成员，第 5 章将介绍如何使用它们。

> **最佳实践：**
> 当编写 Unity 项目代码时，使用插值字符串格式是一种简洁且高效的方法，可以避免传统字符串拼接可能带来的不必要开销。

4. 理解格式字符串

可以在逗号或冒号之后使用格式字符串对变量或表达式进行格式化。

N0 格式的字符串表示有千位分隔符且没有小数点的数字，而 C 格式的字符串表示货币。货币格式由当前线程决定。

例如，如果在英国的个人计算机上运行这段代码，会得到英镑，此时将逗号作为千位分隔符；但如果在德国的个人计算机上运行这段代码，会得到欧元，此时将圆点作为千位分隔符。

格式项的完整语法如下：

```
{ index [, alignment ] [ : formatString ] }
```

每个格式项都有一个对齐选项，这在输出值表时非常有用，其中一些值可能需要在字符宽度内左对齐或右对齐。值的对齐处理的是整数。正整数右对齐，负整数左对齐。

例如，为了输出一个包含水果名称和每种水果数量的表格，我们可能希望将名称在 10 个字符的列中左对齐，并将数量以没有小数位的数字格式在 6 个字符的列中右对齐。

(1) 在 Program.cs 文件底部输入如下语句：

```
string applesText = "Apples";
int applesCount = 1234;
string bananasText = "Bananas";
int bananasCount = 56789;

Console.WriteLine();

Console.WriteLine(format: "{0,-10} {1,6}",
  arg0: "Name", arg1: "Count");

Console.WriteLine(format: "{0,-10} {1,6:N0}",
  arg0: applesText, arg1: applesCount);

Console.WriteLine(format: "{0,-10} {1,6:N0}",
  arg0: bananasText, arg1: bananasCount);
```

(2) 运行代码，注意对齐和数字格式化后的效果，输出如下所示：

```
Name       Count
Apples     1,234
Bananas   56,789
```

5. 自定义数字格式

使用自定义格式代码，用户可以精确地定制和定义数字的显示方式，从而获得对数字格式的完全掌控权。如表 2.8 所示。

表 2.8 自定义数字格式代码

格式代码	说明
0	零占位符。如果存在对应的数字，则替换零；否则，使用零。例如，用 0000.00 格式化数值 123.4 会得到 0123.40
#	数字占位符(#)。如果存在对应的数字，则替换井号；否则，不使用任何字符。例如，用####.##格式化数值 123.4 会得到 123.4
.	小数点(.)。设置数字中小数点的位置。遵循文化格式，所以在美式英文中是.(点)，在法语中是,(逗号)
,	分组分隔符(,)。在每个组之间插入本地化的分组分隔符。例如，用 0,000 格式化数值 1234567 会得到 1,234,567。也用于通过除以 1,000 的倍数来缩放数值。例如，用 0.00,,格式化数值 1234567 会得到 1.23，因为两个逗号意味着除以 1,000 两次
%	百分比占位符(%)。将值乘以 100 并添加一个百分比字符
\	转义字符(\)。使下一个字符成为字面量字符而不是格式代码。例如，用\##,###\#格式化数值 1234 会得到#1,234#
;	分节符(;)。为正数、负数和零定义不同的格式字符串。例如，[0];(0);Zero 格式化：13 会得到[13]，-13 会得到(13)，而 0 会得到 Zero
其他字符	所有其他字符在输出中按原样显示

更多信息：

可通过以下链接找到完整的自定义数字格式代码列表：https://learn.microsoft.com/en-us/dotnet/standard/base-types/customnumeric-format-strings。

可以使用更简单的格式代码(如 C 和 N)来应用标准数字格式。这些格式代码支持精度数字，用于指示想要的精度位数。默认是两位。最常见的格式代码如表 2.9 所示。

表 2.9 标准数字格式代码

格式代码	说明
C 或 c	货币。例如，在 US 文化中，使用 C 格式化数值 123.4 会得到$ 123.40，而使用 C0 格式化数值 123.4 会得到$ 123
N 或 n	数字。带有可选的负号和分组字符的整数位
D 或 d	十进制。带有可选的负号但没有分组字符的整数位
B 或 b	二进制。例如，使用 B 格式化数值 13 会得到 1101，而使用 B8 格式化数值 13 会得到 00001101
X 或 x	十六进制。例如，使用 X 格式化数值 255 会得到 FF，而使用 X4 格式化数值 255 会得到 00FF
E 或 e	指数表示法。例如，使用 E 格式化数值 1234.567 会得到 1.234567000E+003，而使用 E2 格式化数值 1234.567 会得到 1.23E+003

更多信息：

标准数字格式代码的完整列表可通过以下链接找到：https://learn.microsoft.com/en-us/dotnet/standard/base-types/standard-numeric-format-strings。

2.5.2 从用户那里获取文本输入

可以使用 ReadLine 方法从用户那里获取文本输入。ReadLine 方法会等待用户输入一些文本，此后用户每次按 Enter 键时，所输入的任何内容都将作为字符串值返回。

下面获取用户的输入。

(1) 输入如下语句，要求用户输入自己姓名和年龄，然后输出用户输入的内容：

```
Console.Write("Type your first name and press ENTER: ");
string firstName = Console.ReadLine();

Console.Write("Type your age and press ENTER: ");
string age = Console.ReadLine();

Console.WriteLine($"Hello {firstName}, you look good for {age}.");
```

注意：

默认情况下，在.NET 6 及后续版本中，启用了可空性检查，因此 C#编译器会给出两个警告，因为 ReadLine 方法可能会返回一个 null 值而不是字符串值。但是实际上并没有任何场景会使得这个方法返回 null，所以接下来将介绍如何在这种场景下关闭这些特定的警告。

(2) 对于 firstName 变量，在 string 之后追加一个?，如下面突出显示的代码所示：

```
string? firstName = Console.ReadLine();
```

注意：

这告诉编译器，我们可能期望一个 null 值，所以它不必发出警告。如果该变量为 null，那么当稍后用 WriteLine 输出时，将返回 null 值，这种情况是可行的。如果我们要访问 firstName 变量的任何成员，那么需要处理它为空的情况。

(3) 对于 age 变量，在语句末尾的分号之前追加一个!，如下面突出显示的代码所示：

```
string age = Console.ReadLine()!;
```

注意：

这称为 null-forgiving 操作符，因为它告诉编译器，在这种情况下，ReadLine 不会返回 null，因此可以停止显示警告。我们现在有责任确保这一点。幸运的是，Console 类型的 ReadLine 实现总是返回一个字符串，即使它只是一个空字符串值。

(4) 运行代码，输入姓名和年龄，输出如下所示：

```
Type your name and press ENTER: Gary
Type your age and press ENTER: 34
Hello Gary, you look good for 34.
```

注意：

目前已有两种常见的方法可处理编译器中的可空性警告。我们将在第 6 章更详细地介绍可空性以及如何处理它。

2.5.3 简化控制台的使用

在 C# 6 及后续版本中，using 语句不仅可用于导入名称空间，还可通过导入静态类进一步简化代码。这样，就不需要在整个代码中输入 Console 类型名。

1. 为单个文件导入静态类型

可使用代码编辑器的查找和替换功能删除之前编写的 Console 类型。

(1) 在 Program.cs 文件的顶部添加一条语句，静态导入 System.Console 类，如下所示：

```
using static System.Console;
```

(2) 在代码中选择第一个 Console.，确保选择了单词 Console 之后的句点。

(3) 在 Visual Studio 2022 中，导航到 Edit | Find and Replace | Quick Replace，或在 Visual Studio Code 中导航到 Edit | Replace，或在 JetBrains Rider 中，导航到 Edit | Find | Replace，注意出现了叠加对话框，输入想要的内容以替换 Console.，如图 2.9 所示。

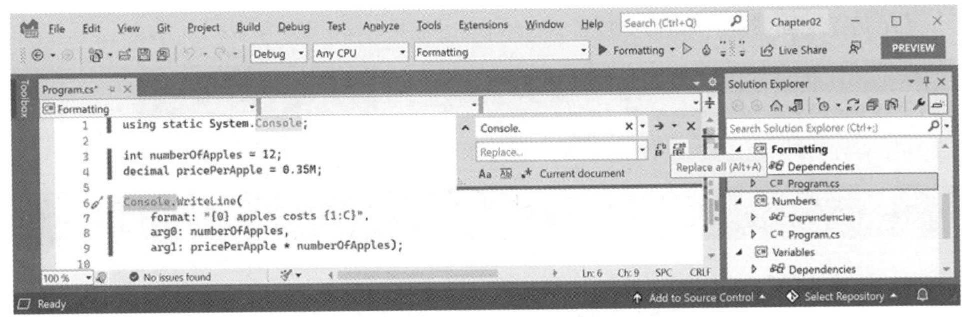

图 2.9　使用 Visual Studio 中的 Replace 功能简化代码

(4) 保持 Replace 框为空，单击 Replace all 按钮(Replace 输入框右侧的两个按钮中的第二个按钮)，然后单击其右上角的关闭按钮关闭 Replace 提示框。

(5) 运行控制台应用程序，注意其行为与之前相同。

2. 为项目中的所有代码文件导入静态类型

与其只为一个代码文件静态导入 Console 类，不如为项目中的所有代码文件都导入 Console 类。

(1) 删除静态导入 System.Console 的语句。

(2) 打开 Formatting.csproj，在<PropertyGroup>部分之后，添加一个新的<ItemGroup>部分，以使用隐式的 Usings .NET SDK 特性全局、静态地导入 System.Console，如以下代码所示：

```
<ItemGroup>
  <Using Include="System.Console" Static="true" />
</ItemGroup>
```

(3) 运行控制台应用程序，注意其行为与之前相同。

最佳实践：

今后，对于为本书创建的所有控制台应用程序项目，请添加上面的代码部分，以简化在所有 C#文件中使用 Console 类需要编写的代码。

2.5.4　获取用户的重要输入

可以使用 ReadKey 方法从用户那里获取重要输入。ReadKey 方法会等待用户输入内容，在用户按下某个键或某个组合键后，用户输入的任何内容都将作为 ConsoleKeyInfo 值返回。

下面研究一下按键的读取。

(1) 输入如下语句，要求用户按任意组合键，然后输出相关信息：

```
Write("Press any key combination: ");
ConsoleKeyInfo key = ReadKey();
WriteLine();
WriteLine("Key: {0}, Char: {1}, Modifiers: {2}",
  arg0: key.Key, arg1: key.KeyChar, arg2: key.Modifiers);
```

(2) 运行代码，按 K 键并注意结果，输出如下所示：

```
Press any key combination: k
Key: K, Char: k, Modifiers: 0
```

(3) 运行代码，按住 Shift 键并按 K 键，然后注意结果，输出如下所示：

```
Press any key combination: K
Key: K, Char: K, Modifiers: Shift
```

(4) 运行代码，按 F12 键并注意结果，输出如下所示：

```
Press any key combination:
Key: F12, Char: , Modifiers: 0
```

注意：

在 Visual Studio Code 的终端窗口中运行控制台应用程序时，一些按键组合将被代码编辑器捕获，然后由控制台应用程序处理。例如，在 Visual Studio Code 中，按下 Ctrl+Shift+X 组合键将激活边栏中的 Extensions 视图。要完全测试此控制台应用程序，请在项目文件夹中打开命令提示符或终端，并从命令提示符或终端中运行控制台应用程序。

2.5.5 向控制台应用程序传递参数

当运行控制台应用程序时，经常想通过传递参数来改变它的行为。例如，使用 dotnet 命令行工具可以传递新项目模板的名称，如以下命令所示：

```
dotnet new console
dotnet new mvc
```

如何获取可能传递给控制台应用程序的参数呢？

在.NET 6.0 之前的每个版本中，控制台应用程序项目模板会明确地展示如何获取这些参数，如下面的代码所示：

```
using System;

namespace Arguments
{
  class Program
  {
    static void Main(string[] args)
    {
      Console.WriteLine("Hello World!");
    }
  }
}
```

string[] args 参数是在 Program 类的 Main 方法中声明和传递的。它们是用于向控制台应用程序传递参数的数组，但在顶级程序中，如.NET 6.0 及后续版本的控制台应用程序项目模板所使用的那样，Program 类及其 Main 方法，以及 args 数组的声明都是隐藏的。但关键是，必须知道它仍然存在。

命令行参数由空格分隔。其他字符(如连字符和冒号)被视为参数值的一部分。

要在实参值中包含空格，请将实参值放在单引号或双引号中。

假设我们希望能够在命令行中输入前景色和背景色的名称以及终端窗口的大小。为此，可从

args 数组中读取颜色和数字，而 args 数组总是被传递给控制台应用程序的 Main 方法，也就是传递给控制台应用程序的入口点。

(1) 使用自己喜欢的代码编辑器将一个新的名为 Arguments 的 Console App/console 项目添加到 Chapter02 解决方案中。

(2) 打开 Arguments.csproj，在<PropertyGroup>部分的后面，添加一个新的<ItemGroup>部分，以使用隐式的 Usings .NET SDK 特性为所有 C#文件静态导入 System.Console 类型，如以下代码所示：

```
<ItemGroup>
  <Using Include="System.Console" Static="true" />
</ItemGroup>
```

最佳实践：

记住，未来，在所有控制台应用程序项目中，可使用隐式的 Usings .NET SDK 特性静态地导入 System.Console 类型以简化代码，因为这些指令不会每次都重复。

(3) 在 Program.cs 文件中，删掉现有的语句，然后添加一条语句以输出传递给应用程序的参数的数量，如下所示：

```
WriteLine($"There are {args.Length} arguments.");
```

(4) 运行控制台应用程序并查看结果，输出如下所示：

```
There are 0 arguments.
```

如果使用的是 Visual Studio 2022，则执行以下操作：

(1) 导航到 Project | Arguments Properties。

(2) 选择 Debug 选项卡，单击 Open debug launch profiles UI，并在 Command line arguments 框中输入如下参数：firstarg second-arg third:arg "fourth arg"，如图 2.10 所示。

(3) 关闭 Launch Profiles 窗口。

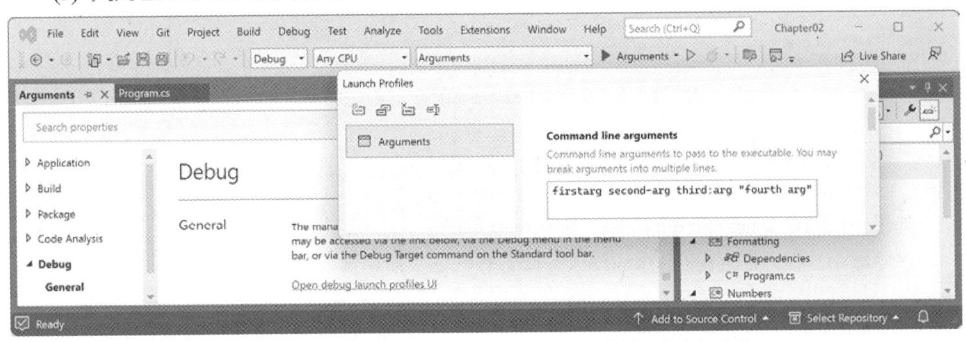

图 2.10　在 Windows 的 Visual Studio 项目属性中输入命令行参数

(4) 在 Solution Explorer 中，打开 Properties 文件夹下的 launchSettings.json 文件，你会注意到该文件定义了当运行项目时所使用的命令行参数，如以下配置中的突出显示部分所示：

```
{
    "profiles": {
"      Arguments": {
    "commandName": "Project",
```

```
      "commandLineArgs": "firstarg second-arg third:arg \"fourth arg\""
    }
  }
}
```

注意：

launchSettings.json 文件也可以被 JetBrains Rider 使用。对于 Visual Studio Code 来说，对应的文件是 .vscode/launch.json。

(5) 运行该控制台应用程序项目。

如果使用的是 JetBrains Rider，则执行以下操作。

(1) 右击 Arguments 项目。

(2) 在弹出的菜单中，选择 More Run/Debug | Modify Run Confguration….。

(3) 在 Create Run Confguration: 'Arguments'对话框中，在 Program arguments 框中输入 firstarg second-arg third:arg "fourth arg"，如图 2.11 所示。

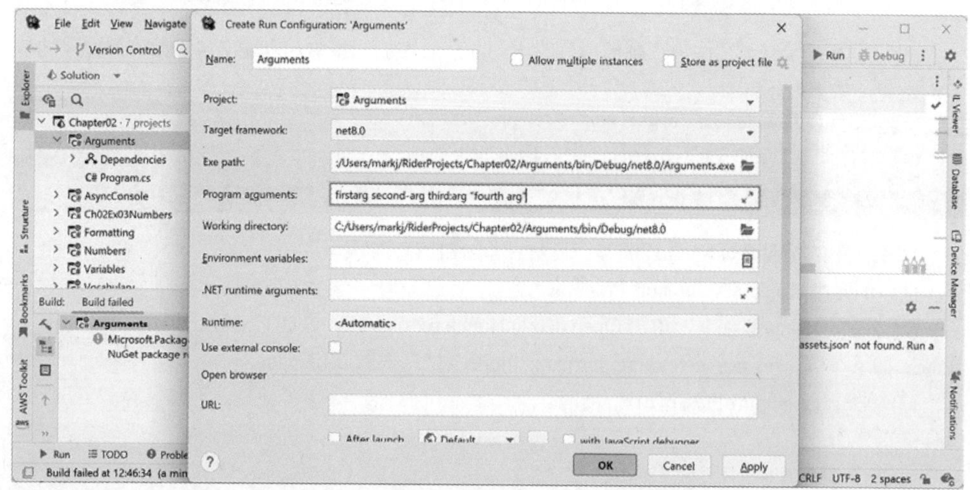

图 2.11　在 JetBrains Rider 运行配置中输入命令行参数

(4) 单击 OK 按钮。

(5) 运行该控制台应用程序。

如果使用的是 Visual Studio Code，则执行以下操作。

在终端中，在 dotnet run 命令后输入一些参数，如下所示：

```
dotnet run firstarg second-arg third:arg "fourth arg"
```

对于以上两个编码工具：

(1) 注意输出结果显示有 4 个参数，如下所示：

```
There are 4 arguments.
```

(2) 在 Program.cs 文件中，要枚举或迭代(也就是循环遍历)这 4 个参数的值，请在输出数组长度后添加以下语句：

```
foreach (string arg in args)
```

```
{
  WriteLine(arg);
}
```

(3) 再次运行代码， 注意输出结果显示了这4个参数的详细信息，如下所示：

```
There are 4 arguments.
firstarg
second-arg
third:arg
fourth arg
```

2.5.6 使用参数设置选项

现在，这些参数将允许用户为输出窗口选择背景色和前景色，并指定光标的大小。光标大小可以是从1到100的整数，其中1表示光标单元格底部的一条线，100表示光标单元格高度的百分比。

我们已静态导入了System.Console类。它具有ForegroundColor、BackgroundColor和CursorSize等属性，现在直接使用它们的名称即可设置这些属性，而不必加上前缀Console。

System名称空间已导入，所以编译器知道ConsoleColor和Enum类型：

(1) 添加语句，如果用户没有输入这3个参数，就发出警告，然后解析它们并使用它们来设置控制台窗口的颜色和尺寸，如下所示：

```
if (args.Length < 3)
{
  WriteLine("You must specify two colors and cursor size, e.g.");
  WriteLine("dotnet run red yellow 50");
  return; // Stop running.
}

  ForegroundColor = (ConsoleColor)Enum.Parse(
  enumType: typeof(ConsoleColor),
  value: args[0], ignoreCase: true);

BackgroundColor = (ConsoleColor)Enum.Parse(
  enumType: typeof(ConsoleColor),
  value: args[1], ignoreCase: true);

CursorSize = int.Parse(args[2]);
```

更多信息：
要注意编译器给出的警告，对CursorSize的设置仅能在Windows上进行。目前，不要担心大部分像(ConsoleColor)、Enum.Parse或typeof这样的代码，因为这些都将在接下来的几章中解释。

- 在Visual Studio 2022中，将参数更改为red yellow 50。运行控制台应用程序，注意光标的大小是原来的一半，窗口的颜色也发生了变化，如图2.12所示。

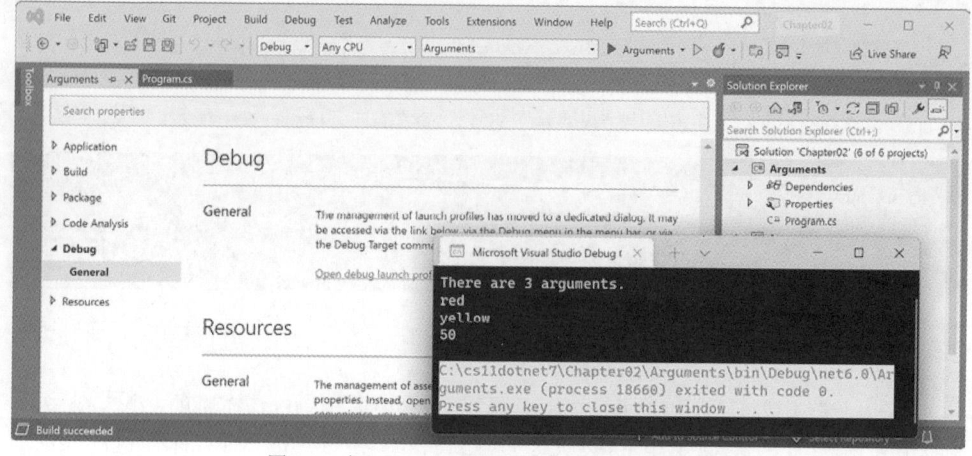

图 2.12　在 Windows 上设置窗口的颜色和光标的大小

- 在 Visual Studio Code 中，运行带参数的代码，设置前景色为红色，背景色为黄色，光标大小为 50%，如以下命令所示：

```
dotnet run red yellow 50
```

在 macOS 或 Linux 上，将看到一个未处理的异常，如图 2.13 所示。

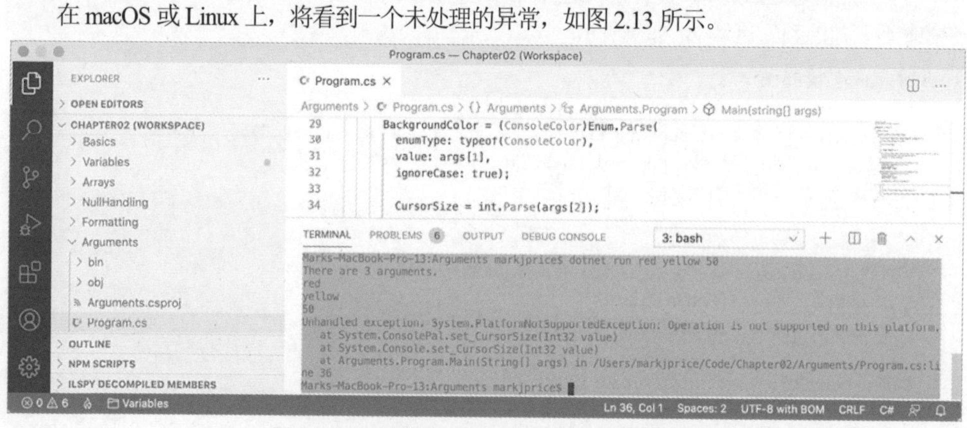

图 2.13　在不支持的 macOS 上出现了未处理的异常

虽然编译器没有给出错误或警告，但是在运行时，一些 API 调用可能在某些平台上失败。虽然在 Windows 上运行的控制台应用程序可以更改光标的大小，但在 macOS 上不能，如果尝试这样做，macOS 会报错。

2.5.7　处理不支持 API 的平台

如何解决这个问题呢？可以使用异常处理程序。第 3 章将介绍关于 try-catch 语句的更多细节，所以现在只需要输入代码。

(1) 修改代码，将更改光标大小的代码行封装到 try 语句中，如下所示：

```
try
{
```

```
  CursorSize = int.Parse(args[2]);
}
catch (PlatformNotSupportedException)
{
  WriteLine("The current platform does not support changing the size of
the cursor.");
}
```

(2) 如果在macOS上运行代码，那么异常会被捕获，并向用户显示一条友好的消息。

处理操作系统差异的另一种方法是使用System名称空间中的OperatingSystem类，如下所示：

```
if (OperatingSystem.IsWindows())
{
  // Execute code that only works on Windows.
}
else if (OperatingSystem.IsWindowsVersionAtLeast(major: 10))
{
  // Execute code that only works on Windows 10 or later.
}
else if (OperatingSystem.IsIOSVersionAtLeast(major: 14, minor: 5))
{
  // Execute code that only works on iOS 14.5 or later.
}
else if (OperatingSystem.IsBrowser())
{
  // Execute code that only works in the browser with Blazor.
}
```

OperatingSystem类提供了与其他常见操作系统(如Android、iOS、Linux、macOS)甚至浏览器相同的方法，这对Blazor Web组件很有用。

处理不同平台的第三种方法是使用条件编译语句。

有4个预处理指令可以控制条件编译：#if、#elif、#else和#endif。

使用#define定义符号，如下所示：

```
#define MYSYMBOL
```

许多符号会自动定义，如表2.10所示。

表2.10 预定义的编译符号

目标框架	符号
.NET Standard	NETSTANDARD2_0和NETSTANDARD2_1等
现代.NET	NET7_0、NET7_0_ANDROID、NET7_0_IOS、NET7_0_WINDOWS等

然后可以编写只针对指定平台编译的语句，代码如下所示：

```
#if NET7_0_ANDROID
// Compile statements that only work on Android.
#elif NET7_0_IOS
// Compile statements that only work on iOS.
#else
// Compile statements that work everywhere else.
#endif
```

2.6 理解 async 和 await

C# 5 引入了两个关键字来简化 Task 类型的使用：async 和 await。它们在以下方面特别有用：

- 为图形用户界面(GUI)实现多任务处理。
- 提高 Web 应用程序和 Web 服务的可伸缩性。
- 在与文件系统、数据库和远程服务交互时防止阻塞调用，所有这些工作都需要很长时间才能完成。

本书的在线部分"使用 MVC 模式构建网站"将探讨 async 和 await 关键字如何提高网站的可伸缩性。但是现在，我们先通过示例来学习如何在控制台应用程序中使用它们，然后讨论它们在 Web 项目中的实际应用。

提高控制台应用程序的响应能力

控制台应用程序存在的限制是，只能在标记为 async 的方法中使用 await 关键字，C# 7 及更早版本不允许将 Main 方法标记为 async！幸运的是，C# 7.1 中引入的新特性之一就是在 Main 方法中支持 async 关键字。

下面介绍 async 关键字的实际应用。

(1) 使用自己喜欢的代码编辑器在 Chapter02 解决方案中添加一个新的 Console App/console 项目，命名为 AsyncConsole。

(2) 打开 AsyncConsole.csproj，在<PropertyGroup>部分的后面，添加一个新的<ItemGroup>部分，使用隐式的 Usings .NET SDK 特性静态导入 System.Console，代码如下所示：

```
<ItemGroup>
  <Using Include="System.Console" Static="true" />
</ItemGroup>
```

(3) 在 Program.cs 文件中，删除现有语句，添加语句，创建一个 HttpClient 实例，向苹果公司的主页发出请求并输出它有多少字节，代码如下所示：

```
HttpClient client = new();

HttpResponseMessage response =
  await client.GetAsync("http://www.apple.com/");

WriteLine("Apple's home page has {0:N0} bytes.",
  response.Content.Headers.ContentLength);
```

(4) 导航到 Build | Build AsyncConsole，注意该项目已成功构建。

注意：

在.NET 5 和更早的版本中，会看到一条错误消息，输出如下所示：

```
Program.cs(14,9): error CS4033: The 'await' operator can only be
used within an async method. Consider marking this method with the
'async' modifier and changing its return type to 'Task'. [/Users/
markjprice/Code/ Chapter02/AsyncConsole/AsyncConsole.csproj]
```

必须将 async 关键字添加到 Main 方法中，并将其返回类型由 void 改为 Task。在.NET 6 及后续版本中，控制台应用程序项目模板使用顶级程序特性自动定义了一个包含异步<Main>$方法的 program 类。

(5) 运行代码并查看结果，可能会显示不同的字节数，因为苹果公司经常更改其主页，输出如下所示：

```
Apple's home page has 170,688 bytes.
```

2.7 实践和探索

可以通过回答一些问题来测试自己对知识的理解程度，进行一些实践，并深入探索本章涵盖的主题。

2.7.1 练习 2.1：测试你掌握的知识

为了得到这些问题的最佳答案，需要自己做一些探索。我希望你“跳出书本进行思考”，所以本书故意不提供所有问题的答案。

我们希望你养成去别处寻求帮助的好习惯，本书遵循“授人以渔”的原则。

(1) 在 C#文件中输入什么语句可以发现编译器和语言版本?

(2) C#中的两种注释类型是什么?

(3) 逐字字符串和内插字符串之间的区别是什么?

(4) 为什么在使用 float 和 double 值时要小心?

(5) 如何确定像 double 这样的类型在内存中使用多少字节?

(6) 什么时候应该使用 var 关键字?

(7) 创建诸如 XmlDocument 类的实例的最新方法是什么?

(8) 为什么在使用 dynamic 类型时要小心?

(9) 如何右对齐格式字符串?

(10) 什么字符可分隔控制台应用程序的参数?

更多信息：
可以从 GitHub 存储库的 README 中的链接下载附录 A 的英文版：https://github.com/markjprice/cs12dotnet8。

2.7.2 练习 2.2：测试你对数字类型的了解

请问，下列“数字”应选择什么类型?

- 一个人的电话号码
- 一个人的身高
- 一个人的年龄
- 一个人的工资
- 一本书的 ISBN
- 一本书的定价
- 一本书的运输重量
- 一个国家的人口

- 宇宙中恒星的数量
- 英国每个中小企业的员工人数(每个企业最多 5 万名员工)

2.7.3 练习 2.3：练习数字大小和范围

在 Chapter02 解决方案中，创建一个名为 Ch02Ex03Numbers 的控制台应用程序项目，输出以下每种数字类型使用的内存字节数，以及它们可能具有的最小值和最大值：sbyte、byte、short、ushort、int、uint、long、ulong、Int128、UInt128、Half、float、double 和 decimal。

运行控制台应用程序，结果应该如图 2.14 所示。

```
Microsoft Visual Studio Debug Console
----------------------------------------------------------------------------------------------
Type    Byte(s) of memory                                 Min                                      Max
----------------------------------------------------------------------------------------------
sbyte   1                                                -128                                      127
byte    1                                                   0                                      255
short   2                                              -32768                                    32767
ushort  2                                                   0                                    65535
int     4                                         -2147483648                               2147483647
uint    4                                                   0                               4294967295
long    8                                -9223372036854775808                      9223372036854775807
ulong   8                                                   0                     18446744073709551615
Int128  16      -170141183460469231731687303715884105728  170141183460469231731687303715884105727
UInt128 16                                                  0  340282366920938463463374607431768211455
Half    2                                              -65500                                    65500
float   4                                      -3.4028235E+38                             3.4028235E+38
double  8                            -1.7976931348623157E+308                   1.7976931348623157E+308
decimal 16                     -79228162514264337593543950335             79228162514264337593543950335
```

图 2.14　输出数字类型大小的结果

所有练习的代码解决方案都可通过以下链接从 GitHub 存储库下载或复制：https://github.com/markjprice/cs12dotnet8。

2.7.4 练习 2.4：探索主题

可通过以下链接阅读本章所涉及主题的更多细节：

https://github.com/markjprice/cs12dotnet8/blob/main/docs/book-links.md#chapter-2---speaking-c

2.7.5 练习 2.5：探索 Spectre 库

Spectre 是一个增强控制台应用程序的包。可通过以下链接了解它：https://spectreconsole.net/。

2.8 本章小结

本章主要内容：

- 声明具有指定类型或推断类型的变量。
- 对数字、文本和布尔值使用一些内置类型。
- 在数字类型之间进行选择。
- 在控制台应用程序中控制输出格式。

第 3 章中将学习运算符、分支、循环、类型转换，以及如何处理异常。

第3章

控制程序流程、转换类型和处理异常

本章主要介绍一些编码实践，其中包括编写代码对变量执行简单操作、做出决策、执行模式匹配、重复执行语句或代码块、使用数组存储多个值、将变量或表达式值从一种类型转换为另一种类型、处理异常以及在数字变量中检查溢出。

本章涵盖以下主题：

- 操作变量
- 理解选择语句
- 理解迭代语句
- 在数组中存储多个值
- 类型转换
- 处理异常
- 检查溢出

3.1 操作变量

运算符可将简单的操作(如加法和乘法)应用于操作数(如变量和字面值)。它们通常返回一个新值，该值是操作的结果，可以赋给变量。同时，运算符也可以影响操作数。

3.1.1 理解二元运算符

大多数运算符是二元的，这意味着它们可以处理两个操作数，如下面的伪代码所示：

```
var resultOfOperation = firstOperand operator secondOperand;
```

二元运算符的例子包括加法和乘法，如下面的代码所示：

```
int x = 5;
int y = 3;
int resultOfAdding = x + y;
int resultOfMultiplying = x * y;
```

3.1.2 理解一元运算符

有些运算符是一元的，也就是说，它们只能作用于一个操作数，并且可用于这个操作数之前或之后，如下面的伪代码所示：

```
var resultOfOperationAfter = onlyOperand operator;
var resultOfOperationBefore = operator onlyOperand;
```

一元运算符可用于递增操作以及检索类型或类型大小(以字节为单位)，如下所示：

```
int x = 5;
int postfixIncrement = x++;
int prefixIncrement = ++x;
Type theTypeOfAnInteger = typeof(int);
string nameOfVariable = nameof(x);
int howManyBytesInAnInteger = sizeof(int);
```

3.1.3 理解三元运算符

三元运算符则作用于三个操作数，如下面的伪代码所示：

```
var resultOfOperation = firstOperand firstOperator
  secondOperand secondOperator thirdOperand;
```

三元运算符的一个例子是条件运算符 ?:，它就像一个简化的 if 语句。第一个操作数是一个布尔表达式，第二个操作数是当该表达式为 true 时要返回的值，第三个操作数是当该表达式的值为 false 时要返回的值，如下面的代码所示：

```
// Syntax of conditional operator.
var result = boolean_expression ? value_if_true : value_if_false;

// Example of conditional operator.
string result = x > 3 ? "Greater than 3" : "Less than or equal to 3";

// Equivalent using an if statement.
string result;

if (x > 3)
{
  result = "Greater than 3";
}
else
{
  result = "Less than or equal to 3";
}
```

经验丰富一些的 C# 开发人员会尽可能多地使用三元运算符，因为它们简洁明了，一旦你习惯了阅读它们，就能写出更清晰的代码。

一元运算符

有两个常用的一元运算符，它们可用于递增(++)和递减(--)数字。下面通过一些示例来说明它们的工作方式。

(1) 如果完成了前面的章节，那么应该已经有了 cs12dotnet8 文件夹。如果没有，就创建它。

(2) 使用自己喜欢的编码工具创建一个新的解决方案和项目，如下所示。

- 项目模板：Console App/console
- 项目文件和文件夹：Operators
- 解决方案文件和文件夹：Chapter03
- 不使用顶级语句：已清除
- 启用原生 AOT 发布：已清除

(3) 打开 Operators.csproj，添加一个新的<ItemGroup>部分，使用 implicit usings .NET SDK 特性为所有 C#文件静态导入 System.Console 类型，如以下代码所示：

```
<ItemGroup>
  <Using Include="System.Console" Static="true" />
</ItemGroup>
```

(4) 在 Program.cs 文件中，删除现有语句，然后声明两个整型变量 a 和 b，将 a 的值设置为 3，在将结果赋给 b 的同时递增 a，然后输出它们的值，如以下代码所示：

```
#region Exploring unary operators

int a = 3;
int b = a++;
WriteLine($"a is {a}, b is {b}");

#endregion
```

最佳实践：

建议将每个部分的语句用#region 和#endregion 指令包裹起来，如前面的代码所示，这样便可以轻松地折叠这些部分。但为了节省空间，在本书后面的代码示例中将不再显示这些指令。

(5) 在运行控制台应用程序前，问自己一个问题：当输出时，b 的值是多少？考虑到这一点后，运行代码，并将预测结果与实际结果进行比较，如以下输出所示：

```
a is 4, b is 3
```

更多信息：

变量 b 的值为 3，因为++运算符在赋值后执行；这称为后缀运算符。如果需要在赋值前递增，那么可以使用前缀运算符。

(6) 复制并粘贴语句，然后修改它们以重命名变量，并使用前缀运算符，如以下代码所示：

```
int c = 3;
int d = ++c; // Prefix means increment c before assigning it.
WriteLine($"c is {c}, d is {d}");
```

(7) 重新运行代码并注意观察结果，输出如下所示：

```
a is 4, b is 3
c is 4, d is 4
```

最佳实践：

由于递增、递减运算符与赋值运算符结合时，在前缀和后缀之间容易让人混淆，Swift 编程语言的设计者决定在版本 3 中取消对递增、递减运算符的支持。建议在 C#中不要将++和--运算符与赋值运算符=结合使用。应该将这些操作作为单独语句执行。

3.1.4 二元算术运算符

递增和递减运算符是一元算术运算符。其他算术运算符通常是二元的，允许对两个数字执行算术运算。

(1) 添加如下语句，对两个整型变量 e 和 f 进行声明并赋值，然后对这两个变量执行 5 种常见的二元算术运算：

```
int e = 11;
int f = 3;
WriteLine($"e is {e}, f is {f}");
WriteLine($"e + f = {e + f}");
WriteLine($"e - f = {e - f}");
WriteLine($"e * f = {e * f}");
WriteLine($"e / f = {e / f}");
WriteLine($"e % f = {e % f}");
```

(2) 运行代码并注意观察结果，输出如下所示：

```
e is 11, f is 3
e + f = 14
e - f = 8
e * f = 33
e / f = 3
e % f = 2
```

为了解将除法/和取模%运算符应用到整数时的情况，需要回顾一下小学课程。假设有 11 颗糖果和 3 名小朋友。如何把这些糖果分给这些小朋友呢？可以给每个小朋友分 3 颗糖果，还剩下两颗。剩下的两颗糖果是模数，也称余数。如果有 12 颗糖果，那么每个小朋友正好可以分得 4 颗，所以余数是 0。

(3) 添加如下语句，声明名为 g 的 double 变量并赋值，以显示整数除法和实数除法之间的差异：

```
double g = 11.0;
WriteLine($"g is {g:N1}, f is {f}");
WriteLine($"g / f = {g / f}");
```

(4) 运行代码并注意观察结果，输出如下所示：

```
g is 11.0, f is 3
g / f = 3.6666666666666665
```

如果第一个操作数是浮点数，比如变量 g 的值为 11.0，那么除法运算符也将返回一个浮点数而不是整数。

3.1.5 赋值运算符

前面已使用了最常用的赋值运算符=。

为了使代码更简洁，可以把赋值运算符和算术运算符等其他运算符结合起来使用，如下面的代码所示：

```
int p = 6;
p += 3; // Equivalent to: p = p + 3;
p -= 3; // Equivalent to: p = p - 3;
p *= 3; // Equivalent to: p = p * 3;
p /= 3; // Equivalent to: p = p / 3;
```

3.1.6　空值合并运算符

与赋值运算符相关的运算符是空值合并运算符(null-coalescing operator)。有时，你想要将变量赋值为某个结果，但如果该变量为 null，则希望赋予一个替代值。可以使用空值合并运算符 ?? 或 ??= 来实现这一点，如下面的代码所示：

```
string? authorName = ReadLine(); // Prompt user to enter an author name.

// The maxLength variable will be the length of authorName if it is
// not null, or 30 if authorName is null.
int maxLength = authorName?.Length ?? 30;

// The authorName variable will be "unknown" if authorName was null.
authorName ??= "unknown";
```

3.1.7　逻辑运算符

逻辑运算符对布尔值进行操作，因此它们返回 true 或 false。下面研究一下用于操作两个布尔值的二元逻辑运算符。

(1) 在 Program.cs 文件中，删除现有语句，然后添加语句以声明两个布尔变量 p 和 q，它们的值分别为 true 和 false，然后输出真值表，显示应用 AND、OR 和 XOR(exclusive OR)逻辑运算符之后的结果，如以下代码所示：

```
bool p = true;
bool q = false;
WriteLine($"AND | p     | q     ");
WriteLine($"p   | {p & p,-5} | {p & q,-5} ");
WriteLine($"q   | {q & p,-5} | {q & q,-5} ");
WriteLine();
WriteLine($"OR  | p     | q     ");
WriteLine($"p   | {p | p,-5} | {p | q,-5} ");
WriteLine($"q   | {q | p,-5} | {q | q,-5} ");
WriteLine();
WriteLine($"XOR | p     | q     ");
WriteLine($"p   | {p ^ p,-5} | {p ^ q,-5} ");
WriteLine($"q   | {q ^ p,-5} | {q ^ q,-5} ");
```

更多信息：

-5 表示在一个五宽度的列内左对齐。

(2) 运行代码并注意观察结果，输出如下所示：

```
AND | p     | q
p   | True  | False
q   | False | False
OR  | p     | q
p   | True  | True
q   | True  | False
XOR | p     | q
p   | False | True
q   | True  | False
```

对于 AND 逻辑运算符&，如果结果为 true，那么两个操作数都必须为 true。对于 OR 逻辑运算符|，如果结果为 true，那么两个操作数中至少有一个为 true。对于 XOR 逻辑运算符^，如果结果为 true，那么任何一个操作数都可以为 true (但不能两个同时为 true)。

3.1.8 条件逻辑运算符

条件逻辑运算符类似于逻辑运算符，但需要使用两个符号而不是一个符号。例如，需要使用&&而不是&，需要使用||而不是|。

第 4 章将详细介绍函数，但是现在需要简单介绍一下函数以解释条件逻辑运算符(也称为短路布尔运算符)。

函数会执行语句，然后返回一个值。这个值可以是布尔值，如 true，从而可在布尔操作中使用。下面举例说明如何使用条件逻辑运算符。

(1) 在 Program.cs 文件底部编写语句，以声明一个函数，用于向控制台写入消息并返回 true，如以下代码所示：

```
static bool DoStuff()
{
  WriteLine("I am doing some stuff.");
  return true;
}
```

更多信息：

局部函数可以放在使用顶级程序特性的 Program.cs 文件中的任何语句内，但将它们放在文件的底部是一个良好的编程习惯。

(2) 在前面的 WriteLine 语句之后，对 a 和 b 变量以及调用 DoStuff 函数的结果执行&运算，代码如下所示：

```
WriteLine();
// Note that DoStuff() returns true.
WriteLine($"p & DoStuff() = {p & DoStuff()}");
WriteLine($"q & DoStuff() = {q & DoStuff()}");
```

(3) 运行代码，查看结果，注意 DoStuff 函数被调用了两次，一次是为变量 a，另一次是为变量 b，输出如下所示：

```
I am doing some stuff.
p & DoStuff() = True
I am doing some stuff.
q & DoStuff() = False
```

(4) 复制并粘贴步骤(2)中的三条语句，并将代码中的&运算符改为&&运算符，如下所示：

```
WriteLine();
WriteLine($"p && DoStuff() = {p && DoStuff()}");
WriteLine($"q && DoStuff() = {q && DoStuff()}");
```

(5) 运行代码，查看结果，注意 DoStuff 函数在与变量 a 结合时会运行，但与变量 b 结合时不会运行。因为变量 b 为 false，结果为 false，所以不需要执行 DoStuff 函数，输出如下所示：

```
I am doing some stuff.
p && DoStuff() = True
q && DoStuff() = False // DoStuff function was not executed!
```

最佳实践：

你现在可以明白为什么将条件逻辑运算符描述为短路布尔运算符了。它们可以使应用程序更高效，但会在假定函数总是被调用的情况下引入一些微妙的 bug。当与会引起副作用的函数结合使用时，避免使用它们是最安全的。

3.1.9 按位和二元移位运算符

按位运算符比较数字二进制表示中的位。每一位，无论是值 0 还是 1，都会单独与其在同一列(即相同位置)的位进行比较。

二元移位运算符相比传统运算符能更快地执行一些常见的算术运算，例如，任何乘以 2 的倍数的乘法操作。

下面研究按位和二元移位运算符。

(1) 在 Program.cs 文件中，添加如下语句，声明两个整型变量 x 和 y，其值分别为 10 和 6，然后输出应用 AND、OR 和 XOR 按位运算符后的结果：

```
WriteLine();

int x = 10;
int y = 6;

WriteLine($"Expression | Decimal    | Binary");
WriteLine($"-------------------------------");
WriteLine($"x          | {x,7}      | {x:B8}");
WriteLine($"y          | {y,7}      | {y:B8}");
WriteLine($"x & y      | {x & y,7}  | {x & y:B8}");
WriteLine($"x | y      | {x | y,7}  | {x | y:B8}");
WriteLine($"x ^ y      | {x ^ y,7}  | {x ^ y:B8}");
```

更多信息：

记住，7 表示在一个七宽度的列中右对齐，而 :B8 表示用八位二进制格式表示。

(2) 运行代码并注意观察结果，输出如下所示：

```
Expression | Decimal | Binary
-------------------------------
x          | 10      | 00001010
y          | 6       | 00000110
```

```
x & y      | 2     | 00000010
x | y      | 14    | 00001110
x ^ y      | 12    | 00001100
```

更多信息：

对于 x & y，只有 2 位这一列被设置。对于 x | y，8 位、4 位和 2 位这三列都被设置。对于 x ^ y，8 位和 4 位这两列被设置。

(3) 在 Program.cs 文件中，添加语句，应用左移运算符将变量 a 的位移动三列，将 a 乘以 8，将变量 b 的位右移一列，并输出结果，如下所示：

```
// Left-shift x by three bit columns.
WriteLine($"x << 3     | {x << 3,7} | {x << 3:B8}");

// Multiply x by 8.
WriteLine($"x * 8      | {x * 8,7}  | {x * 8:B8}");

// Right-shift y by one bit column.
WriteLine($"y >> 1     | {y >> 1,7} | {y >> 1:B8}");
```

(4) 运行代码并注意观察结果，输出如下所示：

```
x << 3    | 80 | 01010000
x * 8     | 80 | 01010000
y >> 1    | 3  | 00000011
```

结果为 80 是因为其中的位向左移动了三列，所以值为 1 的位移到 64-和 16-位列，而 64 + 16 = 80。这相当于乘以 8，但 CPU 可以更快地执行位移(bit-shift)操作。结果为 3 是因为 b 中值为 1 的位被右移一列到了 2-和 1-位列中。

最佳实践：

记住，当操作整数值时，&和|符号是按位运算符，而当操作布尔值(如 true 和 false)时，&和|符号是逻辑运算符。

3.1.10 其他运算符

处理类型时，nameof 和 sizeof 是十分常用的运算符。

- nameof 运算符以字符串值的形式返回变量、类型或成员的短名称(没有名称空间)，这在输出异常消息时非常有用。
- sizeof 运算符返回简单类型的字节大小，这对于确定数据存储的效率很有用。从技术角度看，sizeof 运算符需要一个不安全代码块，但使用 C# 别名的值类型(如 int 和 double)的大小由编译器硬编码为常量，因此它们不需要不安全代码块。

例如：

```
int age = 50;
WriteLine($"The {nameof(age)} variable uses {sizeof(int)} bytes of memory.");
```

还有很多其他运算符。例如，变量与其成员之间的点称为成员访问运算符(member access operator)，函数或方法名末尾的圆括号称为调用运算符(invocation operator)，示例如下：

```
int age = 50;

// How many operators in the following statement?
char firstDigit = age.ToString()[0];

// There are four operators:
// = is the assignment operator
// . is the member access operator
// () is the invocation operator
// [] is the indexer access operator
```

3.2 理解选择语句

每个应用程序都需要能从选项中进行选择，并沿着不同的代码路径进行分支。C#中的两个选择语句是 if 和 switch。可以在所有代码中使用 if 语句，但是 switch 语句可以在一些常见的场景中简化代码，例如当一个变量有多个值，而每个值都需要进行不同的处理时。

3.2.1 使用 if 语句进行分支

if 语句通过计算布尔表达式来确定要执行哪个分支。如果布尔表达式的结果为 true，就执行 if 语句块，否则执行 else 语句块。if 语句可以嵌套。

if 语句也可与其他 if 语句以及 else if 分支语句结合使用，如下所示：

```
if (expression1)
{
  // Executes if expression1 is true.
}
else if (expression2)
{
  // Executes if expression1 is false and expression2 is true.
}
else if (expression3)
{
  // Executes if expression1 and expression2 are false
  // and expression3 is true.
}
else
{
  // Executes if all expressions are false.
}
```

每个 if 语句的布尔表达式都独立于其他语句，而不像 switch 语句那样需要引用单个值。

下面编写一些代码来研究 if 语句。

(1) 使用自己喜欢的编码工具将一个名为 SelectionStatements 的新的 Console App/console 项目添加到 Chapter03 解决方案中。

更多信息：

在你的项目文件中，记得静态导入 System.Console。如果你正在使用 Visual Studio 2022，那么请配置启动项目为当前选中的项目。

(2) 在 Program.cs 文件中，删除现有语句，然后添加语句检查密码是否至少为 8 个字符长，代码如下所示：

```
string password = "ninja";

if (password.Length < 8)
{
  WriteLine("Your password is too short. Use at least 8 chars.");
}
else
{
  WriteLine("Your password is strong.");
}
```

(3) 运行代码并注意观察结果，如下面的输出所示：

```
Your password is too short. Use at least 8 chars.
```

if 语句为什么应总是使用花括号

由于每个语句块中只有一条语句，因此在编写前面的代码时可以不使用花括号，如下所示：

```
if (password.Length < 8)
  WriteLine("Your password is too short. Use at least 8 chars.");
else
  WriteLine("Your password is strong.");
```

应该避免使用这种风格的 if 语句，因为可能会引入严重的缺陷。例如，苹果的 iPhone iOS 操作系统中就存在臭名昭著的#gotofail 缺陷。

2012 年 9 月，在苹果的 iOS 6 发布了 18 个月后，其 SSL(Secure Sockets Layer，安全套接字层)加密代码出现了漏洞，这意味着任何用户在运行 iOS 6 设备上的 Web 浏览器 Safari 时，如果试图连接到安全的网站，如银行网站，将得不到适当的安全保护，因为不小心跳过了一项重要检查。

不能仅仅因为可以省去花括号就真的这样做。没有了它们，代码不会"更有效率"；相反，代码的可维护性会更差，而且可能更危险。

3.2.2 模式匹配与 if 语句

模式匹配是 C# 7 及其后续版本引入的一个特性。if 语句可将 is 关键字与局部变量的声明结合起来使用，从而使代码更安全。

(1) 添加如下语句。这样，如果存储在变量 o 中的值是 int 类型，就将值赋给局部变量 i，然后可以在 if 语句中使用局部变量 i。这比使用变量 o 更安全，因为可以确定 i 是 int 类型的变量。

```
// Add and remove the "" to change between string and int.
object o = "3";
int j = 4;

if (o is int i)
{
  WriteLine($"{i} x {j} = {i * j}");
}
else
```

```
{
  WriteLine("o is not an int so it cannot multiply!");
}
```

(2) 运行代码并查看结果，输出如下所示：

```
o is not an int so it cannot multiply!
```

(3) 删除值 3 两边的双引号字符，从而使变量 o 中存储的值是 int 类型而不是 string 类型。

(4) 重新运行代码并查看结果，输出如下所示：

```
3 x 4 = 12
```

3.2.3 使用 switch 语句进行分支

switch 语句与 if 语句不同，因为前者会对单个表达式与多个可能的 case 语句进行比较。每个 case 语句都与单个表达式相关。每个 case 部分必须以如下内容结尾：

- break 关键字(如下面代码中的 case 1)。
- 或者 goto case 关键字(如下面代码中的 case 2)。
- 或者没有语句(如下面代码中的 case 3)。
- 或者引用命名标签的 goto 关键字(如下面代码中的 case 5)
- 或者 return 关键字，以退出当前函数(下面代码中未显示这种情况)。

下面编写一些代码来研究 switch 语句。

(1) 为 switch 语句键入代码。应该注意，倒数第二个语句是一个可以被跳转的标签，第一个语句生成 1~6 的随机数(代码中的数字 7 是排他上限)。switch 语句分支基于这个随机数的值，如下所示：

```
// Inclusive lower bound but exclusive upper bound.
int number = Random.Shared.Next(minValue: 1, maxValue: 7);
WriteLine($"My random number is {number}");

switch (number)
{
  case 1:
    WriteLine("One");
    break; // Jumps to end of switch statement.
  case 2:
    WriteLine("Two");
    goto case 1;
  case 3: // Multiple case section.
  case 4:
    WriteLine("Three or four");
    goto case 1;
  case 5:
    goto A_label;
  default:
    WriteLine("Default");
    break;
} // End of switch statement.
WriteLine("After end of switch");
A_label:
WriteLine($"After A_label");
```

最佳实践：

可以使用 goto 关键字跳转到另一个 case 或标签。goto 关键字并不为大多数程序员所接受，但在某些情况下，这是一种很好的代码逻辑解决方案。不过，应该尽量少用 goto 语句，如果要用的话，请通过链接 https://github.com/search?q=%22goto%20%22+repo%3Adotnet%2Fruntime+language%3AC%23&type=code&ref=advsearch 查看微软在.NET 基类库中使用 goto 语句的频率。

(2) 多次运行代码，以查看对于不同的随机数会发生什么，输出示例如下：

```
// First random run.
My random number is 4
Three or four
One
After end of switch
After A_label

// Second random run.
My random number is 2
Two
One
After end of switch
After A_label

// Third random run.
My random number is 6
Default
After end of switch
After A_label

// Fourth random run.
My random number is 1
One
After end of switch
After A_label

// Fifth random run.
My random number is 5
After A_label
```

最佳实践：

之前用于生成随机数的 Random 类包含一个 Next 方法，该方法允许指定一个包含下限和一个排他上限并且生成一个伪随机数。然而，每次创建一个新的 Random 实例并不能保证线程安全。从.NET 6 开始，可以使用 Random 的共享实例，这个实例是线程安全的，因此可以从任何线程并发地使用。

3.2.4 使用 Visual Studio 2022 向项目添加新项

在 Visual Studio 2022 版本 17.6 或更高版本中，当向项目中添加新项时，可以选择使用简化

的对话框。要添加新项，可以导航到 Project | Add New Item…，或者在 Solution Explorer 中右击项目并选择 Add | New Item…。首先，你会看到如图 3.1 所示的传统对话框。

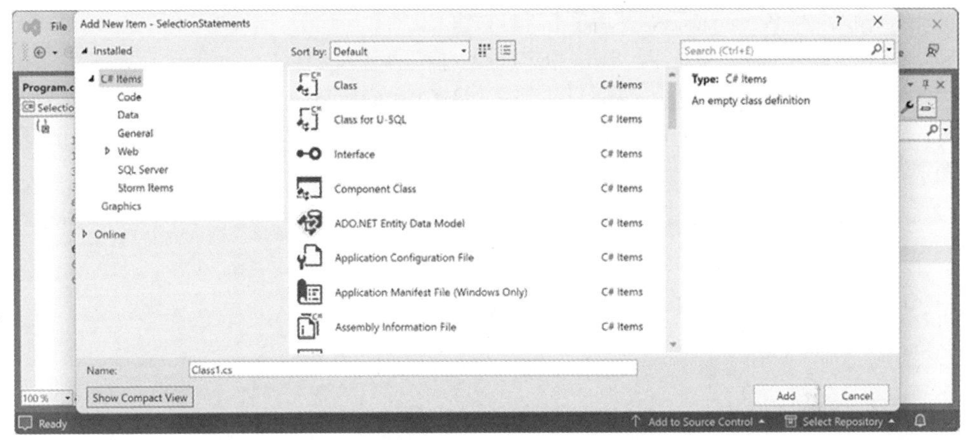

图 3.1　正常视图下的 Add New Item 对话框

如果单击 Show Compact View 按钮，该对话框将切换到简化版，如图 3.2 所示。

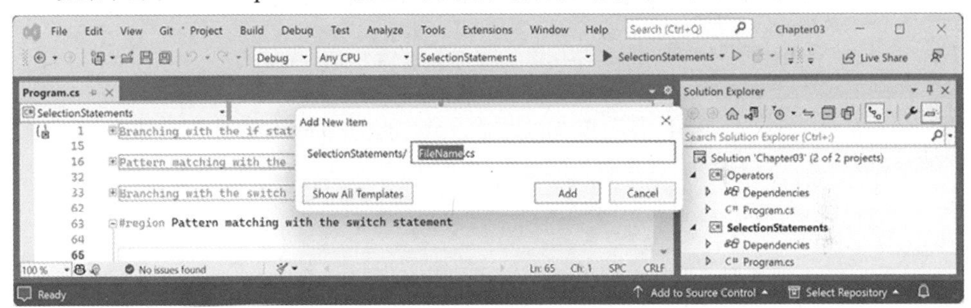

图 3.2　紧凑视图下的 Add New Item 对话框

如果想返回到正常的对话框视图，只需要单击 Show All Templates 按钮。

3.2.5　模式匹配与 switch 语句

与 if 语句一样，switch 语句在 C# 7 及后续版本中支持模式匹配。case 值不再必须是字面值，还可以是模式。

在 C# 7 及后续版本中，基于类的子类型可以对代码进行更简洁的分支，并声明和分配局部变量以安全地使用它。此外，case 语句可以包含 when 关键字以执行更具体的模式匹配。

我们来看一个使用 switch 语句和模式匹配的例子，这个例子涉及一个具有不同属性的自定义动物类层次结构。

更多信息：

第 5 章将介绍有关类定义的更多细节。目前，通过阅读代码应该对类的定义有一个大致的概念。

(1) 在 SelectionStatements 项目中，添加一个新的类文件 Animals.cs：

- 在 Visual Studio 2022 中，导航到 Project | Add New Item…，或者按 Ctrl + Shif + A 组合键，输入文件名 Animals.cs，然后单击 Add 按钮。
- 在 Visual Studio Code 中，单击 New File… 按钮并输入文件名 Animals.cs。
- 在 JetBrains Rider 中，右击项目并选择 Add | Class/Interface…。

(2) 在 Animals.cs 文件中，删除所有现有语句，之后定义如下三个类：一个基类(Animal)和两个继承类(Cat 和 Spider)：

```
class Animal // This is the base type for all animals.
{
  public string? Name;
  public DateTime Born;
  public byte Legs;
}

class Cat : Animal // This is a subtype of animal.
{
  public bool IsDomestic;
}
class Spider : Animal // This is another subtype of animal.
{
  public bool IsPoisonous;
}
```

(3) 在 Program.cs 文件中，添加语句以声明一个可为空的 animals 数组，然后根据每个动物的类型和属性显示一条消息，代码如下所示：

```
var animals = new Animal?[]
{
  new Cat { Name = "Karen", Born = new(year: 2022, month: 8,
    day: 23), Legs = 4, IsDomestic = true },
  null,
  new Cat { Name = "Mufasa", Born = new(year: 1994, month: 6,
    day: 12) },
  new Spider { Name = "Sid Vicious", Born = DateTime.Today,
    IsPoisonous = true},
  new Spider { Name = "Captain Furry", Born = DateTime.Today }
};

foreach (Animal? animal in animals)
{
  string message;

  switch (animal)
  {
    case Cat fourLeggedCat when fourLeggedCat.Legs == 4:
      message = $"The cat named {fourLeggedCat.Name} has four legs.";
      break;
    case Cat wildCat when wildCat.IsDomestic == false:
      message = $"The non-domestic cat is named {wildCat.Name}.";
      break;
    case Cat cat:
```

```
      message = $"The cat is named {cat.Name}.";
      break;
    default: // default is always evaluated last.
      message = $"{animal.Name} is a {animal.GetType().Name}.";
      break;
    case Spider spider when spider.IsPoisonous:
      message = $"The {spider.Name} spider is poisonous. Run!";
      break;
    case null:
      message = "The animal is null.";
      break;
  }
  WriteLine($"switch statement: {message}");
}
```

更多信息：

如下代码中的 case 语句：

```
case Cat fourLeggedCat when fourLeggedCat.Legs == 4:
```

也可以使用更简洁的属性模式匹配语法进行重写，如下所示：

```
case Cat { Legs: 4 } fourLeggedCat:
```

(4) 运行代码并注意，名为 animals 的数组被声明为 Animal?类型，因而可以是 Animal 的任何子类型，如 Cat 或 Spider。在上面这段代码中，创建了四个具有不同属性的不同类型的 Animal 实例和一个空实例，因此结果将是每个动物都有五条描述消息，如以下输出所示：

```
switch statement: The cat named Karen has four legs.
switch statement: The animal is null.
switch statement: The non-domestic cat is named Mufasa.
switch statement: The Sid Vicious spider is poisonous. Run!
switch statement: Captain Furry is a Spider.
```

3.2.6 使用 switch 表达式简化 switch 语句

在 C# 8 或后续版本中，可以使用 switch 表达式简化 switch 语句。

大多数 switch 语句都非常简单，但是它们需要大量的输入。switch 表达式的设计目的是简化需要输入的代码，同时仍然表达相同的意图。所有 case 子句都将返回一个值以设置单个变量。switch 表达式使用=>表示返回值。

下面使用一个 switch 表达式实现前面使用 switch 语句的代码，这样就可以比较这两种编码风格了。

(1) 在 Program.cs 文件中，在 foreach 循环内的底部，添加如下语句，以根据动物的类型和属性使用 switch 表达式来设置消息：

```
message = animal switch
{
  Cat fourLeggedCat when fourLeggedCat.Legs == 4
    => $"The cat named {fourLeggedCat.Name} has four legs.",
  Cat wildCat when wildCat.IsDomestic == false
    => $"The non-domestic cat is named {wildCat.Name}.",
  Cat cat
    => $"The cat is named {cat.Name}.",
```

```
  Spider spider when spider.IsPoisonous
    => $"The {spider.Name} spider is poisonous. Run!",
  null
    => "The animal is null.",
  _
    => $"{animal.Name} is a {animal.GetType().Name}."
};
WriteLine($"switch expression: {message}");
```

更多信息：

switch 表达式和 switch 语句的主要区别是去掉了 case 和 break 关键字。下画线字符用于表示默认的返回值。这种做法被称为“丢弃” (discard)，可通过链接 https://learn.microsoft.com/en-us/dotnet/csharp/fundamentals/functional/discards 了解更多关于下画线字符用于表示默认返回值的信息 。

(2) 运行代码，注意结果与之前相同，输出如下所示：

```
switch statement: The cat named Karen has four legs.
switch expression: The cat named Karen has four legs.
switch statement: The animal is null.
switch expression: The animal is null.
switch statement: The non-domestic cat is named Mufasa.
switch expression: The non-domestic cat is named Mufasa.
switch statement: The Sid Vicious spider is poisonous. Run!
switch expression: The Sid Vicious spider is poisonous. Run!
switch statement: Captain Furry is a Spider.
switch expression: Captain Furry is a Spider.
```

3.3 理解迭代语句

当条件为 true(while 和 for 语句) 时，或者重复执行集合(foreach 语句)中的每一项时，迭代语句会重复执行语句块。具体使用哪种循环语句则取决于解决逻辑问题的易理解性和个人偏好。

3.3.1 while 循环语句

while 循环语句会对布尔表达式求值，并在布尔表达式的值为 true 时继续循环。下面研究迭代语句。

(1) 使用自己喜欢的编码工具在 Chapter03 解决方案中添加一个新的 Console App/console 项目，命名为 IterationStatements。

(2) 在 Program.cs 文件中，删除现有语句，然后添加语句定义 while 语句，当整数变量的值小于 10 时循环，代码如下所示：

```
int x = 0;
while (x < 10)
{
  WriteLine(x);
  x++;
}
```

(3) 运行代码并查看结果，结果应该是数字 0～9，如下所示：

```
0
1
2
3
4
5
6
7
8
9
```

3.3.2 do 循环语句

do 循环语句与 while 循环语句类似，只不过布尔表达式是在语句块的底部而不是顶部进行检查的，这意味着语句块至少要执行一次。

(1) 输入以下语句，定义一个 do 循环：

```
string? actualPassword = "Pa$$w0rd";
string? password;

do
{
  Write("Enter your password: ");
  password = ReadLine();
}
while (password != actualPassword);

WriteLine("Correct!");
```

(2) 运行代码，注意程序将重复提示输入密码，直到输入的密码正确为止，如下所示：

```
Enter your password: password
Enter your password: 12345678
Enter your password: ninja
Enter your password: correct horse battery staple
Enter your password: Pa$$w0rd
Correct!
```

(3) 作为一项额外的挑战，可添加语句，使用户在显示错误消息之前只能尝试输入密码 3 次。

(4) 此时，你可能想要注释掉这一部分的代码，这样每次运行控制台应用程序时就不必再输入密码了！

3.3.3 for 循环语句

for 循环语句与 while 循环语句类似，只是更简洁。for 循环语句结合了如下表达式：

- 初始化表达式(可选)，它在循环开始时执行一次。
- 条件表达式(可选)，它在循环开始后的每次迭代中执行，以检查循环是否应该继续。如果该表达式返回 true 或者缺失，循环将再次执行。
- 迭代器表达式(可选)，它在每个循环的底部语句中执行，常用于递增计数器变量。

for 循环语句通常与整数计数器一起使用，下面通过代码进行说明。

(1) 输入如下 for 循环语句，输出数字 1～10：

```
for (int y = 1; y <= 10; y++)
{
WriteLine(y);
}
```

(2) 运行代码并查看结果，结果应该是输出数字 1～10。

(3) 添加另一个 for 语句以输出从 0 到 10 的数字，每次递增 3，如下所示：

```
for (int y = 0; y <= 10; y += 3)
{
  WriteLine(y);
}
```

(4) 运行代码并查看结果，结果应该是数字 0、 3、 6 和 9。

(5) 可选：为了更清楚地理解 for 循环的工作原理，请尝试逐一更改初始化表达式、条件表达式或迭代表达式，并观察它们各自对循环结果的影响。每次只修改其中一项，这样可以清晰地看到每一项改动带来的具体效果。

3.3.4 foreach 循环语句

foreach 循环语句与前面的三种循环语句稍有不同。foreach 循环语句用于对序列(如数组或集合)中的每一项执行语句块。序列中的每一项通常是只读的，如果在循环期间修改了序列结构，如添加或删除某项，程序将抛出异常。

请尝试下面的示例：

(1) 输入语句创建一个字符串变量数组，然后输出每个字符串变量的长度，如下面的代码所示：

```
string[] names = { "Adam", "Barry", "Charlie" };

foreach (string name in names)
{
  WriteLine($"{name} has {name.Length} characters.");
}
```

(2) 运行代码并查看结果，输出如下所示：

```
Adam has 4 characters.
Barry has 5 characters.
Charlie has 7 characters.
```

理解 foreach 循环语句的内部工作原理

在创建表示多个项(如数组或集合)的任何类型时都应该确保程序员能够使用 foreach 语句枚举该类型的项。

从技术角度看，foreach 循环语句适用于符合以下规则的任何类型：

- 类型必须有一个名为 GetEnumerator 的方法，该方法返回一个对象。
- 返回的这个对象必须有一个名为 Current 的属性和一个名为 MoveNext 的方法。
- MoveNext 方法必须更改 Current 的值，如果有更多的项要枚举，则返回 true，否则返回 false。

有两个名为 IEnumerable 和 IEnumerable<T>的接口，它们正式定义了这些规则，但是从技术角度看，编译器并不要求类型必须实现这些接口。

编译器会将前一个例子中的 foreach 语句转换成如下伪代码：

```
IEnumerator e = names.GetEnumerator();

while (e.MoveNext())
{
  string name = (string)e.Current; // Current is read-only!
  WriteLine($"{name} has {name.Length} characters.");
}
```

由于使用了迭代器及其只读的 Current 属性，因此 foreach 循环语句中声明的变量不能用于修改当前项的值。

3.4 在数组中存储多个值

当需要存储同一类型的多个值时，可以声明数组。例如，当需要在 string 数组中存储四个名称时，就可以这样做。

1. 使用一维数组

下面的代码可用来为存储四个字符串值的数组分配内存。首先在索引位置 0～3 存储字符串值(通常，数组的索引值是从 0 开始计数的，因此最后一项的索引值比数组长度小 1)。

可以将该数组可视化为表 3.1 所示的形式。

表 3.1　四个字符串值数组的可视化表示

0	1	2	3
Kate	Jack	Rebecca	Tom

最佳实践：
不要假设所有数组的索引值的计数都是从 0 开始的。.NET 中最常见的数组类型是 szArray，这是一种一维的零索引数组，它们使用正常的[ ]语法。但是.NET 中也有 mdArray，这是一种多维数组，它们不必有一个为 0 的下界。这种数组很少使用，但你应该知道它们的存在。

然后，使用 for 语句循环遍历数组中的每一项。

下面是使用数组的详细步骤。

(1) 使用自己喜欢的编码工具在 Chapter03 /解决方案中添加一个新的 Console App/console 项目，命名为 Arrays。

(2) 在 Program.cs 文件中，删除现有语句，然后添加语句以声明和使用字符串数组，代码如下所示：

```
string[] names; // This can reference any size array of strings.

// Allocate memory for four strings in an array.
```

```
names = new string[4];

// Store items at these index positions.
names[0] = "Kate";
names[1] = "Jack";
names[2] = "Rebecca";
names[3] = "Tom";

// Loop through the names.
for (int i = 0; i < names.Length; i++)
{
  // Output the item at index position i.
  WriteLine($"{names[i]} is at position {i}.");
}
```

(3) 运行代码并注意观察结果，输出如下所示：

```
Kate is at position 0.
Jack is at position 1.
Rebecca is at position 2.
Tom is at position 3.
```

在分配内存时，数组的大小总是固定的，因此需要在实例化数组之前确定该数组要存储多少项。另一种方法是使用数组初始化器语法，如下所述。

(1) 在 for 循环之前，添加如下一条语句，以声明、分配内存并实例化类似数组的值：

```
// Alternative syntax for creating and initializing an array.
string[] names2 = { "Kate", "Jack", "Rebecca", "Tom" };
```

(2) 将 for 循环更改为使用 names2，运行该控制台应用程序，注意结果是一样的。

2. 使用多维数组

一维数组仅能用于存储一行字符串值(或任何其他数据类型)，但如果我们想要存储一个值网格、一个立方体或者更高的维度，该怎么办呢？

可以将字符串值的二维数组(也就是网格)可视化为表 3.2 所示的形式。

表 3.2　二维数组的可视化形式

	0	1	2	3
0	Alpha	Beta	Gamma	Delta
1	Anne	Ben	Charlie	Doug
2	Aardvark	Bear	Cat	Dog

下面介绍如何使用多维数组。

(1) 在 Program.cs 文件的底部，添加语句以声明和实例化字符串值的二维数组，如以下代码所示：

```
string[,] grid1 = // Two dimensional array.
{
  { "Alpha", "Beta", "Gamma", "Delta" },
  { "Anne", "Ben", "Charlie", "Doug" },
  { "Aardvark", "Bear", "Cat", "Dog" }
};
```

(2) 可以使用一些有用的方法发现此数组的下限和上限，如以下代码所示：

```
WriteLine($"1st dimension, lower bound: {grid1.GetLowerBound(0)}");
WriteLine($"1st dimension, upper bound: {grid1.GetUpperBound(0)}");
WriteLine($"2nd dimension, lower bound: {grid1.GetLowerBound(1)}");
WriteLine($"2nd dimension, upper bound: {grid1.GetUpperBound(1)}");
```

(3) 运行代码并注意观察结果，输出如下所示：

```
1st dimension, lower bound: 0
1st dimension, upper bound: 2
2nd dimension, lower bound: 0
2nd dimension, upper bound: 3
```

(4) 然后，可以在嵌套的 for 语句中使用这些值来循环字符串值，代码如下所示：

```
for (int row = 0; row <= grid1.GetUpperBound(0); row++)
{
  for (int col = 0; col <= grid1.GetUpperBound(1); col++)
  {
    WriteLine($"Row {row}, Column {col}: {grid1[row, col]}");
  }
}
```

(5) 运行代码并注意观察结果，输出如下所示：

```
Row 0, Column 0: Alpha
Row 0, Column 1: Beta
Row 0, Column 2: Gamma
Row 0, Column 3: Delta
Row 1, Column 0: Anne
Row 1, Column 1: Ben
Row 1, Column 2: Charlie
Row 1, Column 3: Doug
Row 2, Column 0: Aardvark
Row 2, Column 1: Bear
Row 2, Column 2: Cat
Row 2, Column 3: Dog
```

实例化多维数组时必须为它的每一行和每一列都提供值，否则将得到编译错误。如果需要对缺失的字符串值进行指示，请使用 string.Empty。如果可以使用 string?[]来声明数组是可空的字符串值，也可以对缺失的值使用 null。

如果无法使用数组初始化语法，可能是因为正在从文件或数据库加载值，此时可以将数组维度的声明和内存的分配与值的分配分开，代码如下所示：

```
// Alternative syntax for declaring and allocating memory
// for a multi-dimensional array.
string[,] grid2 = new string[3,4]; // Allocate memory.

grid2[0, 0] = "Alpha"; // Assign values.
grid2[0, 1] = "Beta";
// And so on.
grid2[2, 3] = "Dog";
```

在声明维度的大小时，指定的是长度，而不是上限。表达式 new string[3,4]表示数组在其第一维度(0)中可以包含 3 个元素，上限为 2，而数组在其第二维度(1)中可以包含 4 个元素，上限为 3。

3. 使用锯齿数组

如果需要一个多维数组，但每个维度中存储的元素数量不同，那么可以定义一个数组的数组，也称为锯齿数组(jagged array)。

可以将锯齿数组可视化为图 3.3 所示的形式。

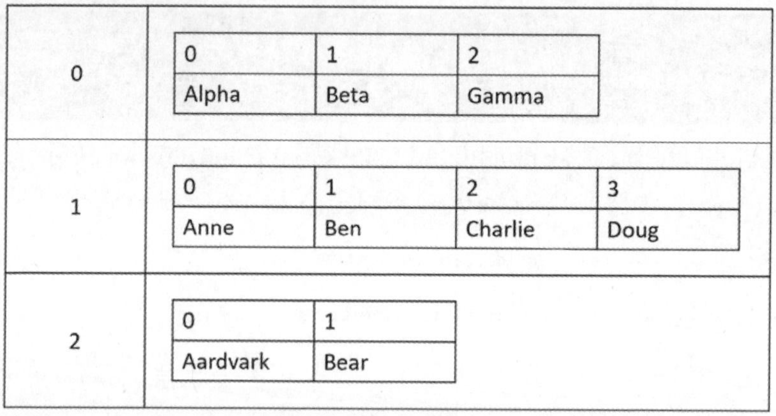

0	0: Alpha	1: Beta	2: Gamma	
1	0: Anne	1: Ben	2: Charlie	3: Doug
2	0: Aardvark	1: Bear		

图 3.3 锯齿数组的可视化形式

下面介绍如何使用锯齿数组。

(1) 在 Program.cs 文件的底部，添加语句以声明和实例化字符串值的二维数组(数组的数组)，如以下代码所示：

```
string[][] jagged = // An array of string arrays.
{
  new[] { "Alpha", "Beta", "Gamma" },
  new[] { "Anne", "Ben", "Charlie", "Doug" },
  new[] { "Aardvark", "Bear" }
};
```

(2) 可以发现此二维数组的下界和上界，然后针对其中的每个数组我们也这样做，如以下代码所示：

```
WriteLine("Upper bound of the array of arrays is: {0}",
  jagged.GetUpperBound(0));

for (int array = 0; array <= jagged.GetUpperBound(0); array++)
{
  WriteLine("Upper bound of array {0} is: {1}",
    arg0: array,
    arg1: jagged[array].GetUpperBound(0));
}
```

(3) 运行代码并注意观察结果，输出如下所示：

```
Upper bound of the array of arrays is: 2
Upper bound of array 0 is: 2
Upper bound of array 1 is: 3
Upper bound of array 2 is: 1
```

(4) 然后，可以在嵌套的 for 语句中使用这些值来循环字符串值，代码如下所示：

```
for (int row = 0; row <= jagged.GetUpperBound(0); row++)
{
  for (int col = 0; col <= jagged[row].GetUpperBound(0); col++)
  {
    WriteLine($"Row {row}, Column {col}: {jagged[row][col]}");
  }
}
```

(5) 运行代码并注意观察结果，输出如下所示：

```
Row 0, Column 0: Alpha
Row 0, Column 1: Beta
Row 0, Column 2: Gamma
Row 1, Column 0: Anne
Row 1, Column 1: Ben
Row 1, Column 2: Charlie
Row 1, Column 3: Doug
Row 2, Column 0: Aardvark
Row 2, Column 1: Bear
```

4. 列表模式匹配与数组

本章前面介绍了单个对象如何支持针对其类型和属性的模式匹配。模式匹配也可用于数组和集合。

C# 11 引入了列表模式匹配，它适用于具有公共Length或Count属性和使用int或System.Index参数的索引器的任何类型。你将在第 5 章学习索引器。

在同一 switch 表达式中定义多个列表模式时，必须对它们进行排序，以便更具体的模式最先出现，否则编译器会报错；指出更通用的模式也会匹配到所有更具体的模式，使更具体的模式变得无法访问。

表 3.3 显示了列表模式匹配的示例，假设有一个 int 值列表。

表 3.3 列表模式匹配示例及说明

示例	说明
[]	匹配空数组或集合
[..]	将数组或集合与任意数量的项(包含 0)匹配，所以如果同时使用[]和[..]，[..]必须在[]之后
[_]	将列表与任何单项匹配
[int item1]或[var item1]	将列表与任何单项匹配。可通过引用 item1 来使用返回表达式中的值
[7, 2]	将包含两个项的列表与相应值完全匹配
[_, _]	将列表与任意两项匹配
[var item1, var item2]	将列表与任意两项匹配。可通过引用 item1 和 item2 来使用返回表达式中的值
[_, _, _]	将列表与任意三项匹配
[var item1, ..]	将列表与一个或多个项匹配。可通过引用 item1 来引用其返回表达式中第一项的值
[var firstItem, .., var lastItem]	将列表与两个或多个项匹配。可通过引用 firstItem 和 lastItem 来引用其返回表达式中的第一项和最后一项的值
[.., var lastItem]	将列表与一个或多个项匹配。可通过引用 lastItem 来引用其返回表达式中最后一项的值

下面查看一些代码示例。

(1) 在 Program.cs 的底部，添加语句以定义一些 int 值数组，然后将它们传递给一个方法，该方法根据最匹配的模式返回描述性文本，代码如下所示：

```
int[] sequentialNumbers = { 1, 2, 3, 4, 5, 6, 7, 8, 9, 10 };
int[] oneTwoNumbers = { 1, 2 };
int[] oneTwoTenNumbers = { 1, 2, 10 };
int[] oneTwoThreeTenNumbers = { 1, 2, 3, 10 };
int[] primeNumbers = { 2, 3, 5, 7, 11, 13, 17, 19, 23, 29 };
int[] fibonacciNumbers = { 0, 1, 1, 2, 3, 5, 8, 13, 21, 34, 55, 89 };
int[] emptyNumbers = { }; // Or use Array.Empty<int>()
int[] threeNumbers = { 9, 7, 5 };
int[] sixNumbers = { 9, 7, 5, 4, 2, 10 };

WriteLine($"{nameof(sequentialNumbers)}:
{CheckSwitch(sequentialNumbers)}");
WriteLine($"{nameof(oneTwoNumbers)}: {CheckSwitch(oneTwoNumbers)}");
WriteLine($"{nameof(oneTwoTenNumbers)}:
{CheckSwitch(oneTwoTenNumbers)}");
WriteLine($"{nameof(oneTwoThreeTenNumbers)}:
{CheckSwitch(oneTwoThreeTenNumbers)}");
WriteLine($"{nameof(primeNumbers)}: {CheckSwitch(primeNumbers)}");
WriteLine($"{nameof(fibonacciNumbers)}:
{CheckSwitch(fibonacciNumbers)}");
WriteLine($"{nameof(emptyNumbers)}: {CheckSwitch(emptyNumbers)}");
WriteLine($"{nameof(threeNumbers)}: {CheckSwitch(threeNumbers)}");
WriteLine($"{nameof(sixNumbers)}: {CheckSwitch(sixNumbers)}");

static string CheckSwitch(int[] values) => values switch
{
  [] => "Empty array",
  [1, 2, _, 10] => "Contains 1, 2, any single number, 10.",
  [1, 2, .., 10] => "Contains 1, 2, any range including empty, 10.",
  [1, 2] => "Contains 1 then 2.",
  [int item1, int item2, int item3] =>
    $"Contains {item1} then {item2} then {item3}.",
  [0, _] => "Starts with 0, then one other number.",
  [0, ..] => "Starts with 0, then any range of numbers.",
  [2, .. int[] others] => $"Starts with 2, then {others.Length} more
numbers.",
  [..] => "Any items in any order.",
};
```

(2) 运行代码并注意观察结果，输出如下所示：

```
sequentialNumbers: Contains 1, 2, any range including empty, 10.
oneTwoNumbers: Contains 1 then 2.
oneTwoTenNumbers: Contains 1, 2, any range including empty, 10.
oneTwoThreeTenNumbers: Contains 1, 2, any single number, 10.
primeNumbers: Starts with 2, then 9 more numbers.
fibonacciNumbers: Starts with 0, then any range of numbers.
emptyNumbers: Empty array
threeNumbers: Contains 9 then 7 then 5.
sixNumbers: Any items in any order.
```

更多信息：

可通过链接 https://learn.microsoft.com/en-us/dotnet/csharp/language-reference/operators/patterns#list-patterns 学习有关列表模式匹配的更多知识。

5. 内联数组

内联数组是在 C# 12 中引入的，是.NET 运行时团队为提高性能而使用的高级特性。除非你是公共库的作者，否则不太可能自己使用它们，但你会从其他人的使用中自动受益。

更多信息

可通过链接 https://learn.microsoft.com/en-us/dotnet/csharp/language-reference/proposals/csharp-12.0/inline-arrays 学习有关内联数组的更多知识。

6. 数组总结

表 3.4 使用略微不同的语法声明了不同类型的数组。

表 3.4　数组声明语法总结

数组类型	声明语法
一维数组	datatype[]，如 string[]
二维数组	string[,]
三维数组	string[,,]
十维数组	string[,,,,,,,,,]
数组的数组，也称为二维锯齿数组	string[][]
数组的数组的数组，也称为三维锯齿数组	string[][][]

数组对于临时存储多个项很有用，但在动态添加和删除项时，集合是更灵活的选项。若对集合不太了解，现在不必担心，我们将在第 8 章介绍它。

可以使用 ToArray 扩展方法将任何条目序列转换为数组，相关内容将在第 11 章介绍。

最佳实践：

如果不需要动态地添加和删除项，那么应该使用数组，而不是像 List<T>这样的集合，因为数组在内存使用上更有效率，并且数组元素是连续存储的，这可以提高性能。

3.5　类型转换

我们常常需要在不同类型之间转换变量的值。例如，数据通常在控制台中以文本形式输入，因此它们最初存储在 string 类型的变量中，但随后需要将它们转换为日期/时间、数字或其他数据类型，具体取决于它们的存储和处理方式。

有时需要在数字类型之间进行转换，例如在整数和浮点数之间进行转换，然后才能进行运算。

转换也称为强制类型转换，分为隐式的和显式的两种。隐式的强制类型转换是自动进行的，并且是安全的，这意味着不会丢失任何信息。

显式的强制类型转换必须手动执行，因为可能会丢失一些信息，如数字的精度。通过进行显式的强制类型转换，可以告诉 C#编译器，我们理解并接受这种风险。

3.5.1 隐式和显式地转换数字

将 int 变量隐式转换为 double 变量是安全的，因为不会丢失任何信息，如下所示。

(1) 使用自己喜欢的编码工具在 Chapter03 解决方案中添加一个新的 Console App/console 项目，命名为 CastingConverting。

(2) 在 Program.cs 文件中，删除现有语句，然后输入语句，声明一个 int 变量 a 和一个 double 变量 b 并赋值，然后在给 double 变量 b 赋值时，隐式地转换 int 变量 a 的值，代码如下所示：

```
int a = 10;
double b = a; // An int can be safely cast into a double.
WriteLine($"a is {a}, b is {b}");
```

(3) 输入语句，声明一个 int 变量 d 和一个 double 变量 c 并赋值，然后在给 int 变量 d 赋值时，隐式地转换 double 变量 c 的值，代码如下所示：

```
double c = 9.8;
int d = c; // Compiler gives an error if you do not explicitly cast.
WriteLine($"c is {c}, d is {d}");
```

(4) 运行代码并注意错误消息，如下面的输出所示：

```
Error: (6,9): error CS0266: Cannot implicitly convert type 'double' to
'int'. An explicit conversion exists (are you missing a cast?)
```

此错误消息也将出现在 Visual Studio Error List、Visual Studio Code PROBLEMS 窗口或 JetBrains Rider Problems 窗口中。

不能隐式地将 double 变量强制转换为 int 变量，因为它可能不安全，并可能丢失数据，比如小数点后的值。必须在要转换的 double 类型的两边使用一对圆括号，才能显式地将 double 变量转换为 int 变量，这对圆括号是强制类型转换运算符(cast operator)。即使这样，也必须注意小数点后的部分将会被无警告地截断，因为我们已选择了执行显式的强制类型转换，所以必须接受这种丢失数据的后果。

(5) 将变量 d 的赋值语句修改为显式地将变量 c 转换为 int 类型，并在类型转换的地方添加一个注释来解释会发生什么情况，如下面突出显示的部分所示：

```
double c = 9.8;
int d = (int)c; // Compiler gives an error if you do not explicitly cast.
WriteLine($"c is {c}, d is {d}"); // d loses the .8 part.
```

(6) 运行代码并查看结果，输出如下所示：

```
a is 10, b is 10
c is 9.8, d is 9
```

在较大整数和较小整数之间进行转换时，必须执行类似的操作。再次提醒，可能会丢失信息，因为任何太大的值都将以意想不到的方式复制并解释二进制位。

(7) 输入如下语句，声明一个 64 位的 long 变量并将它赋给一个 32 位的 int 变量，结果表明，使用一个足够小的值时，可以成功转换，而使用一个过大的值则无法成功转换：

```
long e = 10;
int f = (int)e;
WriteLine($"e is {e:N0}, f is {f:N0}");

e = long.MaxValue;
f = (int)e;
WriteLine($"e is {e:N0}, f is {f:N0}");
```

(8) 运行代码并查看结果，输出如下所示：

```
e is 10, f is 10
e is 9,223,372,036,854,775,807, f is -1
```

(9) 将变量 e 的值修改为很大的值，如下所示：

```
e = 5_000_000_000;
```

(10) 运行代码并查看结果，输出如下所示：

```
e is 5,000,000,000, f is 705,032,704
```

更多信息：

5,000,000,000 这个数字超出了 32 位整数可以表示的范围，因此它会发生溢出，环绕回一个较小的数字，大约为 705,000,000。这都与整数数字的二进制表示有关。在本章稍后，将介绍更多关于整数溢出的例子以及如何处理它。

3.5.2 负数在二进制中的表示

你可能想知道为什么在前面的代码中 f 的值是 -1。负数(也称为有符号数)使用第一位来表示负性。如果这一位是 0，那么它是一个正数；如果这一位是 1，那么它是一个负数。

下面编写一些代码来阐明这一点。

(1) 输入语句，以十进制和二进制数字格式输出 int 类型的最大值，然后输出从 8 到 -8 的值，每次递减 1，最后输出 int 类型的最小值，如下所示：

```
WriteLine("{0,12} {1,34}", "Decimal", "Binary");
WriteLine("{0,12} {0,34:B32}", int.MaxValue);
for (int i = 8; i >= -8; i--)
{
  WriteLine("{0,12} {0,34:B32}", i);
}
WriteLine("{0,12} {0,34:B32}", int.MinValue);
```

更多信息：

12 和 34 表示在这些列宽内右对齐。:B32 表示以二进制格式显示，并用前导零填充至宽度为 32。

(2) 运行代码并查看结果，输出如下所示：

```
     Decimal   Binary
  2147483647   01111111111111111111111111111111
```

```
         8   00000000000000000000000000001000
         7   00000000000000000000000000000111
         6   00000000000000000000000000000110
         5   00000000000000000000000000000101
         4   00000000000000000000000000000100
         3   00000000000000000000000000000011
         2   00000000000000000000000000000010
         1   00000000000000000000000000000001
         0   00000000000000000000000000000000
        -1   11111111111111111111111111111111
        -2   11111111111111111111111111111110
        -3   11111111111111111111111111111101
        -4   11111111111111111111111111111100
        -5   11111111111111111111111111111011
        -6   11111111111111111111111111111010
        -7   11111111111111111111111111111001
        -8   11111111111111111111111111111000
-2147483648  10000000000000000000000000000000
```

(3) 注意，所有正数的二进制表示都以 0 开头，而所有负数的二进制表示都以 1 开头。在二进制中，-1 的十进制值全由 1 表示。这就是为什么当一个整数值太大而无法放入 32 位整数中时，它会变成-1。

更多信息：

如果你对如何在计算机系统中表示有符号数感兴趣，那么可以通过以下链接来阅读相关的文章：https://en.wikipedia.org/wiki/Signed_number_representations。

3.5.3 使用 System.Convert 类型进行转换

仅能在相似的类型之间进行转换，例如，在 byte、int 和 long 等整数之间，或在类及其子类之间进行转换。不能将 long 类型转换为 string 类型或将 byte 类型转换为 DateTime 类型。

代替使用强制类型转换运算符的另一种方法是使用 System.Convert 类型。System.Convert 类型可以在 C#中的所有数字类型之间，以及布尔值、字符串、日期和时间值之间进行转换。

下面编写一些代码。

(1) 在 Program.cs 文件的顶部静态导入 System.Convert 类，如下所示：

```
using static System.Convert; // To use the ToInt32 method.
```

更多信息：

除了前面提到的转换方法，另一种做法是在 CastingConverting.csproj 文件中添加一个条目，如下所示：<Using Include="System.Convert" Static="true" />。

(2) 在 Program.cs 的底部添加如下语句，以声明 double 变量 g 并为之赋值，将变量 g 的值转换为整数，然后将这两个值写入控制台：

```
double g = 9.8;
int h = ToInt32(g); // A method of System.Convert.
WriteLine($"g is {g}, h is {h}");
```

(3) 运行代码并查看结果，输出如下所示：

```
g is 9.8, h is 10
```

更多信息：

强制转换(casting)和转换(converting)之间的一个重要区别是，转换将 double 值 9.8 圆整为 10，而不是去掉小数点后的部分。另一个区别是，强制转换可能允许溢出，而转换则会抛出异常。

3.5.4 圆整数字和默认的圆整原则

可以看出，强制类型转换运算符会将实数的小数部分去掉，而使用 System.Convert 方法，则会向上或向下圆整。然而，圆整规则是什么？

在英国为 5 至 11 岁儿童开设的小学中，学生被教导如果小数部分是 0.5 或更高则向上取整，如果小数部分小于 0.5 则向下取整。当然，这些术语只在他们只处理正数时才有意义。对于负数，这些术语会变得混淆，应该避免使用。这就是为什么.NET API 会使用枚举值 AwayFromZero、ToZero、ToEven、ToPositiveInfinity 和 ToNegativeInfinity 来提高清晰度。

下面探讨 C#是否也遵循相同的规则。

(1) 添加如下语句，以声明一个 double 数组并赋值，将其中的每个 double 值转换为整数，然后将结果写入控制台：

```
double[,] doubles = {
  { 9.49, 9.5, 9.51 },
  { 10.49, 10.5, 10.51 },
  { 11.49, 11.5, 11.51 },
  { 12.49, 12.5, 12.51 } ,
  { -12.49, -12.5, -12.51 },
  { -11.49, -11.5, -11.51 },
  { -10.49, -10.5, -10.51 },
  { -9.49, -9.5, -9.51 }
};

WriteLine($"| double | ToInt32 | double | ToInt32 | double | ToInt32 |");
for (int x = 0; x < 8; x++)
{
  for (int y = 0; y < 3; y++)
  {
    Write($"| {doubles[x, y],6} | {ToInt32(doubles[x, y]),7} ");
  }
  WriteLine("|");
}
WriteLine();
```

(2) 运行代码并查看结果，输出如下所示：

```
| double | ToInt32 | double | ToInt32 | double | ToInt32 |
|   9.49 |       9 |    9.5 |      10 |   9.51 |      10 |
|  10.49 |      10 |   10.5 |      10 |  10.51 |      11 |
|  11.49 |      11 |   11.5 |      12 |  11.51 |      12 |
|  12.49 |      12 |   12.5 |      12 |  12.51 |      13 |
```

```
| -12.49 |     -12 | -12.5 |     -12 | -12.51 |     -13 |
| -11.49 |     -11 | -11.5 |     -12 | -11.51 |     -12 |
| -10.49 |     -10 | -10.5 |     -10 | -10.51 |     -11 |
|  -9.49 |      -9 |  -9.5 |     -10 |  -9.51 |     -10 |
```

C#中的圆整规则略有不同：

- 如果小数部分小于 0.5，则向下圆整。
- 如果小数部分大于 0.5，则向上圆整。
- 如果小数部分等于 0.5，那么在非小数部分是奇数的情况下向上圆整，在非小数部分是偶数的情况下向下圆整。

以上规则又称为“银行家的圆整法”。以上规则之所以受青睐，是因为可通过上下圆整的交替来减少偏差。遗憾的是，其他编程语言(如 JavaScript)使用的是默认的圆整规则。

3.5.5 控制圆整规则

可使用 Math 类的 Round 方法来控制圆整规则。

(1) 添加如下语句，使用“远离 0”的圆整规则(也称为向上圆整)来圆整每个 double 值，然后将结果写入控制台：

```
foreach (double n in doubles)
{
  WriteLine(format:
    "Math.Round({0}, 0, MidpointRounding.AwayFromZero) is {1}",
    arg0: n,
    arg1: Math.Round(value: n, digits: 0,
          mode: MidpointRounding.AwayFromZero));
}
```

更多信息：

可以使用 foreach 语句来枚举多维数组中的所有元素。

(2) 运行代码并查看结果，输出如下所示：

```
Math.Round(9.49, 0, MidpointRounding.AwayFromZero) is 9
Math.Round(9.5, 0, MidpointRounding.AwayFromZero) is 10
Math.Round(9.51, 0, MidpointRounding.AwayFromZero) is 10
Math.Round(10.49, 0, MidpointRounding.AwayFromZero) is 10
Math.Round(10.5, 0, MidpointRounding.AwayFromZero) is 11
Math.Round(10.51, 0, MidpointRounding.AwayFromZero) is 11
...
```

最佳实践：

对于使用的每种编程语言，需要检查其圆整规则。它们可能不会以你期望的方式工作!可以通过链接 https://learn.microsoft.com/en-us/dotnet/api/system.math.round 了解有关 Math.Round 的更多内容。

3.5.6 从任何类型转换为字符串

最常见的转换是从任何类型转换为字符串变量，以便输出人类可读的文本，因此所有类型都提供了从 System.Object 类继承的 ToString 方法。

ToString 方法可将任何变量的当前值转换为文本表示形式。有些类型不能合理地表示为文本，因此它们返回其名称空间和类型名称。

下面将一些类型转换为字符串。

(1) 输入如下语句以声明一些变量，将它们转换为字符串表示形式，并将它们写入控制台：

```
int number = 12;
WriteLine(number.ToString());
bool boolean = true;
WriteLine(boolean.ToString());
DateTime now = DateTime.Now;
WriteLine(now.ToString());
object me = new();
WriteLine(me.ToString());
```

(2) 运行代码并查看结果，输出如下所示：

```
12
True
08/28/2024 17:33:54
System.Object
```

更多信息：

将任何对象传递给 WriteLine 方法会隐式地将其转换为字符串，因此没必要显式调用 ToString。此处这样做只是为了强调正在发生的事情。但是，显式调用 ToString 确实可以避免装箱操作，因此如果你在使用 Unity 开发游戏，那么这将有助于避免内存垃圾收集问题。

3.5.7　从二进制对象转换为字符串

对于将要存储或传输的二进制对象(如图像或视频)，有时不想发送原始位，因为不知道这些位可能会被如何误解，例如通过网络协议传输或由另一个操作系统读取及存储的二进制对象。

最安全的做法是将二进制对象转换成安全的字符串，程序员称之为 Base64 编码。

Convert 类型提供了一对方法——ToBase64String 和 FromBase64String，用于执行这种转换。下面介绍这对方法的实际应用。

(1) 添加如下语句，创建一个字节数组，在其中随机填充字节值，将格式良好的每个字节写入控制台，然后将相同的字节转换为 Base64 编码并写入控制台：

```
// Allocate an array of 128 bytes.
byte[] binaryObject = new byte[128];

// Populate the array with random bytes.
Random.Shared.NextBytes(binaryObject);

WriteLine("Binary Object as bytes:");
for (int index = 0; index < binaryObject.Length; index++)
{
  Write($"{binaryObject[index]:X2} ");
}
```

```
WriteLine();

// Convert the array to Base64 string and output as text.
string encoded = ToBase64String(binaryObject);
WriteLine($"Binary Object as Base64: {encoded}");
```

更多信息:

默认情况下，如果采用十进制记数法，就会输出一个 int 值。可以使用:X2 这样的格式代码，通过十六进制记数法对值进行格式化。

(2) 运行代码并查看结果，输出如下所示:

```
Binary Object as bytes:
EB 53 8B 11 9D 83 E6 4D 45 85 F4 68 F8 18 55 E5 B8 33 C9 B6 F4 00 10 7F
CB 59 23 7B 26 18 16 30 00 23 E6 8F A9 10 B0 A9 E6 EC 54 FB 4D 33 E1 68
50 46 C4 1D 5F B1 57 A1 DB D0 60 34 D2 16 93 39 3E FA 0B 08 08 E9 96 5D
64 CF E5 CD C5 64 33 DD 48 4F E8 B0 B4 19 51 CA 03 6F F4 18 E3 E5 C7 0C
11 C7 93 BE 03 35 44 D1 6F AA B0 2F A9 CE D5 03 A8 00 AC 28 8F A5 12 8B
2E BE 40 C4 31 A8 A4 1A
Binary Object as Base64: 61OLEZ2D5k1FhfRo+BhV5bgzybb0ABB/
y1kjeyYYFjAAI+aPqRCwqebsVPtNM+FoUEbEHV+xV6Hb0GA00haTOT76CwgI6ZZdZM/
lzcVkM91IT+iwtBlRygNv9Bjj5ccMEceTvgM1RNFvqrAvqc7VA6gArCiPpRKLLr5AxDGopBo=
```

3.5.8 将字符串转换为数字或日期和时间

还有一种十分常见的转换是将字符串转换为数字或日期和时间值。

Parse 方法的作用与 ToString 方法相反。只有少数类型有 Parse 方法，包括所有的数字类型和 DateTime。

下面介绍 Parse 方法的实际应用。

(1) 在 Program.cs 文件的顶部，导入用于处理区域文化的名称空间，如下所示:

```
using System.Globalization; // To use CultureInfo.
```

(2) 在 Program.cs 文件的底部，添加如下语句，从字符串中解析出整数以及日期和时间，然后将结果写入控制台:

```
// Set the current culture to make sure date parsing works.
CultureInfo.CurrentCulture = CultureInfo.GetCultureInfo("en-US");

int friends = int.Parse("27");
DateTime birthday = DateTime.Parse("4 June 1980");
WriteLine($"I have {friends} friends to invite to my party.");
WriteLine($"My birthday is {birthday}.");
WriteLine($"My birthday is {birthday:D}.");
```

(3) 运行代码并查看结果，输出如下所示:

```
I have 27 friends to invite to my party.
My birthday is 6/4/1980 12:00:00 AM.
My birthday is Wednesday, June 4, 1980.
```

默认情况下，日期和时间值输出为短日期和时间格式。可以使用诸如 D 的格式代码，仅输出使用了长日期格式的日期部分。

最佳实践：

可参阅使用标准日期和时间格式说明符的内容，链接如下所示：https://docs.microsoft.com/en-us/dotnet/standard/base-types/standard-date-and-time-format-strings#table-of-format-specifiers。

1. 使用 TryParse 方法避免解析异常

Parse 方法存在的一个问题是，如果字符串无法被转换，它会给出错误。

(1) 编写一个语句，尝试将一个包含字母的字符串解析为一个整型变量，如下所示：

```
int count = int.Parse("abc");
```

(2) 运行代码并查看结果，输出如下：

```
Unhandled Exception: System.FormatException: Input string was not in a
correct format.
```

除了上述异常消息，还会看到一个堆栈跟踪(stack trace)。本书没有专门介绍堆栈跟踪，因为它们会占用太多篇幅。

为了避免错误，可以使用 TryParse 方法。TryParse 方法将尝试转换输入的字符串，如果可以转换，则返回 true，否则返回 false。异常是一种相对昂贵的操作，因此应尽可能避免。

out 关键字是必要的，它允许 TryParse 方法在转换时设置 count 变量。

下面介绍 TryParse 方法的实际应用。

(1) 将 int count 声明替换为使用 TryParse 方法的语句，并要求用户输入鸡蛋的数量，如下所示：

```
Write("How many eggs are there? ");
string? input = ReadLine();

if (int.TryParse(input, out int count))
{
  WriteLine($"There are {count} eggs.");
}
else
{
  WriteLine("I could not parse the input.");
}
```

(2) 运行代码，输入 12 并查看结果，输出如下所示：

```
How many eggs are there? 12
There are 12 eggs.
```

(3) 运行代码，输入 twelve 并查看结果，输出如下所示：

```
How many eggs are there? twelve
I could not parse the input.
```

还可以使用 System.Convert 类型的方法将字符串值转换为其他类型；但与 Parse 方法一样，如果不能进行转换，它也会报错。

2. 理解 Try 方法命名约定

.NET 为所有遵循 Try 命名约定的方法都使用标准的签名。对于任何名为 Something 的方法，如果它返回一个特定类型的值，那么它的匹配 TrySomething 方法必须返回一个 bool 值以指示成功或失败，并使用 out 参数代替返回值。例如：

```
// A method that might throw an exception.
int number = int.Parse("123");

// The Try equivalent of the method.
bool success = int.TryParse("123", out int number);

// Trying to create a Uri for a Web API.
bool success = Uri.TryCreate("https://localhost:5000/api/customers",
  UriKind.Absolute, out Uri serviceUrl);
```

3.6 处理异常

前面介绍了在转换类型时发生错误的几种情况。当出现错误时，一些语言会返回错误代码。.NET 使用的是异常，这是一种更丰富且专门用于报告失败情况的机制。当发生这种情况时，我们称抛出了运行时异常。

其他系统可能会使用返回值，这些返回值可能有多种用途。例如，如果返回值是一个正数，它可能代表表中的行数；如果返回值是一个负数，它可能代表某种错误代码。

当抛出异常时，线程被挂起，如果调用代码定义了 try-catch 语句，那么它就有机会处理异常。如果当前方法没有处理它，则让调用当前方法的方法来处理，以此类推，直到调用堆栈的最外层。

可以看出，控制台应用程序的默认行为是输出关于异常的消息(包括堆栈跟踪)，然后停止运行代码，终止应用程序。这比允许代码在已损坏的状态下继续执行更合适。代码应该只捕获和处理它理解并能够正确修复的异常。

最佳实践：
一定要避免编写可能会抛出异常的代码，这可通过执行 if 语句检查来实现，但有时也可能做不到。有时最好允许异常被调用代码的高级组件捕获。相关内容详见第 4 章。

将容易出错的代码封装到 try 块中

当知道某个语句可能导致错误时，就应该将其封装到 try 块中。例如，从文本到数字的解析可能会导致错误。只有当 try 块中的语句抛出异常时，才会执行 catch 块中的任何语句。

我们不必在 catch 块中做任何事情。下面介绍实际应用。

(1) 使用自己喜欢的编码工具将一个名为 HandlingExceptions 的新项目 Console App/console 添加到 Chapter03 解决方案中。

(2) 在 Program.cs 中，删除所有现有的语句，输入语句以提示用户输入年龄，然后将年龄写入控制台，代码如下所示：

```
WriteLine("Before parsing");
Write("What is your age? ");
string? input = ReadLine();

try
{
  int age = int.Parse(input);
  WriteLine($"You are {age} years old.");
}
catch
{
}
WriteLine("After parsing");
```

可以看到以下编译器消息：Warning CS8604 Possible null reference argument for parameter 's' in 'int int.Parse(string s)'。

默认情况下，在.NET 6 或后续版本项目中，微软启用了可空引用类型，所以会出现更多与此类似的编译器警告。在生产代码中，应该添加代码来检查是否为空，并适当处理这种可能性，如下所示：

```
if (input is null)
{
  WriteLine("You did not enter a value so the app has ended.");
  return; // Exit the app.
}
```

本书中不会每次都包含这些 null 检查，因为代码示例的设计不是为了达到要求的产品质量，到处都是 null 检查会使代码变得混乱，并占用有价值的页面。

本书的代码示例中包含数百个潜在的 null 变量示例。对于书中的代码示例，忽略这些警告是安全的。只有在编写自己的生产代码时才需要类似的警告。有关空处理的内容详见第 6 章。

在本示例中，input 不可能为 null，因为用户必须按下 Enter 键 ReadLine 方法才会返回。如果用户此时没有输入任何字符，ReadLine 方法将返回一个空字符串(而不是 null)。下面将告诉编译器，它不需要向我们显示这个警告。

(1) 要禁用编译器警告，请将 input 更改为 input!，如下面突出显示的代码所示：

```
int age = int.Parse(input! );
```

更多信息：

表达式后面的感叹号！被称为 null 容忍运算符(null-forgiving operator)，它用于告诉编译器忽略关于该表达式可能为 null 的警告。这个容忍运算符在运行时不起作用。如果表达式在运行时的求值结果为 null(可能是因为我们通过其他方式对它赋予了一个 null 值)，就会导致抛出异常。

上面这段代码包含两条消息，分别在解析之前和解析之后显示，以帮助你清楚地理解代码中的流程。当示例代码变得更复杂时，这将特别有用。

(2) 运行代码，输入 49，然后查看结果，输出如下所示：

```
Before parsing
What is your age? 49
```

```
You are 49 years old.
After parsing
```

(3) 运行代码，输入 Kermit，然后查看结果，输出如下所示：

```
Before parsing
What is your age? Kermit
After parsing
```

当执行代码时，异常被捕获，不会输出默认消息和堆栈跟踪，控制台应用程序继续运行。这比默认行为更好，但能够看到发生的错误的类型可能会很有用。

最佳实践：

永远不要在生产代码中使用这样的空 catch 语句，因为它会“吞掉”异常并隐藏潜在的问题。如果不能或不想正确地处理异常，至少应该记录异常，或者重新抛出异常，以便更高层级的代码进行处理。有关记录异常的内容详见第 4 章。

1. 捕获所有异常

要获取可能发生的任何类型的异常信息，可以在 catch 块中声明一个类型为 System.Exception 的变量。

(1) 向 catch 块中添加如下异常变量声明，并通过该声明将有关异常的信息写入控制台：

```
catch (Exception ex)
{
  WriteLine($"{ex.GetType()} says {ex.Message}");
}
```

(2) 运行代码，再次输入 Kermit，然后查看结果，输出如下所示：

```
Before parsing
What is your age? Kermit
System.FormatException says Input string was not in a correct format.
After parsing
```

2. 捕获特定异常

现在，在知道发生了哪种特定类型的异常后，就可以改进代码，仅捕获这种类型的异常，并为用户显示自定义的消息。

(1) 保留现有的 catch 块，并在其上方为格式异常类型添加另一个新的 catch 块，如下所示(相关代码已突出显示)：

```
catch (FormatException)
{
  WriteLine("The age you entered is not a valid number format.");
}
catch (Exception ex)
{
  WriteLine($"{ex.GetType()} says {ex.Message}");
}
```

(2) 运行代码，再次输入 Kermit，然后查看结果，输出如下所示：

```
Before parsing
What is your age? Kermit
The age you entered is not a valid number format.
After parsing
```

之所以保留前面的那个 catch 块，是因为可能会发生其他类型的异常。

(3) 运行代码，输入 9876 543210，查看结果，输出如下所示：

```
Before parsing
What is your age? 9876543210
System.OverflowException says Value was either too large or too small for
an Int32.
After parsing
```

可以为这种类型的异常添加另一个 catch 块。

(4) 保留现有的 catch 块，为溢出异常类型添加新的 catch 块，如下面突出显示的代码所示：

```
catch (OverflowException)
{
  WriteLine("Your age is a valid number format but it is either too big
or small.");
}
catch (FormatException)
{
  WriteLine("The age you entered is not a valid number format.");
}
```

(5) 运行代码，输入 9876543210，然后查看结果，输出如下所示：

```
Before parsing
What is your age? 9876543210
Your age is a valid number format but it is either too big or small.
After parsing
```

异常的捕获顺序很重要。正确的顺序与异常类型的继承层次结构有关。第 5 章将介绍继承。但是，不必太担心——如果以错误的顺序捕获异常，编译器会报错。

最佳实践：

应避免过度捕获异常。通常应该允许它们沿着调用栈向上传播，以便在更了解相关处理逻辑的情况下对其进行处理。这方面的内容详见第 4 章。

3. 用过滤器捕获异常

还可以使用 when 关键字向 catch 语句添加过滤器，代码如下所示：

```
Write("Enter an amount: ");
string amount = ReadLine()!;
if (string.IsNullOrEmpty(amount)) return;

try
{
  decimal amountValue = decimal.Parse(amount);
```

```
    WriteLine($"Amount formatted as currency: {amountValue:C}");
  }
    catch (FormatException) when (amount.Contains("$"))
  {
    WriteLine("Amounts cannot use the dollar sign!");
  }
  catch (FormatException)
  {
    WriteLine("Amounts must only contain digits!");
  }
```

3.7 检查溢出

如前所述，在数字类型之间进行强制类型转换(例如，将 long 变量强制转换为 int 变量)时，可能会丢失信息。如果类型中存储的值太大，就会发生溢出现象。

3.7.1 使用 checked 语句抛出溢出异常

checked 语句告诉.NET，要在发生溢出时抛出异常，而不是允许它静默地发生，这是出于性能考虑而默认采取的行为。

下面把 int 类型的变量 x 的初始值设置为 int 类型所能存储的最大值减 1。然后，将变量 x 递增几次，每次递增时都输出值。一旦超出最大值，就会溢出到最小值，并从最小值继续递增。

下面介绍 checked 语句的实际应用。

(1) 在 Program.cs 文件中，删除现有语句，然后输入如下语句，以声明 int 类型变量 x 并赋值为 int 类型所能存储的最大值减 1，然后将 x 的值递增三次，并且每次递增时都把值写入控制台：

```
int x = int.MaxValue - 1;
WriteLine($"Initial value: {x}");
x++;
WriteLine($"After incrementing: {x}");
x++;
WriteLine($"After incrementing: {x}");
x++;
WriteLine($"After incrementing: {x}");
```

(2) 运行代码并查看结果，显示值以静默方式溢出并回绕到较大的负值，如下面的输出所示：

```
Initial value: 2147483646
After incrementing: 2147483647
After incrementing: -2147483648
After incrementing: -2147483647
```

(3) 现在，通过使用 checked 语句块封装语句让编译器发出溢出警告，如下面的代码所示：

```
checked
{
  int x = int.MaxValue - 1;
  WriteLine($"Initial value: {x}");
  x++;
  WriteLine($"After incrementing: {x}");
```

```
    x++;
    WriteLine($"After incrementing: {x}");
    x++;
    WriteLine($"After incrementing: {x}");
  }
```

(4) 运行代码并查看结果，其中显示了有关检查溢出并引发异常的信息，如下面的输出所示：

```
Initial value: 2147483646
After incrementing: 2147483647
Unhandled Exception: System.OverflowException: Arithmetic operation
resulted in an overflow.
```

(5) 与任何其他异常一样，应该将这些语句封装在 try 块中，并为用户显示更友好的错误消息，如下所示：

```
try
{
  // previous code goes here
}
catch (OverflowException)
{
  WriteLine("The code overflowed but I caught the exception.");
}
```

(6) 运行代码并查看结果，输出如下所示：

```
Initial value: 2147483646
After incrementing: 2147483647
The code overflowed but I caught the exception.
```

3.7.2　使用 unchecked 语句禁用编译时溢出检查

上一节介绍了运行时的默认溢出行为，以及如何使用 checked 语句来更改该行为。本节介绍编译时溢出行为以及如何使用 unchecked 语句更改该行为。

相关关键字是 unchecked。使用此关键字可以禁用编译器在代码块内执行的溢出检查功能。下面看看如何实现这一点。

(1) 在前面语句的末尾输入下面的语句。编译器不会编译这条语句，因为编译器知道会发生溢出：

```
int y = int.MaxValue + 1;
```

(2) 将鼠标指针悬停在错误上，注意编译时检查将显示为错误消息，如图 3.4 所示。

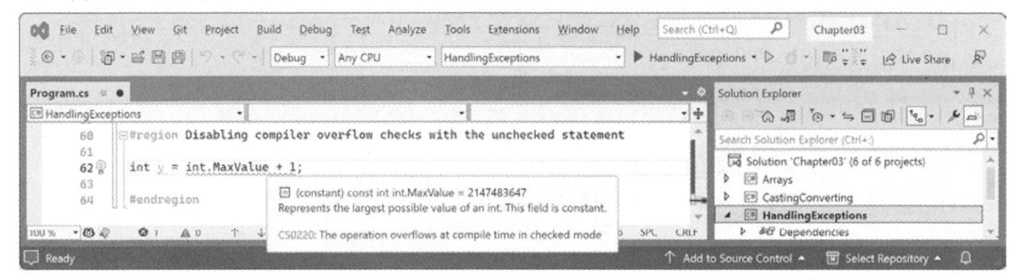

图 3.4　用于整数溢出的编译时检查

(3) 要禁用编译时检查，请将该语句封装在 unchecked 块中，将 y 的值写入控制台，递减 y，然后重复，如下所示：

```
unchecked
{
  int y = int.MaxValue + 1;
  WriteLine($"Initial value: {y}");
  y--;
  WriteLine($"After decrementing: {y}");
  y--;
  WriteLine($"After decrementing: {y}");
}
```

(4) 运行代码并查看结果，输出如下所示：

```
Initial value: -2147483648
After decrementing: 2147483647
After decrementing: 2147483646
```

当然，我们很少希望像这样显式地禁用编译时检查，因为我们允许发生溢出。但是，也许在某个场景中，我们需要显式地禁用溢出检查。

3.8 实践和探索

你可以通过回答一些问题来测试自己对知识的理解程度，进行一些实践，并深入探索本章涵盖的主题。

3.8.1 练习 3.1：测试你掌握的知识

回答以下问题：

(1) 将 int 类型的变量除以 0，会发生什么？

(2) 将 double 类型的变量除以 0，会发生什么？

(3) 当 int 类型的变量溢出时，也就是当把 int 类型的变量设置为超出 int 类型所能存储的最大值时，会发生什么？

(4) x = y++;和 x = ++y;的区别是什么？

(5) 当在循环语句中使用时，break、continue 和 return 语句的区别是什么？

(6) for 语句的三个组成部分是什么？哪些是必需的？

(7) 运算符=和==之间的区别是什么？

(8) 下面的语句会通过编译吗？

```
for ( ; ; ) ;
```

(9) 下画线_在 switch 表达式中表示什么？

(10) 对象必须实现哪个接口才能使用 foreach 循环语句来枚举？

3.8.2　练习 3.2：探索循环和溢出

如果执行下面这段代码会出现什么问题？

```
int max = 500;
for (byte i = 0; i < max; i++)
{
  WriteLine(i);
}
```

在 Chapter03 文件夹中创建一个名为 Ch03Ex02LoopsAndOverflow 的控制台应用程序，然后输入前面的代码。运行该控制台应用程序并查看输出，会出现什么问题？

可通过添加什么代码(不要更改前面的任何代码)来警告所出现的问题？

3.8.3　练习 3.3：测试你对运算符的掌握程度

执行以下语句后，x 和 y 的值各是多少？在 Chapter03 中创建一个名为 Ch03Ex03Operators 的控制台应用程序来测试你的假设。

1. 递增和加法运算符

```
x = 3;
y = 2 + ++x;
```

2. 二进制移位运算符

```
x = 3 << 2;
y = 10 >> 1;
```

3. 按位运算符

```
x = 10 & 8;
y = 10 | 7;
```

3.8.4　练习 3.4：实践循环和运算符

FizzBuzz 是一款小游戏，能让小朋友学习除法。玩家轮流递增计数，用 Fizz 代替任何能被 3 整除的数字，用 Buzz 代替任何能被 5 整除的数字，用 FizzBuzz 代替任何能被 3 和 5 同时整除的数字。

在 Chapter03 文件夹中创建一个名为 Ch03Ex04FizzBuzz 的控制台应用程序，用于模拟 FizzBuzz 游戏，计数到 100，输出结果如图 3.5 所示。

```
Microsoft Visual Studio Debug Console

1, 2, Fizz, 4, Buzz, Fizz, 7, 8, Fizz, Buzz,
11, Fizz, 13, 14, FizzBuzz, 16, 17, Fizz, 19, Buzz,
Fizz, 22, 23, Fizz, Buzz, 26, Fizz, 28, 29, FizzBuzz,
31, 32, Fizz, 34, Buzz, Fizz, 37, 38, Fizz, Buzz,
41, Fizz, 43, 44, FizzBuzz, 46, 47, Fizz, 49, Buzz,
Fizz, 52, 53, Fizz, Buzz, 56, Fizz, 58, 59, FizzBuzz,
61, 62, Fizz, 64, Buzz, Fizz, 67, 68, Fizz, Buzz,
71, Fizz, 73, 74, FizzBuzz, 76, 77, Fizz, 79, Buzz,
Fizz, 82, 83, Fizz, Buzz, 86, Fizz, 88, 89, FizzBuzz,
91, 92, Fizz, 94, Buzz, Fizz, 97, 98, Fizz, Buzz
```

图 3.5　模拟 FizzBuzz 游戏输出

3.8.5 练习 3.5：实践异常处理

在 Chapter03 文件夹中创建一个名为 Ch03Ex05Exceptions 的控制台应用程序，要求用户输入两个数字，范围在 0～255，然后用第一个数字除以第二个数字。

```
Enter a number between 0 and 255: 100
Enter another number between 0 and 255: 8
100 divided by 8 is 12
```

编写异常处理程序以捕获抛出的任何错误，输出如下所示：

```
Enter a number between 0 and 255: apples
Enter another number between 0 and 255: bananas
FormatException: Input string was not in a correct format.
```

3.8.6 练习 3.6：探索 C# Polyglot Notebooks

使用以下页面上的笔记本和视频链接，查看使用 Polyglot Notebooks 的 C#交互式示例，如图 3.6 所示：

https://github.com/dotnet/csharp-notebooks#c-101

3.8.7 练习 3.7：探索主题

可通过以下链接阅读关于本章所涉及主题的更多细节：https://github.com/markjprice/cs12dotnet8/blob/main/docs/book-links.md#chapter-3---controlling-flow-converting-types-and-handling-exceptions。

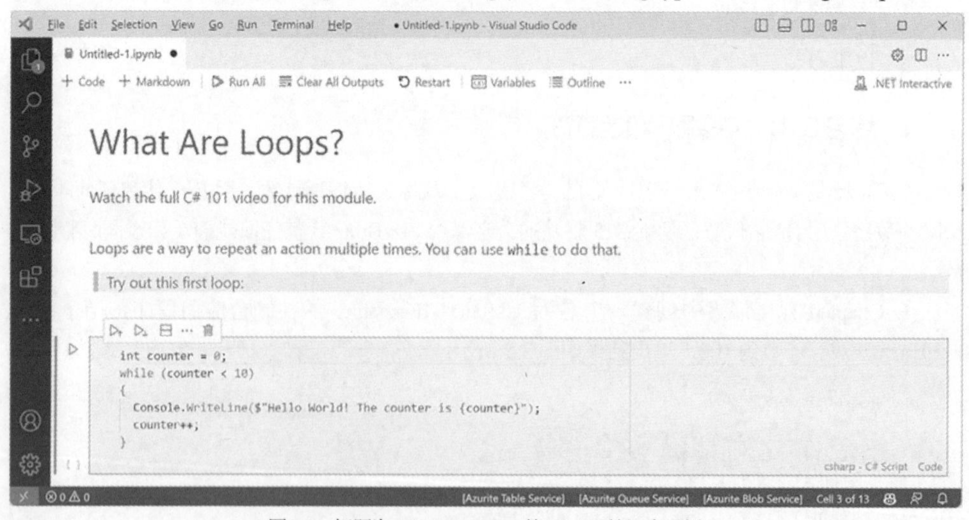

图 3.6　标题为 What Are Loops 的 C# 101 笔记本示例

3.9 本章小结

本章主要内容：

- 如何使用运算符执行简单的任务。
- 如何使用分支和循环语句实现逻辑。
- 如何使用一维和多维数组。
- 类型转换。
- 捕获异常并处理整数溢出。

现在，你已准备好学习如何通过定义函数来重用代码块，如何将值传入代码块并获取结果值，以及如何使用调试和测试工具跟踪代码中的 bug 并消除它们！

第4章 编写、调试和测试函数

本章介绍如何编写函数来重用代码，调试开发过程中的逻辑错误，在运行时记录异常，以及对代码进行单元测试以消除bug，并提高稳定性和可靠性。

本章涵盖以下主题：

- 编写函数
- 在开发过程中进行调试
- 在开发过程中进行热重载
- 在开发过程中和运行时记录日志
- 进行单元测试
- 在函数中抛出和捕获异常

4.1 编写函数

编程的一条基本原则是“不要重复自己”(Don’t Repeat Yourself，DRY)。

编程时，如果发现自己一遍又一遍地编写同样的语句，就应把这些语句转换成函数。函数就像完成一项小任务的微型程序。例如，可以编写一个函数来计算营业税，然后在财会类应用程序的许多地方重用该函数。

与程序一样，函数通常也有输入和输出。它们有时被描述为黑盒，在黑盒的一端输入一些原材料，在另一端生成制造的物品。函数一旦创建，并通过了彻底的调试和测试，就不需要考虑它们是如何工作的。

4.1.1 理解顶级程序、函数和名称空间

从第1章我们了解到，自C# 10和.NET 6以来，控制台应用程序的默认项目模板使用了C# 9中引入的顶级程序特性。

一旦开始编写函数，就应该了解这些函数如何处理编译器自动生成的Program类及其<Main>$方法，这一点很重要。

下面探讨当定义函数时，顶级程序特性是如何工作的：

(1) 使用自己喜欢的编程工具创建一个新的解决方案和项目，其定义如下。

- 项目模板：Console App/console

- 项目文件和文件夹：TopLevelFunctions
- 解决方案文件和文件夹：Chapter04
- 不使用顶级语句：已清除
- 启用本地 AOT 发布：已清除

(2) 在 Program.cs 中，删除现有的语句，在文件的底部定义一个局部函数，并调用它，如下面的代码所示：

```
using static System.Console;

WriteLine("* Top-level functions example");

WhatsMyNamespace(); // Call the function.

void WhatsMyNamespace() // Define a local function.
{
  WriteLine("Namespace of Program class: {0}",
    arg0: typeof(Program).Namespace ?? "null");
}
```

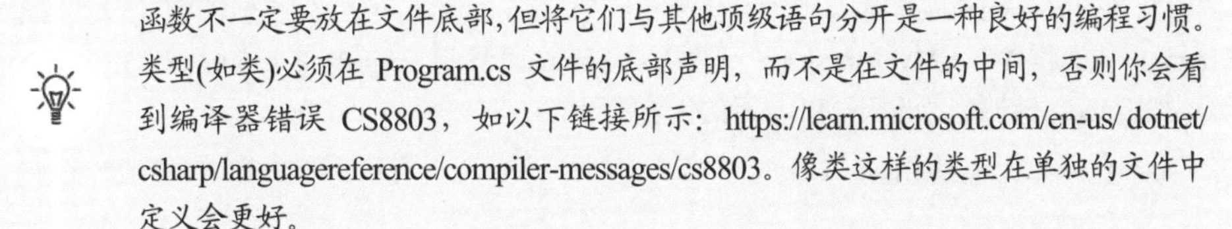

最佳实践

函数不一定要放在文件底部，但将它们与其他顶级语句分开是一种良好的编程习惯。类型(如类)必须在 Program.cs 文件的底部声明，而不是在文件的中间，否则你会看到编译器错误 CS8803，如以下链接所示：https://learn.microsoft.com/en-us/ dotnet/csharp/languagereference/compiler-messages/cs8803。像类这样的类型在单独的文件中定义会更好。

(3) 运行该控制台应用程序，注意，Program 类的名称空间为 null，如下面的输出所示：

```
* Top-level functions example
Namespace of Program class: null
```

4.1.2 对于局部函数，编译器会自动生成什么

编译器会自动生成一个带有<Main>$函数的 Program 类，之后它会将语句和函数移到<Main>$方法内部，使该函数成为局部函数，并对其重命名，如下面突出显示的代码所示：

```
using static System.Console;

partial class Program
{
    static void <Main>$(String[] args)
    {
      WriteLine("* Top-level functions example");

      <<Main>$>g__WhatsMyNamespace|0_0(); // Call the function.

      void <<Main>$>g__WhatsMyNamespace|0_0() // Define a local function.
{
    WriteLine("Namespace of Program class: {0}",
      arg0: typeof(Program).Namespace ?? "null");
```

```
    }
  }
}
```

为了让编译器知道各语句所应在的合适位置，必须遵循以下一些规则：

- 导入语句(using)必须位于 Program.cs 文件的顶部。
- 计划在 <Main>$ 函数中使用的语句可以与 Program.cs 文件中间的函数混合。任何函数都将成为 <Main>$方法中的局部函数。

最后一个规则很重要，因为局部函数有一定的局限性，比如不能通过 XML 注释来文档化它们。

更多信息：

你将看到一些 C#关键字，如 static 和 partial，这些关键字将在第 5 章正式介绍。

4.1.3 使用静态函数定义分部程序

更合适的方式是在一个单独的文件中编写函数，并将其定义为 Program 类的静态成员。

(1) 添加一个新的类文件 Program.Functions.cs。这个文件的名称实际上并不重要，但使用这种命名约定很有意义。也可以将该文件命名为 Gibberish.cs，其行为是一样的。

(2) 在 Program.Functions.cs 文件中，删除所有已存在的语句，然后添加语句，定义一个 partial Program 类。将 WhatsMyNamespace 函数从 Program.cs 移到 Program.Functions.cs，并给这个函数添加 static 关键字，如以下突出显示的代码所示：

```
using static System.Console;

// Do not define a namespace so this class goes in the default empty
namespace
// just like the auto-generated partial Program class.

partial class Program
{
  static void WhatsMyNamespace() // Define a static function.
  {
    WriteLine("Namespace of Program class: {0}",
      arg0: typeof(Program).Namespace ?? "null");
  }
}
```

在 Program.cs 文件中，确认其完整内容现在仅包含三条语句，如下所示：

```
using static System.Console;

WriteLine("* Top-level functions example");

WhatsMyNamespace(); // Call the function.
```

(3) 运行控制台应用程序，可以看到，它的行为与之前一样。

4.1.4 对于静态函数，编译器会自动生成什么

当使用单独的文件来定义包含静态函数的 partial Program 类时，编译器会定义一个带有<Main>$函数的 Program 类，并将该函数作为 Program 类的成员进行合并，如以下突出显示的代码所示：

```
using static System.Console;

partial class Program
{
  static void <Main>$(String[] args)
  {
    WriteLine("* Top-level functions example");

    WhatsMyNamespace(); // Call the function.
  }

  static void WhatsMyNamespace() // Define a static function.
  {
    WriteLine("Namespace of Program class: {0}",
      arg0: typeof(Program).Namespace ?? "null");
  }
}
```

Solution Explorer 显示 Program.Functions.cs 类文件已将其 partial Program 与自动生成的 partial Program 类进行了合并，如图 4.1 所示。

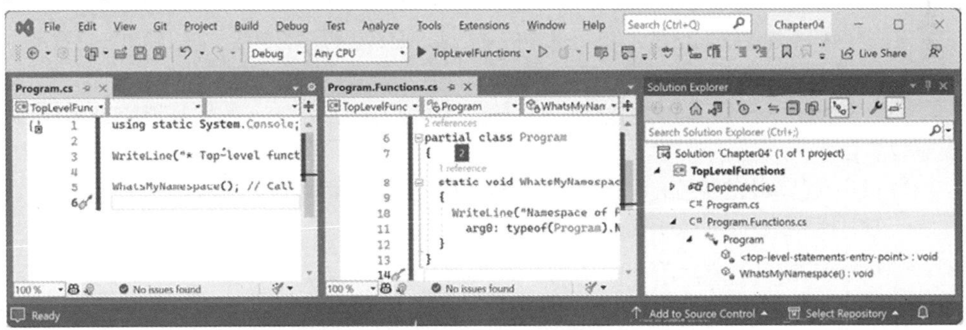

图 4.1 Solution Explorer 显示了合并后的 partial Program 类

最佳实践：

在一个单独的文件中创建将在 Program.cs 中调用的任何函数，并在 partial Program 类中手动定义它们。这样做会将它们合并到自动生成的 Program 类中，与 <Main>$ 方法处于同一级别，而不是作为 <Main>$ 方法内部的局部函数。

重要的是，要注意缺少名称空间的声明。自动生成的 Program 类和显式定义的 Program 类都应该位于默认的 null 名称空间中。

警告：

确保不要为 partial Program 类定义名称空间。如果定义了，那么它将被视为一个全新的类，而不会与自动生成的 partial Program 类合并。

虽然 Program 类中的所有静态方法可以选择性地显式声明为 private，但在默认情况下，它们是私有的。由于这些函数都将在 Program 类内部被调用，因此它们的访问修饰符并不重要。

4.1.5 乘法表示例

可以十分简便地生成某个数字的乘法表，比如 7 的乘法表：

```
1 x 7 = 7
2 x 7 = 14
3 x 7 = 21
...
10 x 7 = 70
11 x 7 = 77
12 x 7 = 84
```

你在前面的章节中已学习了 for 循环语句，所以当存在规则模式时，比如包含 12 行的 7 的乘法表，for 循环语句就可用于生成重复的输出行，如下所示：

```
for (int row = 1; row <= 12; row++)
{
  Console.WriteLine($"{row} x 7 = {row * 7}");
}
```

但是，我们不想仅仅输出包含 12 行的 7 的乘法表，而希望程序更灵活一些，输出任意数字的任意大小的乘法表。为此，可以创建乘法表函数。

下面创建乘法表函数，输出范围为 0~255 的任意数字的乘法表，其行数最多可达 255 行(但默认为 12 行)。

(1) 使用自己喜欢的编码工具创建一个新的项目，其定义如下。

- 项目模板：Console App/console
- 项目文件和文件夹：WritingFunctions
- 解决方案文件和文件夹：Chapter04
- 在 Visual Studio 2022 中，将该解决方案的启动项目设置为当前选择。

(2) 在 WritingFunctions.csproj 中，在<PropertyGroup>部分之后，添加一个新的<ItemGroup>部分，使用 implicit usings .NET SDK 特性为所有 C#文件静态导入 System.Console，如以下代码所示：

```
<ItemGroup>
  <Using Include="System.Console" Static="true" />
</ItemGroup>
```

(3) 将一个新的名为 Program.Functions.cs 的类文件添加到项目中。

(4) 在 Program.Functions.cs 中，用编写的新语句替代所有现有语句，在 partial Program 类中定义一个名为 TimesTable 的函数，代码如下所示：

```
partial class Program
{
  static void TimesTable(byte number, byte size = 12)
  {
    WriteLine($"This is the {number} times table with {size} rows:");
    WriteLine();

    for (int row = 1; row <= size; row++)
    {
      WriteLine($"{row} x {number} = {row * number}");
    }
    WriteLine();
  }
}
```

在上述代码中，请注意下列事项：

- TimesTable 必须有一个 byte 值作为 number 参数传递给它。
- TimesTable 可选择将 byte 值作为 size 的参数传递给它。如果未传递值，则默认为 12。
- TimesTable 是一个静态方法，因为它由静态方法<Main>$调用。
- TimesTable 不向调用者返回值，因此在其名称之前使用 void 关键字进行声明。
- TimesTable 使用 for 语句输出传入数字的乘法表，其行数等于 size。

(5) 在 Program.cs 中，删除现有语句，然后调用 TimesTable 函数。为 number 参数传入一个 byte 值，如 7，代码如下所示：

```
TimesTable(7);
```

(6) 运行代码，然后查看结果，输出如下所示：

```
This is the 7 times table with 12 rows:

1 x 7 = 7
2 x 7 = 14
3 x 7 = 21
4 x 7 = 28
5 x 7 = 35
6 x 7 = 42
7 x 7 = 49
8 x 7 = 56
9 x 7 = 63
10 x 7 = 70
11 x 7 = 77
12 x 7 = 84
```

(7) 设置 size 参数的值为 20，代码如下所示：

```
TimesTable(7, 20);
```

(8) 运行该控制台应用程序，确认乘法表现在有 20 行。

最佳实践：

如果函数有一个或多个参数，而仅仅传递值可能不能提供明确易懂的含义，那么可以选择指定参数的名称及其值，代码如下所示：

```
TimesTable(number: 7, size: 10)
```

(9) 将传入 TimesTable 函数的数字更改为0~255 的其他byte 值，并确认输出的乘法表是正确的。

(10) 注意，如果试图传递一个非字节数字，如 int、double 或 string，将返回一个错误，如下面的输出所示：

```
Error: (1,12): error CS1503: Argument 1: cannot convert from 'int' to
'byte'
```

4.1.6 简述实参与形参

通常，大多数开发人员会互换使用实参(argument)和形参(parameter)。严格地说，这两个术语有着特殊而微妙的不同含义。但就像一个人既可以是父母，也可以是医生一样，这两个术语通常可应用于同一场景。

形参是函数定义中的变量。例如，startDate 是 Hire 函数的一个形参，代码如下所示：

```
void Hire(DateTime startDate)
{
  // Function implementation.
}
```

调用方法时，实参是传入方法形参的数据。例如，当把变量作为实参传递给 Hire 函数时，代码如下所示：

```
DateTime when = new(year: 2024, month: 11, day: 5);
Hire(when);
```

你可能更希望在传递实参时指定形参的名称，如以下代码所示：

```
DateTime when = new(year: 2024, month: 11, day: 5);
Hire(startDate: when);
```

当调用 Hire 函数时，startDate 是形参，when 是实参。

更多信息：

如果阅读过微软的官方文档，就会发现其中互换使用了短语“命名实参和可选实参”与“命名形参和可选形参”，如以下链接中所示：https://learn.microsoft.com/en-us/dotnet/csharp/programming-guide/classes-and-structs/named-and-optional-arguments。

这变得复杂起来，因为一个对象既可以作为形参也可以作为实参，具体取决于上下文。例如，在 Hire 函数实现中，startDate 形参可以作为实参传递给另一个函数，如 SaveToDatabase，如以下代码所示：

```
void Hire(DateTime startDate)
{
  ...
  SaveToDatabase(startDate, employeeRecord);
  ...
}
```

对事物进行命名是计算中最难的部分之一。一个典型例子是对 C#中最重要的函数 Main 的形参的命名。下面的代码定义了一个名为 args 的形参，其中的 args 就是“arguments”的简称：

```
static void Main(String[] args)
{
  ...
}
```

总之，形参定义了函数的输入，而实参在调用函数时会被传递给函数。

最佳实践：
请试着根据上下文正确地使用这两个术语，但如果其他开发人员“误用”了它们，则不要太过学究气。我必须在本书中使用“形参”和“实参”这两个术语上千次。我敢肯定，有时我的用法也不准确。

4.1.7　编写带返回值的函数

前面编写的函数虽然能够执行操作(循环并写入控制台)，却没有返回值。假设需要计算销售税或附加税(value-added tax，VAT)。在欧洲，附加税的税率从瑞士的 8%到匈牙利的 27%不等。在美国，州销售税从俄勒冈州的 0%到加州的 8.25%不等。

更多信息：
税率一直在变化，而且根据许多因素而变化。本示例中不需要使用精确的税率值。

下面实现一个函数，计算世界各地不同地区的税收。

(1) 在 Program.Functions.cs 中，在 Program 类中编写一个名为 CalculateTax 的函数，如下所示。

```
static decimal CalculateTax(
  decimal amount, string twoLetterRegionCode)
{
  decimal rate = twoLetterRegionCode switch
  {
    "CH" => 0.08M, // Switzerland
    "DK" or "NO" => 0.25M, // Denmark, Norway
    "GB" or "FR" => 0.2M, // UK, France
    "HU" => 0.27M, // Hungary
    "OR" or "AK" or "MT" => 0.0M, // Oregon, Alaska, Montana
    "ND" or "WI" or "ME" or "VA" => 0.05M,
    "CA" => 0.0825M, // California
    _ => 0.06M // Most other states.
  };

  return amount * rate;
}
```

在前面的代码中，请注意以下几点。

- CalculateTax 函数有两个输入参数：名为 amount 的参数表示花费的金额，名为 twoLetterRegionCode 的参数表示进行消费的具体区域。
- CalculateTax 函数使用 switch 语句执行计算，然后将所欠的销售税或附加税以 decimal 值的形式返回。因此，可在函数名之前声明返回值的数据类型为 decimal。

(2) 在 Program.Functions.cs 文件的顶部，导入与区域文化设置相关的名称空间，如下面的代码所示：

```
using System.Globalization; // To use CultureInfo.
```

(3) 在 Program.Functions.cs 文件中，在 Program 类内编写一个名为 ConfigureConsole 的函数，如下面的代码所示：

```
static void ConfigureConsole(string culture = "en-US",
  bool useComputerCulture = false)
{
  // To enable Unicode characters like Euro symbol in the console.
  OutputEncoding = System.Text.Encoding.UTF8;

  if (!useComputerCulture)
  {
    CultureInfo.CurrentCulture = CultureInfo.GetCultureInfo(culture);
  }
  WriteLine($"CurrentCulture: {CultureInfo.CurrentCulture.DisplayName}");
}
```

更多信息：

ConfigureConsole 函数对控制台输出启用了 UTF-8 编码。这是必要的，以便输出一些特殊符号，如欧元货币符号。此外，该函数还控制用于格式化日期、时间和货币值的当前区域文化设置。

(4) 在 Program.cs 中注释掉 TimesTable 方法调用，之后调用 ConfigureConsole 方法和 CalculateTax 方法，传递金额(如 149)和有效的区域代码(如 FR)的值，如下所示：

```
// TimesTable(number: 7, size: 10);

ConfigureConsole();

decimal taxToPay = CalculateTax(amount: 149, twoLetterRegionCode: "FR");
WriteLine($"You must pay {taxToPay:C} in tax.");

// Alternatively, call the function in the interpolated string.
// WriteLine($"You must pay {CalculateTax(amount: 149,
// twoLetterRegionCode: "FR"):C} in tax.");
```

(5) 运行代码并查看结果，注意 ConfigureConsole 函数使用了美国英语的区域文化设置，这意味着货币使用的是美元，输出如下所示：

```
CurrentCulture: English (United States)
You must pay $29.80 in tax.
```

(6) 在 Program.cs 中，更改 ConfigureConsole 方法，改为使用你的本地计算机区域文化设置，如下面的代码所示：

```
ConfigureConsole(useComputerCulture: true);
```

(7) 运行代码并查看结果，注意货币现在应该显示为你的本地货币。例如，对于在英国的我，我会看到 £29.80，如下面的输出所示：

```
CurrentCulture: English (United Kingdom)
You must pay £29.80 in tax.
```

(8) 在 Program.cs 中，更改 ConfigureConsole 方法，改为使用法国的区域文化设置，如下面的代码所示：

```
ConfigureConsole(culture: "fr-FR");
```

(9) 运行代码并查看结果，注意货币现在应该显示为欧元，这是法国使用的货币，如下面的输出所示：

```
CurrentCulture: French (France)
You must pay 29,80 € in tax.
```

你能想到 CalculateTax 函数按当前编写方式可能存在的任何问题吗？如果用户输入的代码是 fr 或 UK，会发生什么？如何重写该函数加以改进？使用 switch 语句代替 switch 表达式会更清晰吗？

4.1.8 将数字从基数转换为序数

用来计数的数字称为基数(cardinal)，如 1、2 和 3；而用于排序的数字是序数(ordinal)，如第 1、第 2、第 3。下面创建一个函数，用它把基数转换为序数。

(1) 在 Program.Functions.cs 中，编写一个名为 CardinalToOrdinal 的函数，将作为基数的 int 类型值转换为序数字符串值，例如，将 1 转换为 1st，将 2 转换为 2nd，等等，代码如下所示。

```
static string CardinalToOrdinal(uint number)
{
  uint lastTwoDigits = number % 100;

switch (lastTwoDigits)
{
  case 11: // Special cases for 11th to 13th.
  case 12:
  case 13:
    return $"{number:N0}th";
  default:
    uint lastDigit = number % 10;

    string suffix = lastDigit switch
    {
      1 => "st",
      2 => "nd",
      3 => "rd",
```

```
      _ => "th"
    };

    return $"{number:N0}{suffix}";
  }
}
```

在上述代码中，请注意下列事项。

- CardinalToOrdinal 函数有一个名为 number 的 uint 类型参数，因为我们不希望该参数为负数；其输出为一个 string 类型的返回值。
- switch 语句用于处理输入为 11、12 和 13 的特殊情况。
- switch 表达式用于处理所有其他情况：如果最后一个数字是 1，就使用 st 作为后缀；如果最后一个数字是 2，就使用 nd 作为后缀；如果最后一个数字是 3，就使用 rd 作为后缀；如果最后一个数字是除了 1、2、3 的其他数字，就使用 th 作为后缀。

(2) 在 Program.Functions.cs 中，编写一个名为 RunCardinalToOrdinal 的函数，该函数使用 for 语句从 1 循环到 150，对每个数字调用 CardinalToOrdinal 函数，并将返回的字符串写入控制台，用空格字符进行分隔，代码如下所示：

```
static void RunCardinalToOrdinal()
{
  for (uint number = 1; number <= 150; number++)
  {
    Write($"{CardinalToOrdinal(number)} ");
  }
  WriteLine();
}
```

(3) 在 Program.cs 中，注释掉 CalculateTax 语句，并调用 RunCardinalToOrdinal 方法，代码如下所示：

```
RunCardinalToOrdinal();
```

(4) 运行控制台应用程序并查看结果，输出如下所示：

```
1st 2nd 3rd 4th 5th 6th 7th 8th 9th 10th 11th 12th 13th 14th 15th 16th
17th 18th 19th 20th 21st 22nd 23rd 24th 25th 26th 27th 28th 29th 30th
31st 32nd 33rd 34th 35th 36th 37th 38th 39th 40th 41st 42nd 43rd 44th
45th 46th 47th 48th 49th 50th 51st 52nd 53rd 54th 55th 56th 57th 58th
59th 60th 61st 62nd 63rd 64th 65th 66th 67th 68th 69th 70th 71st 72nd
73rd 74th 75th 76th 77th 78th 79th 80th 81st 82nd 83rd 84th 85th 86th
87th 88th 89th 90th 91st 92nd 93rd 94th 95th 96th 97th 98th 99th 100th
101st 102nd 103rd 104th 105th 106th 107th 108th 109th 110th 111th 112th
113th 114th 115th 116th 117th 118th 119th 120th 121st 122nd 123rd 124th
125th 126th 127th 128th 129th 130th 131st 132nd 133rd 134th 135th 136th
137th 138th 139th 140th 141st 142nd 143rd 144th 145th 146th 147th 148th
149th 150th
```

(5) 在 RunCardinalToOrdinal 函数中，将最大值更改为 1500。

(6) 运行控制台应用程序并查看结果，部分输出如下所示：

```
1,480th 1,481st 1,482nd 1,483rd 1,484th 1,485th 1,486th 1,487th 1,488th
1,489th 1,490th 1,491st 1,492nd 1,493rd 1,494th 1,495th 1,496th 1,497th
1,498th 1,499th 1,500th
```

4.1.9　用递归计算阶乘

5 的阶乘是 120，因为阶乘的计算方法是将起始数乘以比自身小 1 的数，然后乘以比第二个数小 1 的数，以此类推，直到数字被减为 1。例如，5×4×3×2×1＝120。

仅能为非负整数(如 0、1、2、3 等)定义阶乘函数，其定义如下：

```
0! = 1
n! = n × (n - 1)!, for n ∈ { 1, 2, 3, ... }
```

可通过将输入参数声明为 uint 来让编译器拒绝负数，就像我们在 CardinalToOrdinal 函数中做的那样。另一种处理这种情况的方式是：抛出参数异常。

5 的阶乘可以写为 5!，这里的感叹号读作 bang(砰)，所以 5!＝120。bang 用在阶乘的上下文中十分形象，因为阶乘的值增长得非常快，就像爆炸一样。

下面编写 Factorial 函数，计算作为参数传递给它的 int 型整数的阶乘。这里使用一种称为递归的巧妙技术，这意味着需要在 Factorial 函数的实现中直接或间接地调用它本身。

(1) 在 Program.Functions.cs 中，编写一个名为 Factorial 的函数，代码如下所示：

```
static int Factorial(int number)
{
  if (number < 0)
  {
    throw new ArgumentOutOfRangeException(message:
      $"The factorial function is defined for non-negative integers
only. Input: {number}",
      paramName: nameof(number));
  }
  else if (number == 0)
  {
    return 1;
  }
  else
  {
    return number * Factorial(number - 1);
  }
}
```

与以前一样，上述代码中有如下几个值得注意的地方。

- 如果输入参数 number 为负数，那么 Factorial 函数抛出异常。
- 如果输入参数 number 为 0，那么 Factorial 函数返回 1。
- 如果输入参数 number 大于 0(在其他所有情况下都会是这样)，那么 Factorial 函数将 number 乘以 Factorial 函数调用自身的结果，并传递比该数小 1 的数，这便形成了函数的递归调用。

更多信息：

递归虽然智能，但也会导致一些问题，比如由于函数调用太多而导致堆栈溢出。因为内存用于在每次调用函数时存储数据，所以程序最终会使用大量的内存。在像 C#这样的编程语言中，迭代是一种更实用的解决方案，尽管不那么简洁。可访问 https://en.wikipedia.org/wiki/Recursion_(computer_science)#Recursion_versus_iteration 以了解更多相关信息。

(2) 在 Program.Functions.cs 中，编写一个名为 RunFactorial 的函数，它使用 for 语句输出数字从 1 到 15 的阶乘值，在循环内部调用 Factorial 函数，然后输出结果，使用代码 N0 进行格式化，这意味着数字格式使用千位分隔符与零位小数分隔符，代码如下所示：

```
static void RunFactorial()
{
  for (int i = 1; i <= 15; i++)
  {
    WriteLine($"{i}! = {Factorial(i):N0}");
  }
}
```

(3) 注释掉 RunCardinalToOrdinal 方法调用，并调用 RunFactorial 函数。

(4) 运行代码并查看结果，输出如下所示：

```
1! = 1
2! = 2
3! = 6
4! = 24
...
12! = 479,001,600
13! = 1,932,053,504
14! = 1,278,945,280
15! = 2,004,310,016
```

在上面的输出中，数字溢出现象虽然并不明显，但 13 及更大数字的阶乘将溢出 int 类型的存储范围，因为结果太大了。例如，12!是 479 001 600，不到 5 亿，而能够存储到 int 变量中的最大正数约为 20 亿；再如，13!是 6 227 020 800，大约 62 亿，当把该值存储到 32 位的整型变量中时，一定会溢出，但编译器没有给出任何提示。

当数字溢出发生时，应该怎么做呢？当然，通过使用 64 位的 long 变量代替 32 位的 int 变量，就可以解决 13!和 14!的存储问题，但很快会再次发生溢出。

这里的重点是让你知晓数字会溢出以及如何处理溢出，而不是如何计算高于 12 的阶乘！

(1) 在调用自身的语句中修改 Factorial 函数以检查溢出，如下面突出显示的代码所示：

```
checked // for overflow
{
  return number * Factorial(number - 1);
}
```

(2) 修改 RunFactorial 函数，将起始数字改为-2，并在调用 Factorial 函数时处理溢出和其他异常，如下面突出显示的代码所示：

```
static void RunFactorial()
{
  for (int i = -2; i <= 15; i++)
  {
    try
    {
      WriteLine($"{i}! = {Factorial(i):N0}");
    }
    catch (OverflowException)
    {
      WriteLine($"{i}! is too big for a 32-bit integer.");
    }
    catch (Exception ex)
    {
      WriteLine($"{i}! throws {ex.GetType()}: {ex.Message}");
    }
  }
}
```

(3) 运行代码并查看结果，部分输出如下所示：

```
-2! throws System.ArgumentOutOfRangeException: The factorial function is
defined for non-negative integers only. Input: -2 (Parameter 'number')
-1! throws System.ArgumentOutOfRangeException: The factorial function is
defined for non-negative integers only. Input: -1 (Parameter 'number')
0! = 1
1! = 1
2! = 2
...
12! = 479,001,600
13! is too big for a 32-bit integer.
14! is too big for a 32-bit integer.
15! is too big for a 32-bit integer.
```

4.1.10　使用 XML 注释文档化函数

默认情况下，当调用 CardinalToOrdinal 这样的函数时，代码编辑器将显示带有基本信息的工具提示。

下面通过添加额外的信息来改进工具提示。

(1) 若使用的是带有 C#扩展的 Visual Studio Code，应该导航到 View | Command Palette | Preferences: Open Settings (UI)，然后搜索 formatOnType，并确保它处于启用状态。C# XML 文档注释是 Visual Studio 2022 和 JetBrains Rider 的内置特性，因此不需要做任何额外的操作就可以使用它们。

(2) 在 CardinalToOrdinal 函数上方的那些行的行首输入三个斜杠，从而将它们扩展为 XML 注释，这个注释会识别出该函数只有一个名为 number 的参数，代码如下所示。

```
/// <summary>
///
/// </summary>
/// <param name="number"></param>
/// <returns></returns>
```

(3) 为 CardinalToOrdinal 函数的 XML 文档注释输入适当的信息。添加摘要并描述该函数的输入参数和返回值，如下面突出显示的代码所示：

```
/// <summary>
/// Pass a 32-bit unsigned integer and it will be converted into its
ordinal equivalent.
/// </summary>
/// <param name="number">Number as a cardinal value e.g. 1, 2, 3, and so
on.</param>
/// <returns>Number as an ordinal value e.g. 1st, 2nd, 3rd, and so on.</
returns>
```

(4) 现在，当调用 CardinalToOrdinal 函数时，你将看到更多细节，如图 4.2 所示。

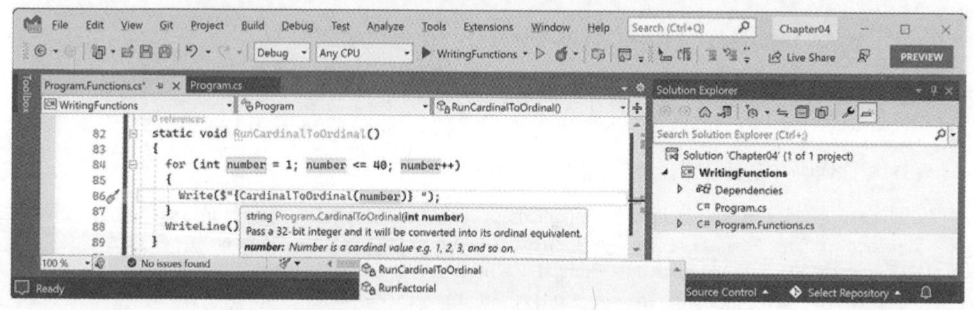

图 4.2　通过工具提示显示更详细的方法签名

值得强调的是，此功能主要用于将注释转换为文档的工具，如 Sandcastle，可通过以下链接了解更多信息：https://github.com/EWSoftware/SHFB。输入代码或鼠标悬停在函数名上时出现的工具提示是辅助功能。

局部函数不支持 XML 注释，因为局部函数不能在声明它们的成员之外使用，因此从它们生成文档毫无意义。遗憾的是，这也意味着不会出现工具提示，不过局部函数仍然有用，但 Visual Studio 2022 和 Visual Studio Code 都没有意识到这一点。

最佳实践：

可将 XML 文档注释添加到除局部函数的所有函数中。

4.1.11　在函数实现中使用 lambda

F#是以强类型函数为首选函数的微软编程语言，与 C#代码一样，F#代码也会先被编译成 IL，然后由.NET 执行。函数式语言由 lambda 演算发展而来，lambda 是一种仅基于函数的计算系统。代码看起来更像是数学函数而不是菜谱中的步骤。

函数式语言的一些重要属性如下。

- **模块化：** 在 C#中定义函数的好处同样适用于函数式语言——能够将复杂的大型代码库分解成小的代码片段。
- **不变性：** C#中的变量不存在了。函数内的任何数据都不能再更改。但可从现有数据创建新的数据。这样可以减少错误。

- **可维护性**：代码变得更清晰明了。

自 C# 6 以来，微软一直致力于为该语言添加一些特性，以支持更多的功能。例如，微软在 C# 7 中添加了元组和模式匹配，在 C# 8 中添加了非空引用类型，在 C# 9 中改进了模式匹配并添加了记录——一种不可变的对象。

在 C# 6 版本中，微软增加了对 expression-bodied 函数成员的支持。在 C#中，lambda 使用=> 字符来表示函数的返回值。下面来看一个例子。

斐波那契数列总是从 0 和 1 开始。然后，按照将前两个数字相加的规则生成其余数字，如下所示：

```
0 1 1 2 3 5 8 13 21 34 55 ...
```

上面序列中的下一项是 34+55，即 89。

下面使用斐波那契数列来说明命令式函数和声明式函数实现的区别。

(1) 在 Program.Functions.cs 中，编写一个名为 FibImperative 的函数，它将以命令式风格编写，代码如下所示：

```
static int FibImperative(uint term)
{
if (term == 0)
{
  throw new ArgumentOutOfRangeException();
}
else if (term == 1)
{
  return 0;
}
else if (term == 2)
{
  return 1;
}
else
{
  return FibImperative(term - 1) + FibImperative(term - 2);
  }
}
```

(2) 在 Program.Functions.cs 中，编写一个名为 RunFibImperative 的函数，它在从 1 到 30 的 for 循环语句中调用 FibImperative 函数，代码如下所示：

```
static void RunFibImperative()
{
  for (uint i = 1; i <= 30; i++)
  {
    WriteLine("The {0} term of the Fibonacci sequence is {1:N0}.",
      arg0: CardinalToOrdinal(i),
      arg1: FibImperative(term: i));
  }
}
```

(3) 在 Program.cs 文件中，注释掉其他方法调用，然后调用 RunFibImperative 函数。

(4) 运行代码并查看结果，部分输出如下所示：

```
The 1st term of the Fibonacci sequence is 0.
The 2nd term of the Fibonacci sequence is 1.
The 3rd term of the Fibonacci sequence is 1.
The 4th term of the Fibonacci sequence is 2.
The 5th term of the Fibonacci sequence is 3.
...
The 29th term of the Fibonacci sequence is 317,811.
The 30th term of the Fibonacci sequence is 514,229.
```

(5) 在 Program.Functions.cs 中，编写一个名为 FibFunctional 的函数，它将以声明式风格编写，代码如下所示：

```
static int FibFunctional(uint term) => term switch
  {
    0 => throw new ArgumentOutOfRangeException(),
    1 => 0,
    2 => 1,
    _ => FibFunctional(term - 1) + FibFunctional(term - 2)
  };
```

(6) 在 Program.Functions.cs 中，在 for 语句中编写一个调用 FibFunctional 函数的函数，该 for 语句从 1 循环到 30，代码如下所示：

```
static void RunFibFunctional()
{
  for (uint i = 1; i <= 30; i++)
  {
    WriteLine("The {0} term of the Fibonacci sequence is {1:N0}.",
      arg0: CardinalToOrdinal(i),
      arg1: FibFunctional(term: i));
  }
}
```

(7) 在 Program.cs 文件中，注释掉 RunFibImperative 方法调用，然后调用 RunFibFunctional 函数。

(8) 运行代码并查看结果，输出与步骤(4)中的相同。

前面介绍了一些函数的示例，下面讲解当这些函数出现错误时如何修复它们。

4.2 在开发过程中进行调试

本节介绍如何在开发过程中调试问题。必须使用带有调试工具的代码编辑器(如 Visual Studio 2022 或 Visual Studio Code)。

4.2.1 创建带有故意错误的代码

下面先创建一个带有故意错误的控制台应用程序以探索调试功能，然后使用代码编辑器中的调试器工具进行跟踪和修复。

(1) 使用自己喜欢的编码工具在 Chapter04 解决方案中添加一个新的 Console App/console 项目，命名为 Debugging。

(2) 修改 Debugging.csproj，为所有代码文件静态导入 System.Console。

(3) 在 Program.cs 文件中，删除所有现有的语句，并在该文件底部添加一个故意带有错误的函数，代码如下所示：

```
double Add(double a, double b)
{
  return a * b; // Deliberate bug!
}
```

(4) 在 Add 函数上方，编写语句，声明和设置一些变量，然后使用有错误的函数将它们相加，代码如下所示：

```
double a = 4.5;
double b = 2.5;
double answer = Add(a, b);

WriteLine($"{a} + {b} = {answer}");
WriteLine("Press Enter to end the app.");
ReadLine(); // Wait for user to press Enter.
```

(5) 运行控制台应用程序并查看结果，输出如下所示：

```
4.5 + 2.5 = 11.25
Press Enter to end the app.
```

但是等等，这里有错误发生！4.5 加上 2.5 的结果应该是 7 而不是 11.25！

下面使用调试工具来查找该错误并消除它。

4.2.2 设置断点并开始调试

断点允许我们标记想要暂停运行的代码行，以检查程序状态并找到错误。

1. 使用 Visual Studio 2022

下面设置一个断点，然后使用 Visual Studio 2022 开始调试。

(1) 单击声明变量 a 的语句(第 1 行)。

(2) 导航到 Debug | Toggle Breakpoint 或按 F9 功能键。然后，左侧的边距栏中会出现一个红色的圆圈，并且该语句将以红色高亮显示，以指示断点已设置，如图 4.3 所示。

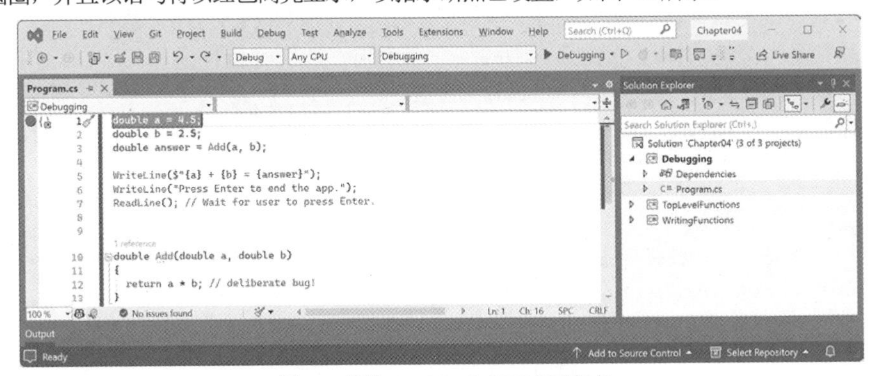

图 4.3　使用 Visual Studio 2022 设置断点

可使用相同的操作关闭断点，还可在页边的边距栏处单击以打开和关闭断点，或者右击以查看更多选项，如删除、禁用或编辑现有断点。

(3) 导航到 Debug | Start Debugging 或按 F5 功能键。Visual Studio 会启动控制台应用程序，然后在遇到断点时暂停。这就是所谓的中断模式。这时会出现名为 Locals(显示局部变量的当前值)、Watch 1(显示已定义的任何 Watch 表达式)、Call Stack、Exception Settings 和 Immediate Window 的额外窗口。Debugging 工具栏也会出现。接下来要执行的代码行将以黄色高亮显示，边距栏上一个黄色箭头会指向该行，如图 4.4 所示。

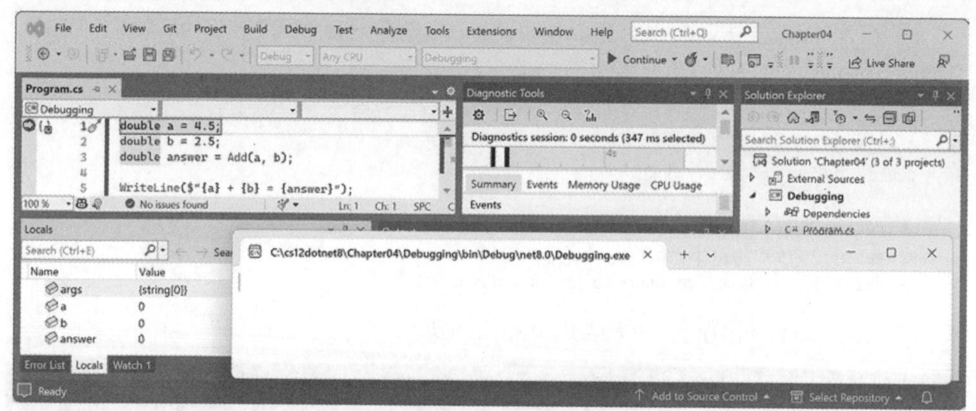

图 4.4　Visual Studio 2022 中的中断模式

如果不想学习如何使用 Visual Studio Code 开始调试，那么可以跳过“使用 Visual Studio Code”这一节并继续阅读标题为“使用调试工具栏进行导航”的下一节。

2. 使用 Visual Studio Code

下面设置一个断点，然后使用 Visual Studio Code 开始调试。

(1) 单击声明变量 a 的语句(第 1 行)。

(2) 导航到 Run | Toggle Breakpoint 或按 F9 功能键。左侧的边距栏中会出现一个红色圆圈，表示设置了断点。

可通过相同的操作关闭断点，还可在页边的边距栏处单击以打开和关闭断点。可以右击以查看更多选项，例如删除、编辑或禁用现有断点；或在断点还不存在时添加断点、条件断点或日志点。

日志点也称为跟踪点，表明要记录一些信息，而不必在那个点上实际停止执行代码。

(3) 导航到 View | Run，或者在左侧导航栏中单击 Run and Debug 图标(三角形的 play 按钮和“bug”)或在 Windows 上按 Ctrl + Shif t+ D 组合键。

(4) 在 RUN AND DEBUG 窗口的顶部，单击 Start Debugging 按钮并选择 Debugging 项目，如图 4.5 所示。

更多信息：

如果你首次被提示选择调试器，请选择 C#，而不要选择 .NET 5+或.NET Core。

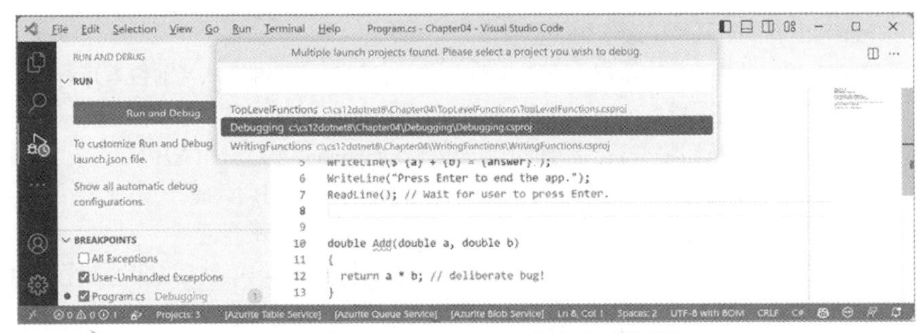

图 4.5　使用 Visual Studio Code 选择要调试的项目

(5) Visual Studio Code 会启动该控制台应用程序，然后在遇到断点时暂停。这就是所谓的中断模式。接下来要执行的代码行将以黄色高亮显示，边距栏上会一个黄色块指向该行，如图 4.6 所示。

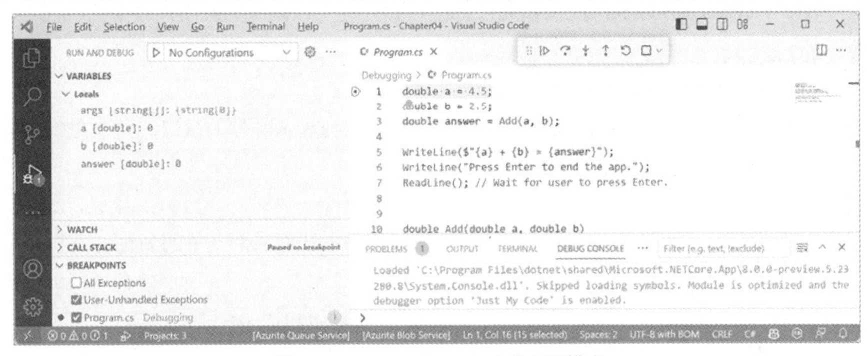

图 4.6　Visual Studio Code 中的中断模式

4.2.3　使用调试工具栏进行导航

Visual Studio 2022 的 Standard 工具栏上有两个与调试相关的按钮，用于启动或继续调试，以及热重载正在运行的代码中的更改。还有一个单独的 Debug 工具栏用于其余工具。

Visual Studio Code 显示一个浮动的工具栏，上面带有按钮，方便访问调试功能。

Visual Studio 2022 和 Visual Studio Code 中的调试工具栏如图 4.7 所示。

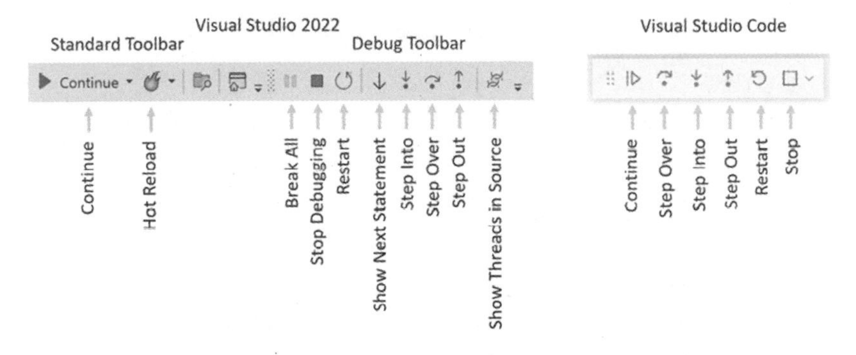

图 4.7　Visual Studio 2022 和 Visual Studio Code 中的调试工具栏

下面列出调试工具栏中最常用的按钮。

- Start/Continue/F5：此按钮与上下文相关，用于启动项目或继续从当前位置运行项目，直到项目结束或到达断点。
- Hot Reload：此按钮将重载已编译的代码更改，而不需要重启应用程序。
- Break All：此按钮将中断正在运行的应用程序中的下一行可用代码。
- Stop Debugging/Stop/Shift + F5(红色方块)：此按钮将停止调试会话。
- Restart/Ctrl 或 Cmd + Shift + F5(圆形箭头)：此按钮将停止程序，然后立即重启程序并再次连接调试器。
- Show Next Statement: 此按钮将当前光标移到要执行的下一条语句。
- Step Into/F11、 Step Over/F10、Step Out/Shift + F11 (蓝色箭头加蓝点)：这些按钮将以不同方式逐一执行代码语句，稍后讲述。
- Show Threads in Source：此按钮允许你检查和处理正在调试的应用程序中的线程。

4.2.4 调试窗口

在调试时，Visual Studio Code 和 Visual Studio 2022 都会显示额外的窗口，允许在单步执行代码时监视有用的信息(如变量)。

下面列出一些最有用的窗口。

- VARIABLES：该窗口包括 Locals，其中将自动显示任何局部变量的名称、值和类型。在单步执行代码时，请密切注意该窗口。
- WATCH 或 Watch 1：显示手动输入的变量和表达式的值。
- CALL STACK：显示函数调用的堆栈。
- BREAKPOINTS：显示所有断点并允许对它们进行更好的控制。

在中断模式下，在编辑区域的底部也有一个有用的窗口。

- DEBUG CONSOLE 或 Immediate Window：支持与代码进行实时交互。例如，可通过输入变量名称询问程序的状态，还可通过输入 1+2 并按回车键来询问诸如“1+2 等于多少？”的问题。

4.2.5 单步执行代码

下面探讨使用 Visual Studio 或 Visual Studio Code 单步执行代码的一些方法。

更多信息：

在 Visual Studio 2022 中，用于调试的菜单命令位于 Debug 菜单上，而在 Visual Studio Code 和 JetBrains Rider 中，这些命令则位于 Run 菜单上。

(1) 导航到 Run/Debug | Step Into 或单击工具栏中的 Step Into 按钮，也可按 F11 功能键。单步执行的代码行会以黄色高亮显示。

(2) 导航到 Run/Debug | Step Over 或单击工具栏中的 Step Over 按钮，也可按 F10 功能键。单步执行的代码行会以黄色高亮显示。现在，你可以看到，Step Into 和 Step Over 按钮的使用效果是没有区别的，因为我们正在执行单条语句。

(3) 现在，你应该位于调用 Add 方法的那一行代码上。

Step Into 和 Step Over 按钮之间的区别会在执行方法调用时显现出来。

- 如果单击 Step Into 按钮，调试器将单步执行方法，以便执行方法中的每一行。
- 如果单击 Step Over 按钮，整个方法将一次性执行完毕，不会跳过该方法而不执行它。

(4) 单击 Step Into 按钮进入 Add 方法内部。

(5) 如果将鼠标指针悬停在代码编辑窗口中的 a 或 b 参数上，将会出现显示当前值的工具提示。

(6) 选择表达式 a * b，右击这个表达式，然后选择 Add to Watch 或 Add Watch。表达式 a * b 将被添加到 WATCH 或 Watch 1 窗口中，在将 a 与 b 相乘后，显示结果 11.25。

(7) 在 WATCH 或 Watch 1 窗口中，右击表达式，选择 Remove Expression 或 Delete Watch。

(8) 通过在 Add 函数中将*改成+来修复这个错误。

(9) 单击圆形箭头、Restart 按钮或按 Ctrl 或 Cmd + Shift + F5 组合键，重新调试。

(10) 对 Add 函数执行 Step Over 功能，现在需要花一分钟时间来留意计算是否正确，然后单击 Continue 按钮或按 F5 功能键。

(11) 使用 Visual Studio Code，注意，当调试期间写入到控制台时，输出显示在 DEBUG CONSOLE 窗口而不是在 TERMINAL 窗口中，如图 4.8 所示。

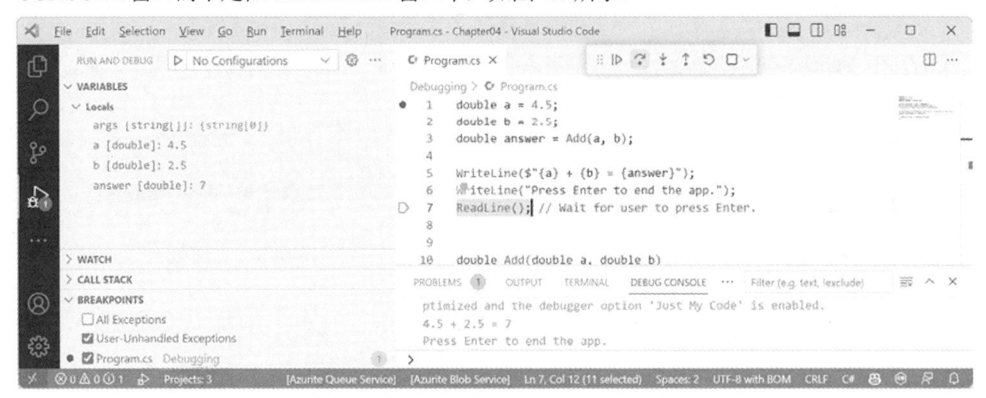

图 4.8　在调试期间写入 DEBUG CONSOLE

4.2.6　在 Visual Studio Code 中使用集成终端进行调试

默认情况下，在调试期间，控制台被设置为使用内部的 DEBUG CONSOLE，这个调试控制台不允许像在命令行中那样进行交互，比如使用 ReadLine 方法输入文本。

为了改善体验，我们可以更改设置，改为使用集成终端。首先，我们修改代码以与用户进行交互。

(1) 在 Program.cs 的顶部添加语句，提示用户输入一个数字，将该数字解析为双精度浮点数并存储在变量 a 中，如下面突出显示的代码所示：

```
Write("Enter a number: ");
string number = ReadLine()!;

double a = double.Parse(number);
```

(2) 在写入提示 “Enter a number” 的第一行上设置一个断点。

(3) 在 RUN AND DEBUG 窗口的顶部，单击 Run and Debug 按钮，然后选择 Debugging 项目。

(4) 注意，提示“Enter a number”既没有写入 TERMINAL，也没有写入 DEBUG CONSOLE，并且这两个窗口都没有等待用户输入一个数字并按下 Enter 键。

(5) 停止调试。

(6) 在 RUN AND DEBUG 窗口的顶部，单击 create a launch.json file 链接，然后在提示选择调试器时，选择 C#，如图 4.9 所示。

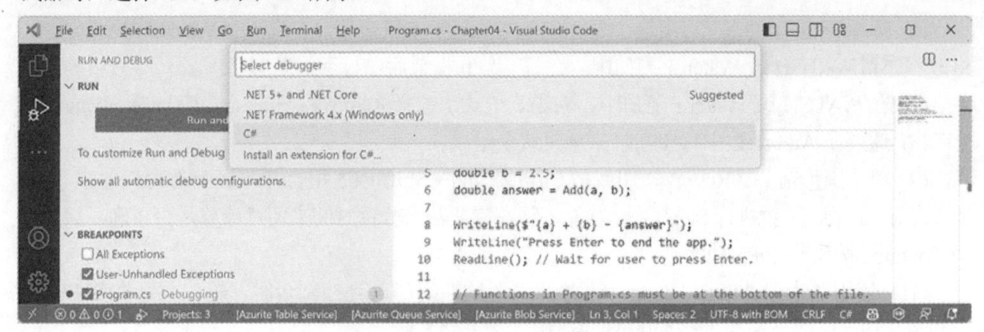

图 4.9 为 launch.json 文件选择调试器

(7) 在 launch.json 文件编辑器中，单击 Add Confguration...按钮，然后选择.NET: Launch .NET Core Console App，如图 4.10 所示。

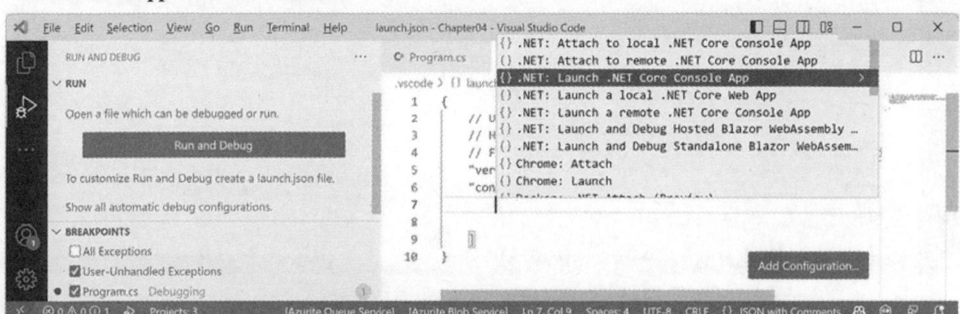

图 4.10 为.NET Console App 添加启动配置

(8) 在 launch.json 中，进行以下添加和更改。

- 注释掉 preLaunchTask 设置。
- 在 program 路径中，在 workspaceFolder 变量后添加 Debugging 项目文件夹。
- 在 program 路径中，将 <target-framework>改为 net8.0。
- 在 program 路径中，将 <project-name.dll>改为 Debugging.dll。
- 将 console 设置从 internalConsole 改为 integratedTerminal。

```
{
  // Use IntelliSense to learn about possible attributes.
  // Hover to view descriptions of existing attributes.
  // For more information, visit: https://go.microsoft.com/
fwlink/?linkid=830387
  "version": "0.2.0",
  "configurations": [
```

```
    {
      "name": ".NET Core Launch (console)",
      "type": "coreclr",
      "request": "launch",
      //"preLaunchTask": "build",
      "program": "${workspaceFolder}/Debugging/bin/Debug/net8.0/
Debugging.dll",
      "args": [],
      "cwd": "${workspaceFolder}",
      "stopAtEntry": false,
      "console": "integratedTerminal"
    }
  ]
}
```

更多信息：

记住，在 Visual Studio Code 中，我们是打开 Chapter04 文件夹来处理解决方案文件，因此工作区文件夹是 Chapter04，而不是 Debugging 项目。

(9) 在 RUN AND DEBUG 窗口的顶部，注意启动配置的下拉列表，并单击 Start Debugging 按钮(绿色三角形)。

(10) 导航到 View | Terminal，注意 TERMINAL 窗口已附加到 Debugging.dll，如图 4.11 所示。

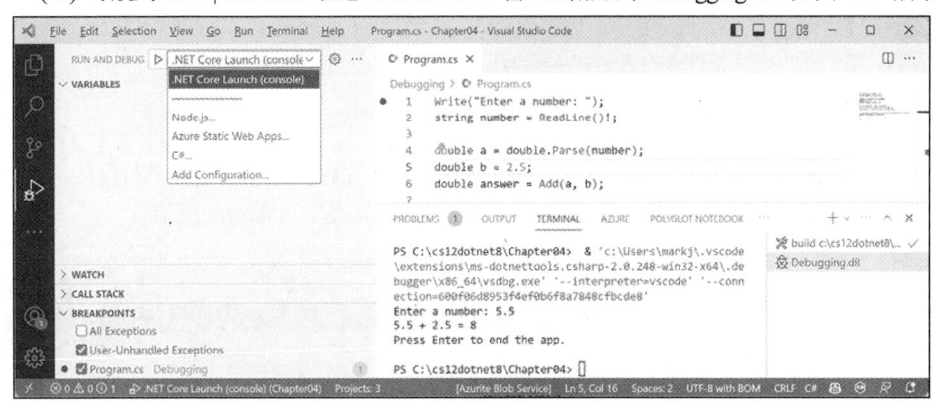

图 4.11 将启动配置设置为使用集成终端，以便与用户进行交互

(11) Step Over(步过)向控制台写入 Enter a number: 的语句。

(12) Step Over(步过)调用 ReadLine 的语句。

(13) 输入 5.5 并按 Enter 键。

(14) 继续 Step Over 其他语句，或按 F5 功能键 或单击 Continue，注意写入到集成终端中的输出，如图 4.11 所示。

4.2.7 自定义断点

我们很容易就能生成更复杂的断点。

(1) 如果仍在调试，请单击调试工具栏中的 Stop 按钮或导航到 Run/Debug | Stop Debugging，也可按 Shift + F5 组合键。

(2) 导航到 Run | Remove All Breakpoints 或 Debug | Remove All Breakpoints。

(3) 单击输出答案的 WriteLine 语句。

(4) 按 F9 功能键或导航到 Run/Debug | Toggle Breakpoint 以设置断点。

(5) 右击断点，为代码编辑器选择合适的菜单：

- 在 Visual Studio Code 中，选择 Edit Breakpoint…
- 在 Visual Studio 2022 中，选择 Conditions…

(6) 输入一个表达式(例如，answer 变量必须大于 9)，然后按 Enter 键接受该输入。注意该表达式的值必须为 true，以便激活断点，如图 4.12 所示。

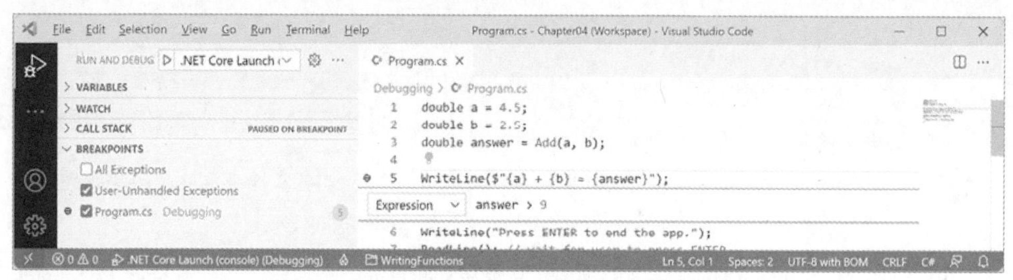

图 4.12 在 Visual Studio Code 中用表达式自定义断点

(7) 开始调试并注意没有遇到断点。

(8) 停止调试。

(9) 编辑断点或其条件并将表达式更改为小于 9。

(10) 开始调试并注意到达断点。

(11) 停止调试。

(12) 编辑断点或它的条件(在 Visual Studio 2022 中单击 Add condition)，并选择 Hit Count。然后输入一个数字，如 3，这意味着必须单击断点三次才能激活它，如图 4.13 所示。

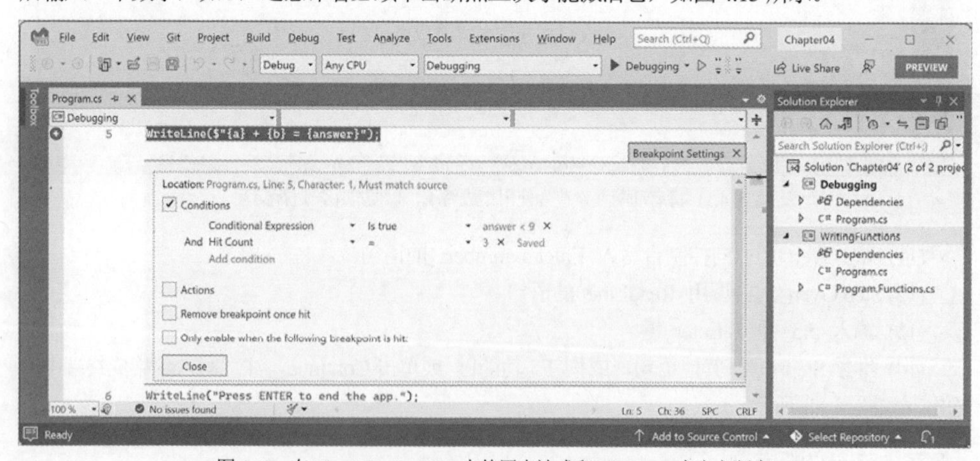

图 4.13 在 Visual Studio 2022 中使用表达式和 Hit Count 自定义断点

(13) 将鼠标指针悬停在断点的红色圆圈上以查看摘要，如图 4.14 所示。

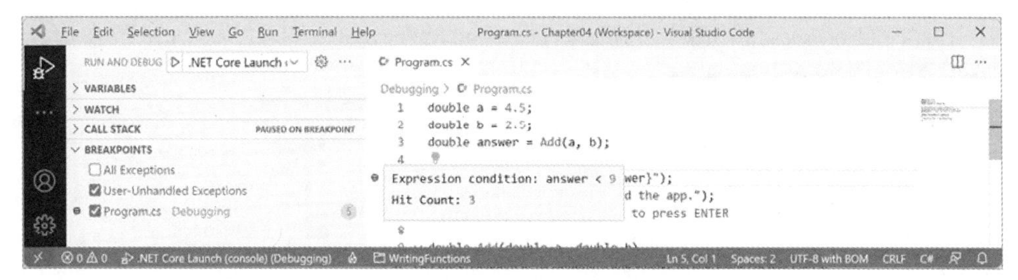

图 4.14　Visual Studio Code 中自定义断点的摘要

前面使用一些调试工具修复了错误，并且介绍了用于设置断点的一些高级工具。

4.3　在开发期间进行热重载

热重载功能允许开发人员在应用程序运行时对代码进行更改，并立即看到效果。这对于快速修复 bug 非常有用。热重载也称为“编辑并继续”(Edit and Continue)。可在以下链接中找到支持热重载的更改类型列表：https://aka.ms/dotnet/hot-reload。

在.NET 6 发布之前，微软的一位高级员工试图将该功能仅用于 Visual Studio，这一举动引发了争议。幸运的是，微软内部的开源团队成功推翻了这一决定。现在，除了 Visual Studio，通过命令行工具也可以使用热重载功能。

下面介绍热重载的实际应用。

(1) 使用自己喜欢的编码工具在 Chapter04 解决方案中添加一个新的 Console App/console 项目，命名为 HotReloading。

(2) 修改 HotReloading.csproj，为所有的代码文件静态导入 System.Console。

(3) 在 Program.cs 中，删除现有语句，然后每两秒向控制台写入一条消息，代码如下所示：

```
/* Visual Studio 2022: run the app, change the message, click Hot Reload.
 * Visual Studio Code: run the app using dotnet watch, change the
message. */

while (true)
{
  WriteLine("Hello, Hot Reload!");
  await Task.Delay(2000);
}
```

4.3.1　使用 Visual Studio 2022 进行热重载

如果使用的是 Visual Studio，热重载会被内置到用户界面中：

(1) 在 Visual Studio 2022 中，启动项目，注意每两秒就会输出一条消息。

(2) 让项目继续运行。

(3) 在 Program.cs 中，将 Hello 更改为 Goodbye。

(4) 导航到 Debug | Apply Code Changes 或单击工具栏中的 Hot Reload 按钮，如图 4.15 所示，注意，不必重启控制台应用程序即可应用更改。

(5) 下拉 Hot Reload 按钮菜单然后选择 Hot Reload on File Save 菜单项，如图 4.15 所示。

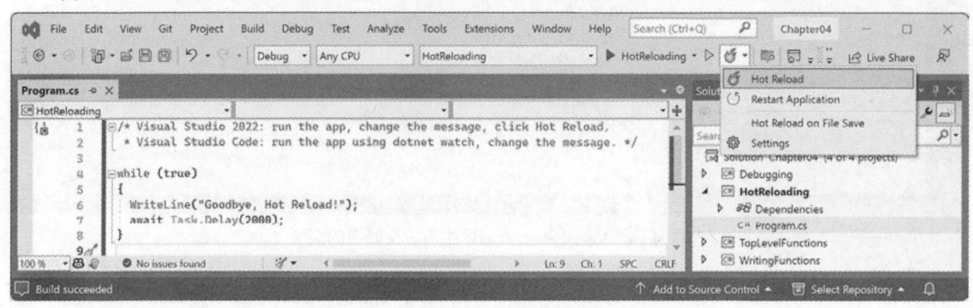

图 4.15　更改 Hot Reload 选项

(6) 再次更改消息，保存文件，注意控制台应用程序已自动更新。

4.3.2 使用 Visual Studio Code 和 dotnet watch 命令进行热重载

如果使用的是 Visual Studio Code，必须在启动控制台应用程序时发出特殊命令以激活热重载功能。

(1) 在 Visual Studio Code 的 TERMINAL 中，使用 dotnet watch 命令启动控制台应用程序，注意热重载功能已激活，输出如下所示：

```
dotnet watch 🔥 Hot reload enabled. For a list of supported edits, see
https://aka.ms/dotnet/hot-reload.
💡 Press "Ctrl + R" to restart.
dotnet watch 🔧 Building...
Determining projects to restore...
All projects are up-to-date for restore.
HotReloading -> C:\cs12dotnet8\Chapter04\HotReloading\bin\Debug\net8.0\
HotReloading.dll
dotnet watch 🚀 Started
Hello, Hot Reload!
Hello, Hot Reload!
Hello, Hot Reload!
```

(2) 在 Visual Studio Code 中，将 Hello 改为 Goodbye，注意不必重启控制台应用程序，几秒钟后就会应用所做的更改，输出如下所示：

```
Hello, Hot Reload!
dotnet watch ⌚ File changed: .\Program.cs.
Hello, Hot Reload!
Hello, Hot Reload!
dotnet watch 🔥 Hot reload of changes succeeded.
Goodbye, Hot Reload!
Goodbye, Hot Reload!
```

(3) 按下 Ctrl＋C 组合键，停止运行控制台应用程序，输出如下所示：

```
Goodbye, Hot Reload!
dotnet watch ⭕ Shutdown requested. Press Ctrl+C again to force exit.
```

现在你已经了解了在开发过程中用于发现和修复 bug 的工具，下面将介绍如何追踪在开发和生产过程中可能出现的那些不太明显的问题。

4.4　在开发和运行时进行日志记录

一旦相信所有 bug 都已从代码中清除了，就可以编译发布版本并部署应用程序，以便人们使用。但 bug 是不可避免的，应用程序在运行时可能出现意外错误。

当错误发生时，终端用户在记忆、承认和准确描述他们正在做的事情方面实在不太擅长，所以不应该指望他们能够准确地提供有用的信息以重现问题，进而指出问题的原因并进行修复。而应该检测代码，这意味着要把感兴趣的事件和其他数据记录下来。

最佳实践：
可在整个应用程序中添加代码以记录正在发生的事情(特别是在发生异常时)，这样就可以查看日志，并使用它们来跟踪和修复问题。第 10 章和在线章节“使用 MVC 模式构建 Web 站点”会再次讨论日志记录，但日志记录是一个庞大的主题，所以本书只能涵盖基本知识。

4.4.1　理解日志记录选项

.NET 提供了一些内置的方法来添加日志记录功能。本书将介绍基本知识。但在日志记录领域，第三方已创建了丰富的、强大的解决方案生态系统，这些解决方案扩展了微软提供的功能。在此，我无法给出具体的建议，因为最佳的日志框架取决于需求。但下面我列出了一些常见的方法：

- Apache log4net
- NLog
- Serilog

更多信息：
在我的配套书籍 *Apps and Services with .NET 8* 中，我介绍了使用第三方日志系统 Serilog 进行结构化日志记录，因为 Serilog 在 https://www.nuget.org 上的包下载量最多。

最佳实践：
在面试开发人员职位时，询问公司所使用的日志系统是非常明智的。这不仅能显示你理解日志在软件开发中的关键作用，还能体现你认识到不同公司可能采用不同的日志实现方案。

4.4.2　使用 Debug 和 Trace 类型

前面介绍了如何使用 Console 类型及其 WriteLine 方法将输出写入控制台窗口。此外，还有一对类型，名为 Debug 和 Trace，它们在将输出写入合适的位置方面能够提供更大的灵活性。

- Debug 类型用于添加仅在开发过程中编写的日志。
- Trace 类型用于添加在开发和运行时编写的日志。

Debug 和 Trace 类型可以将输出写入任何跟踪侦听器。与跟踪侦听器是一种类型，可以配置为在调用 WriteLine 时，将输出写入自己喜欢的任何位置。.NET 提供了几个跟踪侦听器，包括一个输出到控制台的侦听器，甚至可通过继承 TraceListener 类型来创建自己的跟踪侦听器，以便将输出写入任何你想要的位置。

将输出写入默认的跟踪侦听器

跟踪侦听器 DefaultTraceListener 类可自动配置并将输出写入 Visual Studio Code 的 DEBUG CONSOLE 窗口(或 Visual Studio 的 Debug 窗口)，也可使用代码手动配置其他跟踪侦听器。

下面介绍跟踪侦听器的实际应用。

(1) 使用自己喜欢的编码工具在 Chapter04 解决方案中添加一个新的 Console App/console 项目，命名为 Instrumenting。

(2) 在 Program.cs 文件中，删除现有语句并导入 System.Diagnostics 名称空间，代码如下所示：

```
using System.Diagnostics; // To use Debug and Trace.
```

(3) 在 Program.cs 文件中，在 Debug 和 Trace 类中编写消息，如下所示：

```
Debug.WriteLine("Debug says, I am watching!");
Trace.WriteLine("Trace says, I am watching!");
```

(4) 在 Visual Studio 2022 中，导航到 View | Output，并确保选中了 Show output from: Debug。

(5) 启动 Instrumenting 项目并启用调试功能，注意 Visual Studio Code 中的 DEBUG CONSOLE 或 Visual Studio 2022 中的 Output 窗口会显示这两条消息，它们会与其他调试信息一起显示，比如加载的程序集 DLL，如图 4.16 和图 4.17 所示(可扫描封底二维码，下载并查看彩图)。

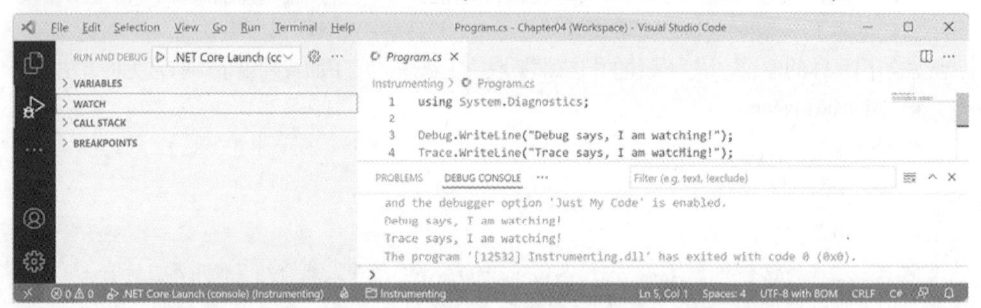

图 4.16 Visual Studio Code 的 DEBUG CONSOLE 中显示了两条蓝色的消息

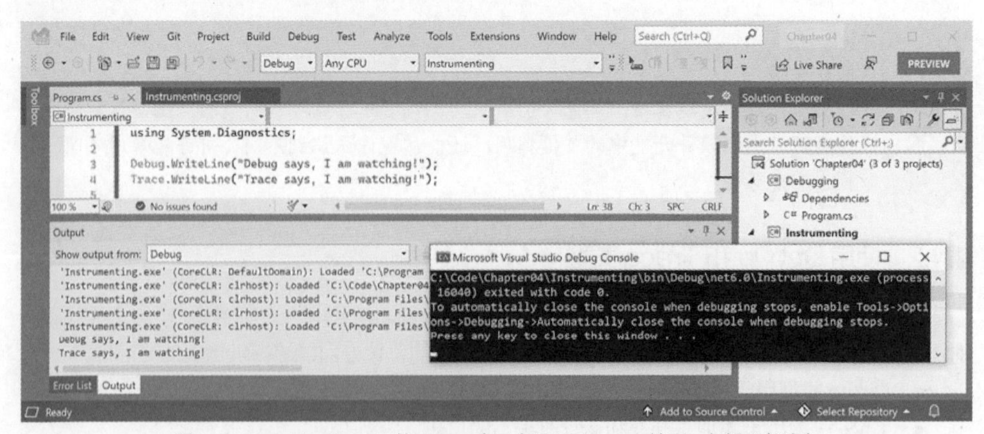

图 4.17 Visual Studio 2022 的 Output 窗口中显示了 Debug 输出，包括两条消息

4.4.3 配置跟踪侦听器

现在，我们将配置另一个跟踪侦听器，该侦听器将信息写入一个文本文件。

(1) 在 Debug 和 Trace 调用 WriteLine 之前添加一条语句，从而在桌面上新建一个文本文件并将其传入一个新的跟踪侦听器。该跟踪侦听器知道如何将信息写入文本文件，并启用缓冲区自动刷新功能，如下所示：

```
string logPath = Path.Combine(Environment.GetFolderPath(
    Environment.SpecialFolder.DesktopDirectory), "log.txt");

Console.WriteLine($"Writing to: {logPath}");

TextWriterTraceListener logFile = new(File.CreateText(logPath));

Trace.Listeners.Add(logFile);

#if DEBUG
// Text writer is buffered, so this option calls
// Flush() on all listeners after writing.
Trace.AutoFlush = true;
#endif
```

最佳实践：

表示文件的任何类型通常都会实现缓冲区功能来提高性能。数据不是立即被写入文件，而是被写入内存中的缓冲区，并且只有在缓冲区满后才将数据写入文件。这种行为在调试时可能令人困惑，因为我们不能马上看到结果！启用 AutoFlush 意味着每次写入数据后会自动调用 Flush 方法。这样做会降低性能，因此应该仅在调试期间设置它，而不是在生产环境中设置。

(2) 在 Program.cs 的底部，添加一些语句，以刷新并关闭 Debug 和 Trace 中任何缓冲的跟踪侦听器，代码如下：

```
// Close the text file (also flushes) and release resources.
Debug.Close();
Trace.Close();
```

(3) 运行控制台应用程序的发布配置。

- 在 Visual Studio Code 中，为 Instrumenting 项目在 TERMINAL 窗口中输入以下命令，注意什么也没有发生：

```
dotnet run --configuration Release
```

- 在 Visual Studio 2022 的标准工具栏中，在 Solution Configurations 下拉列表中选择 Release，注意，任何位于#if DEBUG 区域内的语句都会灰显，以表明它们不会被编译，如图 4.18 所示。之后导航到 Debug | Start Without Debugging。

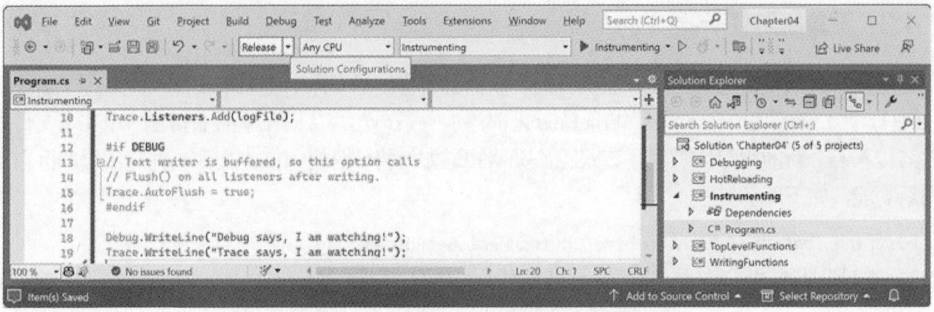

图 4.18　在 Visual Studio 中选择 Release 配置

(4) 在桌面上打开名为 log.txt 的文件，注意其中包含这样一条消息：Trace says, I am watching!。

(5) 运行控制台应用程序的调试配置：

- 在 Visual Studio Code 中，为 Instrumenting 项目在 TERMINAL 窗口中输入以下命令：

```
dotnet run --configuration Debug
```

- 在 Visual Studio 的标准工具栏中，在 Solution Configurations 下拉列表中选择 Debug，然后导航到 Debug | Start Debugging。

(6) 在桌面上，打开名为 log.txt 的文件，注意其中包含两条消息："Debug says, I am watching!"和"Trace says, I am watching!"。

最佳实践：

当使用 Debug 配置运行时，Debug 和 Trace 都是活动的，并且都会向任何跟踪侦听器写入信息。当使用 Release 配置运行时，只有 Trace 会向任何跟踪侦听器写入信息。因此，可以在代码中自由地使用 Debug.WriteLine 调用，因为当构建应用程序的发布版本时，这些调用会自动被删除，从而不会影响性能。

4.4.4 切换跟踪级别

即使在应用程序被发布后，Trace.WriteLine 调用仍然留在代码中。所以，如果能很好地控制它们的输出时间，那就太好了，而这正是跟踪开关(trace switch)的作用。

跟踪开关的值可以是数字或单词。例如，数字 3 可以替换为单词 Info，如表 4.1 所示。

表 4.1　跟踪开关的值

数字	单词	说明
0	Off	不会输出任何东西
1	Error	只输出错误
2	Warning	输出错误和警告
3	Info	输出错误、警告和信息
4	Verbose	输出所有级别

下面研究一下如何使用跟踪开关。你需要向项目中添加一些 NuGet 包，以支持从 JSON appsettings 文件中加载配置设置。

1. 在 Visual Studio 2022 中将包添加到项目中

Visual Studio 有一个用于添加包的图形用户界面。

(1) 在 Solution Explorer 中，右击 Instrumenting 项目并选择 Manage NuGet Packages。

(2) 选择 Browse 选项卡。

(3) 搜索每个 NuGet 包并单击 Install 按钮，如图 4.19 所示。

- Microsoft.Extensions.Configuration.Binder
- Microsoft.Extensions.Configuration.Json

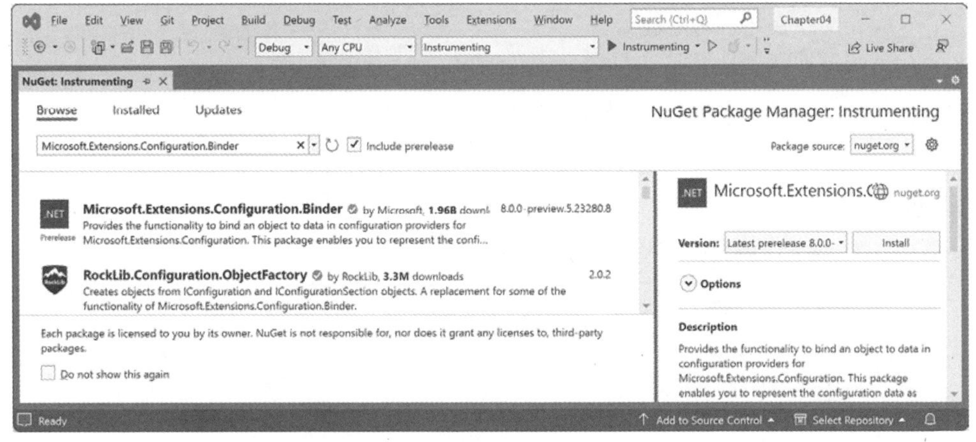

图 4.19　使用 Visual Studio 2022 安装 NuGet 包

最佳实践：

为了使用预览包，例如，在 2023 年 6 月发布的.NET 8 预览版或在 2024 年发布的.NET 9 预览版，必须选中 Include prerelease 复选框，如图 4.19 所示。此外，还有从 XML 文件、INI 文件、环境变量和命令行加载配置的包。请根据项目需求选择最合适的配置加载技术。

2. 在 Visual Studio Code 中将包添加到项目中

Visual Studio Code 没有提供将 NuGet 包添加到项目的机制，因此我们将使用命令行工具。

(1) 在 Instrumenting 项目中，导航到 TERMINAL 窗口。

(2) 输入以下命令：

```
dotnet add package Microsoft.Extensions.Configuration.Binder
```

(3) 输入以下命令：

```
dotnet add package Microsoft.Extensions.Configuration.Json
```

更多信息

dotnet add package 命令用于在项目文件中添加一个对 NuGet 包的引用。在构建过程中，这个包将被自动下载。dotnet add reference 命令则将项目到项目的引用添加到项目文件中。在构建过程中，如果需要，将编译所引用的项目。

3. 回顾项目包

添加 NuGet 包后，可在项目文件中看到这些引用。包引用是不区分大小写的，因此不必担心它们的大小写是否与原始包完全匹配。现在，我们来回顾一下这些包。

(1) 打开 Instrumenting.csproj，并注意在<ItemGroup>部分添加了 NuGet 包，如以下突出显示的代码所示：

```
<Project Sdk="Microsoft.NET.Sdk">

  <PropertyGroup>
    <OutputType>Exe</OutputType>
    <TargetFramework>net8.0</TargetFramework>
    <Nullable>enable</Nullable>
    <ImplicitUsings>enable</ImplicitUsings>
  </PropertyGroup>

<ItemGroup>
    <PackageReference
      Include="Microsoft.Extensions.Configuration.Binder"
      Version="8.0.0" />
    <PackageReference
      Include="Microsoft.Extensions.Configuration.Json"
      Version="8.0.0" />
      </ItemGroup>
</Project>
```

更多信息：

在.NET 7 的正式版本发布后，微软修复了 Microsoft.Extensions.Configuration.Binder 包的 7.0.3 版本中的一个 bug。这个 bug 是因为之前的版本读取设置的方式存在问题，导致了异常的抛出。这种情形被称为 bug 修复回归(即修复一个 bug 后，又引入新的 bug)。良好的单元测试应该能够检测出这些 bug 修复后可能引发的其他问题。这也是未来包版本可能出现意外问题的一个例子。如果你在使用某个包时遇到了意外问题，尝试使用早期版本可能是一个解决方案。

(2) 在 Instrumenting 项目文件夹中添加一个名为 appsettings.json 的文件。

(3) 在 appsettings.json 中，使用 Info 值定义一个名为 PacktSwitch 的设置，代码如下所示：

```
{
  "PacktSwitch": {
    "Value": "Info"
  }
}
```

更多信息：

在 Microsoft.Extensions.Configuration.Binder 包的 7.0.3 版本之前，可以设置 Level 属性，例如："Level": "Info"。但在修复了该版本中的一个 bug 后，现在这样做会抛出异常。现在，我们必须设置 Value 属性，或者同时设置两者。这是因为内部类需要设置 Value 属性，正如以下链接中所述：https://github.com/dotnet/runtime/issues/ 82998。

(4) 在 Visual Studio 2022 和 JetBrains Rider 的 Solution Explorer 中，右击 appsettings.json，选择 Properties，然后在 Properties 窗口中将 Copy to Output Directory 更改为 Copy always。这是必要的，因为 Visual Studio Code 在项目文件夹中运行控制台应用程序，而 Visual Studio 在 Instrumenting\bin\Debug\net8.0 或 Instrumenting\bin\Release\net8.0 中运行控制台应用程序。为了确认设置正确，请检查已添加到项目文件中的元素，代码如下所示：

```
<ItemGroup>
  <None Update="appsettings.json">
    <CopyToOutputDirectory>Always</CopyToOutputDirectory>
  </None>
</ItemGroup>
```

更多信息：

Copy to Output Directory 属性可能不太可靠。在代码中，我们将读取并输出这个文件，以便可以确切地看到正在处理的内容，从而捕捉任何由于更改未被正确复制而引发的问题。

(5) 在 Program.cs 文件的顶部，导入 Microsoft.Extensions.Configuration 名称空间，代码如下所示：

```
using Microsoft.Extensions.Configuration; // To use ConfigurationBuilder.
```

(6) 在关闭 Debug 和 Trace 的语句之前添加一些语句，以创建一个配置构建器。它在当前文件夹中查找名为 appsettings.json 的文件，构建配置，创建跟踪开关，通过绑定到配置来设置级别，然后输出四个跟踪开关级别，代码如下：

```
string settingsFile = "appsettings.json";

string settingsPath = Path.Combine(
  Directory.GetCurrentDirectory(), settingsFile);

Console.WriteLine("Processing: {0}", settingsPath);
Console.WriteLine("--{0} contents--", settingsFile);
Console.WriteLine(File.ReadAllText(settingsPath));
Console.WriteLine("----");

ConfigurationBuilder builder = new();

builder.SetBasePath(Directory.GetCurrentDirectory());

// Add the settings file to the processed configuration and make it
// mandatory so an exception will be thrown if the file is not found.
builder.AddJsonFile(settingsFile,
```

```
  optional: false, reloadOnChange: true);

IConfigurationRoot configuration = builder.Build();

TraceSwitch ts = new(
  displayName: "PacktSwitch",
  description: "This switch is set via a JSON config.");

configuration.GetSection("PacktSwitch").Bind(ts);

Console.WriteLine($"Trace switch value: {ts.Value}");
Console.WriteLine($"Trace switch level: {ts.Level}");

Trace.WriteLineIf(ts.TraceError, "Trace error");
Trace.WriteLineIf(ts.TraceWarning, "Trace warning");
Trace.WriteLineIf(ts.TraceInfo, "Trace information");
Trace.WriteLineIf(ts.TraceVerbose, "Trace verbose");
```

更多信息：

如果找不到 appsettings.json 文件，则会抛出以下异常：System.IO.FileNotFoundException: The configuration file 'appsettings.json' was not found and is not optional. The expected physical path was 'C:\cs12dotnet8\Chapter04\Instrumenting\bin\Debug\net8.0\appsettings.json'。

(7) 在关闭 Debug 和 Trace 的语句之后添加一些语句，以提示用户按 Enter 键退出控制台应用程序，如下面突出显示的代码所示：

```
// Close the text file (also flushes) and release resources.
Debug.Close();
Trace.Close();

Console.WriteLine("Press enter to exit.");
Console.ReadLine();
```

最佳实践：

注意，在使用完 Debug 或 Trace 之前不要关闭它们。如果关闭后再向它们写入信息，将不会有任何效果！

(8) 在 Bind 语句上设置一个断点。

(9) 开始调试 Instrumenting 控制台应用程序项目。

(10) 在 VARIABLES 或 Locals 窗口中，展开 ts 变量表达式，注意它的 Level 是 Off，它的 TraceError、TraceWarning 等都是 false，如图 4.20 所示。

(11) 单击 Step Into 或 Step Over 按钮或按 F11 或 F10 功能键进入 Bind 方法的调用，注意 ts 变量用于监视表达式中的 SwitchSetting、 Value 和 Level 属性更新到 Info 级别(3)，同时四个 TraceX 属性中有三个变为 true，如图 4.21 所示。

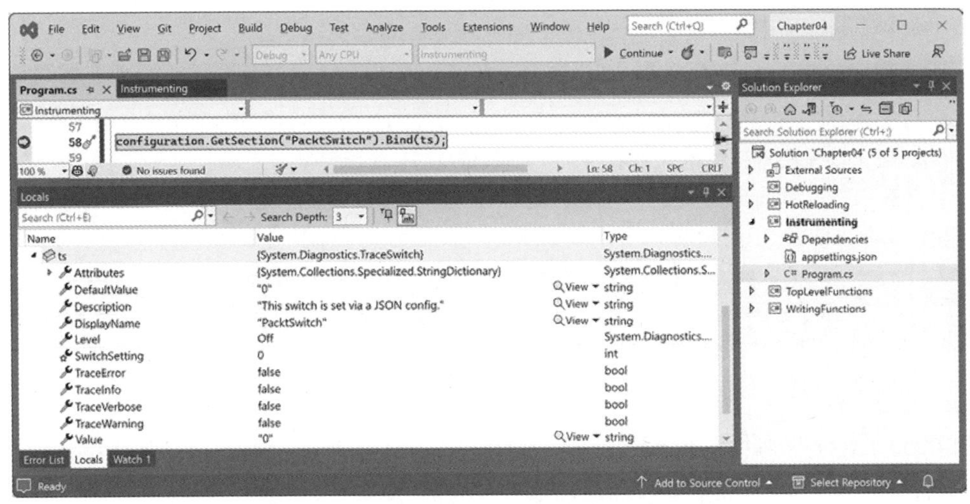

图 4.20　在 Visual Studio 2022 中查看跟踪开关变量属性

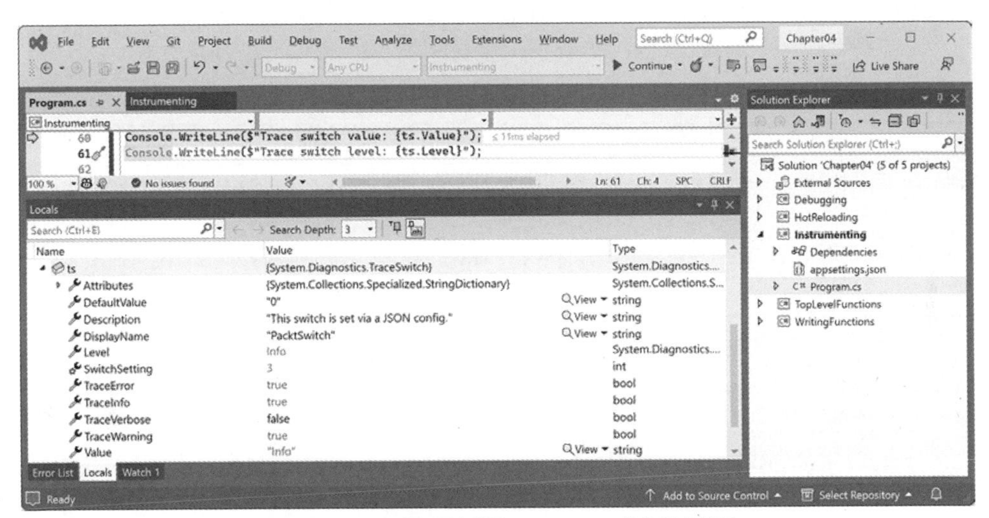

图 4.21　Info 跟踪级别支持除 TraceVerbose 外的所有级别

(12) 单步执行对 Trace.WriteLineIf 的四个调用，并注意所有直到 Info 级别的日志都被写入 DEBUG CONSOLE 或 Output - Debug 窗口，但 Verbose 级别的日志没有被写入。

(13) 停止调试。

(14) 修改 appsettings.json，将级别值设置为 2，表示警告，如下面的 JSON 文件所示：

```
{
  "PacktSwitch": {
    "Value": "2"
  }
}
```

(15) 保存更改。

(16) 在 Visual Studio Code 中，通过在 Instrumenting 项目的 TERMINAL 窗口中输入以下命令

来运行该控制台应用程序：

```
dotnet run --configuration Release
```

(17) 在 Visual Studio 2022 的标准工具栏中，在 Solution Configurations 下拉列表中选择 Release，然后导航到 Debug | Start Without Debugging，运行该控制台应用程序。

(18) 打开名为 log.txt 的文件，注意这一次，只有跟踪错误和警告级别是 4 个潜在跟踪级别的输出，如下面的文本文件所示：

```
Trace says, I am watching!
Trace error
Trace warning
```

如果没有传递--configuration 实参，则默认跟踪开关级别为 Off(0)，因此不输出任何开关级别。

4.4.5 记录有关源代码的信息

当把源代码写入日志时，通常希望包含源代码文件的名称、方法的名称和行号。在 C# 10 及更高版本中，甚至可将作为实参传递给函数的任何表达式作为字符串值，以便记录它们。

通过用特殊属性装饰函数参数，可以从编译器获得所有这些信息，如表 4.2 所示。

表 4.2 通过属性获取有关方法调用者的信息

参数示例	说明
[CallerMemberName] string member = ""	将字符串参数 member 设置为方法或属性的名称，该方法或属性执行定义此参数的方法
[CallerFilePath] string filepath = ""	将字符串参数 filepath 设置为源代码文件的名称，该文件中的语句执行定义此参数的方法
[CallerLineNumber] int line = 0	将整型参数 line 设置为源代码文件中一条语句的行号，该行语句执行定义此参数的方法
[CallerArgumentExpression(nameof(argumentExpression))] string expression = ""	将字符串参数 expression 设置为已被传递给参数 argumentExpression 的表达式

必须为这些参数指定默认值，使其成为可选参数。

下面查看一些代码。

(1) 在 Instrumenting 项目中，添加一个名为 Program.Functions.cs 的类文件。

(2) 删除所有现有语句，然后添加语句，定义函数 LogSourceDetails，该函数使用 4 个特殊属性来记录有关调用代码的信息，代码如下所示：

```
using System.Diagnostics; // To use Trace.
using System.Runtime.CompilerServices; // To use [CallerX] attributes

partial class Program
{
  static void LogSourceDetails(
    bool condition,
    [CallerMemberName] string member = "",
```

```
    [CallerFilePath] string filepath = "",
    [CallerLineNumber] int line = 0,
    [CallerArgumentExpression(nameof(condition))] string expression = "")
  {
    Trace.WriteLine(string.Format(
      "[{0}]\n {1} on line {2}. Expression: {3}",
      filepath, member, line, expression));
  }
}
```

(3) 在 Program.cs 文件中，在关闭对 Debug 和 Trace 的调用之前，添加语句，声明并设置一个变量，该变量将在传递给函数 LogSourceDetails 的表达式中使用，如以下突出显示的代码所示：

```
int unitsInStock = 12;
LogSourceDetails(unitsInStock > 10);

// Close the text file (also flushes) and release resources.
Debug.Close();
Trace.Close();
```

更多信息：

在这个场景中，我们只是编造了一个表达式。而在实际项目中，该表达式可能由用户在选择用户界面以查询数据库时动态生成。

(4) 在不进行调试的情况下运行该控制台应用程序，按 Enter 键并关闭该程序，然后打开 log.txt 文件并记录结果，输出如下所示：

```
[C:\cs12dotnet8\Chapter04\Instrumenting\Program.cs]
  <Main>$ on line 44. Expression: unitsInStock > 10
```

4.5 单元测试

修复代码中的 bug 所要付出的代价很昂贵。开发过程中发现错误的时间越早，修复成本就越低。

单元测试是在开发过程的早期发现 bug 的好方法。一些开发人员甚至遵循这样的原则：程序员应该在编写代码之前创建单元测试，这称为测试驱动开发(Test-Driven Development，TDD)。

微软提供了专有的单元测试框架，名为 MSTest；还有一个名为 NUnit 的框架。但在此将使用免费、开源的第三方单元测试框架 xUnit.net。xUnit 是由创建 NUnit 的同一团队创建的，但他们修正了他们之前犯的错误。xUnit 更具可扩展性，并且有更好的社区支持。

更多信息：

如果你对不同的测试系统的优缺点感到好奇，那么可以参阅这些系统的支持者所写的文章。只需要在谷歌上搜索即可：https://www.google.com/search?q=xunit+vs+nunit。

4.5.1 理解测试类型

单元测试只是众多测试类型中的一种，测试类型及其说明如表 4.3 所示。

表 4.3 测试类型

测试类型	说明
单元测试	测试最小的代码单元，通常是一个方法或函数。单元测试是在一个代码单元上执行的，如果需要的话，可通过对它们进行模拟从而与依赖项隔离开来。每个单元应该有多个测试：一些具有典型的输入和预期的输出，一些使用极端的输入值来测试边界，一些使用故意错误的输入来测试异常处理
集成测试	测试较小的单元和较大的组件是否作为一个单独的软件一起工作。有时涉及与没有源代码的外部组件集成
系统测试	测试运行软件的整个系统环境
性能测试	测试软件的性能；例如，代码必须在不到 20 毫秒的时间内向访问者返回一个充满数据的 Web 页面
加载测试	测试软件在保持所需性能的同时可以处理多少请求，例如，一个网站有 10 000 个并发访问者
用户接受度测试	测试用户能否愉快地使用软件完成工作

4.5.2 创建需要测试的类库

首先创建一个需要测试的函数。我们将在类库项目中创建它，该项目与控制台应用程序项目是分开的。类库是代码包，可以被其他.NET 应用程序分发和引用。

(1) 使用自己喜欢的编码工具将一个新的 Class Library/classlib 项目添加到 Chapter04 解决方案中，命名为 CalculatorLib。

更多信息：

在此，将创建大约十几个新的控制台应用程序项目，并将它们添加到解决方案。添加 Class Library/classlib 时的唯一区别是要选择不同的项目模板。其余步骤与添加 Console App/console 项目相同。

- 在 Visual Studio 2022 中：

① 导航到 File | Add | New Project。

② 在 Add a new project 对话框中，搜索并选择 Class Library[C#]，然后单击 Next 按钮。

③ 在 Configure your new project 对话框的 Project name 中，输入 CalculatorLib 作为项目名称，保留路径为 C:\cs12dotnet8\Chapter04，然后单击 Next 按钮。

④ 在 Additional information 对话框中，选择.NET 8.0(Long Term Support)，然后单击 Create 按钮。

- 在 Visual Studio Code 中：

⑤ 在 TERMINAL 中，切换到 Chapter04 文件夹中的终端。

⑥ 使用 dotnet CLI 创建一个名为 CalculatorLib 的新类库项目，命令如下：dotnet new classlib -o CalculatorLib。

⑦ 使用 dotnet CLI 将新项目文件夹添加到解决方案中，命令如下：dotnet sln add CalculatorLib。

⑧ 注意结果，输出应该类似于以下信息：Project `CalculatorLib\CalculatorLib.csproj` added to the solution。

(2) 在 CalculatorLib 项目中，对于所有代码编辑器，将名为 Class1.cs 的文件重命名为 Calculator.cs。

(3) 修改 Calculator.cs 文件以定义 Calculator 类(故意包含了错误！)，代码如下所示：

```
namespace CalculatorLib;

public class Calculator
{
  public double Add(double a, double b)
  {
    return a * b;
  }
}
```

(4) 编译类库项目：

- 在 Visual Studio 2022 中，导航到 Build | Build CalculatorLib。
- 在 Visual Studio Code 中，在 CalculatorLib 文件夹的 TERMINAL 中，输入命令 dotnet build (也可在 Chapter04 文件夹中运行这个命令，但这种情况下，不必构建整个解决方案)。

(5) 使用自己喜欢的编码工具将一个新的 xUnit Test Project [C#] / xunit 项目添加到 Chapter04 解决方案，命名为 CalculatorLibUnitTests。例如，在 Chapter04 文件夹的命令行或终端中，输入以下命令：

```
dotnet new xunit -o CalculatorLibUnitTests
dotnet sln add CalculatorLibUnitTests
```

(6) 在 CalculatorLibUnitTests 项目中，向 CalculatorLib 项目中添加项目引用：

- 如果使用的是 Visual Studio 2022，在 Solution Explorer 中选择 CalculatorLibUnitTests 项目，导航到 Project | Add Project Reference…，选中复选框以选择 CalculatorLib 项目，然后单击 OK 按钮。
- 如果使用的是 Visual Studio Code，请使用 dotnet add reference 命令，或者在名为 CalculatorLibUnitTests.csproj 的文件中，修改配置以添加 ItemGroup 部分，其中包含对 CalculatorLib 项目的引用，如下面突出显示的代码所示：

```
<ItemGroup>
  <ProjectReference
    Include="..\CalculatorLib\CalculatorLib.csproj" />
</ItemGroup>
```

更多信息：

项目引用的路径可以使用正斜杠 / 或反斜杠 \，因为这些路径会被 .NET SDK 处理，并在必要时根据当前操作系统进行更改。

(7) 构建 CalculatorLibUnitTests项目。

4.5.3 编写单元测试

良好的单元测试包含如下三部分。

- Arrange：这部分为输入和输出声明和实例化变量。
- Act：这部分执行想要测试的单元。在我们的例子中，这意味着调用想要测试的方法。
- Assert：这部分对输出进行断言。断言是一种信念，如果不为真，则表示测试失败。例如，当计算 2 加 2 时，期望结果是 4。

现在为 Calculator 类编写单元测试。

(1) 将文件 UnitTest1.cs 重命名为 CalculatorUnitTests.cs，然后打开它。

(2) 在 Visual Studio Code 中，将该类重命名为 CalculatorUnitTests(Visual Studio 在重命名文件时会提示你重命名类)。

(3) 在 CalculatorUnitTests 中，导入 CalculatorLib 名称空间。修改 CalculatorUnitTests 类，使其包含两个测试方法，分别用于计算 2 加 2 以及 2 加 3，代码如下所示：

```
using CalculatorLib; // To use Calculator.

namespace CalculatorLibUnitTests;

public class CalculatorUnitTests
{
  [Fact]
  public void TestAdding2And2()
  {
    // Arrange: Set up the inputs and the unit under test.
    double a = 2;
    double b = 2;
    double expected = 4;
    Calculator calc = new();

    // Act: Execute the function to test.
    double actual = calc.Add(a, b);

    // Assert: Make assertions to compare expected to actual results.
    Assert.Equal(expected, actual);
}

[Fact]
public void TestAdding2And3()
{
  double a = 2;
  double b = 3;
  double expected = 5;
  Calculator calc = new();
    double actual = calc.Add(a, b);
    Assert.Equal(expected, actual);
  }
}
```

更多信息：

Visual Studio 2022 仍然使用较旧的项目项模板(project item template)，该模板使用了嵌套的名称空间。前面的代码展示了 dotnet new 和 JetBrains Rider 使用的现代项目项模板，该模板使用了文件作用域(file-scoped)名称空间。

1. 使用 Visual Studio 2022 运行单元测试

现在准备运行单元测试并查看结果。

(1) 在 Visual Studio 中，导航到 Test | Run All Tests。

(2) 在 Test Explorer 中，注意结果表明两个测试已运行，一个测试通过，一个测试失败，如图 4.22 所示。

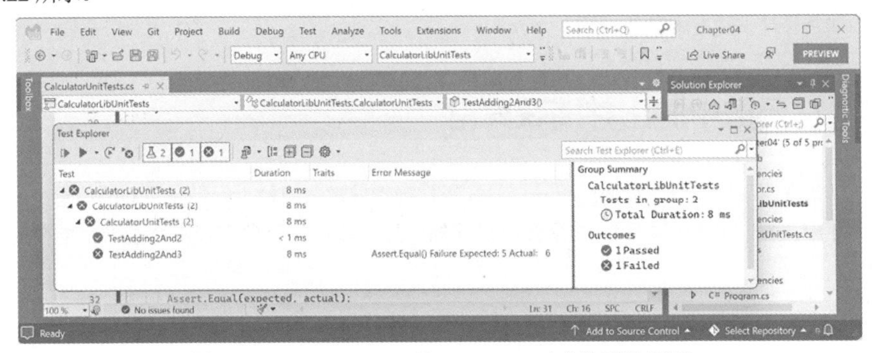

图 4.22　Visual Studio 2022 的 Test Explorer 中的单元测试结果

2. 使用 Visual Studio Code 运行单元测试

现在运行单元测试并查看结果。

(1) 如果你最近没有构建测试项目，那么请构建 CalculatorLibUnitTests 项目，以确保 C# 开发工具包扩展中的新测试功能能够识别你编写的单元测试。

(2) 在 Visual Studio Code 中，导航到 View | Testing，注意 TESTING 窗口中有一个迷你工具栏，其中包含 Refresh Tests、 Run Tests、Debug Tests 等按钮。

(3) 在 TESTING 窗口中，展开 CalculatorLibUnitTests 项目以显示两个测试。

(4) 将鼠标指针悬停在 CalculatorUnitTests 上，然后单击该类中定义的 Run Tests 按钮(黑色三角形图标)。

(5) 单击 TEST RESULTS 选项卡，注意，输出结果表明两个测试已运行，一个测试通过，一个测试失败，如图 4.23 所示。

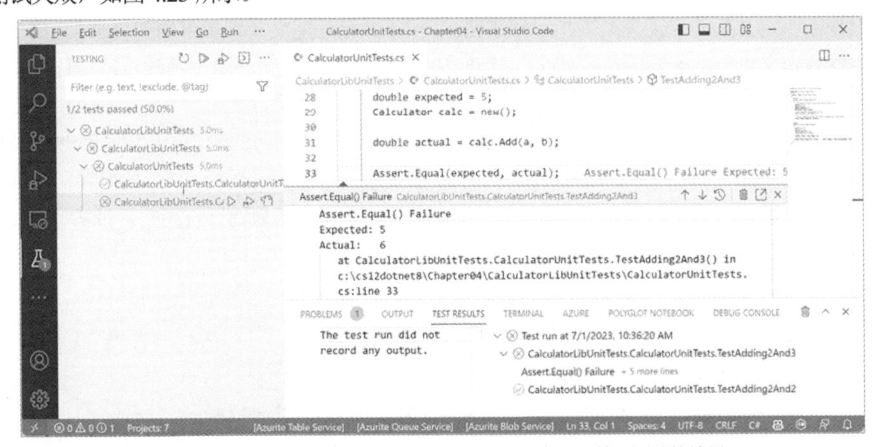

图 4.23　在 Visual Studio Code 的 TERMINAL 中显示单元测试的结果

3. 修复 bug

现在可以修复这个 bug 了。

(1) 修复 Add 方法中的 bug。

(2) 再次运行单元测试，查看 bug 是否已经修复，结果显示两个测试都通过了。

现在我们已经编写、调试、记录日志和单元测试了函数，接下来我们通过查看如何在函数中抛出和捕获异常来结束本章的讲解。

4.6 在函数中抛出并捕获异常

第 3 章介绍了异常以及如何使用 try-catch 语句处理异常。但是，仅当有足够的信息来解决问题时，才应该捕获并处理异常。如果没有足够的信息，那么应该允许异常通过调用堆栈向上传递到更高的级别。

4.6.1 理解使用错误和执行错误

使用错误(usage error)是指程序员错误地使用函数，通常是通过传递无效的值作为参数。程序员可通过修改代码，传递有效的值来避免这些问题。当一些程序员第一次学习 C#和.NET 时，他们有时认为异常总是可以避免的，因为他们认为所有错误都是使用错误。应该在生产运行时(production runtime)之前修复所有的使用错误。

执行错误是指在运行时发生的一些错误，这类错误无法通过编写“更好的”代码来修复。执行错误可以分为程序错误和系统错误。如果试图访问某个网络资源，但网络发生了故障，就需要能够通过记录异常来处理该系统错误，并可能等待一段时间，然后再次尝试。但是有些系统错误(如内存不足)是无法处理的。如果试图打开一个不存在的文件，就可能会捕获该错误并通过创建一个新文件，以编程方式来处理它。程序错误可通过编写智能代码以编程方式修复，而系统错误通常不能通过编程修复。

4.6.2 在函数中通常抛出异常

很少需要定义新的异常类型来指示使用错误。.NET 已经定义了许多可用的异常类型。

用参数定义自己的函数时，代码应该检查参数值。如果参数值会阻止函数正常运行，则抛出异常。

例如，如果一个参数不应该为空，则抛出 ArgumentNullException。对于其他问题，则抛出 ArgumentException、NotSupportedException 或 InvalidOperationException。对于任何异常，都应该包含一个描述问题的消息，以便需要阅读它的人(通常是类库和函数的开发用户，或者是 GUI 应用程序的最高级别的最终用户)能够理解，代码如下所示：

```
static void Withdraw(string accountName, decimal amount)
{
  if (string.IsNullOrWhiteSpace(accountName))
  {
    throw new ArgumentException(paramName: nameof(accountName));
  }
```

```
  if (amount <= 0)
  {
    throw new ArgumentOutOfRangeException(paramName: nameof(amount),
      message: $"{nameof(amount)} cannot be negative or zero.");
  }
  // process parameters
}
```

> **最佳实践：**
> 如果一个函数不能成功地执行其操作，就应该将其视为函数失败(function failure)，并通过抛出异常来报告它。

4.6.3　使用保护子句抛出异常

除了可以使用 new 来实例化异常，还可以直接使用异常类中的静态方法。当使用这些静态方法在函数实现中检查参数值时，它们被称为保护子句(guard clauses)。.NET 6 中引入了一些这样的保护子句，并在.NET 8 中添加了更多子句。

表 4.4 展示了常见的保护子句。

表 4.4　常见的保护子句

异常	保护子句方法
ArgumentException	ThrowIfNullOrEmpty, ThrowIfNullOrWhiteSpace
ArgumentNullException	ThrowIfNull
ArgumentOutOfRangeException	ThrowIfEqual, ThrowIfGreaterThan, ThrowIfGreaterThanOrEqual, ThrowIfLessThan, ThrowIfLessThanOrEqual, ThrowIfNegative, ThrowIfNegativeOrZero, ThrowIfNotEqual, ThrowIfZero

可对之前的例子进行简化，从而避免写 if 语句并随后抛出新的异常，代码如下：

```
static void Withdraw(string accountName, decimal amount)
{
  ArgumentException.ThrowIfNullOrWhiteSpace(accountName,
    paramName: nameof(accountName));

  ArgumentOutOfRangeException.ThrowIfNegativeOrZero(amount,
    paramName: nameof(amount));
  // process parameters
}
```

4.6.4　理解调用堆栈

.NET 控制台应用程序的入口点是 Program 类的 Main 方法(如果显式定义了这个类)或<Main>$ 方法(如果这个类由顶级程序特性自动创建)。

Main 方法会调用其他方法，而这些方法又会继续调用其他方法，以此类推，这些方法可能位于当前项目中，也可能是引用项目和 NuGet 包中的方法，如图 4.24 所示。

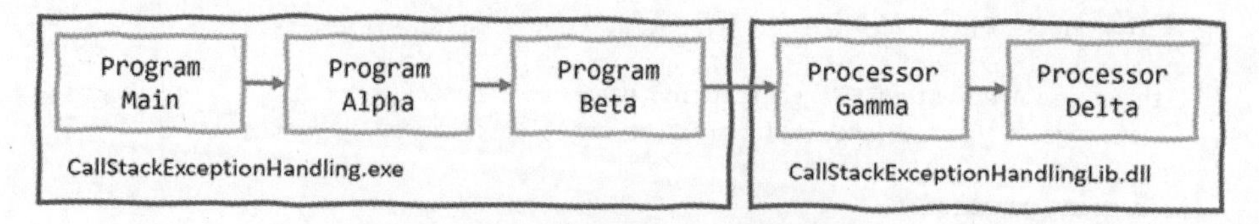

图 4.24　创建调用堆栈的方法调用链

下面创建一个类似的方法链，探讨在哪里可以捕获和处理异常。

(1) 使用自己喜欢的编码工具在 Chapter04 解决方案中添加一个新的 Class Library/classlib 项目，命名为 CallStackExceptionHandlingLib。

(2) 将 Class1.cs 文件重命名为 Processor.cs。

(3) 在 Processor.cs 中，修改其内容，代码如下所示：

```
using static System.Console;

namespace CallStackExceptionHandlingLib;

public class Processor
{
  public static void Gamma() // public so it can be called from outside.
  {
    WriteLine("In Gamma");
    Delta();
  }
  private static void Delta() // private so it can only be called
internally.
  {
    WriteLine("In Delta");
    File.OpenText("bad file path");
  }
}
```

(4) 使用自己喜欢的编码工具在 Chapter04 解决方案中添加一个新的 Console App/console 项目，命名为 CallStackExceptionHandling。

(5) 在 CallStackExceptionHandling 控制台应用程序项目中，添加对 CallStackExceptionHandlingLib 项目的引用，代码如下所示：

```
<ItemGroup>
  <ProjectReference Include="..\CallStackExceptionHandlingLib\
CallStackExceptionHandlingLib.csproj" />
</ItemGroup>
```

(6) 构建 CallStackExceptionHandling 控制台应用程序项目，以确保依赖项目被编译并复制到本地 bin 文件夹中。

(7) 在 Program.cs 文件中，先删除现有语句，然后添加语句定义两个方法，并将对这两个方法的调用与类库中的方法链接起来，代码如下所示：

```
using CallStackExceptionHandlingLib; // To use Processor.
using static System.Console;

```

```
WriteLine("In Main");
Alpha();

void Alpha()
{
  WriteLine("In Alpha");
  Beta();
}

void Beta()
{
  WriteLine("In Beta");
  Processor.Gamma();
}
```

(8) 在不附加调试器的情况下运行控制台应用程序，并注意结果，部分输出如下所示：

```
In Main
In Alpha
In Beta
In Gamma
In Delta
Unhandled exception. System.IO.FileNotFoundException: Could not find file
'C:\cs12dotnet8\Chapter04\CallStackExceptionHandling\bin\Debug\net8.0\bad
file path'.
File name: 'C:\cs12dotnet8\Chapter04\CallStackExceptionHandling\bin\
Debug\net8.0\bad file path'
   at Microsoft.Win32.SafeHandles.SafeFileHandle.CreateFile(String
fullPath, FileMode mode, FileAccess access, FileShare share, FileOptions
options)
   at Microsoft.Win32.SafeHandles.SafeFileHandle.Open(String fullPath,
FileMode mode, FileAccess access, FileShare share, FileOptions options,
Int64 preallocationSize)
   at System.IO.Strategies.OSFileStreamStrategy..ctor(String path,
FileMode mode, FileAccess access, FileShare share, FileOptions options,
Int64 preallocationSize)
   at System.IO.Strategies.FileStreamHelpers.ChooseStrategyCore(String
path, FileMode mode, FileAccess access, FileShare share, FileOptions
options, Int64 preallocationSize)
   at System.IO.StreamReader.ValidateArgsAndOpenPath(String path,
Encoding encoding, Int32 bufferSize)
   at System.IO.File.OpenText(String path)
   at CallStackExceptionHandlingLib.Calculator.Delta() in C:\cs11dotnet8\
Chapter04\CallStackExceptionHandlingLib\Processor.cs:line 16
   at CallStackExceptionHandlingLib.Calculator.Gamma() in C:\cs12dotnet8\
Chapter04\CallStackExceptionHandlingLib\Processor.cs:line 10
   at Program.<<Main>$>g__Beta|0_1() in C:\cs12dotnet8\Chapter04\
CallStackExceptionHandling\Program.cs:line 16
   at Program.<<Main>$>g__Alpha|0_0() in C:\cs12dotnet8\Chapter04\
CallStackExceptionHandling\Program.cs:line 10
   at Program.<Main>$(String[] args) in C:\cs12dotnet8\Chapter04\
CallStackExceptionHandling\Program.cs:line 5
```

调用堆栈颠倒了。从底部开始，可以看到：

- 第一个调用是对自动生成的 Program 类中的<Main>$入口点函数的调用。这是参数作为字符串数组传入的地方。
- 第二个调用是对<<Main>$>g__Alpha|0_0 函数(C#编译器在将其作为局部函数添加时将原来的函数名 Alpha 进行了重命名)的调用。
- 第三个调用是对 Beta 函数的调用。
- 第四个调用是对 Gamma 函数的调用。
- 第五个调用是对 Delta 函数的调用。这个函数试图通过传递一个错误的文件路径来打开文件。这会导致抛出一个异常。任何包含 try-catch 语句的函数都可以捕获此异常。如果没有捕获，异常将自动沿着调用堆栈向上传递，直到到达栈顶，此时.NET 将输出这个异常(以及这个调用堆栈的详细信息)。

最佳实践：

若不需要单步执行代码以调试它，就应该始终在不附加调试器的情况下运行代码。在上面的示例中，有一点特别重要，就是不要附加调试器，因为如果附加了调试器，它将捕获异常并在 GUI 对话框中显示它，而不是像本书中所示的那样输出它。

4.6.5 在哪里捕获异常

程序员可以选择在故障点附近捕获异常，也可以选择在调用堆栈的更高层级的中心位置捕获。这种灵活性使得代码可以更加简化和标准化。你可能知道某个调用可能会抛出一种或多种类型的异常，但在当前调用堆栈的位置，你不必处理它们中的任何一个。

4.6.6 重新抛出异常

有时需要捕获异常，记录它，然后重新抛出它。例如，如果你正在编写一个将从应用程序中调用的低级类库，你的代码可能没有足够的信息通过编程方式来智能纠错，但调用该代码的应用程序可能有更多信息来智能纠错。因为调用应用程序可能不会记录错误，所以你的代码应该记录错误，然后将错误重新抛出到调用堆栈，以便调用应用程序能够选择以更好的方式处理它。

有三种方法可以在 catch 块中重新抛出异常，如下所示。

(1) 要使用原始调用堆栈抛出捕获的异常，请调用 throw。

(2) 要抛出捕获的异常，就像它是在调用堆栈的当前级别抛出的一样，对于捕获的异常可调用 throw，如 throw ex。这通常是一种糟糕的做法，因为已经丢失了一些用于调试的潜在有用信息。但当你故意删除包含敏感数据的信息时，这可能会很有用。

(3) 要将捕获的异常包装到另一个异常(该异常在消息中包含更多信息，这可能有助于调用者理解问题)中，请抛出一个新的异常并将捕获的异常作为 innerException 参数传递。

如果在调用 Gamma 函数时发生错误，那么可以捕获异常，然后执行三种重新抛出异常的方法之一，如下面的代码所示：

```
try
{
  Gamma();
}
catch (IOException ex)
{
```

```
  LogException(ex);

  // Throw the caught exception as if it happened here
  // this will lose the original call stack.

throw ex;

// Rethrow the caught exception and retain its original call stack.

throw;

// Throw a new exception with the caught exception nested within it.
throw new InvalidOperationException(
  message: "Calculation had invalid values. See inner exception for why.",
  innerException: ex);
}
```

更多信息：

上面的代码只是为了演示的目的。在实际中，并不会在同一个 catch 块中同时使用这三种方法！

下面通过调用栈的示例来实际说明这一点。

(1) 在 CallStackExceptionHandling 项目中，在 Program.cs 文件的 Beta 函数中，在对 Gamma 函数的调用周围添加一个 try-catch 语句，代码如下所示：

```
void Beta()
{
  WriteLine("In Beta");
  try
  {
    Processor.Gamma();
  }
  catch (Exception ex)
  {
    WriteLine($"Caught this: {ex.Message}");
    throw ex;
  }
}
```

更多信息：

注意，代码编辑器会在 throw ex; 下方显示一条波浪线，以警告你将会丢失调用堆栈信息，正如以下代码分析器消息所述："Re-throwing caught exception changes stack information"，更多详细信息可通过以下链接找到：https://learn.microsoft.com/en-us/dotnet/fundamentals/code-analysis/quality-rules/ca2200。

(2) 运行该控制台应用程序，注意输出中并不包括调用堆栈的一些细节，如下所示：

```
Caught this: Could not find file 'C:\cs12dotnet8\Chapter04\
CallStackExceptionHandling\bin\Debug\net8.0\bad file path'.
Unhandled exception. System.IO.FileNotFoundException: Could not find file
'C:\cs12dotnet8\Chapter04\CallStackExceptionHandling\bin\Debug\net8.0\bad
```

```
file path'.
File name: 'C:\cs12dotnet8\Chapter04\CallStackExceptionHandling\bin\
Debug\net8.0\bad file path'
  at Program.<<Main>$>g__Beta|0_1() in C:\cs12dotnet8\Chapter04\
CallStackExceptionHandling\Program.cs:line 23
  at Program.<<Main>$>g__Alpha|0_0() in C:\cs12dotnet8\Chapter04\
CallStackExceptionHandling\Program.cs:line 10
  at Program.<Main>$(String[] args) in C:\cs12dotnet8\Chapter04\
CallStackExceptionHandling\Program.cs:line 5
```

(3) 通过将语句 throw ex;替换为 throw;来删除 ex。

(4) 运行该控制台应用程序，注意现在输出中包含了调用堆栈的所有细节。

4.6.7 实现 tester-doer 模式和 try 模式

tester-doer 模式可以避免一些抛出的异常(但不能完全消除它们)。该模式使用了一对函数：一个执行测试，另一个执行操作。如果测试未通过，操作将失败。

.NET 本身实现了这个模式。例如，在调用 Add 方法向集合中添加元素之前，你可以测试该集合是否为只读，这将导致 Add 方法失败并因此抛出异常。

例如，从银行账户取款之前，可以测试该账户是否透支，如下面的代码所示：

```
if (!bankAccount.IsOverdrawn())
{
  bankAccount.Withdraw(amount);
}
```

tester-doer 模式可能会增加性能开销，因此你也可以实现 try 模式，try 模式实际上将测试和执行部分组合到一个单独的函数中，就像我们之前介绍的 TryParse 方法那样。

tester-doer 模式的另一个问题发生在使用多个线程时。这种情况下，一个线程可以调用测试函数并正常返回。然后另一个线程执行，改变状态。原线程继续执行，看似一切都很好，但事实并非如此。这种情况被称为竞态条件。本书无法涵盖如何处理这一复杂主题的高级内容。

最佳实践：

对于 tester-doer 模式和 try 模式，应优先使用 try 模式。

如果实现了自己的 try 模式函数，但它失败了，记得将 out 参数设置为其类型的默认值，然后返回 false，代码如下所示：

```
static bool TryParse(string? input, out Person value)
{
  if (someFailure)
  {
    value = default(Person);
    return false;
  }
    // Successfully parsed the string into a Person.
    value = new Person() { ... };
    return true;
  }
```

更多信息：

既然你已经了解了异常的基础知识，那么可通过以下链接阅读官方文档，以了解关于异常的详细信息：https://learn.microsoft.com/en-us/dotnet/standard/exceptions/。

4.7 实践和探索

你可以通过回答一些问题来测试自己对知识的掌握程度，进行一些实践，并深入探索本章涵盖的主题。

4.7.1 练习 4.1：测试你掌握的知识

回答下列问题。如果遇到了难题，可以尝试用谷歌搜索答案。同时记住，如果你完全卡住了，请参考附录中的答案。

(1) C#关键字 void 的含义是什么？

(2) 命令式编程风格和函数式编程风格有什么区别？

(3) 在 Visual Studio Code 或 Visual Studio 中，快捷键 F5、Ctrl(或 Cmd) + F5、Shift + F5 与 Ctrl(或 Cmd)+ Shift + F5 之间的区别是什么？

(4) Trace.WriteLine 方法会将输出写到哪里？

(5) 五个跟踪级别分别是什么？

(6) Debug 和 Trace 类之间的区别是什么？

(7) 在编写单元测试时，所谓的三个“A”是指什么？

(8) 在使用 xUnit 编写单元测试时，必须用什么特性装饰测试方法？

(9) 哪个 dotnet 命令可用来执行 xUnit 测试？

(10) 在不丢失堆栈跟踪的情况下，应该使用哪条语句重新抛出名为 ex 的捕获异常？

4.7.2 练习 4.2：编写带有调试和单元测试功能的函数

质因数是最小质数的组合，当把它们相乘时，就会得到原始的数。考虑下面的例子：

- 4 的质因数是 2×2。
- 7 的质因数是 7。
- 30 的质因数是 5×3×2。
- 40 的质因数是 5×2×2×2。
- 50 的质因数是 5×5×2。

创建如下三个项目：

- 一个名为 Ch04Ex02PrimeFactorsLib 的类库，其中包含一个静态类和一个名为 PrimeFactors 的静态方法，当传递一个 int 变量作为参数时，PrimeFactors 方法返回一个字符串来显示这个整数的质因数。
- 一个名为 Ch04Ex02PrimeFactorsTests 的单元测试项目，其中包含一些合适的单元测试。
- 一个使用这个单元测试项目的控制台应用程序 Ch04Ex02PrimeFactorsApp。

为简单起见，可以假设输入的最大数字是 1000。

使用调试工具并编写单元测试，以确保函数在多个输入条件下都能正常工作并返回正确的输出。

4.7.3 练习 4.3：探索主题

可通过以下链接来阅读本章所涉及主题的更多细节：

https://github.com/markjprice/cs12dotnet8/blob/main/docs/book-links.md#chapter-4---writing-debugging-and-testing-functions

4.8 本章小结

本章主要内容：

- 如何用命令式风格和函数式风格编写带输入参数和返回值的可重用函数。
- 如何使用 Visual Studio 和 Visual Studio Code 的调试和诊断功能(如日志记录和单元测试)来修复其中的任何 bug。
- 如何在函数中抛出和捕获异常，如何理解调用堆栈。

第 5 章将介绍如何使用面向对象编程技术构建自己的类型。

第5章 使用面向对象编程技术构建自己的类型

本章介绍如何使用面向对象编程(Object-Oriented Programming，OOP)技术构建自己的类型，讨论类型可以拥有的所有不同类别的成员，包括用于存储数据的字段和用于执行操作的方法。你将掌握诸如聚合和封装的OOP概念，了解诸如元组语法支持、out变量、推断的元组名称和默认的字面值等语言特性。最后，你将学习模式匹配和定义记录，以使变量相等性和不可变性更容易实现。

本章涵盖以下主题：

- 讨论OOP
- 构建类库
- 使用字段存储数据
- 使用方法和元组
- 使用属性和索引器控制访问
- 模式匹配和对象
- 处理记录

5.1 面向对象编程

现实世界中的对象是一种事物，如汽车或人；而编程中的对象通常表示现实世界中的某些东西，如产品或银行账户，但也可以是更抽象的东西。

在C#中，可使用C#关键字class、record或struct来定义对象的类型。第6章将介绍struct类型。可以将类型视为对象的蓝图或模板。

面向对象编程的概念简述如下：

- **封装**是与对象相关的数据和操作的组合。例如，BankAccount类型可能拥有数据(如Balance和AccountName)和操作(如Deposit和Withdraw)。在封装时，我们通常希望对这些操作和数据的访问权限进行控制，例如，限制如何从外部访问或修改对象的内部状态。

- **组合**是指对象是由什么构成的。例如，一辆汽车是由不同的部件组成的，包括四个轮子、几个座位和一台发动机。
- **聚合**是指什么可以与对象相结合。例如，一个人不是汽车的一部分，但他可以坐在驾驶座上，成为汽车司机。通过聚合两个独立的对象，可以构成一个新的组件。
- **继承**是指从基类或超类派生子类来重用代码。基类的所有功能都由派生类继承并在派生类中可用。例如，基类或超类 Exception 包含一些成员，它们在所有异常中具有相同的实现，而子类或派生类 SqlException 继承了这些成员，并添加了只在 SQL 数据库异常发生时才相关的额外成员，比如数据库连接的属性。
- **抽象**是指捕捉对象的核心思想而忽略细节或具体特征。C#关键字 abstract 用来正式化这个概念，但不要将抽象的概念与 abstract 关键字的使用相混淆，因为抽象的含义远不止于此。抽象的概念也可以通过接口来实现。一个类如果不是显式抽象的，就可以描述为具体的(concrete)。基类或超类通常是抽象的，例如超类 Stream 是抽象的，Stream 的子类(如 FileStream 和 MemoryStream)是具体的。只有具体的类可以用来创建对象；抽象类只能作为其他类的基类，因为它们缺少一些实现。抽象是一种微妙的平衡。一个类如果能更抽象，就会有更多的类能够继承它，但同时能够共享的功能会更少。现实世界中的一个抽象化例子就是汽车制造商对电动汽车(electric vehicles，EV)所采取的方法。他们创造了一个通用的“平台”(基本上就是电池和车轮)，这个平台是对所有电动汽车所需元素的抽象化，然后在这个平台上进行构建，制造出不同种类的车辆，如轿车、卡车、厢式货车等。这个平台本身并不是一个完整的产品，就像抽象类一样。
- **多态性**是指允许派生类通过重写继承的操作来提供自定义的行为。

更多信息：

接下来的两章将涵盖许多关于面向对象编程(OOP)的内容，其中一些部分学起来比较困难。在第 6 章的末尾，我编写了一个关于自定义类型类别及其功能的总结，并附上了示例代码。这将有助于你回顾最重要的知识点，并强调不同选择(如抽象类或接口)之间的区别，以及何时使用它们。

5.2 构建类库

类库程序集能将类型组合成易于部署的单元(DLL 文件)。在本章之前，除了学习单元测试外，还创建了包含代码的控制台应用程序。为了使编写的代码能够跨多个项目重用，应该将它们放在类库程序集中，就像微软所做的那样。

5.2.1 创建类库

第一个任务是创建可重用的.NET 类库。

(1) 使用自己喜欢的编码工具创建一个新的项目，其定义如下所示。

- 项目模板：Class Library/classlib
- 项目文件和文件夹：PacktLibraryNetStandard2
- 解决方案文件和文件夹：Chapter05

(2) 打开 PacktLibraryNetStandard2.csproj 文件。注意，默认情况下，由.NET 8 SDK 创建的类库针对的是.NET 8，因此只能由兼容.NET 8 的其他程序集引用，如下面突出显示的代码所示：

```
<Project Sdk="Microsoft.NET.Sdk">

  <PropertyGroup>
    <TargetFramework>net8.0</TargetFramework>
    <ImplicitUsings>enable</ImplicitUsings>
    <Nullable>enable</Nullable>
  </PropertyGroup>

</Project>
```

(3) 修改目标框架以支持.NET Standard 2.0，添加一个条目以显式使用 C# 12 编译器，并将 System.Console 类静态导入所有 C#文件，如以下突出显示的代码所示：

```
<Project Sdk="Microsoft.NET.Sdk">

  <PropertyGroup>
    <!--.NET Standard 2.0 class library can be used by:
        .NET Framework, Xamarin, modern .NET. -->
    <TargetFramework>netstandard2.0</TargetFramework>

    <!--Compile this library using C# 12 so we can use most
        modern compiler features. -->
    <LangVersion>12</LangVersion>
    <Nullable>enable</Nullable>
    <ImplicitUsings>enable</ImplicitUsings>
  </PropertyGroup>

  <ItemGroup>
    <Using Include="System.Console" Static="true" />
  </ItemGroup>

</Project>
```

更多信息：

虽然我们可以使用 C# 12 编译器，但一些现代编译器功能需要现代的.NET 运行时支持。例如，由于默认接口实现(在 C# 8 中引入)需要.NET Standard 2.1 的支持，所以我们无法使用该功能。此外，由于 required 关键字(在 C# 11 中引入)依赖于.NET 7 中引入的一个属性，因此我们也无法使用它。然而，许多有用的现代编译器功能，如原始字符串字面量，对我们来说仍然是可用的。

(4) 保存并关闭文件。

(5) 删除名为 Class1.cs 的文件。

(6) 编译该项目，以便其他项目在后面可以引用它：

- 在 Visual Studio 2022 中，导航到 Build | Build PacktLibraryNetStandard2。
- 在 Visual Studio Code 中，输入以下命令：dotnet build。

最佳实践：

为了使用所有最新的C#语言和.NET 平台功能，需要将类型放在.NET 8 类库中。如果要支持.NET Core、.NET Framework 和 Xamarin 等传统的.NET 平台，可将可能重用的类型放在.NET Standard 2.0 类库中。默认情况下，针对.NET Standard 2.0 会使用C# 7 编译器，但可重写这一默认设置，因此即使你受限于.NET Standard 2.0 的 API，也可获得较新版本的 SDK 和编译器的优势。

5.2.2 理解文件作用域名称空间

通常，你会在名称空间中定义类型，如嵌套在名称空间中的类，代码如下：

```
namespace Packt.Shared
{
  public class Person
  {
  }
}
```

如果在同一个代码文件中定义了多个类型，那么这些类型可以位于不同的名称空间中，因为每个名称空间中的类型必须明确位于大括号内。

如果使用 C# 10 或更高版本，可通过在名称空间声明后添加分号并移除大括号的形式来简化代码，这样类型定义就不需要缩进，如下面的代码所示：

```
// All types in this file will be defined in this file-scoped namespace.
namespace Packt.Shared;

public class Person
{
}
```

这称为文件作用域名称空间(file-scoped namespace)声明。每个文件只能有一个文件作用域名称空间。这个功能对于那些需要在有限空间内展示代码的书籍作者来说非常实用。

最佳实践：

在编写代码时，最佳做法是将每个类型放在单独的代码文件中，或者至少确保同一名称空间下的类型都位于同一个代码文件中。这样，就可以方便地利用文件作用域名称空间声明来简化代码结构。

5.2.3 在名称空间中定义类

下一个任务是定义表示人的类。

(1) 在 PacktLibraryNetStandard2 项目中，添加一个名为 Person.cs 的类文件。

(2) 在 Person.cs 文件中，删除所有现有语句，设置名称空间为 Packt.Shared，并在 Person 类中，设置访问修饰符为 public，如以下代码所示：

```
// All types in this file will be defined in this file-scoped namespace.
namespace Packt.Shared;
```

```
public class Person
{
}
```

最佳实践：

这样做是因为将类放在逻辑命名的名称空间中非常重要。更好的名称空间名称应该是特定于领域的，例如，System.Numerics 表示与高级数值相关的类型。但在本例中，我们创建的类型是 Person、BankAccount 和 WondersOfTheWorld，它们没有典型的领域归属。所以我们使用更通用的 Packt.Shared 作为名称空间。

5.2.4　理解类型访问修饰符

注意，C#关键字 public 位于 class 之前。这个关键字叫作访问修饰符，它允许其他所有代码都能访问这个类，即使是在这个类库之外的代码。

如果没有显式地使用 public 关键字，就只能在定义类的程序集中访问这个类。这是因为类的隐式访问修饰符是 internal。由于我们需要这个类在程序集外部也能被访问，因此必须确保它被声明为 public。

如果你有嵌套类，也就是在一个类内部定义的另一个类，那么内部的类可以有 private 访问修饰符，这意味着它不能在父类外部被访问。

将.NET 7 中引入的 file 访问修饰符应用于某个类型时，意味着这个类型只能在它所在的代码文件中被使用。这通常仅在同一个代码文件中定义多个类时才有用，这并不是一种好的实践，但有时在源代码生成器中使用它。

更多信息：

可通过以下链接了解更多关于 file 访问修饰符的信息：https://learn.microsoft.com/zh-cn/dotnet/csharp/language-reference/keywords/file。

最佳实践：

类的两个最常见的访问修饰符是 public 和 internal(如果未明确指定，则 internal 是类的默认访问修饰符)。应始终显式指定类的访问修饰符，以使其访问级别清晰明确。其他访问修饰符还包括 private 和 file，但它们很少被使用。

5.2.5　理解成员

Person 类还没有封装任何成员。接下来将为它创建一些成员。成员可以是字段、方法或它们两者的特定版本。对成员的描述如下：

- **字段**用于存储数据。可以将字段视为属于某种类型的变量。字段还有三种特定的类别，如下所示。
  - **常量字段：**数据永远不会发生变化。编译器会将数据复制到读取它的任何代码中。
  - **只读字段：**在类被实例化后，字段中的数据不能更改，但是可以在实例化时从外部源计算或加载数据。例如，DateTime.UnixEpoch 表示的是 1970 年 1 月 1 日。

  - **事件**：数据引用了一个或多个方法，当发生某些事情(如单击按钮或响应来自其他代码的请求)时，你希望执行这些方法。事件将在第 6 章中详细讨论。例如，在控制台应用程序中按下 Ctrl+C 或 Ctrl+Break 时，会触发 Console.CancelKeyPress 事件。
- **方法**用于执行语句。第 4 章在介绍函数时提到了一些示例。还有四类专门的方法。
  - **构造函数**：当使用 new 关键字为类分配内存以实例化它时，会执行构造函数的语句。例如，要实例化 Christmas Day 2023 ，可以编写以下代码：new DateTime(2023, 12, 25)。
  - **属性**：获取或设置数据时会执行属性的语句。这些数据通常存储在字段中，但是也可存储在外部或者在运行时计算。属性是封装字段的首选方法，除非需要公开字段的内存地址，例如，使用 Console.ForegroundColor 来设置控制台应用程序中文本的当前颜色。
  - **索引器**：使用“数组”语法[ ]获取或设置数据时会执行索引器的语句。例如，使用 name[0] 来获取 name 变量(它是一个字符串)中的第一个字符。
  - **运算符**：对类型的操作数使用+和/之类的运算符时会执行运算符的语句。例如，使用 a + b 将两个变量相加。

5.2.6 导入名称空间以使用类型

本节中将创建 Person 类的一个实例。

在实例化一个类之前，需要从另一个项目中引用包含该类的程序集。我们将在控制台应用程序中使用这个类：

(1) 使用自己喜欢的编码工具在 Chapter05 解决方案中添加一个新的 Console App / console，命名为 PeopleApp。请确保将这个新项目添加到现有的 Chapter05 解决方案中，因为你将从这个控制台应用程序项目中引用现有的类库项目，所以这两个项目必须在同一个解决方案中。

(2) 如果使用的是 Visual Studio 2022：

- 配置解决方案的启动项目为当前选中的项目。
- 在 Solution Explorer 中，选择 PeopleApp 项目，导航到 Project | Add Project Reference…，选中 PacktLibraryNetStandard2 项目前的复选框，然后单击 OK 按钮。
- 在 PeopleApp.csproj 文件中，添加一个条目以静态导入 System.Console 类，代码如下所示：

```
<ItemGroup>
  <Using Include="System.Console" Static="true" />
</ItemGroup>
```

- 导航到 Build | Build PeopleApp。

(3) 如果使用的是 Visual Studio Code：

- 编辑 PeopleApp.csproj 文件，添加对 PacktLibraryNetStandard2 项目的引用，并添加一个条目以静态导入 System.Console 类，如以下突出显示的代码所示：

```
<Project Sdk="Microsoft.NET.Sdk">

  <PropertyGroup>
    <OutputType>Exe</OutputType>
    <TargetFramework>net8.0</TargetFramework>
    <Nullable>enable</Nullable>
    <ImplicitUsings>enable</ImplicitUsings>
  </PropertyGroup>
```

```
<ItemGroup>
  <ProjectReference Include=
    "../PacktLibraryNetStandard2/PacktLibraryNetStandard2.
csproj" />
  </ItemGroup>

  <ItemGroup>
    <Using Include="System.Console" Static="true" />
  </ItemGroup>

</Project>
```

- 在终端，编译 PeopleApp 项目及其依赖的 PacktLibraryNetStandard2 项目，代码如下：

```
dotnet build
```

(4) 在 PeopleApp 项目中，添加一个新的类文件 Program.Helpers.cs。

(5) 在 Program.Helpers.cs 文件中，删除所有现有语句，并定义一个 partial Program 类，其中包含一个方法，用于配置控制台以启用特殊符号(如欧元货币符号)，该方法还用于控制当前文化(Culture)，代码如下：

```
using System.Globalization; // To use CultureInfo.

partial class Program
{
  private static void ConfigureConsole(
    string culture = "en-US",
    bool useComputerCulture = false,
    bool showCulture = true)
  {
    OutputEncoding = System.Text.Encoding.UTF8;

    if (!useComputerCulture)
    {
      CultureInfo.CurrentCulture = CultureInfo.GetCultureInfo(culture);
    }

    if (showCulture)
    {
      WriteLine($"Current culture: {CultureInfo.CurrentCulture.
DisplayName}.");
    }
  }
}
```

更多信息：

在本章结束时，你将理解前面提到的方法是如何利用 C#的特性，如分部类、可选参数等。如果你希望深入了解如何处理语言和文化，以及日期、时间和时区，那么在我的配套书籍 *Apps and Services with .NET 8* 中有一章专门介绍了全球化和本地化。

5.2.7 实例化类

现在，编写语句，准备实例化 Person 类。

(1) 在 PeopleApp 项目中，打开 Program.cs 文件，删除现有的语句，然后添加导入 Person 类所在名称空间的语句。接着调用 ConfigureConsole 方法(不带任何参数)，以便将当前文化设置为 US English，从而确保所有读者看到的输出都相同，代码如下所示：

```
using Packt.Shared; // To use Person.

ConfigureConsole(); // Sets current culture to US English.

// Alternatives:
// ConfigureConsole(useComputerCulture: true); // Use your culture.
// ConfigureConsole(culture: "fr-FR"); // Use French culture.
```

更多信息：

虽然可以全局导入 Packt.Shared 名称空间，但如果 import 语句位于文件的顶部，并且 PeopleApp 项目仅包含一个需要导入名称空间的 Program.cs 文件，那么任何阅读此代码的人都会清楚地知道我们是从何处导入所使用的类型。

(2) 在 Program.cs 文件中，添加以下语句，以便：

- 创建一个 Person 类型的实例。
- 采用该实例自我描述的方式来输出它。

new 关键字用于为对象分配内存并初始化其内部数据，如下面的代码所示：

```
// Person bob = new Person(); // C# 1 or later.
// var bob = new Person(); // C# 3 or later.

Person bob = new(); // C# 9 or later.
WriteLine(bob); // Implicit call to ToString().
// WriteLine(bob.ToString()); // Does the same thing.
```

(3) 运行 PeopleApp 项目并查看结果，输出如下所示：

```
Current culture: English (United States).
Packt.Shared.Person
```

你可能会想，“为什么 bob 变量有一个名为 ToString 的方法？Person 类是空的啊！” 别担心，后面我们将解释这一点。

5.2.8 继承 System.Object

虽然 Person 类没有显式地选择从类型中继承，但是所有类型最终都直接或间接地从名为 System.Object 的特殊类型继承而来。System.Object 类型中 ToString 方法的实现结果只是输出完整的名称空间和类型名称。

回到原始的 Person 类，我们可以显式地告诉编译器，Person 类从 System.Object 类型继承而来，如下所示：

```
public class Person : System.Object
```

当类B继承自类A时，我们说类A是基类或超类，类B是派生类或子类。在这里，System.Object是基类或超类，Person 是派生类或子类。也可使用 C#关键字 object。

下面让 Person 类显式地从 object 继承，然后检查所有对象都有哪些成员。

(1) 修改 Person 类以显式地继承 object，代码如下所示：

```
public class Person : object
```

(2) 单击 object 关键字的内部并按 F12 功能键，或右击 object 关键字并从弹出的快捷菜单中选择 Go to Definition。

这会显示微软定义的 System.Object 类型及其成员。这些细节你并不需要了解，但请注意.NET Standard 2.0 类库程序集中的 System.Object 类，它包含一个名为 ToString 的方法，如图 5.1 所示。

最佳实践：

假设其他程序员知道，如果不指定继承关系，Person 类将从 System.Object 继承。

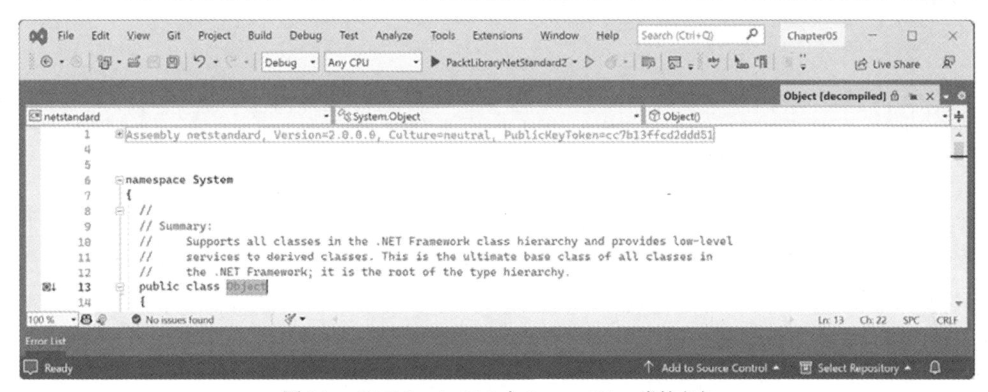

图 5.1　.NET Standard 2.0 中 System.Object 类的定义

5.2.9　使用别名避免名称空间冲突

我们需要学习一些有关名称空间及其类型的相关知识。当两个名称空间包含相同类型的名称时，同时导入这两个名称空间就可能导致冲突和歧义。比如，JsonOptions 这个类型可能存在于多个由 Microsoft 定义的名称空间中。如果不小心使用了错误的名称空间来配置 JSON 序列化，那么这个配置就会被忽略，你可能会困惑为什么这个配置没有生效。

下面通过一个假设的例子来解释这个问题：

```
// In the file, France.Paris.cs
namespace France
{
  public class Paris
  {
  }
}

// In the file, Texas.Paris.cs
namespace Texas
{
```

```
    public class Paris
    {
    }
  }

  // In the file, Program.cs
  using France;
  using Texas;

  Paris p = new();
```

如果构建这个项目，编译器将会报错：

```
Error CS0104: 'Paris' is an ambiguous reference between 'France.Paris' and
'Texas.Paris'
```

我们可以通过为其中一个名称空间定义一个别名来区分它们，如下所示：

```
using France; // To use Paris.
using Tx = Texas; // Tx becomes alias for the namespace, and it is not
imported.

Paris p1 = new(); // Creates an instance of France.Paris.
Tx.Paris p2 = new(); // Creates an instance of Texas.Paris.
```

使用 using 别名重命名类型

在另一种情况下，你可能想要使用别名来重命名一个类型。例如，如果你频繁使用 System 名称空间中的 Environment 类，就可以通过别名来简化它的名称，如下所示：

```
using Env = System.Environment;

WriteLine(Env.OSVersion);
WriteLine(Env.MachineName);
WriteLine(Env.CurrentDirectory);
```

从 C# 12 开始，可以为任何类型设置别名。这意味着可以重命名现有的类型，或者为未命名的类型(如元组)提供类型名称，相关内容将在本章后面介绍。

5.3 在字段中存储数据

本节将定义类中的一组字段，以存储个人信息。

5.3.1 定义字段

假设一个人的信息由姓名和出生日期组成。在 Person 类的内部封装这两个值，它们在 Person 类的外部可见。

- 在 Person 类中编写语句，声明两个公有字段，分别用来存储一个人的姓名和出生日期，如下面突出显示的代码所示：

```
public class Person : object
{
```

```
    #region Fields: Data or state for this person.
    public string? Name; // ? means it can be null.
    public DateTimeOffset Born;

    #endregion
  }
```

注意

对于 Born 字段的数据类型，我们有多种选择。.NET 6 引入了 DateOnly 类型，该类型仅存储日期而不存储时间值。DateTime 类型可存储人的出生日期和时间，但它在本地时间和 UTC 时间之间有所不同。最好选择使用 DateTimeOffset 类型，它能存储日期、时间以及相对于世界协调时间(Universal Coordinated Time，UTC)的时区偏移量，这与具体的时区相关。字段类型的选择取决于需要存储的详细程度。

5.3.2　字段的类型

从 C# 8 开始，如果引用类型(如字符串)可能具有空值，并因此而引发 NullReferenceException，编译器就会发出警告。自.NET 6 以来，SDK 默认启用了这些警告。可以在字符串类型的后面加上问号？以表示接受此操作，这样就不会出现警告消息。在第 6 章中，你将了解更多关于可空性以及如何处理它的信息。

可以对字段使用任何类型，包括数组和集合(如列表和字典)。如果需要在一个命名字段中存储多个值，就可以使用这些类型。在这个例子中，一个人只有一个名字和一个出生日期。

5.3.3　成员访问修饰符

封装的一部分是选择成员的可见性。

注意，就像对类所做的一样，可以显式地将 public 关键字应用于这些字段。如果没有这样做，那么它们对类来说就是隐式私有的，这意味着它们只能在类的内部被访问。

有 4 个成员访问修饰符关键字，以及两种可以应用于类成员(如字段或方法)的访问修饰符关键字组合。成员访问修饰符应用于单个成员。它们与应用于整个类型的类型访问修饰符相似，只是它们是独立的。表 5.1 展示了 6 种可能的组合。

表 5.1　6 个成员访问修饰符及其描述

成员访问修饰符	描述
private	成员仅在类型的内部可访问，这是默认设置
internal	成员可在类型的内部或同一程序集的任何类型中访问
protected	成员可在类型的内部或从类型继承的任何类型中访问
public	成员在任何地方都可访问
internal protected	成员可在类型的内部、同一程序集的任何类型以及从该类型继承的任何类型中访问，与虚构的访问修饰符 internal_or_protected 等效
private protected	成员可在类型的内部、同一程序集的任何类型以及从该类型继承的任何类型中访问，相当于虚构的访问修饰符 internal_and_protected。这种组合只能在 C# 7.2 或更高版本中使用

最佳实践：

即使想为成员使用隐式的访问修饰符 private，也需要显式地将该访问修饰符应用于所有类型成员。此外，字段通常应该是私有的或受保护的，你应该创建 public 属性来获取或设置字段值。这是因为该属性可以控制访问。本章稍后将介绍这一点。

5.3.4 设置和输出字段值

下面在代码中使用这些字段。

(1) 在 Program.cs 文件中，实例化 bob 后添加一些语句以设置姓名、出生日期和时间，然后以良好的格式输出这些字段，代码如下所示：

```
bob.Name = "Bob Smith";

bob.Born = new DateTimeOffset(
  year: 1965, month: 12, day: 22,
  hour: 16, minute: 28, second: 0,
  offset: TimeSpan.FromHours(-5)); // US Eastern Standard Time.

WriteLine(format: "{0} was born on {1:D}.", // Long date.
  arg0: bob.Name, arg1: bob.Born);
```

更多信息：

arg1 的格式代码是一种标准的日期和时间格式。其中，D 表示长日期格式，而 d 表示短日期格式。可通过以下链接了解更多关于标准日期和时间格式代码的信息：https://learn.microsoft.com/en-us/dotnet/standard/base-types/standard-date-and-time-format-string。

(2) 运行 PeopleApp 项目并查看结果，输出如下所示：

```
Bob Smith was born on Wednesday, December 22, 1965.
```

如果将 ConfigureConsole 的调用更改为使用本地计算机区域设置或特定的区域设置，如法国的法语("fr-FR")，那么输出会有所不同。

5.3.5 使用对象初始化器语法设置字段值

还可以使用花括号，通过简化的对象初始化器语法(在 C# 3 中引入)来初始化字段。

(1) 在现有代码的下方添加以下语句，创建另一个人(Alice)的信息。注意，在写入控制台时，出生日期和时间的标准格式代码不同：

```
Person alice = new()
{
  Name = "Alice Jones",
  Born = new(1998, 3, 7, 16, 28, 0,
    // This is an optional offset from UTC time zone.
    TimeSpan.Zero)
};
```

```
WriteLine(format: "{0} was born on {1:d}.", // Short date.
  arg0: alice.Name, arg1: alice.Born);
```

(2) 运行 PeopleApp 项目并查看结果，输出如下所示：

```
Alice Jones was born on 3/7/1998.
```

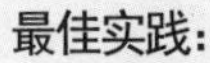

最佳实践：

使用命名形参来传递实参，这样参数值的意义更加清晰明了，尤其对于像 DateTimeOffset 这样包含多个连续数字的复杂类型来说，这种做法能显著提高代码的可读性。

5.3.6 使用 enum 类型存储值

有时，值是一组有限选项中的某个选项。例如，世界上有七大古迹，而某个人可能喜欢其中的一个。在其他时候，值是一组有限选项的组合。例如，某个人可能有一份想要参观的古迹清单。可通过定义 enum 类型来存储这些数据。

enum 类型是一种非常有效的方式，可以存储一个或多个选项，因为在内部，enum 类型结合了整数值与使用字符串描述的查找表。下面看一个示例。

(1) 在 PacktLibraryNetStandard2 项目中添加一个名为 WondersOfTheAncientWorld.cs 的新文件。

(2) 修改 WondersOfTheAncientWorld.cs 文件，代码如下所示：

```
namespace Packt.Shared;

public enum WondersOfTheAncientWorld
{
  GreatPyramidOfGiza,
  HangingGardensOfBabylon,
  StatueOfZeusAtOlympia,
  TempleOfArtemisAtEphesus,
  MausoleumAtHalicarnassus,
  ColossusOfRhodes,
  LighthouseOfAlexandria
}
```

(3) 在 Person.cs 文件中定义一个字段，以存储某个人最喜欢的世界古迹，代码如下所示：

```
public WondersOfTheAncientWorld FavoriteAncientWonder;
```

(4) 在 Program.cs 文件中，设置 Bob 最喜欢的世界古迹并输出，代码如下所示：

```
bob.FavoriteAncientWonder = WondersOfTheAncientWorld.
StatueOfZeusAtOlympia;

WriteLine(
  format: "{0}'s favorite wonder is {1}. Its integer is {2}.",
  arg0: bob.Name,
  arg1: bob.FavoriteAncientWonder,
  arg2: (int)bob.FavoriteAncientWonder);
```

(5) 运行 PeopleApp 项目并查看结果，输出如下所示：

```
Bob Smith's favorite wonder is StatueOfZeusAtOlympia. Its integer is 2.
```

为提高效率，enum 值在内部存储为 int 类型。int 值从 0 开始自动分配内存，因此 enum 中的第三大世界古迹的值为 2。可以分配 enum 中没有列出的 int 值，它们将输出 int 值而不是名称，因为找不到匹配项。

5.3.7 使用 enum 类型存储多个值

对于选项列表，可以创建 enum 实例的数组或集合，本章稍后将展示集合作为字段的相关内容，但是还有更好的方法。可以使用 enum 标志将多个选项组合成单个值。

(1) 使用[Flags]特性修改 enum。为每个表示不同位列的古迹显式地设置 byte 值，代码如下所示：

```
namespace Packt.Shared;

[Flags]
public enum WondersOfTheAncientWorld : byte
{
  None                      = 0b_0000_0000,    // i.e. 0
  GreatPyramidOfGiza        = 0b_0000_0001,    // i.e. 1
  HangingGardensOfBabylon   = 0b_0000_0010,    // i.e. 2
  StatueOfZeusAtOlympia     = 0b_0000_0100,    // i.e. 4
  TempleOfArtemisAtEphesus = 0b_0000_1000,    // i.e. 8
  MausoleumAtHalicarnassus = 0b_0001_0000,    // i.e. 16
  ColossusOfRhodes          = 0b_0010_0000,    // i.e. 32
  LighthouseOfAlexandria    = 0b_0100_0000     // i.e. 64
}
```

为每个选项显式地分配值，这些值在查看内存中的位时不会重叠。还应该使用 System.Flags 特性修饰 enum 类型，这样在返回值时，就可以自动匹配多个值(以逗号分隔的字符串)而不是只返回一个 int 值。

通常，enum 类型在内部使用一个 int 变量，但是由于不需要这么大的值，因此可以减少 75%的内存需求。也就是说，可以使用一个 byte 变量，这样每个值就只占用 1 字节而非 4 字节。另一个例子是，如果你想定义一个 enum 来枚举一周中的几天，那么只有七天。

如果想要表示待参观的古迹清单中包括巴比伦空中花园和摩索拉斯陵墓，可将位列 16 和 2 设置为 1。换句话说，存储的值是 18，如表 5.2 所示。

表 5.2　在枚举中使用位标志来表示数字 18

64	32	16	8	4	2	2
0	0	1	0	0	1	0

(2) 在 Person.cs 文件中，保留现有的字段，用于存储一个最喜欢的世界古迹，并在字段列表中添加以下语句来存储多个世界古迹，如下所示：:

```
public WondersOfTheAncientWorld BucketList;
```

(3) 在 Program.cs 文件中添加以下语句，使用|运算符(按位逻辑 OR)组合 enum 值以设置待参

观的古迹清单。也可以使用数字 18 来设置值，并强制转换为 enum 类型，但不应该这样做，因为会使代码更难理解：

```
bob.BucketList =
  WondersOfTheAncientWorld.HangingGardensOfBabylon
  | WondersOfTheAncientWorld.MausoleumAtHalicarnassus;

// bob.BucketList = (WondersOfTheAncientWorld)18;

WriteLine($"{bob.Name}'s bucket list is {bob.BucketList}.");
```

(4) 运行 PeopleApp 项目并查看结果，输出如下所示：

```
Bob Smith's bucket list is HangingGardensOfBabylon,
MausoleumAtHalicarnassus.
```

最佳实践：

建议使用 enum 值存储离散选项的组合。如果最多有 8 个选项，可从 byte 类型派生 enum 类型；如果最多有 16 个选项，可从 ushort 类型派生 enum 类型；如果最多有 32 个选项，可从 uint 类型派生 enum 类型；如果最多有 64 个选项，可从 ulong 类型派生 enum 类型。

既然我们已经使用 [Flags] 特性修饰了枚举，那么现在可以将多个值的组合存储在单个变量或字段中。但这可能带来一个潜在的问题：程序员可能会误将多个值的组合存储在 FavoriteAncientWonder 属性中，尽管这个字段原本的设计是只存储一个值。为了解决这个问题并确保 FavoriteAncientWonder 只存储单个值，我们应该将这个字段转换为一个属性，以便可以控制其他程序员如何获取和设置这个属性的值。在本章的后续部分，你将了解如何实现这一点。

5.3.8 使用集合存储多个值

下面添加一个字段来存储一个人的子女信息。这是一个有关聚合的典型示例，因为代表子女的子类与 Person 类相关，但不是 Person 类本身的一部分。下面将使用一种通用的 List<T>集合类型。List<T>集合类型可以存储任何类型的有序集合。集合的相关内容详见第 8 章。

在 Person.cs 文件中，声明一个新的字段来存储多个 Person 实例，这些实例代表这个人的子女信息，如下面的代码所示：

```
public List<Person> Children = new();
```

List<Person>读作“list of Person”(Person 列表)，例如，“名为 Children 的属性的类型是 Person 实例列表”。

必须确保将集合初始化为 Person 列表的一个新实例，这样才能添加项，否则字段将为 null，并在试图使用它的任何成员(如 Add)时，抛出运行时异常。

5.3.9 理解泛型集合

List<T>类型中的尖括号代表 C#中名为泛型的特性，泛型于 2005 年在 C# 2 中引入。这只是一个让集合成为强类型的术语，也就是说，编译器更明确地知道可以在集合中存储什么类型的对象。泛型可以提高代码的性能和正确性。

强类型与静态类型有着不同的含义。旧的 System.Collection 类型是静态类型，用于包含弱类型的 System.Object 项。而新的 System.Collection.Generic 类型也是静态类型，用于包含强类型的<T>实例。

具讽刺意味的是，术语“泛型”(generics)意味着我们可以使用更具体的静态类型！

(1) 在 Program.cs 文件中添加如下语句，为 Bob 添加三个子女，然后显示 Bob 有多少个子女以及相应子女的姓名：

```
// Works with all versions of C#.
Person alfred = new Person();
alfred.Name = "Alfred";
bob.Children.Add(alfred);

// Works with C# 3 and later.
bob.Children.Add(new Person { Name = "Bella" });

// Works with C# 9 and later.
bob.Children.Add(new() { Name = "Zoe" });

WriteLine($"{bob.Name} has {bob.Children.Count} children:");
for (int childIndex = 0; childIndex < bob.Children.Count; childIndex++)
{
  WriteLine($"> {bob.Children[childIndex].Name}");
}
```

(2) 运行 PeopleApp 项目并查看结果，输出如下所示：

```
Bob Smith has 3 children:
> Alfred
> Bella
> Zoe
```

还可以使用 foreach 语句来遍历集合。作为一个可选的挑战，请将 for 语句更改为使用 foreach 语句输出相同的信息。

5.3.10 使字段成为静态字段

到目前为止，我们创建的字段都是实例成员，这意味着对于创建的类的每个实例，每个字段都存在不同的值。alice 变量与 bob 变量有着不同的 Name 值。

有时，我们希望定义一个字段，该字段只有一个值，能在所有实例之间共享。

这些字段被称为静态成员，因为字段并不是唯一的静态成员。下面我们以银行账户为例，看看使用静态字段可以实现的功能。每个 BankAccount 的实例都有自己的 AccountName 和 Balance 值，但所有实例都会共享同一个 InterestRate 值。

下面介绍具体实现步骤。

(1) 在 PacktLibraryNetStandard2 项目中添加一个新的名为 BankAccount.cs 的类文件。

(2) 修改 BankAccount 类，为它指定两个实例字段和一个静态字段，代码如下所示：

```
namespace Packt.Shared;

public class BankAccount
{
```

```
  public string? AccountName; // Instance member. It could be null.
  public decimal Balance; // Instance member. Defaults to zero.

  public static decimal InterestRate; // Shared member. Defaults to zero.
}
```

(3) 在 Program.cs 文件中添加如下语句，设置共享利率，然后创建 BankAccount 类的两个实例：

```
BankAccount.InterestRate = 0.012M; // Store a shared value in static
field.

BankAccount jonesAccount = new();
jonesAccount.AccountName = "Mrs. Jones";
jonesAccount.Balance = 2400;
WriteLine(format: "{0} earned {1:C} interest.",
  arg0: jonesAccount.AccountName,
  arg1: jonesAccount.Balance * BankAccount.InterestRate);

BankAccount gerrierAccount = new();
gerrierAccount.AccountName = "Ms. Gerrier";
gerrierAccount.Balance = 98;
WriteLine(format: "{0} earned {1:C} interest.",
  arg0: gerrierAccount.AccountName,
  arg1: gerrierAccount.Balance * BankAccount.InterestRate);
```

(4) 运行 PeopleApp 项目并查看结果，输出如下所示：

```
Mrs. Jones earned $28.80 interest.
Ms. Gerrier earned $1.18 interest.
```

更多信息：

C 是一种格式代码，用于告诉.NET 对十进制数使用货币格式。

字段不是唯一的静态成员。构造函数、方法、属性和其他成员也可以是静态的。

5.3.11　使字段成为常量

如果字段的值永远不会改变，那么可以使用 const 关键字并在编译时为字段分配字面值。任何试图改变这个值的语句都会导致编译时错误。下面是一个简单例子。

(1) 在 Person.cs 文件中，添加一个表示人的种族的 string 常量，代码如下所示：

```
// Constant fields: Values that are fixed at compilation.
public const string Species = "Homo Sapiens";
```

(2) 要获取常量字段的值，就必须写入类的名称而不是类的实例的名称。在 Program.cs 文件中添加一条语句，将 Bob 的姓名和种族写入控制台，如下所示：

```
// Constant fields are accessible via the type.
WriteLine($"{bob.Name} is a {Person.Species}.");
```

(3) 运行 PeopleApp 项目并查看结果，输出如下所示：

```
Bob Smith is a Homo Sapiens.
```

微软提供的 const 字段示例包括 System.Int32.MaxValue 和 System.Math.PI，因为这两个值都不会发生变化，如图 5.2 所示。

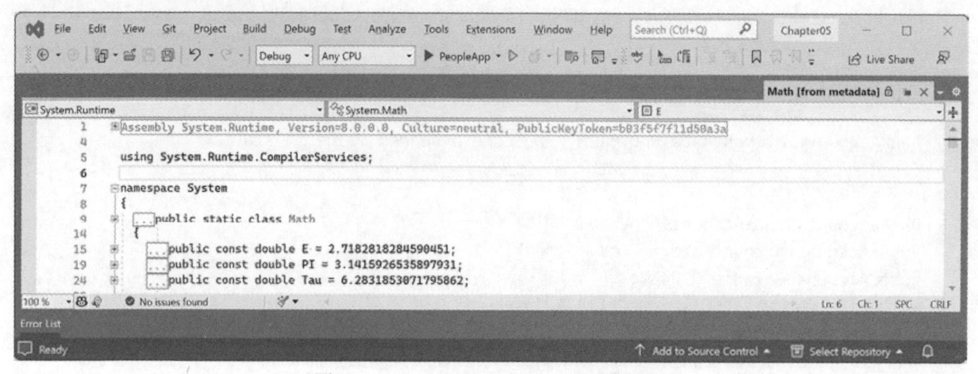

图 5.2　System.Math 类中的 const 字段示例

最佳实践：

常量并不总是最佳选择，这有两个重要原因：一是值必须在编译时已知，二是值必须能够表示为一个字面字符串、布尔值或数字值。在编译时，对 const 字段的每一次引用都会被替换为字面值。因此，如果值在将来的版本中发生了更改，并且没有重新编译引用 const 字段的任何程序集以获取新值，就无法反映出这些变化。

5.3.12　使字段只读

通常，对于不应该更改的字段，更好的选择是将它们标记为只读字段。

(1) 在 Person.cs 文件中添加如下语句，将实例声明为只读字段以存储某个人所居住的星球的名称：

```
// Read-only fields: Values that can be set at runtime.
public readonly string HomePlanet = "Earth";
```

(2) 在 Person.cs 文件中添加一条语句，将 Bob 的姓名和居住的星球名称写入控制台，代码如下所示：

```
// Read-only fields are accessible via the variable.
WriteLine($"{bob.Name} was born on {bob.HomePlanet}.");
```

(3) 运行 PeopleApp 项目并查看结果，输出如下所示：

```
Bob Smith was born on Earth.
```

最佳实践：

使用只读字段有两个重要的原因：值可以在运行时计算或加载，并可用任何可执行的语句来表示。因此，可以使用构造函数或字段赋值来设置只读字段。对字段的每个引用都是活动引用，因此将来的任何更改都将通过调用代码正确地反映出来。

还可以声明静态的只读字段，其值可在类型的所有实例之间共享。

5.3.13　在实例化时要求设置字段值

C# 11 引入了 required 修饰符。如果在字段或属性上使用它，编译器将确保在实例化时为该字段或属性设置了值。但请注意，使用 required 修饰符需要项目的目标框架为 .NET 7 或更高版本，因此首先要创建一个新的类库项目。

(1) 在 Chapter05 解决方案中，添加一个名为 PacktLibraryModern 的新类库项目，该项目的目标框架为 .NET 8(required 修饰符支持的最早版本是 .NET 7)。

(2) 在 PacktLibraryModern 项目中，将 Class1.cs 重命名为 Book.cs。

(3) 修改 Book.cs 代码文件的内容，为 Book 类定义四个字段，其中两个被标记为 required，如下所示：

```
namespace Packt.Shared;

public class Book
{
  // Needs .NET 7 or later as well as C# 11 or later.
  public required string? Isbn;
  public required string? Title;

  // Works with any version of .NET.
  public string? Author;
  public int PageCount;
}
```

更多信息：

所有三个字符串属性都可为空。将一个属性或字段设置为 required，并不意味着它不能为 null。只是意味着它必须被显式地设置为 null。

(4) 在 PeopleApp 控制台应用程序项目中，添加对 PacktLibraryModern 类库项目的引用。

- 如果使用的是 Visual Studio 2022，请在 Solution Explorer 中选择 PeopleApp 项目，导航到 Project | Add Project Reference…，选中 PacktLibraryModern 项目旁的复选框，然后单击 OK 按钮。
- 如果使用的是 Visual Studio Code，请编辑 PeopleApp.csproj 文件，添加对 PacktLibraryModern 的项目引用，如下面突出显示的代码所示：

```
<ItemGroup>
  <ProjectReference Include=
"..\PacktLibraryNetStandard2\PacktLibraryNetStandard2.csproj" />
  <ProjectReference Include=
    "..\PacktLibraryModern\PacktLibraryModern.csproj" />
</ItemGroup>
```

(5) 构建 PeopleApp 项目以编译其引用的依赖项，并将类库.dll 文件复制到本地 bin 文件夹。

(6) 在 PeopleApp 项目中，在 Program.cs 文件内尝试实例化一个 Book 对象而不设置 Isbn 和 Title 字段，代码如下所示：

```
Book book = new();
```

(7) 注意，你会看到一个编译错误，输出如下所示：

```
C:\cs12dotnet8\Chapter05\PeopleApp\Program.cs(137,13): error CS9035:
Required member 'Book.Isbn' must be set in the object initializer or
attribute constructor. [C:\cs12dotnet8\Chapter05\PeopleApp\PeopleApp.
csproj]
C:\cs12dotnet8\Chapter05\PeopleApp\Program.cs(137,13): error CS9035:
Required member 'Book.Title' must be set in the object initializer or
attribute constructor. [C:\cs12dotnet8\Chapter05\PeopleApp\PeopleApp.
csproj]
    0 Warning(s)
    2 Error(s)
```

(8) 在 Program.cs 中，修改上述代码，使用对象初始化语法设置两个必需属性，如以下突出显示的代码所示：

```
Book book = new()
{
  Isbn = "978-1803237800",
  Title = "C# 12 and .NET 8 - Modern Cross-Platform Development
Fundamentals"
};
```

(9) 注意，现在该语句能够成功编译，没有出现错误。

(10) 在 Program.cs 中，添加一条语句，输出有关书籍的信息，代码如下所示：

```
WriteLine("{0}: {1} written by {2} has {3:N0} pages.",
  book.Isbn, book.Title, book.Author, book.PageCount);
```

在运行该项目并查看输出结果之前，我们讨论一种可以初始化类型字段(或属性)的替代方法。

5.3.14 使用构造函数初始化字段

在编程中，字段常常要在运行时进行初始化。这通常通过构造函数来实现，当使用 new 关键字创建类的实例时，构造函数会被自动调用。构造函数会在任何字段被外部代码设置之前执行，用于初始化对象的状态。

(1) 在 Person.cs 文件中，在现有的只读 HomePlanet 字段之后添加语句，以定义第二个只读字段，然后在构造函数中设置 Name 和 Instantiated 字段，如以下突出显示的代码所示：

```
// Read-only fields: Values that can be set at runtime.
public readonly string HomePlanet = "Earth";
public readonly DateTime Instantiated;

#endregion
#region Constructors: Called when using new to instantiate a type.

public Person()
{
  // Constructors can set default values for fields
  // including any read-only fields like Instantiated.
  Name = "Unknown";
  Instantiated = DateTime.Now;
}
```

```
#endregion
```

(2) 在 Program.cs 文件中添加语句以实例化 Person 类，然后输出初始字段值，代码如下所示：

```
Person blankPerson = new();

WriteLine(format:
  "{0} of {1} was created at {2:hh:mm:ss} on a {2:dddd}.",
arg0: blankPerson.Name,
arg1: blankPerson.HomePlanet,
arg2: blankPerson.Instantiated);
```

(3) 运行 PeopleApp 项目并查看结果，输出如下所示：

```
978-1803237800: C# 12 and .NET 8 - Modern Cross-Platform Development
Fundamentals written by has 0 pages.
Unknown of Earth was created at 11:58:12 on a Sunday
```

1. 定义多个构造函数

一个类可以有多个构造函数，这对于鼓励开发人员为字段设置初始值特别有用。

(1) 在 Person.cs 文件中添加语句以定义第二个构造函数，该构造函数允许开发人员设置某个人的姓名和居住的星球的初始值，代码如下所示：

```
public Person(string initialName, string homePlanet)
{
  Name = initialName;
  HomePlanet = homePlanet;
  Instantiated = DateTime.Now;
}
```

(2) 在 Program.cs 文件中，使用带两个参数的构造函数添加语句来创建另一个人，如下所示：

```
Person gunny = new(initialName: "Gunny", homePlanet: "Mars");

WriteLine(format:
  "{0} of {1} was created at {2:hh:mm:ss} on a {2:dddd}.",
  arg0: gunny.Name,
  arg1: gunny.HomePlanet,
  arg2: gunny.Instantiated);
```

(3) 运行 PeopleApp 项目并查看结果，输出如下所示：

```
Gunny of Mars was created at 11:59:25 on a Sunday
```

2. 使用构造函数设置 required 字段

现在，我们回到带有 required 字段的 Book 类示例：

(1) 在 PacktLibraryModern 项目中，打开 Book.cs 文件，添加两个构造函数的定义，一个支持对象初始化器语法，另一个用于设置两个必需的属性，如下面突出显示的代码所示：

```
public class Book
{
  // Constructor for use with object initializer syntax.
  public Book() { }
```

```
  // Constructor with parameters to set required fields.
  public Book(string? isbn, string? title)
  {
    Isbn = isbn;
    Title = title;
  }
```

(2) 在 Program.cs 中，注释掉使用对象初始化器语法实例化书籍的语句，并添加一条使用构造函数来实例化书籍的语句，然后设置书籍的非 required 属性，如下面突出显示的代码所示：

```
/*
// Instantiate a book using object initializer syntax.
Book book = new()
{
  Isbn = "978-1803237800",
  Title = "C# 12 and .NET 8 - Modern Cross-Platform Development
Fundamentals"
};
*/

Book book = new(isbn: "978-1803237800",
  title: "C# 12 and .NET 8 - Modern Cross-Platform Development
Fundamentals")
{
  Author = "Mark J. Price",
  PageCount = 821
};
```

(3) 注意，像以前一样你会看到一个编译器错误，因为编译器无法自动判断调用构造函数是否已设置了这两个 required 属性。

(4) 在 PacktLibraryModern 项目中，打开 Book.cs 文件，导入用于代码分析的名称空间，然后使用[SetsRequiredMembers]属性来装饰构造函数，告诉编译器它设置了所有必需的属性和字段，如下面突出显示的代码所示：

```
using System.Diagnostics.CodeAnalysis; // To use [SetsRequiredMembers].

namespace Packt.Shared;

public class Book
{
  public Book() { } // For use with initialization syntax.

  [SetsRequiredMembers]
  public Book(string isbn, string title)
```

(5) 在 Program.cs 中，注意，现在调用构造函数的语句已经能够正常编译，没有错误了。

(6) (可选)运行 PeopleApp 项目以确认其行为符合预期，输出如下所示：

```
978-1803237800: C# 12 and .NET 8 - Modern Cross-Platform Development
Fundamentals written by Mark J. Price has 821 pages.
```

更多信息：

可通过以下链接了解更多关于 required 字段以及如何在构造函数中设置它们的信息：https://learn.microsoft.com/en-us/dotnet/csharp/language-reference/keywords/required。

构造函数是一类特殊的方法。下面详细地讨论方法。

5.4 使用方法和元组

方法是执行语句块的类型成员。它们是属于某个类型的函数。

5.4.1 从方法返回值

方法可以返回单个值，也可以什么都不返回。

- 执行某些操作但不返回值的方法，在方法名前用 void 类型表示。
- 执行一些操作并返回单个值的方法，在方法名前用返回值的类型表示。

例如，在下一个任务中，将创建如下两个方法。

- WriteToConsole：向控制台写入一些文本，但是不会返回任何内容，由 void 关键字表示。
- GetOrigin：返回一个文本值，由 string 关键字表示。

下面编写代码。

(1) 在 Person.cs 文件中，添加语句以定义上面提到的两个方法，代码如下所示：

```
#region Methods: Actions the type can perform.

public void WriteToConsole()
{
  WriteLine($"{Name} was born on a {Born:dddd}.");
}

public string GetOrigin()
{
  return $"{Name} was born on {HomePlanet}.";
}

#endregion
```

(2) 在 Program.cs 文件中，添加语句以调用这两个方法，代码如下所示：

```
bob.WriteToConsole();
WriteLine(bob.GetOrigin());
```

(3) 运行 PeopleApp 项目并查看结果，输出如下所示：

```
Bob Smith was born on a Wednesday.
Bob Smith was born on Earth.
```

5.4.2 定义参数并将参数传递给方法

可以定义参数并将参数传递给方法以改变它们的行为。参数的定义有点像变量的声明，但定义位置是在方法的圆括号内，如前面的构造函数所示。下面看一些例子。

(1) 在 Person.cs 文件中，添加语句以定义两个方法，第一个方法没有参数，第二个方法只有一个参数，代码如下所示：

```
public string SayHello()
{
  return $"{Name} says 'Hello!'";
}

public string SayHelloTo(string name)
{
  return $"{Name} says 'Hello, {name}!'";
}
```

(2) 在 Program.cs 文件中，添加语句以调用刚才定义的两个方法，并将返回值写入控制台，代码如下所示：

```
WriteLine(bob.SayHello());
WriteLine(bob.SayHelloTo("Emily"));
```

(3) 运行 PeopleApp 项目并查看结果，输出如下所示：

```
Bob Smith says 'Hello!'
Bob Smith says 'Hello, Emily!'
```

在输入调用方法的语句时，IntelliSense 会显示工具提示，其中包含所有参数的名称和类型以及方法的返回类型。

5.4.3 重载方法

可为两个方法指定相同的名称，而不是使用两个不同的方法名。这是允许的，因为每个方法都有不同的签名。

方法签名(method signature)是可在调用方法(以及返回值的类型)时传递的参数类型列表。重载的方法必须在它们的参数类型列表上有所不同。两个重载的方法不能仅因返回类型不同而具有相同的参数类型列表。下面编写一个示例代码。

(1) 在 Person.cs 文件中将 SayHelloTo 方法的名称改为 SayHello。

(2) 在 Program.cs 文件中，将方法调用改为使用 SayHello 方法，并注意在 Visual Studio 2022 中，该方法的快速信息提示你它有一个额外的重载版本，即该方法有两个重载版本："1 of 2" 和 "2 of 2"，如图 5.3 所示。尽管其他代码编辑器会提供不同的方式来显示这种信息，但基本概念是相同的。

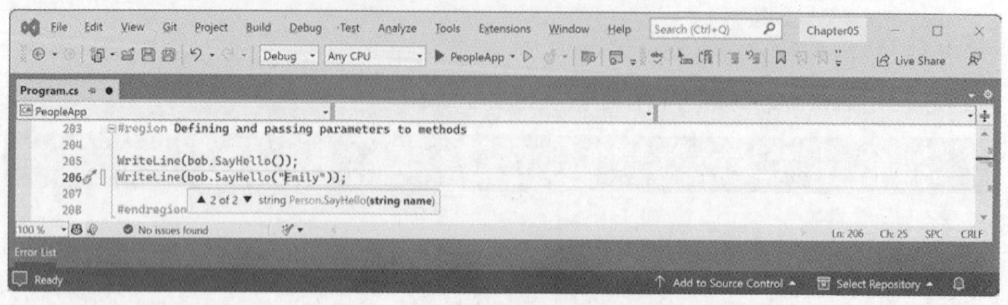

图 5.3 重载方法的 IntelliSense 工具提示

最佳实践：

可使用重载的方法简化类，使其看起来有更少的方法。

5.4.4　传递可选参数

简化方法的另一种方式是使参数可选。通过在方法的参数列表中指定默认值，可以使参数成为可选参数。可选参数必须始终位于参数列表的最后。

下面创建一个带有三个可选参数的方法。

(1) 在 Person.cs 文件中，添加语句以定义如下方法：

```
public string OptionalParameters(string command = "Run!",
  double number = 0.0, bool active = true)
{
  return string.Format(
    format: "command is {0}, number is {1}, active is {2}",
    arg0: command,
    arg1: number,
    arg2: active);
}
```

(2) 在 Program.cs 文件中，添加语句以调用刚才定义的方法，并将返回值写入控制台，代码如下所示：

```
WriteLine(bob.OptionalParameters());
```

(3) 输入代码时，IntelliSense 会显示工具提示，内容包括三个可选参数及其默认值。

(4) 运行 PeopleApp 项目并查看结果，输出如下所示：

```
command is Run!, number is 0, active is True
```

(5) 在 Program.cs 文件中添加语句，以传递 command 参数的 string 值和 number 参数的 double 值，代码如下所示：

```
WriteLine(bob.OptionalParameters("Jump!", 98.5));
```

(6) 运行代码并查看结果，输出如下所示：

```
command is Jump!, number is 98.5, active is True
```

command 和 number 参数的默认值已被替换，但 active 参数的默认值仍然为 True。

5.4.5　调用方法时的命名参数值

在调用方法时，可选参数通常与命名参数结合使用，因为命名参数允许以不同于声明它们的顺序传递值。

(1) 在 Program.cs 文件中添加语句，为 command 参数传递 string 值，并为 number 参数传递 double 值，但使用的是命名参数，这样它们的传递顺序就可以互换，代码如下所示：

```
WriteLine(bob.OptionalParameters(number: 52.7, command: "Hide!"));
```

(2) 运行 PeopleApp 项目并查看结果，输出如下所示：

```
command is Hide!, number is 52.7, active is True
```

甚至可以使用命名参数而忽略可选参数。

(3) 在 Program.cs 文件中添加语句，按位置顺序传递 command 参数的 string 值，跳过 number 参数并使用指定的 active 参数，代码如下所示：

```
WriteLine(bob.OptionalParameters("Poke!", active: false));
```

(4) 运行 PeopleApp 项目并查看结果，输出如下所示：

```
command is Poke!, number is 0, active is False
```

最佳实践：

尽管可以在同一个方法调用中混合使用命名参数和位置参数的值，但大多数开发人员更倾向于阅读仅使用其中一种方法的代码。

5.4.6 混用可选参数与必需参数

目前，OptionalParameters 方法中的所有参数都是可选参数。但如果其中一个参数是必需的，我们应该怎么做呢？

(1) 在 Person.cs 文件中，给 OptionalParameters 方法添加第四个参数，这个参数没有默认值，如下面突出显示的代码所示：

```
public string OptionalParameters(string command = "Run!",
  double number = 0.0, bool active = true, int count)
```

(2) 构建该项目并注意以下编译器错误：

```
Error CS1737 Optional parameters must appear after all required
parameters.
```

(3) 在 OptionalParameters 方法中，将 count 参数移到可选参数之前，代码如下所示：

```
public string OptionalParameters(int count,
  string command = "Run!",
  double number = 0.0, bool active = true)
```

(4) 在 Program.cs 文件中，修改对 OptionalParameters 方法的所有调用，将 int 值作为第一个参数传递，如以下代码所示：

```
WriteLine(bob.OptionalParameters(3));
WriteLine(bob.OptionalParameters(3, "Jump!", 98.5));
WriteLine(bob.OptionalParameters(3, number: 52.7, command: "Hide!"));
WriteLine(bob.OptionalParameters(3, "Poke!", active: false));
```

更多信息：

记住，如果对参数进行了命名，就可以改变它们的位置顺序，例如，bob.OptionalParameters(number: 52.7, command: "Hide!", count: 3)。

(5) 在调用 OptionalParameters 方法时，请留意 Visual Studio 2022 中显示的提示信息，其中包括一个必需参数、三个可选参数及其默认值，如图 5.4 所示。

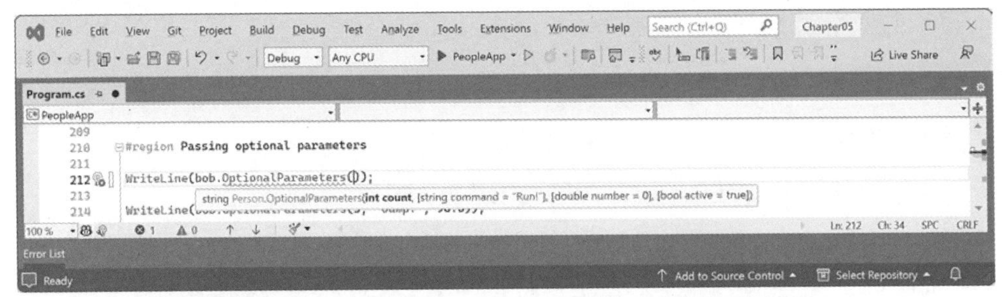

图 5.4　编写代码时，IntelliSense 会显示必需参数、可选参数及其默认值

5.4.7　控制参数的传递方式

当把参数传递给方法时，可采用以下三种方式之一：

- 通过值(这是默认方式)。这种方式下，参数被视为仅输入(in-only)。尽管可以在方法内部改变参数的值，但这仅影响方法内的参数副本，不影响原始变量。
- 作为 out 参数。这种方式下，参数被视为仅输出(out-only)。out 参数在声明时不能分配默认值，也不能保留为未初始化状态。它们必须在方法内部被设置；否则，编译器会报错。
- 通过引用作为 ref 参数。这种方式下，参数被视为既输入又输出(in-and-out)。与 out 参数类似，引用参数也不能有默认值，但由于它们可以在方法外部被设置，因此不必在方法内部设置。
- 作为 in 参数：这种方式下，参数被视为只读(read-only)引用参数。输入参数的值不能被改变，如果尝试改变它，编译器会报错。

下面是传入和传出参数的一些示例。

(1) 在 Person.cs 文件中，添加语句以定义一个方法，该方法有一个 int 参数、一个 ref 参数和一个 out 参数，代码如下所示：

```
public void PassingParameters(int w, in int x, ref int y, out int z)
{
  // out parameters cannot have a default and they
  // must be initialized inside the method.
  z = 100;

  // Increment each parameter except the read-only x.
  w++;
  // x++; // Gives a compiler error!
  y++;
  z++;

  WriteLine($"In the method: w={w}, x={x}, y={y}, z={z}");
}
```

(2) 在 Program.cs 文件中，添加语句以声明一些 int 变量，将它们传递给刚才定义的 PassingParameters()方法，代码如下所示：

```
int a = 10;
int b = 20;
int c = 30;
```

```
int d = 40;

WriteLine($"Before: a={a}, b={b}, c={c}, d={d}");

bob.PassingParameters(a, b, ref c, out d);

WriteLine($"After: a={a}, b={b}, c={c}, d={d}");
```

(3) 运行 PeopleApp 项目并查看结果，输出如下所示：

```
Before: a=10, b=20, c=30, d=40
In the method: w=11, x=20, y=31, z=101
After: a=10, b=20, c=31, d=101
```

- 默认情况下，将变量作为参数传递时，传递的是变量的当前值而不是变量本身。因此，x 是变量 a 的值的副本。变量 a 保留了原来的值 10。
- 将变量作为 in 参数传递时，该变量的引用会被传入方法中。因此，x 是对 b 的引用。如果在方法执行期间，b 变量的值被其他进程递增，那么 x 参数也会反映出这一变化。
- 将变量作为 ref 参数传递时，对变量的引用将被传入方法中。因此，参数 y 是对变量 c 的引用。当参数 y 的值增加时，变量 c 的值也随之增加。

将变量作为 out 参数传递时，对变量的引用也将被传入方法中。因此，参数 z 是对变量 d 的引用。变量 d 的值能被方法内部执行的任何代码代替。只要不给变量 d 赋值 40，就可以简化 Main 方法中的代码，因为无论如何变量 d 总是会被替换。在 C# 7 及更高版本中，可以简化使用 out 参数的代码。

(4) 在 Program.cs 文件中，添加语句以声明更多变量，包括一个名为 f 的内联 out 参数，代码如下所示：

```
int e = 50;
int f = 60;
int g = 70;
WriteLine($"Before: e={e}, f={f}, g={g}, h doesn't exist yet!");

// Simplified C# 7 or later syntax for the out parameter.
bob.PassingParameters(e, f, ref g, out int h);
WriteLine($"After: e={e}, f={f}, g={g}, h={h}");
```

(5) 运行 PeopleApp 项目并查看结果，输出如下所示：

```
Before: e=50, f=60, g=70, h doesn't exist yet!
In the method: w=51, x=60, y=71, z=101
After: e=50, f=60, g=71, h=101
```

5.4.8 理解 ref 返回

在 C# 7.0 或更高版本中，ref 关键字不仅可用于将参数传递给方法，还可用于返回值。这将允许外部变量引用内部变量，并在方法调用后修改其值。这在高级场景中可能很有用，例如，将占位符传入大的数据结构中，但这超出了本书的讨论范围。如果你想深入学习更多相关内容，可以访问以下链接：https://learn.microsoft.com/zh-cn/dotnet/csharp/language-reference/keywords/ref# reference-return-values。

现在，我们进一步探讨返回值方法的高级应用场景。

5.4.9 使用元组组合多个返回值

每个方法只能返回具有单一类型的单一值，该类型可以是简单类型(如前面示例中的 string)、复杂类型(如 Person)或集合类型(如 List<Person>)。

假设要定义一个名为 GetTheData 的方法，该方法将返回一个 String 值和一个 int 值。可以定义一个名为 TextAndNumber 的新类，它包含一个 String 字段和一个 int 字段，并会返回一个复杂类型的实例，代码如下所示：

```
public class TextAndNumber
{
  public string Text;
  public int Number;
}

public class LifeTheUniverseAndEverything
{
  public TextAndNumber GetTheData()
  {
    return new TextAndNumber
    {
      Text = "What's the meaning of life?",
      Number = 42
    };
  }
}
```

但是，为了合并两个值而专门定义类是没有必要的，因为在 C#的现代版本中可以使用元组(tuple)。元组是一种将两个或多个值组合成一个单元的有效方法。

自元组的第一个版本出现以来，元组就一直是 F#等语言的一部分，但.NET 仅在 2010 年使用 System.Tuple 类型的.NET 4.0 中添加了对它们的支持。

直到 2017 年的 C# 7 版本，C#才使用圆括号字符()添加了对元组的语言语法支持。与此同时，也添加了新的 System.ValueTuple 类型，它在某些常见场景中相比旧的.NET 4.0 System.Tuple 类型更高效。C# 的元组语法正是使用了这种更高效的类型。

下面讨论元组。

(1) 在 Person.cs 文件中，添加语句以定义一个方法，该方法返回一个包含字符串和整数的元组，代码如下所示：

```
// Method that returns a tuple: (string, int).
public (string, int) GetFruit()
{
  return ("Apples", 5);
}
```

(2) 在 Program.cs 文件中，添加语句以调用 GetFruit 方法，然后输出元组中的字段(自动命名的字段 Item1 和 Item2)，如下所示：

```
(string, int) fruit = bob.GetFruit();
WriteLine($"{fruit.Item1}, {fruit.Item2} there are.");
```

(3) 运行 PeopleApp 项目并查看结果，输出如下所示：

```
Apples, 5 there are.
```

1. 命名元组中的字段

对于元组中的字段，默认名称是 Item1、Item2 等。也可以显式地指定字段名。

(1) 在 Person.cs 文件中，添加语句以定义一个方法，该方法将返回一个带有命名字段的元组，代码如下所示：

```
// Method that returns a tuple with named fields.
public (string Name, int Number) GetNamedFruit()
{
  return (Name: "Apples", Number: 5);
}
```

(2) 在 Program.cs 文件中添加语句，以调用刚才定义的方法并输出元组中的命名字段，代码如下所示：

```
var fruitNamed = bob.GetNamedFruit();
WriteLine($"There are {fruitNamed.Number} {fruitNamed.Name}.");
```

更多信息：

在上面的代码中，我们使用 var 简化了如下完整的语法：

(string Name, int Number) fruitNamed = bob.GetNamedFruit();

(3) 运行 PeopleApp 项目并查看结果，输出如下所示：

```
There are 5 Apples.
```

更多信息：

要从另一个对象构造元组，可以使用 C# 7.1 中引入的名为“元组名称推断”(tuple name inference)的功能。

(4) 下面在 Program.cs 文件中创建两个元组，每个元组由一个 string 值和一个 int 值组成，代码如下所示：

```
var thing1 = ("Neville", 4);
WriteLine($"{thing1.Item1} has {thing1.Item2} children.");

var thing2 = (bob.Name, bob.Children.Count);
WriteLine($"{thing2.Name} has {thing2.Count} children.");
```

在 C# 7 中，两者都将使用 Item1 和 Item2 命名方案。在 C# 7.1 及更高版本中，thing2 可以推断出名称 Name 和 Count。

2. 元组的别名化

C# 12 中引入了为元组定义别名的功能，这样就可以为元组类型命名，并在声明变量和参数时使用这个名称作为类型名。例如，以下代码展示了如何实现这一点：

```
using UnnamedParameters = (string, int); // Aliasing a tuple type.
```

```
// Aliasing a tuple type with parameter names.
using Fruit = (string Name, int Number);
```

为元组定义别名时，请使用标题式命名约定为其参数命名，例如 Name、Number 和 BirthDate。

下面看一个例子：

(1) 在 Program.cs 文件的顶部，定义一个命名的元组类型，代码如下：

```
using Fruit = (string Name, int Number); // Aliasing a tuple type.
```

(2) 在 Program.cs 文件中，复制并粘贴调用 GetNamedFruit 方法的语句，并将 var 改为 Fruit，代码如下：

```
// Without an aliased tuple type.
//var fruitNamed = bob.GetNamedFruit();

// With an aliased tuple type.
Fruit fruitNamed = bob.GetNamedFruit();
```

(3) 运行 PeopleApp 项目，并注意结果是一样的。

3. 解构元组

也可以将元组分解为一些单独的变量，其语法与命名字段元组的语法相同，但元组没有变量名，代码如下所示：

```
// Store return value in a tuple variable with two named fields.
(string name, int number) namedFields = bob.GetNamedFruit();

// You can then access the named fields.
WriteLine($"{namedFields.name}, {namedFields.number}");

// Deconstruct the return value into two separate variables.
(string name, int number) = bob.GetNamedFruit();

// You can then access the separate variables.
WriteLine($"{name}, {number}");
```

这样做的效果是将元组分解为多个部分，并将这些部分赋值给新的变量。下面介绍具体实现步骤。

(1) 在 Program.cs 文件中，添加语句，解构从 GetFruit 方法返回的元组，代码如下所示：

```
(string fruitName, int fruitNumber) = bob.GetFruit();
WriteLine($"Deconstructed tuple: {fruitName}, {fruitNumber}");
```

(2) 运行 PeopleApp 项目并查看结果，输出如下所示：

```
Deconstructed tuple: Apples, 5
```

4. 使用元组解构其他类型

元组不是唯一可以解构的类型。任何类型都可以具有名为 Deconstruct 的特殊方法，将对象分解为多个部分。只要 Deconstruct 方法具有不同的签名，你就可以根据需要拥有任意数量的 Deconstruct 方法。下面为 Person 类实现 Deconstruct 方法。

(1) 在 Person.cs 文件中，添加两个 Deconstruct 方法，为要解构的部分定义参数 out，如下面的代码所示：

```
// Deconstructors: Break down this object into parts.

public void Deconstruct(out string? name,
  out DateTimeOffset dob)
{
  name = Name;
  dob = Born;
}
public void Deconstruct(out string? name,
  out DateTimeOffset dob,
  out WondersOfTheAncientWorld fav)
{
  name = Name;
  dob = Born;
  fav = FavoriteAncientWonder;
}
```

(2) 在 Program.cs 中，添加语句来解构 bob，如下所示：

```
var (name1, dob1) = bob; // Implicitly calls the Deconstruct method.
WriteLine($"Deconstructed person: {name1}, {dob1}");

var (name2, dob2, fav2) = bob;
WriteLine($"Deconstructed person: {name2}, {dob2}, {fav2}");
```

更多信息：

此处未显式地调用 Deconstruct 方法。将对象分配给元组变量时，会隐式地调用它。

(3) 运行 PeopleApp 项目并查看结果，输出如下所示：

```
Deconstructed person: Bob Smith, 12/22/1965 4:28:00 PM -05:00
Deconstructed person: Bob Smith, 12/22/1965 4:28:00 PM -05:00,
StatueOfZeusAtOlympia
```

5.4.10 使用局部函数实现功能

C# 7 中引入的一大语言特性就是能够定义局部函数。

局部函数是与局部变量等价的方法。换句话说，这些函数只能从定义它们的包含方法中访问。在其他语言中，它们有时称为嵌套函数或内部函数。

局部函数可以在方法的任何地方定义：顶部、底部甚至是中间的某个地方！

下面使用局部函数来实现阶乘的计算。

(1) 在 Person.cs 文件中，添加语句以定义 Factorial 函数，该函数在内部使用一个局部函数来计算结果，代码如下所示：

```
// Method with a local function.
public static int Factorial(int number)
{
```

```
    if (number < 0)
    {
      throw new ArgumentException(
        $"{nameof(number)} cannot be less than zero.");
    }
    return localFactorial(number);

    int localFactorial(int localNumber) // Local function.
    {
      if (localNumber == 0) return 1;
      return localNumber * localFactorial(localNumber - 1);
    }
  }
```

(2) 在 Program.cs 文件中，添加语句以调用 Factorial 函数，将返回值写入控制台，并进行异常处理，代码如下所示：

```
// Change to -1 to make the exception handling code execute.
int number = 5;

try
{
  WriteLine($"{number}! is {Person.Factorial(number)}");
}
catch (Exception ex)
{
  WriteLine($"{ex.GetType()} says: {ex.Message} number was {number}.");
}
```

(3) 运行 PeopleApp 项目并查看结果，输出如下所示：

```
5! is 120
```

(4) 将数字改为 - 1，这样就可以检查异常处理的情况。

(5) 运行 PeopleApp 项目并查看结果，输出如下所示：

```
System.ArgumentException says: number cannot be less than zero. number
was -1.
```

5.4.11　使用 partial 关键字拆分类

当处理有多个团队成员参与的大型项目时，或者处理巨大且复杂的类实现时，能够跨多个文件拆分复杂类的定义是很有用的。可用 partial 关键字来完成这项工作。

假设要向 Person 类添加一些语句，这些语句是由从数据库中读取模式信息的对象关系映射器(object-relational mapper)等工具自动生成的。只要将类定义为 partial 类，就可以将类拆分成一个自动生成的代码文件和另一个手动编辑的代码文件。

下面编写代码来模拟这个示例。

(1) 在 Person.cs 文件中添加 partial 关键字，如下面突出显示的代码所示：

```
public partial class Person
```

(2) 在 PacktLibraryNetStandard2 项目/文件夹中，添加一个名为 PersonAutoGen.cs 的新类文件。

(3) 在新的类文件中添加语句，如下所示：

```
namespace Packt.Shared;

// This file simulates an auto-generated class.
public partial class Person
{
}
```

(4) 构建 PacktLibraryNetStandard2 项目。如果看到错误： CS0260 Missing partial modifier on declaration of type 'Person'; another partial declaration of this type exists，那么请确保你已经对两个 Person 类都应用了 partial 关键字。

为本章编写的其余代码都保存在 PersonAutoGen.cs 文件中。

现在，已经介绍了很多有关字段和方法的例子，下面介绍一些特殊类型的方法，可通过这些方法来访问字段，以提供对数据的更多控制或改善开发人员的编程体验。

5.5 使用属性和索引器控制访问

前面创建了一个名为 GetOrigin 的方法，该方法返回一个包含人员姓名和来源的字符串。在 Java 等语言中，这种操作很常见。但是，C# 提供了一种更优化的方式来实现这一点，就是使用属性。

属性是一个(或一对)方法，它的行为和外观类似于字段，用于获取或设置值，从而简化了语法并增强了功能。

更多信息：
字段和属性之间的一个根本区别是，字段提供了数据的内存地址。你可将这个内存地址传递给一个外部组件，如 Windows API 的 C 风格函数调用，然后该组件可以修改数据。但属性并不直接提供其数据的内存地址，这提供了更多控制权。你只能请求属性获取或设置数据。属性在执行语句时可以决定如何响应用户请求，包括拒绝请求！

5.5.1 定义只读属性

只读属性只包含 get 部分。

(1) 在 PersonAutoGen.cs 文件的 Person 类中添加语句，定义如下三个属性：

- 第一个属性的作用与 GetOrigin 方法相同，使用的属性语法适用于 C#的所有版本。
- 第二个属性使用 C# 6 及更高版本中的 lambda 表达式体(=>)语法返回一条问候消息。
- 第三个属性计算人的年龄。

代码如下：

```
#region Properties: Methods to get and/or set data or state.

// A readonly property defined using C# 1 to 5 syntax.
public string Origin
{
```

```
  get
  {
    return string.Format("{0} was born on {1}.",
      arg0: Name, arg1: HomePlanet);
  }
}

// Two readonly properties defined using C# 6 or later
// lambda expression body syntax.

public string Greeting => $"{Name} says 'Hello!'";

public int Age => DateTime.Today.Year - Born.Year;

#endregion
```

最佳实践：

显然，这不是计算年龄的最佳方法，但我们还没有学会如何根据出生日期计算年龄。如果想要正确地执行该操作，可参考以下链接中的讨论：https://stackoverflow.com/questions/9/how-do-i-calculate-someones-age-in-c。

(2) 在Program.cs文件中添加语句以获取属性，代码如下所示：

```
Person sam = new()
{
  Name = "Sam",
  Born = new(1969, 6, 25, 0, 0, 0, TimeSpan.Zero)
};

WriteLine(sam.Origin);
WriteLine(sam.Greeting);
WriteLine(sam.Age);
```

(3) 运行PeopleApp项目并查看结果，输出如下所示：

```
Sam was born on Earth
Sam says 'Hello!'
54
```

上面的输出显示54，因为我在2023年7月5日(当时Sam 54岁)运行了这个控制台应用程序。

5.5.2 定义可设置的属性

要定义可设置的属性，必须使用旧的语法，并提供一对方法——不仅有get部分，还有set部分。

(1) 在PersonAutoGen.cs文件中添加语句，以定义一个同时具有get和set(也称为getter和setter)部分的字符串属性，代码如下所示：

```
// A read-write property defined using C# 3 auto-syntax.
public string? FavoriteIceCream { get; set; }
```

虽然没有手动创建字段来存储用户最喜欢的冰淇淋，但该字段是存在的，由编译器自动创建。有时，需要对设置属性时发生的事情进行更多的控制。这种情况下，必须使用更详细的语法，并手动创建私有字段来存储属性的值。

(2) 在 PersonAutoGen.cs 文件中添加语句，以定义一个 private string 字段(也称 backing field)，代码如下所示：

```
// A private backing field to store the property value.
private string? _favoritePrimaryColor;
```

最佳实践：

尽管没有为私有字段命名制定正式的标准，但最常见的做法是使用以下画线为前缀的驼峰命名法。

(3) 在 PersonAutoGen.cs 文件中添加语句，以定义同时具有 get 和 set 部分的字符串属性，并验证 setter 中的逻辑，代码如下所示：

```
// A public property to read and write to the field.
public string? FavoritePrimaryColor
{
  get
  {
    return _favoritePrimaryColor;
  }
  set
  {
    switch (value?.ToLower())
    {
      case "red":
      case "green":
      case "blue":
      _favoritePrimaryColor = value;
      break;
    default:
      throw new ArgumentException(
        $"{value} is not a primary color. " +
        "Choose from: red, green, blue.");
    }
  }
}
```

最佳实践：

应避免在 getter 和 setter 中添加太多代码。添加太多代码可能表明设计有问题。应考虑添加私有方法，然后在 set 和 get 方法中调用这些私有方法来简化实现。

(4) 在 Program.cs 文件中添加语句，以设置 Sam 最喜欢的冰淇淋和颜色，然后将它们写入控制台，代码如下所示：

```
sam.FavoriteIceCream = "Chocolate Fudge";
WriteLine($"Sam's favorite ice-cream flavor is {sam.FavoriteIceCream}.");

string color = "Red";

try
```

```
{
  sam.FavoritePrimaryColor = color;
  WriteLine($"Sam's favorite primary color is {sam.
FavoritePrimaryColor}.");
}
catch (Exception ex)
{
  WriteLine("Tried to set {0} to '{1}': {2}",
    nameof(sam.FavoritePrimaryColor), color, ex.Message);
}
```

更多信息：

由于本书篇幅所限，如果像在这里所做的那样将异常处理代码添加到所有代码示例中，那么为了腾出足够的空间，书中内容至少要删除一章。后面，将不再明确告诉你添加异常处理代码，你应该养成在需要时自己添加的习惯。

(5) 运行 PeopleApp 项目并查看结果，输出如下所示：

```
Sam's favorite ice-cream flavor is Chocolate Fudge.
Sam's favorite primary color is Red.
```

(6) 尝试将颜色设置为红色、绿色或蓝色以外的任何值，如黑色。

(7) 运行 PeopleApp 项目并查看结果，输出如下所示。

```
Tried to set FavoritePrimaryColor to 'Black': Black is not a primary
color. Choose from: red, green, blue.
```

最佳实践：

在不使用方法对(如 GetAge 和 SetAge)的情况下，当读写字段期间想要执行语句时，建议使用属性而不是字段。

5.5.3 限制枚举标志的值

在本章早些时候，我们定义了一个字段来存储某个人最喜欢的世界古迹。但随后我们让该枚举能够存储多个值的组合。下面将最喜欢的世界古迹限制为一个。

(1) 在 Person.cs 文件中，将 FavoriteAncientWonder 字段注释掉，并添加一个注释以注明它已移到 PersonAutoGen.cs 文件中，代码如下所示：

```
// This has been moved to PersonAutoGen.cs as a property.
// public WondersOfTheAncientWorld FavoriteAncientWonder;
```

(2) 在 PersonAutoGen.cs 文件中，为 FavoriteAncientWonder 添加一个私有字段和一个公共属性，代码如下所示：

```
private WondersOfTheAncientWorld _favoriteAncientWonder;

public WondersOfTheAncientWorld FavoriteAncientWonder
{
  get { return _favoriteAncientWonder; }
  set
```

```
{
  string wonderName = value.ToString();

  if (wonderName.Contains(','))
  {
    throw new ArgumentException(
      message: "Favorite ancient wonder can only have a single enum
value.",
      paramName: nameof(FavoriteAncientWonder));
}

 if (!Enum.IsDefined(typeof(WondersOfTheAncientWorld), value))
 {
  throw new ArgumentException(
    $"{value} is not a member of the WondersOfTheAncientWorld enum.",
    paramName: nameof(FavoriteAncientWonder));
  }
  _favoriteAncientWonder = value;
 }
}
```

更多信息：

为简化验证过程，可以先检查给定的值是否在原始 enum 中有定义，因为 IsDefined 方法对于多个值和未定义的值都会返回 false。不过，为了对多个值的情况显示一个特定的异常，我们需要先检查是否存在多个值。这是基于一个事实：当多个枚举值被格式化为字符串时，它们通常会在名称列表中用逗号分隔。因此，在验证值是否已定义之前，我们需要检测是否包含多个值。需要注意的是，逗号分隔的列表只是多个枚举值作为字符串的一种表示方式，但在代码中设置多个枚举值时，不能使用逗号，而应该使用|(按位或操作符)来组合它们。

(3) 在 Program.cs 文件的 Storing a value using an enum type 部分，将 Bob 最喜欢的世界古迹设置为超过一个枚举值，如下面的代码所示：

```
bob.FavoriteAncientWonder =
  WondersOfTheAncientWorld.StatueOfZeusAtOlympia |
  WondersOfTheAncientWorld.GreatPyramidOfGiza;
```

(4) 运行 PeopleApp 项目并注意抛出的异常，如下面的输出所示：

```
Unhandled exception. System.ArgumentException: Favorite ancient wonder
can only have a single enum value. (Parameter 'FavoriteAncientWonder')
  at Packt.Shared.Person.set_
FavoriteAncientWonder(WondersOfTheAncientWorld value) in C:\cs12dotnet8\
Chapter05\PacktLibraryNetStandard2\PersonAutoGen.cs:line 67
  at Program.<Main>$(String[] args) in C:\cs12dotnet8\Chapter05\
PeopleApp\Program.cs:line 57
```

(5) 在 Program.cs 中，将 Bob 最喜欢的世界古迹设置为一个无效的枚举值，如 128，如下面的代码所示：

```
bob.FavoriteAncientWonder = (WondersOfTheAncientWorld)128;
```

(6) 运行 PeopleApp 项目并注意抛出的异常，如下面的输出所示：

```
Unhandled exception. System.ArgumentException: 128 is not a member of the
WondersOfTheAncientWorld enum. (Parameter 'FavoriteAncientWonder')
```

(7) 在 Program.cs 中，将 Bob 最喜欢的世界古迹重新设置为一个有效的单一枚举值。

5.5.4 定义索引器

索引器允许调用代码使用数组语法来访问属性。例如，字符串类型定义了索引器，这样调用代码就可以访问字符串中的各个字符，代码如下所示：

```
string alphabet = "abcdefghijklmnopqrstuvwxyz";
char letterF = alphabet[5]; // 0 is a, 1 is b, and so on.
```

可以重载索引器，以便为其参数使用不同类型的值。例如，除了可以传递 int 值，还可以传递 string 值。

下面定义一个索引器来简化对子女集合对象的访问。

(1) 在 PersonAutoGen.cs 文件中添加语句，定义一个索引器，以使用子女集合对象的索引来获取和设置子对象，代码如下所示：

```
#region Indexers: Properties that use array syntax to access them.

public Person this[int index]
{
  get
  {
    return Children[index]; // Pass on to the List<T> indexer.
  }
  set
  {
    Children[index] = value;
  }
}

#endregion
```

(2) 在 PersonAutoGen.cs 文件中添加如下语句，定义一个索引器，以使用子对象的名称来获取和设置子对象：

```
// A read-only string indexer.
public Person this[string name]
{
  get
  {
    return Children.Find(p => p.Name == name);
  }
}
```

更多信息：

第 8 章将介绍更多有关集合(如 List<T>)的知识，第 11 章将介绍如何使用=>编写 lambda 表达式。

(3) 在 Program.cs 文件中添加以下语句，给 Sam 添加两个子对象，然后使用长一点的 Children 字段和更短的索引器语法来访问第一个子对象和第二个子对象：

```
sam.Children.Add(new() { Name = "Charlie",
  Born = new(2010, 3, 18, 0, 0, 0, TimeSpan.Zero) });

sam.Children.Add(new() { Name = "Ella",
  Born = new(2020, 12, 24, 0, 0, 0, TimeSpan.Zero) });

// Get using Children list.
WriteLine($"Sam's first child is {sam.Children[0].Name}.");
WriteLine($"Sam's second child is {sam.Children[1].Name}.");

// Get using the int indexer.
WriteLine($"Sam's first child is {sam[0].Name}.");
WriteLine($"Sam's second child is {sam[1].Name}.");

// Get using the string indexer.
WriteLine($"Sam's child named Ella is {sam["Ella"].Age} years old.");
```

(4) 运行 PeopleApp 项目并查看结果，输出如下所示：

```
Sam's first child is Charlie.
Sam's second child is Ella.
Sam's first child is Charlie.
Sam's second child is Ella.
Sam's child named Ella is 3 years old.
```

5.6 模式匹配和对象

第 3 章介绍了基本的模式匹配，本节将更详细地探讨模式匹配。

5.6.1 模式匹配飞机乘客

下面的示例中将定义一些类(它们用来表示飞机上各种类型的乘客)，然后使用带有模式匹配的 switch 表达式来确定不同乘客的飞行成本。

(1) 在 PacktLibraryNetStandard2 项目/文件夹中，添加一个名为 FlightPatterns.cs 的新文件。

(2) 如果使用的是 Visual Studio 2022，在 FlightPatterns.cs 文件中，删除现有的语句，包括名为 FlightPatterns 的类，因为我们将定义多个类，而它们的名称都不会与代码文件的名称匹配。

(3) 在 FlightPatterns.cs 文件中，添加如下语句以定义三类具有不同属性的乘客：

```
// All the classes in this file will be defined in the following
namespace.
namespace Packt.Shared;

public class Passenger
{
```

```
  public string? Name { get; set; }
}

public class BusinessClassPassenger : Passenger
{
  public override string ToString()
  {
    return $"Business Class: {Name}";
  }
}

public class FirstClassPassenger : Passenger
{
  public int AirMiles { get; set; }

  public override string ToString()
  {
    return $"First Class with {AirMiles:N0} air miles: {Name}";
  }
}

public class CoachClassPassenger : Passenger
{
  public double CarryOnKG { get; set; }
  public override string ToString()
  {
    return $"Coach Class with {CarryOnKG:N2} KG carry on: {Name}";
  }
}
```

更多信息：

第 6 章将介绍有关重写 ToString 方法的内容。

(4) 在 Program.cs 文件中，添加一些语句，定义一个包含 5 个乘客的对象数组，这些乘客的类型和属性值各不相同，然后进行枚举，输出飞行成本，代码如下所示：

```
// An array containing a mix of passenger types.
Passenger[] passengers = {
  new FirstClassPassenger { AirMiles = 1_419, Name = "Suman" },
  new FirstClassPassenger { AirMiles = 16_562, Name = "Lucy" },
  new BusinessClassPassenger { Name = "Janice" },
  new CoachClassPassenger { CarryOnKG = 25.7, Name = "Dave" },
  new CoachClassPassenger { CarryOnKG = 0, Name = "Amit" },
};

foreach (Passenger passenger in passengers)
{
  decimal flightCost = passenger switch
  {
    FirstClassPassenger p when p.AirMiles > 35_000 => 1_500M,
    FirstClassPassenger p when p.AirMiles > 15_000 => 1_750M,
    FirstClassPassenger _                          => 2_000M,
```

```
    BusinessClassPassenger _                      => 1_000M,
    CoachClassPassenger p when p.CarryOnKG < 10.0 => 500M,
    CoachClassPassenger _                         => 650M,
    _                                             => 800M
  };
  WriteLine($"Flight costs {flightCost:C} for {passenger}");
}
```

在上述代码中，请注意以下几点：

- 大多数代码编辑器不会自动将 lambda 符号 => 对齐。在上面的代码中，我已将 lambda 符号 => 对齐以增强代码的可读性。
- 为了匹配对象的属性，必须命名像 p 这样的局部变量，之后就可以在表达式中使用。
- 当只想对类型进行模式匹配时，可以使用 _ 来丢弃局部变量。例如，FirstClassPassenger _ 表示你正在匹配该类型，但不关心它的任何属性具有什么值，因此不需要像 p 这样的命名变量。稍后，我们将介绍如何进一步改进代码。
- switch 表达式也使用_来表示其默认分支。

(5) 运行 PeopleApp 项目并查看结果，输出如下所示：

```
Flight costs $2,000.00 for First Class with 1,419 air miles: Suman
Flight costs $1,750.00 for First Class with 16,562 air miles: Lucy
Flight costs $1,000.00 for Business Class: Janice
Flight costs $650.00 for Coach Class with 25.70 KG carry on: Dave
Flight costs $500.00 for Coach Class with 0.00 KG carry on: Amit
```

5.6.2 C# 9 及更高版本对模式匹配做了增强

前面的例子适用于 C# 8。下面来看看 C# 9 及更高版本对模式匹配做了哪些增强。首先，在进行类型匹配时，不再需要使用下画线来丢弃局部变量。

(1) 在 Program.cs 文件中，注释掉 C# 8 语法，并添加 C# 9 及更高版本的语法来修改头等舱乘客的分支，以使用嵌套的 switch 表达式并支持新的条件(如>)，如下面突出显示的代码所示：

```
decimal flightCost = passenger switch
{
  /* C# 8 syntax
  FirstClassPassenger p when p.AirMiles > 35_000 => 1_500M,
  FirstClassPassenger p when p.AirMiles > 15_000 => 1_750M,
  FirstClassPassenger _ => 2_000M, */

  // C# 9 or later syntax
  FirstClassPassenger p => p.AirMiles switch
  {
    > 35_000 => 1_500M,
    > 15_000 => 1_750M,
    _ => 2_000M
  },
  BusinessClassPassenger                        => 1_000M,
  CoachClassPassenger p when p.CarryOnKG < 10.0 => 500M,
  CoachClassPassenger                           => 650M,
  _                                             => 800M
};
```

(2) 运行 PeopleApp 并查看结果，输出与之前的一样。

还可以组合使用关系模式和属性模式来避免嵌套的 switch 表达式，如下面的代码所示：

```
FirstClassPassenger { AirMiles: > 35000 }        => 1500M,
FirstClassPassenger { AirMiles: > 15000 }        => 1750M,
FirstClassPassenger                              => 2000M,
```

更多信息：

你的项目中有许多使用模式匹配的方法。我建议你查阅以下链接的官方文档来了解更多信息：https://learn.microsoft.com/en-us/dotnet/csharp/fundamentals/functional/pattern matching。

5.7　使用 record 类型

在探讨新的 record 语言特性之前，我们先介绍 C# 9 及更高版本中的其他一些相关新特性。

5.7.1　init-only 属性

之前我们都是使用对象初始化语法来初始化对象和设置初始属性。也可以在对象实例化之后对这些初始属性进行更改。

但有时，我们可能想要处理像只读字段这样的属性，以便它们能够在实例化对象时进行设置，而不是等到实例化对象后才设置。换句话说，这些属性是不可变的。新的 init 关键字可以实现这一点，在属性定义中，它可以代替 set 关键字。

由于这是一个不被.NET Standard 2.0 支持的语言特性，因此无法在 PacktLibraryNetStandard2 项目中使用它。我们必须在现代项目中使用它。

(1) 在 PacktLibraryModern 项目中添加一个名为 Records.cs 的新文件。

(2) 在 Records.cs 文件中定义 ImmutablePerson 类，该类包含两个不可变的属性，如以下代码所示：

```
namespace Packt.Shared;

public class ImmutablePerson
{
  public string? FirstName { get; init; }
  public string? LastName { get; init; }
}
```

(3) 在 Program.cs 文件中，添加一些语句以实例化一个新的 ImmutablePerson 对象，然后尝试修改其中的 FirstName 属性，代码如下所示：

```
ImmutablePerson jeff = new()
{
  FirstName = "Jeff",
  LastName = "Winger"
};
jeff.FirstName = "Geoff";
```

(4) 编译这个控制台应用程序，注意产生了编译器错误，如下所示：

```
C:\cs12dotnet8\Chapter05\PeopleApp\Program.cs(404,1): error CS8852:
Init-only property or indexer 'ImmutablePerson.FirstName' can only be
assigned in an object initializer, or on 'this' or 'base' in an instance
constructor or an 'init' accessor. [/Users/markjprice/Code/Chapter05/
PeopleApp/PeopleApp.csproj]
```

(5) 在实例化之后，注释掉试图设置 FirstName 属性的那条语句。

更多信息：

即使在对象初始化器中没有设置 FirstName，也无法在初始化后设置它。如果需要强制设置属性，那么使用本章前面介绍的 required 关键字。

5.7.2 定义 record 类型

init-only 属性为 C#提供了某种不变性。下面使用 record 类型来帮助你进一步理解这个概念。这些都是通过使用 record 关键字(而不是 class 关键字)来实现的。record 关键字可以使整个对象不可变，并且在比较时它的作用类似于一个值。第 6 章将更详细地讨论有关类、记录和值类型的异同点。

对于不可变的记录来说，在实例化之后不应该有任何状态(属性和字段)变化。相反，可以通过现有记录创建新的记录，新的记录包含了变化后的状态，这称为非破坏性突变(non-destructive mutation)。为了实现这一点，C# 9 引入了 with 关键字。

(1) 在 Records.cs 文件中，在 ImmutablePerson 类的后面添加名为 ImmutableVehicle 的记录，代码如下所示：

```
public record ImmutableVehicle
{
  public int Wheels { get; init; }
  public string? Color { get; init; }
  public string? Brand { get; init; }
}
```

(2) 在 Program.cs 文件中，添加一些语句以创建 car 变量，然后创建 car 变量的突变副本，代码如下所示：

```
ImmutableVehicle car = new()
{
  Brand = "Mazda MX-5 RF",
  Color = "Soul Red Crystal Metallic",
  Wheels = 4
};
ImmutableVehicle repaintedCar = car
  with { Color = "Polymetal Grey Metallic" };
WriteLine($"Original car color was {car.Color}.");
WriteLine($"New car color is {repaintedCar.Color}.");
```

(3) 运行 PeopleApp 项目并查看结果，注意修改后的突变副本中汽车颜色的变化，输出如下所示：

```
Original car color was Soul Red Crystal Metallic.
New car color is Polymetal Grey Metallic.
```

更多信息：

也可以释放 car 变量占用的内存，但 repaintedCar 仍然会完全存在，不会受到影响。

5.7.3 record 类型的相等性

record 类型最重要的行为之一是其相等性。具有相同属性值的两个记录被认为是相等的。这似乎并不令人惊讶，但如果使用的是普通类而非记录，那么它们被认为是不相等的。下面对此进行说明。

(1) 在 PacktLibraryModern 项目中，添加一个名为 Equality.cs 的新文件。

(2) 在 Equality.cs 文件中，定义一个 class 和一个 record 类型，如下面的代码所示：

```
namespace Packt.Shared;

public class AnimalClass
{
  public string? Name { get; set; }
}

public record AnimalRecord
{
  public string? Name { get; set; }
}
```

(3) 在 Program.cs 文件中，添加语句以创建两个 AnimalClass 实例和两个 AnimalRecord 实例，然后比较它们的相等性，代码如下所示：

```
AnimalClass ac1 = new() { Name = "Rex" };
AnimalClass ac2 = new() { Name = "Rex" };

WriteLine($"ac1 == ac2: {ac1 == ac2}");

AnimalRecord ar1 = new() { Name = "Rex" };
AnimalRecord ar2 = new() { Name = "Rex" };

WriteLine($"ar1 == ar2: {ar1 == ar2}");
```

(4) 运行 PeopleApp 项目并查看结果，注意，即使两个类实例具有相同的属性值，它们也会被认为是不相等的，而两个记录实例如果具有相同的属性值，则会被认为是相等的，如下面的输出所示：

```
ac1 == ac2: False
ar1 == ar2: True
```

更多信息：

只有类实例是同一个对象时才会被认为是相等的。这通常在两个类实例的内存地址相等时成立。你将在第 6 章中学习关于类型相等性的更多内容。

5.7.4 记录中的位置数据成员

使用位置数据成员可以大大简化定义记录的语法。相比使用带花括号的对象初始化语法，我们有时可能更愿意为构造函数提供位置参数。也可以将位置参数和析构函数结合起来，把对象拆分成多个独立部分，代码如下所示：

```
public record ImmutableAnimal
{
  public string Name { get; init; }
  public string Species { get; init; }

  public ImmutableAnimal(string name, string species)
  {
    Name = name;
    Species = species;
  }

public void Deconstruct(out string name, out string species)
  {
    name = Name;
    species = Species;
  }
}
```

属性、构造函数和析构函数都可以自动生成。

(1) 在 Records.cs 文件中，添加语句，使用被称为位置记录的简化语法定义另一个记录，代码如下所示：

```
// Simpler syntax to define a record that auto-generates the
// properties, constructor, and deconstructor.
public record ImmutableAnimal(string Name, string Species);
```

(2) 在 Program.cs 文件中，添加语句以构造和析构 ImmutableAnimal 类，代码如下所示：

```
ImmutableAnimal oscar = new("Oscar", "Labrador");
var (who, what) = oscar; // Calls the Deconstruct method.
WriteLine($"{who} is a {what}.");
```

(3) 运行 PeopleApp 项目并查看结果，输出如下所示：

```
Oscar is a Labrador.
```

第 6 章介绍 C# 10 对创建 struct 记录的支持时，会再次用到记录。

更多信息：

你的项目中有很多使用记录(record)的方法。建议你通过以下链接的官方文档来了解更多信息：https://learn.microsoft.com/en-us/dotnet/csharp/whats-new/tutorials/records。

5.7.5　在类中定义主构造函数

在 C# 12 中引入了一个新功能，就是可以将一个构造函数作为类定义的一部分。这被称为主构造函数。它的语法与记录中的位置数据成员相同，但行为略有不同。

通常，我们会将类定义与任何构造函数分开，代码如下所示：

```
public class Headset // Class definition.
{
  // Constructor.
  public Headset(string manufacturer, string productName)
  {
    // You can reference manufacturer and productName parameters in
    // the constructor and the rest of the class.
  }
}
```

使用类的主构造函数，可以将它们合并成一种更简洁的语法，代码如下所示：

```
public class Headset(string manufacturer, string productName);
```

下面看一个例子：

(1) 在 PacktLibraryModern 项目中，添加一个名为 Headset.cs 的类文件。

(2) 修改代码文件的内容，为类提供两个参数，分别表示制造商和产品名称，代码如下所示：

```
namespace Packt.Shared;

public class Headset(string manufacturer, string productName);
```

(3) 在 Program.cs 中，添加语句来实例化一个 Headset 对象，代码如下所示：

```
Headset vp = new("Apple", "Vision Pro");
WriteLine($"{vp.ProductName} is made by {vp.Manufacturer}.");
```

更多信息：

record 类型和带有主构造函数的 class 类型之间的一个区别是，其参数不会自动成为公共属性，因此你会看到 CS1061 编译器错误。ProductName 和 productName 在类外部都是不可访问的。

(4) 在 Headset.cs 中，添加语句来定义两个属性，并使用传递给主构造函数的参数来设置它们，如以下突出显示的代码所示：

```
namespace Packt.Shared;

public class Headset(string manufacturer, string productName)
{
  public string Manufacturer { get; set; } = manufacturer;
  public string ProductName { get; set; } = productName;
```

```
}
```

(5) 运行 PeopleApp 项目并查看结果，输出如下所示：

```
Vision Pro is made by Apple.
```

(6) 在 Headset.cs 文件中，添加一个默认的无参构造函数，如以下突出显示的代码所示：

```
namespace Packt.Shared;

public class Headset(string manufacturer, string productName)
{
  public string Manufacturer { get; set; } = manufacturer;
  public string ProductName { get; set; } = productName;

  // Default parameterless constructor calls the primary constructor.
  public Headset() : this("Microsoft", "HoloLens") { }
}
```

(7) 在 Program.cs 文件中，创建一个未初始化的Headset实例以及一个 Meta Quest 3 的实例，代码如下所示：

```
Headset holo = new();
WriteLine($"{holo.ProductName} is made by {holo.Manufacturer}.");

Headset mq = new() { Manufacturer = "Meta", ProductName = "Quest 3" };
WriteLine($"{mq.ProductName} is made by {mq.Manufacturer}.");
```

(8) 运行 PeopleApp 项目并查看结果，输出如下所示：

```
Vision Pro is made by Apple.
HoloLens is made by Microsoft.
Quest 3 is made by Meta.
```

更多信息：

可通过以下链接了解更多关于类和结构的主构造函数的信息：https://learn.microsoft.com/en-us/dotnet/csharp/whats-new/tutorials/primary-constructors。

5.8 实践和探索

你可以通过回答一些问题来测试自己对知识的掌握程度，进行一些实践，并深入探索本章涵盖的主题。

5.8.1 练习 5.1：测试你掌握的知识

回答以下问题：

(1) 七个访问修饰符关键字及其组合是什么？它们的作用是什么？

(2) static、const 和 readonly 关键字分别应用于类型成员时的区别是什么？

(3) 构造函数的作用是什么？

(4) 想存储组合值时，为什么要将[Flags]特性应用于 enum 类型？

(5) 为什么 partial 关键字有用？

(6) 什么是元组？

(7) 关键字 record 的作用是什么？

(8) 重载是什么意思？

(9) 以下两个语句之间的区别是什么？(不要只说区别仅在于一个“>”字符！)

```
public List<Person> Children = new();
public List<Person> Children => new();
```

(10) 如何使方法的参数可选？

5.8.2 练习 5.2：练习使用访问修饰符

假设你是编译器，在构建以下项目时你会显示哪些错误？需要做什么更改来修复它们？

在一个类库项目的 Car.cs 文件中：

```
class Car
{
  int Wheels { get; set; }
  public bool IsEV { get; set; }
  internal void Start()
  {
    Console.WriteLine("Starting...");
  }
}
```

在引用该类库项目的控制台应用程序项目中，在 Program.cs 文件中：

```
Car fiat = new() { Wheels = 4, IsEV = true };
fiat.Start();
```

5.8.3 练习 5.3：探索主题

可通过以下链接来阅读本章所涉及主题的更多细节：

https://github.com/markjprice/cs12dotnet8/blob/main/docs/book-links.md#chapter-5---building-your-own-types-with-object-oriented-programming

5.9 本章小结

本章主要内容：

- 如何使用 OOP 创建自己的类型。
- 类型可以拥有的一些不同类别的成员，包括存储数据的字段和执行操作的方法。
- OOP 概念，如聚合和封装。
- 如何使用现代 C#特性，如关系和属性模式匹配增强、init-only 属性和 record 类型。

第 6 章将通过定义运算符、委托和事件，实现接口以及从现有类继承来进一步介绍这些概念。

第6章 实现接口和继承类

本章将讨论如下主要内容：使用面向对象编程(Object-Oriented Programming，OOP)从现有类型派生出新的类型，使用运算符作为实现简单功能的替代方法，使用泛型使代码更安全、更高效，用于在类型之间交换消息的委托和事件，引用类型和值类型之间的区别，为共同的功能实现接口，通过继承基类来创建派生类以重用功能，重写继承的类型成员并利用多态性，创建扩展方法，在继承层次结构中的类之间转换类型。

本章涵盖以下主题：

- 建立类库和控制台应用程序
- 静态方法和重载运算符
- 使用泛型安全地重用类型
- 触发和处理事件
- 实现接口
- 使用引用类型和值类型管理内存
- 处理空值
- 继承类
- 在继承层次结构中进行强制类型转换
- 继承和扩展.NET 类型
- 总结自定义类型的选择

6.1 建立类库和控制台应用程序

我们首先定义一个包含两个项目的解决方案，就像第 5 章创建的项目那样。即使你完成了第 5 章中的所有练习，也应遵循下面的说明，以新的工作项目开始本章的讨论。

(1) 使用自己喜欢的编码工具创建一个新项目，其定义如下：

- 项目模板：Class Library/classlib
- 项目文件和文件夹：PacktLibrary
- 解决方案文件和文件夹：Chapter06
- 框架：.NET 8.0 (Long-Term Support)

(2) 添加一个新项目，其定义如下：

- 项目模板：Console App/console
- 项目文件和文件夹：PeopleApp
- 解决方案文件和文件夹：Chapter06
- .NET 8.0 (Long-Term Support)
- 不使用顶级语句：已清除
- 启用原生 AOT 发布：已清除

更多信息：

本章中的两个项目都针对.NET 8，因此默认情况下使用 C# 12 编译器。

(3) 在 PacktLibrary 项目中，将名为 Class1.cs 的文件重命名为 Person.cs。

(4) 在上面的两个项目中，添加<ItemGroup>，全局且静态地导入 System.Console 类，代码如下所示：

```
<ItemGroup>
  <Using Include="System.Console" Static="true" />
</ItemGroup>
```

(5) 在 Person.cs 文件中，删除所有现有的语句，定义一个 Person 类，代码如下所示：

```
namespace Packt.Shared;

public class Person
{
  #region Properties

  public string? Name { get; set; }
  public DateTimeOffset Born { get; set; }
  public List<Person> Children = new();

  #endregion

  #region Methods

  public void WriteToConsole()
  {
    WriteLine($"{Name} was born on a {Born:dddd}.");
  }

  public void WriteChildrenToConsole()
  {
    string term = Children.Count == 1 ? "child" : "children";
    WriteLine($"{Name} has {Children.Count} {term}.");
  }
  #endregion
}
```

(6) 在 PeopleApp 项目中，向 PacktLibrary 添加一个项目引用，代码如下所示：

```
<ItemGroup>
  <ProjectReference
```

```
    Include="..\PacktLibrary\PacktLibrary.csproj" />
  </ItemGroup>
```

(7) 在 Program.cs 文件中，删除现有语句，然后编写语句以创建 Person 类的实例，并将有关该实例的信息写入控制台，代码如下所示：

```
using Packt.Shared;

Person harry = new()
{
  Name = "Harry",
  Born = new(year: 2001, month: 3, day: 25,
    hour: 0, minute: 0, second: 0,
    offset: TimeSpan.Zero)
};

harry.WriteToConsole();
```

(8) 如果使用的是 Visual Studio 2022，请将解决方案的启动项目配置为当前所选项目。

(9) 运行 PeopleApp 项目并注意结果，输出如下所示：

```
Harry was born on a Sunday.
```

6.2 静态方法和重载运算符

本节专门讨论那些适用于两个同类型实例的方法，而不讨论更一般的情况，即那些适用于零个、一个或者超过两个实例的方法。

我希望有些应用于 Person 实例的方法也可以是+和*之类的运算符。两个人“相加”代表什么？两个人“相乘”又代表什么？答案显而易见，相加可以代表两个人结婚，而相乘可以代表他们生子。

这里可能需要两个 Person 实例。为此，可以编写方法并重写运算符。实例方法是对象对自身执行的操作，静态方法是类型要执行的操作。

选择实例方法还是静态方法取决于谁对操作最有意义。

最佳实践：

同时使用静态方法和实例方法来执行类似的操作通常是有意义的。例如，string 类型既有 Compare 静态方法，又有 CompareTo 实例方法。这将如何使用这些功能的选择权交给了使用类型的程序员，从而给予他们更大的灵活性。

6.2.1 使用方法实现功能

下面从使用方法实现一些功能开始进行讲解。

(1) 在 Person.cs 文件中，添加一些带有私有备份存储字段(private backing storage field)的属性，以指示此人是否已婚以及与谁结婚，代码如下所示：

```
// Allow multiple spouses to be stored for a person.
public List<Person> Spouses = new();
```

```
// A read-only property to show if a person is married to anyone.
public bool Married => Spouses.Count > 0;
```

(2) 在 Person.cs 文件中，添加一个实例方法和一个静态方法，以允许创建两个要结婚的 Person 对象，如下所示：

```
// Static method to marry two people.
public static void Marry(Person p1, Person p2)
{
  ArgumentNullException.ThrowIfNull(p1);
  ArgumentNullException.ThrowIfNull(p2);

  if (p1.Spouses.Contains(p2) || p2.Spouses.Contains(p1))
  {
    throw new ArgumentException(
      string.Format("{0} is already married to {1}.",
      arg0: p1.Name, arg1: p2.Name));
  }
  p1.Spouses.Add(p2);
  p2.Spouses.Add(p1);
}

// Instance method to marry another person.
public void Marry(Person partner)
{
  Marry(this, partner); // "this" is the current person.
}
```

请注意以下几点：

- 在 static 方法中，两个 Person 对象被作为参数 p1 和 p2 传递，并使用守卫子句(guard clauses)来检查它们是否为 null 值。如果其中任何一个人已经与另一个人结婚，该方法将会抛出异常；否则，他(她)会被添加到对方的配偶列表中。如果我们想允许两个人拥有多次结婚仪式(这在现实生活中并不常见)，则可以对这种情况进行不同的建模。在这种情况下，我们可能会选择使 Marry 方法不抛出异常，也不做任何操作。他们的婚姻状态将保持不变。即使他们已婚或未婚，再次调用 Marry 方法也不会产生变化。在此，我希望你看到代码通过抛出异常来识别他们已经结婚。
- 在实例方法中，会调用静态方法，传递当前的人(this)以及他们想要结婚的伴侣(partner)。

(3) 在 Person.cs 文件中，向 Person 类添加一个实例方法，该方法将输出一个人的配偶信息(如果他们已婚)，代码如下所示：

```
public void OutputSpouses()
{
  if (Married)
  {
    string term = Spouses.Count == 1 ? "person" : "people";

    WriteLine($"{Name} is married to {Spouses.Count} {term}:");

    foreach (Person spouse in Spouses)
    {
      WriteLine($" {spouse.Name}");
```

```
    }
  }
  else
  {
    WriteLine($"{Name} is a singleton.");
  }
}
```

(4) 在 Person.cs 文件中，向 Person 类添加一个实例方法和一个静态方法，以允许两个 Person 对象在彼此已婚的情况下生育后代，代码如下所示：

```
/// <summary>
/// Static method to "multiply" aka procreate and have a child together.
/// </summary>
/// <param name="p1">Parent 1</param>
/// <param name="p2">Parent 2</param>
/// <returns>A Person object that is the child of Parent 1 and Parent
2.</returns>
/// <exception cref="ArgumentNullException">If p1 or p2 are null.</
exception>
/// <exception cref="ArgumentException">If p1 and p2 are not married.</
exception>
public static Person Procreate(Person p1, Person p2)
{
  ArgumentNullException.ThrowIfNull(p1);
  ArgumentNullException.ThrowIfNull(p2);

  if (!p1.Spouses.Contains(p2) && !p2.Spouses.Contains(p1))
  {
throw new ArgumentException(string.Format(
  "{0} must be married to {1} to procreate with them.",
  arg0: p1.Name, arg1: p2.Name));
}

Person baby = new()
{
  Name = $"Baby of {p1.Name} and {p2.Name}",
  Born = DateTimeOffset.Now
};

p1.Children.Add(baby);
p2.Children.Add(baby);

return baby;
}

// Instance method to "multiply".
public Person ProcreateWith(Person partner)
{
  return Procreate(this, partner);
}
```

请注意以下几点：

- 在名为 Procreate 的静态方法中，将两个要生育的 Person 对象作为参数 p1 和 p2 传递。

- 创建一个新的 Person 类实例，命名为 baby，其名字由其父母的名字组合而成。之后可以通过设置返回的 baby 变量的 Name 属性来修改这个名字。虽然我们可以给 Procreate 方法添加第三个参数来指定婴儿的名字，但我们稍后会定义一个二元运算符，而二元运算符不能有第三个参数，所以为了保持一致性，我们只返回婴儿的引用，并通过调用代码来设置 baby 的名字。
- 将 baby 对象添加到其父母的 Children 集合中，然后返回。类是引用类型，这意味着添加了对存储在内存中的 baby 对象的引用而不是 baby 对象的副本。本章将介绍引用类型和值类型之间的区别。
- 在名为 ProcreateWith 的实例方法中，将 Person 对象作为名为 partner 的参数，连同 this 参数一起传递给静态的 Procreate 方法，以重用该方法的实现。this 是一个关键字，用于引用类的当前实例。一种约定是为相关的静态方法和实例方法使用不同的方法名，例如，静态方法名为 Compare(x, y)，而实例方法名为 x.CompareTo(y)。

最佳实践：

创建新对象或修改现有对象的方法应该返回该对象的引用，以便调用者可以访问结果。

(1) 在 Program.cs 文件中，创建三个 Person 对象，让他们结婚并生育。注意，如果要在字符串中添加双引号字符，必须在它前面加上一个反斜杠字符(\)，代码如下所示：

```
// Implementing functionality using methods.
Person lamech = new() { Name = "Lamech" };
Person adah = new() { Name = "Adah" };
Person zillah = new() { Name = "Zillah" };

// Call the instance method to marry Lamech and Adah.
lamech.Marry(adah);

// Call the static method to marry Lamech and Zillah.
Person.Marry(lamech, zillah);

lamech.OutputSpouses();
adah.OutputSpouses();
zillah.OutputSpouses();

// Call the instance method to make a baby.
Person baby1 = lamech.ProcreateWith(adah);
baby1.Name = "Jabal";
WriteLine($"{baby1.Name} was born on {baby1.Born}");

// Call the static method to make a baby.
Person baby2 = Person.Procreate(zillah, lamech);
baby2.Name = "Tubalcain";

adah.WriteChildrenToConsole();
zillah.WriteChildrenToConsole();
lamech.WriteChildrenToConsole();

for (int i = 0; i < lamech.Children.Count; i++)
```

```
{
  WriteLine(format: " {0}'s child #{1} is named \"{2}\".",
    arg0: lamech.Name, arg1: i,
    arg2: lamech.Children[i].Name);
}
```

更多信息：

上面的代码中使用了 for 语句而不是 foreach 语句，这样就可以在索引器中使用 i 变量来访问每个子对象。

(2) 运行 PeopleApp 项目并查看结果，输出如下所示：

```
Lamech is married to 2 people:
  Adah
  Zillah
Adah is married to 1 person:
  Lamech
Zillah is married to 1 person:
Lamech
Jabal was born on 05/07/2023 15:17:03 +01:00
Adah has 1 child.
Zillah has 1 child.
Lamech has 2 children:
  Lamech's child #0 is named "Jabal".
  Lamech's child #1 is named "Tubalcain".
```

如前所述，当某个功能适用于两个对象类型的实例时，我们可以轻松地通过提供静态方法和实例方法来实现这一功能。然而，在所有使用场景中，静态方法或实例方法可能都不是最佳选择，因为我们无法预测这些类型可能会被如何使用。因此，为了获得灵活性，我们最好同时提供这两种方法，以便开发人员可以根据他们的具体需求选择最适合的方式来使用这些类型。

接下来，我们将探讨为两种类型的实例提供相同功能的第三种方法。

6.2.2 使用运算符实现功能

System.String 类有一个名为 Concat 的静态方法，用于连接两个字符串值并返回结果，代码如下所示：

```
string s1 = "Hello ";
string s2 = "World!";
string s3 = string.Concat(s1, s2);
WriteLine(s3); // Hello World!
```

调用 Concat 这样的方法是可行的，但对于程序员来说，使用+运算符将两个字符串值相加可能看起来更自然，如下所示：

```
string s3 = s1 + s2;
```

一个著名的圣经短语是“繁衍”，意思是生育。下面我们编写代码，让*(乘)符号允许两个 Person 对象生育。我们将使用+运算符来表示两个 Person 对象结婚。

为此，可以为*这样的符号定义静态运算符。该语法看起来像是一个方法，因为运算符实际上就是一个方法，但使用的是符号而不是方法名，从而使语法更加简洁。

(1) 在 Person.cs 文件中，为+符号创建一个 static 运算符，代码如下所示：

```
#region Operators

// Define the + operator to "marry".
public static bool operator +(Person p1, Person p2)
{
  Marry(p1, p2);

  // Confirm they are both now married.
  return p1.Married && p2.Married;
}

#endregion
```

更多信息：

运算符的返回类型不必与作为参数传递给运算符的类型相匹配，但返回类型不能为 void。

(2) 在 Person.cs 文件中，为*符号创建一个 static 运算符，代码如下所示：

```
// Define the * operator to "multiply".
public static Person operator *(Person p1, Person p2)
{
  // Return a reference to the baby that results from multiplying.
  return Procreate(p1, p2);
}
```

最佳实践：

与方法不同，当输入点(.)时，运算符不会出现在类型或类型实例的 IntelliSense 列表中。对于自定义的每个运算符，也要创建方法，因为对于程序员来说，运算符是否可用并不明显。运算符的实现可以调用方法，重用前面编写的代码。提供方法的另一个原因是，并非所有编程语言的编译器都支持运算符。例如，虽然 Visual Basic 和 F#支持像*这样的算术运算符，但并未要求其他语言支持 C#支持的所有运算符。你必须阅读类型定义或文档才能发现是否实现了运算符。

(3) 在 Program.cs 文件中，注释掉调用静态方法 Marry 的语句，使用 if 语句替代它，代码如下所示：

```
// Person.Marry(lamech, zillah);

if (lamech + zillah)
{
  WriteLine($"{lamech.Name} and {zillah.Name} successfully got
married.");
}
```

(4) 在 Program.cs 文件中，在调用 Procreate 方法后，在将孩子写入控制台的语句之前，使用*运算符让 Lamech 与妻子 Adah 和 Zillah 再生育两个孩子：

```
// Use the * operator to "multiply".
Person baby3 = lamech * adah;
baby3.Name = "Jubal";

Person baby4 = zillah * lamech;
baby4.Name = "Naamah";
```

(5) 运行 PeopleApp 项目并查看结果，输出如下所示：

```
Lamech and Zillah successfully got married.
Lamech is married to 2 people:
  Adah
  Zillah
Adah is married to 1 person:
  Lamech
Zillah is married to 1 person:
  Lamech
Jabal was born on 05/07/2023 15:27:30 +01:00
Adah has 2 children.
Zillah has 2 children.
  Lamech has 4 children:
  Lamech's child #0 is named "Jabal".
  Lamech's child #1 is named "Tubalcain".
  Lamech's child #2 is named "Jubal".
  Lamech's child #3 is named "Naamah".
```

更多信息：

要想进一步了解运算符重载，可通过以下链接阅读相关文档：https://learn.microsoft.com/en-us/dotnet/csharp/language-reference/operators/operator-overloading。

6.3 使用泛型安全地重用类型

在 2005 年，通过 C# 2 和.NET Framework 2.0，微软引入了一个名为泛型的特性，它使类型的重用更安全，也更高效。它允许程序员将类型作为参数传递，类似于将对象作为参数传递。

更多信息：

这个话题仅关注那些需要为它们所处理的类型提供灵活性的类型。比如，集合类型就需要能够存储任何类型的多个实例。这意味着集合类型需要具备足够的通用性，以便它们能够包含各种不同类型的数据元素。这种灵活性可通过使用 System.Object 类型或泛型来实现。对于其他不需要类型灵活性的场景，使用非泛型类型是良好的实践。

6.3.1 使用非泛型类型

首先，我们介绍一个使用非泛型类型的示例，这样就可以理解泛型旨在解决的问题，例如弱类型的参数和值，以及使用 System.Object 引起的性能问题。

System.Collections.Hashtable 可以用来存储多个键-值对，每个值都有一个唯一的键，可用于以后快速查找它的值。键和值都可以是任何对象，因为它们被声明为 System.Object。虽然这提供了灵活性，但它很慢，而且更容易引入 bug，因为在添加条目时没有进行类型检查。

下面编写一些代码。

(1) 在 Program.cs 文件中，创建非泛型集合 System.Collections.Hashtable 的实例，然后向其添加四个条目，代码如下所示：

```
// Non-generic lookup collection.
System.Collections.Hashtable lookupObject = new();
lookupObject.Add(key: 1, value: "Alpha");
lookupObject.Add(key: 2, value: "Beta");
lookupObject.Add(key: 3, value: "Gamma");
lookupObject.Add(key: harry, value: "Delta");
```

更多信息：

有三个条目具有唯一的整数键用于查找其值。最后一个条目使用一个 Person 对象作为其值的查找键。这在非泛型集合中是有效的。

(2) 添加语句，定义一个值为 2 的键，并使用它在哈希表中查找其对应的值，代码如下所示：

```
int key = 2; // Look up the value that has 2 as its key.

WriteLine(format: "Key {0} has value: {1}",
  arg0: key,
  arg1: lookupObject[key]);
```

(3) 添加使用 harry 对象查找其值的语句，代码如下所示：

```
// Look up the value that has harry as its key.
WriteLine(format: "Key {0} has value: {1}",
  arg0: harry,
  arg1: lookupObject[harry]);
```

(4) 运行 PeopleApp 并注意代码的工作方式，输出如下所示：

```
Key 2 has value: Beta
Key Packt.Shared.Person has value: Delta
```

尽管代码可以工作，但由于任何类型都可以被用作键或值，因此存在出错的潜在风险。如果另一个开发人员使用了你的查找对象，并希望所有条目都是某种特定类型，那么他们可能会将这些条目强制转换为该类型，并因为某些值可能是不同的类型而遇到异常。一个包含大量条目的查找对象的性能也很差。

最佳实践：

避免使用 System.Collections 名称空间中的类型，而改用 System.Collections.Generic 和相关名称空间中的类型。如果需要使用一个依赖于非泛型类型的库，就必须使用非泛型类型。这实际上就是通常所说的“技术债务”的一个典型示例。

6.3.2 使用泛型类型

System.Collections.Generic.Dictionary<TKey, TValue >可以用来存储多个值，每个值都有一个唯一的键，以后可以用来快速查找其值。键和值可以是任何对象，但必须在第一次实例化集合时告诉编译器键和值的类型。为此，可以在尖括号< >、TKey 和 TValue 中指定泛型参数的类型。

最佳实践：

当泛型类型只有一个可定义类型时，它应该被命名为 T，如 List<T>，其中 T 是存储在列表中的类型。当泛型类型有多个可定义类型时，应使用 T 作为名称前缀，并有一个合理的名称，如 Dictionary<TKey, TValue>。

这提供了灵活性，速度更快，而且更容易避免错误，因为在添加条目时进行了类型检查。不必显式地指定包含 Dictionary＜TKey，TValue＞的 System.Collections.Generic 名称空间，因为默认情况下它是隐式和全局导入的。

下面编写一些代码，使用泛型来解决这个问题。

(1) 在 Program.cs 文件中，创建一个泛型查找集合 Dictionary<TKey, TValue>的实例，然后向其添加四个条目，代码如下所示：

```
// Define a generic lookup collection.
Dictionary<int, string> lookupIntString = new();
lookupIntString.Add(key: 1, value: "Alpha");
lookupIntString.Add(key: 2, value: "Beta");
lookupIntString.Add(key: 3, value: "Gamma");
lookupIntString.Add(key: harry, value: "Delta");
```

(2) 注意将 harry 用作键时出现的编译错误，输出如下所示：

```
/Users/markjprice/Code/Chapter06/PeopleApp/Program.cs(98,32): error
CS1503: Argument 1: cannot convert from 'Packt.Shared.Person' to 'int' [/
Users/markjprice/Code/Chapter06/PeopleApp/PeopleApp.csproj]
```

(3) 把 harry 换成 4。

(4) 添加语句，将 key 设置为 3，并使用它在字典中查找其值，代码如下所示：

```
key = 3;

WriteLine(format: "Key {0} has value: {1}",
  arg0: key,
  arg1: lookupIntString[key]);
```

(5) 运行 PeopleApp 项目并注意代码的工作方式，输出如下所示：

```
Key 3 has value: Gamma
```

现在，你已经了解了非泛型类型与能够灵活存储任何类型的泛型类型之间的区别。在编写代码时，如果条件允许，应始终优先选择使用泛型集合类型。除非由于某些限制，不得不使用遗留的非泛型库，否则应避免再编写使用非泛型集合类型的代码，因为这类集合类型可能存储任意类型的数据。

尽管使用泛型集合类型相较于非泛型集合类型是一个值得推荐的好习惯，但这并不意味着所有情况都应如此。非泛型非集合类型和其他无需与任意类型灵活交互的类型在日常编程中仍然有其用武之地。只是，在集合类型方面，泛型的应用最广泛，也最能体现其优势。

6.4 触发和处理事件

方法通常被描述为对象可以执行的操作，可以对自身执行，也可以对相关的对象执行。例如，List<T>对象可以为自身添加条目或清除自身，File 对象可以在文件系统中创建或删除文件。

事件通常被描述为发生在对象上的操作。例如，在用户界面中，Button 对象有 Click 事件，Click 是发生在按钮上的单击事件。FileSystemWatcher 侦听文件系统的更改通知，并在目录或文件发生更改时触发诸如 Created 和 Deleted 的事件。

另一种看待事件的方式是，它们为对象之间交换消息提供了一种机制。

事件建立在委托的基础上，所以下面介绍什么是委托以及它是如何工作的。

6.4.1 使用委托调用方法

前面介绍了调用或执行方法的最常见方式：使用.运算符和方法的名称来访问方法。例如，Console.WriteLine 告诉我们要访问的是 Console 类的 WriteLine 方法。

调用或执行方法的另一种方式是使用委托。如果使用过支持函数指针的语言，就可以将委托视为类型安全的方法指针。换句话说，委托包含方法的内存地址，方法必须与委托具有相同的签名，从而可以确保使用正确的参数类型来安全地调用方法。

更多信息：

本节代码为说明性示例，并不意味着要直接用于项目。在下一节中，你将探索此类代码，所以现在只需要阅读代码并尝试理解其含义。

例如，假设 Person 类有一个方法，它必须传递一个字符串作为唯一的参数，并返回一个 int 类型的值，代码如下所示：

```
public class Person
{
  public int MethodIWantToCall(string input)
  {
    return input.Length; // It doesn't matter what the method does.
  }
```

可以对名为 p1 的 Person 实例调用这个方法，如下所示：

```
Person p1 = new();
int answer = p1.MethodIWantToCall("Frog");
```

也可通过定义具有匹配签名的委托来间接调用这个方法。注意，参数的名称不必匹配。但是参数和返回值的类型必须匹配，代码如下所示：

```
delegate int DelegateWithMatchingSignature(string s);
```

最佳实践：

委托(delegate)是一个引用类型，就像类一样，所以如果在 Program.cs 中定义了一个委托，它必须位于该文件的底部。最好将它定义在单独的类文件中，如 Program.Delegates.cs。如果你在 Program.cs 的中间部分定义了一个委托，就会遇到以下编译错误：CS8803: Top-level statements must precede namespace and type declarations。

现在，可以创建委托的一个实例，用它指向某个方法，最后调用该委托(实际上会调用该方法)，代码如下所示：

```
// Create a delegate instance that points to the method.
DelegateWithMatchingSignature d = new(p1.MethodIWantToCall);

// Call the delegate, which then calls the method.
int answer2 = d("Frog");
```

1. 使用委托的示例

你可能会想，“使用委托有什么意义呢？”

答案在于提供了灵活性。例如，可以使用委托来创建需要按顺序调用的方法队列。排队操作在服务中很常见，执行这种操作可以提供更好的可伸缩性。

另一个好处是允许多个操作并行执行。委托提供了对运行在不同线程上的异步操作的内置支持，这可以提高响应能力。

最重要的好处是，委托允许我们在实现事件时，可在不了解彼此的不同对象之间发送消息。事件是组件之间松散耦合的一个例子，因为组件不需要知道彼此，它们只需要知道事件签名。

2. 状态：这有点复杂

委托和事件是 C#中最令人困惑的两个特性，需要多次尝试才能理解它们，所以在我们解释它们的工作原理时，如果你感到困惑，请不要担心！请先转向其他主题，等你的大脑在睡眠中有机会消化这些概念时，再回头来看。

6.4.2 定义和处理委托

微软有两个预定义的委托可用作事件。这两个委托都包含如下两个参数：

- object? Sender：此参数是一个引用，指向引发事件或发送消息的对象。该引用可以为空引用。
- EventArgs e 或 TEventArgs e：此参数包含有关事件的其他信息。例如，在 GUI 应用程序中，可以为鼠标指针定义具有 X 和 Y 坐标属性的 MouseMoveEventArgs。对于银行账户，可能会有一个 WithdrawEventArgs，其中包含一个表示取款金额的 Amount 属性。

这两个委托的签名简单但灵活，代码如下所示：

```
// For methods that do not need additional argument values passed in.
public delegate void EventHandler(object? sender, EventArgs e);

// For methods that need additional argument values passed in as
// defined by the generic type TEventArgs.
public delegate void EventHandler<TEventArgs>(object? sender, TEventArgs e);
```

最佳实践：

如果想要在自己的类型中定义事件，可使用这两个预定义委托中的一个。

下面探讨委托和事件。

(1) 向 Person 类添加语句并注意以下几点：

- 定义了一个名为 Shout 的 EventHandler 委托字段。
- 定义了一个 int 字段来存储 AngerLevel。
- 定义了一个名为 Poke 的方法。
- 当人们被捉弄时，其 AngerLevel 的值就会增加。一旦 AngerLevel 的值达到 3，就会触发 Shout 事件，但前提是至少有一个事件委托指向代码中其他地方定义的方法；也就是说，Shout 事件不为空。

代码如下所示：

```
#region Events

// Delegate field to define the event.
public EventHandler? Shout; // null initially.

// Data field related to the event.
public int AngerLevel;

// Method to trigger the event in certain conditions.
public void Poke()
{
  AngerLevel++;

  if (AngerLevel < 3) return;

  // If something is listening to the event...
  if (Shout is not null)
  {
    // ...then call the delegate to "raise" the event.
    Shout(this, EventArgs.Empty);
  }
}

#endregion
```

更多信息：

在调用对象的方法之前检查对象是否为 null 很常见。C# 6 及更高版本允许在运算符之前使用？符号以内联方式简化对 null 的检查，如下所示：

```
Shout?.Invoke(this, EventArgs.Empty);
```

(2) 在 PeopleApp 项目中，添加一个名为 Program.EventHandlers.cs 的新类文件。

(3) 在 Program.EventHandlers.cs 中，删除任何现有语句，添加一个具有匹配签名的方法，该方法能够从 sender 参数中获取对 Person 对象的引用，并输出关于这些对象的一些信息，代码如下所示：

```
using Packt.Shared; // To use Person.

// No namespace declaration so this extends the Program class
// in the null namespace.

partial class Program
{

  // A method to handle the Shout event received by the harry object.
  private static void Harry_Shout(object? sender, EventArgs e)
  {
    // If no sender, then do nothing.
    if (sender is null) return;

    // If sender is not a Person, then do nothing.
    if (sender is not Person p) return;

    WriteLine($"{p.Name} is this angry: {p.AngerLevel}.");
  }
}
```

最佳实践：

微软对于处理事件的方法名的约定是 ObjectName_EventName。在这个项目中，sender 始终是一个 Person 类的实例，因此进行 null 值检查是不必要的，事件处理程序可以更简化一些，仅包含 WriteLine 语句。但重要的是要知道，这类 null 值检查在事件被误用时可以使代码更加健壮。

(4) 在 Program.cs 文件中添加一条语句，将 Harry_Shout 方法分配给委托字段，然后添加语句，调用 Poke 方法四次，代码如下所示：

```
// Assign the method to the Shout delegate.
harry.Shout = Harry_Shout;

// Call the Poke method that eventually raises the Shout event.
harry.Poke();
harry.Poke();
harry.Poke();
harry.Poke();
```

(5) 运行代码并查看结果，请注意，Harry 在前两次被捉弄时什么也没说，只有在至少被捉弄三次后才会愤怒地大喊，输出如下所示：

```
Harry is this angry: 3.
Harry is this angry: 4.
```

6.4.3 定义和处理事件

前面介绍了委托如何实现事件的最重要功能：为方法定义签名(该方法可以由完全不同的代码段实现)，然后调用该方法以及任何与委托字段关联的其他方法。

但是事件呢？它们的功能比较少，比你想象的更简单。

将方法分配给委托字段时，不应该使用我们在前面示例中使用的简单赋值运算符。

委托是多播的，这意味着可以将多个委托分配给同一个委托字段。可以使用+=运算符代替=运算符，这样就可以向同一个委托字段添加更多的方法。当调用委托时，将调用分配的所有方法，但无法控制它们的调用顺序。不要使用事件来实现购买音乐会门票的排队系统；否则，数百万 Swift 粉丝的愤怒将会降临到你身上。

如果 Shout 委托字段已经引用了一个或多个方法，通过分配另一个方法，该方法就会替换所有其他方法。对于用作事件的委托，通常希望确保程序员只使用+=或-=运算符来分配和删除方法。

(1) 要执行以上操作，在 Person.cs 文件中，请将 event 关键字添加到委托字段的声明中，如下面突出显示的代码所示：

```
public event EventHandler? Shout;
```

(2) 构建 PeopleApp 项目，注意编译器产生的错误消息，输出如下所示：

```
Program.cs(41,13): error CS0079: The event 'Person.Shout' can only appear
on the left hand side of += or -=
```

这几乎就是 event 关键字所做的一切！如果分配给委托字段的方法永远不超过一个，就不需要事件了。但是，表明其含义以及希望将委托字段用作事件仍然是最佳实践。

(3) 在 Program.cs 文件中，将注释和方法赋值修改为使用+=，代码如下所示：

```
// Assign the method to the Shout event delegate.
harry.Shout += Harry_Shout;
```

(4) 运行 PeopleApp 项目，注意代码的行为与之前相同。

(5) 在 Program.EventHandlers.cs 中，为 Harry 的 Shout 事件创建第二个事件处理程序，如以下代码所示：

```
// Another method to handle the event received by the harry object.
private static void Harry_Shout_2(object? sender, EventArgs e)
{
  WriteLine("Stop it!");
}
```

(6) 在 Program.cs 文件中，在将 Hary_Shout 方法分配给 Shout 事件的语句之后，添加一条语句，将新的事件处理程序也附加到 Shout 事件，如以下突出显示的代码所示：

```
// Assign the method(s) to the Shout event delegate.
harry.Shout += Harry_Shout;
harry.Shout += Harry_Shout_2;
```

(7) 运行 PeopleApp 项目并查看结果，注意每当触发事件时，这两个事件处理程序都会执行，输出如下所示：

```
Harry is this angry: 3.
Stop it!
Harry is this angry: 4.
Stop it!
```

以上介绍的是关于事件的内容，下面我们介绍接口。

6.5 实现接口

接口是实现标准功能和连接不同类型以创建新事物的一种方式。可以把接口想象成乐高积木中的螺柱，允许它们能够组合在一起，也可以把接口想象成插座和插头的电气标准。

如果一个类型实现了某个接口，就相当于它向.NET 的其余部分承诺：它支持特定的功能。因此，接口有时被描述为契约。

6.5.1 公共接口

表 6.1 中是类型可能需要实现的一些常见接口。

表 6.1　类型可能需要实现的一些常见接口

接口	方法	说明
IComparable	CompareTo(other)	该接口定义了一个比较方法，类型将实现该方法以对其实例进行排序
IComparer	Compare(first, second)	该接口定义了一个比较方法，辅助类型将实现该方法以对主类型的实例进行排序
IDisposable	Dispose()	该接口定义了一个释放方法(disposal method)，用于更高效地释放非托管资源，而不是等待 finalizer 来释放(请参阅本章后面的 6.6.8 节以了解更多细节)
IFormattable	ToString(format, culture)	该接口定义了一个与文化相关的方法，该方法将对象的值格式化为字符串表示形式
IFormatter	Serialize(stream, object)和 Deserialize(stream)	该接口定义了一个将对象与字节流相互转换，以进行存储或传输的方法
IFormatProvider	GetFormat(type)	该接口定义了一个基于语言和区域组合对输入进行格式化的方法

6.5.2 排序时比较对象

在表示数据的类型中，IComparable 是我们想要实现的最常见的接口之一。如果一个类型实现了 IComparable 接口，就可以对包含该类型实例的数组和集合进行排序。

这体现了排序概念的一个抽象实现。为了对任何类型进行排序，最基本的操作就是要能够比较两个元素并确定它们的相对顺序。如果一个类型提供了这种最基本的功能，那么排序算法就可以使用它，以任何所需的顺序对该类型的实例进行排序。

IComparable 接口有一个名为 CompareTo 的方法。这个方法有两种变体，一种用于处理可空对象类型，另一种用于处理可空泛型类型 T，代码如下所示：

```
namespace System
{
  public interface IComparable
  {
    int CompareTo(object? obj);
  }
```

```
  public interface IComparable<in T>
  {
    int CompareTo(T? other);
  }
}
```

更多信息：

in 关键字指定类型参数 T 是逆变的(contravariant)，这意味着可以将基类的比较逻辑用于派生类的实例。例如，如果 Employee 是从 Person 派生出来的，那么 Employee 和 Person 类型的对象都可以相互比较。

例如，string 类型实现了 IComparable，如果字符串小于被比较的字符串，返回-1；如果字符串大于被比较的字符串，返回 1；如果字符串等于被比较的字符串，返回 0。int 类型也实现了 IComparable，如果 int 小于被比较的 int，则返回-1；如果 int 大于被比较的 int，则返回 1；如果 int 等于被比较的 int，则返回 0。

表 6.2 对 CompareTo 方法的返回值进行了总结。

表 6.2　CompareTo 返回值的总结

当前对象排在被比较对象之前	当前对象与被比较对象相等	当前对象排在被比较对象之后
-1	0	1

在为 Person 类实现 IComparable 接口及其 CompareTo 方法之前，先看看当试图对 Person 实例数组排序时会发生什么，包括一些为 null 或者其 Name 属性值为 null 的实例。

(1) 在 PeopleApp 项目中，添加一个名为 Program.Helpers.cs 的新类文件。

(2) 在 Program.Helpers.cs 中，删除所有现有语句，然后为 partial Program 类定义一个方法，该方法将输出作为参数传递的一组人的所有名字，并在前面加上一个标题，代码如下所示：

```
using Packt.Shared;

partial class Program
{
  private static void OutputPeopleNames(
    IEnumerable<Person?> people, string title)
  {
    WriteLine(title);
    foreach (Person? p in people)
    {
      WriteLine("  {0}",
        p is null ? "<null> Person" : p.Name ?? "<null> Name");

      /* if p is null then output: <null> Person
         else output: p.Name
         unless p.Name is null then output: <null> Name */
    }
  }
}
```

(3) 在 Program.cs 文件中，添加语句，创建 Person 实例数组，并调用 OutputPeopleNames 方

法将一些条目写入控制台，然后尝试对数组进行排序，并再次将一些条目写入控制台，代码如下所示：

```
Person?[] people =
{
  null,
  new() { Name = "Simon" },
  new() { Name = "Jenny" },
  new() { Name = "Adam" },
  new() { Name = null },
  new() { Name = "Richard" }
};
OutputPeopleNames(people, "Initial list of people:");

Array.Sort(people);

OutputPeopleNames(people,
  "After sorting using Person's IComparable implementation:");
```

(4) 运行 PeopleApp 项目，将抛出一个异常。正如消息所解释的，为了解决这个问题，类型必须实现 IComparable 接口，输出如下所示：

```
Unhandled Exception: System.InvalidOperationException: Failed to compare
two elements in the array. ---> System.ArgumentException: At least one
object must implement IComparable.
```

(5) 在 Person.cs 文件中，在继承 object 之后，添加一个冒号，并输入 IComparable<Person?>，如以下突出显示的代码所示：

```
public class Person : IComparable<Person?>
```

更多信息：

代码编辑器会在新代码下面绘制一条红色的曲线，以警告你尚未实现你所承诺的方法。代码编辑器可以为你自动编写该方法的框架实现。

(6) 单击灯泡，然后单击 Implement interface。

(7) 向下滚动到 Person 类的底部，找到代码编辑器自动为你编写的方法，代码如下所示：

```
public int CompareTo(Person? other)
{
  throw new NotImplementedException();
}
```

(8) 删除抛出 NotImplementedException 错误的语句。

(9) 添加语句以处理各种输入值(包括 null)，并调用 Name 字段的 CompareTo 方法(该方法使用字符串类型的 CompareTo 实现)，然后返回结果，代码如下所示：

```
int position;

if (other is not null)
{
  if ((Name is not null) && (other.Name is not null))
  {
```

```
      // If both Name values are not null, then
      // use the string implementation of CompareTo.
      position = Name.CompareTo(other.Name);
    }
    else if ((Name is not null) && (other.Name is null))
    {
      position = -1; // this Person precedes other Person.
    }
    else if ((Name is null) && (other.Name is not null))
    {
      position = 1; // this Person follows other Person.
    }
    else
    {
      position = 0; // this and other are at same position.
    }
  }
  else if (other is null)
  {
    position = -1; // this Person precedes other Person.
  }
  else
  {
    position = 0; // this and other are at same position.
  }
  return position;
```

更多信息：

可通过比较其Name字段来比较两个Person实例。因此，Person实例将按姓名的字母顺序排序。null值将排在集合的底部。在调试代码时，先存储计算出的位置(即排序位置)，然后返回该位置会非常有用。此外，我在代码中使用了比编译器所要求的更多的圆括号，这是为了使代码结构更清晰，更易于阅读。如果你更喜欢简洁的代码风格，可以随意去掉这些额外的圆括号。

(10) 运行PeopleApp项目，注意这一次程序将按预期的那样工作，按字母顺序对姓名排序，其输出如下所示：

```
Initial list of people:
  Simon
  <null> Person
  Jenny
  Adam
  <null> Name
  Richard
After sorting using Person's IComparable implementation:
  Adam
  Jenny
  Richard
  Simon
  <null> Name
  <null> Person
```

最佳实践：

如果有人希望对自定义类型的数组或实例集合进行排序，那么请实现 IComparable 接口。

6.5.3 使用单独的类比较对象

有时，我们无法访问类的源代码，而且类可能没有实现 IComparable 接口。幸运的是，还有一种方法可用来对类的实例进行排序。可以创建一个单独的类，用它实现一个与 IComparable 稍微不同的接口——IComparer。

(1) 在 PacktLibrary 项目中添加新的类文件 PersonComparer.cs，该文件中的类实现了 IComparer 接口，用于比较两个 Person 实例的 Name 字段的长度，如果这两个 Name 字段有相同的长度，就按字母顺序比较姓名，代码如下所示：

```
namespace Packt.Shared;

public class PersonComparer : IComparer<Person?>
{
  public int Compare(Person? x, Person? y)
  {
    int position;

    if ((x is not null) && (y is not null))
    {
      if ((x.Name is not null) && (y.Name is not null))
      {
        // If both Name values are not null...
        // ...then compare the Name lengths...
        int result = x.Name.Length.CompareTo(y.Name.Length);

        // ...and if they are equal...
        if (result == 0)
        {
          // ...then compare by the Names...
          return x.Name.CompareTo(y.Name);
        }
        else
        {
          // ...otherwise compare by the lengths.
          position = result;
        }
      }
      else if ((x.Name is not null) && (y.Name is null))
      {
        position = -1; // x Person precedes y Person.
      }
      else if ((x.Name is null) && (y.Name is not null))
      {
        position = 1; // x Person follows y Person.
      }
      else // x.Name and y.Name are both null.
```

```
        {
          position = 0; // x and y are at same position.
        }
      }
      else if ((x is not null) && (y is null))
      {
        position = -1; // x Person precedes y Person.
      }
      else if ((x is null) && (y is not null))
      {
        position = 1; // x Person follows y Person.
      }
      else // x and y are both null.
      {
        position = 0; // x and y are at same position.
      }
      return position;
    }
  }
```

(2) 在Program.cs文件中，添加语句，使用以下不同的实现来排序数组，代码如下所示：

```
Array.Sort(people, new PersonComparer());

OutputPeopleNames(people,
  "After sorting using PersonComparer's IComparer implementation:");
```

(3) 运行PeopleApp项目并查看结果，可以看到各个人员都已按姓名的长度以字母顺序排序，输出如下所示：

```
After sorting using PersonComparer's IComparer implementation:
  Adam
  Jenny
  Simon
  Richard
  <null> Name
  <null> Person
```

这一次，对people数组进行排序时，将显式地要求排序算法使用PersonComparer类，以便首先用最短的姓名(如Adam)对人员进行排序，把最长的姓名放在最后，如Richard，当两个或多个姓名的长度相等(如Jenny 和Simon)时，按字母顺序进行排序。

6.5.4 隐式和显式的接口实现

接口可以隐式实现，也可以显式实现。隐式实现更简单，也更常见。只有在类必须具有多个相同名称和签名的方法时，才需要显式实现。就我个人而言，我唯一能记起来需要显式实现接口的情况，就是在为本书编写代码示例的时候。

例如，IGamePlayer和IKeyHolder可能都有一个名为Lose的方法，且参数相同，因为游戏和密钥都可能丢失。接口的成员总是自动默认为public 成员，因为它们必须能被其他类型访问以实现它们！

在一个必须实现这两个接口的类中，只能有一个 Lose 方法的隐式实现。如果两个接口可以共享相同的实现，那就没有问题；但如果不能共享相同的实现，那么另一个 Lose 方法必须以不同的方式实现并显式地被调用，代码如下所示：

```
public interface IGamePlayer
{
  void Lose();
}

public interface IKeyHolder
{
  void Lose();
}

public class Person : IGamePlayer, IKeyHolder
{
  public void Lose() // Implicit implementation.
  {
    // Implement losing a key.
  }

  public void IGamePlayer.Lose() // Explicit implementation.
  {
    // Implement losing a game.
  }
}

Person p = new();

p.Lose(); // Calls implicit implementation of losing a key.

((IGamePlayer)p).Lose(); // Calls explicit implementation of losing a game.

// Alternative way to do the same.
IGamePlayer player = p as IGamePlayer;
player.Lose(); // Calls explicit implementation of losing a game.
```

6.5.5 使用默认实现定义接口

C# 8 中引入的语言特性之一是接口的默认实现。这允许接口包含实现代码。这打破了原本的清晰界限，即接口定义契约，类和其他类型实现契约。一些.NET 开发人员认为这是对语言的扭曲。

下面介绍默认实现的实际应用。

(1) 在 PacktLibrary 项目中添加一个名为 IPlayable.cs 的类文件，并修改该文件中的语句，定义一个公共的 IPlayable 接口，该接口包含两个方法——Play 和 Pause，代码如下所示：

```
namespace Packt.Shared;

public interface IPlayable
{
  void Play();
```

```
  void Pause();
}
```

(2) 在 PacktLibrary 项目中添加一个名为 DvdPlayer.cs 的类文件，并修改该文件中的语句以实现 IPlayable 接口，代码如下所示：

```
namespace Packt.Shared;

public class DvdPlayer : IPlayable
{
  public void Pause()
  {
    WriteLine("DVD player is pausing.");
  }

  public void Play()
  {
    WriteLine("DVD player is playing.");
  }
}
```

这是很有用的。但如果我们决定添加第三个方法 Stop，该怎么办？在 C# 8 之前，一旦至少有一个类实现了原始的接口，这就是不可行的。接口的一个主要特性就是它是一个固定的契约。

C# 8 允许接口在发布后添加新的成员，但前提是接口要有一个默认实现。C#纯粹主义者不喜欢这个特性，但是出于实际原因(例如避免破坏所做的更改或不必定义一个全新的接口)，这个特性很有用，其他语言(如 Java 和 Swift)也支持类似的技术。

更多信息：

为了提供对默认接口实现的支持，需要对底层平台进行一些基本的更改。因此，只有当目标框架是.NET 5 或更高版本、.NET Core 3 或更高版本以及.NET Standard 2.1 时，C#才会支持这些更改。因此，.NET Framework 不支持它们。

下面添加 IPlayable 接口的默认实现。

(1) 修改 IPlayable 接口，添加带有默认实现的 Stop 方法，如以下突出显示的代码所示：

```
namespace Packt.Shared;

public interface IPlayable
{
  void Play();
  void Pause();
  void Stop() // Default interface implementation.
  {
    WriteLine("Default implementation of Stop.");
  }
}
```

(2) 构建 PeopleApp 项目，并注意尽管 DvdPlayer 类没有实现 Stop，项目还是成功通过编译。将来，我们可以通过在 DvdPlayer 类中实现 Stop 来重写它的默认实现。

尽管存在争议，但接口中的默认实现在某些场景下可能是有用的。例如，当接口定义者清楚地知道最常见的实现方式时，如果为接口成员提供了默认实现，那么实现该接口的大多数类型都可以继承它，而不必实现自己的版本。然而，如果接口定义者不知道成员应该如何实现，甚至能否被实现，那么添加默认实现就是徒劳的，因为它总是会被替换。

回顾一下本章前面提到的 IComparable 接口。它定义了一个用于比较两个对象的 CompareTo 方法。那么这个方法的默认实现可能是什么？我个人认为，显然不存在任何具有实际意义的默认实现。我能想到的实现可能是比较两个对象调用 ToString 方法后所返回的字符串值。然而，实际上每种类型都应该根据自身的特性和需求实现自己的 CompareTo 方法。在绝大多数接口的使用场景中，你会发现接口定义方法时并不包含默认实现。

下面，我们介绍类型在计算机内存中的存储方式。

6.6 使用引用类型和值类型管理内存

前面已经多次提到过引用类型。下面更详细地进行分析。

6.6.1 理解栈内存和堆内存

内存有两类：栈(stack)内存和堆(heap)内存。在现代操作系统中，栈和堆可以位于物理或虚拟内存中的任何位置。

栈内存使用起来更快(因为栈内存是由 CPU 直接管理的，而且使用的是后进先出机制，所以更可能在 L1 或 L2 缓存中存储数据)，但是大小有限；而堆内存的速度虽然较慢，但容量更大。

在 Windows 上，对于 ARM64、x86 和 x64 计算机，默认栈大小为 1MB。在典型的基于 Linux 的现代操作系统上，默认大小为 8MB。例如，在 macOS 或 Linux 的终端窗口中输入命令 ulimit –a，会发现输出信息提示栈大小被限制为 8192 KB，而其他内存是“无限制的”。这就是很容易出现“栈溢出”的原因。

6.6.2 定义引用类型和值类型

可以使用三个 C#关键字来定义对象类型：class、record 和 struct。它们可以具有相同的成员，如字段和方法。它们之间的一个区别在于内存的分配方式。

- 使用 record 或 class 定义类型时，就是在定义引用类型。这意味着用于对象本身的内存是在堆上分配的，只有对象的内存地址(以及一些开销)存储在栈上。引用类型总会使用少量的栈内存。
- 使用 record struct 或 struct 定义类型时，就是在定义值类型。这意味着用于对象本身的内存是在栈上分配的。

如果 struct 使用的字段类型不属于 struct 类型，那么这些字段将存储在堆中，这意味着对象的数据同时存储在栈和堆中！

下面是一些常见的 struct 类型。

- 数字 System 类型：byte、sbyte、short、ushort、int、uint、long、ulong、float、double 和 decimal。

- 其他 System 类型：char、DateTime、DateOnly、TimeOnly 和 bool。
- System.Drawing 类型：Color、Point、PointF、Size、 SizeF、Rectangle 和 RectangleF。

几乎所有其他类型都是 class 类型，包括 string(即 System.String)和 object(即 System.Object)。

更多信息：

除了数据存储在内存中的位置不同，另一个主要区别在于不能从 struct 类型继承，并且 struct 对象在比较相等性时是基于它们的值，而不是基于它们的内存地址。

6.6.3 如何在内存中存储引用类型和值类型

假设你有一个控制台应用程序，它调用了某个方法，该方法使用了一些引用类型和值类型的变量，如下面的代码所示：

```
void SomeMethod()
{
  int number1 = 49;
  long number2 = 12;
  System.Drawing.Point location = new(x: 4, y: 5);

  Person kevin = new() { Name = "Kevin",
    Born = new(1988, 9, 23, 0, 0, 0, TimeSpace.Zero) };
  Person sally;
}
```

下面回顾一下当执行这个方法时，变量在栈和堆上内存的分配情况(见图 6.1)。各变量的解释如下。

- number1 变量是一个值类型(也称为 struct)，在栈上分配，使用 4 字节的内存，因为它是一个 32 位整数。它的值 49 直接存储在变量中。
- number2 变量也是一个值类型，也在栈上分配，并且使用 8 字节的内存，因为它是一个 64 位整数。
- location 变量也是一个值类型，在栈上分配，使用 8 字节的内存，因为它是由两个 32 位整数 x 和 y 组成的。
- kevin 变量是一个引用类型(也称为 class)，有一个 64 位内存地址(假设使用 64 位操作系统)，使用 8 字节的内存，在栈上分配，并且在堆上有足够的字节来存储 Person 的一个实例。
- sally 变量是一个引用类型，所以有一个 64 位的内存地址，在栈上分配 8 字节的内存。当前它是空的，这意味着还没有在堆上为它分配内存。如果稍后将 kevin 分配给 sally，那么堆上 Person 的内存地址将被复制到 sally 中，代码如下所示：

```
sally = kevin; // both variables point at the same Person on heap.
```

为引用类型分配的所有内存都存储在堆上，除了其在栈上的内存地址。如果 DateTime 之类的值类型用于 Person 之类的引用类型的字段，那么 DateTime 值将存储在堆上，如图 6.1 所示。

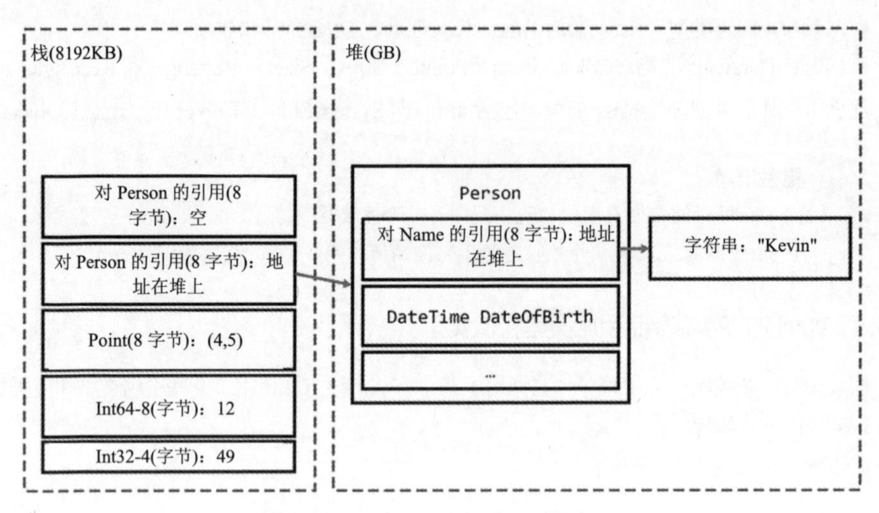

图 6.1　如何在栈和堆中分配值类型和引用类型

如果值类型有一个引用类型的字段，那么该值类型的那一部分将存储在堆上。Point 是一种由两个字段组成的值类型，本身都是值类型，因此整个对象可以在栈上分配。如果 Point 值类型有一个引用类型的字段(如 string)，那么字符串字节将存储在堆上。

当方法执行完毕后，栈上为该方法分配的所有内存都会自动从栈顶释放。然而，堆内存可能在方法返回后仍然被分配，继续占用内存，直到.NET 运行时垃圾收集器在未来的某个时间点释放这些内存。堆内存并不会立即被释放，这是为了提高性能。我们将在本节稍后部分学习关于垃圾收集器的知识。

控制台应用程序可能会在运行时不断调用新的方法，每个方法在被调用时都会在其栈中分配所需的栈内存。栈内存实际上就是一个栈：当需要内存时，在栈顶进行分配；当不再需要时，从栈顶移除。

C#开发人员无法控制内存的分配或释放。当方法被调用时，内存会自动分配；而当方法返回时，该内存会自动释放。这种机制确保了代码的安全性和可验证性，因此被称为可验证的安全代码(verifiably safe code)。

C#开发人员可以使用非安全代码来分配和访问原始内存。stackalloc 关键字用于在栈上分配一块内存。与堆内存不同，使用 stackalloc 分配的内存块在包含它的方法返回时会自动释放。这是一个本书未涵盖的高级特性。可通过以下链接阅读关于非安全代码和 stackalloc 的信息：https://learn.microsoft.com/zh-cn/dotnet/csharp/language-reference/unsafe-code 和 https://learn.microsoft.com/zh-cn/dotnet/csharp/language-reference/operators/stackalloc。

6.6.4　理解装箱

装箱(boxing，在计算机编程中，特别是在 C#中)与字面意义上的“被打在脸上”没有任何关系。但是，对于努力在有限内存环境下工作的 Unity 游戏开发人员来说，当他们处理内存管理问题时，装箱操作(及其带来的额外开销)可能会让他们感到像是被“打击”了一样，因为它可能会增加不必要的内存使用和处理时间。

在 C#中，装箱是指将一个值类型移到堆内存中，并将其包装在一个 System.Object 实例中。

与装箱相反的操作称为拆箱(unboxing)，即将这个值重新移回到栈上。拆箱是一个显式的操作，而装箱则是隐式的，所以可能会在不被开发人员察觉的情况下发生。进行装箱操作所花费的时间可能比不进行装箱操作的时间长 20 倍。

例如，一个 int 值可以被装箱然后拆箱，如下所示：

```
int n = 3;
object o = n; // Boxing happens implicitly.
n = (int)o; // Unboxing only happens explicitly.
```

一种常见的装箱场景是在将值类型传递给格式化字符串时，如以下代码所示：

```
string name = "Hilda";
DateTime hired = new(2024, 2, 21);
int days = 5;

// hired and days are value types that will be boxed.
Console.WriteLine("{0} hired on {1} for {2} days.", name, hired, days);
```

变量 name 没有被装箱，因为字符串在.NET 中是一个引用类型，它存在于堆(heap)上。装箱和拆箱操作对性能有负面影响。尽管对于.NET 开发人员来说，了解并避免装箱是有用的，但对于大多数.NET 项目类型和许多场景来说，装箱并不是一个值得过分担心的问题，因为其开销被其他因素(如网络调用或更新用户界面)所掩盖。

但是，对于在 Unity 平台上开发的游戏来说，情况则有所不同。Unity 的垃圾收集器不会那么迅速或自动地释放装箱的值，因此避免装箱就显得尤为重要。JetBrains Rider 及其 Unity Support 插件正是基于这一点，在检测到代码中存在装箱操作时，会发出警告以提醒开发人员。不过，这个插件目前并没有区分 Unity 项目和其他类型的.NET 项目，所以在非 Unity 项目中也可能出现类似的警告。

更多信息：

可通过以下链接了解有关装箱的更多信息： https://learn.microsoft.com/en-us/dotnet/csharp/programming-guide/types/boxing-and-unboxing。

6.6.5 类型的相等性

使用==和!=操作符比较两个变量是很常见的。对于引用类型和值类型来说，这两个操作符的行为是不同的。

当检查两个值类型变量是否相等时，.NET 会在栈上比较这两个变量的值。如果它们相等，就返回 true。

(1) 在 Program.cs 文件中，添加语句以声明两个具有相等值的整型变量，然后比较它们，代码如下所示：

```
int a = 3;
int b = 3;
WriteLine($"a: {a}, b: {b}");
WriteLine($"a == b: {a == b}");
```

(2) 运行 PeopleApp 项目并查看结果，输出如下所示：

```
a: 3, b: 3
a == b: True
```

当检查两个引用类型变量是否相等时，.NET 会比较这两个变量的内存地址。如果它们相等，则返回 true。

(3) 在 Program.cs 文件中，添加语句以声明两个 Person 实例，它们的名字(Name)相同，然后比较这两个变量以及它们的名字，代码如下所示：

```
Person p1 = new() { Name = "Kevin" };
Person p2 = new() { Name = "Kevin" };
WriteLine($"p1: {p1}, p2: {p2}");
WriteLine($"p1.Name: {p1.Name}, p2.Name: {p2.Name}");
WriteLine($"p1 == p2: {p1 == p2}");
```

(4) 运行 PeopleApp 项目并查看结果，输出如下所示：

```
p1: Packt.Shared.Person, p2: Packt.Shared.Person
p1.Name: Kevin, p2.Name: Kevin
p1 == p2: False
```

更多信息：
这是因为它们不是同一个对象。如果两个变量都指向堆上的同一个对象，那么它们将相等。

(5) 添加语句，声明第 3 个 Person 对象并将 p1 分配给它，代码如下所示：

```
Person p3 = p1;
WriteLine($"p3: {p3}");
WriteLine($"p3.Name: {p3.Name}");
WriteLine($"p1 == p3: {p1 == p3}");
```

(6) 运行 PeopleApp 并查看结果，输出如下所示：

```
p3: Packt.Shared.Person
p3.Name: Kevin
p1 == p3: True
```

更多信息：
引用类型行为的一个例外是字符串类型。字符串是一个引用类型，但相等操作符(equality operators)已被重写，以使行为类似于值类型。

(7) 添加语句，比较两个 Person 实例的 Name 属性，代码如下所示：

```
// string is the only class reference type implemented to
// act like a value type for equality.
WriteLine($"p1.Name: {p1.Name}, p2.Name: {p2.Name}");
WriteLine($"p1.Name == p2.Name: {p1.Name == p2.Name}");
```

(8) 运行 PeopleApp 项目并查看结果，输出如下所示：

```
p1.Name: Kevin, p2.Name: Kevin
p1.Name == p2.Name: True
```

可以对自己的类进行类似的处理，即使这两个变量并没有引用同一个对象(堆上的同一个内存地址)，通过重写相等操作符也可返回 true；如果它们的字段具有相同的值，相等操作符就返回 false。但这超出了本书的讨论范围。

最佳实践：
也可使用 record class，因为它的好处之一是已为你实现了这种相等行为。

6.6.6 定义 struct 类型

下面看看如何定义值类型。

(1) 在 PacktLibrary 项目中，添加一个名为 DisplacementVector.cs 的文件。

(2) 修改这个文件，注意：

- 这个类型是使用 struct 而不是 class 声明的。
- 这个类型有两个 int 属性，分别名为 X 和 Y，它们将自动生成两个私有字段，其数据类型与栈上分配的数据类型相同。
- 这个类型有一个构造函数，用于设置 X 和 Y 的初始值。
- 它有一个操作符，用于将两个实例相加，并返回该类型的一个新实例，其中 X 的值是两个实例的 X 值之和，Y 的值是两个实例的 Y 值之和。

修改后的文件代码如下所示：

```
namespace Packt.Shared;

public struct DisplacementVector
{
  public int X { get; set; }
  public int Y { get; set; }

  public DisplacementVector(int initialX, int initialY)
  {
    X = initialX;
    Y = initialY;
  }

  public static DisplacementVector operator +(
    DisplacementVector vector1,
    DisplacementVector vector2)
  {
    return new(
      vector1.X + vector2.X,
      vector1.Y + vector2.Y);
  }
}
```

(3) 在 Program.cs 文件中，添加语句以创建两个新的 DisplacementVector 实例，将它们相加并输出结果，代码如下所示：

```
DisplacementVector dv1 = new(3, 5);
DisplacementVector dv2 = new(-2, 7);
DisplacementVector dv3 = dv1 + dv2;

WriteLine($"({dv1.X}, {dv1.Y}) + ({dv2.X}, {dv2.Y}) = ({dv3.X},
```

```
{dv3.Y})");
```

(4) 运行 PeopleApp 项目并查看结果，输出如下所示：

```
(3, 5) + (-2, 7) = (1, 12)
```

即使未定义显式的构造函数，值类型也始终具有默认构造函数，因为栈上的值即使是默认值也必须被初始化。DisplacementVector 中的两个整型字段将被初始化为 0。

(5) 在 Program.cs 文件中，添加语句以创建 DisplacementVector 的新实例，并输出该对象的属性，代码如下所示：

```
DisplacementVector dv4 = new();
WriteLine($"({dv4.X}, {dv4.Y})");
```

(6) 运行 PeopleApp 项目并查看结果，输出如下所示：

```
(0, 0)
```

(7) 在 Program.cs 文件中，添加语句以创建一个 DisplacementVector 新实例，并将其与 dv1 进行比较，如下面的代码所示：

```
DisplacementVector dv5 = new(3, 5);
WriteLine($"dv1.Equals(dv5): {dv1.Equals(dv5)})");
WriteLine($"dv1 == dv5: {dv1 == dv5})");
```

注意，不能直接使用==来比较 struct 变量，但可以调用 Equals 方法，它有一个默认实现，用于比较 struct 内的所有字段是否相等。虽然我们现在可以手动为 struct 重载= =运算符，但更简单的方法是使用 C# 10 中引入的一个特性：record struct 类型。

最佳实践：

如果你的类型中的所有字段使用的总内存为 16 字节或更少，类型只使用值类型作为它的字段，并且你永远不想从该类型中继承，那么微软建议使用 struct。如果你的类型使用了多于 16 字节的栈内存，它的字段使用了引用类型，或者你可能想从它继承，那么建议使用 class。

6.6.7 定义 record struct 类型

C# 10 引入了在 struct 类型和 class 类型中使用 record 关键字的功能。下面介绍一些示例。

(1) 在 DisplacementVector 类型中，添加 record 关键字，如下面突出显示的代码所示：

```
public record struct DisplacementVector(int X, int Y);
```

(2) 在 Program.cs 中，注意，现在使用==运算符时不再出现编译器错误了。

(3) 运行 PeopleApp 项目并查看结果，输出如下所示：

```
dv1.Equals(dv5): True)
dv1 == dv5: True)
```

record struct 相比 record class 的好处与 struct 相比 class 的好处相同。record struct 和 record class 之间的一个区别在于，除非也将 readonly 关键字应用于 record struct 声明，否则 record struct 是可变的。 struct 未实现= =和!=运算符，但 record struct 自动实现了它们。

最佳实践:

通过此更改，如果想要定义一个 record class，即使 class 关键字是可选的，微软也建议显式指定 class，代码如下所示:

```
public record class ImmutableAnimal(string Name);
```

6.6.8 释放非托管资源

第 5 章提到过，可以使用构造函数初始化字段，并且类可以有多个构造函数。假设为构造函数分配了非托管资源；也就是说，分配了任何不受.NET 控制的资源，例如受操作系统控制的文件或互斥锁。非托管资源必须手动释放，因为.NET 无法使用其自动垃圾收集特性自动释放它们。

垃圾收集是一个高级主题，所以对于这个主题，下面展示一些代码示例，但是不需要在当前项目中创建它们。

每个类都有一个终结器(finalizer)，当需要释放资源时，.NET 运行时将调用终结器。终结器与构造函数同名，但终结器的前面有波浪号~，代码如下所示:

```
public class ObjectWithUnmanagedResources
{
  public ObjectWithUnmanagedResources() // Constructor.
  {
    // Allocate any unmanaged resources.
  }
~ObjectWithUnmanagedResources() // Finalizer aka destructor.
  {
    // Deallocate any unmanaged resources.
  }
}
```

不要将终结器(也称为析构函数)与 Deconstruct 方法搞混淆。析构函数用于释放资源，也就是说，它会在内存中销毁对象。而 Deconstruct 方法则返回一个能够分解的对象，并使用 C#析构语法，例如，在处理元组时。第 5 章详细介绍了 Deconstruct 方法。

前面的代码示例是处理非托管资源时应该执行的最简单操作。但是，只提供终结器产生的问题是：.NET 垃圾收集器需要进行两次垃圾收集操作，才能完全释放为这种类型分配的资源。

虽然是可选的，但还是建议提供方法，以允许开发人员使用类型显式地释放资源，这样垃圾收集器就可以立即且非常确定地释放非托管资源中(如文件)的托管部分，然后在一轮(而不是两轮)垃圾收集中释放对象的托管内存部分。

通过实现 IDisposable 接口，有一种标准的机制可以做到这一点，代码如下所示:

```
public class ObjectWithUnmanagedResources : IDisposable
{
  public ObjectWithUnmanagedResources()
  {
    // Allocate unmanaged resource.
  }
  ~ObjectWithUnmanagedResources() // Finalizer.
  {
    Dispose(false);
  }
```

```
  bool disposed = false; // Indicates if resources have been released.

  public void Dispose()
  {
    Dispose(true);

    // Tell garbage collector it does not need to call the finalizer.
    GC.SuppressFinalize(this);
  }

  protected virtual void Dispose(bool disposing)
  {
    if (disposed) return;

    // Deallocate the *unmanaged* resource.
    // ...

    if (disposing)
    {
      // Deallocate any other *managed* resources.
      // ...
    }
    disposed = true;
  }
}
```

在此有两个 Dispose 方法：一个是公有的，一个是受保护的：

- 无返回值的公有 Dispose 方法将由使用类的开发人员调用。在调用时，需要释放非托管资源和托管资源。
- 无返回值的、带有 bool 参数的、受保护的、虚拟的 Dispose 方法在内部实现资源的释放。我们需要检查 disposing 参数和 disposed 字段，原因在于如果终结器线程已经运行，且调用了~ObjectWithUnmanagedResources 方法，那么只有托管资源才需要由垃圾收集器进行释放。

对 GC.SuppressFinalize(this)的调用是在通知垃圾收集器，它不再需要运行终结器，也不需要再次进行垃圾收集。

6.6.9 确保调用 Dispose 方法

当使用实现了 IDisposable 接口的类型时，可以通过 using 语句来确保调用公有的 Dispose 方法，代码如下所示：

```
using (ObjectWithUnmanagedResources thing = new())
{
  // Code that uses thing.
}
```

编译器会将上述代码转换成如下代码，这保证了即使发生异常也会调用 Dispose 方法：

```
ObjectWithUnmanagedResources thing = new();
try
```

```
{
  // Code that uses thing.
}
finally
{
  if (thing != null) thing.Dispose();
}
```

当使用实现了 IAsyncDisposable 接口的类型时，就可以通过 await using 语句确保调用公有的 Dispose 方法，代码如下所示：

```
await using (ObjectWithUnmanagedResources thing = new())
{
  // Code that uses async thing.
}
```

第 9 章将列举使用 IDisposable 接口、using 语句和 try…finally 块释放非托管资源的具体示例。

6.7 使用空值

前面已经介绍了引用类型与值类型在内存中的存储方式的区别以及如何在 struct 变量中存储数字等基本值。但是如果一个变量还没有被赋予值，该如何表示这一点呢？C#具有空值的概念，可以用来表示没有设置变量。

6.7.1 使值类型可为空

默认情况下，像 int 和 DateTime 这样的值类型必须始终具有一个值。例如，有时，当读取存储在数据库中允许为空、缺失或 null 的值时，允许值类型为空是很方便的。我们称这种类型为可为空的值类型。

可以通过在声明变量时将问号作为类型的后缀来启用此功能。

下面看一个例子。我们将创建一个新项目，因为一些 null 处理选项是在项目级别设置的：

(1) 使用自己喜欢的编码工具将一个新的名为 NullHandling 的 Console App/console 项目添加到 Chapter06 解决方案中。

(2) 在 NullHandling.csproj 中，添加<ItemGroup>，以全局且静态地导入 System.Console 类。

(3) 在 Program.cs 文件中，删除现有语句，然后添加语句以声明两个 int 变量并赋值(包括 null)，其中一个变量的后缀为？一个没有后缀，代码如下所示：

```
int thisCannotBeNull = 4;
thisCannotBeNull = null; // CS0037 compiler error!
WriteLine(thisCannotBeNull);

int? thisCouldBeNull = null;

WriteLine(thisCouldBeNull);
WriteLine(thisCouldBeNull.GetValueOrDefault());

thisCouldBeNull = 7;
```

```
WriteLine(thisCouldBeNull);
WriteLine(thisCouldBeNull.GetValueOrDefault());
```

(4) 构建项目并注意编译器错误，输出如下所示：

```
Cannot convert null to 'int' because it is a non-nullable value type
```

(5) 注释掉给出编译器错误的语句，代码如下所示：

```
//thisCannotBeNull = null; // CS0037 compiler error!
```

(6) 运行代码并查看结果，输出如下所示：

```
4

0
7
7
```

更多信息：

第二行是空的，因为它输出 null 值！

(7) 添加如下语句以使用另一种语法：

```
// The actual type of int? is Nullable<int>.
Nullable<int> thisCouldAlsoBeNull = null;
thisCouldAlsoBeNull = 9;
WriteLine(thisCouldAlsoBeNull);
```

(8) 单击 Nullable<int>并按 F12 功能键，或右击并选择 Go To Definition。

(9) 注意，泛型值类型 Nullable<T>必须具有一个 T 类型，该类型是一个 struct，也称为值类型，它包含 HasValue、Value 和 GetValueOrDefault 这样的有用成员，如图 6.2 所示。

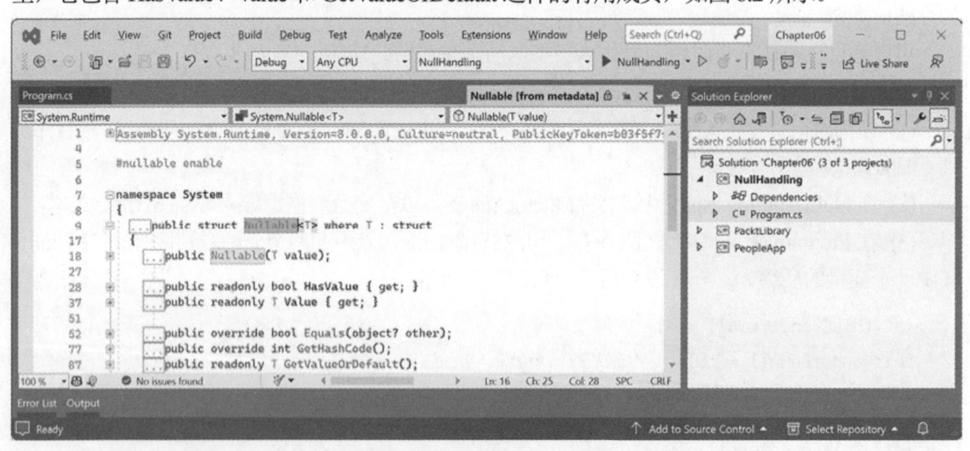

图 6.2 显示 Nullable<T>成员

最佳实践：

在 struct 类型的后面附加上？后，就将它变成了不同的类型。例如，DateTime? 就变成了 Nullable<DateTime>。

6.7.2　了解与 null 相关的缩略词

在介绍一些代码之前，我们先回顾一些常用的缩略词，如表 6.3 所示。

表 6.3　与 null 相关的常用缩略词

缩略词	含义	说明
NRT	可空引用类型(Nullable Reference Type)	C# 8 中引入的编译器特性，在使用 C# 10 的新项目中会默认启用该特性，该特性在设计时对代码进行静态分析，并对引用类型可能误用 null 值的情况给出警告
NRE	NullReferenceException	在运行时解引用 null 值(即访问具有 null 值的变量或成员)时抛出的异常
ANE	ArgumentNullException	当传入的参数或值为 null 值时或者当业务逻辑判定这不合法时，由方法、属性或索引调用在运行时抛出的异常

6.7.3　理解可空引用类型

在许多语言中，null 值的使用非常普遍，所以许多有经验的程序员从不质疑其存在的必要性。但在许多情况下，如果不允许变量具有 null 值，可以编写更好、更简单的代码。

C# 8 中对语言最重要的改变是引入了可空引用类型和不可空引用类型。“但是等等!”，你可能会想，“引用类型已经是可空的了!”

你可能是对的，但是在 C# 8 及更高版本中，通过设置一个文件或项目级别的选项来启用这个有用的新特性，可以将引用类型配置为不再允许 null 值。由于这对 C#来说是一个很大的改变，微软决定将这个功能变为可选功能。

这个新的 C#语言特性要产生实际影响还需要几年的时间，因为成千上万的现有库包和应用程序仍会期待旧的行为。在.NET 6 之前，即使是微软也没有足够的时间在所有.NET 包中完全实现这个新特性。像 Microsoft.Extensions 这样用于日志记录、依赖注入和配置的重要库直到.NET 7 才添加了注解。

在过渡期间，可以为自己的项目选择以下方法。

- default：对于使用.NET 5 或更早版本创建的项目，不需要进行任何更改。对不可空的引用类型不需要进行检查。对于使用.NET 6 或更高版本创建的项目，默认情况下会启用可空性检查，但通过删除项目文件中的<Nullable>条目或将其设置为 disable 可禁用该特性。
- opt-in project, opt-out files：在项目级别启用该特性，对于任何需要保持与旧行为兼容的文件，选择退出。这是微软内部使用的方法，它会更新自己的包来使用这个新特性。
- opt-in files：仅对单个文件启用 NRT 特性。

警告：

这个 NRT(可空引用类型)特性并不能阻止 null 值的出现——它只是会警告你有 null 值存在，并且这些警告是可以被禁用的，所以你仍然需要小心!

```
string firstName; // Allows null but gives warning when potentially null.
string? lastName; // Allows null and does not give warning if null.
```

6.7.4 控制可空性警告检查特性

要在项目级别启用可空性警告检查特性，请在项目文件中将 <Nullable>元素设置为 enable，如下面突出显示的代码所示：

```
<PropertyGroup>
  ...
  <Nullable>enable</Nullable>
</PropertyGroup>
```

要在项目级别禁用可空性警告检查特性，请在项目文件中将 <Nullable>元素设置为 disable，如下面突出显示的代码所示：

```
<PropertyGroup>
  ...
  <Nullable>disable</Nullable>
</PropertyGroup>
```

也可以完全删除 <Nullable>元素，因为如果不显式地设置它，默认情况下就是禁用的。

要在文件级别禁用该特性，请在代码文件的顶部添加以下内容：

```
#nullable disable
```

要在文件级别启用该特性，请在代码文件的顶部添加以下内容：

```
#nullable enable
```

6.7.5 禁用 null 值和其他编译器警告

可以选择在项目或文件级别启用可为空引用类型特性，但随后可以选择禁用与其相关的 50 多个警告中的一部分。表 6.4 列出了一些常见的空值引用警告。

表 6.4 常见的空值引用警告

代码	说明
CS8600	将空字面量或可能的空值转换为不可为空的类型
CS8601	对一个可能为空的引用进行了赋值
CS8602	对一个可能为空的引用进行了解引用
CS8603	可能返回一个 null 引用
CS8604	一个参数可能接收到一个空引用作为值
CS8618	在构造函数退出时，不可为空的字段'<field_name>'必须包含非空值。考虑将该字段声明为可为空
CS8625	无法将空字面量转换为不可为空的引用类型
CS8655	switch 表达式没有处理一些空输入(它不是穷举的)

可以为整个项目禁用编译器警告。为此，需要在项目中添加一个 NoWarn 元素，并在该元素中包含一个由分号分隔的编译器警告代码列表，如下所示：

```
<NoWarn>CS8600;CS8602</NoWarn>
```

要在语句级别禁用编译器警告，可以暂时禁用特定的编译器警告，然后在一段代码块之后恢复它，以此来临时抑制这段代码的警告，代码如下所示：

```
#pragma warning disable CS8602
WriteLine(firstName.Length);
WriteLine(lastName.Length);
#pragma warning restore CS8602
```

这些技术可以用于任何编译器警告，而不仅限于与空值引用类型相关的警告。

6.7.6　声明非可空变量和参数

如果启用了可空引用类型，并且希望为引用类型分配空值，那么必须使用与值类型为空相同的语法，即在类型声明后面添加?符号。

那么，可空引用类型是如何工作的呢？下面看一个例子。当存储关于地址的信息时，可能希望强制设置街道、城市和地区的值，但建筑物可以留空，即为 null 值。

(1) 在 NullHandling 项目中，添加一个名为 Address.cs 的类文件。

(2) 在 Address.cs 中，删除所有现有语句，然后添加语句以声明一个带有四个字段的 Address 类，代码如下所示：

```
namespace Packt.Shared;

public class Address
{
  public string? Building;
  public string Street;
  public string City;
  public string Region;
}
```

(3) 几秒钟后，可以看到有关非空字段的警告，如警告 Street 未被初始化，如图 6.3 所示。

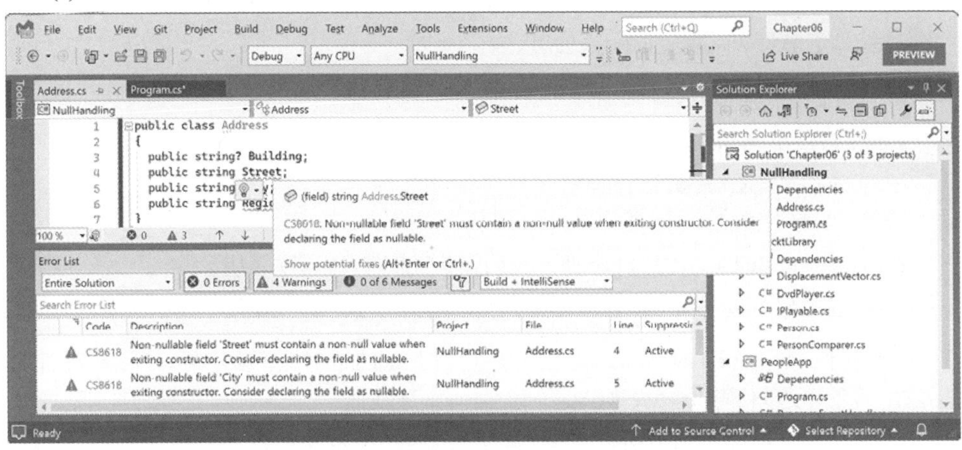

图 6.3　Error List 窗口中关于非可空字段的警告消息

(4) 将空字符串值赋给 Street 字段，并定义构造函数以设置其他不可为空的字段，如下面突出显示的代码所示：

```
public string Street = string.Empty;
public string City;
public string Region;

public Address()
{
City = string.Empty;
Region = string.Empty;
}

// Call the default parameterless constructor
// to ensure that Region is also set.
public Address(string city) : this()
{
City = city;
}
```

(5) 在 Program.cs 文件中，为了使用 Address 导入名称空间，代码如下所示：

```
using Packt.Shared; // To use Address.
```

(6) 在 Program.cs 文件中，添加语句以实例化 Address 并设置它的属性，代码如下所示：

```
Address address = new(city: "London")
{
  Building = null,
  Street = null,
  Region = "UK"
};
```

(7) 注意有关设置 Street(不是 Building)时给出的警告 CS8625，输出如下所示：

```
CS8625 Cannot convert null literal to non-nullable reference type.
```

(8) 在设置 Street 时，在 null 后附加一个感叹号，代码如下所示：

```
Street = null!, // null-forgiving operator.
```

(9) 注意警告消失了。

(10) 添加语句，取消对 Building 和 Street 属性的引用，代码如下所示：

```
WriteLine(address.Building.Length);
WriteLine(address.Street.Length);
```

(11) 注意设置 Building(不是 Street)时出现的警告 CS8602，输出如下所示：

```
CS8602 Dereference of a possibly null reference.
```

在运行时，使用 Street 时仍可能抛出异常，但使用 Building 时编译器会持续警告你存在潜在的异常，以便可更改代码以避免它们。

(12) 代替访问 Length，使用 null 条件操作符返回 null，代码如下所示：

```
WriteLine(address.Building?.Length);
```

(13) 运行控制台应用程序，注意访问 Building 的 Length 的语句输出了一个空值(空行)，但当访问 Street 的 Length 时会发生运行时异常，输出如下所示：

```
Unhandled exception. System.NullReferenceException: Object reference not
set to an instance of an object.
```

(14) 将访问 Street 长度的语句包装在一个空值检查中，代码如下所示：

```
if (address.Street is not null)
{
  WriteLine(address.Street.Length);
}
```

值得提醒的是，NRT 仅要求编译器提供有关可能导致问题的潜在空值警告。实际上，它不会改变代码的行为。它在编译时执行代码的静态分析。

因此，这就解释了为什么新的语言特性被命名为可空引用类型。从 C# 8 开始，未经修饰的引用类型可以变成非可空类型，并且可使用与值类型相同的语法使引用类型变为可空类型。

更多信息：

在引用类型后面添加?并不会改变其类型，而在值类型后面添加?则会将其类型更改为 Nullable<T>。引用类型本身可具有空值。使用可空引用类型(Nullable Reference Type，NRT)的目的是告诉编译器你希望它为空，因此编译器不必为此发出警告。但这并不意味着在整个代码中不需要执行 null 检查了。

下面介绍一些使用空值的语言特性，它们确实可改变代码的行为，并且可作为 NRT 的有益补充。

6.7.7　检查 null

检查可空的引用类型或可空的值类型变量当前是否包含 null 非常重要，因为如果不检查 null，则可能抛出 NullReferenceException，从而导致错误。在使用可为空的变量之前，应该检查该变量是否包含 null 值，代码如下所示：

```
// Check that the variable is not null before using it.
if (thisCouldBeNull != null)
{
  // Access a member of thisCouldBeNull.
  int length = thisCouldBeNull.Length;
  ...
}
```

C# 7 中引入了 is 与!操作符的组合，以替代!=，代码如下所示：

```
if (!(thisCouldBeNull is null))
{
```

C# 9 中引入的 is not 可作为更清晰的替代方案，代码如下所示：

```
if (thisCouldBeNull is not null)
{
```

最佳实践：

通常，我们会使用表达式 (thisCouldBeNull != null) 来检查一个变量是否为非空值，但现在这种做法不再被认为是最佳实践，因为开发人员可能会重载 != 运算符，以改变其工作方式。为避免这种潜在的问题，使用模式匹配与 is null 和 is not null 是唯一能保证正确检查 null 值的方式。对于许多开发人员来说，使用 != 仍然是出于本能，所以如果看到我仍然在使用它，请先行谅解！

如果试图使用可能为空的变量的成员，请使用 null 条件操作符(?.)，代码如下所示：

```
string authorName = null;
int? authorNameLength;

// The following throws a NullReferenceException.
authorNameLength = authorName.Length;


// Instead of throwing an exception, null is assigned.
authorNameLength = authorName?.Length;
```

有时，希望将变量赋给某个结果，或者在变量为空值时使用一个替代值(如 3)。这种情况下，就可以使用 null 合并操作符(??)，代码如下所示：

```
// Result will be 25 if authorName?.Length is null.
authorNameLength = authorName?.Length ?? 25;
```

检查方法参数是否为空

即使启用了 NRT 特性，但在定义带参数的方法时，也最好检查一下方法参数是否为空值。

在 C#的早期版本中，必须编写 if 语句来检查参数是否为空值，如果有参数是空值，就抛出 ArgumentNullException，代码如下所示：

```
public void Hire(Person manager, Person employee)
{
  if (manager is null)
  {
    throw new ArgumentNullException(paramName: nameof(manager));
  }

  if (employee is null)
  {
    throw new ArgumentNullException(paramName: nameof(employee));
  }
  ...
}
```

C# 10 引入了一种在实参为空值时抛出异常的简便方法，代码如下所示：

```
public void Hire(Person manager, Person employee)
{
  ArgumentNullException.ThrowIfNull(manager);
  ArgumentNullException.ThrowIfNull(employee);
  ...
}
```

C# 11 预览版引入了一个新的操作符，即!!，代码如下所示：

```
public void Hire(Person manager!!, Person employee!!)
{
  ...
}
```

if 语句和抛出异常的代码将自动完成。这些代码会被注入并在你编写的任何语句之前执行。

这种语法在 C#开发人员社区中引起了争议。有些人更喜欢使用特性(而不是一对字符)来修饰参数。.NET 产品团队称，他们使用此功能在整个.NET 库中少写了 10 000 多行代码。这听起来是使用它的一个好理由！如果不想使用该功能，也可以选择不使用。遗憾的是，团队最终决定删除该功能，因此现在我们都必须手动编写代码来执行 null 检查。如果你对这个故事感兴趣，可以在以下链接中阅读更多相关信息：https://devblogs.microsoft.com/dotnet/csharp-11-preview-updates/#remove-parameter-null-checking-from-c-11。

本书中之所以提到这个故事，是因为我认为这是一个有趣的例子，说明微软是在开放的环境中开发.NET 并听取和回应社区的反馈，从而实现了透明。

最佳实践：

应始终记住，可为空(nullable)是一个警告检查，而不是强制实现。可通过以下链接了解有关 null 的编译器警告的更多信息：https://learn.microsoft.com/en-us/dotnet/csharp/language-reference/compiler-messages/nullable-warnings。

下面介绍本章的重点内容，即继承。

6.8 从类继承

前面创建的 Person 类派生(继承)于 System.Object。下面创建一个继承自 Person 类的子类。

(1) 在 PacktLibrary 项目中，添加一个名为 Employee.cs 的新类文件。

(2) 修改它的内容，定义一个名为 Employee 的类，它派生自 Person 类，代码如下所示：

```
namespace Packt.Shared;

public class Employee : Person
{
}
```

(3) 在 PeopleApp 项目的 Program.cs 文件中，添加如下语句以创建 Employee 类的一个实例：

```
Employee john = new()
{
  Name = "John Jones",
  Born = new(year: 1990, month: 7, day: 28,
    hour: 0, minute: 0, second: 0, offset: TimeSpan.Zero))
  };

john.WriteToConsole();
```

(4) 运行 PeopleApp 项目并查看结果，输出如下所示：

```
John Jones was born on a Saturday.
```

注意，Employee 类继承了 Person 类的所有成员。

6.8.1 扩展类以添加功能

现在，可添加一些特定于员工的成员来扩展 Employee 类。

(1) 在 Employee.cs 中，添加语句以定义两个属性，分别用于表示员工代码和他们被雇用的日期(因为不必知道起始日期，所以可以使用 DateOnly 类型)，代码如下所示：

```
public string? EmployeeCode { get; set; }
public DateOnly HireDate { get; set; }
```

(2) 在 Program.cs 中，添加如下语句以设置 John 的员工代码和雇佣日期：

```
john.EmployeeCode = "JJ001";
john.HireDate = new(year: 2014, month: 11, day: 23);
WriteLine($"{john.Name} was hired on {john.HireDate:yyyy-MM-dd}.");
```

(3) 运行 PeopleApp 项目并查看结果，输出如下所示：

```
John Jones was hired on 2014-11-23.
```

6.8.2 隐藏成员

到目前为止，WriteToConsole 方法是从 Person 类继承的，仅用于输出员工的姓名和出生日期时间。可执行以下步骤，从而改变这个方法对员工的作用。

(1) 在 Employee.cs 中，添加如下突出显示的代码以重新定义 WriteToConsole 方法：

```
namespace Packt.Shared;

public class Employee : Person
{
  public string? EmployeeCode { get; set; }
  public DateOnly HireDate { get; set; }

  public void WriteToConsole()
  {
    WriteLine(format:
    "{0} was born on {1:dd/MM/yy} and hired on {2:dd/MM/yy}.",
    arg0: Name, arg1: Born, arg2: HireDate);
  }
}
```

(2) 运行 PeopleApp 项目并查看结果，注意第一行输出是在员工被雇用之前；因此，它有一个默认的日期，输出如下所示：

```
John Jones was born on 28/07/90 and hired on 01/01/01.
John Jones was hired on 2014-11-23.
```

编码工具会通过在 WriteToConsole 方法名称的下面绘制波浪线来发出警告：PROBLEMS/Error

List 窗格中将包含更多细节，编译器会在构建和运行该控制台应用程序时输出警告信息，如图 6.4 所示。

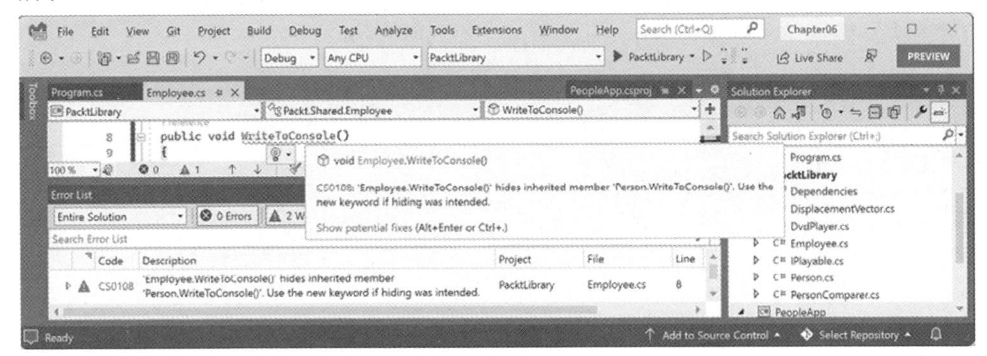

图 6.4　隐藏方法警告

如警告所述，可通过将 new 关键字应用于 WriteToConsole 方法来隐藏此消息，以表明这是故意为之，如以下突出显示的代码所示：

```
public new void WriteToConsole()
```

下面介绍如何消除这个警告。

6.8.3　了解 this 和 base 关键字

在 C#中，有两个特殊的关键字可以用来引用当前对象实例或其继承的基类。

- this：代表当前对象实例。例如，在 Person 类的实例成员中(但不在静态成员中)，可以使用表达式 this.Born 来访问当前对象实例的 Born 字段。很少需要用到它，因为直接使用 Born 也可以。仅在存在与字段同名的局部变量时，才需要使用 this.Born 来显式表示所指的是字段，而不是局部变量。
- base：代表当前对象所继承的基类。例如，在 Person 类的任何位置，都可以使用表达式 base.ToString()来调用从基类继承的 ToString 方法。

更多信息：

在第 5 章介绍过，要访问静态成员，必须使用类型名称。

6.8.4　覆盖成员

与其隐藏方法，不如直接覆盖方法。如果基类允许覆盖方法，就可通过应用 virtual 关键字来覆盖方法。

下面看一个例子。

(1) 在 Program.cs 中添加一条语句，将 john 变量的值作为字符串写入控制台，代码如下所示：

```
WriteLine(john.ToString());
```

(2) 运行 PeopleApp 并注意 ToString 方法是从 System.Object 继承的，因此实现代码将返回名称空间和类型名，输出如下所示：

```
Packt.Shared.Employee
```

(3) 在 Program.cs 文件中(不是在 Employee 类中！)，可通过添加 ToString 方法来输出员工的姓名和类型名称，从而覆盖 Person 类的这种行为，代码如下所示：

```
#region Overridden methods

public override string ToString()
{
  return $"{Name} is a {base.ToString()}.";
}

#endregion
```

更多信息：

base 关键字允许子类访问其超类(也就是基类)的成员。

(4) 运行 PeopleApp 并查看结果。现在，当调用 ToString 方法时，将输出员工的姓名以及基类的 ToString 实现，代码如下所示：

```
John Jones is a Packt.Shared.Employee.
```

最佳实践：

许多实际的 API，如微软的 Entity Framework Core、Castle 的 DynamicProxy 和 Optimizely CMS 的内容模型，都要求把类中定义的属性标记为 virtual，以便能够重写它们。在决定哪些方法和属性成员应该被标记为 virtual 时，需要慎重考虑。

6.8.5 从抽象类继承

在本章前面提到过，接口可以定义一组成员，实现该接口的类型必须满足基本功能。接口非常有用，但它们的主要限制是在 C# 8 之前不能提供自己的任何实现。

如果仍然需要创建能够在.NET Framework 和其他不支持.NET Standard 2.1 的平台上运行的类库，这将是一个特别的问题。

在早期的平台上，可以使用抽象类作为纯粹接口和完全实现的类之间的一种中间形式。

当一个类标记为 abstract 时，这意味着它不能被实例化，因为这说明这个类是不完整的。在实例化之前，它需要更多的实现。例如，System.IO.Stream 类是抽象的，因为它实现了所有流都需要但不完整的通用功能，所以不能使用 new Stream()实例化它。

下面比较两种类型的接口和两种类型的类，代码如下所示：

```
public interface INoImplementation // C# 1 and later.
{
  void Alpha(); // Must be implemented by derived type.
}

public interface ISomeImplementation // C# 8 and later.
{
  void Alpha(); // Must be implemented by derived type.

  void Beta()
```

```
    {
      // Default implementation; can be overridden.
    }
  }

  public abstract class PartiallyImplemented // C# 1 and later.
  {
    public abstract void Gamma(); // Must be implemented by derived type.

    public virtual void Delta() // Can be overridden.
    {
      // Implementation.
    }
  }

  public class FullyImplemented : PartiallyImplemented, ISomeImplementation
  {
    public void Alpha()
    {
      // Implementation.
    }

    public override void Gamma()
    {
      // Implementation.
    }
  }

  // You can only instantiate the fully implemented class.
  FullyImplemented a = new();

  // All the other types give compile errors.
  PartiallyImplemented b = new(); // Compile error!
  ISomeImplementation c = new(); // Compile error!
  INoImplementation d = new(); // Compile error!
```

6.8.6　选择接口还是抽象类

前面已介绍了使用接口或抽象类来实现抽象概念的例子。那么，应该选择哪一个呢？既然接口现在可以为其成员提供默认实现，那么类的 abstract 关键字是否已过时了呢？

下面我们思考一个真实的例子。Stream 是一个抽象类，如果.NET 团队如今要为它选择一个设计，他们是否会或能否使用接口呢？

接口的每个成员都必须是公共的(或者至少与接口的访问级别相匹配，如果仅在定义它的类库中使用，那么它可以是内部的)。抽象类在其成员的访问修饰符方面则更加灵活。

抽象类相对于接口的另一个优势是，序列化通常不适用于接口。因此，我们仍然需要能够定义抽象类。

6.8.7　防止继承和覆盖

通过对类的定义应用 sealed 关键字，可以防止其他开发人员继承自己的类。下面的代码说明没有哪个类可以从 ScroogeMcDuck 类继承：

```
public sealed class ScroogeMcDuck
{
}
```

在.NET 中，sealed 关键字的典型应用就是 string 类。微软已经在 string 类的内部实现了一些优化，这些优化可能会受到继承的负面影响，因此微软阻止了这种情况的发生。

通过对方法应用 sealed 关键字，可以防止其他人进一步覆盖自己类中的 virtual 方法。例如，没有人能改变 Lady Gaga 唱歌的方式，代码如下所示：

```
namespace Packt.Shared;

public class Singer
{
  // Virtual allows this method to be overridden.
  public virtual void Sing()
  {
    WriteLine("Singing...");
  }
}

public class LadyGaga : Singer
{
  // The sealed keyword prevents overriding the method in subclasses.
  public sealed override void Sing()
  {
    WriteLine("Singing with style...");
  }
}
```

只能密封已经覆盖的方法。

6.8.8 理解多态

前面已经介绍了更改继承方法的行为的两种方式。可以使用 new 关键字隐藏方法(称为非多态继承)，也可以覆盖方法(称为多态继承)。

这两种方式都可使用 base 关键字来访问基类的成员，那么它们之间有什么区别呢?

这完全取决于持有对象引用的变量的类型。例如，Person 类型的变量既可包含对 Person 类的引用，也可包含对派生自 Person 类的任何类的引用。

下面看看这会如何影响你的代码：

(1) 在 Employee.cs 中，添加语句以覆盖 ToString 方法，将员工的姓名和代码写入控制台，代码如下所示：

```
public override string ToString()
{
  return $"{Name}'s code is {EmployeeCode}.";
}
```

(2) 在 Program.cs 中编写语句，新建名为 Alice 的员工，将其存储一个类型为 Employee 的变量中。接下来，将 Alice 存储在另一个类型为 Person 的变量中，并调用这两个变量的 WriteToConsole

和 ToString 方法，代码如下所示：

```
Employee aliceInEmployee = new()
  { Name = "Alice", EmployeeCode = "AA123" };

Person aliceInPerson = aliceInEmployee;
aliceInEmployee.WriteToConsole();
aliceInPerson.WriteToConsole();
WriteLine(aliceInEmployee.ToString());
WriteLine(aliceInPerson.ToString());
```

(3) 运行 PeopleApp 项目并查看结果，输出如下所示：

```
Alice was born on 01/01/01 and hired on 01/01/01
Alice was born on a Monday
Alice's code is AA123
Alice's code is AA123
```

当使用 new 关键字隐藏方法时，编译器并不知道这是 Employee 对象，因而会调用 Person 对象的 WriteToConsole 方法。

当使用 virtual 和 override 关键字覆盖方法时，编译器非常智能，知道虽然变量声明为 Person 类，但对象本身是 Employee 类，因此会调用 ToString 方法的 Employee 实现版本。

对成员修饰符及其作用的总结如表 6.5 所示。

表 6.5　成员修饰符及其作用

变量类型	成员修饰符	执行的方法	对应的类
Person		WriteToConsole	Person
Employee	new	WriteToConsole	Employee
Person	virtual	ToString	Employee
Employee	override	ToString	Employee

在我看来，多态对大多数程序员来说都是学术性的。如果能理解这个概念，那就太棒了；但如果不理解，建议你不要担心。有些人喜欢贬低别人，说理解多态性对所有 C#程序员来说都很重要，但在我看来并非如此。

即使你不会解释多态性的概念，仍然可以通过掌握 C#语言拥有成功的事业，正如赛车手无需解释燃油喷射背后的工程学原理一样。

最佳实践：

只要有可能，就应该使用 virtual 和 override 而不是 new 来更改所继承的方法的实现。

6.9　在继承层次结构中进行类型转换

类型之间的强制转换与普通转换略有不同。强制转换是在相似的类型之间进行的，比如在 16 位整型和 32 位整型之间；也可以在超类和子类之间进行强制转换。普通转换是在不同类型之间进行的，比如在文本和数字之间。

例如，如果需要处理多种类型的流，那么不用声明 MemoryStream 或 FileStream 这样的具体类型的流，而是声明一个 Stream 数组，它是 MemoryStream 和 FileStream 的超类型。

6.9.1 隐式类型转换

在前面的示例中，我们讨论了如何将派生类型的实例存储在基类型的变量中。这种转换被称为隐式类型转换。

6.9.2 显式类型转换

另一种转换是显式类型转换，必须在要转换的目标类型周围使用圆括号作为前缀。

(1) 在 Program.cs 文件中添加一条语句，将 aliceInPerson 变量赋给一个新的 Employee 变量，代码如下所示：

```
Employee explicitAlice = aliceInPerson;
```

(2) 代码编辑器将显示一条红色的波浪线和一个编译器错误，如图 6.5 所示。

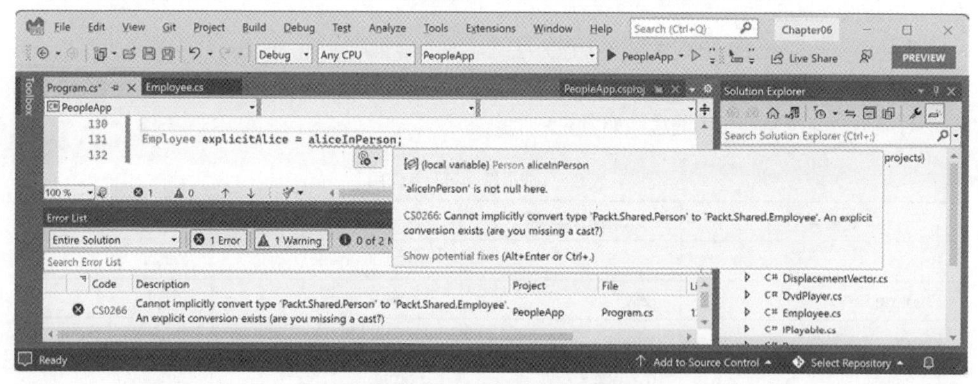

图 6.5　缺少显式类型转换的编译错误

(3) 纠正出错的语句，将 aliceInPerson 强制转换为 Employee 类型，如以下突出显示的代码所示：

```
Employee explicitAlice = (Employee)aliceInPerson;
```

6.9.3 避免类型转换异常

因为 aliceInPerson 可能是不同的派生类型，比如是 Student 而不是 Employee，所以仍需要小心。在具有更复杂代码的实际应用程序中，可以将 aliceInPerson 变量的当前值设置为 Student 实例，之后该语句在编译时将抛出 InvalidCastException 异常。

1. 使用 is 关键字检查类型

可通过编写 try 语句来解决这个问题，但还有一种更好的方法，就是使用 is 关键字来检查对象的类型。

(1) 将显式的类型转换语句封装到 if 语句中，如下面突出显示的代码所示：

```
if (aliceInPerson is Employee)
```

```
{
  WriteLine($"{nameof(aliceInPerson)} is an Employee.");

  Employee explicitAlice = (Employee)aliceInPerson;

  // Safely do something with explicitAlice.
}
```

(2) 运行 PeopleApp 项目并查看结果，输出如下所示：

```
aliceInPerson is an Employee.
```

注意：

可以使用声明模式进一步简化代码，这将避免执行显式类型转换，代码如下所示：

```
if (aliceInPerson is Employee explicitAlice)
{
  WriteLine($"{nameof(aliceInPerson)} is an Employee.");

  // Safely do something with explicitAlice.
}
```

如果想在 Alice 不是员工的情况下执行语句块，该怎么办？

在过去，我们必须使用!操作符，代码如下所示：

```
if (!(aliceInPerson is Employee))
```

在 C# 9 及更高版本中，可以使用 not 关键字，代码如下所示：

```
if (aliceInPerson is not Employee)
```

2. 使用 as 关键字强制转换类型

也可以使用 as 关键字进行强制类型转换。如果类型不能强制转换，as 关键字将返回 null 而不是抛出异常。

(1) 在 Program.cs 文件中，添加语句，使用 as 关键字对 Alice 进行强制转换，然后检查返回值是否不为空，代码如下所示：

```
Employee? aliceAsEmployee = aliceInPerson as Employee;

if (aliceAsEmployee is not null)
{
  WriteLine($"{nameof(aliceInPerson)} as an Employee.");

  // Safely do something with aliceAsEmployee.
}
```

由于访问 null 变量的成员会抛出 NullReferenceException 异常，因此在使用结果之前应该始终检查 null。

(2) 运行 PeopleApp 并查看结果，输出如下所示：

```
aliceInPerson as an Employee.
```

最佳实践：

可使用 is 和 as 关键字以避免在派生类型之间进行强制类型转换时抛出异常。如果不这样做，就必须为 InvalidCastException 编写 try-catch 语句。

6.10 继承和扩展.NET 类型

.NET 预先构建了包含数十万个类型的类库。与其创建全新的类，不如先从微软的某个类派生出一些或所有行为，然后覆盖或扩展它们，这样通常更省事。

6.10.1 继承异常

作为继承的典型示例，下面派生一种新的异常类型。

(1) 在 PacktLibrary 项目中，添加一个名为 PersonException.cs 的新类文件。

(2) 修改 PersonException.cs 文件的内容，定义一个名为 PersonException 的类，它包含三个构造函数，代码如下所示：

```
namespace Packt.Shared;

public class PersonException : Exception
{
  public PersonException() : base() { }

  public PersonException(string message) : base(message) { }

  public PersonException(string message, Exception innerException)
    : base(message, innerException) { }
}
```

更多信息：

与普通方法不同，构造函数不会被继承，因此必须显式地声明并在 System.Exception(或从其中派生的任何异常类)中显式地调用基类的构造函数实现，以便使它们对于可能希望在自定义异常中使用这些构造函数的程序员来说可用。

(3) 在 Person.cs 文件中添加语句，定义一个方法，如果日期/时间参数早于某个人的出生日期，这个方法将抛出异常，代码如下所示：

```
public void TimeTravel(DateTime when)
{
  if (when <= Born)
  {
    throw new PersonException("If you travel back in time to a date
earlier than your own birth, then the universe will explode!");
  }
  else
  {
    WriteLine($"Welcome to {when:yyyy}!");
  }
}
```

(4) 在 Program.cs 文件中添加语句，测试当员工 John Jones 试图穿越回到过去时会发生什么，代码如下所示：

```
try
{
  john.TimeTravel(when: new(1999, 12, 31));
  john.TimeTravel(when: new(1950, 12, 25));
}
catch (PersonException ex)
{
  WriteLine(ex.Message);
}
```

(5) 运行 PeopleApp 项目并查看结果，输出如下所示：

```
Welcome to 1999!
If you travel back in time to a date earlier than your own birth, then
the universe will explode!
```

最佳实践：

在定义自己的异常时，请为它们提供三个显式调用 System.Exception 中内置异常的构造函数。你从中可能继承更多的其他异常。

6.10.2　无法继承时扩展类型

前面讨论了如何使用 sealed 关键字来防止继承。

微软已经将 sealed 关键字应用到 System.String 类中，这样就没有人可以继承和潜在地破坏字符串的行为了。

还能给字符串添加新的方法吗？能，但是需要使用名为扩展方法(extension method)的 C#语言特性，该特性是在 C# 3.0 中引入的。要正确理解扩展方法，我们需要首先回顾静态方法。

1. 使用静态方法重用功能

从 C#的第一个版本开始，就能够创建静态方法来重用功能，比如验证字符串是否包含电子邮件地址。实现代码使用了一个正则表达式，详见第 8 章。

下面编写一些代码。

(1) 在 PacktLibrary 项目中，添加一个名为 StringExtensions.cs 的新类文件。

(2) 如下面的代码所示，修改 StringExtensions.cs 文件并注意以下几点：

- 需要为这个新类导入一个用于处理正则表达式的名称空间。
- IsValidEmail 方法是静态的，它使用 Regex 类型来检查字符串与简单电子邮件模式的匹配情况，这种简单电子邮件模式会检查@符号前后的字符是否都有效。

```
using System.Text.RegularExpressions; // To use Regex.

namespace Packt.Shared;

public class StringExtensions
{
```

```
  public static bool IsValidEmail(string input)
  {
    // Use a simple regular expression to check
    // that the input string is a valid email.

    return Regex.IsMatch(input,
      @"[a-zA-Z0-9\.-_]+@[a-zA-Z0-9\.-_]+");
  }
}
```

(3) 在 Program.cs 文件中添加语句，验证指定的两个电子邮件地址，代码如下所示：

```
string email1 = "pamela@test.com";
string email2 = "ian&test.com";

WriteLine("{0} is a valid e-mail address: {1}",
  arg0: email1,
  arg1: StringExtensions.IsValidEmail(email1));

WriteLine("{0} is a valid e-mail address: {1}",
  arg0: email2,
  arg1: StringExtensions.IsValidEmail(email2));
```

(4) 运行 PeopleApp 并查看结果，输出如下所示：

```
pamela@test.com is a valid e-mail address: True
ian&test.com is a valid e-mail address: False
```

这是可行的，但是扩展方法可以减少必须输入的代码量，并能够简化这个静态方法的使用。

2. 使用扩展方法重用功能

可以很容易地把静态方法变成扩展方法来使用。

(1) 在 StringExtensions.cs 中，在 class 关键字之前添加 static 修饰符，在 string 类型前添加 this 修饰符，如以下突出显示的代码所示：

```
public static class StringExtensions
{
  public static bool IsValidEmail(this string input)
  {
```

最佳实践：

以上两处更改告诉编译器，应该将 IsValidEmail 方法用于扩展字符串类型。

(2) 在 Program.cs 文件中，添加使用扩展方法的语句，用于检查需要验证是否为有效电子邮件地址的字符串值，代码如下所示：

```
WriteLine("{0} is a valid e-mail address: {1}",
  arg0: email1,
  arg1: email1.IsValidEmail());

WriteLine("{0} is a valid e-mail address: {1}",
  arg0: email2,
  arg1: email2.IsValidEmail());
```

注意：

调用 IsValidEmail 方法的语法上的细微变化。旧的、更长的语法也仍然有效。

(3) IsValidEmail 扩展方法现在看起来就像字符串类型的所有实际实例方法一样，如 IsNormalized，只是方法图标上有一个小的向下箭头来表示它是一个扩展方法，如图 6.6 所示。

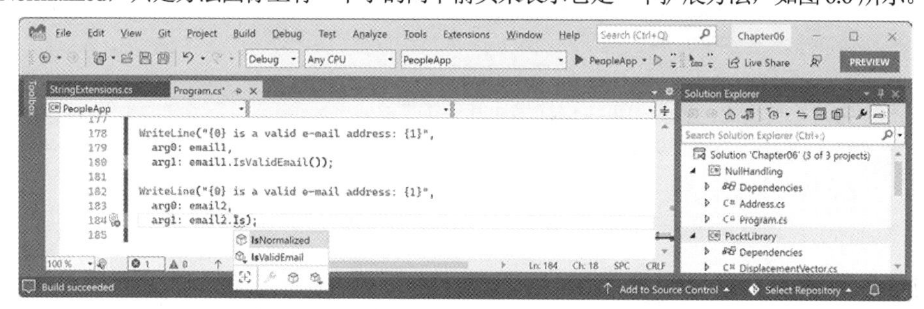

图 6.6　扩展方法和实例方法一起出现在 IntelliSense 中

(4) 运行 PeopleApp 项目并查看结果，结果与前面相同。

最佳实践：

扩展方法不能替换或覆盖现有的实例方法，因此不能重新定义 Insert 方法。扩展方法在 IntelliSense 中显示为重载方法，但是如果扩展方法和实例方法具有相同的名称和签名，系统将优先调用实例方法。

尽管在初步了解扩展方法时，它们可能看起来并没有明显的优势，但第 11 章将介绍扩展方法的一些非常强大的用途。

6.11　总结自定义类型的选择

前面已经介绍了面向对象编程(OOP)以及 C#中允许自定义类型的特性，现在我们总结一下本章前面所学的内容。

6.11.1　自定义类型的分类及其功能

自定义类型的分类及其功能总结如表 6.6 所示。

表 6.6　自定义类型的分类及其功能

类型	实例化	继承	相等性	内存
class	是	单一	引用	堆
sealed class	是	无	引用	堆
abstract class	否	单一	引用	堆
record 或 record class	是	单一	值	堆
struct 或 record struct	是	无	值	栈
interface	否	多重	引用	堆

理解这些差异的最佳方法是从“常规”情况出发，然后观察其他情况下的不同之处。例如，“常规”类可以使用 new 关键字进行实例化，它支持单一继承，使用内存引用相等性，并且其状态数据存储在堆内存中。

现在，我们强调一下这些更专业的类类型之间的差异：

- sealed 类不支持继承。
- abstract 类无法使用 new 进行实例化。
- record 类使用值相等性，而不是引用相等性。

与“常规”类相比，我们也可以这样描述其他类型：

- struct 或 record struct 不支持继承，它们使用值相等性而非引用相等性，并且其状态数据存储在栈内存中。
- interface 无法使用 new 进行实例化，它支持多重继承。

6.11.2 可变性与 record 类型

一种常见的误解是 record 类型是不可变的，即它们的实例属性和字段值在初始化后不能被更改。然而，record 类型的可变性实际上取决于 record 的定义方式。下面我们探讨一下可变性。

(1) 在 PacktLibrary 项目中，添加一个新的类文件，命名为 Mutability.cs。

(2) 修改 Mutability.cs，如以下代码所示，并请注意以下几点：

```
namespace Packt.Shared;

// A mutable record class.
public record class C1
{
  public string? Name { get; set; }
}

// An immutable record class.
public record class C2(string? Name);

// A mutable record struct.
public record struct S1
{
  public string? Name { get; set; }
}

// Another mutable record struct.
public record struct S2(string? Name);

// An immutable record struct.
public readonly record struct S3(string? Name);
```

(3) 在 PeopleApp 项目的 Program.cs 文件中，为每种类型创建一个实例，将 Name 的初始值设置为 Bob，然后尝试将 Name 属性改为 Bill。你会看到有两种类型在初始化后是不可变的，因为更改它们会导致编译器错误 CS8852，如下代码展示了这一过程：

```
C1 c1 = new() { Name = "Bob" };
c1.Name = "Bill";
```

```
C2 c2 = new(Name: "Bob");
c2.Name = "Bill"; // CS8852: Init-only property.

S1 s1 = new() { Name = "Bob" };
s1.Name = "Bill";

S2 s2 = new(Name: "Bob");
s2.Name = "Bill";

S3 s3 = new(Name: "Bob");
s3.Name = "Bill"; // CS8852: Init-only property.
```

(4) 注意，记录 C1 是可变的，而 C2 是不可变的。同时，S1 和 S2 是可变的，而 S3 是不可变的。

(5) 注释掉导致编译器错误的两个语句。

更多信息：

微软在设计记录类型时做出了一些有趣的选择。当组合使用记录、类、结构体以及它们各自不同类型的声明时，请务必记住它们在行为上的细微差别。

6.11.3 比较继承与实现

对我来说，“继承”和“实现”这两个术语是不同的。在 C#和.NET 的早期，可以严格地将它们分别应用于类和接口。例如，FileStream 类继承自 Stream 类，而 Int32 结构体实现了 IComparable 接口。

“继承”意味着子类通过继承其基类(也称为超类)可以“免费”获得某些功能。“实现”则意味着某些功能不是通过继承获得的，而必须由子类提供。这就是我选择将本章章名定为“实现接口和继承类”的原因。

在 C# 8 之前，接口始终是纯粹的契约，接口中没有可以继承的功能。在那时，你可以严格地使用“实现”这个词来描述代表一系列成员(你的类型必须实现)的接口，并使用“继承”来描述具有功能(你的类型可以继承并可能覆盖)的类。

随着 C# 8 的推出，接口现在可以包含默认实现，这使它们更像抽象类。对于具有默认实现的接口来说，“继承”这个词确实有道理。但是，我和许多其他.NET 开发人员一样，对这种能力感到不安，因为它打乱了原本清晰的语言设计。默认接口的实现也需要对底层的.NET 运行时进行修改，因此它们不能与旧平台(如.NET Standard 2.0 类库和.NET Framework)一起使用。

类也可以包含抽象成员，比如没有具体实现的方法或属性，这与接口的情况类似。当一个子类继承自这个类时，它必须为这些抽象成员提供具体的实现。此外，这个基类必须用 abstract 关键字进行修饰，以防止通过 new 关键字实例化它，因为它缺少了一些功能。

6.11.4 回顾示例代码

下面回顾一些示例代码，这些代码说明了类型之间的一些重要差异。

注意以下几点：

- 为了简化代码，我省略了像 private 和 public 这样的访问修饰符。

- 为了节省垂直空间，我没有使用常规的括号格式化，而是将所有方法的实现在一行中写出，例如：

```
void M1() { /* implementation */ }
```

- 使用“I”作为接口的前缀是一种约定，而不是要求。使用这个前缀来突出显示接口非常有用，因为只有接口支持多重继承。

以下是代码：

```
// These are both "classic" interfaces in that they are pure contracts.
// They have no functionality, just the signatures of members that
// must be implemented.

interface IAlpha
{
  // A method that must be implemented in any type that implements
  // this interface.
  void M1();
}

interface IBeta
{
  void M2(); // Another method.
}

// A type (a struct in this case) implementing an interface.
// ": IAlpha" means Gamma promises to implement all members of IAlpha.

struct Gamma : IAlpha
{
  void M1() { /* implementation */ }
}

// A type (a class in this case) implementing two interfaces.

class Delta : IAlpha, IBeta
{
  void M1() { /* implementation */ }
  void M2() { /* implementation */ }
}

// A sub class inheriting from a base aka super class.
// ": Delta" means inherit all members from Delta.

class Epsilon : Delta
{
  // This can be empty because this inherits M1 and M2 from Delta.
  // You could also add new members here.
}

// A class with one inheritable method and one abstract method
// that must be implemented in sub classes. A class with at least
// one abstract member must be decorated with the abstract keyword
// to prevent instantiation.
```

```
abstract class Zeta
{
  // An implemented method would be inherited.
  void M3() { /* implementation */ }

  // A method that must be implemented in any type that inherits
  // this abstract class.
  abstract void M4();
}

// A class inheriting the M3 method from Zeta but it must provide
// an implementation for M4.
class Eta : Zeta
{
  void M4() { /* implementation */ }
}

// In C# 8 and later, interfaces can have default implementations
// as well as members that must be implemented.
// Requires: .NET Standard 2.1, .NET Core 3.0 or later.

interface ITheta
{
  void M3() { /* implementation */ }
  void M4();
}

// A class inheriting the default implementation from an interface
// and must provide an implementation for M4.

class Iota : ITheta
{
  void M4() { /* implementation */ }
}
```

6.12 实践和探索

你可以通过回答一些问题来测试自己对知识的掌握程度，进行一些实践，并深入探索本章涵盖的主题。

6.12.1 练习 6.1：测试你掌握的知识

回答以下问题：

(1) 什么是委托？

(2) 什么是事件？

(3) 基类和派生类有什么关系？派生类如何访问基类？

(4) is 和 as 操作符之间的区别是什么？

(5) 可使用哪个关键字来防止类被继承或者方法被覆盖？

(6) 可使用哪个关键字来防止通过 new 关键字实例化类?

(7) 可使用哪个关键字来覆盖成员?

(8) 析构函数和析构方法有什么区别?

(9) 所有异常都应该具有的构造函数的签名是什么?

(10) 什么是扩展方法?如何定义扩展方法?

6.12.2 练习 6.2:练习创建继承层次结构

可按照以下步骤探索继承层次结构。

(1) 将名为 Ch06Ex02Inheritance 的新控制台应用程序添加到 Chapter06 解决方案。

(2) 使用名为 Height、Width 和 Area 的属性创建名为 Shape 的类。

(3) 添加三个派生自 Shape 类的类(Rectangle、Square 和 Circle)以及你认为合适的任何其他成员,并确保这些类可以正确地覆盖和实现 Area 属性。

(4) 在 Program.cs 文件中添加语句,创建每个形状的实例,代码如下所示:

```
Rectangle r = new(height: 3, width: 4.5);
WriteLine($"Rectangle H: {r.Height}, W: {r.Width}, Area: {r.Area}");

Square s = new(5);
WriteLine($"Square H: {s.Height}, W: {s.Width}, Area: {s.Area}");

Circle c = new(radius: 2.5);
WriteLine($"Circle H: {c.Height}, W: {c.Width}, Area: {c.Area}");
```

(5) 运行控制台应用程序,确保输出如下所示:

```
Rectangle H: 3, W: 4.5, Area: 13.5
Square H: 5, W: 5, Area: 25
Circle H: 5, W: 5, Area: 19.6349540849362
```

6.12.3 练习 6.3:编写更好的代码

阅读以下仅在线提供的章节,学习如何使用分析器来编写更好的代码:https://github.com/markjprice/cs12dotnet8/blob/main/docs/ch06-writing-better-code.md。

6.12.4 练习 6.4:探索主题

可通过以下链接来阅读本章所涉及主题的细节:https://github.com/markjprice/cs12dotnet8/blob/main/docs/book-links.md#chapter-6---implementing-interfaces-and-inheriting-classes。

6.13 本章小结

本章主要内容:

- 操作符
- 泛型
- 委托和事件

- 接口的实现
- 引用类型和值类型之间内存使用情况的区别
- 处理空值
- 使用继承派生和强制转换类型
- 基类和派生类，如何覆盖类型成员，如何使用多态性

第7章将介绍.NET是如何被打包和部署的，以及在后续章节中它提供的用于实现常见功能(如文件处理、数据库访问)的类型。

第 7 章 打包和分发.NET 类型

本章中你将了解 C#关键字如何与.NET 类型相关，还将了解名称空间和程序集之间的关系，熟悉如何打包和发布.NET 应用程序及库以跨平台使用。你还将了解如何出于学习目的反编译.NET 程序集，以及为什么你无法阻止他人反编译你的代码。

在仅在线提供的部分，即练习 7.3“从.NET Framework 移植到现代.NET”，你可以学习如何在.NET 库中使用旧的.NET Framework 库，并了解如何将旧的.NET Framework 代码库迁移到现代.NET。在另一个仅在线提供的部分，即练习 7.4“创建源代码生成器”，你将学习如何创建源代码生成器，这些生成器可以动态地向项目添加源代码，这是一个非常强大的功能。

本章涵盖以下主题：

- .NET 8 简介
- 了解.NET 组件
- 发布应用程序并进行部署
- 原生提前编译
- 反编译.NET 程序集
- 为 NuGet 分发打包自己的库
- 使用预览功能

7.1 .NET 8 简介

本节介绍.NET 提供的基类库(Base Class Library，BCL)API 中的功能，以及如何使用.NET 标准在不同的.NET 平台上重用这些功能。

从.NET Core 2.0 版本开始，对.NET Standard 2.0 的最低支持变得至关重要，因为它提供了许多在.NET Core 首个版本中缺失的 API。过去 15 年里，.NET Framework 开发人员积累的与现代开发相关的库和应用程序，现在已迁移到.NET 平台，可以在 macOS、Linux 的各种版本和 Windows 上跨平台运行。

.NET Standard 2.1 增加了大约 3000 个新的 API。其中一些 API 需要在运行时进行更改，这可能会破坏向后兼容性，因此.NET Framework 4.8 仅实现了.NET Standard 2.0，而.NET Core 3.0、Xamarin、Mono 和 Unity 则实现了.NET Standard 2.1。

.NET 5 取消了对.NET Standard 的需求，因为现在所有项目类型都可以针对.NET 的单一版本进行目标设置。这同样适用于.NET 6 及更高版本。从.NET 5 开始，每个版本都与之前的版本向后兼容。这意味着针对.NET 5 的类库可以被任何类型的.NET 5 或更高版本的项目使用。现在，随着.NET 版本的发布，它们全面支持使用.NET MAUI 构建的移动和桌面应用程序，这进一步降低了对.NET Standard 的需求。

你可能还需要为旧的.NET Framework 项目或旧的 Xamarin 移动应用程序创建类库，因此仍然需要创建.NET Standard 2.0 类库。目前，还必须使用.NET Standard 2.0 类库来创建源代码生成器。

为了总结自 2016 年来.NET Core 首个版本发布以来.NET 所取得的进步，下面对.NET Core 的主要版本和现代.NET 版本与相应的.NET Framework 版本进行了比较。

- .NET Core 1.x：与 2016 年 3 月时的当前版本.NET Framework 4.6.1 相比，API 要小得多。
- .NET Core 2.x：与现代 API 相关的 API 与.NET Framework 4.7.1 达到了对等水平，因为它们都实现了.NET Standard 2.0。
- .NET Core 3.x：与现代 API 相关的 API 相较于.NET Framework 更大，因为.NET Framework 4.8 并未实现.NET Standard 2.1。
- .NET 5：与.NET Framework 4.8 相比，现代 API 的 API 集更为庞大，并且性能得到了显著提升。
- .NET 6：持续改进性能并扩展 API。2022 年 5 月添加了对.NET MAUI 中移动应用程序的可选支持。
- .NET 7：最终实现统一并支持移动应用程序，同时.NET MAUI 作为一个可选工作负载被引入。本书不涵盖.NET MAUI 开发。Packt 出版社有多本专门讲述.NET MAUI 的书籍，你可以在其网站上找到它们。
- .NET 8：继续提升平台功能，并用于所有新开发的项目。

可通过以下链接在 GitHub 仓库中阅读更多详细信息：https://github.com/markjprice/cs12dotnet8/blob/main/docs/ch07-features.md。

检查.NET SDK 以进行更新

微软在.NET 6 中引入了一个命令，用于检查已安装的.NET SDK 和运行时的版本，并在需要更新时向你发出警告。例如，输入以下命令：

```
dotnet sdk check
```

然后会看到结果，包括可更新的状态，下面显示了部分输出：

```
.NET SDKs:
Version                                   Status
------------------------------------------------------------------------------------
5.0.214                                   .NET 5.0 is out of support.
6.0.101                                   Patch 6.0.119 is available.
6.0.314                                   Up to date.
7.0.304                                   Patch 7.0.305 is available.
8.0.100                                   Up to date
```

最佳实践：

为了保持微软对项目的支持，必须将你的.NET SDK 和.NET 运行时更新到最新的补丁版本。

7.2 了解.NET 组件

.NET 由以下几部分组成。

语言编译器：这些编译器将使用 C#、F#和 Visual Basic 等语言编写的源代码转换成存储在程序集中的中间语言(Intermediate Language，IL)代码。在 C# 6 及更高版本中，微软转向了一种名为 Roslyn 的开源重写编译器，Visual Basic 也使用了这种编译器。

公共语言运行时(Common Language Runtime，CoreCLR)：CoreCLR 加载程序集，将其中存储的 IL 代码编译成本机代码指令，并在管理线程和内存等资源的环境中执行代码。

基类库(Base Class Libraries，BCL 或 CoreFX)：这些是预构建的类型集合，通过 NuGet 打包和分发，用于在构建应用程序时执行常见的任务。可以使用它们快速构建任何想要的东西，就像组合乐高积木一样。

7.2.1 程序集、NuGet 包和名称空间

程序集在文件系统中用于存储类型，它是一种用于部署代码的机制。例如，System.Data.dll 程序集包含用于管理数据的类型。要在其他程序集中使用类型，就必须引用它们。程序集可以是静态的(预先创建)或动态的(在运行时生成)。动态程序集是一种高级特性，我们在本书中不做介绍。程序集可以编译为 DLL(类库)或 EXE(控制台应用程序)的单个文件。

程序集通常作为 NuGet 包分发，NuGet 包是可从公共在线源下载的文件，可以包含多个程序集和其他资源。你也许还听说过项目 SDK、工作负载和平台，它们是 NuGet 包的组合。

可以通过链接 https://www.nuget.org/找到微软的 NuGet 源。

1. 名称空间

名称空间是类型的地址。名称空间是一种通过完整地址(而不仅仅是短名称)来唯一标识类型的机制。在现实世界中，Sycamore 街道 34 号的 Bob 和 Willow Drive 街道 12 号的 Bob 是指不同的人。

在.NET 中，System.Web.Mvc 名称空间的 IActionFilter 接口不同于 System.Web.Http.Filters 名称空间的 IActionFilter 接口。

2. 理解依赖程序集

如果一个程序集能编译为类库，并为其他程序集提供要使用的类型，这个程序集就有了文件扩展名.dll(动态链接库)，并且不能单独执行。

同样，如果将一个程序集编译为应用程序，这个程序集就有了文件扩展名.exe(可执行文件)，并且可以独立执行。在.NET Core 3.0 之前，控制台应用程序将被编译为.dll 文件，并且必须由 dotnet run 命令或通过主机可执行文件来运行。

任何程序集都可以将一个或多个类库程序集作为依赖进行引用，但不能循环引用。因此，如果程序集 A 已经引用了程序集 B，则程序集 B 不能引用程序集 A。如果试图添加可能导致循环引用的依赖引用，编译器就会发出警告。循环引用通常导致糟糕的代码设计。如果确实需要使用循环引用，可使用接口来解决。

7.2.2 Microsoft .NET project SDK

默认情况下，控制台应用程序在 Microsoft .NET project SDK 平台上存在依赖引用。这个平台包含了几乎所有应用程序都需要的 NuGet 包中的数千种类型，如 System.Int32 和 System.String 类型。

当使用.NET 时，将会引用依赖程序集、NuGet 包以及项目文件中的应用程序需要的平台。

下面研究一下程序集和名称空间之间的关系。

(1) 使用自己喜欢的代码编辑器创建一个新项目，其定义如下：

- 项目模板：Console App/console
- 项目文件和文件夹：AssembliesAndNamespaces
- 解决方案文件和文件夹：Chapter07

(2) 打开 AssembliesAndNamespaces.csproj，注意这只是.NET 应用程序的一个典型项目文件，如以下代码所示：

```
<Project Sdk="Microsoft.NET.Sdk">

  <PropertyGroup>
    <OutputType>Exe</OutputType>
    <TargetFramework>net8.0</TargetFramework>
    <Nullable>enable</Nullable>
    <ImplicitUsings>enable</ImplicitUsings>
  </PropertyGroup>

</Project>
```

(3) 在<PropertyGroup>部分之后，新添加一个<ItemGroup>部分，使用 implicit usings .NET SDK 特性为所有 C#文件静态导入 System.Console，代码如下所示：

```
<ItemGroup>
  <Using Include="System.Console" Static="true" />
</ItemGroup>
```

7.2.3 理解程序集中的名称空间和类型

许多常见的.NET 类型都位于 System.Runtime.dll 程序集中。程序集和名称空间之间并不总是存在一对一的映射关系。单个程序集可以包含多个名称空间，而一个名称空间可以在多个程序集中定义。可通过表 7.1 来查看一些程序集与它们所提供的类型所在的名称空间之间的关系。

表 7.1　程序集和名称空间之间的关系

程序集	示例名称空间	示例类型
System.Runtime.dll	System、System.Collections 和 System.Collections.Generic	Int32、String 和 IEnumerable<T>
System.Console.dll	System	Console
System.Threading.dll	System.Threading	Interlocked、Monitor 和 Mutex
System.Xml. XDocument.dll	System.Xml.Linq	XDocument、XElement 和 XNode

7.2.4 NuGet 包

.NET 可拆分成一组包，并使用微软支持的 NuGet 包管理技术进行分发。这些包中的每一个都表示同名的程序集。例如，System.Collections 包中包含 System.Collections.dll 程序集。

以下是包带来的好处：

- 包可很容易地分发到公共源上。
- 包可重复使用。
- 包可按照自己的时间表进行装载。
- 包可独立于其他包进行测试。
- 包可支持不同的操作系统和 CPU，包括为不同的操作系统和 CPU 构建的同一程序集的多个版本。
- 包可包含特定于某个库的依赖项。
- 应用程序更小，因为未引用的包不是发行版的一部分。

表 7.2 列出了一些更重要的包以及它们的重要类型。

表 7.2 一些更重要的包及其重要类型

包	重要类型
System.Runtime	Object、String、Int32、Array
System.Collections	List<T>、Dictionary<TKey, TValue>
System.Net.Http	HttpClient、HttpResponseMessage
System.IO.FileSystem	File、Directory
System.Reflection	Assembly、TypeInfo、MethodInfo

7.2.5 理解框架

框架和包之间存在双向关系。包定义 API，而框架将包分组。没有任何包的框架不会定义任何 API。

每个.NET 包都支持一组框架。例如，4.3.0 版本的 System.IO.FileSystem 包支持以下框架：

- .NET Standard 1.3 或更高版本。
- .NET Framework 4.6 或更高版本。
- Six Mono 和 Xamarin 平台(如 Xamarin.iOS)。

更多信息：

可通过以下链接阅读详细信息——https://www.nuget.org/packages/System.IO. FileSystem/#supportedframeworks-body-tab。

7.2.6 导入名称空间以使用类型

下面研究一下名称空间与程序集和类型之间的关系。

(1) 打开 AssembliesAndNamespaces 项目，在 Program.cs 文件中删除现有语句，并输入以下代码：

```
XDocument doc = new();
```

更多信息：

近期的代码编辑器版本通常会自动添加名称空间的导入语句来修复你可能遇到的问题。请手动删除代码编辑器为你自动添加的 using 语句。

(2) 构建项目并注意编译器错误消息，输出如下所示：

```
CS0246 The type or namespace name 'XDocument' could not be found (are you
missing a using directive or an assembly reference?)
```

更多信息：

XDocument 类型不能被识别，因为还没有告诉编译器 XDocument 类型的名称空间是什么。虽然项目已经有了对包含类型的程序集的引用，但仍需要在类型名称的前面加上名称空间(如 System.Xml.Linq.XDocument)，或导入名称空间。

(3) 单击 XDocument 类名内部。代码编辑器将显示灯泡图标，这表示已经识别了类型并能自动修复问题。

(4) 单击灯泡图标，从弹出的菜单中选择 using System.Xml.Linq;。

这会在文件的顶部添加 using 语句以导入名称空间。一旦在代码文件的顶部导入了名称空间，该名称空间内的所有类型就可以在代码文件中使用，只需要输入它们的名称，而不需要通过在名称空间的前面加上前缀来完全限定类型名称。

有时我喜欢在导入名称空间后添加一个带有类型名称的注释，以提醒我为什么需要导入该名称空间，代码如下所示：

```
using System.Xml.Linq; // To use XDocument.
```

如果对名称空间不进行注释，你或其他开发人员可能会不清楚为什么要导入它们，从而可能错误地删除它们，导致代码出错。或者，也可能会因为“以防万一”需要这些名称空间而从不删除它们，这可能会使代码变得杂乱。这就是为什么大多数现代代码编辑器都具备移除未使用名称空间的功能。这种技术在你学习编程的过程中，也会潜移默化地训练你，让你记住需要导入哪个名称空间来使用特定的类型或扩展方法。

7.2.7 将 C#关键字与.NET 类型相关联

C#新手程序员经常问的一个问题是：小写 s 的 string 和大写 S 的 String 之间有什么区别？简短的回答是：没有区别。详细的回答是：所有 C#类型关键字都是类库程序集中.NET 类型的别名。

使用 string 类型时，编译器会将它转换成 System.String 类型；使用 int 类型时，编译器会将它转换成 System.Int32 类型。

下面介绍这种情况的实际应用。

(1) 在 Program.cs 文件中声明两个变量来保存字符串值，其中一个变量使用小写的 string 类型，另一个变量使用大写的 String 类型，代码如下所示：

```
string s1 = "Hello";
String s2 = "World";
WriteLine($"{s1} {s2}");
```

(2) 运行 AssembliesAndNamespaces 项目，注意无论是小写的 string 还是大写的 String，它们

都是有效的，并且在字面上表示的是同一个意思。

(3) 在 AssembliesAndNamespaces.csproj 文件中添加语句，以防止 System 名称空间被全局导入，代码如下所示。

```
<ItemGroup>
  <Using Remove="System" />
</ItemGroup>
```

(4) 在 Program.cs 文件中，在 Error List 或 PROBLEMS 窗口中，注意编译器错误消息，输出如下所示：

```
CS0246 The type or namespace name 'String' could not be found (are you
missing a using directive or an assembly reference?)
```

(5) 在 Program.cs 文件的顶部，用 using 语句导入 System 名称空间来修复这个错误，代码如下所示：

```
using System; // To use String.
```

最佳实践：
当可以选择时，应使用 C#关键字而不是实际的类型，因为使用关键字不需要导入名称空间。

1. 将 C#别名映射到.NET 类型

表 7.3 显示了 18 个 C#类型关键字及实际的.NET 类型。

表 7.3　18 个 C#类型关键字及实际的.NET 类型

类型关键字	.NET 类型	类型关键字	.NET 类型
string	System.String	char	System.Char
sbyte	System.SByte	byte	System.Byte
short	System.Int16	ushort	System.UInt16
int	System.Int32	uint	System.UInt32
long	System.Int64	ulong	System.UInt64
nint	System.IntPtr	nuint	System.UIntPtr
float	System.Single	double	System.Double
decimal	System.Decimal	bool	System.Boolean
object	System.Object	dynamic	System.Dynamic.DynamicObject

其他.NET 编程语言编译器也可以做同样的事情。例如，Visual Basic .NET 语言就有名为 Integer 的类型，它是 System.Int32 的别名。

2. 理解本机大小的整数

C# 9 为本机大小的整数引入了 nint 和 nuint 关键字别名，这意味着整数值的存储大小是平台特定的。它们将 32 位整数存储在 32 位处理单元中，并且 sizeof()返回 4 字节；它们将 64 位整数存储在 64 位处理单元中，并且 sizeof()返回 8 字节。别名表示指向内存中的整型值的指针，这就是为什么它们的.NET 名称是 IntPtr 和 UIntPtr。实际的存储类型是 System.Int32 还是 System.Int64，具体取决于处理单元。

在 64 位处理单元中：

```
WriteLine($"Environment.Is64BitProcess = {Environment.Is64BitProcess}");
WriteLine($"int.MaxValue = {int.MaxValue:N0}");
WriteLine($"nint.MaxValue = {nint.MaxValue:N0}");
```

以上代码的输出如下：

```
Environment.Is64BitProcess = True
int.MaxValue = 2,147,483,647
nint.MaxValue = 9,223,372,036,854,775,807
```

3. 显示类型的位置

代码编辑器为.NET 类型提供了内置文档。下面我们首先确保你拥有预期的使用体验，然后探讨如何操作：

(1) 如果使用的是 Visual Studio 2022，请确保已经禁用了 Source Link：

- 导航到 Tools | Options。
- 在搜索框中输入 navigation in source。
- 选择 Text Editor | C# | Advanced。
- 取消 Enable navigation to Source Link and Embedded sources 复选框的选中状态，然后单击 OK 按钮。

(2) 在 XDocument 中右击，并选择 Go to Definition。

(3) 导航到代码文件的顶部，展开已折叠的代码区域，注意程序集的文件名是 System.Xml.XDocument.dll，但是类在 System.Xml.Linq 名称空间中，下面是一个代码示例，图 7.1 展示了这一情况。

```
#region Assembly System.Runtime, Version=8.0.0.0, Culture=neutral,
PublicKeyToken=b03f5f7f11d50a3a
// C:\Program Files\dotnet\packs\Microsoft.NETCore.App.Ref\8.0.0\ref\
net8.0\System.Runtime.dll
#endregion
```

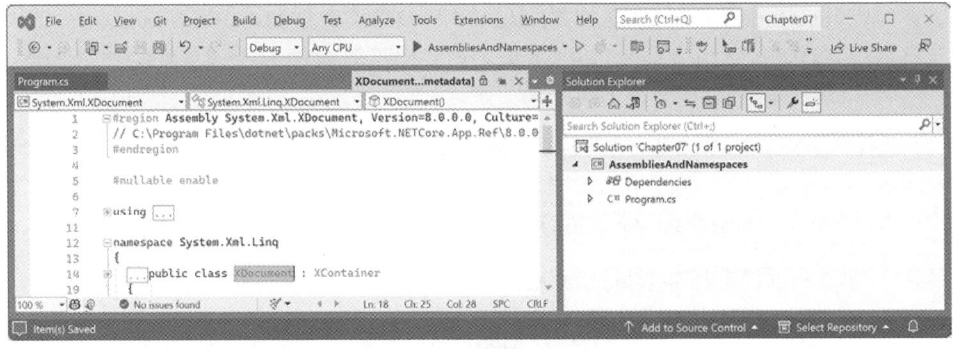

图 7.1　包含 XDocument 类型的程序集和名称空间

(4) 关闭 XDocument [from metadata]选项卡。

(5) 在 string 或 String 中右击，并选择 Go to Definition。

(6) 导航到代码文件的顶部，展开已折叠的代码区域，并注意程序集的文件名是 System.Runtime.dll，但是类在 System 名称空间中。

实际上，代码编辑器在技术上撒了谎。在第 2 章中提到 C#词汇表的范围时，我们发现 System.Runtime.dll 程序集不包含任何类型。

它包含的是类型转发器。类型转发器较为特殊，看似存在于程序集中，但实际上在其他地方实现。在本示例中，它们是在.NET 运行时内部使用高度优化的代码实现的。

如果在重构类型时将其从原始程序集移动到另一个程序集，就可能想要使用类型转发器。如果不定义类型转发器，任何引用原始程序集的项目都将无法在其中找到该类型，并且会抛出一个运行时异常。可通过以下链接了解更多关于这个示例的信息：https://learn.microsoft.com/en-us/dotnet/standard/assembly/type-forwarding。

7.2.8 使用.NET Standard 在旧平台之间共享代码

在.NET Standard 之前，存在一些可移植类库(Portable Class Library，PCL)。使用 PCL 可以创建代码库并显式地指定希望代码库支持哪些平台，如 Xamarin、Silverlight 和 Windows 8。然后，代码库就可以使用由指定平台支持的 API 的交集。

微软意识到这是不可持续的，所以创建了.NET Standard——所有未来的.NET 平台都支持的单一 API。虽然也有较老版本的.NET Standard，但.NET Standard 2.0 试图统一所有重要的最新.NET 平台。虽然.NET Standard 2.1 已于 2019 年末发布，但只有.NET Core 3.0 和当年发布的 Xamarin 版本支持其中的新特性。本书的其余部分将使用术语.NET Standard 来表示.NET Standard 2.0。

.NET Standard 与 HTML5 相似，都是平台应该支持的标准。就像谷歌的 Chrome 浏览器和微软的 Edge 浏览器实现了 HTML5 标准一样，.NET Core、.NET Framework 和 Xamarin 也都实现了.NET Standard。如果想创建可以跨.NET 平台版本工作的类库，可以轻松使用.NET Standard 来实现。

最佳实践：
由于.NET Standard 2.1 中添加的许多 API 需要在运行时进行更改，而.NET Framework 是微软的旧平台，需要尽可能保持不变，因此.NET Framework 4.8 将保留.NET Standard 2.0 而不是实现.NET Standard 2.1。如果需要支持.NET Framework 客户，就应该基于.NET Standard 2.0 创建类库(即使.NET Standard 2.0 不是最新的，也不支持所有最新的语言和 BCL 新特性)。

选择哪个.NET Standard 版本作为目标，取决于最大化平台支持和可用功能之间的平衡。较低的版本支持更多的平台，但拥有的 API 集合更小。更高的版本支持更少的平台，但拥有的 API 集合更大。通常，应该选择能够支持所需的所有 API 的最低版本。

7.2.9 理解不同 SDK 中类库的默认设置

当使用 dotnet SDK 工具创建类库时，知道默认使用哪个目标框架可能十分有用，如表 7.4 所示。

表 7.4　.NET SDK 及其新类库的默认目标框架

SDK	新类库的默认目标框架
.NET Core 3.1	netstandard2.0
.NET 6	net6.0
.NET 7	net7.0
.NET 8	net8.0

虽然类库在默认情况下针对.NET 的特定版本，但可在使用默认模板创建类库项目之后更改它。

可以手动设置目标框架的值，以支持需要引用该库的项目，如表 7.5 所示。

表 7.5　类库目标框架以及可使用它们的项目

类库目标框架	项目可以使用的目标框架
netstandard2.0	.NET Framework 4.6.1 或更高版本、.NET Core 2 或更高版本、.NET 5 或更高版本、Mono 5.4 或更高版本、Xamarin.Android 8 或更高版本、Xamarin.iOS 10.14 或更高版本
netstandard2.1	.NET Core 3 或更高版本、.NET 5 或更高版本、Mono 6.4 或更高版本、Xamarin.Android 10 或更高版本、Xamarin.iOS 12.16 或更高版本
net6.0	.NET 6 或更高版本
net7.0	.NET 7 或更高版本
net8.0	.NET 8 或更高版本

最佳实践：
应始终检查类库的目标框架，然后在必要时手动将其更改为更合适的框架。应做理智的决定，而不是接受默认设置。

7.2.10　创建.NET Standard 类库

下面使用.NET Standard 2.0 创建一个类库，这样就可以在所有重要的.NET 旧平台以及 Windows、macOS 和 Linux 操作系统上跨平台使用这个类库，同时可以访问大量的.NET API。

(1) 使用自己喜欢的代码编辑器将一个新的 Class Library/classlib 项目(目标框架为.NET Standard 2.0)添加到 Chapter07 解决方案中，命名为 SharedLibrary。

- 如果使用 Visual Studio 2022，当提示输入 Target Framework 时，请选择.NET Standard 2.0，然后将解决方案的启动项目配置为当前选择的项目。
- 如果使用 Visual Studio Code，会包括一个目标框架为.NET Standard 2.0 的选项，如以下命令所示：

```
dotnet new classlib -f netstandard2.0
```

最佳实践：
如果需要创建使用.NET 8 中新功能的类型，以及仅使用.NET Standard 2.0 功能的类型，可以创建两个单独的类库：一个目标框架为.NET Standard 2.0，另一个目标框架为.NET 8。

手动创建这两个类库的另一种方法是创建一个支持多目标框架的类库。如果想在下一个版本中增加一个关于多目标框架的部分，请告诉我。可以通过如下链接阅读支持多目标框架的类库：https://learn.microsoft.com/en-us/dotnet/standard/library-guidance/cross-platform-targeting#multi-targeting。

7.2.11 控制.NET SDK

默认情况下，执行 dotnet 命令会使用最新安装的.NET SDK。有时候可能需要控制使用哪个SDK。

例如，当.NET 9 在 2024 年 2 月发布预览版或在 2024 年 11 月发布正式版时，你可能会选择安装它。但你可能希望自己的操作体验与书中使用.NET 8 SDK 的步骤保持一致。然而，一旦安装了.NET 9 SDK，就会默认使用它。

可以通过使用 global.json 文件来控制默认使用的.NET SDK 版本。该文件包含了要使用的版本信息。dotnet 命令会先在当前文件夹中查找，然后逐级向上搜索每一个上级文件夹中的 global.json 文件，以判断是否应该使用不同的.NET SDK 版本。

不必完成以下步骤，但如果想尝试，且尚未安装.NET 6 SDK，则可通过以下链接进行安装：https://dotnet.microsoft.com/download/dotnet/6.0。

具体安装步骤如下：

(1) 在 Chapter07 文件夹中创建一个名为 ControlSDK 的子目录/文件夹。

(2) 在 Windows 上，启动 Command Prompt 或 Windows Terminal。在 macOS 上，启动 Terminal。如果使用的是 Visual Studio Code，则可以使用集成的终端。

(3) 在 ControlSDK 文件夹中，在命令提示符或终端处，输入命令以列出已安装的.NET SDK，命令如下：

```
dotnet --list-sdks
```

(4) 注意安装的最新.NET 6 SDK 的结果和版本号，如下面输出中突出显示的部分所示：

```
5.0.214 [C:\Program Files\dotnet\sdk]
6.0.314 [C:\Program Files\dotnet\sdk]
7.0.304 [C:\Program Files\dotnet\sdk]
8.0.100 [C:\Program Files\dotnet\sdk]
```

(5) 创建 global.json 文件，强制使用已安装的最新.NET Core 6.0 SDK(可能比我的版本更新)，命令如下所示：

```
dotnet new globaljson --sdk-version 6.0.314
```

(6) 注意结果，如下面的输出所示：

```
The template "global.json file" was created successfully.
```

(7) 使用自己喜欢的代码编辑器打开 global.json 文件，并查看其内容，如下所示：

```
{
  "sdk": {
    "version": "6.0.314"
  }
}
```

更多信息：

例如，要在Visual Studio Code中打开global.json文件，需要输入命令： code global.json。

(8) 在ControlSDK文件夹中，在命令提示符或终端中，输入命令创建类库项目，如下所示：

```
dotnet new classlib
```

(9) 如果没有安装.NET 6 SDK，会看到一个错误，如下所示：

```
Could not execute because the application was not found or a compatible
.NET SDK is not installed.
```

(10) 如果已经安装了.NET 6 SDK，将会创建一个默认目标框架为.NET 6的类库项目，如下面突出显示的代码所示：

```
<Project Sdk="Microsoft.NET.Sdk">

  <PropertyGroup>
    <TargetFramework>net6.0</TargetFramework>
    <ImplicitUsings>enable</ImplicitUsings>
    <Nullable>enable</Nullable>
  </PropertyGroup>
</Project>
```

7.2.12　混合使用SDK和目标框架

许多组织选择以.NET的长期支持版本为目标，以获取微软提供的长达三年的支持。这样做并不意味着他们将失去在所选.NET运行时生命周期内C#语言改进所带来的好处。

可以在安装和使用未来C#编译器的同时，继续轻松地针对.NET 8运行时进行开发，如图7.2所示，以下列表中进行了说明：

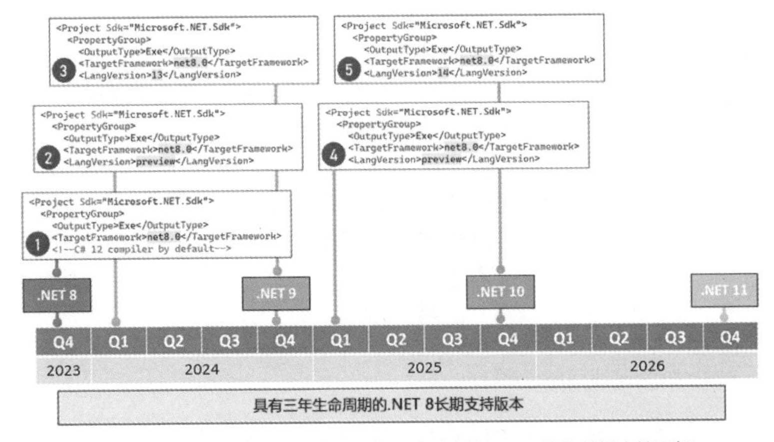

图7.2　在使用最新C#编译器的同时，选择.NET 8作为长期支持目标

2023年11月：安装.NET SDK 8.0.100，并使用它来构建目标框架为.NET 8的项目，默认使用C# 12编译器。每月在开发计算机上更新.NET 8 SDK的补丁，并在任何部署计算机上更新.NET 8运行时的补丁。

2024 年 2 月：可选安装.NET SDK 9 预览版 1，以探索新的 C#语言和.NET 库功能。请注意，在针对.NET 8 时，将无法使用新的库功能。预览版每年在 2 月至 10 月之间每月发布一次。请阅读每月的公告博客文章，了解该预览版中的新功能。

2024 年 11 月：安装.NET SDK 9.0.100，并使用它来构建继续针对.NET 8 的项目，同时利用其 C# 13 编译器的新功能。你将使用完全受支持的 SDK 和完全受支持的运行时。你还可以使用 EF Core 9 中的新功能，因为它将继续针对.NET 8。

2025 年 2 月：可选安装.NET 10 预览版，以探索新的 C#语言和.NET 库功能。开始规划当你准备好迁移时，.NET 9 和.NET 10 中的任何新库和 ASP.NET Core 功能是否可以应用于你的.NET 8 项目。

2025 年 11 月：安装.NET 10.0.100 SDK，并使用它来构建针对.NET 8 的项目，同时使用 C# 14 编译器。将你的.NET 8 项目迁移到.NET 10，因为它是一个长期支持版本。可以在.NET 8 达到生命周期终点(即 2026 年 11 月)之前完成迁移。

在决定安装.NET SDK 时，请记住默认情况下会使用最新版本的 SDK 来构建任何.NET 项目。一旦安装了.NET 9 SDK 预览版，它将默认用于所有项目，除非强制使用较旧且完全受支持的 SDK 版本，如 8.0.100 或后续补丁版本。

7.3 发布用于部署的代码

如果你写了一本小说，想让别人读它，就必须出版它。

大多数开发人员编写代码就是想让其他开发人员在自己的项目中使用，或者让用户作为应用程序运行。要这样做，必须将代码作为打包的类库或可执行应用程序发布。

发布和部署.NET 应用程序有如下三种方法：

- 与框架相关的部署(Framework-Dependent Deployment，FDD)
- 与框架相关的可执行文件(Framework-Dependent Executable，FDE)
- 自包含

如果选择部署应用程序及其包依赖项而不是.NET 本身，那么可以依赖于目标计算机上已有的.NET。这对于部署到服务器的 Web 应用程序很有效，因为.NET 和许多其他 Web 应用程序可能已安装在服务器上了。

FDD 意味着部署一个 DLL，它必须由 dotnet 命令行工具执行。FDE 意味着部署一个可以直接从命令行运行的 EXE。两者都要求已在系统上安装了合适的.NET 运行时版本。

有时，我们希望能够给某人一个 USB 闪存盘，里面包含了你为他们的操作系统构建的应用程序，并希望这个应用程序可以在这个人的计算机上执行。于是我们希望执行自包含的部署。虽然部署文件会更大，但是可以确定，这种方式是可行的。

7.3.1 创建要发布的控制台应用程序

下面研究一下如何发布控制台应用程序。

(1) 使用自己喜欢的代码编辑器将一个新的 Console App/console 项目添加到 Chapter07 解决方案中，命名为 DotNetEverywhere。确保目标框架为.NET 8。

(2) 修改项目文件，在所有的 C#文件中静态导入 System.Console 类。

(3) 在 Program.cs 文件中，删除现有语句，然后添加语句以输出一个消息，指出控制台应用程序可以在任何地方运行，并显示一些关于操作系统的信息，代码如下所示：

```
WriteLine("I can run everywhere!");
WriteLine($"OS Version is {Environment.OSVersion}.");

if (OperatingSystem.IsMacOS())
{
  WriteLine("I am macOS.");
}
else if (OperatingSystem.IsWindowsVersionAtLeast(major: 10, build:
22000))
{
  WriteLine("I am Windows 11.");
}
else if (OperatingSystem.IsWindowsVersionAtLeast(major: 10))
{
  WriteLine("I am Windows 10.");
}
else
{
  WriteLine("I am some other mysterious OS.");
}
WriteLine("Press any key to stop me.");
ReadKey(intercept: true); // Do not output the key that was pressed.
```

(4) 在 Windows 11 上运行该 DotNetEverywhere 并注意结果，输出如下所示：

```
I can run everywhere!
OS Version is Microsoft Windows NT 10.0.22000.0.
I am Windows 11.
Press any key to stop me.
```

(5) 在 DotNetEverywhere.csproj 中，将运行时标识符(Runtime Identifier，RID)添加到<PropertyGroup>元素内以针对五类操作系统，如以下突出显示的代码所示：

```
<Project Sdk="Microsoft.NET.Sdk">

  <PropertyGroup>
    <OutputType>Exe</OutputType>
    <TargetFramework>net8.0</TargetFramework>
    <Nullable>enable</Nullable>
    <ImplicitUsings>enable</ImplicitUsings>
    <RuntimeIdentifiers>
      win10-x64;osx-x64;osx.11.0-arm64;linux-x64;linux-arm64
    </RuntimeIdentifiers>
  </PropertyGroup>

</Project>
```

对以上突出显示的代码解释如下：

- win10-x64 RID 值表示 Windows 10 或 Windows Server 2016 64 位。还可以使用 win10-arm64 RID 值部署到 Microsoft Surface Pro X。

- osx-x64 RID 值表示 macOS Sierra 10.12 或更高版本。也可以指定特定于版本的 RID 值，如 osx.10.15-x64 (Catalina)、osx.11.0-x64 (Intel 上的 Big Sur)或者 osx.11.0-arm64 (Apple Silicon 上的 Big Sur)。
- linux-x64 RID 值指代大多数桌面 Linux 发行版，如 Ubuntu、CentOS、Debian 或 Fedora。32 位的 Raspbian 或 Raspberry Pi 操作系统使用 linux-arm。在运行 Ubuntu 64 位的 Raspberry Pi 上使用 linux-arm64。

更多信息：
有两个元素可用于指定运行时标识符(RID)。如果只需要指定一个 RID，请使用<RuntimeIdentifier>；如果需要指定多个，请使用<RuntimeIdentifiers>，正如前面示例中所做的那样。如果误用了这两个元素，编译器会给出一个错误。很难理解这两个元素只有一个字符的差异！

7.3.2 理解 dotnet 命令

安装.NET SDK 时，也将附带安装 dotnet CLI。

.NET CLI 提供了能够在当前文件夹上工作的命令，以使用模板创建新项目。

(1) 在 Windows 上，启动 Command Prompt 或 Windows Terminal。在 macOS 上，启动 Terminal。如果使用的是 Visual Studio 2022 或 Visual Studio Code，就可以使用集成的终端。

(2) 输入 dotnet new list (如果使用的是旧版本的 SDK，可以使用 dotnet new -l 或 dotnet new --list)命令，列出当前已安装的模板，其中最常见的模板如表 7.6 所示。

表 7.6 项目模板的全名称和简写名称

模板名称	简写名称	语言
.NET MAUI App	maui	C#
.NET MAUI Blazor App	maui-blazor	C#
ASP.NET Core Empty	web	C#, F#
ASP.NET Core gRPC Service	grpc	C#
ASP.NET Core Web API	webapi	C#, F#
ASP.NET Core Web API (native AOT)	webapiaot	C#
ASP.NET Core Web App (Model-View-Controller)	mvc	C#, F#
Blazor Web App	blazor	C#
Class Library	classlib	C#, F#, VB
Console App	console	C#, F#, VB
EditorConfig File	editorconfig	
global.json File	globaljson	
Solution File	sln	
xUnit Test Project	xunit	

更多信息：

.NET MAUI 项目目前不支持 Linux。团队已经表示，他们已将这项工作留给了开源社区。如果你需要创建一个真正的跨平台图形应用，那么可以考虑查看以下链接中的 Avalonia：https://avaloniaui.net/。

7.3.3　获取关于.NET 及其环境的信息

查看.NET SDK 和运行时的当前安装情况，以及操作系统的相关信息是很有用的，命令如下所示：

```
dotnet --info
```

注意结果，下面显示了部分输出：

```
.NET SDK (reflecting any global.json):
Version:     8.0.100
Commit:      3fe444af72

Runtime Environment:
  OS Name:        Windows
  OS Version:     10.0.22621
  OS Platform:    Windows
  RID:            win10-x64
  Base Path:      C:\Program Files\dotnet\sdk\8.0.100\

.NET workloads installed:
There are no installed workloads to display.

Host (useful for support):
  Version: 8.0.0
  Commit: bc78804f5d

.NET SDKs installed:
  5.0.214 [C:\Program Files\dotnet\sdk]
  6.0.317 [C:\Program Files\dotnet\sdk]
  7.0.401 [C:\Program Files\dotnet\sdk]
  8.0.100 [C:\Program Files\dotnet\sdk]
.NET runtimes installed:
  Microsoft.AspNetCore.App 5.0.17 [...\dotnet\shared\Microsoft.AspNetCore.All]
...
```

7.3.4　使用 dotnet CLI 管理项目

.NET CLI 在当前文件夹中对项目有效的命令如下，它们用于管理项目。

- dotnet help：显示命令行帮助。
- dotnet new：创建新的.NET 项目或文件。
- dotnet tool：安装或管理扩展.NET 体验的工具。

- dotnet workload：管理可选的工作负载，如.NET MAUI。
- dotnet restore：下载项目的依赖项。
- dotnet build：编译.NET 项目。在 .NET 8 中引入了一个新的开关 --tl(表示终端记录器，terminal logger)，它提供了现代化的输出。例如，这个开关可以实时显示编译过程中的信息。可通过以下链接了解更多详情：https://learn.microsoft.com/en-us/dotnet/core/tools/dotnet-build#options。
- dotnet build-server：与编译过程中启动的服务器交互。
- dotnet msbuild：运行 MS Build Engine 命令。
- dotnet clean：删除编译过程中的临时输出。
- dotnet test：编译项目并运行单元测试。
- dotnet run：编译并运行项目。
- dotnet pack：为项目创建 NuGet 包。
- dotnet publish：编译并发布项目，可以选择是否包含依赖项，或者作为一个自包含的应用程序发布。在.NET 7 及更早版本中，默认情况下它会发布 Debug 配置。然而，在 .NET 8 及更高版本中，它现在默认发布 Release 配置。
- dotnet add：把对包或类库的引用添加到项目中。
- dotnet remove：从项目中删除对包或类库的引用。
- dotnet list：列出项目的包或类库引用。

7.3.5 发布自包含的应用程序

前面介绍了有关 dotnet 工具命令的一些例子，现在可以发布跨平台的控制台应用程序了。

(1) 在命令行或终端上，确保打开了 DotNetEverywhere 文件夹。

(2) 输入以下命令，编译并发布适用于 Windows 10 的控制台应用程序的自包含发布版本：

```
dotnet publish -c Release -r win10-x64 --self-contained
```

(3) 注意，编译引擎会恢复任何需要的包，将项目源代码编译为程序集 DLL，并创建 publish 文件夹，输出如下所示：

```
MSBuild version 17.8.0+14c24b2d3 for .NET
  Determining projects to restore...
  All projects are up-to-date for restore.
  DotNetEverywhere -> C:\cs12dotnet8\Chapter07\DotNetEverywhere\bin\
Release\net8.0\win10-x64\DotNetEverywhere.dll
  DotNetEverywhere -> C:\cs12dotnet8\Chapter07\DotNetEverywhere\bin\
Release\net8.0\win10-x64\publish\
```

(4) 输入以下命令，编译和发布 macOS 和 Linux 变种的发布版本。

```
dotnet publish -c Release -r osx-x64 --self-contained
dotnet publish -c Release -r osx.11.0-arm64 --self-contained
dotnet publish -c Release -r linux-x64 --self-contained
dotnet publish -c Release -r linux-arm64 --self-contained
```

最佳实践：

可以使用诸如 PowerShell 的脚本语言自动执行这些命令，并在使用跨平台 PowerShell Core 的任何操作系统上执行这些命令。我已经在以下链接中为你准备好了这些脚本：https://github.com/markjprice/cs12dotnet8/tree/main/scripts/publish-scripts。

(5) 打开 Windows 的文件资源管理器或 macOS 的 Finder 窗口，导航到 DotNetEverywhere\bin\Release\net8.0，并注意五种操作系统的输出文件夹。

(6) 在 win10-x64 文件夹中，选择 publish 文件夹，注意所有的支持程序集，如 Microsoft.CSharp.dll。

(7) 选择 DotNetEverywhere 可执行文件，注意它是 154KB，如图 7.3 所示。

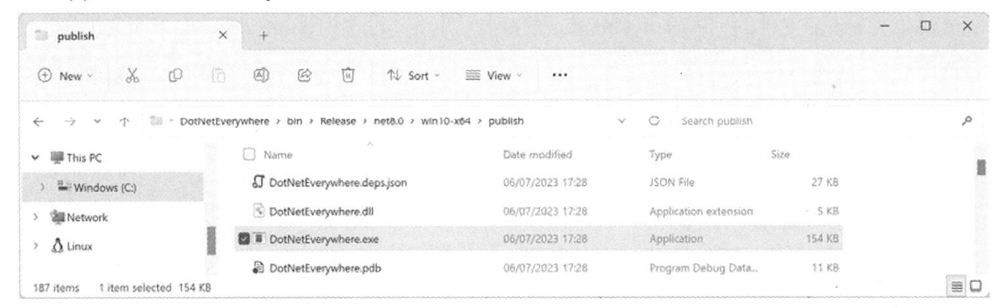

图 7.3 64 位 Windows 10 的 DotNetEverywhere 可执行文件

(8) 如果在 Windows 上，双击执行程序并注意结果，输出如下所示：

```
I can run everywhere!
OS Version is Microsoft Windows NT 10.0.22621.0.
I am Windows 11.
Press any key to stop me.
```

(9) 按任意键，关闭该控制台应用程序及其窗口。

(10) 注意，publish 文件夹及其所有文件的总大小为 68.3MB。

(11) 在 osx.11.0-arm64 文件夹中，选择 publish 文件夹，注意所有支持的程序集，然后选择 DotNetEverywhere 可执行文件，注意可执行文件的大小是 125 KB，publish 文件夹的大小约是 73.9MB。在 macOS 上发布的应用程序没有 .exe 文件扩展名，因此文件名不带扩展名。

如果将这些文件夹中的任何一个复制到相应的操作系统上，这个控制台应用程序就会运行，这是因为它是一个自包含的、可部署的.NET 应用程序。例如，在配备 Intel 处理器的 macOS 上就可以这样做。

```
I can run everywhere!
OS Version is Unix 13.5.2
I am macOS.
Press any key to stop me.
```

本例使用了一个控制台应用程序，但你也可以轻松地创建一个 ASP.NET Core 网站或 Web 服务，或者 Windows 窗体或 WPF 应用程序。当然，只能将 Windows 桌面应用程序部署到 Windows 计算机上，而不能部署到 Linux 或 macOS 上。

7.3.6 发布单文件应用

假设要在其上运行你的应用程序的计算机上已经安装了 .NET，那么你可以在发布应用程序的发布版本时使用额外的标志，指明它不需要是自包含的，可将它作为一个单独的文件发布(如果可能的话)。这可以通过以下命令实现(该命令必须在一行中输入)：

```
dotnet publish -r win10-x64 -c Release --no-self-contained
/p:PublishSingleFile=true
```

这将生成两个文件：DotNetEverywhere.exe 和 DotNetEverywhere.pdb。.exe 文件是可执行文件，.pdb 文件则是存储了调试信息的程序调试数据库(program debug database)文件。

如果喜欢把.pdb 文件嵌入.exe 文件(例如，确保它被部署到其程序集中)，就将<DebugType>元素添加到.csproj 文件的<PropertyGroup>元素中，并将其设置为 embedded，如下面突出显示的代码所示：

```
<PropertyGroup>

  <OutputType>Exe</OutputType>
  <TargetFramework>net8.0</TargetFramework>
  <Nullable>enable</Nullable>
  <ImplicitUsings>enable</ImplicitUsings>

  <RuntimeIdentifiers>
    win10-x64;osx-x64;osx.11.0-arm64;linux-x64;linux-arm64
  </RuntimeIdentifiers>

  <DebugType>embedded</DebugType>

</PropertyGroup>
```

如果你不能假设计算机上已经安装了.NET，那么在 Linux 上虽然只会生成这两个文件，但在 Windows 上仍然会生成一些其他文件，如 coreclr.dll、clrjit.dll、clrcompression.dll 和 mscordaccore.dll。

下面列举一个 Windows 示例。

(1) 在命令行或终端上，在 DotNetEverywhere 文件夹中，输入以下命令，为 Windows 10 编译控制台应用程序的自包含发布版本：

```
dotnet publish -c Release -r win10-x64 --self-contained
/p:PublishSingleFile=true
```

(2) 导航到 DotNetEverywhere\bin\Release\net8.0\win10-x64\publish 文件夹，选择 DotNetEverywhere 可执行文件，注意这个可执行文件的大小现在约为 62.6 MB。还有一个 11 KB 的.pdb 文件。在读者的系统上文件的大小可能会有所不同。

7.3.7 使用 app trimming 系统减小应用程序的大小

将.NET 应用程序部署为自包含应用程序的问题之一在于.NET 库需要占用大量的内存空间。最需要精简的是 Blazor WebAssembly 组件的大小，因为所有.NET 库都需要被下载到浏览器中。

幸运的是，你可以通过不在部署中打包未使用的程序集来减小大小。.NET Core 3 中引入的 app trimming 系统可用来识别代码需要的程序集，并删除那些不需要的程序集。这被称为“仅复制已使用的”(copyused)修剪模式。

在.NET 5 中，只要不使用程序集中的单个类型甚至成员(如方法)，就可以进一步减小应用程序的大小。例如，对于 Hello World 控制台应用程序，System.Console.dll 程序集就从 61.5 KB 缩减到 31.5 KB。这被称为 link 剪裁模式，在默认情况下该模式是被禁用的。

在.NET 6 中，微软在它的库中添加了注解，以表明如何可以安全地修剪这些库，因此类型和成员的修剪成了默认设置。

在.NET 7 中，微软将“link”重命名为“full”，并将“copyused”重命名为“partial”。

关键问题在于，修剪工具能否准确地识别出未使用的程序集、类型和成员。如果代码是动态的，可能使用了反射，那么 app trimming 系统可能无法正常工作，因此微软也允许手动控制。

有两种方法可以启用类型级别和成员级别的修剪，即所谓的 full 修剪。由于.NET 6 或更高版本中默认启用了这种级别的修剪，因此我们只需要启用修剪功能而不必设置特定的修剪级别或模式即可。

第一种方式是在项目文件中添加如下元素：

```
<PublishTrimmed>true</PublishTrimmed> <!--Enable trimming.-->
```

第二种方式是在发布时添加如下命令中突出显示的标志：

```
dotnet publish ... -p:PublishTrimmed=True
```

启用程序集级(即 partial)剪裁的方式也有两种。

第一种方式是在项目文件中添加如下两个元素：

```
<PublishTrimmed>true</PublishTrimmed> <!--Enable trimming.-->
<TrimMode>partial</TrimMode> <!--Set assembly-level trimming.-->
```

第二种方式是在发布时添加如下命令中突出显示的标志：

```
dotnet publish ... -p:PublishTrimmed=True -p:TrimMode=partial
```

7.3.8　控制构建产物的生成位置

传统上，每个项目在构建过程中都会在其 bin 和 obj 子文件夹中生成一些临时文件。当发布项目时，这些临时文件会被放置在 bin 文件夹中，以便进行部署或分发。

但你可能希望将这些临时文件和文件夹放在其他位置。为此，.NET 8 引入了一个新功能，允许你控制构建产物的生成位置。以下是具体的实现步骤：

(1) 在 Chapter07 文件夹的命令提示符或终端中，输入以下命令：

```
dotnet new buildprops --use-artifacts
```

(2) 注意以下显示模板创建成功的消息，如下所示：

The template "MSBuild Directory.Build.props file" was created successfully.

更多信息：

我们原本可以在 cs12dotnet8 文件夹中创建这个文件，但这样做会影响到所有章节中的所有项目。

(3) 在 Chapter07 文件夹中，打开 Directory.Build.props 文件，代码如下所示

```
<Project>
<!-- See https://aka.ms/dotnet/msbuild/customize for more details on
customizing your build -->
  <PropertyGroup>
        <ArtifactsPath>$(MSBuildThisFileDirectory)artifacts</ArtifactsPath>
  </PropertyGroup>
</Project>
```

(4) 构建任意项目或整个解决方案。

(5) 在 Chapter07 文件夹中，请注意现在有一个 artifacts 子文件夹，其中包含了最近构建的所有项目的子文件夹。

(6) (可选但推荐)为了不影响本章其余部分的内容，可以删除此文件或将其重命名为类似 Directory.Build.props.disabled 的名称，使其不再生效。

警告：

如果你保留此构建配置(Directory.Build.props 文件中的相关设置)为启用状态，那么在执行构建操作时，请记得构建产物不会再出现在传统的 bin 和 obj 文件夹中，而会出现在新配置的 artifacts 文件夹中。

7.4 原生 ATO 编译

原生 AOT 生成的程序集具有以下特点。

- 自包含性：意味着这些程序集可以在没有安装 .NET 运行时的系统上运行。
- 提前(Ahead-of-Time, AOT)编译：通过 AOT 技术，中间语言(IL)代码在发布时即被编译成原生代码，因此拥有更快的启动速度和潜在的更小的内存占用。

原生 AOT 在发布时就将中间语言(IL)代码编译成了原生代码，而不是像传统那样在运行时使用即时(Just In Time, JIT)编译器来编译。但原生 AOT 编译的程序集必须针对特定的运行时环境，如 Windows x64 或 Linux Arm。

由于原生 AOT 编译发生在发布时，因此在代码编辑器中调试和实时工作时，即使项目中启用了 AOT，它仍然会使用运行时的 JIT 编译器，而非原生 AOT。

然而，与原生 AOT 不兼容的某些功能将被禁用或抛出异常，并会启用一个源代码分析器来显示有关潜在的代码不兼容警告。

7.4.1 本地 AOT 的限制

本地 AOT 存在一些限制，其中一些如下所示：

- 不支持动态加载程序集。
- 不支持运行时代码生成，例如使用 System.Reflection.Emit 进行动态代码生成的功能将不可用。
- 需要进行剪裁(Trimming)，这有其自身的限制，正如我们之前所讨论的。
- 程序集必须是自包含的，因此必须嵌入它们调用的任何库，这会增加其大小。

尽管开发人员自己的程序集可能不会使用上述功能，但.NET 本身的大部分内容都会使用。例如，ASP.NET Core MVC(包括使用控制器的 Web API 服务)和 EF Core 会在运行时生成代码以实现其功能。

目前，.NET 团队正在努力让.NET 尽快与本地 AOT 兼容。但是，在.NET 8 中，虽然对使用 Minimal APIs 的 ASP.NET Core 提供了基本支持，但 EF Core 等组件尚不支持原生 AOT。

我猜测.NET 9 将支持 ASP.NET Core MVC 和 EF Core 的部分功能，但可能要到.NET 10 时，我们才能确信大部分.NET 组件都可以与原生 AOT 编译兼容，并能充分利用 AOT 的优势来构建程序集。

在原生 AOT 发布过程中，内置的代码分析器会在开发人员使用不支持的特性时发出警告。然而，目前并非所有的包都已标注为与这些分析器兼容。

为了指明某个类型或成员不支持 AOT，最常用的标注是[RequiresDynamicCode]属性。

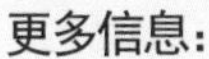

更多信息：

可通过以下链接了解更多关于 AOT 警告的内容：https://learn.microsoft.com/en-us/dotnet/core/deploying/native-aot/fixing-warnings。

7.4.2　反射与原生 AOT

反射常用于在运行时检查类型的元数据、动态调用成员以及生成代码。

原生 AOT 允许使用某些反射特性，但在原生 AOT 编译过程中进行的剪裁无法静态地确定哪些类型的成员可能仅通过反射来访问。这些成员在 AOT 编译时可能会被剪裁掉，从而导致运行时异常。

最佳实践：

开发人员应该使用[DynamicallyAccessedMembers]来标注类型，以指示某个成员仅通过反射进行动态访问，因此不应被修剪。

7.4.3　原生 AOT 的要求

不同的操作系统有不同的额外要求：

- 在 Windows 上，必须安装 Visual Studio 2022 的 Desktop development with C++工作负载，并包含所有默认组件。
- 在 Linux 上，必须安装编译器工具链和.NET 运行时所依赖的库的开发人员包。例如，对于 Ubuntu 18.04 或更高版本，需要运行 sudo apt-get install clang zlib1g-dev。

警告：

不支持跨平台的原生 AOT 发布。这意味着必须在目标部署的操作系统上运行发布过程。例如，不能在 Linux 上发布一个原生 AOT 项目，然后期望它在 Windows 上运行，反之亦然。

7.4.4 为项目启用原生 AOT

要在项目中启用原生 AOT 发布，需在项目文件中添加<PublishAot>元素，如下所示：

```
<PropertyGroup>
<TargetFramework>net8.0</TargetFramework>
<PublishAot>true</PublishAot>
```

7.4.5 构建原生 AOT 项目

现在，介绍一个使用新 AOT 选项的控制台应用程序的实际示例。

(1) 在名为 Chapter07 的解决方案中，添加一个与原生 AOT 兼容的控制台应用程序项目，其定义如下：

- 项目模板：Console App / console --aot
- 解决方案文件和文件夹：Chapter07
- 项目文件和文件夹：AotConsole
- 不使用顶级语句：已清除
- 启用原生 AOT 发布：已选择

更多信息：

如果代码编辑器尚未提供进行 AOT 编译的选项，那么需要创建一个传统的控制台应用程序，并像步骤(2)所示的那样手动启用 AOT，或者使用 dotnet CLI。

(2) 在项目文件中，注意已启用了原生 AOT 发布和不变全球化设置功能，如以下代码所示：

```
<Project Sdk="Microsoft.NET.Sdk.Web">

  <PropertyGroup>
    <TargetFramework>net8.0</TargetFramework>
    <Nullable>enable</Nullable>
    <ImplicitUsings>enable</ImplicitUsings>
    <PublishAot>true</PublishAot>
    <InvariantGlobalization>true</InvariantGlobalization>
  </PropertyGroup>

</Project>
```

更多信息：

在.NET 8 的 Console App 项目模板中，显式地将不变全球化模式设置为 true 是一个新功能。它的设计目的是让控制台应用程序不依赖于特定文化，从而可以部署到世界任何地方并具有相同的行为。如果将此属性设置为 false，或者缺失该元素，那么控制台应用程序将默认使用托管它的当前计算机的文化。可通过以下链接了解更多关于不变全球化模式的信息：https://github.com/dotnet/runtime/blob/main/docs/design/features/globalization-invariant-mode.md。

(3) 修改项目文件，以便在所有 C#文件中静态导入 System.Console 类。

(4) 在 Program.cs 中，删除所有现有语句，然后添加用于输出当前文化和操作系统版本的语句，如以下代码所示：

```
using System.Globalization; // To use CultureInfo.

WriteLine("This is an ahead-of-time (AOT) compiled console app.");
WriteLine("Current culture: {0}", CultureInfo.CurrentCulture.
DisplayName);
WriteLine("OS version: {0}", Environment.OSVersion);

Write("Press any key to exit.");
ReadKey(intercept: true); // Do not output the key that was pressed.
```

(5) 运行该控制台应用程序项目，并注意输出的文化是不变的，如下面的输出所示：

```
This is an ahead-of-time (AOT) compiled console app.
Current culture: Invariant Language (Invariant Country)
OS version: Microsoft Windows NT 10.0.22621.0
```

警告：

实际上，控制台应用程序尚未进行 AOT 编译；它当前仍然是 JIT(Just-In-Time)编译的，因为我们还没有发布它。

7.4.6 发布原生 AOT 项目

在开发过程中，如果代码未经修剪且使用 JIT 编译时，控制台应用程序可以正常工作。但是，一旦使用原生 AOT 发布该应用程序，它可能会失败，因为此时代码会被修剪并进行 AOT 编译，这样它就成了具有不同行为的不同代码。因此，在假设项目可以工作之前，应该先进行发布测试。

如果项目在发布时没有产生任何 AOT 警告，那么可以自信地认为你的服务在 AOT 发布后会正常工作。

现在，我们来发布控制台应用程序。

(1) 在 AotConsole 项目的命令提示符或终端上，使用原生 AOT 发布控制台应用程序，命令如下：

```
dotnet publish
```

(2) 注意有关生成原生代码的消息，这些消息通常会出现在输出中。

```
MSBuild version 17.8.0+4ce2ff1f8 for .NET
  Determining projects to restore...
  Restored C:\cs12dotnet8\Chapter07\AotConsole\AotConsole.csproj (in 173
ms).
  AotConsole -> C:\cs12dotnet8\Chapter07\AotConsole\bin\Release\net8.0\
win-x64\AotConsole.dll
  Generating native code
  AotConsole -> C:\cs12dotnet8\Chapter07\AotConsole\bin\Release\net8.0\
win-x64\publish\
```

(3) 打开 File Explorer，找到并打开 bin\Release\net8.0\win-x64\publish 文件夹，注意 AotConsole.exe 文件的大小约为 1.2 MB。AotConsole.pdb 文件仅用于调试。

(4) 运行 AotConsole.exe，注意控制台应用程序的行为与之前相同。

(5) 在 Program.cs 文件中，导入用于处理动态代码集的名称空间，代码如下所示：

```
using System.Reflection; // To use AssemblyName.
using System.Reflection.Emit; // To use AssemblyBuilder.
```

(6) 在 Program.cs 文件中，创建一个动态程序集构建器，代码如下所示：

```
AssemblyBuilder ab = AssemblyBuilder.DefineDynamicAssembly(
new AssemblyName("MyAssembly"), AssemblyBuilderAccess.Run);
```

(7) 再次在 AotConsole 项目的命令提示符或终端上，使用原生 AOT 发布控制台应用程序，命令如下：

```
dotnet publish
```

(8) 注意关于调用 DefineDynamicAssembly 方法的警告，.NET 团队已经用[RequiresDynamicCode]属性标记了这个方法，这表示在 AOT 编译的应用程序中，这个方法不可用，警告信息通常会出现在输出中，如下所示：

```
C:\cs12dotnet8\Chapter07\AotConsole\Program.cs(9,22): warning
IL3050: Using member 'System.Reflection.Emit.AssemblyBuilder.
DefineDynamicAssembly(AssemblyName, AssemblyBuilderAccess)' which
has 'RequiresDynamicCodeAttribute' can break functionality when AOT
compiling. Defining a dynamic assembly requires dynamic code. [C:\
cs12dotnet8\Chapter07\AotConsole\AotConsole.csproj]
```

(9) 将 AOT 项目中无法使用的语句注释掉。

更多信息：

可通过以下链接了解有关本地 AOT 的更多信息：https://learn.microsoft.com/en-us/dotnet/core/deploying/native-aot/。

7.5 反编译.NET 程序集

学习如何为.NET 编写代码的最佳方法之一就是看看专业人员是如何做的。大多数代码编辑器都支持对.NET 程序集进行反编译的扩展。Visual Studio 2022 和 Visual Studio Code 可以使用 ILSpy 扩展来实现这一功能。而 JetBrains Rider 则内置了 IL Viewer 工具，用于查看 IL 代码。

最佳实践：

可以出于非学习目的来反编译其他人编写的程序集，比如复制代码用于自己的产品库或应用程序，但是请记住，你正在查看他人的知识产权，因此请务必尊重这一点。

7.5.1 使用 Visual Studio 2022 的 ILSpy 扩展进行反编译

出于学习的目的，可以使用 ILSpy 之类的工具来反编译任何.NET 程序集。

(1) 在 Visual Studio 2022 中，导航到 Extensions | Manage Extensions。

(2) 在搜索框中输入 ilspy。

(3) 对于 ILSpy 2022 扩展，单击 Download。

(4) 单击 Close。

(5) 关闭 Visual Studio 以允许安装扩展。

(6) 重启 Visual Studio 并重新打开 Chapter07 解决方案。

(7) 在 Solution Explorer 中，右击 DotNetEverywhere 项目并选择 Open output in ILSpy。

(8) 在 ILSpy 的工具栏中，确保在要反编译的语言下拉列表中选择了 C#。

(9) 在ILSpy中，在左侧的Assemblies导航树中，展开DotNetEverywhere(1.0.0.0，.NETCoreApp，v8.0)。

(10) 在 ILSpy 中，在左侧的 Assemblies 导航树中，展开{ }，然后展开 Program。

(11) 选择<Main>$(string[]) : void 以显示编译器生成的Program类及其<Main>$方法中的语句，如图 7.4 所示。

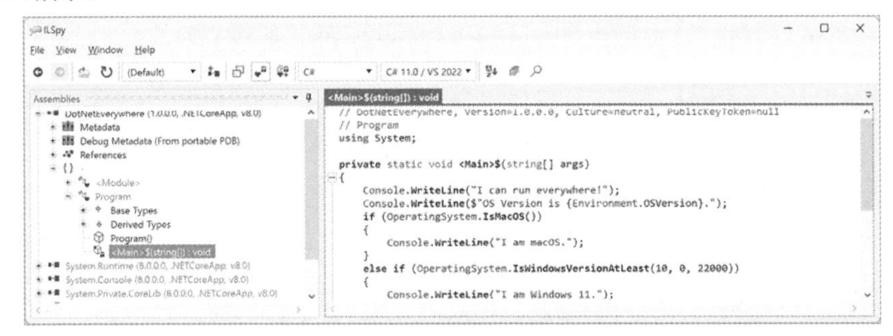

图 7.4 使用 ILSpy 显示<Main>$方法

(12) 在 ILSpy 中，导航到 File | Open…。

(13) 进入以下目录：

```
cs12dotnet8/Chapter07/DotNetEverywhere/bin/Release/net8.0/linux-x64
```

(14) 选择 System.Linq.dll 程序集并单击 Open 按钮。

(15) 在 Assemblies 树中，展开 System.Linq (8.0.0.0, .NETCoreApp, v8.0)程序集，展开 System.Linq 名称空间，展开 Enumerable 类，然后单击 Count<TSource>(this IEnumerable<TSource>) : int 方法。

(16) 在 Count 方法中，注意以下实际操作：检查 source 参数，如果参数为 null，则抛出 ArgumentNullException；检查源代码可能用自己的 Count 属性实现的接口，这些接口的读取效率更高；最后枚举源代码中的所有条目并递增计数器，这是效率最低的实现，结果如图 7.5 所示。

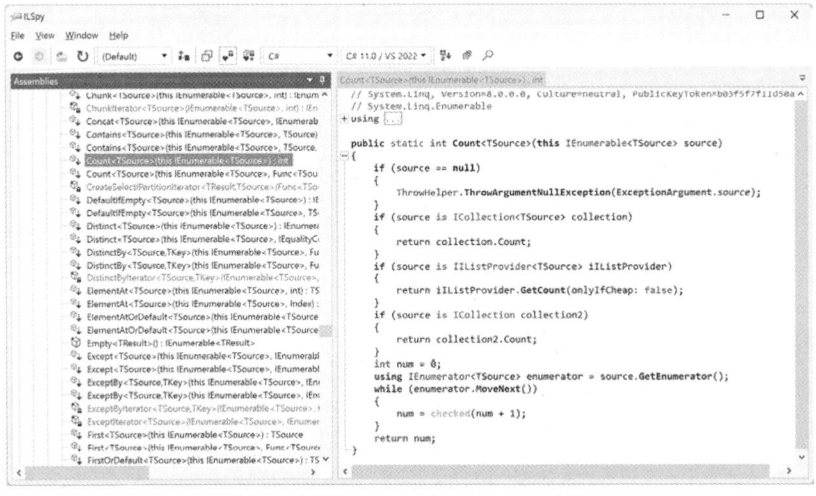

图 7.5 反编译 Enumerable 类的 Count 方法

更多信息：

不同的反编译工具可能产生略有差异的代码，例如，变量名称可能不同，但代码的功能是相同的。

(17) 在准备审查相同代码在 IL 中的表示之前，请先审查以下给出的 C#源代码中的 Count 方法：

```
public static int Count<TSource>(this IEnumerable<TSource> source)
{
  if (source == null)
  {
    ThrowHelper.ThrowArgumentNullException(ExceptionArgument.source);
  }
  if (source is ICollection<TSource> collection)
  {
    return collection.Count;
  }
  if (source is IIListProvider<TSource> iIListProvider)
  {
    return iIListProvider.GetCount(onlyIfCheap: false);
  }
  if (source is ICollection collection2)
  {
    return collection2.Count;
  }
  int num = 0;
  using IEnumerator<TSource> enumerator = source.GetEnumerator();
  while (enumerator.MoveNext())
  {
    num = checked(num + 1);
  }
  return num;
}
```

最佳实践：

你经常会看到 LinkedIn 上的帖子和博客文章警告你要总是使用序列的 Count 属性，而不要调用 LINQ 的 Count()扩展方法。但这种警告是不必要的，因为 Count()方法总是会检查序列是否实现了 ICollection<T>或 ICollection 接口，如果实现了这些接口，它才会使用 Count 属性。不过，它不会检查序列是否是一个数组，并因此使用 Length 属性。不论你处理的是哪种数据类型的数组，都应避免使用 Count()方法，而应使用 Length 属性。

更多信息：

Count 方法实现的最后一部分展示了 foreach 语句的内部工作原理。它会调用 GetEnumerator 方法，然后在 while 循环中调用 MoveNext 方法。为了计算数量，循环会递增一个整型值。这一切都是在 checked 语句中完成的，以便在发生溢出时抛出异常。因此，Count 方法最多只能计数约包含 20 亿个条目的序列。

(18) 在 ILSpy 的工具栏中，单击 Select language to decompile 下拉列表并选择 IL，然后查看 Count 方法的 IL 源代码。为了为本书节省两页篇幅，我在这里没有展示该代码。

最佳实践：
除非你非常熟悉 C#和.NET 开发，了解 C#编译器如何将源代码转换成 IL 代码，并且这种转换对你来说已经变得重要，否则 IL 代码并不是特别有用。还有一些更有用的编辑窗口，其中包含了由微软专家编写的 C#源代码。你可以从专业人员实现类型的过程中学到很多最佳实践。例如，Count 方法展示了如何检查空参数。

(19) 关闭 ILSpy。

更多信息：
可通过以下链接了解在 Visual Studio Code 中如何使用 ILSpy 扩展：https://github.com/markjprice/cs12dotnet8/blob/main/docs/code-editors/vscode.md#decompiling-using-the-ilspy-extension-for-visual-studio-code。

7.5.2　使用 Visual Studio 2022 查看源链接

Visual Studio 2022 提供了一种替代反编译的新功能，允许使用源链接查看原始源代码。然而，这个功能在 Visual Studio Code 中是不可用的。

该功能的实现方式如下。

(1) 在 Visual Studio 2022 中，启用 Source Link 功能：

- 导航到 Tools | Options。
- 在搜索框中输入 navigation in source。
- 选择 Text Editor | C# | Advanced。
- 选中 Enable navigation to Source Link and Embedded sources 复选框，然后单击 OK 按钮。

(2) 在 Visual Studio 2022 中，将一个名为 SourceLinks 的新的 Console App 项目添加到 Chapter07 解决方案中。

(3) 在 Program.cs 文件中，删除现有语句。添加一些语句，声明一个字符串变量并输出值及其包含的字符个数，代码如下所示：

```
string name = "Timothée Chalamet";
int length = name.Count();
Console.WriteLine($"{name} has {length} characters.");
```

(4) 在 Count 方法中右击并选择 Go To Implementation 选项。

(5) 注意源代码文件的名称为 Count.cs，它定义了一个 partial Enumerable 类，实现了与计数相关的五个方法，如图 7.6 所示。

相对于反编译，通过查看源链接可以获得更多信息，因为这些源链接显示了如何将类划分为分部类(partial class)以便管理等情况的最佳实践。当使用 ILSpy 编译器时，它所能做的就是显示 Enumerable 类的所有数百个方法。

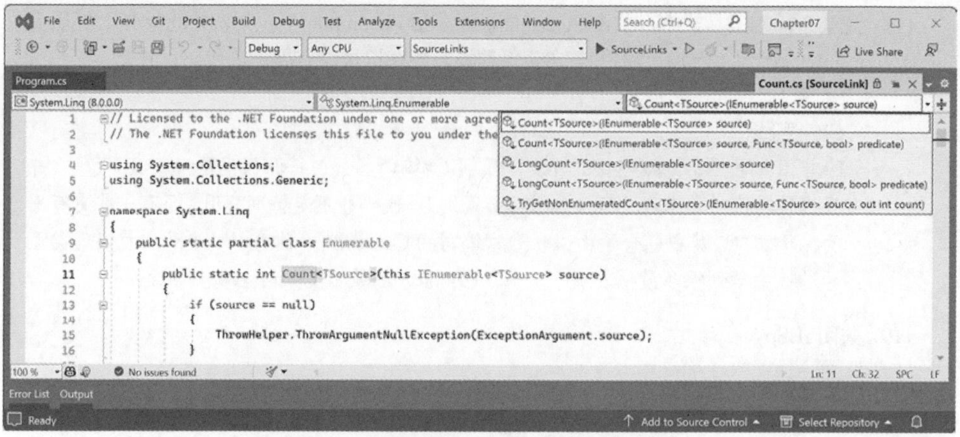

图 7.6　查看 LINQ 的 Count 方法实现的原始源文件

更多信息：

可通过以下链接了解有关源链接如何工作以及 NuGet 包如何支持它们的更多信息：https://learn.microsoft.com/en-us/dotnet/standard/library-guidance/sourcelink。

(6) 如果你更喜欢反编译的方式，那么现在可以禁用源代码链接功能。

7.5.3　不能在技术上阻止反编译

有时有人问我，是否有一种方法可以保护编译后的代码以防止反编译。答案是否定的，如果仔细想想，就会明白为什么会这样。可以使用诸如 Dotfuscator 的混淆工具来使其变得更加困难，但最终还是无法完全阻止反编译。

所有编译过的应用程序都包含指向其运行的平台、操作系统和硬件的指令，这些指令运行的平台、操作系统和硬件各不相同。这些指令在功能上必须与原始源代码相同，但只是对人类来说更难以阅读。这些指令必须可读才能执行代码；因此，它们也必然可以被反编译。如果你使用一些自定义技术来保护代码不被反编译，也将阻止代码运行!

虚拟机可以模拟硬件，因此可以捕获正在运行的应用程序与它认为正在运行的软件和硬件之间的所有交互。

如果可以保护代码，也应该阻止将调试器附加到代码并进行逐步调试。如果编译后的应用程序有一个 pdb 文件，就可以附加一个调试器并单步执行语句。即使没有 pdb 文件，仍然可以附加一个调试器并了解代码是如何工作的。

对所有编程语言都应该如此。不仅限于.NET 语言，如 C#、Visual Basic 和 F#，还包括 C、C++、Delphi 和汇编语言。所有这些语言都可以附加到调试器上进行调试或反汇编。表 7.7 列出了专业人员使用的一些工具。

表 7.7　专业人员使用的一些工具

类型	产品	描述
虚拟机	VMware	像恶意软件分析师这样的专业人员总是在虚拟机中运行软件
调试器	SoftICE	运行在操作系统下，通常在虚拟机中
调试器	WinDbg	对于理解 Windows 内部非常有用，因为它比其他调试器更了解 Windows 数据结构
反汇编器	IDA Pro	由专业恶意软件分析师使用
反编译器	HexRays	反编译 C 应用程序。是用于 IDA Pro 的插件
反编译器	DeDe	反编译 Delphi 应用程序
反编译器	dotPeek	JetBrains 的.NET 反编译器

最佳实践：

调试、反汇编和反编译其他人的软件可能违反其许可协议，在许多司法管辖区是非法的。不应试图用技术解决方案来保护知识产权，法律有时是唯一的求助对象。

7.6　为 NuGet 分发打包自己的库

在学习如何创建和打包自己的库之前，下面先回顾一下项目如何使用现有的包。

7.6.1　引用 NuGet 包

假设要添加第三方开发人员创建的包，如 Newtonsoft.json，这是一个处理 JSON(JavaScript Object Notation)序列化格式的流行包。

(1) 在 AssembliesAndNamespaces 项目中，使用 Visual Studio 2022 的 GUI 或 Visual Studio Code 的 dotnet add package 命令，添加对 NuGet 包 Newtonsoft.json 的引用。

(2) 打开 AssembliesAndNamespaces.csproj 文件，并注意已添加了一个包引用，如下所示：

```
<ItemGroup>
  <PackageReference Include="Newtonsoft.Json" Version="13.0.3" />
</ItemGroup>
```

如果你手头的 Newtonsoft.Json 包是较新的版本，那么自从本章内容编写以来，它已经被更新了。

固定依赖项

为了一致地恢复包并编写可靠的代码，固定依赖项非常重要。固定依赖项意味着使用为特定.NET 版本发布的同一系列包(如.NET 8 的 SQLite)，如以下突出显示的代码所示：

```
<Project Sdk="Microsoft.NET.Sdk">

  <PropertyGroup>
      <OutputType>Exe</OutputType>
      <TargetFramework>net8.0</TargetFramework>
      <Nullable>enable</Nullable>
      <ImplicitUsings>enable</ImplicitUsings>
```

```
    </PropertyGroup>

    <ItemGroup>
      <PackageReference Version="8.0.0"
      Include="Microsoft.EntityFrameworkCore.Sqlite" />
  </ItemGroup>
</Project>
```

为固定依赖项，每个包都应该有一个没有附加限定符的单一版本。可使用的限定符包括 beta1、rc4 和通配符*。通配符允许自动引用和使用未来的版本，因为它们总是代表最新的版本。但使用通配符通常较危险，因为可能导致使用将来不兼容的包，从而破坏代码。

在写一本每月都会发布新预览版本的图书时，这种冒险是值得的，你并不想像我在 2023 年所做的那样不断地更新预览包引用，如下所示：

```
<PackageReference Version="8.0.0-preview.*"
Include="Microsoft.EntityFrameworkCore.Sqlite" />
```

为了每年自动使用在九月和十月发布的候选发布版本(release candidates)，可以让这种模式变得更加灵活，如下所示：

```
<PackageReference Version="8.0-*"
Include="Microsoft.EntityFrameworkCore.Sqlite" />
```

如果使用 dotnet add package 命令，或 Visual Studio 的 Manage NuGet Packages，就将默认使用包的最新特定版本。但是，如果从博客文章中复制并粘贴配置，或者自己手动添加引用，可能就会包含通配符限定符。

下列依赖项是 NuGet 包引用的示例，没有固定该依赖性，应避免使用，除非你知道其含义：

```
<PackageReference Include="System.Net.Http" Version="4.1.0-*" />
<PackageReference Include="Newtonsoft.Json" Version="13.0.2-beta1" />
```

最佳实践：

微软保证，如果将依赖项固定到某个特定的.NET 版本(如.NET 8.0.0)，那么这些包将能够协同工作。因此，在大多数情况下，请固定你的依赖项，特别是在生产部署中。

7.6.2 为 NuGet 打包库

接下来打包前面创建的 SharedLibrary 项目。

(1) 在 SharedLibrary 项目中，注意类库的目标框架是.NET Standard 2.0，因此默认情况下，它使用 C# 7.3 编译器。现在，我们需要显式指定使用 C# 12 编译器，代码如下所示：

```
<Project Sdk="Microsoft.NET.Sdk">

  <PropertyGroup>
    <TargetFramework>netstandard2.0</TargetFramework>
    <LangVersion>12</LangVersion>
  </PropertyGroup>
</Project>
```

(2) 在 SharedLibrary 项目中，将 class1.cs 文件重命名为 StringExtensions.cs。

(3) 修改其中的内容，提供一些有用的扩展方法，从而使用正则表达式验证各种文本值，记住，代码如下所示：

```
using System.Text.RegularExpressions; // To use Regex.

namespace Packt.Shared;

public static class StringExtensions
{
  public static bool IsValidXmlTag(this string input)
  {
    return Regex.IsMatch(input,
      @"^<([a-z]+)([^<]+)*(?:>(.*)<\/\1>|\s+\/>)$");
  }

  public static bool IsValidPassword(this string input)
  {
    // Minimum of eight valid characters.
    return Regex.IsMatch(input, "^[a-zA-Z0-9_-]{8,}$");
  }

  public static bool IsValidHex(this string input)
  {
  // Three or six valid hex number characters.
  return Regex.IsMatch(input,
    "^#?([a-fA-F0-9]{3}|[a-fA-F0-9]{6})$");
  }
}
```

更多信息：

第 8 章将介绍如何编写正则表达式。

(4) 在 SharedLibrary.csproj 中，修改其中的内容，注意：

- PackageId 必须是全局唯一的。因此，如果希望将这个 NuGet 包发布到 https://www.nuget.org/ 公共源，以供他人引用和下载，就必须使用另一个不同的值。
- PackageLicenseExpression 必须是来自以下链接的值：https://spdx.org/licenses/，也可以自定义许可。
- 其他所有元素的含义都不言自明。

修改的内容如以下突出显示的代码所示：

```
<Project Sdk="Microsoft.NET.Sdk">

  <PropertyGroup>
    <TargetFramework>netstandard2.0</TargetFramework>
    <LangVersion>12</LangVersion>

    <GeneratePackageOnBuild>true</GeneratePackageOnBuild>
    <PackageId>Packt.CSdotnet.SharedLibrary</PackageId>
    <PackageVersion>8.0.0.0</PackageVersion>
    <Title>C# 12 and .NET 8 Shared Library</Title>
    <Authors>Mark J Price</Authors>
```

```
    <PackageLicenseExpression>
      MS-PL
    </PackageLicenseExpression>
    <PackageProjectUrl>
      https://github.com/markjprice/cs12dotnet8
    </PackageProjectUrl>
    <PackageReadmeFile>readme.md</PackageReadmeFile>
    <PackageIcon>packt-csdotnet-sharedlibrary.png</PackageIcon>
    <PackageRequireLicenseAcceptance>true</
PackageRequireLicenseAcceptance>
    <PackageReleaseNotes>
      Example shared library packaged for NuGet.
    </PackageReleaseNotes>
    <Description>
      Three extension methods to validate a string value.
    </Description>
    <Copyright>
      Copyright © 2016-2023 Packt Publishing Limited
    </Copyright>
    <PackageTags>string extensions packt csharp dotnet</
PackageTags>
  </PropertyGroup>

<ItemGroup>
  <None Include="packt-csdotnet-sharedlibrary.png"
       PackagePath="\" Pack="true" />
       <None Include="readme.md"
            PackagePath="\" Pack="true" />
  </ItemGroup>

</Project>
```

警告：

如果依赖 IntelliSense 来编辑文件，它可能会误导你使用已弃用的标签名。例如，<PackageIconUrl>已被弃用，取而代之的是<PackageIcon>。有时，并不能完全信赖自动化工具来正确地自动完成工作！推荐的标签名已在以下链接的表格中的 MSBuild 属性列中进行了说明：https://learn.microsoft.com/zh-cn/nuget/reference/msbuild-targets# pack-target。

更多信息：

<None> 表示一个不参与构建过程的文件。Pack="true" 表示该文件将被打包到在指定的包路径位置创建的 NuGet 包中。可通过以下链接了解更多相关信息：https://learn.microsoft.com/zh-cn/nuget/reference/msbuild-targets#packing-an icon-image-file。

最佳实践：

值为 true 或 false 的配置属性值不能有任何空白，因此<PackageRequireLicenseAcceptance>条目不能有回车符和缩进，如前面的代码中所示。

(5) 从以下链接下载图标文件，并将它保存在 SharedLibrary 项目文件夹中：https://github.com/markjprice/cs12dotnet8/blob/main/code/Chapter07/SharedLibrary/packt-csdotnet-sharedlibrary.png。

(6) 在 SharedLibrary 项目文件夹中，创建一个名为 readme.md 的文件，其中包含有关该包的一些基本信息，如下所示：

```
# README for C# 12 and .NET 8 Shared Library

This is a shared library that readers build in the book,
*C# 12 and .NET 8 - Modern Cross-Platform Development Fundamentals*.
```

(7) 构建发布程序集：

- 在 Visual Studio 2022 中，在工具栏中选择 Release，然后导航到 Build | Build SharedLibrary。
- 在 Visual Studio Code 的 Terminal 中输入 dotnet build -c Release。

如果没有在项目文件中设置<GeneratePackageOnBuild>为 true，就必须使用以下额外步骤手动创建一个 NuGet 包：

- 在 Visual Studio 2022 中，导航到 Build | Pack SharedLibrary。
- 在 Visual Studio Code 的 Terminal 中，输入 dotnet pack -c Release。

1. 将包发布到公共的 NuGet 源

如果想让每个人都能下载和使用自己的 NuGet 包，就必须把它上传到一个如微软提供的公共 NuGet 源中。

(1) 启动自己喜欢的浏览器，并导航到以下链接：https://www.nuget.org/packages/manage/upload。

(2) 如果想上传 NuGet 包，供其他开发人员引用为依赖包，就需要登录微软账户：https://www.nuget.org/。

(3) 单击 Browse...按钮并选择通过生成 NuGet 包创建的.nupkg 文件。文件夹路径应该是 cs12dotnet8\Chapter07\SharedLibrary\bin\Release，文件名为 Packt.CSdotnet.SharedLibrary.8.0.0.nupkg。

(4) 验证你在 SharedLibrary.csproj 文件中已输入的信息，然后单击 Submit 按钮。

(5) 等待几秒后，你将看到一条消息，显示 NuGet 包已成功上传，如图 7.7 所示。

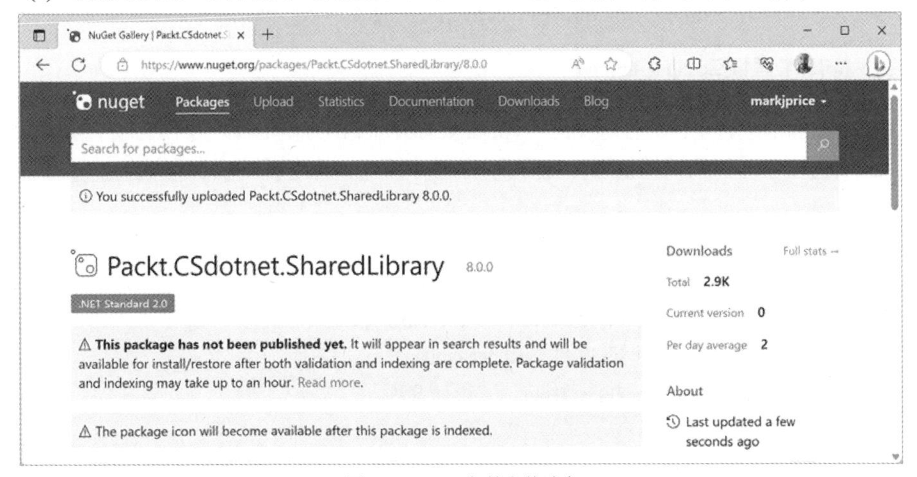

图 7.7　NuGet 包的上传消息

最佳实践：

如果出现错误，请检查项目文件以找到错误，或者通过链接 https://learn.microsoft.com/en-us/nuget/reference/msbuild-targets 阅读关于 PackageReference 格式的更多信息。

(6) 单击 Frameworks 选项卡，注意因为目标框架为.NET Standard 2.0，所以我们的类库可用于每个.NET 平台，如图 7.8 所示。

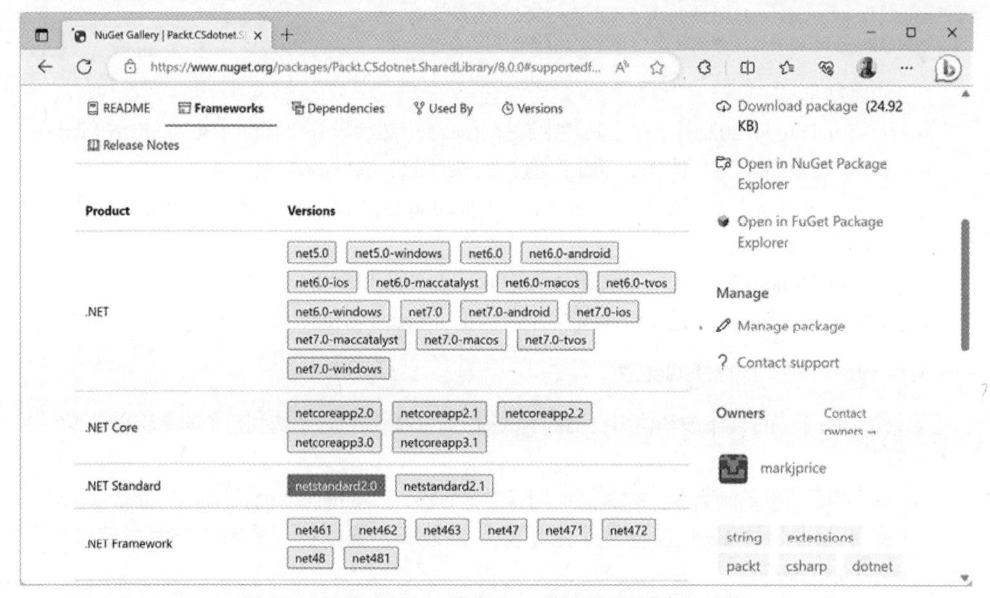

图 7.8 .NET Standard 2.0 类库 NuGet 包可用于所有.NET 平台

2. 将包发布到私有的 NuGet 源

组织可以托管自己的私有 NuGet 源。对于许多开发团队来说，这是一种共享工作的便利方式。欲知详情，请访问链接 https://learn.microsoft.com/en-us/nuget/hosting-packages/overview。

7.6.3 使用工具探索 NuGet 包

Uno Platform 创建了一个名为 NuGet Package Explorer 的方便工具，用于打开和查看 NuGet 包的更多细节。除了作为网站使用，它还可作为一个跨平台的应用程序进行安装。下面看看它的功能。

(1) 打开自己喜欢的浏览器，并导航到链接 https://nuget.info。

(2) 在搜索框中输入 Packt.CSdotnet.SharedLibrary。

(3) 选择由 Mark J. Price 发布的包 v8.0.0，然后单击 Open 按钮。

(4) 在 Contents 部分，展开 lib 文件夹和 netstandard2.0 文件夹。

(5) 选择 SharedLibrary.dll，并注意细节，如图 7.9 所示。

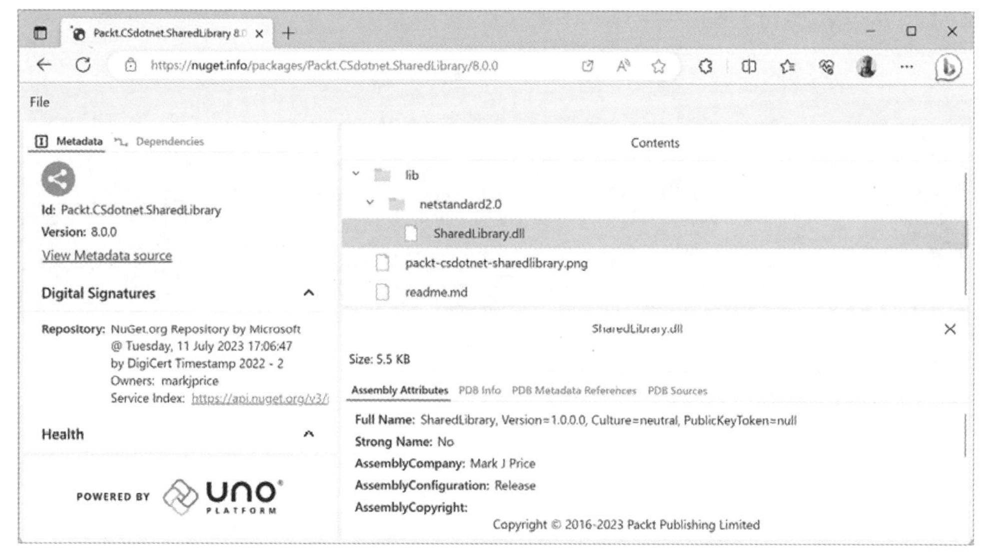

图 7.9　使用 Uno Platform 的 NuGet Package Explorer 探索 NuGet 包

(6) 如果希望将来在本地使用此工具，请单击浏览器中的安装按钮。

(7) 关闭浏览器。

并非所有浏览器都支持像这样安装 Web 应用程序。推荐使用 Chrome 进行测试和开发。

7.6.4　测试类库包

下面在 AssembliesAndNamespaces 项目中引用已经上传的包，从而测试这个包。

(1) 在 AssembliesAndNamespaces 项目中，添加对包的引用，如下面突出显示的代码所示：

```
<ItemGroup>
  <PackageReference Include="Newtonsoft.Json" Version="13.0.3" />
  <PackageReference Include="Packt.CSdotnet.SharedLibrary"
                    Version="8.0.0" />
</ItemGroup>
```

(2) 构建 AssembliesAndNamespaces 项目。

(3) 在 Program.cs 文件中，导入 Packt.Shared 名称空间。

(4) 在 Program.cs 文件中，提示用户输入一些字符串值，然后使用包中的扩展方法验证它们，如下面的代码所示：

```
Write("Enter a color value in hex: ");
string? hex = ReadLine();
WriteLine("Is {0} a valid color value? {1}",
  arg0: hex, arg1: hex.IsValidHex());

Write("Enter a XML element: ");
string? xmlTag = ReadLine();
WriteLine("Is {0} a valid XML element? {1}",
  arg0: xmlTag, arg1: xmlTag.IsValidXmlTag());

Write("Enter a password: ");
```

```
string? password = ReadLine();
WriteLine("Is {0} a valid password? {1}",
  arg0: password, arg1: password.IsValidPassword());
```

(5) 运行 AssembliesAndNamespaces 项目，根据提示输入一些值，并查看结果，如下所示：

```
Enter a color value in hex: 00ffc8
Is 00ffc8 a valid color value? True
Enter an XML element: <h1 class="<" />
Is <h1 class="<" /> a valid XML element? False
Enter a password: secretsauce
Is secretsauce a valid password? True
```

7.7 使用预览功能

对于微软来说，交付一些能在.NET 的许多部分(如运行时、语言编译器和 API 库)都会产生交叉影响的新功能是一个挑战。这是典型的先有鸡还是先有蛋的问题。你首先要做什么?

从实用的角度看，这意味着尽管微软可能已经完成了某个功能所需的大部分工作，但在其每年的 .NET 版本发布周期中，整个功能可能要到很晚才能准备就绪，这样就无法在“实际环境中”进行充分的测试。

因此，从.NET 6 开始，微软已在 GA 版本中包含预览功能。开发人员可以选用这些预览功能，并向微软提供反馈。在后续的 GA 版本中，所有人都可以使用这些预览功能。

更多信息：

需要注意的是，本主题是关于预览功能的。这与.NET 预览版本或 Visual Studio 2022 预览版本不同。微软在开发 Visual Studio 和 .NET 时会发布预览版本，以获取开发人员的反馈，然后发布最终的 GA 版本。在 GA 版本发布后，每个人都可以使用该功能。在 GA 版本发布之前，获取新功能的唯一方法是安装预览版本。预览功能则不同，因为它们与 GA 版本一起安装，并且必须选择性地启用。

例如，微软在 2022 年 2 月发布.NET SDK 6.0.200 时，它将 C# 11 编译器作为预览功能包含在内。这意味着.NET 6 开发人员可以选择将语言版本设置为 preview，然后开始探索 C# 11 的新功能，如原始字符串字面值和 required 关键字。

2022 年 11 月发布了 .NET SDK 7.0.100 后，任何希望继续使用 C# 11 编译器的 .NET 6 开发人员都需要为他们的 .NET 6 项目使用 .NET 7 SDK，并将目标框架设置为 net6.0，同时设置 <LangVersion> 为 11。这样，就可以使用受支持的 .NET 7 SDK 和受支持的 C# 11 编译器来构建 .NET 6 项目了。

在 2024 年 11 月，微软预计将发布带有 C# 13 编译器的 .NET 9 SDK。届时，可以安装并使用.NET 9 SDK 来享受 C# 13 中的新功能带来的好处，同时仍然针对.NET 8 进行长期支持，如下面 Project 文件中的突出显示部分所示：

```
<Project Sdk="Microsoft.NET.Sdk">

  <PropertyGroup>
    <OutputType>Exe</OutputType>
```

```
    <TargetFramework>net8.0</TargetFramework>
    <LangVersion>13</LangVersion> <!--Requires .NET 9 SDK GA-->
    <ImplicitUsings>enable</ImplicitUsings>
    <Nullable>enable</Nullable>
  </PropertyGroup>

</Project>
```

最佳实践：

在生产代码中不支持预览功能。在最终版本发布之前，预览功能可能会发生破坏性的变化。使用预览功能的风险由请自行承担。可以切换到诸如.NET 9 的 GA 发布版 SDK，以便在继续使用如.NET 8 这样的较旧但支持时间更长的版本的同时，利用新的编译器功能。

7.7.1 需要预览功能

[RequiresPreviewFeatures]属性用于指示那些使用预览功能并因此需要发出警告的程序集、类型或成员。然后代码分析器会扫描这些程序集，并在需要时生成警告。如果代码没有使用任何预览功能，你就不会看到任何警告。如果代码使用了任何预览功能，就应该向使用代码的用户发出警告，表明代码使用了预览功能。

7.7.2 使用预览功能

在 Project 文件中，添加一个元素以启用预览功能，添加另一个元素以启用预览语言功能，如下面突出显示的代码所示：

```
<Project Sdk="Microsoft.NET.Sdk">

  <PropertyGroup>
    <OutputType>Exe</OutputType>
    <TargetFramework>net8.0</TargetFramework>
    <Nullable>enable</Nullable>
    <ImplicitUsings>enable</ImplicitUsings>
    <EnablePreviewFeatures>true</EnablePreviewFeatures>
    <LangVersion>preview</LangVersion>
  </PropertyGroup>

</Project>
```

7.7.3 方法拦截器

拦截器是一种方法，它将对可拦截方法的调用替换为对自身的调用。这是一个高级特性，通常在源代码生成器中使用。如果读者对此感兴趣，我可能会在第 9 版中增加关于拦截器的章节。

更多信息：

可通过以下链接了解更多关于拦截器的信息：https://learn.microsoft.com/en-us/dotnet/csharp/whats-new/csharp-12#interceptors。

7.8 实践和探索

你可以通过回答一些问题来测试自己对知识的掌握程度，进行一些实践，并深入探索本章涵盖的主题。

7.8.1 练习 7.1：测试你掌握的知识

回答以下问题：

(1) 名称空间和程序集之间有什么区别？

(2) 如何在.csproj 文件中引用另一个项目？

(3) 使用 ILSpy 这样的工具有什么好处？

(4) C#中的别名 float 代表哪种.NET 类型？

(5) 将应用程序从.NET Framework 移植到.NET 6 时，应该在迁移前运行什么工具？应该运行什么工具来完成大部分迁移工作？

(6) .NET 应用程序的框架依赖部署和自包含部署之间的区别是什么？

(7) 什么是 RID？

(8) dotnet pack 和 dotnet publish 命令之间有什么区别？

(9) 为.NET Framework 编写的哪些类型的应用程序可以移植到现代.NET？

(10) 可以使用现代.NET 编写用于.NET Framework 的包吗？

7.8.2 练习 7.2：探索主题

可通过以下链接阅读本章所涉及主题的详细内容：https://github.com/markjprice/cs12dotnet8/blob/main/docs/book-links.md#chapter-7---packaging-and-distributing-net-types。

7.8.3 练习 7.3：从.NET Framework 移植到现代.NET

如果你对将旧项目从.NET Framework 迁移到现代.NET 感兴趣，我已在以下链接中撰写了一个仅供在线阅读的章节：

https://github.com/markjprice/cs12dotnet8/blob/main/docs/ch07-porting.md

7.8.4 练习 7.4：创建源代码生成器

如果你对创建源代码生成器感兴趣，我已在以下链接中撰写了一个仅供在线查看的章节：

https://github.com/markjprice/cs12dotnet8/blob/main/docs/ch07-source-generators.md

可通过以下链接找到源代码生成器的示例：

https://github.com/amis92/csharp-source-generators

7.8.5 练习 7.5：探索 PowerShell

PowerShell 是微软的脚本语言，在任何操作系统上都可以使用它自动执行任务。微软推荐使用带有 PowerShell 扩展的 Visual Studio Code 来编写 PowerShell 脚本。

由于 PowerShell 本身是一门独立且功能强大的语言，因此本书中没有足够的篇幅来全面介绍它。不过，可通过以下链接访问微软的培训模块，学习 PowerShell 的一些关键概念：

https://learn.microsoft.com/en-us/training/modules/introduction-to-powershell/

另外，还可通过阅读官方文档获取更多信息，链接如下：

https://learn.microsoft.com/en-us/powershell/

7.8.6　练习 7.6：提升.NET 性能

微软在过去的几年里对性能做出了显著的改进。建议阅读 Stephen Toub 撰写的博客文章，以了解团队进行了哪些更改以及为什么要进行这些更改。他的文章以篇幅长、详细且出色而闻名！

可通过以下链接找到关于这些改进的博客文章：

- https://devblogs.microsoft.com/dotnet/performance-improvements-in-net-core/ - 25 pages
- https://devblogs.microsoft.com/dotnet/performance-improvements-in-net-core-2-1/- 20 pages
- https://devblogs.microsoft.com/dotnet/performance-improvements-in-net-core-3-0/- 41 pages
- https://devblogs.microsoft.com/dotnet/performance-improvements-in-net-5/ - 43 pages
- https://devblogs.microsoft.com/dotnet/performance-improvements-in-net-6/ - 100 pages
- https://devblogs.microsoft.com/dotnet/performance_improvements_in_net_7/ - 156 pages
- https://devblogs.microsoft.com/dotnet/performance-improvements-in-net-8/ - 218 Pages

Stephen Toub 的这篇文章深入介绍了.NET 9 的各项新特性和改进，内容详实且丰富，预计将达到近 300 页的篇幅。

7.9　本章小结

本章主要内容：

- 回顾了.NET 8 在 Base Class Library 功能上的发展历程。
- 探索程序集和名称空间之间的关系。
- 了解了为多个操作系统发布应用程序的选项。
- 学习了如何将应用程序发布为本地 AOT 编译，以实现更快的启动速度和更小的内存占用。
- 学习了出于教育目的如何反编译.NET 程序集。
- 介绍了打包并分发类库的选项。
- 学习了如何启用预览功能。

第 8 章将介绍一些现代.NET 中包含的通用 Base Class Library 类型。

第8章 使用常见的.NET类型

本章介绍.NET中包含的一些常见类型，其中包括用于处理数字、文本、集合的类型，以及应用 Span、索引和范围来改进数据处理方式的类型，以及用于处理网络资源的类型(该内容仅在线提供)。

本章涵盖以下主题：

- 处理数字
- 处理文本
- 模式匹配与正则表达式
- 在集合中存储多个对象
- 使用Span、索引和范围

8.1 处理数字

常见的数据类型之一是数字。.NET中用于处理数字的最常见类型如表8.1所示。

表8.1 常见的.NET数字类型

名称空间	示例类型	描述
System	SByte、Int16、Int32、Int64、Int128	整数，也就是0和正负整数
System	Byte、UInt16、UInt32、UInt64、UInt128	基数，也就是0和正整数
System	Half、Single、Double	实数，也就是浮点数
System	Decimal	精确实数，用于科学、工程或金融场景
System.Numerics	BigInteger、Complex、Quaternion	任意大的整数、复数和四元数

自.NET Framework 1.0于2002年发布以来，.NET已经拥有32位的float类型和64位的double类型。IEEE 754规范定义了一种16位的浮点标准，由于机器学习和其他算法都能受益于这种更小、精度更低的数字类型，因此微软为.NET 5和更高版本添加了System.Half类型。目前，C#语言还没有定义half别名，所以我们仍然必须使用.NET类型名System.Half。这在未来可能会改变。

8.1.1 处理大的整数

在.NET类型中，使用C#别名所能存储的最大整数大约是18.5亿，可存储在无符号的ulong

变量中。但是，如果需要存储比这更大的数字，该怎么办呢？

下面探讨如何处理数字：

(1) 使用自己喜欢的代码编辑器创建新项目，其定义如下所示。

- 项目模板：Console App/console
- 项目文件和文件夹：WorkingWithNumbers
- 解决方案文件和文件夹：Chapter08

(2) 在项目文件中，添加一个元素以静态和全局地导入 System.Console 类。

(3) 在 Program.cs 文件中，删除现有语句，并添加语句以导入 System.Numerics，代码如下所示：

```
using System.Numerics; // To use BigInteger.
```

(4) 添加语句，输出 ulong 类型所能存储的最大值，以及使用 BigInteger 类型表示的一个具有 30 位数字的数，如下所示：

```
const int width = 40;

WriteLine("ulong.MaxValue vs a 30-digit BigInteger");
WriteLine(new string('-', width));

ulong big = ulong.MaxValue;
WriteLine($"{big,width:N0}");

BigInteger bigger =
  BigInteger.Parse("123456789012345678901234567890");
WriteLine($"{bigger,width:N0}");
```

更多信息：

以上格式代码中的值为 40 的 width 常量表示右对齐 40 个字符，因此两个数字都对齐到右边缘。N0 表示使用千位分隔符并且小数点后保留 0 位。

(5) 运行代码并查看结果，输出如下所示：

```
ulong.MaxValue vs a 30-digit BigInteger
----------------------------------------
              18,446,744,073,709,551,615
 123,456,789,012,345,678,901,234,567,890
```

8.1.2 处理复数

复数可以表示为 $a + bi$，其中 a 和 b 为实数，i 为虚数单位，其中 $i^2 = -1$。如果实部 a 是 0，它就是纯虚数；如果虚部 b 是 0，它就是实数。

复数在科学、技术、工程和数学领域有实际应用。另外，复数在相加时，实部和虚部要分别相加，如下所示：

```
(a + bi) + (c + di) = (a + c) + (b + d)i
```

下面来看看复数的应用。

(1) 在 Program.cs 文件中，添加如下语句，将两个复数相加：

```
Complex c1 = new(real: 4, imaginary: 2);
Complex c2 = new(real: 3, imaginary: 7);
Complex c3 = c1 + c2;

// Output using the default ToString implementation.
WriteLine($"{c1} added to {c2} is {c3}");


// Output using a custom format.
WriteLine("{0} + {1}i added to {2} + {3}i is {4} + {5}i",
  c1.Real, c1.Imaginary,
  c2.Real, c2.Imaginary,
  c3.Real, c3.Imaginary);
```

(2) 运行代码并查看结果，输出如下所示：

```
<4; 2> added to <3; 7> is <7; 9>
4 + 2i added to 3 + 7i is 7 + 9i
```

更多信息：

.NET 6 及更早版本对复数使用了一种不同的默认格式：(4, 2) 加上 (3, 7) 的结果是 (7, 9)。然而，在.NET 7 及更高版本中，默认格式被更改为使用尖括号和分号，因为一些文化或地区使用圆括号来表示负数，使用逗号来表示小数点后的数字。在撰写本书时，官方文档尚未更新为使用新格式，具体相关内容可以参考以下链接：https://learn.microsoft.com/en-us/dotnet/api/system.numerics.complex.tostring。

8.1.3 为游戏和类似应用程序生成随机数

在游戏等不需要真正随机数的场景中，可以创建 Random 类的实例，代码示例如下所示：

```
Random r = new();
```

Random 类有一个带参数的构造函数，这个参数指定了用于初始化伪随机数生成器的种子值，代码如下所示：

```
Random r = new(Seed: 46378);
```

如第 2 章所述，参数名应该使用驼峰大小写风格。为 Random 类定义构造函数的开发人员打破了这种惯例！参数名应该是 seed 而非 Seed。

最佳实践：

共享的种子值可充当密钥，因此，如果在两个应用程序中使用具有相同种子值的相同随机数生成算法，那么它们可以生成相同的“随机”数字序列。有时这是必要的，例如，当同步 GPS 接收器与卫星时，或者当游戏需要随机生成相同的关卡时。但通常情况下，种子值应该是保密的。

为了避免分配更多不必要的内存，.NET 6 中引入了一个共享的静态 Random 实例，你可以使用这个实例而不必自己创建新的 Random 实例。

Random 类包含了一些用于生成随机数的常用方法，具体如以下列表所述。

- Next：该方法返回一个随机整数，它接受两个参数 minValue 和 maxValue，但 maxValue 并不是该方法返回的最大值！它是一个排除的上界，这意味着 maxValue 比返回的最大值大 1。使用 NextInt64 方法可以返回一个长整型的数。
- NextDouble：该方法返回一个大于或等于 0.0 且小于 1.0(但永远不等于 1.0)的数。使用 NextSingle 方法可以返回一个浮点数。
- NextBytes：该方法用随机字节(0～255)的值填充任意大小的数组。通常，字节值以十六进制格式表示，例如 00 到 FF。

下面介绍一些生成伪随机数的例子。

(1) 在 Program.cs 文件中，添加访问共享 Random 实例的语句，然后调用其方法生成随机数，代码如下所示：

```
Random r = Random.Shared;

// minValue is an inclusive lower bound i.e. 1 is a possible value.
// maxValue is an exclusive upper bound i.e. 7 is not a possible value.
int dieRoll = r.Next(minValue: 1, maxValue: 7); // Returns 1 to 6.
WriteLine($"Random die roll: {dieRoll}");

double randomReal = r.NextDouble(); // Returns 0.0 to less than 1.0.
WriteLine($"Random double: {randomReal}");

byte[] arrayOfBytes = new byte[256];
r.NextBytes(arrayOfBytes); // Fills array with 256 random bytes.
Write("Random bytes: ");
for (int i = 0; i < arrayOfBytes.Length; i++)
{
  Write($"{arrayOfBytes[i]:X2} ");
}
WriteLine();
```

(2) 运行代码并观察结果，输出如下所示：

```
Random die roll: 1
Random double: 0.06735275453092382
Random bytes: D9 38 CD F3 5B 40 2D F4 5B D0 48 DF F7 B6 67 C1 95 A1 2C 58
42 CF 70 6C C3 BE 82 D7 EC 61 0D D2 2D C4 49 7B C7 0F EA CC B3 41 F3 04
5D 29 25 B7 F7 99 8A 0F 56 20 A6 B3 57 C4 48 DA 94 2B 07 F1 15 64 EA 8D
FF 79 E6 E4 9A C8 65 C5 D8 55 3D 3C C0 2B 0B 4C 3A 0E E6 A5 91 B7 59 6C
9A 94 97 43 B7 90 EE D8 9A C6 CA A1 8F DD 0A 23 3C 01 48 E0 45 E1 D6 BD
7C 41 C8 22 8A 81 82 DC 1F 2E AD 3F 93 68 0F B5 40 7B 2B 31 FC A6 BF BA
05 C0 76 EE 58 B3 41 63 88 E5 5C 8B B5 08 5C C3 52 FF 73 69 B0 97 78 B5
3B 87 2C 12 F3 C3 AE 96 43 7D 67 2F F8 C9 31 70 BD AD B3 9B 44 53 39 5F
19 73 C8 43 0E A5 5B 6B 5A 9D 2F DF DC A3 EE C5 CF AF A4 8C 0F F2 9C 78
19 48 CE 49 A8 28 06 A3 4E 7D F7 75 AA 49 E7 4E 20 AF B1 77 0A 90 CF C1
E0 62 BC 4F 79 76 64 98 BF 63 76 B4 F9 1D A4 C4 74 03 63 02
```

更多信息：

在像加密学这样确实需要真正随机数的场景中，有专门的类型来满足这一需求，如 RandomNumberGenerator。我计划在配套书籍 *Tools and Skills for .NET 8 Pros* 中，通过 *Protecting Data and Apps Using Cryptography* 这一章来介绍这一点及其他加密类型，预计该书将在 2024 年上半年出版。

.NET 8 引入了两个新的 Random 方法，具体如下。

- GetItems<T>：该方法接收一个包含任意类型 T 的选择项的数组或只读 span，以及你想要生成的项的数量，然后它会从这些选择项中随机选择相应数量的项并返回。
- Shuffle<T>：该方法接收一个数组或任何类型 T 的 span，并将项的顺序随机化。

下面列举每个方法的示例。

(1) 在 Program.cs 文件中，添加访问共享 Random 实例的语句，然后调用其方法生成随机数，如下面的代码所示：

```
string[] beatles = r.GetItems(
  choices: new[] { "John", "Paul", "George", "Ringo" },
  length: 10);

Write("Random ten beatles:");
foreach (string beatle in beatles)
{
  Write($" {beatle}");
}
WriteLine();

r.Shuffle(beatles);

Write("Shuffled beatles:");
foreach (string beatle in beatles)
{

  Write($" {beatle}");
}
WriteLine();
```

(2) 运行代码并查看结果，输出如下所示：

```
Random ten beatles: Paul Paul John John John John Paul John George Ringo
Shuffled beatles: George John Paul Paul John John John Ringo Paul John
```

8.1.4 生成 GUID

GUID(globally unique identifier，全局唯一标识符)是一个 128 位的文本字符串，用于表示一个唯一的识别值。作为开发人员，在需要唯一引用以标识信息时，就需要生成 GUID。传统上，数据库和计算机系统可能使用递增的整数值，但在多任务系统中，使用 GUID 更有可能避免冲突。

System.Guid 类型是一个值类型(struct)，用于表示 GUID 值。它拥有 Parse 和 TryParse 方法，可将以字符串形式表示的现有 GUID 值转换为 Guid 类型。该类型还提供了 NewGuid 方法，用于生成新的 GUID 值。

下面介绍如何生成 GUID 值并输出它们：

(1) 在 Program.cs 文件中，添加访问共享 Random 实例的语句，然后调用其方法来生成随机数，代码如下所示：

```
WriteLine($"Empty GUID: {Guid.Empty}.");
Guid g = Guid.NewGuid();
WriteLine($"Random GUID: {g}.");

byte[] guidAsBytes = g.ToByteArray();
Write("GUID as byte array: ");
for (int i = 0; i < guidAsBytes.Length; i++)
{
  Write($"{guidAsBytes[i]:X2} ");
}
WriteLine();
```

(2) 运行代码并查看结果，输出如下所示：

```
Empty GUID: 00000000-0000-0000-0000-000000000000.
Random GUID: c7a11eea-45a5-4619-964a-a9cce1e4220c.
GUID as byte array: EA 1E A1 C7 A5 45 19 46 96 4A A9 CC E1 E4 22 0C
```

8.2 处理文本

另一种常见的数据类型是文本。.NET 中用于处理文本的最常见类型如表 8.2 所示。

表 8.2　用于处理文本的常见.NET 类型

名称空间	类型	说明
System	Char	用于存储单个文本字符
System	String	用于存储多个文本字符
System.Text	StringBuilder	用于有效地处理字符串
System.Text.RegularExpressions	Regex	用于有效地模式匹配字符串

8.2.1 获取字符串的长度

下面研究一下处理文本时的一些常见任务。例如，有时需要确定存储在字符串变量中的一段文本的长度。

(1) 使用自己喜欢的代码编辑器在 Chapter08 解决方案中添加一个新的 Console App/ console 项目，命名为 WorkingWithText。

(2) 在 WorkingWithText 项目的 Program.cs 文件中，删除现有语句，添加语句以定义变量 city，然后将其中存储的城市的名称 London 和长度写入控制台，代码如下所示：

```
string city = "London";
WriteLine($"{city} is {city.Length} characters long.");
```

(3) 运行代码并查看结果，输出如下所示：

```
London is 6 characters long.
```

8.2.2 获取字符串中的字符

string 类在内部使用 char 数组来存储文本。string 类也有索引器，这意味着可以使用数组语法来读取字符串中的字符。数组的下标从 0 开始，所以第三个字符的下标为 2。

下面介绍如何实现这一点。

(1) 添加语句，写出字符串变量中第一个和第四个位置的字符，代码如下所示：

```
WriteLine($"First char is {city[0]} and fourth is {city[3]}.");
```

(2) 运行代码并查看结果，输出如下所示：

```
First char is L and fourth is d.
```

8.2.3 拆分字符串

有时，需要用某个字符(如逗号)拆分文本。

(1) 添加语句，定义一个字符串变量，其中包含用逗号分隔的城市名，然后使用 Split 方法并指定将逗号作为分隔符，枚举返回的字符串值数组，代码如下所示：

```
string cities = "Paris,Tehran,Chennai,Sydney,New York,Medellín";

string[] citiesArray = cities.Split(',');

WriteLine($"There are {citiesArray.Length} items in the array:");

foreach (string item in citiesArray)
{
  WriteLine($" {item}");
}
```

(2) 运行代码并查看结果，输出如下所示：

```
There are 6 items in the array:
  Paris
  Tehran
  Chennai
  Sydney
  New York
  Medellín
```

在本章的后续部分，你将学习如何使用正则表达式来处理更复杂的字符串拆分情况。

8.2.4 获取字符串的一部分

有时，需要获取文本的一部分。IndexOf 方法有 9 个重载版本，它们能返回指定的字符或字符串在字符串中的索引位置。Substring 方法有两个重载版本，如下所示。

- Substring(startIndex, length)：返回从 startIndex 索引位置开始并包含后面 length 个字符的子字符串。

- Substring(startIndex)：返回从 startIndex 索引位置开始，直到字符串末尾的所有字符。

下面来看一个简单例子。

(1) 添加语句，把一个人的英文全名存储在一个字符串变量中，用空格隔开姓氏和名字，确定空格的位置，然后提取姓氏和名字两部分，以便使用不同的顺序重新合并它们，代码如下所示：

```
string fullName = "Alan Shore";

int indexOfTheSpace = fullName.IndexOf(' ');

string firstName = fullName.Substring(
  startIndex: 0, length: indexOfTheSpace);

string lastName = fullName.Substring(
  startIndex: indexOfTheSpace + 1);

WriteLine($"Original: {fullName}");
WriteLine($"Swapped: {lastName}, {firstName}");
```

(2) 运行代码并查看结果，输出如下所示：

```
Original: Alan Shore
Swapped: Shore, Alan
```

如果原始英文全名的格式不同，如“LastName, FirstName”，代码就会有所不同。作为自选练习，可尝试编写一些语句，将输入“Shore, Alan”转换为“Alan Shore”。

8.2.5　检查字符串的内容

有时，需要检查一段文本是否以某些字符开始或结束，或者是否包含某些字符。这可通过 StartsWith、EndsWith 和 Contains 方法来实现。

(1) 添加语句以存储一个字符串，然后检查这个字符串是否以两个不同的字符串开头或包含两个不同的字符串值，代码如下所示：

```
string company = "Microsoft";
WriteLine($"Text: {company}");
WriteLine("Starts with M: {0}, contains an N: {1}",
  arg0: company.StartsWith("M"),
  arg1: company.Contains("N"));
```

(2) 运行代码并查看结果，输出如下所示：

```
Text: Microsoft
Starts with M: True, contains an N: False
```

8.2.6　比较字符串值

字符串值的两个常见任务是排序(也称为整理)和比较。例如，当用户输入他们的用户名或密码时，你需要将他们输入的内容与存储的内容进行比较。

String 类实现了 IComparable 接口，这意味着可以轻松使用 CompareTo 实例方法来比较两个字符串值，并根据一个值是否“小于”“等于”或“大于”另一个值来返回 -1、0 或 1。第 6 章在为 Person 类实现 IComparable 接口时，已介绍过这样的例子。

但是，字符的大小写可能会影响排序，而文本的排序规则依赖于文化。例如，在传统西班牙语中，双 L 被视为一个单独的字符，如表 8.3 所示。

表 8.3　欧洲语言中排序规则的示例

文化	描述	示例字符串值
西班牙语	在 1994 年，西班牙皇家学院颁布了新的排序规则，规定 LL 和 CH 为拉丁字母字符，而非单个字符	现代排序：llegar 排在 lugar 之前 传统排序：llegar 排在 lugar 之后
瑞典语	2006 年，瑞典学院发布了新的排序规则。在 2006 年之前，V 和 W 被视为相同的字符。从 2006 年开始，它们被视为不同的字符	瑞典语单词主要只使用 V。现在，包含 W 的外来词(即从其他语言借用的词汇)可以保留这些 W，而不是将 W 替换为 V
德语	电话簿排序与字典排序不同，例如，变音符号被视作多个字母的组合而进行排序	在电话簿排序中，Müller 和 Mueller 被视为相同的名字
德语	字符 ß 在排序时等同于 SS。这在地址中是一个常见问题，因为 street 的单词是 Straße	Straße 和 Strasse 有相同的含义

为了保持一致性和性能，有时希望以不区分文化的方式进行比较。因此，最好使用静态方法 Compare。

下面我们看一些示例。

(1) 在 Program.cs 文件的顶部，导入用于处理文化的名称空间，并启用如欧元货币符号等特殊字符，代码如下所示：

```
using System.Globalization; // To use CultureInfo.

OutputEncoding = System.Text.Encoding.UTF8; // Enable Euro symbol.
```

(2) 在 Program.cs 文件中，定义一些文本变量并在不同的文化中比较它们，代码如下所示：

```
CultureInfo.CurrentCulture = CultureInfo.GetCultureInfo("en-US");

string text1 = "Mark";
string text2 = "MARK";

WriteLine($"text1: {text1}, text2: {text2}");

WriteLine("Compare: {0}.", string.Compare(text1, text2));

WriteLine("Compare (ignoreCase): {0}.",
  string.Compare(text1, text2, ignoreCase: true));

WriteLine("Compare (InvariantCultureIgnoreCase): {0}.",
  string.Compare(text1, text2,
  StringComparison.InvariantCultureIgnoreCase));
```

(3) 运行代码，查看结果，并注意小写 a 是“小于”(-1)大写 A 的，所以比较返回-1。但是，我们可通过设置一个选项来忽略大小写，甚至可以不区分文化和大小写来进行两个字符串的比较，将这两个字符串值视为相等(0)，代码如下所示：

```
text1: Mark, text2: MARK
Compare: -1.
Compare (ignoreCase): 0.
Compare (InvariantCultureIgnoreCase): 0.
```

更多信息：

可通过以下链接了解有关字符串比较的更多信息：https://learn.microsoft.com/en-us/globalization/locale/sorting-and-string-comparison。

8.2.7　连接、格式化和其他的字符串成员

还有很多其他的字符串成员，如表 8.4 所示。

表 8.4　连接、格式化和其他的字符串成员

字符串成员	描述
Trim、TrimStart 和 TrimEnd	这些方法从字符串变量的开头和/或结尾去除空白字符，如空格、制表符和回车符
ToUpper 和 ToLower	将字符串变量中的所有字符转换成大写或小写形式
Insert 和 Remove	插入或删除字符串一些文本
Replace	将某些文本替换为其他文本
string.Empty	有了该成员，就不必在每次使用空双引号(" ")表示字符串字面值时分配内存
string.Concat	连接两个字符串变量。在字符串变量之间使用时，与+运算符等效
string.Join	使用变量之间的字符将一个或多个字符串变量连接起来
string.IsNullOrEmpty	检查字符串变量是 null 还是空白
string.IsNullOrWhiteSpace	检查字符串变量是 null 还是空白；也就是说，可混合任意数量的水平和垂直间距字符，如制表符、空格、回车符、换行符等
string.Format	格式化字符串值输出的另一种方法，即字符串插值的替代方案，这种方法使用位置参数而不是命名参数

更多信息：

在表 8.4 中，前面的一些方法是静态方法。这意味着只能为类型调用这些方法，而不能为变量实例调用它们。在表 8.4 中，可通过在静态方法的前面加上 string.前缀来表示它们，如 string.Format。

下面探讨这些方法。

(1) 添加语句，获取一个字符串数组，然后使用 Join 方法将其中的字符串组合成一个带分隔符的字符串变量，代码如下所示：

```
string recombined = string.Join(" => ", citiesArray);
WriteLine(recombined);
```

(2) 运行代码并查看结果，输出如下所示：

```
Paris => Tehran => Chennai => Sydney => New York => Medellín
```

(3) 添加语句，使用定位参数和内插字符串格式语法，两次输出相同的三个变量，如下所示：

```
string fruit = "Apples";
decimal price = 0.39M;
DateTime when = DateTime.Today;

WriteLine($"Interpolated: {fruit} cost {price:C} on {when:dddd}.");
WriteLine(string.Format("string.Format: {0} cost {1:C} on {2:dddd}.",
  arg0: fruit, arg1: price, arg2: when));
```

更多信息：

一些代码编辑器，如 JetBrains Rider，会针对装箱操作发出警告。这些操作虽然速度较慢，但在当前场景下并不是问题。为了避免装箱，可以直接在 price 和 when 上调用 ToString 方法。

(4) 再次运行代码并查看结果，输出如下所示：

```
Interpolated: Apples cost $0.39 on Friday.
string.Format: Apples cost $0.39 on Friday.
```

注意，我们可以简化第二条语句，因为 Console.WriteLine 支持与 string.Format 相同的格式代码，如下面的代码所示：

```
WriteLine("WriteLine: {0} cost {1:C} on {2:dddd}.",
  arg0: fruit, arg1: price, arg2: when);
```

8.2.8 高效地连接字符串

可以连接两个字符串，方法是使用 String.Concat 方法或+运算符。但是效果不好，因为.NET 必须在内存中创建一个全新的字符串变量。

如果只是添加两个字符串，你可能不会注意到这一点，但是如果要在一个循环中进行多次迭代，那么对性能和内存的使用就可能产生显著的负面影响。使用 StringBuilder 类型可以更有效地连接字符串变量。

我为本书的配套书籍 *Apps and Services with .NET 8* 编写了一个仅在线提供的部分，其内容是关于使用字符串连接作为主要示例的性能基准测试。你可以选择性地完成该部分及其实际编码任务，具体链接如下：https://github.com/markjprice/apps-services-net8/blob/main/docs/ch01-benchmarking.md。

更多信息：

通过链接 https://learn.microsoft.com/en-us/dotnet/api/system.text.stringbuilder#examples 可详细了解使用 StringBuilder 的示例。

8.3 模式匹配与正则表达式

正则表达式对于验证来自用户的输入非常有用。它们的功能非常强大，而且可以变得非常复杂。几乎所有的编程语言都支持正则表达式，并且都使用一组通用的特殊字符来定义它们。

下面介绍一些有关正则表达式的示例。

(1) 使用自己喜欢的代码编辑器在 Chapter08 解决方案中添加一个新的 Console App/console 项目，命名为 WorkingWithRegularExpressions。

(2) 在 Program.cs 文件中，删除现有语句并导入以下名称空间：

```
using System.Text.RegularExpressions; // To use Regex.
```

8.3.1 检查作为文本输入的数字

下面介绍一些验证数字输入的常见示例。

(1) 在 Program.cs 文件中，添加语句以提示用户输入他们的年龄，然后使用查找数字字符的正则表达式检查输入是否有效，如下所示：

```
Write("Enter your age: ");
string input = ReadLine()!; // Null-forgiving operator.
Regex ageChecker = new(@"\d");
WriteLine(ageChecker.IsMatch(input) ? "Thank you!" :
  $"This is not a valid age: {input}");
```

注意代码中的如下事项：

- @字符关闭了在字符串中使用转义字符的功能。转义字符以反斜杠作为前缀。例如，\t 表示制表符，\n 表示换行。在编写正则表达式时，需要禁用这个功能。
- 在使用@禁用转义字符后，就可以用正则表达式解释它们。例如，\d 表示数字。稍后将学习更多以反斜杠为前缀的正则表达式。

(2) 运行代码，输入一个整数(如 34)作为年龄，然后查看结果，输出如下所示：

```
Enter your age: 34
Thank you!
```

(3) 再次运行代码，输入 carrots 并查看结果，输出如下所示：

```
Enter your age: carrots
This is not a valid age: carrots
```

(4) 再次运行代码，输入 bob30smith 并查看结果，输出如下所示：

```
Enter your age: bob30smith
Thank you!
```

这里使用的正则表达式是\d，它表示一个数字。但是，我们并没有指定在这个数字的前后可以输入什么。这个正则表达式可以用英语描述为“输入任意字符都可以，只要其中至少包含一个数字字符”。

在正则表达式中，用^符号表示某个输入的开始，用美元$符号表示某个输入的结束。下面使用这些符号来表示在输入的开始和结束之间除了一个数字之外，不期望有任何其他内容。

(5) 添加一个 ^ 和一个 $ ，修改正则表达式为 ^\d$，如下面突出显示的部分所示：

```
Regex ageChecker = new(@"^\d$");
```

(6) 再次运行代码。注意，现在应用程序拒绝除了个位数以外的任何数。

(7) 在\d 正则表达式的后面加上+符号，修改这个正则表达式，以允许输入一个或多个数字，如下面突出显示的部分所示：

```
Regex ageChecker = new(@"^\d+$");
```

(8) 再次运行代码，注意这个正则表达式现在只允许零个或任意长度的正整数。

8.3.2 改进正则表达式的性能

用于处理正则表达式的.NET 类型在.NET 平台和许多使用正则表达式构建的应用程序中得到了应用。因此，它们对提升性能有很大的影响，但直到现在，它们仍没有受到微软的重视。

.NET 5 及更高版本重写了 System.Text.RegularExpressions 名称空间的内部结构以获得更高的性能。使用 IsMatch 等方法的普通正则表达式的基准测试速度现在快了 5 倍。更妙的是，我们不必更改代码就可以获得这些好处!

在.NET 7 及更高版本中，Regex 类的 IsMatch 方法现在将 ReadOnlyPan<char>的重载版本作为其输入，这提供了更好的性能。

8.3.3 正则表达式的语法

表 8.5 中是一些常见的正则表达式符号。

表 8.5 常见的正则表达式符号

符号	含义	符号	含义
^	输入的开始	$	输入的结束
\d	单个数字	\D	单个非数字
\s	空白	\S	非空白
\w	单词字符	\W	非单词字符
[A-Za-z0-9]	字符的范围	\^	^(脱字号)字符
[aeiou]	一组字符	[^aeiou]	匹配非小写元音字母的字符
.	任何单个字符	\.	.(点)字符

此外，表 8.6 中是一些常见的正则表达式量词，它们会影响正则表达式中的前一个符号。

表 8.6 常见的正则表达式量词

正则表达式量词	含义	正则表达式量词	含义
+	一个或多个	?	一个或没有
{3}	正好 3 个	{3,5}	3 到 5 个
{3,}	至少 3 个	{,3}	最多 3 个

8.3.4　正则表达式示例

表 8.7 中给出了正则表达式的一些例子，其中还描述了它们的含义。

表 8.7　正则表达式的一些例子及含义

正则表达式示例	含义
\d	在输入的某个地方输入一个数字
a	字符 a 在输入的某个地方
Bob	Bob 这个词在输入的某个地方
^Bob	Bob 这个词在输入的开头
Bob$	Bob 这个词在输入的末尾
^\d{2}$	正好两位数字
^[0-9]{2}$	正好两位数字
^[A-Z]{4,}$	仅在 ASCII 字符集中包含至少四个大写英文字母
^[A-Za-z]{4,}$	仅在 ASCII 字符集中包含至少四个英文大写或小写字母
^[A-Z]{2}\d{3}$	仅在 ASCII 字符集中包含两个大写英文字母和三个数字
^[A-Za-z\u00c0-\u017e]+$	ASCII 字符集中至少有一个大写或小写英文字母；Unicode 字符集中至少有一个欧洲字母，如下所示：ÀÁÂÃÄÅÆÇÈÉÊËÌÍÎÏÐÑÒÓÔÕÖ×ØÙÚÛÜÝ Þßàáâãäåæçèéêëìíîïðñòóôõö÷øùúûüýþÿıŒœŠšŸŽž
^d.g$	首先是字母 d，然后是任何字符，最后是字母 g，这样就可以匹配 dig 和 dog 或 d 和 g 之间的任意单个字符
^d\.g$	首先是字母 d，然后是点(.)字符，最后是字母 g，因而只能匹配 d.g

最佳实践：

请使用正则表达式验证用户的输入。相同的正则表达式可以在其他语言(如 JavaScript 和 Python)中重用。

8.3.5　拆分使用逗号分隔的复杂字符串

本章在前面介绍了如何拆分使用逗号分隔的简单字符串。但是，如何拆分下面的影片名称呢？

```
"Monsters, Inc.","I, Tonya","Lock, Stock and Two Smoking Barrels"
```

字符串值在每个影片名称的两边都使用了双引号。可以使用这些来确定是否需要根据逗号进行拆分。Split 方法的功能不够强大，因此可以使用正则表达式。

最佳实践：

可通过以下链接在 Stack Overflow 文章中阅读更详细的解释：https://stackoverflow.com/questions/18144431/regex-to-split-a-csv。

为了使字符串值中包含双引号，可以为它们加上反斜杠前缀，或者可以使用 C# 11 中或更高版本中的原始字符串字面值特性。

(1) 添加语句以存储一个使用逗号分隔的复杂字符串，然后使用 Split 方法以一种简单的方式拆分这个字符串，代码如下所示：

```
// C# 1 to 10: Use escaped double-quote characters \"
// string films = "\"Monsters, Inc.\",\"I, Tonya\",\"Lock, Stock and Two
Smoking Barrels\"";

// C# 11 or later: Use """ to start and end a raw string literal
string films = """
"Monsters, Inc.","I, Tonya","Lock, Stock and Two Smoking Barrels"
""";

WriteLine($"Films to split: {films}");

string[] filmsDumb = films.Split(',');

WriteLine("Splitting with string.Split method:");
foreach (string film in filmsDumb)
{
  WriteLine($" {film}");
}
```

(2) 添加语句以定义用于拆分字符串的正则表达式，并以一种巧妙的方式写入影片名称，代码如下所示：

```
Regex csv = new(
  "(?:^|,)(?=[^\"]|(\")?)\"?((?(1)[^\"]*|[^,\"]*))\"?(?=,|$)");

MatchCollection filmsSmart = csv.Matches(films);

WriteLine("Splitting with regular expression:");
foreach (Match film in filmsSmart)
{
  WriteLine($" {film.Groups[2].Value}");
}
```

更多信息：

稍后将介绍如何使用源生成器为正则表达式自动生成 XML 注释，以解释其工作原理。这对于从网站复制的正则表达式非常有用。

(3) 运行代码并查看结果，输出如下所示：

```
Splitting with string.Split method:
  "Monsters
   Inc."
  "I
    Tonya"
  "Lock
    Stock and Two Smoking Barrels"
Splitting with regular expression:
  Monsters, Inc.
  I, Tonya
  Lock, Stock and Two Smoking Barrels
```

8.3.6 激活正则表达式语法着色功能

如果使用的代码编辑器为 Visual Studio 2022，可能会注意到，在将字符串值传递给 Regex 构造函数时，颜色语法是高亮显示的，如图 8.1 所示。

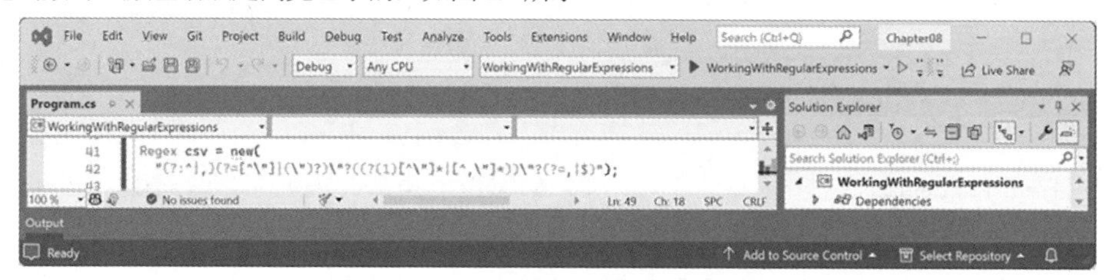

图 8.1 使用 Regex 构造函数时正则表达式的颜色语法会高亮显示

更多信息：

对纸质书的读者，在此有必要提醒一下，在纸质书中只能看到上图的灰度图片，所以我们在以下链接，提供了本书所有图片的全彩 PDF 的格式：https://packt.link/gbp/9781837635870。

为什么这个字符串会被语法高亮显示为正则表达式，而大部分字符串不能呢？下面解释原因。

(1) 右击 new 构造函数，选择 Go To Implementation。注意名为 pattern 的字符串参数被名为 StringSyntax 的属性修饰，该属性将字符串常量值 Regex 传递给它，如以下突出显示的代码所示：

```
public Regex([StringSyntax(StringSyntaxAttribute.Regex)] string pattern)
:
  this(pattern, culture: null)
{
}
```

(2) 右击 StringSyntax 属性，选择 Go To Implementation。注意有 12 种可识别的字符串语法格式供选择，你可以选择 Regex，如以下部分代码所示：

```
[AttributeUsage(AttributeTargets.Property | AttributeTargets.Field |
AttributeTargets.Parameter, AllowMultiple = false, Inherited = false)]
public sealed class StringSyntaxAttribute : Attribute
{
  public const string CompositeFormat = "CompositeFormat";
  public const string DateOnlyFormat = "DateOnlyFormat";
  public const string DateTimeFormat = "DateTimeFormat";
  public const string EnumFormat = "EnumFormat";
  public const string GuidFormat = "GuidFormat";
  public const string Json = "Json";
  public const string NumericFormat = "NumericFormat";
  public const string Regex = "Regex";
  public const string TimeOnlyFormat = "TimeOnlyFormat";
  public const string TimeSpanFormat = "TimeSpanFormat";
  public const string Uri = "Uri";
  public const string Xml = "Xml";
  …
}
```

(3) 在 WorkingWithRegularExpressions 项目中，添加一个新的名为 Program.Strings.cs 的类文件，

删除所有现有的语句，然后在 partial Program 类中定义两个字符串常量，代码如下所示：

```
partial class Program
{
  private const string DigitsOnlyText = @"^\d+$";

  private const string CommaSeparatorText =
    "(?:^|,)(?=[^\"]|(\")?)\"?((?(1)[^\"]*|[^,\"]*))\"?(?=,|$)";
}
```

(4) 在 Program.cs 文件中，用纯数字正则表达式的字符串常量替换字面值字符串，如以下突出显示的代码所示：

```
Regex ageChecker = new(DigitsOnlyText);
```

(5) 在 Program.cs 文件中，用逗号分隔符正则表达式的字符串常量替换字面值字符串，如以下突出显示的代码所示：

```
Regex csv = new(CommaSeparatorText);
```

(6) 运行 WorkingWithRegularExpressions 项目并确认正则表达式的行为与之前相同。

(7) 在 Program.Strings.cs 中，为[StringSyntax]属性导入名称空间，然后用该属性修饰这两个字符串常量，如以下突出显示的代码所示：

```
using System.Diagnostics.CodeAnalysis; // To use [StringSyntax].

partial class Program
{
  [StringSyntax(StringSyntaxAttribute.Regex)]
  private const string DigitsOnlyText = @"^\d+$";

  [StringSyntax(StringSyntaxAttribute.Regex)]
  private const string CommaSeparatorText =
    "(?:^|,)(?=[^\"]|(\")?)\"?((?(1)[^\"]*|[^,\"]*))\"?(?=,|$)";
}
```

(8) 在 Program.Strings.cs 中，再添加一个用于格式化日期的字符串常量，代码如下所示：

```
[StringSyntax(StringSyntaxAttribute.DateTimeFormat)]
private const string FullDateTime = "";
```

(9) 在空字符串内部单击，输入字母 d 并注意 IntelliSense，如图 8.2 所示。

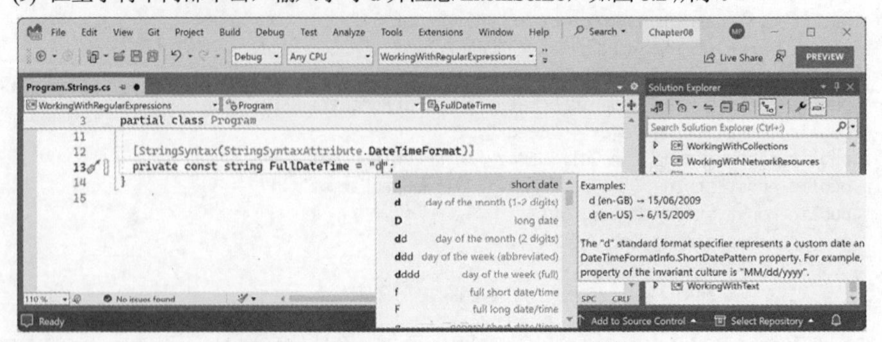

图 8.2　StringSyntax 属性导致 IntelliSense 被激活

(10) 完成输入日期格式，并在输入时注意 IntelliSense：dddd, d MMMM yyyy。

(11) 在 DigitsOnlyText 字符串字面值的末尾添加\，并注意 IntelliSense 已帮助你编写好有效的正则表达式，如图 8.3 所示。

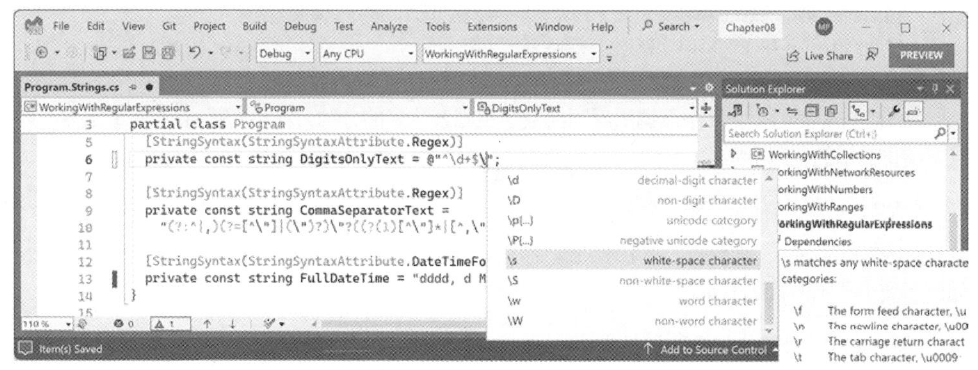

图 8.3 有助于编写正则表达式的 IntelliSense

(12)删除为了激活 IntelliSense 而输入的反斜杠(\)。

更多信息：

[StringSyntax]是.NET 7 中添加的一个新特性。能否使用该特性取决于你的代码编辑器能否识别它。.NET 7 BCL 中现在有 350 多个参数、属性和字段用该特性进行装饰。

8.3.7 使用源生成器提高正则表达式的性能

将字符串字面值或字符串常量传递给 Regex 的构造函数时，该类会解析字符串并将其转换为内部树结构，会以优化的方式来表示表达式，这样正则表达式解释器就可以高效地执行该表达式。

还可以通过指定 RegexOptions 来编译正则表达式，代码如下所示：

```
Regex ageChecker = new(DigitsOnlyText, RegexOptions.Compiled);
```

遗憾的是，编译正则表达式会产生一个负面影响，即会减慢正则表达式的初始创建速度。在创建由解释器执行的树结构后，编译器必须将该树结构转换为 IL 代码，然后 IL 代码需要被 JIT 编译为本机代码。如果仅运行正则表达式几次，则不值得编译它，这就是不将该行为设置为默认行为的原因。如果计划多次运行正则表达式，比如用于验证网站上每个传入 HTTP 请求的 URL，那么对该正则表达式进行编译是值得的。但即便如此，编译也并非仅限于.NET 6 或更早版本。实际上，无论在哪个版本的.NET 中，编译正则表达式都是一种优化手段，可以提高性能。

.NET 7 为正则表达式添加了一个源生成器，可以识别是否用[GeneratedRegx]特性装饰了返回 Regex 的分部方法(partial method)。源生成器生成该方法的实现，该方法实现正则表达式的逻辑。

下面看看源生成器的实际应用。

(1) 在 WorkingWithRegularExpressions 项目中，添加一个名为 Program.Regexs.cs 的新类文件，更改其内容以定义一些分部方法，代码如下所示：

```
using System.Text.RegularExpressions; // To use [GeneratedRegex].

partial class Program
```

```
{
  [GeneratedRegex(DigitsOnlyText, RegexOptions.IgnoreCase)]
  private static partial Regex DigitsOnly();

  [GeneratedRegex(CommaSeparatorText, RegexOptions.IgnoreCase)]
  private static partial Regex CommaSeparator();
}
```

(2) 在 Program.cs 文件中，调用返回纯数字正则表达式的分部方法以替换 new 构造函数，如以下突出显示的代码所示：

```
Regex ageChecker = DigitsOnly();
```

(3) 在 Program.cs 文件中，调用返回逗号分隔符正则表达式的分部方法以替换 new 构造函数，如以下突出显示的代码所示：

```
Regex csv = CommaSeparator();
```

(4) 将鼠标指针悬停在分部方法上，注意工具提示描述了正则表达式的行为，如图 8.4 所示。

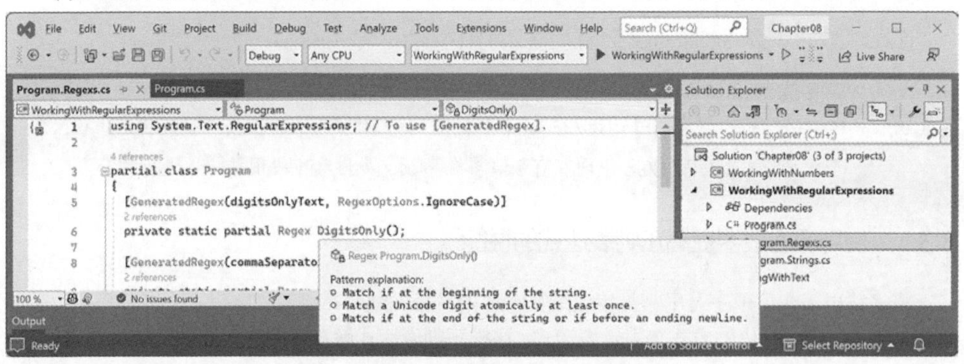

图 8.4　分部方法的工具提示描述了正则表达式

(5) 右击 DigitsOnly 分部方法，选择 Go To Definition，注意可以查看自动生成的分部方法的实现，如图 8.5 所示。

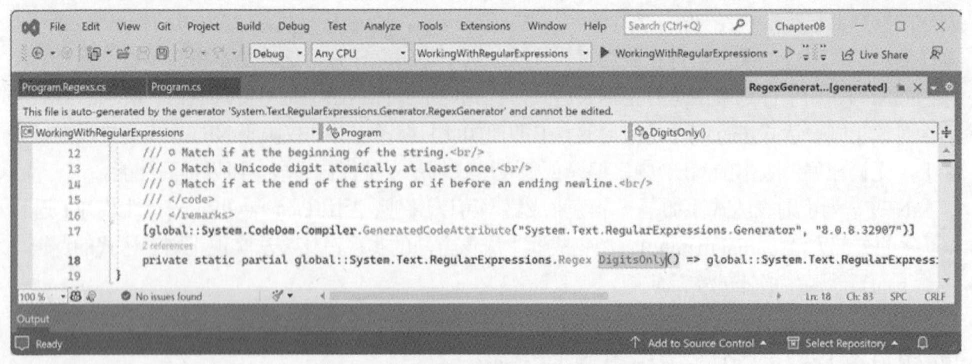

图 8.5　为正则表达式自动生成的源代码

(6) 运行该项目并确认其功能与之前一样。

更多信息：

可通过以下链接了解更多有关.NET 7 中对正则表达式改进的信息：https://devblogs.microsoft.com/dotnet/regular-expression improvements-in-dotnet-7。

8.4 在集合中存储多个对象

另一种常见的数据类型是集合。如果需要在一个变量中存储多个值，可以使用集合。

集合是内存中的一种数据结构，它能以不同的方式管理多个元素，尽管所有集合都有一些共享的功能。

.NET 中用于处理集合的常见类型如表 8.8 所示。

表 8.8　常见的.NET 集合类型

名称空间	示例类型	说明
System.Collections	IEnumerable、IEnumerable<T>	集合使用的接口和基类
System.Collections.Generic	List<T>、Dictionary<T>、Queue<T>、Stack<T>	在 C# 2.0 和.NET Framework 2.0 中引入。这些集合允许使用泛型类型参数指定要存储的类型(泛型类型参数更安全、更快、更有效)
System.Collections.Concurrent	BlockingCollection、ConcurrentDictionary、ConcurrentQueue	在多线程场景中使用这些集合是安全的
System.Collections.Immutable	ImmutableArray、ImmutableDictionary、ImmutableList、ImmutableQueuc	这些类型适用于那些原始集合内容永远不会改变，但可以通过创建新实例来生成修改后集合的场景

8.4.1 所有集合的公共特性

所有集合都实现了 ICollection 接口，这意味着它们必须提供 Count 属性以确定其中有多少个对象，还必须提供其他三个成员，如下所示：

```
namespace System.Collections;

public interface ICollection : IEnumerable
{
  int Count { get; }
  bool IsSynchronized { get; }
  object SyncRoot { get; }
  void CopyTo(Array array, int index);
}
```

例如，对于一个名为 passengers 的集合，可以编写如下代码：

```
int howMany = passengers.Count;
```

正如你可能已经推测到的，CopyTo 方法用于将集合复制到数组中。而 IsSynchronized 和 SyncRoot 则用于多线程场景，因此本书中并未涵盖它们。

所有集合都实现了 IEnumerable 接口，这意味着可以使用 foreach 语句迭代它们。它们必须提供 GetEnumerator 方法，以返回一个实现了 IEnumerator 接口的对象；另外，返回的这个对象必须有 MoveNext 方法和 Reset 方法来导航整个集合，还必须有一个包含集合中当前项的 Current 属性，代码如下所示：

```
namespace System.Collections;

public interface IEnumerable
{
  IEnumerator GetEnumerator();
}

public interface IEnumerator
{
  object Current { get; }
  bool MoveNext();
  void Reset();
}
```

例如，要对 passengers 集合中的每个对象执行一项操作，可以这样编写代码：

```
foreach (Passenger p in passengers)
{
  // Perform an action on each passenger.
}
```

除了基于对象的集合接口，所有集合还要实现泛型集合接口，其中泛型类型定义了存储在集合中的类型。这个泛型集合接口还包含其他成员，如 IsReadOnly、Add、Clear、Contains 和 Remove，如下面的代码所示：

```
namespace System.Collections.Generic;

public interface ICollection<T> : IEnumerable<T>, IEnumerable
{
  int Count { get; }
  bool IsReadOnly { get; }
  void Add(T item);
  void Clear();
  bool Contains(T item);
  void CopyTo(T[] array, int index);
  bool Remove(T item);
}
```

8.4.2 使用列表

列表就是实现了 IList<T>的类型，是有序集合，它们使用整数索引来表示列表中元素的位置，代码如下所示：

```
namespace System.Collections.Generic;
```

```
[DefaultMember("Item")] // aka "this" indexer.
public interface IList<T> : ICollection<T>, IEnumerable<T>, IEnumerable
{
  T this[int index] { get; set; }
  int IndexOf(T item);
  void Insert(int index, T item);
  void RemoveAt(int index);
}
```

更多信息：

[DefaultMember] 特性允许你在未指定成员名时，指定默认访问的成员。如果想要将 IndexOf 方法设置为默认成员，可以使用 [DefaultMember("IndexOf")]。但通常情况下，这个特性用于指定索引器(indexer)，即如果想要让索引器成为类的默认访问方式，应该使用 [DefaultMember("Item")]。

IList<T>源自 ICollection<T>，所以它具有 Count 属性、Add 方法、Insert 方法和 RemoveAt 方法。其中 Add 方法把元素放在集合尾部，Insert 方法将列表中的元素放在指定的位置，RemoveAt 方法在指定的位置删除元素。

当希望手动控制集合中元素的顺序时，列表是个不错的选择。列表中的每个元素都有自动分配的唯一索引(或位置)。元素可以是由 T 定义的任何类型，并且可以重复。索引是 int 类型，从 0 开始，所以列表中的第一个元素在索引 0 处，如表 8.9 所示。

表 8.9　列表中的城市带有索引编号

索引编号	元素
0	London
1	Paris
2	London
3	Sydney

如果在 London 和 Sydney 之间插入一个新元素(如 Santiago)，那么 Sydney 的索引将自动递增。因此，必须意识到，在插入或删除元素之后，元素的索引编号可能会发生变化，如表 8.10 所示。

表 8.10　插入元素后的城市列表

索引编号	元素
0	London
1	Paris
2	London
3	Santiago
4	Sydney

最佳实践：

一些开发人员可能养成在任何场景下都使用 List<T>和其他集合的坏习惯，但有些时候，使用数组可能会更好。如果数据在实例化后不会改变大小，建议使用数组而不是集合。此外，在添加和删除元素时，最初可以使用列表，但一旦完成了对元素的操作，就应该将它们转换为数组。

下面探讨一下列表的实际应用。

(1) 使用自己喜欢的代码编辑器，在名为 Chapter08 的解决方案中添加一个新的 Console App / console 项目，命名为 WorkingWithCollections。

(2) 添加一个新的类文件，命名为 Program.Helpers.cs。

(3) 在 Program.Helpers.cs 文件中，定义一个 partial Program 类，并在这个类中添加一个泛型方法，该方法输出一个带有标题的 T 类型值的集合，代码如下所示：

```
partial class Program
{
  private static void OutputCollection<T>(
    string title, IEnumerable<T> collection)
  {
    WriteLine($"{title}:");
    foreach (T item in collection)
    {
      WriteLine($" {item}");
    }
  }
}
```

(4) 在 Program.cs 文件中，删除现有语句，然后添加一些语句来演示定义和使用列表的一些常见方式，代码如下所示：

```
// Simple syntax for creating a list and adding three items.
List<string> cities = new();
cities.Add("London");
cities.Add("Paris");
cities.Add("Milan");

/* Alternative syntax that is converted by the compiler into
  the three Add method calls above.
List<string> cities = new()
  { "London", "Paris", "Milan" }; */

/* Alternative syntax that passes an array
  of string values to AddRange method.
List<string> cities = new();
cities.AddRange(new[] { "London", "Paris", "Milan" }); */

OutputCollection("Initial list", cities);
WriteLine($"The first city is {cities[0]}.");
WriteLine($"The last city is {cities[cities.Count - 1]}.");

cities.Insert(0, "Sydney");
OutputCollection("After inserting Sydney at index 0", cities);
```

```
cities.RemoveAt(1);
cities.Remove("Milan");
OutputCollection("After removing two cities", cities);
```

(5) 运行代码并查看结果，输出如下所示：

```
Initial list:
  London
  Paris
  Milan
The first city is London.
The last city is Milan.
After inserting Sydney at index 0:
  Sydney
  London
  Paris
  Milan
After removing two cities:
  Sydney
  Paris
```

8.4.3 字典

每个值(或对象)只要有唯一的子值(或虚构的值)，就可以用作键，以便后续在集合中快速查找值。对于这种情况，使用字典是更好的选择。键必须是唯一的。例如，如果要存储人员列表，那么可以选择使用政府颁发的身份证号作为键。在 Python 和 Java 等其他语言中字典被称为哈希映射(hashmap)。

可将键看作实际字典中的索引项，从而可以快速找到单词的定义，因为单词(也就是键)是有序的。如果查询 manatee(海牛)的定义，就会跳到字典中间开始查找，因为字母 M 位于字母表的中间。

编程中所讲的字典在查找目标时也同样智能，它们必须实现 IDictionary<TKey, TValue>接口，代码如下所示：

```
namespace System.Collections.Generic;

[DefaultMember("Item")] // aka "this" indexer.
public interface IDictionary<TKey, TValue>
  : ICollection<KeyValuePair<TKey, TValue>>,
    IEnumerable<KeyValuePair<TKey, TValue>>, IEnumerable
{
  TValue this[TKey key] { get; set; }
  ICollection<TKey> Keys { get; }
  ICollection<TValue> Values { get; }
  void Add(TKey key, TValue value);
  bool ContainsKey(TKey key);
  bool Remove(TKey key);
  bool TryGetValue(TKey key, [MaybeNullWhen(false)] out TValue value);
}
```

字典中的元素是结构体的实例，也就是值类型 KeyValuePair<TKey, TValue>，其中 TKey 是键的类型，TValue 是值的类型，代码如下所示：

```
namespace System.Collections.Generic;

public readonly struct KeyValuePair<TKey, TValue>
{
  public KeyValuePair(TKey key, TValue value);
  public TKey Key { get; }
  public TValue Value { get; }
  [EditorBrowsable(EditorBrowsableState.Never)]
  public void Deconstruct(out TKey key, out TValue value);
  public override string ToString();
}
```

例如，Dictionary<string, Person>使用 string 作为键，使用 Person 实例作为值。Dictionary<string, string>则对键和值都使用字符串值，如表 8.11 所示。

表 8.11　包含键和值的字典

键	值
BSA	Bob Smith
MW	Max Williams
BSB	Bob Smith
AM	Amir Mohammed

下面探讨一下字典的实际应用。

(1)　在 Program.cs 文件的顶部，为 Dictionary<TKey, TValue> 类定义一个别名，其中 TKey 和 TValue 都是 string 类型，代码如下所示：

```
// Define an alias for a dictionary with string key and string value.
using StringDictionary = System.Collections.Generic.Dictionary<string,
string>;
```

(2)　在 Program.cs 文件中，添加一些语句来演示使用字典的一些常见方式，比如查找单词的定义，代码如下所示：

```
// Declare a dictionary without the alias.
// Dictionary<string, string> keywords = new();

// Use the alias to declare the dictionary.
StringDictionary keywords = new();

// Add using named parameters.
keywords.Add(key: "int", value: "32-bit integer data type");

// Add using positional parameters.
keywords.Add("long", "64-bit integer data type");
keywords.Add("float", "Single precision floating point number");

/* Alternative syntax; compiler converts this to calls to Add method.
Dictionary<string, string> keywords = new()
{
```

```
  { "int", "32-bit integer data type" },
  { "long", "64-bit integer data type" },
  { "float", "Single precision floating point number" },
}; */

/* Alternative syntax; compiler converts this to calls to Add method.
Dictionary<string, string> keywords = new()
{
  ["int"] = "32-bit integer data type",
  ["long"] = "64-bit integer data type",
  ["float"] = "Single precision floating point number",
}; */

OutputCollection("Dictionary keys", keywords.Keys);
OutputCollection("Dictionary values", keywords.Values);

WriteLine("Keywords and their definitions:");
foreach (KeyValuePair<string, string> item in keywords)
{
  WriteLine($" {item.Key}: {item.Value}");
}

// Look up a value using a key.
string key = "long";
WriteLine($"The definition of {key} is {keywords[key]}.");
```

更多信息：

在字典中添加第三个元素后，元素列表末尾的逗号(trailing commas)是可选的，编译器不会对此发出警告。这样做很方便，因为可以改变这三个元素的顺序，而无需在正确的位置删除和添加逗号。

(3) 运行代码并查看结果，输出如下所示：

```
Dictionary keys:
  int
  long
  float
Dictionary values:
  32-bit integer data type
  64-bit integer data type
  Single precision floating point number
Keywords and their definitions:
  int: 32-bit integer data type
  long: 64-bit integer data type
  float: Single precision floating point number
The definition of long is 64-bit integer data type
```

更多信息：

在第 11 章中，将学习如何使用 LINQ 方法(如 ToDictionary 和 ToLookup)从现有数据源(如数据库中的表)创建字典和查找表。这种做法比本节中展示的手动向字典添加元素要常见得多。

8.4.4 集、堆栈和队列

当想要在两个集合之间执行集操作时，集(Set)是一种好选择。例如，你可能有两个城市名称的集合，并且你想知道哪些名称同时出现在这两个集合中(这被称为集的交集)。集中的元素必须是唯一的。

表 8.12 展示了常见的集方法。

表 8.12 集方法

方法	描述
Add	如果集中尚不存在该元素，就添加它。如果该元素被添加，则返回 true；如果该元素已存在于集合中，则返回 false
ExceptWith	从集合中移除作为参数传递的集中的元素
IntersectWith	移除不在作为参数传递的集中但存在于当前集合中的元素
IsProperSubsetOf, IsProperSupersetOf, IsSubsetOf, IsSupersetOf	子集是一个集，它的所有元素都包含在另一个集中。真子集则是指一个集，它的所有元素都包含在另一个集中，但另一个集还至少包含一个不在该集中的元素。超集是一个集，它包含了另一个集的所有元素。真超集则是指一个集，它不仅包含另一个集的所有元素，还至少包含一个不在那个集中的额外元素
Overlaps	两个集至少有一个共同的元素
SetEquals	两个集包含的元素完全相同
SymmetricExceptWith	从当前集中移除那些不在参数集中的元素，并添加任何在参数集中但不在当前集合中的元素
UnionWith	将参数集中不在当前集中的任何元素添加到当前集中

下面探讨集的示例代码。

(1) 在 Program.cs 文件中，添加一些语句，以向集添加元素，代码如下所示：

```
HashSet<string> names = new();

foreach (string name in
  new[] { "Adam", "Barry", "Charlie", "Barry" })
{
  bool added = names.Add(name);
  WriteLine($"{name} was added: {added}.");
}

WriteLine($"names set: {string.Join(',', names)}.");
```

(2) 运行代码并查看结果，输出如下所示：

```
Adam was added: True.
Barry was added: True.
Charlie was added: True.
Barry was added: False.
names set: Adam,Barry,Charlie.
```

本书将在第 11 章介绍更多关于集操作的内容。

当希望实现后进先出(LIFO)行为时，堆栈是个不错的选择。使用堆栈时，只能直接访问或删除堆栈顶部的元素，但可以枚举整个堆栈中的元素。例如，不能直接访问堆栈中的第二个元素。

字处理程序使用堆栈来记住最近执行的操作序列，当按 Ctrl + Z 组合键时，系统将撤销堆栈中的最后一个操作，然后撤销下一个操作，以此类推。

当希望实现先进先出(FIFO)行为时，队列是更好的选择。对于队列，只能直接访问或删除队列前面的元素，但可以枚举整个队列中的元素。例如，不能直接访问队列中的第二个元素。

例如，后台进程使用队列按顺序处理作业，就像人们在邮局排队一样。

.NET 6 中添加了 PriorityQueue，它为队列中的每个元素分配一个优先级值，并指定该元素在队列中的位置。

下面探讨队列的实际应用。

(1) 在 Program.cs 文件中，添加语句以演示一些使用队列的常见方法，例如，在咖啡店的队列中处理客户，代码如下所示：

```
Queue<string> coffee = new();

coffee.Enqueue("Damir"); // Front of the queue.
coffee.Enqueue("Andrea");
coffee.Enqueue("Ronald");
coffee.Enqueue("Amin");
coffee.Enqueue("Irina"); // Back of the queue.

OutputCollection("Initial queue from front to back", coffee);

// Server handles next person in queue.
string served = coffee.Dequeue();
WriteLine($"Served: {served}.");

// Server handles next person in queue.
served = coffee.Dequeue();
WriteLine($"Served: {served}.");
OutputCollection("Current queue from front to back", coffee);

WriteLine($"{coffee.Peek()} is next in line.");
OutputCollection("Current queue from front to back", coffee);
```

(2) 运行代码并查看结果，输出如下所示：

```
Initial queue from front to back:
  DamirAndrea
  Ronald
  Amin
  Irina
Served: Damir.
Served: Andrea.
Current queue from front to back:
  Ronald
  Amin
  Irina
```

```
Ronald is next in line.
Current queue from front to back:
  Ronald
  Amin
  Irina
```

(3) 在 Program.Helpers.cs 文件的 partial Program 类中，添加一个名为 OutputPQ 的静态方法，代码如下所示：

```
private static void OutputPQ<TElement, TPriority>(string title,
  IEnumerable<(TElement Element, TPriority Priority)> collection)
{
  WriteLine($"{title}:");
  foreach ((TElement, TPriority) item in collection)
  {
    WriteLine($" {item.Item1}: {item.Item2}");
  }
}
```

更多信息：

OutputPQ 方法是泛型方法。你可以将元组中使用的两种类型指定为 collection。

(4) 在 Program.cs 文件中，添加语句以演示一些使用优先队列的常见方法，代码如下所示：

```
PriorityQueue<string, int> vaccine = new();

// Add some people.
// 1 = High priority people in their 70s or poor health.
// 2 = Medium priority e.g. middle-aged.
// 3 = Low priority e.g. teens and twenties.

vaccine.Enqueue("Pamela", 1);
vaccine.Enqueue("Rebecca", 3);
vaccine.Enqueue("Juliet", 2);
vaccine.Enqueue("Ian", 1);

OutputPQ("Current queue for vaccination", vaccine.UnorderedItems);

WriteLine($"{vaccine.Dequeue()} has been vaccinated.");
WriteLine($"{vaccine.Dequeue()} has been vaccinated.");
OutputPQ("Current queue for vaccination", vaccine.UnorderedItems);

WriteLine($"{vaccine.Dequeue()} has been vaccinated.");

WriteLine("Adding Mark to queue with priority 2.");
vaccine.Enqueue("Mark", 2);

WriteLine($"{vaccine.Peek()} will be next to be vaccinated.");
OutputPQ("Current queue for vaccination", vaccine.UnorderedItems);
```

(5) 运行代码并查看结果，输出如下所示：

```
Current queue for vaccination:
  Pamela: 1
```

```
    Rebecca: 3
    Juliet: 2
    Ian: 1
  Pamela has been vaccinated.
  Ian has been vaccinated.
  Current queue for vaccination:
    Juliet: 2
    Rebecca: 3
  Juliet has been vaccinated.
  Adding Mark to queue with priority 2
  Mark will be next to be vaccinated.
  Current queue for vaccination:
    Mark: 2
    Rebecca: 3
```

8.4.5　集合的 Add 和 Remove 方法

每个集合都有一组不同的添加和删除元素的方法，如表 8.13 所示。

表 8.13　集合的 Add 和 Remove 方法

集合	Add 方法	Remove 方法	说明
列表	Add, Insert	Remove, RemoveAt	列表是有序的，所以元素的索引位置是整数。Add 将在列表的末尾添加一个新元素。Insert 将在指定的索引位置添加一个新元素
字典	Add	Remove	字典是无序的，所以元素没有整数索引位置。可以通过调用 ContainsKey 方法来检查一个键是否已被使用
堆栈	Push	Pop	堆栈总是使用 Push 方法在堆栈顶部添加一个新元素。第一个元素在最下面。元素总是通过 Pop 方法从堆栈顶部移除。调用 Peek 方法可以查看值，而不会删除它。堆栈中的元素是后进先出的
队列	Enqueue	Dequeue	队列总是使用 Enqueue 方法在队列的末尾添加一个新元素。第一个元素在队列的最前面。总是使用 Dequeue 方法从队列的前端删除元素。调用 Peek 方法可以查看值，而不会删除它。队列中的元素是先进先出的

8.4.6　集合的排序

List<T>类可通过调用 Sort 方法来实现手动排序(但是你要记住，每个元素的索引都会改变)。手动对字符串值或其他内置类型的列表进行排序是可行的，不需要做额外的工作。但是，如果创建类型的集合，那么类型必须实现 IComparable 接口，详见第 6 章。

Stack<T>或 Queue<T>集合不能被排序，因为通常不需要这种功能。例如，我们永远不会对入住酒店的客人进行排序。但有时，可能需要对字典或集(set)进行排序。

有时，拥有一个能够自动排序的集合是很有用的，也就是说，在添加和删除元素时，能以有序的方式维护它们。

有多个自动排序的集合可供选择。这些排序后的集合之间的差异虽然很细微，却会对内存需求和应用程序的性能产生影响，因此值得根据需求选择最合适的选项。

一些常见的能够自动排序的集合如表 8.14 所示。

表 8.14　一些常见的能够自动排序的集合

集合	说明
SortedDictionary<TKey, TValue>	表示一个由键/值对组成的集合，这些键/值对按键进行排序。在内部，它使用一棵二叉树来维护这些元素
SortedList<TKey, TValue>	同样表示一个由键/值对组成的集合，这些键/值对也按键进行排序。然而，它的名字可能具有误导性，因为它实际上不是一个列表。与 SortedDictionary<TKey, TValue>相比，它在检索性能上相似，但使用的内存更少，并且对于未排序的数据，插入和删除操作会更慢。但如果它是从已排序的数据中填充的，那么这些操作会更快。在内部，它维护了一个排序数组，并使用二分查找来查找元素
SortedSet<T>	表示一个独特的对象集合，这些对象以排序的顺序进行维护

8.4.7　使用专门的集合

还有一些专门用于特殊情况的其他集合。

System.Collections.BitArray 集合用于管理紧凑的位值数组，其中的位值用布尔值表示，true 表示位是 1，false 表示位是 0。

System.Collections.Generics.LinkedList<T>集合表示双链表，其中的每个元素都有对前后元素的引用。与 List<T>相比，若经常在列表的中间位置插入和删除元素，它们可以提供更好的性能。在 LinkedList<T>中，元素不必在内存中重新排列。

8.4.8　只读集合、不可变集合和冻结集合

当我们探讨泛型集合接口时，发现它有一个名为 IsReadOnly 的属性。当希望将一个集合传递给方法又不允许对它进行修改时，这个属性非常有用。

例如，我们可能会定义一个如下所示的方法：

```
void ReadCollection<T>(ICollection<T> collection)
{
  // We can check if the collection is read-only.
  if (collection.IsReadOnly)
  {
    // Read the collection.
  }
  else
  {
    WriteLine("You have given me a collection that I could change!");
  }
}
```

像 List<T>和 Dictionary<TKey, TValue>这样的泛型集合提供了一个 AsReadOnly 方法，用于创建 ReadOnlyCollection<T>，该集合引用原始集合。由于 ReadOnlyCollection<T>集合实现了 ICollection<T>接口，因此它必须包含 Add 和 Remove 方法，但这些方法会抛出 NotImplemented Exception 以防止修改。

如果原始集合中有元素被添加或删除，ReadOnlyCollection<T>集合会反映这些变化。可将

ReadOnlyCollection<T>视为集合的一个受保护视图。

下面介绍如何确保一个集合是只读集合。

(1) 在 WorkingWithCollections 项目的 Program.Helpers.cs 文件中，添加一个方法，这个方法应该只接受一个只读字典，其键和值的类型均为字符串。但是，这个“淘气”的方法会尝试调用 Add 方法，如以下代码所示：

```
private static void UseDictionary(
  IDictionary<string, string> dictionary)
{
  WriteLine($"Count before is {dictionary.Count}.");
  try
  {
    WriteLine("Adding new item with GUID values.");
    // Add method with return type of void.
    dictionary.Add(
      key: Guid.NewGuid().ToString(),
      value: Guid.NewGuid().ToString());
  }
  catch (NotSupportedException)
  {
    WriteLine("This dictionary does not support the Add method.");
  }
  WriteLine($"Count after is {dictionary.Count}.");
}
```

更多信息：

参数的类型是 IDictionary<TKey, TValue>。使用接口提供了更大的灵活性，因为我们可以传递 Dictionary<TKey, TValue>、ReadOnlyDictionary<TKey, TValue>或其他任何实现了该接口的对象。

(2) 在 Program.cs 文件中，添加语句以将 keywords 字典传递给这个“淘气”的方法，如以下代码所示：

```
UseDictionary(keywords);
```

(3) 运行代码，查看结果，并注意这个“淘气”的方法成功添加了一个新的键/值对，因此计数增加了，如以下输出所示：

```
Count before is 3.
Adding new item with GUID values.
Count after is 4.
```

(4) 在 Program.cs 文件中，首先注释掉 UseDictionary 语句，然后添加一个语句，将字典转换为一个只读集合，代码如下所示：

```
//UseDictionary(keywords);
UseDictionary(keywords.AsReadOnly());
```

(5) 运行代码，查看结果，并注意这次 UseDictionary 方法无法添加新元素，因此集合的计数保持不变，输出如下所示：

```
Count before is 3.
```

```
Adding new item with GUID values.
This dictionary does not support the Add method.
Count after is 3.
```

(6) 在 Program.cs 文件的顶部，导入 System.Collections.Immutable 名称空间，代码如下所示：

```
using System.Collections.Immutable; // To use ImmutableDictionary<T, T>.
```

(7) 在 Program.cs 文件中，注释掉使用 AsReadOnly 方法的语句，并添加一个语句将 keywords 转换为一个不可变字典，如下面的代码所示：

```
//UseDictionary(keywords.AsReadOnly());
UseDictionary(keywords.ToImmutableDictionary());
```

(8) 运行代码，查看结果，并注意这次 UseDictionary 方法同样无法添加默认值，集合的计数保持不变——这与使用只读集合的行为相同。那么，不可变集合的意义何在呢？

导入 System.Collections.Immutable 名称空间后，任何实现了 IEnumerable<T>接口的集合都可以通过六个扩展方法被转换成不可变集合，如列表、字典、集合(set)等。

尽管不可变集合有一个名为 Add 的方法，但它并不会向原始的不可变集合中添加新元素！相反，它会返回一个新的不可变集合，该集合包含了新添加的元素。原始的不可变集合仍然只包含原来的元素。

下面列举一个示例。

(1) 在 Program.cs 文件中，添加语句，将键字典转换为不可变字典，然后向该字典添加一个新的键定义，这个新定义的键将随机生成一个 GUID 值作为其值，代码如下所示：

```
ImmutableDictionary<string, string> immutableKeywords =
  keywords.ToImmutableDictionary();

// Call the Add method with a return value.
ImmutableDictionary<string, string> newDictionary =
  immutableKeywords.Add(
    key: Guid.NewGuid().ToString(),
    value: Guid.NewGuid().ToString());

OutputCollection("Immutable keywords dictionary", immutableKeywords);
OutputCollection("New keywords dictionary", newDictionary);
```

(2) 运行代码，查看结果，注意在调用 Add 方法时，不会修改不可变的键字典。但应用程序会返回包含了所有现有键以及新添加的键的字典，输出如下所示：

```
Immutable keywords dictionary:
  [float, Single precision floating point number]
  [long, 64-bit integer data type]
  [int, 32-bit integer data type]
New keywords dictionary:
  [d0e099ff-995f-4463-ae7f-7b59ed3c8d1d, 3f8e4c38-c7a3-4b20-acb3-
01b2e3c86e8c]
  [float, Single precision floating point number]
  [long, 64-bit integer data type]
  [int, 32-bit integer data type]
```

更多信息:

新添加的元素并不总是像上面我的输出中那样出现在字典的顶部。实际上，它们的顺序是由键的哈希值决定的。这就是字典有时也被称为哈希表的原因。

最佳实践:

为了提高性能，许多应用程序会在中央缓存中存储一份常用访问对象的共享副本。为了允许多个线程安全地处理这些对象(我们知道它们不会更改)，应该使它们成为不可变对象或者使用并发集合类型，相关内容详见 https://learn.microsoft.com/en-us/dotnet/api/system.collections.concurrent。

泛型集合的设计方式导致它们存在一些潜在的性能问题。

首先，由于它们是泛型，因此字典中元素的类型或键和值的类型对性能有很大影响，这取决于这些类型是什么。因为它们可以是任何类型，所以.NET 团队无法对算法进行优化。在现实生活中，string 和 int 类型是最常见的类型。如果 .NET 团队能够确定总是使用这些类型，那么他们可以大大提高性能。

其次，集合是动态的，这意味着可以随时添加新元素和删除现有元素。如果 .NET 团队知道集合将不再发生变化，那么可以对其进行更多优化。

.NET 8 引入了一个新概念：冻结集合。嗯，我们已经有不可变集合了，那么冻结集合有什么不同呢？它们像冰淇淋一样美味可口吗？冻结集合的理念是，在 95% 的时间里，集合在被填充后就不会再改变。因此，如果我们能在创建时对它们进行优化，就尽量进行这些优化，虽然前期需要一些时间和努力，但之后读取集合的性能可以大大提高。

在 .NET 8 中，只有两种冻结集合：FrozenDictionary<TKey, TValue> 和 FrozenSet<T>。未来的 .NET 版本中可能会增加更多的冻结集合，但这两种是最常见的、可以从冻结概念中受益的场景。

下面列举一个示例。

(1) 在 Program.cs 文件的顶部，导入 System.Collections.Frozen 名称空间，如下所示：

```
using System.Collections.Frozen; // To use FrozenDictionary<T, T>.
```

(2) 在 Program.cs 文件的底部添加语句，将键字典转换为冻结字典，输出其元素，并查找 long 的定义，代码如下所示：

```
// Creating a frozen collection has an overhead to perform the
// sometimes complex optimizations.
FrozenDictionary<string, string> frozenKeywords =
  keywords.ToFrozenDictionary();

OutputCollection("Frozen keywords dictionary", frozenKeywords);

// Lookups are faster in a frozen dictionary.
WriteLine($"Define long: {frozenKeywords["long"]}");
```

(3) 运行代码并查看结果，输出如下所示：

```
Frozen keywords dictionary:
  [int, 32-bit integer data type]
  [long, 64-bit integer data type]
```

```
  [float, Single precision floating point number]
Define long: 64-bit integer data type
```

Add 方法的作用因集合类型而异，具体总结如下：

- List<T>：在现有列表的末尾添加一个新元素。
- Dictionary<TKey, TValue>：根据内部结构在现有字典中添加一个新元素。
- ReadOnlyCollection<T>：尝试添加新元素时会抛出不支持的异常。
- ImmutableList<T>：返回一个新的列表，其中包含新元素。原始列表不受影响。
- ImmutableDictionary<TKey, TValue>：返回一个新的字典，其中包含新元素。原始字典不受影响。
- FrozenDictionary<TKey, TValue>：在标准.NET 库中不存在。

更多信息：

关于冻结集合的文档可以通过以下链接找到：https://learn.microsoft.com/en-us/dotnet/api/system.collections.frozen。

8.4.9 使用集合表达式初始化集合

C# 12 引入了一种新的统一语法，用于初始化数组、集合和 Span 变量。在 C# 11 及之前的版本中，需要使用以下代码来声明并初始化一个整型数组、集合或 Span：

```
int[] numbersArray11 = { 1, 3, 5 };
List<int> numbersList11 = new() { 1, 3, 5 };
Span<int> numbersSpan11 = stackalloc int[] { 1, 3, 5 };
```

但从 C# 12 开始，可以使用方括号来完成这项工作，编译器会自动进行正确处理，代码如下所示：

```
int[] numbersArray12 = [ 1, 3, 5 ];
List<int> numbersList12 = [ 1, 3, 5 ];
Span<int> numbersSpan12 = [ 1, 3, 5 ];
```

更多信息：

可通过以下链接了解更多关于集合表达式的内容：

https://learn.microsoft.com/en-us/dotnet/csharp/language-reference/proposals/csharp-12.0/collection-expressions。

8.4.10 集合的最佳实践

自.NET 1.1 以来，像 StringBuilder 这样的类型就拥有一个名为 EnsureCapacity 的方法，该方法可以预先调整其内部存储数组的大小，以匹配字符串的预期最终大小。这能提高性能，因为不需要在追加更多字符时反复增加数组的大小。

自.NET Core 2.1 起，像 Dictionary<T>和 HashSet<T>这样的类型也拥有了 EnsureCapacity 方法。

在.NET 6 及更高版本中，像 List<T>、Queue<T>和 Stack<T>这样的集合现在也拥有了

EnsureCapacity 方法，如以下代码所示：

```
List<string> names = new();
names.EnsureCapacity(10_000);
// Load ten thousand names into the list.
```

假设需要创建一个方法来处理集合。为获得最大的灵活性，可将输入参数声明为 IEnumerable<T>并使该方法为泛型方法，代码如下所示：

```
void ProcessCollection<T>(IEnumerable<T> collection)
{
  // Process the items in the collection,
  // perhaps using a foreach statement.
}
```

可以给这个方法传递数组、列表、队列或堆栈(包含任何类型，如 int、string 或 Person，或实现 IEnumerable<T>的任何其他类型)，它将处理这些集合。然而，将任何集合传递给此方法的灵活性是以牺牲性能为代价的。

IEnumerable<T>的性能问题之一也是它的优点之一：延迟执行，也称为延迟加载。实现此接口的类型不必实现延迟执行，但许多类型必须实现延迟执行。

但是 IEnumerable<T>最糟糕的性能问题在于，迭代必须在堆上分配一个对象。为了避免这种内存分配，应该使用一个具体的类型来定义方法，如下面突出显示的代码所示：

```
void ProcessCollection<T>(List<T> collection)
{
  // Process the items in the collection,
  // perhaps using a foreach statement.
}
```

这将使用返回结构体的 List<T>.Enumerator GetEnumerator()方法，而不是返回引用类型的 IEnumerator<T> GetEnumerator()方法。代码的运行速度会快两到三倍，并且需要的内存也更少。同所有与性能相关的建议一样，应该在产品环境中对实际代码进行性能测试，以确认这种好处。

8.5 使用 Span、索引和范围

微软在.NET Core 2.1 中的目标之一是提高性能和资源利用率。实现这一目标的关键 .NET 特性之一是 Span<T> 类型。

8.5.1 通过 Span 高效地使用内存

在操作数组时，通常会创建现有数组子集的新副本，以便只处理该子集。这并不是很奏效，因为必须在内存中创建重复的对象。

如果需要处理数组的子集，应该使用 Span，因为它类似于原始数组的一个窗口。这在内存使用方面更有效，并提高了性能。Span 只能用于数组，而不能用于集合，因为内存必须是连续的。

在详细研究 Span 之前，你需要了解一些相关的对象：索引(Index)和范围(Range)。

8.5.2 用索引类型标识位置

C# 8 引入了两个新特性：用于标识集合中的元素的索引以及使用两个索引的元素的范围。

之前提到过，可以将整数传入对象的索引器以访问列表中的对象，代码如下所示：

```
int index = 3;
Person p = people[index]; // Fourth person in array.
char letter = name[index]; // Fourth letter in name.
```

Index 值类型是一种更正式的位置识别方法，支持从末尾开始计数，代码如下所示：

```
// Two ways to define the same index, 3 in from the start.
Index i1 = new(value: 3); // Counts from the start
Index i2 = 3; // Using implicit int conversion operator.

// Two ways to define the same index, 5 in from the end.
Index i3 = new(value: 5, fromEnd: true);
Index i4 = ^5; // Using the caret ^ operator.
```

8.5.3 使用 Range 类型标识范围

Range 值类型通过构造函数、C#语法或静态方法，使用 Index 值来指示范围的开始和结束，代码如下所示：

```
Range r1 = new(start: new Index(3), end: new Index(7));
Range r2 = new(start: 3, end: 7); // Using implicit int conversion.
Range r3 = 3..7; // Using C# 8.0 or later syntax.
Range r4 = Range.StartAt(3); // From index 3 to last index.
Range r5 = 3..; // From index 3 to last index.
Range r6 = Range.EndAt(3); // From index 0 to index 3.
Range r7 = ..3; // From index 0 to index 3.
```

一些扩展方法已被添加到字符串值、int 数组和 Span 中，这使得范围的处理更加容易。这些扩展方法接收一个范围作为参数，并返回一个 Span<T>对象。这使得它们在内存使用上非常高效。

8.5.4 使用索引、范围和 Span

下面探讨如何使用索引和范围返回 Span。

(1) 使用自己喜欢的代码编辑器在 Chapter08 解决方案中添加一个新的 Console App/ console 项目，命名为 WorkingWithRanges。

(2) 在 Program.cs 文件中，删除现有语句，然后添加一些语句，比较使用 string 类型的 Substring 方法与使用范围来提取某人姓名的一部分，代码如下所示：

```
string name = "Samantha Jones";

// Getting the lengths of the first and last names.
int lengthOfFirst = name.IndexOf(' ');
int lengthOfLast = name.Length - lengthOfFirst - 1;

// Using Substring.
string firstName = name.Substring(
  startIndex: 0,
```

```
  length: lengthOfFirst);

string lastName = name.Substring(
  startIndex: name.Length - lengthOfLast,
  length: lengthOfLast);

WriteLine($"First: {firstName}, Last: {lastName}");

// Using spans.
ReadOnlySpan<char> nameAsSpan = name.AsSpan();
ReadOnlySpan<char> firstNameSpan = nameAsSpan[0..lengthOfFirst];
ReadOnlySpan<char> lastNameSpan = nameAsSpan[^lengthOfLast..];

WriteLine($"First: {firstNameSpan}, Last: {lastNameSpan}");
```

(3) 运行代码并查看结果，输出如下所示：

```
First: Samantha, Last: Jones
First: Samantha, Last: Jones
```

8.6 实践和探索

你可以通过回答一些问题来测试自己对知识的掌握程度，进行一些实践，并深入探索本章涵盖的主题。

8.6.1 练习 8.1：测试你掌握的知识

回答以下问题：

(1) 字符串变量中可以存储的最大字符数是多少？

(2) 什么时候以及为什么要使用 SecureString 类型？

(3) 什么时候使用 StringBuilder 类比较合适？

(4) 什么时候应该使用 LinkedList<T>类？

(5) 什么时候应该使用 SortedDictionary<T>类而不是 SortedList <T>类？

(6) 在正则表达式中，$表示什么？

(7) 在正则表达式中，如何表示数字？

(8) 为什么不使用电子邮件地址的官方标准，通过创建正则表达式来验证用户的电子邮件地址？

(9) 运行下面的代码会输出什么字符？

```
string city = "Aberdeen";
ReadOnlySpan<char> citySpan = city.AsSpan()[^5..^0];
WriteLine(citySpan.ToString());
```

(10) 如何在调用 Web 服务之前检查它是否可用？

8.6.2 练习 8.2：练习正则表达式

在 Chapter08 解决方案中，创建一个名为 Ch08Ex02RegularExpressions 的控制台应用程序，提示用户输入一个正则表达式，之后提示用户输入一些内容。比较两者是否匹配，直到用户按Esc键，输出如下所示：

```
The default regular expression checks for at least one digit.
Enter a regular expression (or press ENTER to use the default): ^[a-z]+$
Enter some input: apples
apples matches ^[a-z]+$? True
Press ESC to end or any key to try again.
Enter a regular expression (or press ENTER to use the default): ^[a-z]+$
Enter some input: abc123xyz
abc123xyz matches ^[a-z]+$? False
Press ESC to end or any key to try again.
```

8.6.3 练习 8.3：练习编写扩展方法

在 Chapter08 解决方案中，创建一个名为 Ch08Ex03NumbersAsWordsLib 的类库，并创建用于测试它的项目。这个类库应该定义一些扩展方法，这些方法使用名为 ToWords 的方法对 BigInteger 和 int 等数字类型进行扩展，ToWords 方法会返回一个描述数字的字符串。

例如，数字 18,000,000 应该被转换为字符串"eighteen million"，而数字 18,456,002,032,011,000,007 应该被转换为"eighteen quintillion, four hundred and fifty-six quadrillion, two trillion, thirty-two billion, eleven million, and seven"

可通过以下链接了解一些超大数字的名称：https://en.wikipedia.org/wiki/Names_of_large_numbers。

8.6.4 练习 8.4：使用网络资源

如果你对网络资源的底层类型感兴趣，那么可以阅读一个仅在线提供的部分，该部分位于以下链接：

https://github.com/markjprice/cs12dotnet8/blob/main/docs/ch08-network-resources.md。

8.6.5 练习 8.5：探索主题

可通过以下链接阅读本章所涉及主题的更多细节：https://github.com/markjprice/cs12dotnet8/blob/main/docs/book-links.md#chapter-8---working-with-common-net-types。

8.7 本章小结

本章主要内容：

- 用于存储和操作数字的类型选择
- 处理文本，包括使用正则表达式验证输入
- 用于存储多个元素的集合
- 使用索引、范围和 Span

第 9 章将介绍如何管理文件和流，以及如何编码和解码文本并执行序列化。

第9章 处理文件、流和序列化

本章讨论文件和流的读写，以及文本编码和序列化。不与文件系统交互的应用程序是极为少见的。.NET 开发人员构建的几乎所有应用程序都需要管理文件系统，以创建、打开、读取和写入文件。大部分这类文件都包含文本，所以理解文本的编码方式很重要。最后，在内存中处理了对象后，需要永久存储它们，供以后重用。这需要用到所谓的序列化技术。

本章涵盖以下主题：

- 管理文件系统
- 用流来读写
- 编码和解码文本
- 序列化对象图
- 使用环境变量

9.1 管理文件系统

应用程序常常需要在不同的环境中使用文件和目录执行输入和输出。System 和 System.IO 名称空间中包含一些用于此目的的类。

9.1.1 处理跨平台环境和文件系统

下面探讨如何处理跨平台环境以及 Windows、Linux 或 macOS 之间的差异。Windows、macOS 和 Linux 的路径是不同的，下面首先讨论.NET 如何进行跨平台处理。

(1) 使用自己喜欢的代码编辑器创建一个新项目，其定义如下：

- 项目模板：Console App/console
- 项目文件和文件夹：WorkingWithFileSystems
- 解决方案文件和文件夹：Chapter09

(2) 在项目文件中，添加对 Spectre.Console 的包引用，然后添加元素来静态地、全局地导入下面的类：System.Console、System.IO.Directory、System.IO.Path 和 System.Environment，如下面的标记所示：

```
<ItemGroup>
  <PackageReference Include="Spectre.Console" Version="0.47.0" />
```

```
  </ItemGroup>

  <ItemGroup>
    <Using Include="System.Console" Static="true" />
    <Using Include="System.IO.Directory" Static="true" />
    <Using Include="System.IO.Path" Static="true" />
    <Using Include="System.Environment" Static="true" />
  </ItemGroup>
```

(3) 构建 WorkingWithFileSystems 项目来还原包。

(4) 添加一个名为 Program.Helpers.cs 的新类文件。

(5) 在 Program.Helpers.cs 中，添加一个分部类 Program，该类包含一个名为 SectionTitle 的方法，代码如下所示：

```
// null namespace to merge with auto-generated Program.

partial class Program
{
  private static void SectionTitle(string title)
  {
    WriteLine();
    ConsoleColor previousColor = ForegroundColor;
    // Use a color that stands out on your system.
    ForegroundColor = ConsoleColor.DarkYellow;
    WriteLine($"*** {title} ***");
    ForegroundColor = previousColor;
  }
}
```

(6) 在 Program.cs 文件中，添加语句，以使用 Spectre.Console 表格来执行以下操作：

- 输出路径和目录分隔符。
- 输出当前目录的路径。
- 输出一些系统文件、临时文件和文档的特殊路径。

```
using Spectre.Console; // To use Table.

#region Handling cross-platform environments and filesystems

SectionTitle("Handling cross-platform environments and filesystems");

// Create a Spectre Console table.
Table table = new();

// Add two columns with markup for colors.
table.AddColumn("[blue]MEMBER[/]");
table.AddColumn("[blue]VALUE[/]");

// Add rows.
table.AddRow("Path.PathSeparator", PathSeparator.ToString());
table.AddRow("Path.DirectorySeparatorChar",
  DirectorySeparatorChar.ToString());
table.AddRow("Directory.GetCurrentDirectory()",
```

```
  GetCurrentDirectory());
table.AddRow("Environment.CurrentDirectory", CurrentDirectory);
table.AddRow("Environment.SystemDirectory", SystemDirectory);
table.AddRow("Path.GetTempPath()", GetTempPath());
table.AddRow("");
table.AddRow("GetFolderPath(SpecialFolder", "");
table.AddRow(" .System)", GetFolderPath(SpecialFolder.System));
table.AddRow(" .ApplicationData)",
  GetFolderPath(SpecialFolder.ApplicationData));
table.AddRow(" .MyDocuments)",
  GetFolderPath(SpecialFolder.MyDocuments));
table.AddRow(" .Personal)",
  GetFolderPath(SpecialFolder.Personal));

// Render the table to the console
AnsiConsole.Write(table);

#endregion
```

更多信息：

Environment 类还有许多其他有用的成员，本章没有用到它们，包括 OSVersion 和 ProcessorCount 属性。

(7) 运行代码并查看结果，在 Windows 上使用 Visual Studio 2022 的运行结果如图 9.1 所示。

```
Microsoft Visual Studio Debug Console

*** Handling cross-platform environments and filesystems ***

MEMBER                              VALUE
Path.PathSeparator                  ;
Path.DirectorySeparatorChar         \
Directory.GetCurrentDirectory()     C:\cs12dotnet8\Chapter09\WorkingWithFileSystems\bin\Debug\net8.0
Environment.CurrentDirectory        C:\cs12dotnet8\Chapter09\WorkingWithFileSystems\bin\Debug\net8.0
Environment.SystemDirectory         C:\WINDOWS\system32
Path.GetTempPath()                  C:\Users\markj\AppData\Local\Temp\

GetFolderPath(SpecialFolder
  .System)                          C:\WINDOWS\system32
  .ApplicationData)                 C:\Users\markj\AppData\Roaming
  .MyDocuments)                     C:\Users\markj\OneDrive\Documents
  .Personal)                        C:\Users\markj\OneDrive\Documents
```

图 9.1　在 Windows 上使用 Visual Studio 2022 运行应用程序所显示的文件系统信息

更多信息：

可通过以下链接学习关于如何使用 Spectre Console 表的更多信息：https://spectreconsole.net/widgets/table。

当在 macOS 上使用 dotnet run 运行这个控制台应用程序时，路径和目录分隔符是不同的，并且 CurrentDirectory 将是项目文件夹，而不是 bin 中的一个文件夹，如图 9.2 所示：

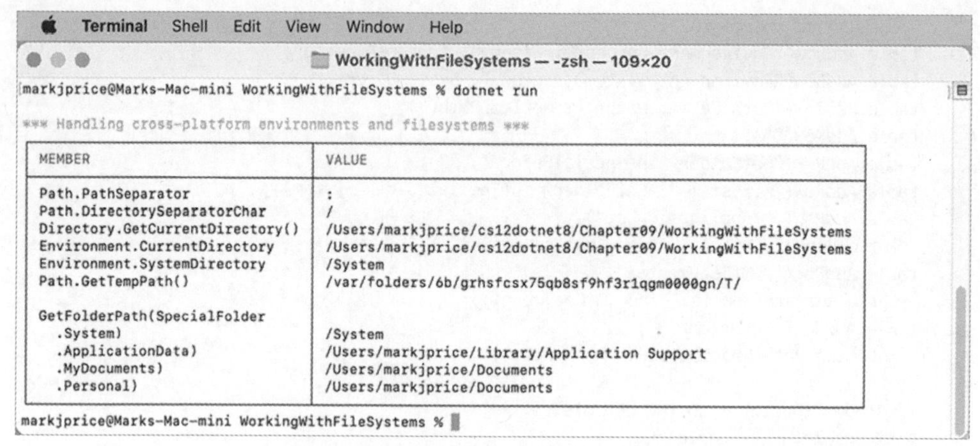

图 9.2 在 macOS 上使用 CLI 显示文件系统信息

最佳实践：

Windows 使用反斜杠\作为目录分隔符。macOS 和 Linux 使用正斜杠/作为目录分隔符。在组合路径时，不要在代码中对使用的字符进行假设，而应该使用 Path.DirectorySeparatorChar。

在本章后面的小节中，我们将在 Personal 特殊文件夹中创建目录和文件，所以你需要找出这个文件夹在你自己的操作系统中的位置。例如，如果你使用的是 Linux，则应该是 $USER/Documents。

9.1.2 管理驱动器

要管理驱动器，请使用 DriveInfo 类型，使用 DriveInfo 提供的静态方法可以返回关于连接到计算机的所有驱动器的信息。每个驱动器都有驱动器类型。

下面探讨驱动器。

(1) 在 Program.cs 文件中，编写语句以获取所有驱动器，并输出它们的名称、类型、大小、可用空间和格式，但仅在驱动器准备就绪后才这样做，代码如下所示：

```
SectionTitle("Managing drives");

Table drives = new();

drives.AddColumn("[blue]NAME[/]");
drives.AddColumn("[blue]TYPE[/]");
drives.AddColumn("[blue]FORMAT[/]");
drives.AddColumn(new TableColumn(
  "[blue]SIZE (BYTES)[/]").RightAligned());
drives.AddColumn(new TableColumn(
  "[blue]FREE SPACE[/]").RightAligned());

foreach (DriveInfo drive in DriveInfo.GetDrives())
{
  if (drive.IsReady)
  {
```

```
      drives.AddRow(drive.Name, drive.DriveType.ToString(),
        drive.DriveFormat, drive.TotalSize.ToString("N0"),
        drive.AvailableFreeSpace.ToString("N0"));
    }
    else
    {
      drives.AddRow(drive.Name, drive.DriveType.ToString(),
        string.Empty, string.Empty, string.Empty);
    }
  }

AnsiConsole.Write(drives);
```

最佳实践：

在读取 TotalSize 这样的属性之前，请检查驱动器是否准备就绪，否则可移动驱动器会引发异常。

更多信息：

在 Linux 上，默认情况下，当作为普通用户运行控制台应用程序时，只能读取 Name 和 DriveType 属性。试图访问 DriveFormat、TotalSize 和 AvailableFreeSpace 会抛出 UnauthorizedAccessException。使用下面的命令，作为超级用户来运行控制台应用程序可以避免这个问题：sudo dotnet run。在开发环境中，使用 sudo 没有问题，但是在生产环境中，建议编辑你的权限，以避免需要使用提升的权限来运行应用程序。在 Linux 上，可能还需要让名称和驱动器格式列更宽一些，如分别把它们设置为 55 个字符和 12 个字符。

(2) 运行代码并查看结果，如图 9.3 所示。

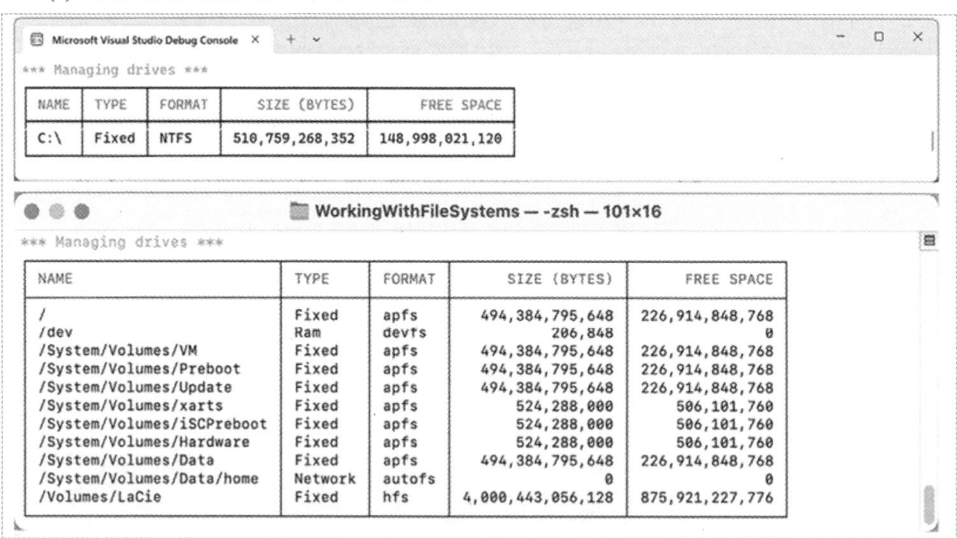

图 9.3　在 Windows 和 macOS 上显示驱动器信息

9.1.3 管理目录

要管理目录，请使用 Directory、Path 和 Environment 静态类。这些类包括许多用于处理文件系统的成员。

在构造自定义路径时，必须小心地编写代码，不对平台做出任何假设，例如，不要对目录分隔符应该使用什么字符进行假设。

(1) 在 Program.cs 文件中，编写语句执行以下操作：

- 在用户的主目录下自定义路径，方法是为目录名创建字符串数组，然后使用 Path 类型的 Combine 方法对它们进行适当组合。
- 使用 Directory 类的 Exists 方法，检查自定义路径是否存在。
- 使用 Directory 类的 CreateDirectory 和 Delete 方法，创建并删除目录(包括其中的文件和子目录)。

```
SectionTitle("Managing directories");

string newFolder = Combine(
  GetFolderPath(SpecialFolder.Personal), "NewFolder");

WriteLine($"Working with: {newFolder}");

// We must explicitly say which Exists method to use
// because we statically imported both Path and Directory.
WriteLine($"Does it exist? {Path.Exists(newFolder)}");

WriteLine("Creating it...");
CreateDirectory(newFolder);

// Let's use the Directory.Exists method this time.
WriteLine($"Does it exist? {Directory.Exists(newFolder)}");
Write("Confirm the directory exists, and then press any key.");
ReadKey(intercept: true);

WriteLine("Deleting it...");
Delete(newFolder, recursive: true);
WriteLine($"Does it exist? {Path.Exists(newFolder)}");
```

更多信息：

在.NET 6 和更早的版本中，只有 Directory 类有 Exists 方法。在.NET 7 和更高版本中，Path 类也提供了 Exists 方法。这两个方法都可以用来检查路径是否存在。

(2) 运行代码并查看结果，使用自己喜欢的文件管理工具确认目录已创建，然后按 Enter 键删除它，输出如下所示：

```
Working with: C:\Users\markj\OneDrive\Documents\NewFolder
Does it exist? False
Creating it...
Does it exist? True
Confirm the directory exists, and then press any key.
Deleting it...
Does it exist? False
```

9.1.4 管理文件

在处理文件时，可以静态地导入 File 类型，就像对 Directory 类型所做的那样，但是在下一个示例中，我们不会这样做，因为其中具有一些与 Directory 类型相同的方法，而且它们会发生冲突。在这里，File 类型的名称足够短，所以完整拼写出来也不会太麻烦。

(1) 在 Program.cs 文件中，编写语句完成以下工作：

- 检查文件是否存在。
- 创建文本文件。
- 在所创建的文本文件中写入一行文本。
- 关闭该文件以释放系统资源和文件锁(这通常在 try-finally 语句块中完成，以确保即使在向文件写入文本时发生异常，也关闭文件)。
- 将文件复制到备份中。
- 删除原始文件。
- 读取备份文件的内容，然后关闭备份文件。

```
SectionTitle("Managing files");

// Define a directory path to output files starting
// in the user's folder.
string dir = Combine(
  GetFolderPath(SpecialFolder.Personal), "OutputFiles");

CreateDirectory(dir);

// Define file paths.
string textFile = Combine(dir, "Dummy.txt");
string backupFile = Combine(dir, "Dummy.bak");
WriteLine($"Working with: {textFile}");

WriteLine($"Does it exist? {File.Exists(textFile)}");

// Create a new text file and write a line to it.
StreamWriter textWriter = File.CreateText(textFile);
textWriter.WriteLine("Hello, C#!");
textWriter.Close(); // Close file and release resources.
WriteLine($"Does it exist? {File.Exists(textFile)}");


// Copy the file, and overwrite if it already exists.
File.Copy(sourceFileName: textFile,
  destFileName: backupFile, overwrite: true);

WriteLine(
  $"Does {backupFile} exist? {File.Exists(backupFile)}");

Write("Confirm the files exist, and then press any key.");
ReadKey(intercept: true);

// Delete the file.
File.Delete(textFile);
WriteLine($"Does it exist? {File.Exists(textFile)}");
```

```
// Read from the text file backup.
WriteLine($"Reading contents of {backupFile}:");
StreamReader textReader = File.OpenText(backupFile);
WriteLine(textReader.ReadToEnd());
textReader.Close();
```

(2) 运行代码并查看结果，输出如下所示：

```
Working with: C:\Users\markj\OneDrive\Documents\OutputFiles\Dummy.txt
Does it exist? False
Does it exist? True
Does C:\Users\markj\OneDrive\Documents\OutputFiles\Dummy.bak exist? True
Confirm the files exist, and then press any key.
Does it exist? False
Reading contents of C:\Users\markj\OneDrive\Documents\OutputFiles\Dummy.
bak:
Hello, C#!
```

9.1.5 管理路径

有时，我们需要处理路径的某些部分，例如，可能只想提取文件夹名、文件名或扩展名。而有时，需要生成临时文件夹和文件名。可以使用 Path 类的静态方法来实现以上目的。

(1) 在 Program.cs 文件中，添加以下语句：

```
SectionTitle("Managing paths");

WriteLine($"Folder Name: {GetDirectoryName(textFile)}");
WriteLine($"File Name: {GetFileName(textFile)}");
WriteLine("File Name without Extension: {0}",
  GetFileNameWithoutExtension(textFile));
WriteLine($"File Extension: {GetExtension(textFile)}");
WriteLine($"Random File Name: {GetRandomFileName()}");
WriteLine($"Temporary File Name: {GetTempFileName()}");
```

(2) 运行代码并查看结果，输出如下所示：

```
Folder Name: C:\Users\markj\OneDrive\Documents\OutputFiles
File Name: Dummy.txt
File Name without Extension: Dummy
File Extension: .txt
Random File Name: u45w1zki.co3
Temporary File Name:
C:\Users\markj\AppData\Local\Temp\tmphdmipz.tmp
```

更多信息：

GetTempFileName 方法创建零字节的文件并返回文件名以供使用。GetRandomFileName 方法只返回文件名而不会创建文件。

9.1.6　获取文件信息

要获取关于文件或目录的更多信息(如大小或最后一次访问时间)，可以创建 FileInfo 或 DirectoryInfo 类的实例。

FileInfo 和 DirectoryInfo 类都继承自 FileSystemInfo，所以它们都包含 LastAccessTime 和 Delete 这样的成员，以及它们自己特有的成员，如表 9.1 所示。

表 9.1　获取文件和目录信息的类

类	成员
FileSystemInfo	字段：FullPath、OriginalPath 属性：Attributes、CreationTime、CreationTimeUtc、Exists、Extension、FullName、LastAccessTime、LastAccessTimeUtc、LastWriteTime、LastWriteTimeUtc、Name 方法：Delete、GetObjectData、Refresh
DirectoryInfo	属性：Parent、Root 方法：Create、CreateSubdirectory、EnumerateDirectories、EnumerateFiles、EnumerateFileSystemInfos、GetAccessControl、GetDirectories、GetFiles、GetFileSystemInfos、MoveTo、SetAccessControl
FileInfo	属性：Directory、DirectoryName、IsReadOnly、Length 方法：AppendText、CopyTo、Create、CreateText、Decrypt、Encrypt、GetAccessControl、MoveTo、Open、OpenRead、OpenText、OpenWrite、Replace、SetAccessControl

下面编写一些代码，从而使用 FileInfo 实例对文件高效地执行多种操作。

(1) 在 Program.cs 文件中，添加语句，为备份文件创建 FileInfo 实例，并将相关信息写入控制台，代码如下所示：

```
SectionTitle("Getting file information");

FileInfo info = new(backupFile);
WriteLine($"{backupFile}:");
WriteLine($" Contains {info.Length} bytes.");
WriteLine($" Last accessed: {info.LastAccessTime}");
WriteLine($" Has readonly set to {info.IsReadOnly}.");
```

(2) 运行代码并查看结果，输出如下所示：

```
C:\Users\markj\OneDrive\Documents\OutputFiles\Dummy.bak:
 Contains 12 bytes.
 Last accessed: 13/07/2023 12:11:12
 Has readonly set to False.
```

不同操作系统中的字节数可能不同，因为操作系统可以使用不同的行结束符。

9.1.7　控制处理文件的方式

在处理文件时，通常需要控制文件的打开方式。File.Open 方法有使用 enum 值指定附加选项的重载版本。

enum 类型如下。

- FileMode：控制要对文件做什么，如 CreateNew、OpenOrCreate 或 Truncate。
- FileAccess：控制需要的访问级别，如 ReadWrite。
- FileShare：控制文件上的锁，从而允许其他进程以指定的访问级别访问，如 Read。

可以打开文件以从中读取内容，并允许其他进程读取文件，代码如下所示：

```
FileStream file = File.Open(pathToFile,
  FileMode.Open, FileAccess.Read, FileShare.Read);
```

如下 enum 类型可用于文件特性。

- FileAttributes：检查 FileSystemInfo 派生类型的 Attributes 属性值，如 Archive 和 Encrypted 等。

还可以检查文件或目录的特性，如下所示：

```
FileInfo info = new(backupFile);
WriteLine("Is the backup file compressed? {0}",
  info.Attributes.HasFlag(FileAttributes.Compressed));
```

了解了文件系统中的目录和文件的一些常用处理方式后，接下来需要学习如何读写文件中存储的数据，即如何使用流。

9.2 用流来读写

第 10 章将使用一个名为 Northwind.db 的文件，但你不会直接处理该文件，而是会与 SQLite 数据库引擎进行交互，后者则负责读写该文件。在没有其他系统“拥有”文件并替你执行读写的场景中，你需要使用流来直接处理文件。

流是可以读写的字节序列。虽然可以像处理数组一样处理文件，但是通过了解字节在文件中的位置，可以进行随机访问，所以将文件作为按顺序访问字节的流来处理是很有用的。当人们执行处理时，往往需要随机访问，以便能够跳到数据的某个位置进行修改，然后返回到原来处理的数据。当自动化系统执行处理时，往往能够顺序处理，只需要“触及”数据一次。

流还可用于处理终端输入和输出以及网络资源(例如，不提供随机访问且无法查找某个位置的套接字和端口)。可以编写代码来处理任意字节，而不需要知道或关心它们来自何处。可以用一段代码读取或写入流，而用另一段代码处理实际存储字节的位置。

9.2.1 理解抽象和具体的流

有一个名为 Stream 的抽象类，它表示任何类型的流。记住，抽象类不能用 new 来实例化；它们只能被继承。这是因为抽象类只被部分实现。

有许多具体的类继承这个基类，包括 FileStream、MemoryStream、BufferedStream、GZipStream 和 SslStream，所以它们都以相同的方式工作。所有流都实现了 IDisposable 接口，因此它们都有用于释放非托管资源的 Dispose 方法。

表 9.2 列出了 Stream 类的一些常用成员。

表 9.2　Stream 类的常用成员

成员	说明
CanRead、CanWrite	确定是否可以读写流
Length、Position	确定总字节数和流中的当前位置。对于某些类型的流，如 CanSeek 返回 false 的流，这两个属性可能会抛出 NotSupportedException 异常
Close, Dispose	关闭流并释放资源。调用哪个都可以，因为 Dispose 的实现调用了 Close
Flush	如果流有缓冲区，就将缓冲区中的字节写入流并清除缓冲区
CanSeek	确定是否可以使用 Seek 方法
Seek	将位置移到参数指定的位置
Read、ReadAsync	将指定数量的字节从流中读取到字节数组中，并向前推进位置
ReadByte	从流中读取下一个字节并推进位置
Write、WriteAsync	将字节数组的内容写入流
WriteByte	将字节写入流

1. 理解存储流

表 9.3 列出了一些存储流，它们表示字节的存储位置。

表 9.3　存储流类

名称空间	类	说明
System.IO	FileStream	将字节存储在文件系统中
System.IO	MemoryStream	将字节存储在当前进程的内存中
System.Net.Sockets	NetworkStream	将字节存储在网络位置

更多信息：

FileStream 在.NET 6 中被重写，在 Windows 上有更高的性能和可靠性。可通过以下链接了解更多相关内容：https://devblogs.microsoft.com/dotnet/file-io-improvements-in-dotnet-6/。

2. 理解函数流

表 9.4 列出一些不能单独存在的函数流，它们只能“插入”其他流以实现其功能。

表 9.4　函数流类

名称空间	类	说明
System.Security.Cryptography	CryptoStream	对流进行加密和解密
System.IO.Compression	GZipStream、DeflateStream	压缩和解压缩流
System.Net.Security	AuthenticatedStream	通过流发送凭据

3. 理解流辅助类

尽管在某些情况下，需要在较低的级别处理流，但大多数情况下，可以使用辅助类来使操作变得更简单。流的所有辅助类都实现了 IDisposable 接口，因此它们都使用 Dispose 方法来释放非托管资源。

表 9.5 列出了一些用于处理常见场景的辅助类。

表 9.5 流辅助类

名称空间	类	说明
System.IO	StreamReader	以纯文本的形式从底层流读取数据
System.IO	StreamWriter	以纯文本的形式将数据写入底层流
System.IO	BinaryReader	从流中读取.NET 类型。例如，ReadDecimal 方法以 decimal 值的形式从底层流读取后面的 16 字节，ReadInt32 方法以 int 值的形式读取后面的 4 字节
System.IO	BinaryWriter	作为.NET 类型写入流。例如，带有 decimal 参数的 Write 方法向底层流写入 16 字节，而带有 int 参数的 Write 方法向底层流写入 4 字节
System.Xml	XmlReader	以 XML 的形式从底层流读取数据
System.Xml	XmlWriter	以 XML 的形式将数据写入底层流

9.2.2 构建流管道

将辅助类(如 StreamWriter)与多个函数流(如 CryptoStream 和 GZipStream)以及存储流(如 FileStream)合并成一个管道是很常见的做法，如图 9.4 所示。

图 9.4 写入纯文本，然后把结果加密并压缩到一个文件流中

你的代码只是调用一个简单的辅助方法，如调用 WriteLine 将一个字符串值 Hello 发送到管道中，当该值到达最终目的地时，已经被加密和压缩，所以写到文件中的值将是 G7(或其他任何处理过的值)。

9.2.3 写入文本流

当你打开一个文件进行读写时，会使用.NET 外部的资源。它们被称为“非托管资源”，当你使用完它们时，必须释放它们。

为了以确定性方式控制释放非托管资源的时机，可以调用 Dispose 方法。当最初设计 Stream 类时，期望将所有清理代码放到 Close 方法中。但后来，.NET 中引入了 IDisposable 的概念，Stream 必须实现一个 Dispose 方法。再后来，.NET 中引入了 using 语句，它可以自动调用 Dispose。因此，如今调用 Close 或 Dispose 都可以，它们做的工作实际上是一样的。

下面输入一些代码，将文本写入流。

(1) 使用自己喜欢的代码编辑器在 Chapter09 解决方案中添加一个新的 Console App/console 项目，命名为 WorkingWithStreams。

- 在 Visual Studio 中，将解决方案的启动项目设置为当前选项。

(2) 在项目文件中， 添加一个元素，静态和全局地导入 System.Console、System.Environment 和 System.IO.Path 类。

(3) 添加一个新的名为 Program.Helpers.cs 的类文件。

(4) 在 Program.Helpers.cs 中，添加一个分部类 Program，其中包含一个名为 SectionTitle 的方法和一个名为 OutputFileInfo 的方法，代码如下所示：

```
// null namespace to merge with auto-generated Program.

partial class Program
{
  private static void SectionTitle(string title)
  {
    ConsoleColor previousColor = ForegroundColor;
    ForegroundColor = ConsoleColor.DarkYellow;
    WriteLine($"*** {title} ***");
    ForegroundColor = previousColor;
  }

  private static void OutputFileInfo(string path)
  {
    WriteLine("**** File Info ****");
    WriteLine($"File: {GetFileName(path)}");
    WriteLine($"Path: {GetDirectoryName(path)}");
    WriteLine($"Size: {new FileInfo(path).Length:N0} bytes.");
    WriteLine("/------------------");
    WriteLine(File.ReadAllText(path));
    WriteLine("------------------/");
  }
}
```

(5) 添加一个新的名为 Viper.cs 的类文件。

(6) 在 Viper.cs 文件中定义一个名为 Viper 的静态类，其中包含一个名为 Callsigns 的字符串值静态数组，代码如下所示：

```
namespace Packt.Shared;

public static class Viper
{
  // Define an array of Viper pilot call signs.
  public static string[] Callsigns = new[]
  {
    "Husker", "Starbuck", "Apollo", "Boomer",
    "Bulldog", "Athena", "Helo", "Racetrack"
  };
}
```

(7) 在 Program.cs 文件中，删除现有语句，然后导入处理 Viper 类的名称空间，代码如下所示：

```
using Packt.Shared; // To use Viper.
```

(8) 在 Program.cs 文件中，添加语句以枚举 Viper 呼号，将所有呼号都写到一个文本文件并且每个呼号都独自成行，代码如下所示：

```
SectionTitle("Writing to text streams");

// Define a file to write to.
```

```
string textFile = Combine(CurrentDirectory, "streams.txt");

// Create a text file and return a helper writer.
StreamWriter text = File.CreateText(textFile);

// Enumerate the strings, writing each one to the stream
// on a separate line.
foreach (string item in Viper.Callsigns)
{
  text.WriteLine(item);
}
text.Close(); // Release unmanaged file resources.

OutputFileInfo(textFile);
```

更多信息：

调用流写入器辅助类的 Close 方法将调用底层流的 Close 方法，这又会调用 Dispose 方法来释放非托管文件资源。

(9) 运行代码并查看结果，输出如下所示：

```
**** File Info ****
File: streams.txt
Path: C:\cs12dotnet8\Chapter09\WorkingWithStreams\bin\Debug\net8.0
Size: 68 bytes.
/------------------
Husker
Starbuck
Apollo
Boomer
Bulldog
Athena
Helo
Racetrack

------------------/
```

(10) 打开创建的文件，确认其中包含呼号列表，以及一个空行。这是因为，我们实际上调用了 WriteLine 两次：当把最后一个呼号写入文件时调用了一次，当读取整个文件并把它写出到控制台时调用了一次。

更多信息：

记住，如果使用 dotnet run 在命令提示符运行项目，那么路径将是项目文件夹。它不会包含 bin\Debug\net8.0。

9.2.4 写入 XML 流

写 XML 元素有以下两种方式。

- WriteStartElement 和 WriteEndElement：当元素可能有子元素时，使用这对方法。
- WriteElementString：当元素没有子元素时使用这个方法。

现在，尝试在 XML 文件中存储代表 Viper 飞行员呼号的字符串数组。

(1) 在 Program.cs 文件顶部，导入 System.Xml 名称空间，如下所示：

```
using System.Xml; // To use XmlWriter and so on.
```

(2) 在 Program.cs 文件底部，添加语句来枚举呼号，并将每个呼号作为一个元素写入单个 XML 文件中，代码如下所示：

```
SectionTitle("Writing to XML streams");

// Define a file path to write to.
string xmlFile = Combine(CurrentDirectory, "streams.xml");

// Declare variables for the filestream and XML writer.
FileStream? xmlFileStream = null;
XmlWriter? xml = null;

try
{
  xmlFileStream = File.Create(xmlFile);

  // Wrap the file stream in an XML writer helper and tell it
  // to automatically indent nested elements.
  xml = XmlWriter.Create(xmlFileStream,
    new XmlWriterSettings { Indent = true });

  // Write the XML declaration.
  xml.WriteStartDocument();

  // Write a root element.
  xml.WriteStartElement("callsigns");

  // Enumerate the strings, writing each one to the stream.
  foreach (string item in Viper.Callsigns)
  {
    xml.WriteElementString("callsign", item);
  }

  // Write the close root element.
  xml.WriteEndElement();
}
catch (Exception ex)
{
  // If the path doesn't exist the exception will be caught.
  WriteLine($"{ex.GetType()} says {ex.Message}");
}
finally
{
  if (xml is not null)
  {
    xml.Close();
    WriteLine("The XML writer's unmanaged resources have been
disposed.");
  }
```

```
  if (xmlFileStream is not null)
  {
    xmlFileStream.Close();
    WriteLine("The file stream's unmanaged resources have been
disposed.");
  }
}

OutputFileInfo(xmlFile);
```

(3) 作为可选操作，在xmlFileStream的Close方法内右击，选择Go To Implementation，并查看Dispose、Close和Dispose(bool)方法的实现，代码如下所示：

```
public void Dispose() => Close();

public virtual void Close()
{
  // When initially designed, Stream required that all cleanup logic
  // went into Close(), but this was thought up before IDisposable
  // was added and never revisited. All subclasses
  // should put their cleanup now in Dispose(bool).
  Dispose(true);
  GC.SuppressFinalize(this);
}

protected virtual void Dispose(bool disposing)
{
  // Note: Never change this to call other virtual methods on Stream
  // like Write, since the state on subclasses has already been
  // torn down. This is the last code to run on cleanup for a stream.
}
```

更多信息：

Stream类将Close和Dispose(bool)方法定义为virtual，因为它们被设计为需要被派生类(如FileStream)重写，以释放非托管资源。

(4) 运行代码并查看结果，输出如下所示：

```
**** File Info ****
The XML writer's unmanaged resources have been disposed.
The file stream's unmanaged resources have been disposed.
File: streams.xml
Path: C:\cs12dotnet8\Chapter09\WorkingWithStreams\bin\Debug\net8.0
Size: 320 bytes.
/------------------
<?xml version="1.0" encoding="utf-8"?>
  <callsigns>
  <callsign>Husker</callsign>
  <callsign>Starbuck</callsign>
  <callsign>Apollo</callsign>
  <callsign>Boomer</callsign>
  <callsign>Bulldog</callsign>
```

```
  <callsign>Athena</callsign>
  <callsign>Helo</callsign>
  <callsign>Racetrack</callsign>
</callsigns>
-------------------/
```

最佳实践：
在调用 Dispose 方法之前，请确认对象不为 null。

使用 using 语句简化资源的释放

可简化用于检查 null 对象的代码，然后使用 using 语句来调用 Dispose 方法。一般来说，除非需要更高级的控制，否则建议使用 using 语句而不是手动调用 Dispose 方法，这样需要编写的代码更少。

令人困惑的是，using 关键字有两种用法：导入名称空间和生成 finally 语句。finally 语句能为实现了 IDisposable 接口的对象调用 Dispose 方法。

编译器会将 using 语句块转变为不带 catch 语句的 try-finally 语句。可使用嵌套的 try 语句，因此，如果想捕获任何异常，就可以使用下面的代码：

```
using (FileStream file2 = File.OpenWrite(
  Path.Combine(path, "file2.txt")))
{
  using (StreamWriter writer2 = new StreamWriter(file2))
  {
    try
    {
      writer2.WriteLine("Welcome, .NET!");
    }
    catch(Exception ex)
    {
      WriteLine($"{ex.GetType()} says {ex.Message}");
    }
  } // Automatically calls Dispose if the object is not null.
} // Automatically calls Dispose if the object is not null.
```

甚至不必显式地指定 using 语句的花括号和缩进，这可以进一步简化代码，代码如下所示：

```
using FileStream file2 = File.OpenWrite(
  Path.Combine(path, "file2.txt"));

using StreamWriter writer2 = new(file2);

try
{
  writer2.WriteLine("Welcome, .NET!");
}
catch(Exception ex)
{
  WriteLine($"{ex.GetType()} says {ex.Message}");
}
```

9.2.5 压缩流

XML 比较冗长，所以相比纯文本会占用更多的字节空间。可以使用一种名为 GZIP 的常见压缩算法来压缩 XML。

在.NET Core 2.1 中，微软引入了 Brotli 压缩算法的实现。Brotli 在性能上类似于 DEFLATE 和 GZIP 中使用的算法，但输出密度约大了 20%。

下面比较这两种算法。

(1) 添加一个新的名为 Program.Compress.cs 的类文件。

(2) 在 Program.Compress.cs 中编写语句，使用 GZipStream 或 BrotliStream 的实例创建压缩文件，其中包含与之前相同的 XML 元素，然后在读取压缩文件并将其输出到控制台时对其进行解压缩，代码如下所示：

```
using Packt.Shared; // To use Viper.
using System.IO.Compression; // To use BrotliStream, GZipStream.
using System.Xml; // To use XmlWriter, XmlReader.

partial class Program
{
  private static void Compress(string algorithm = "gzip")
  {
    // Define a file path using the algorithm as file extension.
    string filePath = Combine(
      CurrentDirectory, $"streams.{algorithm}");

    FileStream file = File.Create(filePath);
  Stream compressor;
  if (algorithm == "gzip")
  {
    compressor = new GZipStream(file, CompressionMode.Compress);
  }
  else
  {
    compressor = new BrotliStream(file, CompressionMode.Compress);
  }

  using (compressor)
  {
    using (XmlWriter xml = XmlWriter.Create(compressor))
    {
      xml.WriteStartDocument();
      xml.WriteStartElement("callsigns");
      foreach (string item in Viper.Callsigns)
      {
        xml.WriteElementString("callsign", item);
      }
    }
  } // Also closes the underlying stream.

  OutputFileInfo(filePath);

  // Read the compressed file.
```

```
    WriteLine("Reading the compressed XML file:");
    file = File.Open(filePath, FileMode.Open);
    Stream decompressor;
    if (algorithm == "gzip")
    {
      decompressor = new GZipStream(
        file, CompressionMode.Decompress);
    }
    else
    {
      decompressor = new BrotliStream(
        file, CompressionMode.Decompress);
    }

    using (decompressor)

    using (XmlReader reader = XmlReader.Create(decompressor))

    while (reader.Read())
    {
      // Check if we are on an element node named callsign.
      if ((reader.NodeType == XmlNodeType.Element)
        && (reader.Name == "callsign"))
      {
        reader.Read(); // Move to the text inside element.
        WriteLine($"{reader.Value}"); // Read its value.
        }
        // Alternative syntax with property pattern matching:
        // if (reader is { NodeType: XmlNodeType.Element,
        // Name: "callsign" })
      }
    }
  }
```

(3) 在 Program.cs 中，添加对带参数的 Compress 方法的调用，以使用 gzip 和 brotli 算法，代码如下所示：

```
SectionTitle("Compressing streams");
Compress(algorithm: "gzip");
Compress(algorithm: "brotli");
```

(4) 运行代码，比较原来的 XML 文件和使用 gzip 和 brotli 算法压缩后的 XML 文件的大小，输出如下所示：

```
**** File Info ****
File: streams.gzip
Path: C:\cs12dotnet8\Chapter09\WorkingWithStreams\bin\Debug\net8.0
Size: 151 bytes.
/------------------
?
z?{??}
En?BYjQqf~???????Bj^r~Jf^??RiI??????MrbNNqfz^1?i?QZ??Zd?@H?$%?&gc?t,
```

```
?????*????H?????t?&?d??%b??H?aUPbrjIQ"??b;????9
------------------/
Reading the compressed XML file:
Husker
Starbuck
Apollo
Boomer
Bulldog
Athena
Helo
Racetrack
**** File Info ****
File: streams.brotli
Path: C:\cs12dotnet8\Chapter09\WorkingWithStreams\bin\Debug\net8.0
Size: 117 bytes.
/-------------------
??d?&?_????\@?Gm????/?h>?6????? ??^?__???wE?'?t<J??]??
???b?\fA?>?+??F??]
?T?\?~??A?J?Q?q6 ?�??
???
--------------------/
Reading the compressed XML file:
Husker
Starbuck
Apollo
Boomer
Bulldog
Athena
Helo
Racetrack
```

总结一下：

- 压缩前：320 字节
- 使用 GZIP 压缩：151 字节
- 使用 Brotli 压缩：117 字节

更多信息：

除了选择压缩模式，还可以选择压缩级别。在下面的链接可以了解更多信息：https://learn.microsoft.com/en-us/dotnet/api/system.io.compression.compressionlevel。

9.2.6 使用随机访问句柄进行读写

在.NET 问世后的前 20 年间，只能使用流类来直接处理文件。对于只需要按顺序处理数据的自动化任务，流类的效果很好。但是，当人处理数据时，常常需要在数据中四处移动，并常常会多次返回同一个位置。

在.NET 6 及更高版本中，有一个新的 API 能够以随机访问的方式处理文件，并不需要使用文件流。下面看一个简单例子。

(1) 使用代码编辑器在 Chapter09 解决方案中添加一个新的 Console App / console 项目，命名为 WorkingWithRandomAccess。

(2) 在项目文件中，添加一个元素来静态地、全局地导入 System.Console 类。

(3) 在 Program.cs 中，删除现有语句，然后获取一个名为 coffee.txt 文件的句柄，代码如下所示：

```
using Microsoft.Win32.SafeHandles; // To use SafeFileHandle.
using System.Text; // To use Encoding.

using SafeFileHandle handle =
  File.OpenHandle(path: "coffee.txt",
    mode: FileMode.OpenOrCreate,
    access: FileAccess.ReadWrite);
```

(4) 写一些文本，将它们编码为字节数组，存储到一个只读的内存缓冲区中，然后写入文件中，代码如下所示：

```
string message = "Café £4.39";
ReadOnlyMemory<byte> buffer = new(Encoding.UTF8.GetBytes(message));
await RandomAccess.WriteAsync(handle, buffer, fileOffset: 0);
```

(5) 要读取文件，可以获取文件的长度，使用这个长度为文件内容分配内存缓冲区，然后读文件，代码如下所示：

```
long length = RandomAccess.GetLength(handle);
Memory<byte> contentBytes = new(new byte[length]);
await RandomAccess.ReadAsync(handle, contentBytes, fileOffset: 0);
string content = Encoding.UTF8.GetString(contentBytes.ToArray());
WriteLine($"Content of file: {content}");
```

(6) 运行代码，并注意文件的内容，如下所示：

```
Content of file: Café £4.39
```

9.3　编码和解码文本

文本字符可以用不同的方式表示。例如，字母表可以用莫尔斯电码编码成一系列的点和短横线，以便用电报线路传输。

以类似的方式，计算机中的文本能够以位(1 和 0)的形式存储，位表示代码空间中的代码点。大多数代码点表示单个字符，但它们也可以有其他含义，如格式化。

例如，ASCII 的代码空间可以包含 128 个代码点。.NET 使用 Unicode 标准对文本进行内部编码。Unicode 拥有超过 100 万个代码点。

有时，需要将文本移到.NET 之外，供不使用 Unicode 或 Unicode 变体的系统使用。因此，了解如何在编码之间进行转换十分重要。

表 9.6 列出了一些计算机常用的文本编码方法。

表 9.6 常用的文本编码方法

编码方法	说明
ASCII	使用一个字节的低 7 位来编码有限范围的字符
UTF-8	将每个 Unicode 代码点表示为 1～4 字节的序列
UTF-7	这是为了在 7 位通道上比 UTF-8 更有效而设计的，但是因为存在安全性和健壮性问题，所以建议使用 UTF-8
UTF-16	将每个 Unicode 代码点表示为一个或两个 16 位整数的序列
UTF-32	将每个 Unicode 代码点表示为 32 位整数，因此是固定长度编码，而其他 Unicode 编码都是可变长度编码
ANSI/ISO 编码	用于为支持特定语言或一组语言的各种代码页提供支持

最佳实践：

大多数情况下，UTF-8 是很好的选择，并且实际上是默认的编码方式，也就是 Encoding.Default。因为 Encoding.UTF7 不安全，所以应该避免使用它。尝试使用 UTF-7 时，C#编译器会发出警告。当然，为了与其他系统兼容，可能需要使用该编码方式生成文本，因此它需要在.NET 中保留一个选项。

9.3.1 将字符串编码为字节数组

下面研究一下文本编码。

(1) 使用自己喜欢的代码编辑器在 Chapter09 解决方案中添加一个新的 Console App/ console 项目，命名为 WorkingWithEncodings。

(2) 在项目文件中添加一个元素，静态且全局地导入 System.Console 类。

(3) 在 Program.cs 文件中，删除现有语句，导入 System.Text 名称空间，然后添加语句，使用用户选择的编码方式对字符串进行编码，遍历每个字节，之后将它们解码回字符串并输出，代码如下所示：

```
using System.Text; // To use Encoding.

WriteLine("Encodings");
WriteLine("[1] ASCII");
WriteLine("[2] UTF-7");
WriteLine("[3] UTF-8");
WriteLine("[4] UTF-16 (Unicode)");
WriteLine("[5] UTF-32");
WriteLine("[6] Latin1");
WriteLine("[any other key] Default encoding");
WriteLine();

Write("Press a number to choose an encoding.");
ConsoleKey number = ReadKey(intercept: true).Key;
WriteLine(); WriteLine();

Encoding encoder = number switch
{
```

```
    ConsoleKey.D1 or ConsoleKey.NumPad1 => Encoding.ASCII,
    ConsoleKey.D2 or ConsoleKey.NumPad2 => Encoding.UTF7,
    ConsoleKey.D3 or ConsoleKey.NumPad3 => Encoding.UTF8,
    ConsoleKey.D4 or ConsoleKey.NumPad4 => Encoding.Unicode,
    ConsoleKey.D5 or ConsoleKey.NumPad5 => Encoding.UTF32,
    ConsoleKey.D6 or ConsoleKey.NumPad6 => Encoding.Latin1,
    _ => Encoding.Default
  };

  // Define a string to encode
  string message = "Café £4.39";
  WriteLine($"Text to encode: {message} Characters: {message.Length}.");

  // Encode the string into a byte array.
  byte[] encoded = encoder.GetBytes(message);

  // Check how many bytes the encoding needed.
  WriteLine("{0} used {1:N0} bytes.",
    encoder.GetType().Name, encoded.Length);
  WriteLine();

  // Enumerate each byte.
  WriteLine("BYTE | HEX | CHAR");
  foreach (byte b in encoded)
  {
    WriteLine($"{b,4} | {b,3:X} | {(char)b,4}");
  }

  // Decode the byte array back into a string and display it.
  string decoded = encoder.GetString(encoded);
  WriteLine($"Decoded: {decoded}");
```

(4) 运行代码，按1选择ASCII，注意在输出字节时，无法用ASCII表示£符号和é符号，因此这里使用问号来代替这个符号，如下所示：

```
Text to encode: Café £4.39 Characters: 10
ASCIIEncodingSealed used 10 bytes.

BYTE | HEX | CHAR
  67 |  43 |    C
  97 |  61 |    a
  102|  66 |    f
  63 |  3F |    ?
  32 |  20 |
  63 |  3F |    ?
  52 |  34 |    4
  46 |  2E |    .
  51 |  33 |    3
  57 |  39 |    9
Decoded: Caf? ?4.39
```

(5) 重新运行代码，按 3 选择 UTF-8，注意对于分别需要两个字节的两个字符，UTF-8 需要额外的两个字节(总共需要 12 个字节而不是 10 个字节)，但它可以编码和解码 é 和£字符。

```
Text to encode: Café £4.39 Characters: 10
UTF8EncodingSealed used 12 bytes.

BYTE | HEX | CHAR
  67 |  43 |    C
  97 |  61 |    a
 102|  66 |    f
 195|  C3 |    Ã
 169|  A9 |    ©
  32 |  20 |
 194|  C2 |    Â
 163|  A3 |    £
  52 |  34 |    4
  46 |  2E |    .
  51 |  33 |    3
  57 |  39 |    9
Decoded: Café £4.39
```

(6) 重新运行代码，按 4 选择 Unicode(UTF-16)，注意 UTF-16 的每个字符都需要 2 字节，共需要 20 字节，因而可以编码和解码 é 和£字符。.NET 在内部使用这种编码方式来存储 char 和 string 值。

9.3.2 对文件中的文本进行编码和解码

在使用流辅助类(如 StreamReader 和 StreamWriter)时，可以指定要使用的编码。当写入辅助类时，文本将自动编码；当从辅助类中读取时，字节将自动解码。

要指定编码，可将编码方式作为第二个参数传递给辅助类的构造函数，代码如下所示：

```
StreamReader reader = new(stream, Encoding.UTF8);
StreamWriter writer = new(stream, Encoding.UTF8);
```

最佳实践：

通常无法选择使用哪种编码方式，因为生成的是供另一个系统使用的文件。但是，如果这样做了，请选择一个使用的字节数最少但可以存储所需的每个字符的编码方式。

9.4 序列化对象图

对象图是直接通过引用或间接通过引用链彼此关联的多个对象。

序列化是使用指定的格式将活动对象图转换为字节序列的过程。反序列化则是相反的过程。

使用序列化是为了保存活动对象的当前状态，这样就可以在将来重新创建它。例如，保存游戏的当前状态，这样第二天就可以继续在同一个地方玩游戏。从序列化的对象生成的流通常存储在文件或数据库中。

可以指定的序列化格式有几十种，但 XML 和 JSON 是最常见的两种基于文本的、人类可读的格式。还有更高效的二进制格式，如 gRPC 使用的 Protobuf。

最佳实践：

JSON 更紧凑，最适合 Web 应用和移动应用。XML 虽然较冗长，却在更老的系统中得到了更好的支持。可使用 JSON 最小化序列化的对象图的大小。向 Web 应用和移动应用发送对象图时，JSON 是不错的选择，因为 JSON 是 JavaScript 的原生序列化格式，而移动应用经常在有限的带宽上调用，所以字节数很重要。

.NET 有多个类，可以序列化为 XML 和 JSON，也可以从 XML 和 JSON 中进行反序列化。下面从 XmlSerializer 和 JsonSerializer 开始介绍。

9.4.1 序列化为 XML

XML 可能是目前世界上最常用的序列化格式。作为一个典型例子，下面自定义一个类来存储个人信息，然后使用嵌套的 Person 实例列表来创建对象图。

(1) 使用自己喜欢的代码编辑器在 Chapter09 解决方案中添加一个新的 Console App / console 项目，命名为 WorkingWithSerialization。

(2) 在项目文件中，添加元素来静态地、全局地导入 System.Console、System.Environment 和 System.IO.Path 类。

(3) 添加一个新的类文件，命名为 Program.Helpers.cs。

(4) 在 Program.Helpers.cs 中添加一个 Program 分部类，使其包含 SectionTitle 和 OutputFileInfo 方法，代码如下所示：

```
// null namespace to merge with auto-generated Program.

partial class Program
{
  private static void SectionTitle(string title)
  {
    ConsoleColor previousColor = ForegroundColor;
    ForegroundColor = ConsoleColor.DarkYellow;
    WriteLine($"*** {title} ***");
    ForegroundColor = previousColor;
  }

  private static void OutputFileInfo(string path)
  {
    WriteLine("**** File Info ****");
    WriteLine($"File: {GetFileName(path)}");
    WriteLine($"Path: {GetDirectoryName(path)}");
    WriteLine($"Size: {new FileInfo(path).Length:N0} bytes.");
    WriteLine("/------------------");
    WriteLine(File.ReadAllText(path));
    WriteLine("------------------/");
  }
}
```

(5) 添加一个新的名为 Person.cs 的类文件，定义一个带有受保护的 Salary 属性的 Person 类，这意味着只有 Person 类自身及其派生类能够访问 Salary 属性。为了填充工资信息，Person 类提供了一个构造函数，该构造函数用一个参数来设置初始工资，代码如下所示：

```
namespace Packt.Shared;

public class Person
{
  public Person(decimal initialSalary)
  {
    Salary = initialSalary;
  }

  public string? FirstName { get; set; }
  public string? LastName { get; set; }
  public DateTime DateOfBirth { get; set; }
  public HashSet<Person>? Children { get; set; }
  protected decimal Salary { get; set; }
}
```

(6) 在 Program.cs 文件中，删除现有语句。导入用于处理 XML 序列化和 Person 类的名称空间，代码如下所示：

```
using System.Xml.Serialization; // To use XmlSerializer.
using Packt.Shared; // To use Person.
```

(7) 在 Program.cs 文件中，添加语句以创建 Person 实例的对象图，代码如下所示：

```
List<Person> people = new()
{
  new(initialSalary: 30_000M)
  {
    FirstName = "Alice",
    LastName = "Smith",
    DateOfBirth = new(year: 1974, month: 3, day: 14)
  },
  new(initialSalary: 40_000M)
  {
    FirstName = "Bob",
    LastName = "Jones",
    DateOfBirth = new(year: 1969, month: 11, day: 23)
  },
  new(initialSalary: 20_000M)
  {
    FirstName = "Charlie",
    LastName = "Cox",
    DateOfBirth = new(year: 1984, month: 5, day: 4),
    Children = new()
    {
      new(initialSalary: 0M)
      {
        FirstName = "Sally",
        LastName = "Cox",
        DateOfBirth = new(year: 2012, month: 7, day: 12)
      }
    }
  }
```

```
};

SectionTitle("Serializing as XML");

// Create serializer to format a "List of Person" as XML.
XmlSerializer xs = new(type: people.GetType());

// Create a file to write to.
string path = Combine(CurrentDirectory, "people.xml");

using (FileStream stream = File.Create(path))
{
  // Serialize the object graph to the stream.
  xs.Serialize(stream, people);
} // Closes the stream.

OutputFileInfo(path);
```

(8) 运行代码，查看结果，注意抛出了异常，输出如下所示：

```
Unhandled Exception: System.InvalidOperationException: Packt.Shared.
Person cannot be serialized because it does not have a parameterless
constructor.
```

(9) 在 Person.cs 中添加以下语句，定义一个无参构造函数：

```
// A parameterless constructor is required for XML serialization.
public Person() { }
```

更多信息：

这个构造函数不需要做任何事情，但是它必须存在，以便 XmlSerializer 在反序列化过程中调用它来实例化新的 Person 实例。

(10) 重新运行代码并查看结果，注意对象图被序列化为 XML 元素，如 <FirstName>Bob</FirstName>，并且 Salary 属性不包括在内，因为它不是一个 public 属性，输出如下所示：

```
**** File Info ****
File: people.xml
Path: C:\cs12dotnet8\Chapter09\WorkingWithSerialization\bin\Debug\net8.0
Size: 793 bytes.
/------------------
<?xml version="1.0" encoding="utf-8"?>
<ArrayOfPerson xmlns:xsi="http://www.w3.org/2001/XMLSchema-instance"
xmlns:xsd="http://www.w3.org/2001/XMLSchema">
  <Person>
    <FirstName>Alice</FirstName>
    <LastName>Smith</LastName>
    <DateOfBirth>1974-03-14T00:00:00</DateOfBirth>
  </Person>
  <Person>
    <FirstName>Bob</FirstName>
    <LastName>Jones</LastName>
    <DateOfBirth>1969-11-23T00:00:00</DateOfBirth>
```

```
    </Person>
    <Person>
      <FirstName>Charlie</FirstName>
      <LastName>Cox</LastName>
      <DateOfBirth>1984-05-04T00:00:00</DateOfBirth>
      <Children>
        <Person>
          <FirstName>Sally</FirstName>
          <LastName>Cox</LastName>
          <DateOfBirth>2012-07-12T00:00:00</DateOfBirth>
        </Person>
      </Children>
    </Person>
  </ArrayOfPerson>
  ------------------/
```

9.4.2 生成紧凑的 XML

使用特性而不是某些字段的元素可使 XML 更紧凑。

(1) 在 Person.cs 文件顶部导入 System.Xml.Serialization 名称空间，这样就可以使用[XmlAttribute]特性装饰一些属性，代码如下所示：

```
using System.Xml.Serialization; // To use [XmlAttribute].
```

(2) 在 Person.cs 文件中，使用[XmlAttribute]特性装饰名字、姓氏和出生日期属性，并为每个属性设置一个简短的名称，如以下突出显示的代码所示：

```
[XmlAttribute("fname")]
public string? FirstName { get; set; }

[XmlAttribute("lname")]
public string? LastName { get; set; }

[XmlAttribute("dob")]
public DateTime DateOfBirth { get; set; }
```

(3) 运行代码并注意，通过将属性值作为 XML 属性输出，文件的大小从 793 字节减少到 488 字节，节省了超过三分之一的内存空间，输出如下所示：

```
**** File Info ****
File: people.xml
Path: C:\cs12dotnet8\Chapter09\WorkingWithSerialization\bin\Debug\net8.0
Size: 488 bytes.
/------------------
<?xml version="1.0" encoding="utf-8"?>
<ArrayOfPerson xmlns:xsi="http://www.w3.org/2001/XMLSchema-instance"
xmlns:xsd="http://www.w3.org/2001/XMLSchema">
  <Person fname="Alice" lname="Smith" dob="1974-03-14T00:00:00" />
  <Person fname="Bob" lname="Jones" dob="1969-11-23T00:00:00" />
  <Person fname="Charlie" lname="Cox" dob="1984-05-04T00:00:00">
    <Children>
      <Person fname="Sally" lname="Cox" dob="2012-07-12T00:00:00" />
    </Children>
```

```
  </Person>
</ArrayOfPerson>
------------------/
```

9.4.3 反序列化 XML 文件

现在，可尝试将 XML 文件反序列化为内存中的活动对象。

(1) 在 Program.cs 文件中，添加语句打开 XML 文件，然后反序列化该文件，代码如下所示：

```
SectionTitle("Deserializing XML files");

using (FileStream xmlLoad = File.Open(path, FileMode.Open))
{
  // Deserialize and cast the object graph into a "List of Person".
  List<Person>? loadedPeople =
    xs.Deserialize(xmlLoad) as List<Person>;

if (loadedPeople is not null)
{
  foreach (Person p in loadedPeople)
  {
    WriteLine("{0} has {1} children.",
      p.LastName, p.Children?.Count ?? 0);
  }
}
```

(2) 运行代码。注意我们已经成功地从 XML 文件中加载了个人信息并进行了枚举，输出如下所示：

```
Smith has 0 children.
Jones has 0 children.
Cox has 1 children.
```

更多信息：

System.Xml.Serialization 名称空间中还定义了其他许多特性，可用于控制所生成的 XML。XmlAttributeAttribute 类在以下位置的官方文档可以作为了解相关信息的一个不错的起点：https://learn.microsoft.com/en-us/dotnet/api/system.xml.serialization.xmlattributeattribute。不要把这个类与 System.Xml 名称空间中的 XmlAttribute 类相混淆。后者用于在使用 XmlReader 和 XmlWriter 读写 XML 时代表 XML 属性。

如果不使用任何注解，XmlSerializer 在反序列化时会使用属性名来执行不区分大小写的匹配。

最佳实践：

在使用 XmlSerializer 时，请记住只有公有字段和属性会被包含进来。另外，该类必须包含一个无参构造函数。可以使用特性自定义输出。

9.4.4 用 JSON 序列化

使用 JSON 序列化格式的最流行的.NET 库之一是 Newtonsoft.Json，又名 Json.NET。它十分成熟、强大。

Newtonsoft.Json 非常流行，它的下载次数超出 NuGet 包管理器用于统计下载次数的 32 位整数的边界，如图 9.5 中的推文所示。

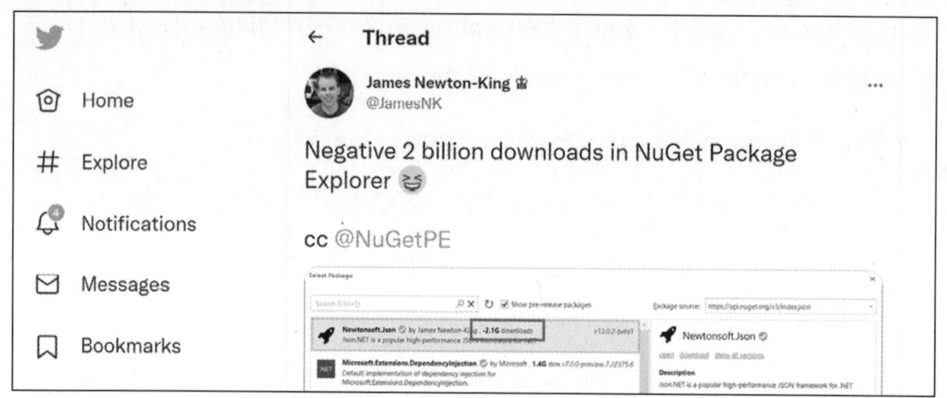

图 9.5 在 2022 年 8 月，Newtonsoft.Json 的下载量约为负 21 亿

下面看看 Newtonsoft.json 的实际应用。

(1) 在 WorkingWithSerialization 项目中，为最新版本的 Newtonsoft.Json 添加包引用，如下所示：

```
<ItemGroup>
  <PackageReference Include="Newtonsoft.Json" Version="13.0.3" />
</ItemGroup>
```

(2) 构建 WorkingWithSerialization 项目来还原包。

(3) 在 Program.cs 文件中，添加语句以创建文本文件，然后将个人信息序列化为 JSON 格式并放在创建的文本文件中，代码如下所示：

```
SectionTitle("Serializing with JSON");

// Create a file to write to.
string jsonPath = Combine(CurrentDirectory, "people.json");

using (StreamWriter jsonStream = File.CreateText(jsonPath))
{
  Newtonsoft.Json.JsonSerializer jss = new();

  // Serialize the object graph into a string.
  jss.Serialize(jsonStream, people);
} // Closes the file stream and release resources.

OutputFileInfo(jsonPath);
```

(4) 运行代码。注意，与带有元素的 XML 相比，JSON 需要的字节数不到前者的一半，甚至比使用属性的 XML 文件还要小(分别是 366 和 488)，输出如下所示：

```
**** File Info ****
File: people.json
Path: C:\cs12dotnet8\Chapter09\WorkingWithSerialization\bin\Debug\net8.0
Size: 366 bytes.
/------------------
[{"FirstName":"Alice","LastName":"Smith","DateOfBirth":"1974-03-
14T00:00:00","Children":null},{"FirstName":"Bob","LastName":"Jones","Date
OfBirth":"1969-11-23T00:00:00","Children":null},{"FirstName":"Charlie","L
astName":"Cox","DateOfBirth":"1984-05-04T00:00:00","Children":[{"FirstNam
e":"Sally","LastName":"Cox","DateOfBirth":"2012-07-12T00:00:00","Children
":null}]}]
------------------/
```

9.4.5　高性能的 JSON 处理

.NET Core 3 引入了新的名称空间 System.Text.Json 来处理 JSON，从而能够使用诸如 Span<T> 的 API 来优化性能。

此外，Json.NET 等较老的库是通过读取 UTF-16 来实现的。使用 UTF-8 读写 JSON 文档能带来更好的性能，因为包括 HTTP 在内的大多数网络协议都使用 UTF-8，可以避免在 UTF-8 与 Json.NET 的 Unicode 字符串值之间来回转换。

使用新的 API，微软实现了 1.3 ~5 倍的性能改进，具体取决于场景。

Json.NET 的作者 James Newton-King 已加入微软，并与同事一起开发了新的 JSON 类型。正如他在讨论新的 JSON API 的评论中所说，“Json.NET 不会消失。”如图 9.6 所示。

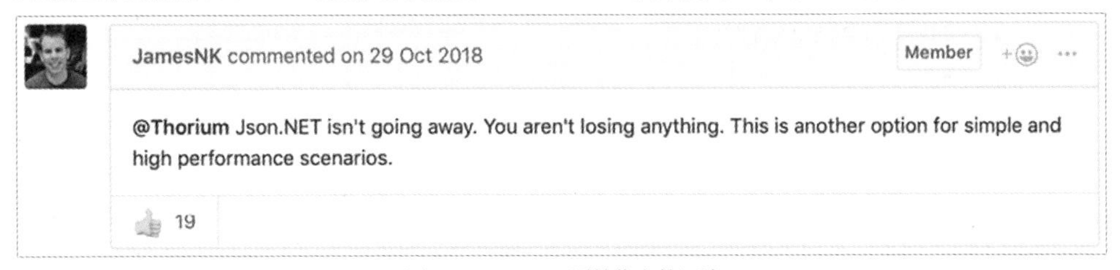

图 9.6　Json.NET 原始作者的评论

9.4.6　反序列化 JSON 文件

下面介绍如何使用现代 JSON API 来反序列化 JSON 文件。

(1) 在 WorkingWithSerialization 项目的 Program.cs 文件的顶部，导入用于执行序列化的新 JSON 类，这里使用了别名，以避免名称与之前使用的 Json.NET 发生冲突，代码如下所示：

```
using FastJson = System.Text.Json.JsonSerializer;
```

(2) 在 Program.cs 文件中，添加语句以打开 JSON 文件并反序列化它，然后输出人员的姓名及其子女的数目，代码如下所示：

```
SectionTitle("Deserializing JSON files");

await using (FileStream jsonLoad = File.Open(jsonPath, FileMode.Open))
{
  // Deserialize object graph into a "List of Person".
  List<Person>? loadedPeople =
```

```
    await FastJson.DeserializeAsync(utf8Json: jsonLoad,
      returnType: typeof(List<Person>)) as List<Person>;

  if (loadedPeople is not null)
  {
    foreach (Person p in loadedPeople)
    {
      WriteLine("{0} has {1} children.",
        p.LastName, p.Children?.Count ?? 0);
    }
  }
}
```

(3) 运行代码并查看结果，输出如下所示：

```
Smith has 0 children.
Jones has 0 children.
Cox has 1 children.
```

最佳实践：

请选用 Json.NET 以提高开发人员的工作效率并获得更大的特性集合，选用 System.Text.Json 以提高性能。可通过以下链接查看二者的差异列表：https://learn.microsoft.com/en-us/dotnet/standard/serialization/system-text-json-migrate-from-newtonsoft-how-to#table-of-differences-between-newtonsoftjson-and-systemtextjson。

9.4.7 控制处理 JSON 的方式

有很多选项可以控制处理 JSON 的方式，如下所示：

- 包含和排除字段。
- 设置大小写策略。
- 选择区分大小写的策略。
- 在压缩和美化空白之间选择。

下面列举一些实际例子。

(1) 使用自己喜欢的代码编辑器在 Chapter09 解决方案中添加一个新的 Console App/console 项目，命名为 ControllingJson。

(2) 在项目文件中，添加元素来静态地、全局地导入 System.Console、System.Environment 和 System.IO.Path 类。

(3) 在 ControllingJson 项目中，添加一个新的名为 Book.cs 的类文件。

(4) 在 Book.cs 文件中，定义一个名为 Book 的类，代码如下所示：

```
using System.Text.Json.Serialization; // To use [JsonInclude].

namespace Packt.Shared;

public class Book
{
  // Constructor to set non-nullable property.
  public Book(string title)
```

```
  {
    Title = title;
  }

  // Properties.
  public string Title { get; set; }
  public string? Author { get; set; }

  // Fields.
  [JsonInclude] // Include this field.
  public DateTime PublishDate;

  [JsonInclude] // Include this field.
  public DateTimeOffset Created;

  public ushort Pages;
}
```

(5) 在 Program.cs 中，删除现有语句，然后导入用于处理高性能 JSON 和 Book 的名称空间，代码如下所示：

```
using Packt.Shared; // To use Book.
using System.Text.Json; // To use JsonSerializer.
```

(6) 在 Program.cs 中，添加语句以创建 Book 类的实例并将其序列化为 JSON 格式，代码如下所示：

```
Book csharpBook = new(title:
  "C# 12 and .NET 8 - Modern Cross-Platform Development Fundamentals")
{
  Author = "Mark J Price",
  PublishDate = new(year: 2023, month: 11, day: 14),
  Pages = 823,
  Created = DateTimeOffset.UtcNow,
};

JsonSerializerOptions options = new()
{
  IncludeFields = true, // Includes all fields.
  PropertyNameCaseInsensitive = true,
  WriteIndented = true,
  PropertyNamingPolicy = JsonNamingPolicy.CamelCase,
};

string path = Combine(CurrentDirectory, "book.json");

using (Stream fileStream = File.Create(path))
{
  JsonSerializer.Serialize(
    utf8Json: fileStream, value: csharpBook, options);
}

WriteLine("**** File Info ****");
WriteLine($"File: {GetFileName(path)}");
```

```
WriteLine($"Path: {GetDirectoryName(path)}");
WriteLine($"Size: {new FileInfo(path).Length:N0} bytes.");
WriteLine("/------------------");
WriteLine(File.ReadAllText(path));
WriteLine("------------------/");
```

(7) 运行该代码并查看结果，输出如下所示：

```
**** File Info ****
File: book.json
Path: C:\cs12dotnet8\Chapter09\ControllingJson\bin\Debug\net8.0
Size: 221 bytes.
/------------------
{
  "title": "C# 12 and .NET 8 - Modern Cross-Platform Development
Fundamentals",
  "author": "Mark J Price",
  "publishDate": "2023-11-14T00:00:00",
  "created": "2023-07-13T14:29:07.119631+00:00",
  "pages": 823
}
------------------/
```

请注意以下几点：

- JSON 文件有 221 字节。
- 成员名使用驼峰大小写风格，如 publishDate。这对于后续在浏览器中使用 JavaScript 进行处理是最佳选择。
- 由于选项设置，所有字段都包括在内，包括 pages。
- JSON 被美化，更便于人类阅读。
- DateTime 和 DateTimeOffset 值被存储为单一标准字符串格式。

(8) 在 Program.cs 文件中，当设置 JsonSerializerOptions 时，注释掉大小写策略的设置，缩进写入，包括字段。

(9) 运行该代码并查看结果，输出如下所示：

```
**** File Info ****
File: book.json
Path: C:\cs12dotnet8\Chapter09\ControllingJson\bin\Debug\net8.0
Size: 184 bytes.
/------------------
{"Title":"C# 12 and .NET 8 - Modern Cross-Platform Development
Fundamentals","Author":"Mark J Price","PublishDate":"2023-11-
14T00:00:00","Created":"2023-07-13T14:30:29.2205861+00:00"}
------------------/
```

请注意以下几点：

- JSON 文件的大小减少了大约 20%。
- 成员名使用普通的大小写，如 PublishDate。
- Pages 字段缺失。包含其他字段是由于 PublishDate 和 Created 字段带有[JsonInclude]特性。

9.5　使用环境变量

环境变量是系统和用户定义的值，能够影响正在运行的进程的行为。它们常用于设置选项，例如在 ASP.NET Core Web 项目中切换开发和生产配置，或者用于传递进程需要的值，例如服务键或者数据库连接字符串的密码。

Windows 上的环境变量有 3 个作用域级别：机器级别(即系统级别)、用户级别和进程级别。用于设置和获取环境变量的方法在默认情况下假定使用进程作用域级别，但它们也提供了重载方法，可以将 EnvironmentVariableTarget 指定为 Process、User 和 Machine，如表 9.7 所示。

表 9.7　处理环境变量的方法

方法	描述
GetEnvironmentVariables	返回指定作用域级别的所有环境变量的一个 IDictionary，默认情况下返回当前进程的所有环境变量的一个 IDictionary
GetEnvironmentVariable	返回指定环境变量的值
SetEnvironmentVariable	设置指定环境变量的值
ExpandEnvironmentVariables	将字符串中使用%%标识的任何环境变量转换为它们的值，例如"My computer is named %COMPUTER_NAME%"

9.5.1　读取所有环境变量

首先看看如何列举不同作用域级别的所有当前环境变量。

(1) 使用代码编辑器，在 Chapter09 解决方案中添加一个新的 Console App/ console 项目，命名为 WorkingWithEnvVars。

(2) 在项目文件中，添加 Spectre.Console 的包引用，然后添加元素来静态地、全局地导入 System.Console 和 System.Environment 类，最后导入用于处理 Spectre.Console 和 System.Collections 的名称空间，如下所示：

```
<ItemGroup>
  <PackageReference Include="Spectre.Console" Version="0.47.0" />
</ItemGroup>

<ItemGroup>
  <Using Include="System.Console" Static="true" />
  <Using Include="System.Environment" Static="true" />
  <Using Include="Spectre.Console" />
  <Using Include="System.Collections" />
</ItemGroup>
```

(3) 添加一个新的类文件，命名为 Program.Helpers.cs。

(4) 在 Program.Helpers.cs 中添加一个 Program 分部类，使其包含 SectionTitle 和 DictionaryToTable 方法，代码如下所示：

```
// null namespace to merge with auto-generated Program.
```

```
partial class Program
{
  private static void SectionTitle(string title)
  {
    ConsoleColor previousColor = ForegroundColor;
    ForegroundColor = ConsoleColor.DarkYellow;
    WriteLine($"*** {title} ***");
    ForegroundColor = previousColor;
  }

  private static void DictionaryToTable(IDictionary dictionary)
  {
    Table table = new();
    table.AddColumn("Key");
    table.AddColumn("Value");

    foreach (string key in dictionary.Keys)
    {
      table.AddRow(key, dictionary[key]!.ToString()!);
    }

    AnsiConsole.Write(table);
  }
}
```

(5) 在Program.cs中，删除任何现有语句，然后编写语句来显示3个不同作用域级别的所有环境变量，代码如下所示：

```
SectionTitle("Reading all environment variables for process");
IDictionary vars = GetEnvironmentVariables();
DictionaryToTable(vars);

SectionTitle("Reading all environment variables for machine");
IDictionary varsMachine = GetEnvironmentVariables(
  EnvironmentVariableTarget.Machine);
DictionaryToTable(varsMachine);

SectionTitle("Reading all environment variables for user");
IDictionary varsUser = GetEnvironmentVariables(
  EnvironmentVariableTarget.User);
DictionaryToTable(varsUser);
```

(6) 运行代码并查看结果，如下面的部分输出所示：

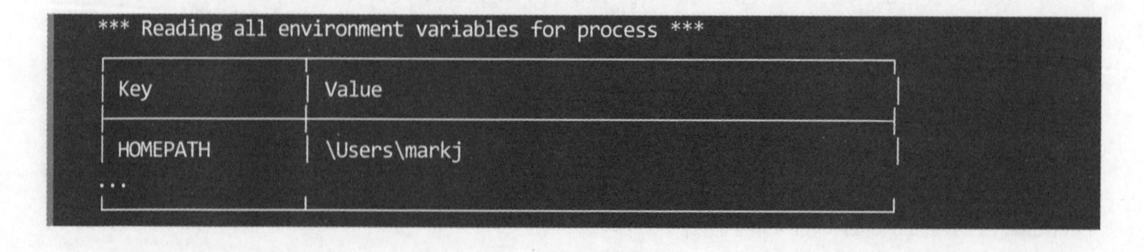

9.5.2　展开、设置和获取环境变量

你常常需要格式化内嵌了环境变量的字符串。这种字符串将环境变量的名称放在一对百分号中，如下所示：

```
My username is %USERNAME%. My CPU is %PROCESSOR_IDENTIFIER%.
```

要在 Windows 上的命令提示符中设置环境变量，可以使用 set 或 setx 命令，如表 9.8 所示。

表 9.8　在 Windows 上设置环境变量的命令

作用域级别	命令
会话/shell	set MY_ENV_VAR="Alpha"
用户	setx MY_ENV_VAR "Beta"
机器	setx MY_ENV_VAR "Gamma" /M

set 命令定义了一个临时环境变量，可以在当前 shell 或会话中立即读取该变量。注意，它使用等号(=)来赋值。

setx 命令定义了一个永久环境变量，但在定义后，必须关闭当前 shell 或会话，然后重启 shell，才能读取该环境变量。注意，它在赋值时没有使用等号。

更多信息：

在以下地址可以了解关于 setx 命令的更多信息：https://learn.microsoft.com/en-us/windows-server/administration/windows-commands/setx。

在 Windows 上，也可以通过用户界面来管理环境变量。导航到 Settings | System | About | Advanced system settings，然后在 System Properties 对话框中，单击 Environment Variables。

要在 macOS 或 Linux 上的命令提示符或终端中临时设置环境变量，可以使用 export 命令，如下所示：

```
export MY_ENV_VAR=Delta
```

更多信息：

在以下地址可以了解关于 export 命令的更多信息：https://ss64. com/bash/export.html。

下面来看展开环境变量、以多种方式设置环境变量和获取环境变量的几个例子：

(1) 在 Program.cs 中，添加语句来定义包含两个环境变量的字符串(如果我选择的环境变量在你的计算机上没有定义，则可以选择你的计算机上定义了的任意两个环境变量)，然后展开它们并把它们输出到控制台，代码如下所示：

```
string myComputer = "My username is %USERNAME%. My CPU is %PROCESSOR_
IDENTIFIER%.";

WriteLine(ExpandEnvironmentVariables(myComputer));
```

(2) 运行代码并查看结果，输出如下所示：

```
My username is markj. My CPU is Intel64 Family 6 Model 140 Stepping 1,
GenuineIntel.
```

(3) 在 Program.cs 中，添加语句来设置一个进程作用域级别的环境变量，命名为 MY_PASSWORD，然后获取并输出该环境变量，代码如下所示：

```
string password_key = "MY_PASSWORD";

SetEnvironmentVariable(password_key, "Pa$$w0rd");

string? password = GetEnvironmentVariable(password_key);

WriteLine($"{password_key}: {password}");
```

(4) 运行代码并查看结果，输出如下所示：

```
MY_PASSWORD: Pa$$w0rd
```

更多信息：

在真实应用中，你可能会向控制台传递一个实参，在启动应用程序时会使用该实参来设置进程作用域级别的环境变量，从而能够在进程生存期间使用该环境变量。

(5) 在 Program.cs 中，添加语句来尝试在 3 个作用域级别获取名为 MY_PASSWORD 的环境变量，然后输出它们，代码如下所示：

```
string secret_key = "MY_SECRET";

string? secret = GetEnvironmentVariable(secret_key,
  EnvironmentVariableTarget.Process);
WriteLine($"Process - {secret_key}: {secret}");

secret = GetEnvironmentVariable(secret_key,
  EnvironmentVariableTarget.Machine);
WriteLine($"Machine - {secret_key}: {secret}");

secret = GetEnvironmentVariable(secret_key,
  EnvironmentVariableTarget.User);
WriteLine($"User - {secret_key}: {secret}");
```

(6) 如果使用的是 Visual Studio 2022，则导航到 Project | WorkingWithEnvVars Properties，单击 Debug 选项卡，然后单击 Open debug launch profiles UI。在 Environment variables 部分，添加一个名为 MY_SECRET 的条目，并将其值设置为 Alpha。

(7) 在 Properties 文件夹中，打开 launchSettings.json，注意配置的环境变量，如下面的配置所示：

```
{
  "profiles": {
    "WorkingWithEnvVars": {
      "commandName": "Project",
      "environmentVariables": {
        "MY_SECRET": "Alpha"
      }
    }
  }
}
```

更多信息：

如果你使用的是其他代码编辑器，则可以手动创建 launchSettings.json 文件。launchSettings.json 文件中定义的环境变量是在进程作用域级别设置的。

(8) 在 Windows 上，使用管理员权限打开命令提示符或终端，在用户和机器作用域级别设置一些环境变量，如下所示：

```
setx MY_SECRET "Beta"
setx MY_SECRET "Gamma" /M
```

(9) 注意每个命令的结果，如下所示：

```
SUCCESS: Specified value was saved.
```

更多信息：

在 macOS 或 Linux 上，需要使用 export 命令。

(10) 运行代码并查看结果，输出如下所示：

```
Process - MY_SECRET: Alpha
Machine - MY_SECRET: Gamma
User    - MY_SECRET: Beta
```

现在你知道了如何使用环境变量，在后面的章节中，就可以使用环境变量来设置选项(如密码)，而不是把这些机密值存储在代码中。

9.6 实践和探索

你可以通过回答一些问题来测试自己对知识的掌握程度，进行一些实践，并深入探索本章涵盖的主题。

9.6.1 练习 9.1：测试你掌握的知识

回答以下问题：

(1) File 类和 FileInfo 类之间的区别是什么？

(2) 流的 ReadByte 方法和 Read 方法之间的区别是什么？

(3) 什么时候使用 StringReader、TextReader 和 StreamReader 类？

(4) DeflateStream 类的作用是什么？

(5) UTF-8 编码为每个字符使用多少字节？

(6) 什么是对象图？

(7) 为了最小化空间需求，最佳的序列化格式是什么？

(8) 就跨平台兼容性而言，最佳的序列化格式是什么？

(9) 为什么使用像“\Code\Chapter01”这样的字符串来表示路径不太合适？应该怎样表示呢？

(10) 在哪里可以找到关于 NuGet 包及其依赖项的信息？

9.6.2 练习 9.2：练习序列化为 XML

在 Chapter09 解决方案中，创建一个名为 Ch09Ex02SerializingShapes 的控制台应用程序项目，在这个项目中创建一个形状列表，使用序列化方式将这个形状列表保存到使用 XML 的文件系统中，然后反序列化回来：

```
// Create a list of Shapes to serialize.
List<Shape> listOfShapes = new()
{
  new Circle { Colour = "Red", Radius = 2.5 },
  new Rectangle { Colour = "Blue", Height = 20.0, Width = 10.0 },
  new Circle { Colour = "Green", Radius = 8.0 },
  new Circle { Colour = "Purple", Radius = 12.3 },
  new Rectangle { Colour = "Blue", Height = 45.0, Width = 18.0 }
};
```

形状对象应该有名为 Area 的只读属性，以便在反序列化时输出形状列表，包括形状的面积，如下所示：

```
List<Shape> loadedShapesXml =
  serializerXml.Deserialize(fileXml) as List<Shape>;

foreach (Shape item in loadedShapesXml)
{
  WriteLine("{0} is {1} and has an area of {2:N2}",
    item.GetType().Name, item.Colour, item.Area);
}
```

运行该控制台应用程序时，输出应该如下所示：

```
Loading shapes from XML:
Circle is Red and has an area of 19.63
Rectangle is Blue and has an area of 200.00
Circle is Green and has an area of 201.06
Circle is Purple and has an area of 475.29
Rectangle is Blue and has an area of 810.00
```

9.6.3 练习 9.3：使用 tar 存档

如果使用 Linux，则你可能想要了解如何在代码中处理 tar 存档。我撰写了一个在线小节来介绍这个主题，其地址为：https://github.com/markjprice/cs12dotnet8/blob/main/docs/ch09-tar-archives.md。

9.6.4 练习 9.4：从 Newtonsoft 迁移到新的 JSON

如果你现有的代码使用了 Newtonsoft Json.NET 库，想要把它们迁移到新的 System.Text.Json 名称空间，则可以参考微软在以下链接提供的文档：https://learn.microsoft.com/en-us/dotnet/standard/serialization/system-text-jsonmigrate-from-newtonsoft-how-to。

9.6.5 练习 9.5：探索主题

可通过以下链接来阅读本章所涉及主题的更多细节：https://github.com/markjprice/cs12dotnet8/

blob/main/docs/book-links.md#chapter-9--- working-with-files-streams-and-serialization。

9.7　本章小结

本章主要内容：

- 读写文本文件
- 读写 XML 文件
- 压缩和解压缩文件
- 对文本进行编码和解码
- 将对象图序列化为 JSON 和 XML
- 从 JSON 和 XML 反序列化对象图
- 使用环境变量

第 10 章将介绍如何使用 Entity Framework Core 处理数据库。

第10章 使用 Entity Framework Core 处理数据

本章介绍如何使用名为 Entity Framework Core (实体框架核心，EF Core)的对象-数据存储映射技术读写关系数据存储，如 SQLite 和 SQL Server 等数据库。

本章涵盖以下主题：

- 理解现代数据库
- 在.NET 项目中设置 EF Core
- 定义 EF Core 模型
- 查询 EF Core 模型
- 使用 EF Core 加载和跟踪模式
- 使用 EF Core 修改数据

10.1 理解现代数据库

数据通常存储在关系数据库管理系统(Relational Database Management System，简称 RDBMS，如 SQL Server、PostgreSQL、MySQL 和 SQLite)或 NoSQL 数据库(如 Azure Cosmos DB、Redis、MongoDB 和 Apache Cassandra)中。

关系数据库诞生于 20 世纪 70 年代，使用结构化查询语言(Structured Query Language，SQL)可以查询它们。当时，数据存储的成本很高，所以人们尽可能去减少数据重复。数据存储在由行和列组成的表格式结构中，一旦部署到生产环境，就很难重构。这种数据存储很难伸缩，并且伸缩的成本很高。

NoSQL 数据库的意思并不只是“no SQL”(没有 SQL)，也可能是“not only SQL”(不只是 SQL)。该数据库诞生于 21 世纪初，当时互联网和 Web 已流行起来，并且采纳了那个时代有关软件的许多知识。

NoSQL 数据库被设计为支持高可伸缩性，提供高性能，具有极大的灵活性，由于不强制数据具有某种结构，因此该数据库允许在任何时候修改模式，从而让编程变得更加简单。

如果你完全不熟悉关系数据库，则应该先阅读我在下面的链接提供的数据库入门介绍：
https://github.com/markjprice/cs12dotnet8/blob/main/docs/ch10-database-primer.md

10.1.1　理解旧的实体框架

实体框架(Entity Framework，EF)最初是在 2008 年末作为.NET Framework 3.5 SP1 的一部分发布的，从那以后，随着微软观察到程序员如何在现实世界中使用对象-关系映射(Object-Relational Mapping，ORM)工具，实体框架得到了发展。

ORM 使用映射定义将表中的列与类中的属性关联起来。然后，程序员就能以他们熟悉的方式与不同类型的对象交互，而不必了解如何将值存储在关系型表或 NoSQL 数据存储提供的其他结构中。

.NET Framework 包含的实体框架版本是 Entity Framework 6 (EF6)。EF6 不仅成熟、稳定，而且支持以 EDMX(XML 文件)方式定义模型，还支持复杂的继承模型和其他一些高级特性。

EF 6.3 及其更高版本已从.NET Framework 中提取为单独的包，因而在.NET Core 3 及后续.NET 版本中继续得到了支持。这使得像 Web 应用程序和 Web 服务这样的现有项目可以移植并跨平台运行。但是，EF6 被认为一种旧技术，因为它在跨平台运行时会有一些限制，并且微软也不会再添加任何新特性。

使用旧的 Entity Framework 6.3 及后续版本

要在.NET Core 3 或更高版本的.NET 项目中使用旧的 EF 技术，就必须在项目文件中添加对 EF 的包引用，如下所示：

```
<PackageReference Include="EntityFramework" Version="6.4.4" />
```

最佳实践：
仅在必要时才使用旧的 EF6。例如，在将一个在.NET Framework 中使用 EF6 的 WPF 应用程序移植到现代.NET 时。本书讨论的是现代的跨平台开发，所以本章的其余部分只涵盖现代的 EF Core。在本章的项目中，我们不需要引用旧的 EF6 包。

10.1.2　理解 Entity Framework Core

真正的跨平台版本 EF Core 与旧的 EF 有所不同。尽管二者的名称相似，但你应该知道 EF Core 与 EF6 的区别。最新的 EF Core 版本是 8，以匹配.NET 8。

EF Core 3 及更新版本只能运行在支持.NET Standard 2.1 的平台上，这意味着支持.NET Core 3 及更新版本。EF Core 3 及更新版本不支持.NET Framework 4.8 这样的.NET Standard 2.0 平台。

更多信息：
EF Core 8 将.NET 8 或更新版本作为目标。EF Core 9 也会将.NET 8 或更新版本作为目标，这是因为 EF Core 团队想让尽可能多的开发人员使用未来版本的新特性，而有的开发人员只能使用.NET 的长期支持版本。这意味着你可以在.NET 8 或.NET 9 中使用 EF Core 9 的所有新特性。但是，当 2025 年 11 月发布 EF Core 10 时，你的项目应该将.NET 10 作为目标，然后才能使用该 EF Core 版本。

除了传统的 RDBMS，EF Core 还支持现代的、基于云的、非关系型的、无模式的数据存储，如 Azure Cosmos DB 和 MongoDB，有时甚至还支持第三方提供程序。

EF Core 在每个版本中都有许多改进，本书无法全部介绍。在本书中，我将关注所有.NET 开发人员都应该知道的基础知识和一些最有用的新特性。你可以在本书的配套图书 *Apps and Services with .NET 8* 中学习 EF Core 的更多知识，以及如何把它用于 SQL Server。或者，你也可以去阅读官方文档，其地址为：https://learn.microsoft.com/en-us/ef/core/。

从以下地址可以了解最新的 EF Core 消息：https://aka.ms/efnews。

10.1.3 理解数据库优先和代码优先

使用 EF Core 的方式有以下两种。

(1) 数据库优先：数据库已经存在，所以要构建一个与数据库的结构和特征匹配的模型。这是现实世界中最常见的场景。本章将展示一个数据库优先的示例。

(2) 代码优先：不存在数据库，所以先构建一个模型，然后使用 EF Core 创建一个匹配其结构和特征的数据库。如果你完成与本章末尾的一个练习题关联的在线小节，将看到一个代码优先的示例。

10.1.4 EF Core 的性能改进

EF Core 团队不断地努力提高 EF Core 的性能。例如，如果 EF Core 能够识别出当调用 SaveChanges 时，只会对数据库执行一条语句，那么它不会像以前的版本那样创建一个显式的事务。这让一种常见的场景实现了 25%的性能改进。

关于近期的性能改进，存在太多细节，本书无法全部介绍，而且你也不需要知道它们的工作方式，就能够享受它们带来的好处。如果你有兴趣(它们查看什么，特别是它们如何利用某些很酷的 SQL Server 特性，是很吸引人探索的信息)，则推荐阅读 EF Core 团队撰写的以下文章：

- Announcing Entity Framework Core 7 Preview 6: Performance Edition: https://devblogs.microsoft.com/dotnet/announcing-ef-core-7-preview6-performance-optimizations/
- Announcing Entity Framework Core 6.0 Preview 4: Performance Edition: https://devblogs.microsoft.com/dotnet/announcing-entity-framework-core-6-0-preview-4-performance-edition/

10.1.5 使用示例关系数据库

为了学习如何使用.NET 管理 RDBMS，最好通过示例进行讲解，这样就可以在中等复杂且包含相当多样本记录的 RDBMS 中进行实践。微软提供了几个示例数据库，其中大多数对于我们的需求来说都过于复杂，所以我们使用一个最初创建于 20 世纪 90 年代初的数据库例，这个示例数据库就是 Northwind。

下面不妨花点时间来看看 Northwind 数据库的图表，如图 10.1 所示。在编写代码和查询时，可以参考图 10.1。

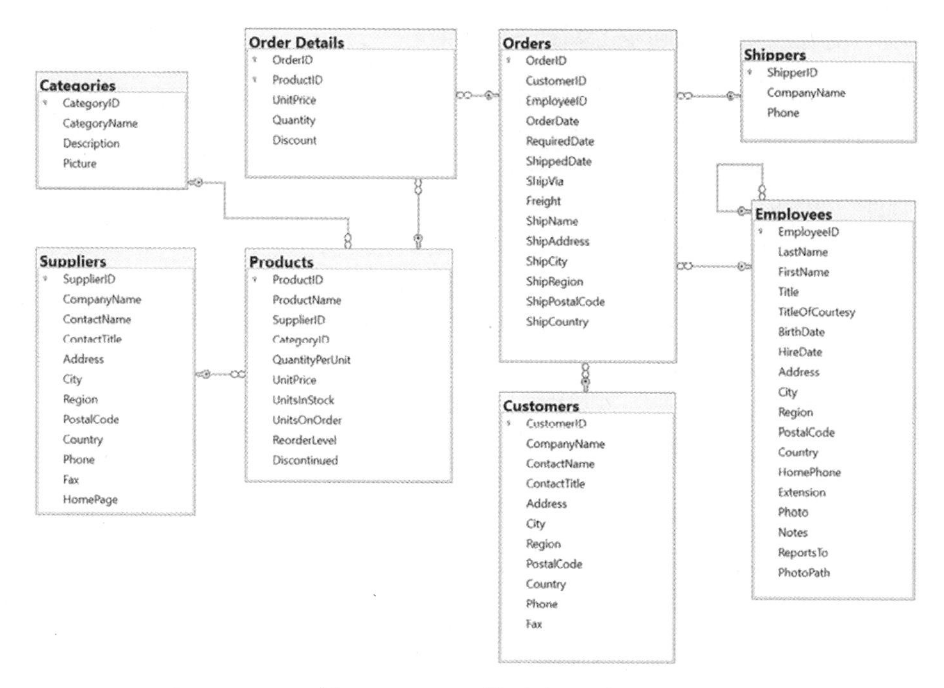

图 10.1　Northwind 数据库表和关系

在本章的后面，我们将编写代码来处理 Categories 和 Products 表；将在后续章节中编写其他表。但在此之前，请注意：

- 每个类别都有唯一的标识符、名称、描述和图片。
- 每个产品都有唯一的标识符、名称、单价、库存单位和其他字段。
- 通过存储类别的唯一标识符，每个产品都与类别相关联。
- Categories 和 Products 之间是一对多关系，这意味着每个类别可以有零个或多个产品。图 10.1 通过一端的无穷大符号(表示多个)和另一端的黄色钥匙符号(表示一个)来说明这一点。

10.1.6　使用 SQLite

SQLite 是小型的、快速的、跨平台的、自包含的 RDBMS，可以在公共域中使用。SQLite 是 iOS(iPhone 和 iPad)和 Android 等移动平台上最常见的 RDBMS。SQLite 是世界上使用量最大的数据库引擎，在用的 SQLite 数据库超过了 1 万亿。在以下链接可以了解更多相关信息：https://www.sqlite.org/mostdeployed.html。

更多信息：

我决定在本书的第 8 版中，只使用 SQLite 进行演示，因为我们要讨论的重要主题是跨平台的开发以及相应的基础技能，这只需要用到基本数据库能力。我建议你一开始使用 SQLite 完成本书的代码任务。如果你还想使用 SQL Server 来完成代码任务，则可以查看本书的 GitHub 存储库。

10.1.7 使用 SQL Server 还是其他 SQL 系统

使用 Windows 技术的企业通常也会使用 SQL Server 作为他们的数据库。如果你更希望使用 SQL Server，可以查看在以下链接提供的在线说明：

https://github.com/markjprice/cs12dotnet8/blob/main/docs/sql-server/README.md

如果你想使用另外一个 SQL 系统，那么可以知道，我提供的 SQL 脚本应该能够用于大部分 SQL 系统，如 PostgreSQL 或 MySQL，但我没有针对那些系统编写分步骤说明，也不保证那些脚本一定能够工作。

我建议使用 SQLite 完成本书的介绍，这样你能够将注意力集中到本书介绍的 EF Core 知识，而不必试图学习一个不同的数据库系统，让事情变得更加复杂。学习已经很难了，所以不要贪多嚼不烂，也不要让自己更加辛苦。当你学习完本书的内容后，完全可以使用另一种数据库系统重复这些练习。

10.1.8 为 Windows 设置 SQLite

在 Windows 上，需要将 SQLite 文件夹添加到系统路径中，以便在命令提示符或终端中输入命令时找到它。

(1) 启动自己喜欢的浏览器并导航到链接 https://www.sqlite.org/download.html。

(2) 向下滚动页面到 Precompiled Binaries for Windows 部分。

(3) 单击 sqlite-tools-win32-x86-3420000.zip。请注意，在本书出版后，该文件可能有一个更高的版本号，如图 10.2 所示。

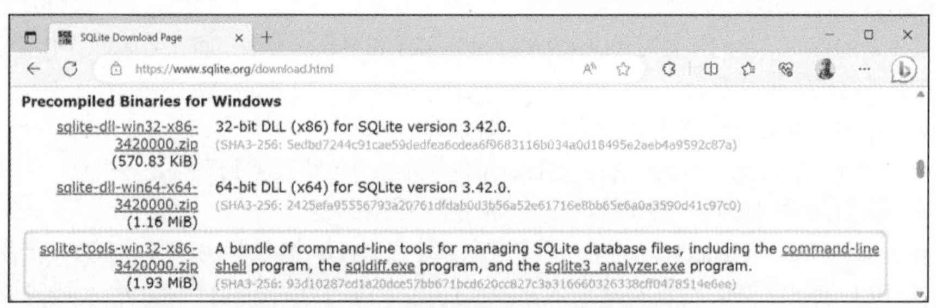

图 10.2 下载在 Windows 上使用的 SQLite

(4) 将 ZIP 文件解压到名为 C:\Sqlite\的文件夹中。确保解压出的 3 个文件(包括 sqlite3.exe 文件在内)直接包含在 C:\SQLite 文件夹中，否则后面在试图使用这个可执行文件的时候会找不到它。

(5) 在 Windows 的 Start 菜单中，导航到 Settings。

(6) 搜索 environment 并选择 Edit the system environment variables。在非英文版本的 Windows 上，请搜索本地语言中的等效词以找到设置。

(7) 单击 Environment Variables 按钮。

(8) 在 System variables 中选择列表中的 Path，然后单击 Edit…。

(9) 如果路径中还不包含 C:\SQLite，则单击 New 按钮，输入 C:\Sqlite，然后按 Enter 键。

(10) 连续单击 OK 按钮三次，然后关闭 Settings。

(11) 为了确认已经正确配置了 SQLite 的路径，在任意命令提示符或者终端中，输入以下命令来启动 SQLite：

```
sqlite3
```

(12) 注意结果，如下面的输出所示：

```
SQLite version 3.42.0 2023-05-16 12:36:15
Enter ".help" for usage hints.
Connected to a transient in-memory database.
Use ".open FILENAME" to reopen on a persistent database.
sqlite>
```

(13) 要退出 SQLite 命令提示：

- 在 Windows 上，按 Ctrl+C 组合键两次。
- 在 macOS 上，按 Ctrl+D 组合键。

10.1.9　为 macOS 和 Linux 设置 SQLite

在 macOS 上，SQLite 包含在/usr/bin/目录中，是名为 sqlite3 的命令行应用程序。

在 Linux 上，可以使用下面的命令安装 SQLite：

```
sudo apt-get install sqlite3
```

其他操作系统可通过链接 https://www.sqlite.org/download.html 下载并安装 SQLite。

10.2　在.NET 项目中设置 EF Core

设置好数据库系统后，就可以创建数据库和使用该数据库的.NET 项目了。

10.2.1　为使用 EF Core 创建控制台应用程序

首先，为本章创建一个控制台应用程序项目。

使用代码编辑器创建一个新的项目，定义如下。

- 项目模板：Console App/console
- 项目文件和文件夹：WorkingWithEFCore
- 解决方案文件和文件夹：Chapter10

10.2.2　为 SQLite 创建 Northwind 示例数据库

现在，可以使用 SQL 脚本为 SQLite 创建 Northwind 示例数据库了。

(1) 如果之前没有复制或下载本书 GitHub 存储库的代码，那么现在可以访问以下链接并复制：https://github.com/markjprice/cs12dotnet8 。

(2) 从本地 Git 存储库或者你解压 ZIP 文件的地方，将用于为 SQLite 创建 Northwind 数据库的脚本(/scripts/sql-scripts/Northwind4SQLite.sql)复制到 WorkingWithEFCore 文件夹中。

(3) 在 WorkingWithEFCore 项目文件夹中启动命令行。

- 在 Windows 上，启动文件管理器，右击 WorkingWithEFCore 文件夹，然后选择 New Command Prompt at Folder 或 Open in Windows Terminal。
- 在 macOS 上，启动 Finder，右击 WorkingWithEFCore 文件夹，然后选择 New Terminal at Folder。

(4) 输入命令，使用 SQLite 执行 SQL 脚本并创建 Northwind.db 数据库，如下面的命令所示：

```
sqlite3 Northwind.db -init Northwind4SQLite.sql
```

(5) 请耐心等待，因为上述命令可能需要一段时间才能创建数据库结构。最终，你将看到 SQLite 命令提示符，如下面的输出所示：

```
-- Loading resources from Northwind4SQLite.sql
SQLite version 3.42.0 2023-05-16 12:36:15
Enter ".help" for usage hints.
sqlite>
```

(6) 要退出 SQLite 命令模式：

- 在 Windows 上按 Ctrl + C 组合键两次
- 在 macOS 或 Linux 上按 Ctrl + D 组合键

(7) 保持终端或命令提示窗口打开，因为很快就会再次使用它。

如果使用的是 Visual Studio 2022

如果使用的是 Visual Studio Code 和 dotnet run 命令，则编译后的应用程序会在 WorkingWithEFCore 文件夹中执行，所以能够找到这个文件夹中存储的数据库文件。

但是，如果使用的是 Visual Studio 2022 或 JetBrains Rider，那么编译后的应用程序会在 WorkingWithEFCore\bin\Debug\net8.0 文件夹中执行，因为数据库文件不在该文件夹下，所以它找不到数据库文件。

我们可以告诉 Visual Studio 2022，将数据库文件复制到它运行代码的目录，以便它能够找到数据库文件。但是，只有当数据库文件更新或者丢失时，才执行这种操作，以避免覆写我们在运行时做出的任何更改：

(1) 在 Solution Explorer 中，右击 Northwind.db 文件，选择 Properties。

(2) 在 Properties 中，将 Copy to Output Directory 设置为 Copy if newer。

(3) 在 WorkingWithEFCore.csproj 中，注意新添加的元素，如下面的代码所示：

```
<ItemGroup>
  <None Update="Northwind.db">
    <CopyToOutputDirectory>PreserveNewest</CopyToOutputDirectory>
  </None>
</ItemGroup>
```

更多信息：

如果你更希望在每次启动项目时覆写数据更改，则将 CopyToOutputDirectory 设置为 Always。

10.2.3 使用 SQLiteStudio 管理 Northwind 示例数据库

可以使用名为 SQLiteStudio 的跨平台图形化数据库管理器轻松地管理 SQLite 数据库。

(1) 导航到链接 https://sqlitestudio.pl，下载并安装应用程序。

(2) 启动 SQLiteStudio。

(3) 在 Database 菜单中选择 Add a database。

(4) 在 Database 对话框的 File 部分中单击黄色的文件夹按钮，浏览本地计算机上现有的数据库文件，并在 WorkingWithEFCore 项目文件夹中选择 Northwind.db 文件，然后单击 OK 按钮，如图 10.3 所示。

图 10.3　将 Northwind.db 数据库文件添加到 SQLiteStudio 中

(5) 如果你看不到数据库，则导航到 View | Databases。

(6) 在 Databases 窗口中，右击 Northwind 数据库并从弹出的菜单中选择 Connect to the database(或简单地双击 Northwind)，系统将显示由脚本创建的 10 个表(SQLite 的脚本比 SQL Server 的脚本简单，它不会创建那么多的表或其他数据库对象)。

(7) 右击 Products 表并从弹出的菜单中选择 Edit the table，或者简单地双击该表。

(8) 在表编辑器窗口中，将显示 Products 表的结构，包括列名、数据类型、键和约束，如图 10.4 所示。

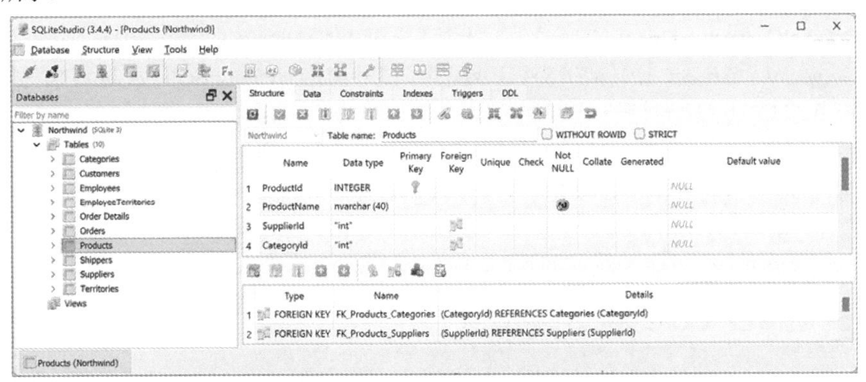

图 10.4　SQLiteStudio 中的表编辑器，显示 Products 表的结构

(9) 在表编辑器窗口中，单击 Data 选项卡，将显示 77 种产品，如图 10.5 所示。

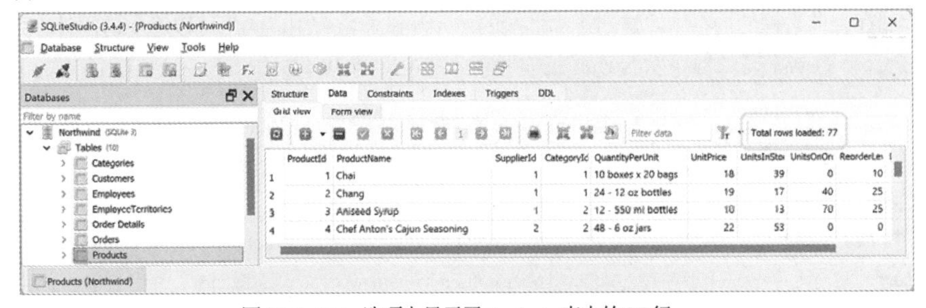

图 10.5　Data 选项卡显示了 Products 表中的 77 行

(10) 在 Databases 窗口中，右击 Northwind，选择 Disconnect from the database。

(11) 退出 SQLiteStudio。

10.2.4 使用轻量级的 ADO.NET 数据库提供程序

在 Entity Framework 出现之前，使用的是 ADO.NET。这是用于操作数据库的一个更简单、更高效的 API。它提供了一些抽象类，如 DbConnection、DbCommand 和 DbReader，还提供了这些类的特定于提供程序的实现，如 SqliteConnection 和 SqliteCommand。

在本章中，如果你选择使用 SQL Server，则应该使用 SqlConnectionStringBuilder 类来帮助编写一个有效的连接字符串。这是因为，该类为数据库连接字符串的所有部分提供了属性，你可以单独设置这些属性，它最后会返回一个完整的字符串。你还应该从环境变量或者一个机密管理系统获取敏感信息(如密码)，而不应该把它们写到源代码中。

SQLite 的连接字符串非常简单，所以并不需要使用 SqliteConnectionStringBuilder 类。

SQLite 和 SQL Server 的 EF Core 数据库提供程序构建在 ADO.NET 库的基础上，所以 EF Core 天生比 ADO.NET 慢。而且，由于 EF Core 数据库提供程序更接近底层，所以可以单独使用 ADO.NET 来获得更好的性能。

如果你想使用原生的 AOT 发布，则需要知道，EF Core 还不支持原生 AOT 发布。这意味着如果你准备编译到原生代码，就只能使用 ADO.NET 库。EF Core 团队正在研究如何支持原生 AOT，但这是一个挑战，所以不太可能在 EF Core 8 中支持。希望能够在 2024 年发布的 EF Core 9 或者 2025 年发布的 EF Core 10 中得到支持。

除了 SqlConnectionStringBuilder 之外，本书不介绍 ADO.NET 库的使用。但是，在本书的配套图书 *Apps and Services with .NET 8* 中，我提供了使用 ADO.NET for SQL Server 库来发布原生 AOT 最小 API Web 服务的例子。

从以下链接可以了解关于 ADO.NET for SQLite 库的更多信息：

https://learn.microsoft.com/en-us/dotnet/standard/data/sqlite/

从以下连接可以了解关于 ADO.NET for SQL Server 库的更多信息：

https://learn.microsoft.com/en-us/sql/connect/ado-net/microsoft-ado-net-sql-server

10.2.5 选择 EF Core 数据库提供程序

在深入研究使用 EF Core 管理数据的可行性之前，先简要讨论一下如何在 EF Core 数据库提供程序之间进行选择。为管理特定数据库中的数据，你需要知道能够有效地与数据库通信的类。

EF Core 数据库提供程序是一组针对特定数据存储进行优化的类。甚至还有提供程序专用于将数据存储在当前进程的内存中，这对于高性能的单元测试非常有用，因为可以避免访问外部系统。

EF Core 数据库提供程序以 NuGet 包的形式分发，如表 10.1 所示。

表 10.1 常用 EF Core 数据库提供程序的 NuGet 包

要管理的数据存储	要安装的 NuGet 包
SQL Server 2012 或更高版本	Microsoft.EntityFrameworkCore.SqlServer
SQLite 3.7 或更高版本	Microsoft.EntityFrameworkCore.SQLite
In-memory	Microsoft.EntityFrameworkCore.InMemory
Azure Cosmos DB SQL API	Microsoft.EntityFrameworkCore.Cosmos
MySQL	MySQL.EntityFrameworkCore
Oracle DB 11.2	Oracle.EntityFrameworkCore
PostgreSQL	Npgsql.EntityFrameworkCore.PostgreSQL

可以在同一个项目中引用任意数量的 EF Core 数据库提供程序。每个包包括常用共享类型以及特定于提供程序的类型。

10.2.6 连接到命名的 SQLite 数据库

要连接到 SQLite 数据库，只需要知道使用遗留参数 Filename 或对应的现代版本 Data Source 设置的数据库路径和文件名。路径可以相对于当前路径，也可以是绝对路径。这些信息是在连接字符串中指定的。

10.2.7 定义 Northwind 数据库上下文类

Northwind 类用于表示数据库。要使用 EF Core，类必须继承自 DbContext。该类了解如何与数据库通信，并动态生成 SQL 语句来查询和操作数据。

DbContext 派生类应该有一个名为 OnConfiguring 的重载方法，它将设置数据库连接字符串。

我们将创建一个使用 SQLite 的项目，但你也可以自由选择使用 SQL Server 或其他数据库系统。

(1) 在 WorkingWithEFCore 项目中，添加对 EF Core 的 SQLite 数据库提供程序的包引用，并为所有 C#文件全局地、静态地导入 System.Console 类，如下所示：

```
<ItemGroup>
  <Using Include="System.Console" Static="true" />
</ItemGroup>

<ItemGroup>
  <PackageReference Version="8.0.0"
    Include="Microsoft.EntityFrameworkCore.Sqlite" />
</ItemGroup>
```

(2) 生成用于还原包的 WorkingWithEFCore 项目。

更多信息：

在 2024 年 2 月之后，通过指定版本 9.0-*，你能试用 EF Core 9 的预览版。你的项目的目标框架应继续使用 net8.0。通过使用通配符，当你为项目还原包时，将自动下载最新的每月预览。当 2024 年 11 月发布 EF Core 9 GA 版本时，将包版本改为 9.0.0。在 2025 年 2 月后，你将能够对 EF Core 10 执行类似的操作，但很可能需要让项目使用的目标框架是 net10.0。

(3) 在项目文件夹中，添加一个名为 NorthwindDb.cs 的类文件。

(4) 在 NorthwindDb.cs 中，导入用于 EF Core 的主名称空间，定义一个名为 Northwind 的类，并让这个类继承自 DbContext。然后，在 OnConfiguring 方法中，使用一个合适的数据库连接字符串，将 options builder 配置为使用 SQLite，代码如下所示：

```
using Microsoft.EntityFrameworkCore; // To use DbContext and so on.

namespace Northwind.EntityModels;

// This manages interactions with the Northwind database.
public class NorthwindDb : DbContext
{
  protected override void OnConfiguring(
```

```
    DbContextOptionsBuilder optionsBuilder)
  {
    string databaseFile = "Northwind.db";
    string path = Path.Combine(
  Environment.CurrentDirectory, databaseFile);

    string connectionString = $"Data Source={path}";
    WriteLine($"Connection: {connectionString}");
    optionsBuilder.UseSqlite(connectionString);
  }
}
```

(5) 在 Program.cs 中，删除现有的语句。然后，导入 Northwind.EntityModels 名称空间，并输出数据库提供程序，如下所示：

```
using Northwind.EntityModels; // To use Northwind.

using NorthwindDb db = new();
WriteLine($"Provider: {db.Database.ProviderName}");
// Disposes the database context.
```

(6) 运行控制台应用程序，注意输出显示了数据库连接字符串，以及使用了哪个数据库提供程序，如下所示：

```
Connection: Data Source=C:\cs12dotnet8\Chapter10\WorkingWithEFCore\bin\
Debug\net8.0\Northwind.db
Provider: Microsoft.EntityFrameworkCore.Sqlite
```

现在，你已经知道了如何通过定义一个 EF Core 数据上下文来连接到数据库。接下来，我们需要定义一个模型来代表数据库中的表。

10.3 定义 EF Core 模型

EF Core 使用约定、注解特性和 Fluent API 语句的组合，在运行时构建实体模型。这样，在类上执行的任何操作以后都可自动转换为在实际数据库上执行的操作。实体类表示表的结构，类的实例表示表中的一行。

首先，回顾定义模型的三种方法并提供代码示例，然后创建一些实现这些技术的类。

10.3.1 使用 EF Core 约定定义模型

我们编写的代码都需要遵循以下约定：

- 假定表的名称与 DbContext 类(如 Products)中的 DbSet<T>属性名匹配。
- 假定列的名称与实体模型类中的属性名匹配，如 ProductId。
- 假定.NET 类型 string 是数据库中的 nvarchar 类型。
- 假定.NET 类型 int 是数据库中的 int 类型。
- 假定主键是名为 Id 或 ID 的属性。如果实体模型类名为 Product，与主键对应的属性可以名为 ProductId 或 ProductID。如果该属性为整数类型或 Guid 类型，就可以假定为 IDENTITY 类型(在插入时自动赋值的列类型)。

更多信息：

除了以上约定，还有许多其他约定，甚至可以定义自己的约定，但这超出了本书的讨论范围。可通过以下链接了解它们：https://learn.microsoft.com/en-us/ef/core/modeling/。

10.3.2　使用 EF Core 注解特性定义模型

约定通常不足以将类完全映射到数据库对象。向模型添加更多智能特性的一种简单方法是应用注解特性。

EF Core 能够识别的一些常见特性如表 10.2 所示。

表 10.2　常见的 EF Core 注解特性

特性	说明
[Required]	确保值不为空。在 .NET 8 中，它有一个 DisallowAllDefaultValues 参数，可以阻止值类型使用默认值。例如，它可以让 int 不能为 0
[StringLength(50)]	确保值的长度不超过 50 个字符
[Column(TypeName = "money", Name = "UnitPrice")]	指定表中使用的列类型和列名

有另外一些特性可以用于验证实体，ASP.NET Core 和 Blazor 等平台能够识别它们。表 10.3 列出了这些特性。

表 10.3　验证注解特性

特性	描述
[RegularExpression(expression)]	确保值与指定的正则表达式匹配
[EmailAddress]	确保值包含一个@符号，但该@符号不是第一个或最后一个字符。它不使用正则表达式
[Range(1, 10)]	确保一个 double、int 或 string 值在指定的范围内。.NET 8 为其新增了 MinimumIsExclusive 和 MaximumIsExclusive 参数
[Length(10, 20)]	确保一个字符串或集合在指定长度范围内，例如，最少 10 个字符或元素，最多 20 个字符或元素
[Base64String]	确保值是格式正确的 Base64 字符串
[AllowedValues]	确保值是对象的 params 数组中的一项。例如，“alpha”“beta”“gamma”或 1,2,3
[DeniedValues]	确保值不是对象的 params 数组中的一项。例如，“alpha”“beta”“gamma”或 1,2,3

更多信息：

为什么 EmailAddress 特性看起来这么基础呢？“检查是故意做得这么基础的，因为实现完善的验证十分困难。针对电子邮件，其实应该采用其他方式来进行验证，例如采用会实际发送电子邮件的电子邮件确认流程。这个验证特性的设计目的只是捕获到过于明显的错误值，从而能够在 UI 等地方做相应处理。”在以下链接可以读到关于这个特性的讨论：https://github.com/dotnet/runtime/issues/27592。

例如，在数据库中，产品名称的最大长度为 40 个字符，并且值不能为空，如以下突出显示的代码所示。这些代码是Northwind4SQLite.sql脚本文件中的数据定义语言(Data Definition Language，DDL)代码，定义了如何创建一个名为 Products 的表，包含列、数据类型、键和其他约束。

```
CREATE TABLE Products (
    ProductId       INTEGER       PRIMARY KEY,
    ProductName     NVARCHAR (40) NOT NULL,
    SupplierId      "INT",
    CategoryId      "INT",
    QuantityPerUnit NVARCHAR (20),
    UnitPrice       "MONEY"       CONSTRAINT DF_Products_UnitPrice DEFAULT (0),
    UnitsInStock    "SMALLINT"    CONSTRAINT DF_Products_UnitsInStock DEFAULT
(0),
    UnitsOnOrder    "SMALLINT"    CONSTRAINT DF_Products_UnitsOnOrder DEFAULT
(0),
    ReorderLevel    "SMALLINT"    CONSTRAINT DF_Products_ReorderLevel DEFAULT
(0),
    Discontinued    "BIT"         NOT NULL
                                  CONSTRAINT DF_Products_Discontinued DEFAULT
(0),
    CONSTRAINT FK_Products_Categories FOREIGN KEY (
        CategoryId
    )
    REFERENCES Categories (CategoryId),
    CONSTRAINT FK_Products_Suppliers FOREIGN KEY (
        SupplierId
)
    REFERENCES Suppliers (SupplierId),
    CONSTRAINT CK_Products_UnitPrice CHECK (UnitPrice >= 0),
    CONSTRAINT CK_ReorderLevel CHECK (ReorderLevel >= 0),
    CONSTRAINT CK_UnitsInStock CHECK (UnitsInStock >= 0),
    CONSTRAINT CK_UnitsOnOrder CHECK (UnitsOnOrder >= 0)
);
```

在 Product 类中，可以应用特性来指定产品名称的长度和值不能为空，如下所示：

```
[Required]
[StringLength(40)]
public string ProductName { get; set; }
```

当.NET 类型和数据库类型之间没有明显的映射时，可以使用特性。

例如，在数据库中，Products 表的 UnitPrice 列的类型是 money。.NET 没有提供 money 类型，所以应该使用 decimal，如下所示：

```
[Column(TypeName = "money")]
public decimal? UnitPrice { get; set; }
```

10.3.3 使用 EF Core Fluent API 定义模型

最后一种定义模型的方法是使用 Fluent API。Fluent API 既可以用来代替特性，又可以用来作为特性的补充。例如，要定义 ProductName 属性，你可以不使用两个特性装饰属性，而是在数据库上下文类的 OnModelCreating 方法中编写等效的 Fluent API 语句，代码如下所示：

```
modelBuilder.Entity<Product>()
  .Property(product => product.ProductName)
  .IsRequired()
  .HasMaxLength(40);
```

这样的定义方法可使实体模型类更简单。

10.3.4 理解数据播种和 Fluent API

Fluent API 的另一个优点是提供初始数据以填充数据库。EF Core 会自动计算出需要执行哪些插入、更新或删除操作。

例如，如果想要确保新数据库在 Product 表中至少有一行，就调用 HasData 方法，如下所示：

```
modelBuilder.Entity<Product>()
  .HasData(new Product
  {
    ProductId = 1,
    ProductName = "Chai",
    UnitPrice = 8.99M
  });
```

HasData 方法调用在 dotnet ef database update 命令执行数据迁移时生效，或者在调用 Database.EnsureCreated 方法时生效。

我们的模型将被映射到已填充数据的现有数据库，因此不需要在代码中使用这项技术。

10.3.5 为 Northwind 表构建 EF Core 模型

了解了如何定义 EF Core 模型后，下面构建模型来表示 Northwind 数据库中的两个表。为了方便重用，我们将在一个单独的类库项目中完成这项工作。

这两个实体类将相互引用，因此为了避免编译错误，在创建它们时先不添加成员：

(1) 使用代码编辑器来创建一个新项目，使其定义如下所示：

- 项目模板：Class Library / classlib
- 项目文件和文件夹：Northwind.EntityModels
- 解决方案文件和文件夹：Chapter10

(2) 在 Northwind.EntityModels 项目中，删除名为 Class1.cs 的文件，然后添加两个类文件，其名称分别为 Category.cs 和 Product.cs。

(3) 在 Category.cs 中定义名为 Category 的类，如下所示：

```
namespace Northwind.EntityModels;
```

```
public class Category
{
}
```

(4) 在 Product.cs 中定义名为 Product 的类，如下所示：

```
namespace Northwind.EntityModels;

public class Product
{
}
```

(5) 在 WorkingWithEFCore 项目中，添加对 Northwind.EntityModels 项目的引用，如下所示：

```
<ItemGroup>
  <ProjectReference Include="..\Northwind.EntityModels\
Northwind.EntityModels.csproj" />
</ItemGroup>
```

更多信息：

项目引用的路径和文件名必须在同一行。

(6) 构建 WorkingWithEFCore 项目。

10.3.6 定义 Category 和 Product 实体类

Category(也称为实体模型)用于表示 Categories 表中的一行，Categories 表有 4 列，如下面的 DDL 所示(摘自 Northwind4SQLite.sql 文件)。

```
CREATE TABLE Categories (
  CategoryId   INTEGER        PRIMARY KEY,
  CategoryName NVARCHAR (15) NOT NULL,
  Description "NTEXT",
  Picture "IMAGE"
);
```

这里将使用约定来定义。

- 4 个属性中的 3 个(不映射 Picture 列)
- 主键
- 与 Products 表的一对多关系。

要将 Description 列映射到正确的数据库类型，就需要使用 Column 特性来装饰 string 属性。

本章在后面将使用 Fluent API 来指定 CategoryName 不能为空，并限制为最多 15 个字符。

(1) 在 Northwind.EntityModels 项目中，修改 Category 实体模型类，如下所示：

```
using System.ComponentModel.DataAnnotations.Schema; // To use [Column].

namespace Northwind.EntityModels;

public class Category
{
  // These properties map to columns in the database.
  public int CategoryId { get; set; } // The primary key.
```

```
public string CategoryName { get; set; } = null!;

[Column(TypeName = "ntext")]
public string? Description { get; set; }

  // Defines a navigation property for related rows.
  public virtual ICollection<Product> Products { get; set; }
    // To enable developers to add products to a Category, we must
    // initialize the navigation property to an empty collection.
    // This also avoids an exception if we get a member like Count.
    = new HashSet<Product>();
}
```

注意以下几点：

- Category 类在 Northwind.EntityModels 名称空间中。
- CategoryId 属性遵守主键命名约定，所以它将映射到一个被标记为主键且具有索引的列上。
- CategoryName 属性映射到的列在数据库中不允许有 NULL 值，所以它是一个不可为空的字符串。为了禁用可空性警告，我们为其使用了空值忽略操作符。
- Description 属性映射到一个数据类型为 ntext 的列，而没有采用 string 值默认映射到的 nvarchar。
- 我们将 Product 对象集合初始化为一个新的空 HashSet。哈希集合是无序的，所以比列表更加高效。如果不初始化 Products，它将是 null；如果试图获取它的 Count，就会发生异常。

(2) 修改 Product 类，如下所示：

```
using System.ComponentModel.DataAnnotations; // To use [Required].
using System.ComponentModel.DataAnnotations.Schema; // To use [Column].

namespace Northwind.EntityModels;

public class Product
{
  public int ProductId { get; set; } // The primary key.

[Required]
[StringLength(40)]
public string ProductName { get; set; } = null!;

// Property name is different from the column name.
[Column("UnitPrice", TypeName = "money")]
public decimal? Cost { get; set; }

[Column("UnitsInStock")]
public short? Stock { get; set; }

public bool Discontinued { get; set; }

// These two properties define the foreign key relationship
// to the Categories table.
```

```
public int CategoryId { get; set; }
public virtual Category Category { get; set; } = null!;
}
```

- Product 类用于表示 Products 表中的一行，Products 表包含 10 列。
- 不需要将 Products 表中的所有列都包含为类的属性。这里只映射如下 6 个属性：ProductId、ProductName、UnitPrice、UnitsInStock、Discontinued 和 CategoryId。
- 不能使用类的实例读取或设置未映射到属性的列。如果使用类创建新对象，那么表中的新行对于新行中的未映射列值将采用 NULL 或其他一些默认值。必须确保那些缺失的列是可选的，或者由数据库设置默认值，否则将在运行时引发异常。在这个例子中，行已经有了数据值，并且不需要在应用程序中读取这些值。
- 要重命名列，可定义具有不同名称的属性(如 Cost)，然后使用[Column]特性进行装饰，并指定列名(如 UnitPrice)。
- 属性 CategoryId 已与属性 Category 相关联，后者用于将每个产品映射到父类别。

用于关联两个实体的属性 Category.Products 和 Product.Category 都已标记为 virtual，这允许 EF Core 继承和覆盖这些属性以提供额外的特性，如延迟加载。

10.3.7 向 Northwind 数据库上下文类添加表

在 DbContext 的派生类中，至少必须定义一个 DbSet<T>类型的属性，这些属性表示表。为了告诉 EF Core 每个表有哪些列，DbSet<T>属性使用泛型来指定类，这种类表示表中的一行，类的属性则表示表中的列。

DbContext 派生类还可以有名为 OnModelCreating 的重载方法。在这里，可以编写 Fluent API 语句，作为用特性装饰实体类的替代选择。

下面编写代码。

在 WorkingWithEFCore 项目中，修改 NorthwindDb 类，添加语句来定义两个表的两个属性和一个 OnModelCreating 方法，如下面突出显示的代码所示：

```
public class NorthwindDb : DbContext
{
  // These two properties map to tables in the database.
  public DbSet<Category>? Categories { get; set; }
  public DbSet<Product>? Products { get; set; }

  protected override void OnConfiguring(
    DbContextOptionsBuilder optionsBuilder)
  {
    ...
  }

  protected override void OnModelCreating(
    ModelBuilder modelBuilder)
  {
    // Example of using Fluent API instead of attributes
    // to limit the length of a category name to 15.
    modelBuilder.Entity<Category>()
      .Property(category => category.CategoryName)
      .IsRequired() // NOT NULL
```

```
        .HasMaxLength(15);

      // Some SQLite-specific configuration.
      if (Database.ProviderName?.Contains("Sqlite") ?? false)
      {
        // To "fix" the lack of decimal support in SQLite.
        modelBuilder.Entity<Product>()
          .Property(product => product.Cost)
          .HasConversion<double>();
      }
    }
  }
```

SQLite 数据库提供程序不支持 decimal 类型来进行排序和其他操作。告诉模型在使用 SQLite 数据库提供程序时可以将 decimal 值转换为 double 值来解决这个问题。这实际上不会在运行时执行任何转换。

现在探讨了手动定义实体模型的一些示例，下面看看可以自动完成一些工作的工具。

10.3.8　安装 dotnet-ef 工具

dotnet-ef 是对.NET CLI 工具 dotnet 的扩展，对于使用 EF Core 十分有用。dotnet-ef 可以执行设计时任务，例如创建并应用从旧模型到新模型的迁移，以及从现有数据库为模型生成代码。

dotnet-ef 命令行工具不会自动安装，而必须作为全局或本地工具进行安装。如果已经安装了旧版本，那么应该将其更新为最新版本。

(1) 在命令行或终端窗口中检查是否已经安装 dotnet-ef 作为全局工具，如下所示：

```
dotnet tool list --global
```

(2) 在列表中检查是否已安装 dotnet-ef 工具的旧版本，例如用于.NET 7 的版本，如下所示：

```
Package Id      Version      Commands
-------------------------------------------
dotnet-ef       7.0.0        dotnet-ef
```

(3) 如果已经安装了旧版本的 dotnet-ef 工具，请更新该工具，如下所示：

```
dotnet tool update --global dotnet-ef
```

(4) 如果尚未安装，则安装最新版本，如下所示：

```
dotnet tool install --global dotnet-ef
```

若有必要，可按照任何特定于操作系统的说明，将 dotnet tools 目录添加到 PATH 环境变量中，如安装 dotnet-ef 工具的输出中所述。

默认情况下，将使用.NET 的最新 GA 版本来安装该工具。要显式设置版本，例如要使用预览版，可以添加--version 开关。例如，要更新到在 2024 年 2 月到 2024 年 10 月可用的最新.NET 9 预览版，可以在下面的命令中使用一个版本通配符：

```
dotnet tool update --global dotnet-ef --version 9.0-*
```

当 2024 年 11 月发布了.NET 9 GA 后，可以在上面的命令中去掉--version 开关进行升级。

也可以移除该工具，如下面的命令所示：

```
dotnet tool uninstall --global dotnet-ef
```

10.3.9 使用现有数据库搭建模型

搭建(scaffold)是利用逆向工程学，使用工具创建类来表示现有数据库模型的过程。优秀的搭建工具允许扩展自动生成的类(因为这些类是分部类)，然后在不丢失你的分部类的情况下重新生成这些类。

如果已经知道永远不会使用搭建工具重新生成类，那么可以根据需要随意更改自动生成类的代码。搭建工具生成的代码仅仅做到了最好的近似。

最佳实践：

知道有更好的实现方式时，不要害怕否决工具生成的代码。

下面看看使用搭建工具生成的模型是否和手动生成的模型一样。

(1) 将 Microsoft.EntityFrameworkCore.Design 包的最新版本添加到 WorkingWithEFCore 项目中，如下面突出显示的标记所示：

```
<ItemGroup>
  <PackageReference Version="8.0.0"
                    Include="Microsoft.EntityFrameworkCore.Design">
    <PrivateAssets>all</PrivateAssets>
    <IncludeAssets>runtime; build; native; contentfiles; analyzers;
buildtransitive</IncludeAssets>
  </PackageReference>
  <PackageReference Version="8.0.0"
                    Include="Microsoft.EntityFrameworkCore.Sqlite" />

</ItemGroup>
```

更多信息：

如果你不了解 Microsoft.EntityFrameworkCore.Design 这样的包如何管理它们的资源，可以通过下面的链接学习：https://learn.microsoft.com/en-us/nuget/consume-packages package-references-in-project-files#controlling-dependency-assets。

(2) 构建 WorkingWithEFCore 项目来还原包。

(3) 在 WorkingWithEFCore 项目文件夹下启动命令提示符或终端。例如：

- 如果你使用的是 Visual Studio 2022，则在 Solution Explorer 中，右击 WorkingWithEFCore 项目，然后选择 Open in Terminal。
- 在 Windows 上，启动 File Explorer，右击 WorkingWithEFCore 文件夹，然后选择 New Command Prompt at Folder 或 Open in Windows Terminal。

- 在macOS上，启动Finder，右击WorkingWithEFCore文件夹，然后选择New Terminal at Folder。
- 如果你使用的是JetBrains Rider，则在Solution Explorer中，右击WorkingWithEFCore项目，然后选择Open In | Terminal。

警告：

当我提到WorkingWithEFCore项目文件夹的时候，指的是包含WorkingWithEFCore.csproj项目文件的文件。如果你在一个不包含项目文件的文件夹中输入命令，会遇到下面的错误：No project was found. Change the current working directory or use the --project option。

最佳实践：

你将要输入一个长命令。我建议你将印刷书中的长命令输入一个纯文本编辑器(如记事本)中，或者从电子书中复制长命令并把它们粘贴到纯文本编辑器中。这可以确保完整的命令在一行中，且具有正确的空格。然后，才应该把命令复制粘贴到命令提示符或终端中。从电子版中直接复制粘贴时，如果不小心，就很可能会包含换行字符或丢掉分隔命令的空格。还要记住，你可以从下面的链接复制所有命令：https://github.com/markjprice/cs12dotnet8/blob/main/docs/command-lines.md。

(4) 在命令提示符或终端中，使用dotnet-ef工具在名为AutoGenModels的新文件夹中为Categories和Products表生成模型，如以下命令和图10.6中的命令所示：

```
dotnet ef dbcontext scaffold "Data Source=Northwind.db" Microsoft.
EntityFrameworkCore.Sqlite --table Categories --table Products --outputdir
AutoGenModels --namespace WorkingWithEFCore.AutoGen --dataannotations
--context NorthwindDb
```

对于上述代码，请注意以下几点。

- 需要执行的命令：dbcontext scaffold
- 连接字符串："Data Source=Northwind.db"
- 数据库提供程序：Microsoft.EntityFrameworkCore.Sqlite
- 用来生成模型的表：--table Categories --table Products
- 输出文件夹：--output-dir AutoGenModels
- 名称空间：--namespace WorkingWithEFCore.AutoGen
- 使用数据注解和Fluent API：--data-annotations
- 重命名上下文[database_name]Context：--context NorthwindDb

更多信息：

如果你更喜欢使用SQL Server，则可以在下面的链接找到相应的命令：https://github.com/markjprice/cs12dotnet8/blob/main/docs/sql-server/README.md#scaffolding-models-using-an-existing-database。

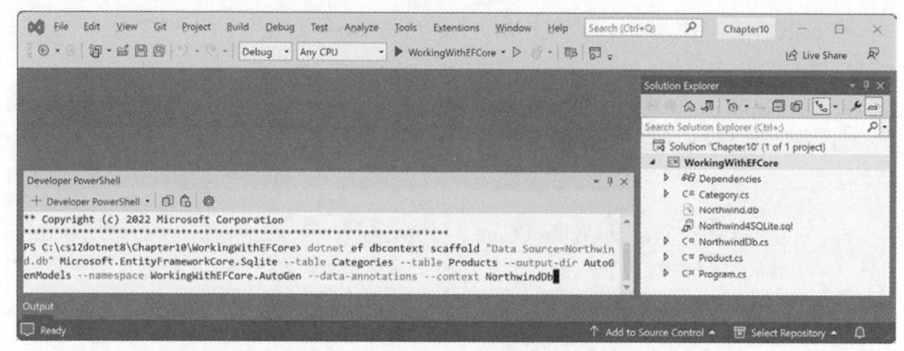

图 10.6　使用 Visual Studio 2022 在终端中输入 dotnet-ef 命令

(5) 注意生成的构建消息和警告，如下所示：

```
Build started...
Build succeeded.
To protect potentially sensitive information in your connection string,
you should move it out of source code. You can avoid scaffolding the
connection string by using the Name= syntax to read it from configuration
- see https://go.microsoft.com/fwlink/?linkid=2131148. For more
guidance on storing connection strings, see http://go.microsoft.com/
fwlink/?LinkId=723263.
Skipping foreign key with identity '0' on table 'Products' since
principal table 'Suppliers' was not found in the model. This usually
happens when the principal table was not included in the selection set.
```

(6) 打开 AutoGenModels 文件夹，注意其中自动生成了 3 个类文件：Category.cs、NorthwindDb.cs 和 Product.cs。

(7) 在 AutoGenModels 文件夹的 Category.cs 文件中，观察与手动创建的类的区别，如下所示(为节省篇幅，此处没有包含导入名称空间的语句)：

```
namespace WorkingWithEFCore.AutoGen;

[Index("CategoryName", Name = "CategoryName")]
public partial class Category
{
  [Key]
  public int CategoryId { get; set; }

  [Column(TypeName = "nvarchar (15)")]
  public string CategoryName { get; set; } = null!;

  [Column(TypeName = "ntext")]
  public string? Description { get; set; }

  [Column(TypeName = "image")]
  public byte[]? Picture { get; set; }

  [InverseProperty("Category")]
  public virtual ICollection<Product> Products { get; set; }
    = new List<Product>();
}
```

对于上述代码，请注意以下几点。

- 它使用 EF Core 5 中引入的[Index]特性来装饰实体类。当使用代码优先的方法在运行时生成数据库时，它指出了应该具有索引的属性。因为我们已经有数据库，并使用了数据库优先的方法，所以不需要使用该特性。但是如果想从代码中重新创建一个新的空数据库，就需要这些信息。
- 数据库中的表名是 Categories，但 dotnet-ef 工具使用 Humanizer 第三方库自动将类名单数化为 Category，这在创建表示表中一行的单独实体时是一个更自然的名称，
- 实体类是使用 partial 关键字声明的，这样就可以通过创建匹配的 partial 类来添加额外的代码。这允许重新运行工具并生成实体类，而不会丢失额外的代码。
- CategoryId 属性用[Key]特性装饰，表示它是这个实体的主键。这个属性的数据类型对于 SQL Server 是 int，对于 SQLite 是 long。这里没有这么做，因为我们采用了主键的命名约定。
- CategoryName 属性用[Column(TypeName = "nvarchar(15)")]特性装饰，只有当你想要从模型生成数据库时才需要这么做。
- 我们选择不将 Picture 列作为一个属性包含进来，因为它是我们的控制台应用程序中不会使用的一个二进制对象。
- Products 属性则使用[InverseProperty]特性来定义 Product 实体类的 Category 属性的外键关系，并将该集合初始化为一个新的空列表。

(8) 在 AutoGenModels 文件夹的 Product.cs 文件中，观察与手动创建的代码的区别。

(9) 在 AutoGenModels 文件夹的 NorthwindDb.cs 文件中，观察与手动创建的数据库的区别，如以下代码所示(经过编辑以节省空间)：

```
using Microsoft.EntityFrameworkCore;

namespace WorkingWithEFCore.AutoGen;

public partial class NorthwindDb : DbContext
{
  public NorthwindDb()
  {
  }

  public NorthwindDb(DbContextOptions<NorthwindDb> options)
      : base(options)
  {
  }

  public virtual DbSet<Category> Categories { get; set; }
  public virtual DbSet<Product> Products { get; set; }
  protected override void OnConfiguring(DbContextOptionsBuilder
optionsBuilder)
#warning To protect potentially sensitive information in your connection
string, you should move it out of source code. You can avoid scaffolding
the connection string by using the Name= syntax to read it from
configuration - see https://go.microsoft.com/fwlink/?linkid=2131148. For
more guidance on storing connection strings, see http://go.microsoft.com/
fwlink/?LinkId=723263.
      => optionsBuilder.UseSqlite("Data Source=Northwind.db");
```

```
  protected override void OnModelCreating(ModelBuilder modelBuilder)
  {
    modelBuilder.Entity<Category>(entity =>
    {
      entity.Property(e => e.CategoryId).ValueGeneratedNever();
    });

    modelBuilder.Entity<Product>(entity =>
  {
    entity.Property(e => e.ProductId).ValueGeneratedNever();
    entity.Property(e => e.Discontinued).HasDefaultValueSql("0");
    entity.Property(e => e.ReorderLevel).HasDefaultValueSql("0");
    entity.Property(e => e.UnitPrice).HasDefaultValueSql("0");
    entity.Property(e => e.UnitsInStock).HasDefaultValueSql("0");
    entity.Property(e => e.UnitsOnOrder).HasDefaultValueSql("0");
  });

  OnModelCreatingPartial(modelBuilder);
  }
  partial void OnModelCreatingPartial(ModelBuilder modelBuilder);
}
```

对于上述代码，请注意以下几点。

- NorthwindDb 数据上下文类被声明为 partial，从而允许在未来进行扩展和重新生成。
- NorthwindDb 数据上下文类有两个构造函数：默认的那个不带参数；另一个则允许传入 options 参数。这对于想要在运行时指定连接字符串的应用程序很有用。
- 表示 Categories 和 Products 表的两个 DbSet<T>属性设置为 null-forgiving 值，以防止编译时的静态编译器分析警告。它在运行时没有影响。
- 在 OnConfiguring 方法中，如果在构造函数中没有指定 options 参数，默认将使用连接字符串在当前文件夹中查找数据库文件。此时将出现编译警告，提醒不应在连接字符串中硬编码安全信息。
- 在 OnModelCreating 方法中，使用 Fluent API 配置两个实体类，然后调用名为 OnModelCreatingPartial 的分部方法。这将允许在自己的 Northwind 分部类中实现分部方法 OnModelCreatingPartial，进而添加自己的 Fluent API 配置。即便重新生成模型类，这些配置也不会丢失。

(10) 关闭自动生成的类文件。

10.3.10 自定义逆向工程模板

EF Core 7 中新增了一种特性：自定义 dotnet-ef 搭建工具自动生成的代码。这是一种高级技术，所以本书中不做讨论。通常，修改默认生成的代码会更容易。

如果你想学习如何修改 dotnet-ef 搭建工具使用的 T4 模板，则可以在下面的链接找到相关信息：https://learn.microsoft.com/en-us/ef/core/managing-schemas/scaffolding/templates。

10.3.11 配置约定前模型

除了对 SQLite 数据库提供程序使用的 DateOnly 和 TimeOnly 类型的支持，EF Core 6 引入的一个特性是配置约定前模型。

随着模型变得越来越复杂，依赖约定来发现实体类型及其属性并成功地将它们映射到表和列变得越来越困难。如果能够在使用约定分析和构建模型之前配置约定本身，这将非常有用。

例如，可能想要定义一个如下约定：默认情况下，所有字符串属性的最大长度应该是 50 个字符，或者任何实现自定义接口的属性类型都不应该被映射，如下所示：

```
protected override void ConfigureConventions(
  ModelConfigurationBuilder configurationBuilder)
{
  configurationBuilder.Properties<string>().HaveMaxLength(50);
  configurationBuilder.IgnoreAny<IDoNotMap>();
}
```

在本章的其余部分，将使用手工创建的类。

10.4　查询 EF Core 模型

现在有了映射到 Northwind 示例数据库以及其中两个表的模型，可以编写一些简单的 LINQ 查询代码来获取数据了。第 11 章将介绍有关编写 LINQ 查询的更多内容。

现在，只需要编写代码并查看结果。

(1) 在 WorkingWithEFCore 项目中，添加一个新的类文件，命名为 Program.Helpers.cs。

(2) 在 Program.Helpers.cs 中，添加一个 Program 分部类，使其包含一些方法，如下面的代码所示：

```
partial class Program
{
  private static void ConfigureConsole(string culture = "en-US",
    bool useComputerCulture = false)
  {
    // To enable Unicode characters like Euro symbol in the console.
    OutputEncoding = System.Text.Encoding.UTF8;

    if (!useComputerCulture)
    {
      CultureInfo.CurrentCulture = CultureInfo.GetCultureInfo(culture);
    }
  WriteLine($"CurrentCulture: {CultureInfo.CurrentCulture.
DisplayName}");
  }

  private static void WriteLineInColor(string text, ConsoleColor color)
  {
    ConsoleColor previousColor = ForegroundColor;
    ForegroundColor = color;
    WriteLine(text);
    ForegroundColor = previousColor;
  }

  private static void SectionTitle(string title)
```

```
    {
      WriteLineInColor($"*** {title} ***", ConsoleColor.DarkYellow);
    }

    private static void Fail(string message)
    {
      WriteLineInColor($"Fail > {message}", ConsoleColor.Red);
    }

    private static void Info(string message)
    {
      WriteLineInColor($"Info > {message}", ConsoleColor.Cyan);
    }
  }
```

(3) 添加一个新的类文件，命名为 Program.Queries.cs。

(4) 在 Program.Queries.cs 中定义一个 Program 分部类，使其包含一个 QueryingCategories 方法，并添加语句来执行下面的任务，如下面的代码所示：

- 创建 Northwind 类的实例以管理数据库。数据库上下文实例在工作单元中的生命周期较短，因此应该尽快销毁它们。为此，可使用 using 语句对它们进行封装。第 13 章将介绍如何使用依赖注入获取数据库上下文。
- 为包括相关产品的所有类别创建查询。Include 是一个扩展方法，需要导入 Microsoft.EntityFrameworkCore 名称空间。
- 枚举所有类别，输出每个类别的产品名称和数量。

```
using Microsoft.EntityFrameworkCore; // To use Include method.
using Northwind.EntityModels; // To use Northwind, Category,
Product.

partial class Program
{
  private static void QueryingCategories()
  {
    using NorthwindDb db = new();

    SectionTitle("Categories and how many products they have");

    // A query to get all categories and their related products.
    IQueryable<Category>? categories = db.Categories?
      .Include(c => c.Products);

    if (categories is null || !categories.Any())
    {
      Fail("No categories found.");
      return;
    }

    // Execute query and enumerate results.
    foreach (Category c in categories)
    {
      WriteLine($"{c.CategoryName} has {c.Products.Count}
products.");
```

```
    }
  }
}
```

更多信息：

注意，if语句中的子句的顺序很重要。必须首先检查categories是否为null。如果结果为true，则代码不会执行第二个子句，所以在访问Any()成员时不会抛出NullReferenceException。

(5) 在Program.cs中，注释掉创建Northwind实例和输出数据库提供程序名称的两个语句，然后调用ConfigureConsole和QueryingCategories方法，如下所示：

```
ConfigureConsole();
QueryingCategories();
```

(6) 运行代码并查看结果，下面展示了部分输出：

```
Beverages has 12 products.
Condiments has 12 products.
Confections has 13 products.
Dairy Products has 10 products.
Grains/Cereals has 7 products.
Meat/Poultry has 6 products.
Produce has 5 products.
Seafood has 12 products.
```

更多信息：

如果看到以下异常，最可能的问题是Northwind.db文件没有复制到输出目录：Unhandled exception. Microsoft. Data.Sqlite.SqliteException (0x80004005): SQLite Error 1: 'no such table: Categories'。确保设置了Copy to Output Directory，但即使设置了该选项，一些代码编辑器有时候也不会复制文件。对于那种情况，需要手动将Northwind.db文件复制到合适的目录中。

10.4.1 过滤结果中返回的实体

EF Core 5引入了filtered includes功能，这意味着在Include方法调用中，可以通过指定lambda表达式来过滤结果中返回的实体。

(1) 在Program.Queries.cs文件中，定义FilteredIncludes方法，在其中添加语句以完成如下任务，如下面的代码所示：

- 创建Northwind类的实例以管理数据库。
- 提示用户输入库存数量的最小值。
- 为库存数量最少的产品所属的类别创建查询。
- 枚举类别和产品，输出所有产品的名称和库存数量。

```
private static void FilteredIncludes()
{
  using NorthwindDb db = new();
```

```
  SectionTitle("Products with a minimum number of units in stock");

  string? input;
  int stock;

  do
  {
    Write("Enter a minimum for units in stock: ");
    input = ReadLine();
  } while (!int.TryParse(input, out stock));

  IQueryable<Category>? categories = db.Categories?
    .Include(c => c.Products.Where(p => p.Stock >= stock));

  if (categories is null || !categories.Any())
  {
    Fail("No categories found.");
    return;
  }

  foreach (Category c in categories)
  {
    WriteLine(
      "{0} has {1} products with a minimum {2} units in stock.",
      arg0: c.CategoryName, arg1: c.Products.Count, arg2: stock);

    foreach(Product p in c.Products)
    {
      WriteLine($"  {p.ProductName} has {p.Stock} units in
stock.");
    }
  }
}
```

(2) 在 Program.cs 中，调用 FilteredIncludes 方法，如下所示：

```
FilteredIncludes();
```

(3) 运行代码，输入库存数量的最小值(如 100)并查看结果，下面展示了部分输出：

```
Enter a minimum for units in stock: 100
Beverages has 2 products with a minimum of 100 units in stock.
  Sasquatch Ale has 111 units in stock.
  Rhönbräu Klosterbier has 125 units in stock.
Condiments has 2 products with a minimum of 100 units in stock.
  Grandma's Boysenberry Spread has 120 units in stock.
  Sirop d'érable has 113 units in stock.
Confections has 0 products with a minimum of 100 units in stock.
Dairy Products has 1 products with a minimum of 100 units in stock.
  Geitost has 112 units in stock.
Grains/Cereals has 1 products with a minimum of 100 units in stock.
  Gustaf's Knäckebröd has 104 units in stock.
Meat/Poultry has 1 products with a minimum of 100 units in stock.
  Pâté chinois has 115 units in stock.
```

```
Produce has 0 products with a minimum of 100 units in stock.
Seafood has 3 products with a minimum of 100 units in stock.
  Inlagd Sill has 112 units in stock.
  Boston Crab Meat has 123 units in stock.
  Röd Kaviar has 101 units in stock.
```

更多信息：

对于 Windows 控制台中的 Unicode 字符，在 Windows 10 Fall Creators Update 之前的 Windows 版本中，微软提供的控制台有一个限制。默认情况下，控制台不能显示 Unicode 字符，如名称 Rhönbräu 中的 Unicode 字符。

如果存在这个问题，那么可以在运行应用程序之前，在提示符处输入以下命令，临时更改控制台中的代码页(也称为字符集)为 Unicode UTF-8:

```
chcp 65001
```

10.4.2 过滤和排序产品

下面编写一个更复杂的查询以过滤和排序产品。

(1) 在 Program.Queries.cs 文件中，定义 QueryingProducts 方法，并添加用于执行以下任务的语句，如下面的代码所示：

- 创建 Northwind 类的实例以管理数据库。
- 提示用户输入产品的价格。
- 使用 LINQ 为成本高于价格的产品创建查询。
- 遍历结果，输出 ID、名称、成本(格式化为美元货币)和库存数量。

```
private static void QueryingProducts()
{
  using NorthwindDb db = new();

  SectionTitle("Products that cost more than a price, highest at
top");
  string? input;
  decimal price;

  do
  {
    Write("Enter a product price: ");
    input = ReadLine();
  } while (!decimal.TryParse(input, out price));

  IQueryable<Product>? products = db.Products?
    .Where(product => product.Cost > price)
    .OrderByDescending(product => product.Cost);

  if (products is null || !products.Any())
  {
    Fail("No products found.");
    return;
  }
```

```
  foreach (Product p in products)
  {
    WriteLine(
      "{0}: {1} costs {2:$#,##0.00} and has {3} in stock.",
      p.ProductId, p.ProductName, p.Cost, p.Stock);
  }
}
```

(2) 在 Program.cs 中，调用 QueryingProducts 方法。

(3) 运行代码，当提示输入产品价格时，输入 50 并查看结果，注意结果按成本降序排序，下面展示了部分输出：

```
Enter a product price: 50
38: Côte de Blaye costs $263.50 and has 17 in stock.
29: Thüringer Rostbratwurst costs $123.79 and has 0 in stock.
9: Mishi Kobe Niku costs $97.00 and has 29 in stock.
20: Sir Rodney's Marmalade costs $81.00 and has 40 in stock.
18: Carnarvon Tigers costs $62.50 and has 42 in stock.
59: Raclette Courdavault costs $55.00 and has 79 in stock.
51: Manjimup Dried Apples costs $53.00 and has 20 in stock.
```

(4) 运行代码，当提示输入产品价格时，输入 500 并查看结果，输出如下所示：

```
Fail > No products found.
```

10.4.3 获取生成的 SQL

你可能想知道，我们编写的 C#查询生成的 SQL 语句质量如何。EF Core 5 引入了一个快速简单的方法来查看生成的 SQL。

(1) 在 FilteredIncludes 方法中，在使用 foreach 语句枚举查询之前，先添加一条语句来输出生成的 SQL，如下所示：

```
Info($"ToQueryString: {categories.ToQueryString()}");
```

(2) 在 QueryingProducts 方法中，在使用 foreach 语句枚举查询之前，先添加一条语句来输出生成的 SQL，如下所示：

```
Info($"ToQueryString: {products.ToQueryString()}");
```

(3) 运行代码，输入库存数量的最小值(如 99)并查看结果，下面展示了部分输出：

```
Enter a minimum for units in stock: 95
Connection: Data Source=C:\cs12dotnet8\Chapter10\WorkingWithEFCore\bin\
Debug\net8.0\Northwind.db
Info > ToQueryString: .param set @__stock_0 95

SELECT "c"."CategoryId", "c"."CategoryName", "c"."Description",
"t"."ProductId", "t"."CategoryId", "t"."UnitPrice", "t"."Discontinued",
"t"."ProductName", "t"."UnitsInStock"
FROM "Categories" AS "c"
LEFT JOIN (
    SELECT "p"."ProductId", "p"."CategoryId", "p"."UnitPrice",
"p"."Discontinued", "p"."ProductName", "p"."UnitsInStock"
```

```
    FROM "Products" AS "p"
    WHERE "p"."UnitsInStock" >= @__stock_0
) AS "t" ON "c"."CategoryId" = "t"."CategoryId"
ORDER BY "c"."CategoryId"
Beverages has 2 products with a minimum of 95 units in stock.
  Sasquatch Ale has 111 units in stock.
  Rhönbräu Klosterbier has 125 units in stock.
...
```

注意，名为@__stock_0 的 SQL 参数已设置为库存数量的最小值 95。

对于 SQL Server，生成的 SQL 稍有不同，例如，它使用了方括号(而不是双引号)包围对象名称，如下所示：

```
Info > ToQueryString: DECLARE @__stock_0 smallint = CAST(95 AS smallint);

SELECT [c].[CategoryId], [c].[CategoryName], [c].[Description], [t].
[ProductId], [t].[CategoryId], [t].[UnitPrice], [t].[Discontinued], [t].
[ProductName], [t].[UnitsInStock]
FROM [Categories] AS [c]
LEFT JOIN (
    SELECT [p].[ProductId], [p].[CategoryId], [p].[UnitPrice], [p].
[Discontinued], [p].[ProductName], [p].[UnitsInStock]
    FROM [Products] AS [p]
    WHERE [p].[UnitsInStock] >= @__stock_0
) AS [t] ON [c].[CategoryId] = [t].[CategoryId]
ORDER BY [c].[CategoryId]
```

10.4.4 记录 EF Core

为了监视 EF Core 和数据库之间的交互，可以启用日志记录功能。可以把日志记录到控制台、Debug 或 Trace，或者记录到文件中。

最佳实践：

默认情况下，EF Core 日志不记录任何敏感数据。通过调用 EnableSensitiveDataLogging 方法可以包含这种数据，尤其是在开发过程中可以这么做。在部署到生产环境之前，应该禁用它。或者也可以调用 EnableDetailedErrors。

下面看一个例子。

(1) 在 NorthwindDb.cs 中，在 OnConfiguring 方法的底部添加语句，来将日志记录到控制台，如果编译的是调试配置，就包含一些敏感数据，如发送给数据库的命令的参数值，如下所示：

```
optionsBuilder.LogTo(WriteLine) // This is the Console method.
#if DEBUG
  .EnableSensitiveDataLogging() // Include SQL parameters.
  .EnableDetailedErrors()
#endif
;
```

更多信息：

LogTo 需要一个 Action<string>委托。EF Core 会调用这个委托，为每个日志消息传入一个字符串值。因此，传入 Console 类的 WriteLine 方法告诉日志记录器将每个方法写入控制台。

(2) 注意，当解决方案配置是 Debug 时，编译时将包含对 EnableSensitiveDataLogging 和 EnableDetailedErrors 方法的调用。但是，如果将解决方案配置改为 Release，这些方法调用就会变成灰色，表示它们不会被编译，如图 10.7 所示：

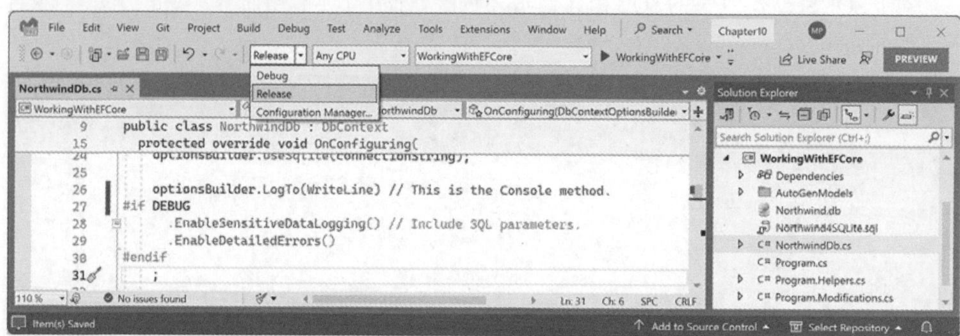

图 10.7 在调试配置的日志记录中包含 SQL 参数

(3) 运行代码并查看日志消息，这些日志显示在以下输出中：

```
warn: 7/16/2023 14:03:40.255 CoreEventId.
SensitiveDataLoggingEnabledWarning[10400] (Microsoft.EntityFrameworkCore.
Infrastructure)
      Sensitive data logging is enabled. Log entries and exception
messages may include sensitive application data; this mode should only be
enabled during development.
...
dbug: 05/03/2023 12:36:11.702 RelationalEventId.ConnectionOpening[20000]
(Microsoft.EntityFrameworkCore.Database.Connection)
      Opening connection to database 'main' on server 'C:\cs12dotnet8\
Chapter10\WorkingWithEFCore\bin\Debug\net8.0\Northwind.db'.
dbug: 05/03/2023 12:36:11.718 RelationalEventId.ConnectionOpened[20001]
(Microsoft.EntityFrameworkCore.Database.Connection)
      Opened connection to database 'main' on server 'C:\cs12dotnet8\
Chapter10\WorkingWithEFCore\bin\Debug\net8.0\Northwind.db'.
dbug: 05/03/2023 12:36:11.721 RelationalEventId.CommandExecuting[20100]
(Microsoft.EntityFrameworkCore.Database.Command)

      Executing DbCommand [Parameters=[], CommandType='Text',
CommandTimeout='30']
      SELECT "c"."CategoryId", "c"."CategoryName", "c"."Description",
"p"."ProductId", "p"."CategoryId", "p"."UnitPrice", "p"."Discontinued",
"p"."ProductName", "p"."UnitsInStock"
      FROM "Categories" AS "c"
      LFT JOIN "Products" AS "p" ON "c"."CategoryId" = "p"."CategoryId"
      ORDER BY "c"."CategoryId"
...
```

根据选择的数据库提供程序和代码编辑器，以及 EF Core 未来的改进，你的日志可能与上面显示的不同。现在请注意，不同事件(如打开连接或执行命令)具有不同的事件 ID，如下面的列表所示。

- 20000 RelationalEventId.ConnectionOpening：包含数据库文件路径。
- 20001 RelationalEventId.ConnectionOpened：包含数据库文件路径。
- 20100 RelationalEventId.CommandExecuting：包含 SQL 语句。

10.4.5　根据特定于提供程序的值过滤日志

事件 ID 的值及含义特定于 EF Core 提供程序。如果想知道 LINQ 查询是如何转换成 SQL 语句并执行的，那么输出的事件 ID 的值将是 20100。

(1) 在 NorthwindDb.cs 的顶部，导入用于 EF Core 诊断的名称空间，如下所示：

```
// To use RelationalEventId.
using Microsoft.EntityFrameworkCore.Diagnostics;
```

(2) 将 LogTo 方法调用修改为仅输出 Id 为 20100 的事件，如下所示：

```
optionsBuilder.LogTo(WriteLine, // This is the Console method.
  nw[] { RelationalEventId.CommandExecuting })
#if DEBUG
  .EnableSensitiveDataLogging()
  .EnableDetailedErrors()
#endif
;
```

(3) 运行代码，并注意记录的以下 SQL 语句(代码已编辑，以节省空间)：

```
dbug: 05/03/2022 12:48:43.153 RelationalEventId.CommandExecuting[20100]
(Microsoft.EntityFrameworkCore.Database.Command)
      Eecuting DbCommand [Parameters=[], CommandType='Text',
CommandTimeout='30']
      SELECT "c"."CategoryId", "c"."CategoryName", "c"."Description",
"p"."ProductId", "p"."CategoryId", "p"."UnitPrice", "p"."Discontinued",
"p"."ProductName", "p"."UnitsInStock"
      FROM "Categories" AS "c"
      LEFT JOIN "Products" AS "p" ON "c"."CategoryId" = "p"."CategoryId"
      ORDER BY "c"."CategoryId"
Beverages has 12 products.
Condiments has 12 products.
Confections has 13 products.
Dairy Products has 10 products.
Grains/Cereals has 7 products.
Meat/Poultry has 6 products.
Produce has 5 products.
Seafood has 12 products.
```

10.4.6　使用查询标记进行日志记录

对 LINQ 查询进行日志记录时，在复杂的场景中关联日志消息是很困难的。EF Core 2.2 引入了查询标记特性，以允许向日志中添加 SQL 注释。

可使用 TagWith 方法对 LINQ 查询进行注释，如下所示：

```
IQueryable<Product>? products = db.Products?
  .TagWith("Products filtered by price and sorted.")
  .Where(product => product.Cost > price)
  .OrderByDescending(product => product.Cost);
```

以上代码向日志添加 SQL 注释，输出如下所示：

```
-- Products filtered by price and sorted.
```

10.4.7 获取单个实体

有两个 LINQ 方法可以获取单个实体：First 和 Single。在使用 EF Core 数据库提供程序时，理解这两个方法的区别很重要。下面看一个例子：

(1) 在 Program.Queries.cs 中，定义一个 GettingOneProduct 方法，在其中添加语句来执行下面的操作，如下面的代码所示：

- 创建 Northwind 类的一个实例，用于管理数据库。
- 提示用户输入产品 ID。
- 创建查询，分别使用 First 和 Single 方法获取具有指定产品 ID 的产品。
- 将每个查询的 SQL 语句写入控制台：

```
private static void GettingOneProduct()
{
  uing NorthwindDb db = new();

  SectionTitle("Getting a single product");

  string? input;
  it id;

  do
  {
    Write("Enter a product ID: ");
    input = ReadLine();
  } while (!int.TryParse(input, out id));

  Product? product = db.Products?
    .First(product => product.ProductId == id);

  Info($"First: {product?.ProductName}");

  if (product is null) Fail("No product found using First.");

  product = db.Products?
    .Single(product => product.ProductId == id);

  Info($"Single: {product?.ProductName}");

  if (product is null) Fail("No product found using Single.");
}
```

(2) 在 Program.cs 中，调用 GettingOneProduct 方法。

(3) 运行代码，当提示输入产品 ID 时输入 1，查看结果，并注意 First 和 Single 使用的 SQL 语句，如下面的输出所示：

```
Enter a product ID: 1
Connection: Data Source=C:\cs12dotnet8\Chapter10\WorkingWithEFCore\bin\
Debug\net8.0\Northwind.db
dbug: 9/17/2023 18:04:14.210 RelationalEventId.CommandExecuting[20100]
(Microsoft.EntityFrameworkCore.Database.Command)
      Exeuting DbCommand [Parameters=[@__id_0='1'], CommandType='Text',
CommandTimeout='30']
      SELECT "p"."ProductId", "p"."CategoryId", "p"."UnitPrice",
"p"."Discontinued", "p"."ProductName", "p"."UnitsInStock"
      FROM "Products" AS "p"
      WHERE NOT ("p"."Discontinued") AND "p"."ProductId" > @__id_0
      LIMIT 1
Info > First: Chang
dbug: 9/17/2023 18:04:14.286 RelationalEventId.CommandExecuting[20100]
(Microsoft.EntityFrameworkCore.Database.Command)
      Eecuting DbCommand [Parameters=[@__id_0='1'], CommandType='Text',
CommandTimeout='30']
      SELECT "p"."ProductId", "p"."CategoryId", "p"."UnitPrice",
"p"."Discontinued", "p"."ProductName", "p"."UnitsInStock"
      FROM "Products" AS "p"
      WHERE NOT ("p"."Discontinued") AND "p"."ProductId" > @__id_0
      LIMIT 2
Info > Single: Chang
```

注意，除了上面的输出中突出显示的 LIMIT 子句之外，两个方法执行了相同的 SQL 语句。对于 First，它设置了 LIMIT 1，而对于 Single，它设置了 LIMIT 2。为什么呢？

对于 First，查询可能匹配一个或多个实体，但只会返回第一个匹配。如果不存在匹配结果，则会抛出异常，但如果没有匹配结果，你可以调用 FirstOrDefault 来返回 null。

对于 Single，查询必须只匹配一个实体并返回该实体。如果存在多个匹配结果，就必须抛出异常。但是，EF Core 要知道是否存在一个以上的匹配，就必须请求超过 1 个匹配结果。因此，它必须设置 LIMIT 2，并检查是否存在第二个匹配的实体。

最佳实践：

如果你不需要确保只存在一个匹配的实体，就可以使用 First 而非 Single，以避免检索两条记录。

10.4.8　使用 Like 进行模式匹配

EF Core 支持常见的 SQL 语句，包括用于模式匹配的 Like。

(1) 在 Program.Queries.cs 文件中，添加名为 QueryingWithLike 的方法，如下面的代码所示。

```
private static void QueryingWithLike()
{
  uing NorthwindDb db = new();

  SectionTitle("Pattern matching with LIKE");
```

```
  Write("Enter part of a product name: ");
  string? input = ReadLine();

  if (string.IsNullOrWhiteSpace(input))
  {
    Fail("You did not enter part of a product name.");
    return;
  }

  IQueryable<Product>? products = db.Products?
    .Where(p => EF.Functions.Like(p.ProductName, $"%{input}%"));
  if (products is null || !products.Any())
  {
    Fail("No products found.");
    return;
  }

  foreach (Product p in products)
  {
    WriteLine("{0} has {1} units in stock. Discontinued: {2}",
      p.ProductName, p.Stock, p.Discontinued);
  }
}
```

注意如下要点。

- 这里启用了日志记录功能。
- 提示用户输入部分产品名称，然后使用 EF.Functions.Like 方法搜索 ProductName 属性中的任何位置。
- 对于匹配的每个产品，输出产品的名称、库存数量以及是否停产。

(2) 在 Program.cs 中注释掉现有的方法，然后调用 QueryingWithLike 方法。

(3) 运行代码，输入部分产品名称(如 che)并查看结果，输出如下所示(输出经过了编辑)：

```
Enter part of a product name: che
dbug: 07/16/2023 13:03:42.793 RelationalEventId.CommandExecuting[20100]
(Microsoft.EntityFrameworkCore.Database.Command)
      Executing DbCommand [Parameters=[@__Format_1='%che%' (Size = 5)],
CommandType='Text', CommandTimeout='30']
      SELECT "p"."ProductId", "p"."CategoryId", "p"."UnitPrice",
"p"."Discontinued", "p"."ProductName", "p"."UnitsInStock"
      FROM "Products" AS "p"
      WHERE "p"."ProductName" LIKE @__Format_1
Chef Anton's Cajun Seasoning has 53 units in stock. Discontinued: False
Chef Anton's Gumbo Mix has 0 units in stock. Discontinued: True
Queso Manchego La Pastora has 86 units in stock. Discontinued: False
```

更多信息：

在以下网址可以了解到更多关于在 Like 中使用通配符的信息：https://learn.microsoft.com/en-us/dotnet/framework/data/adonet/ef/language-reference/like-entity-sql。

10.4.9　在查询中生成随机数

EF Core 6 引入了一个有用的函数 EF.Functions.Random，它映射到一个数据库函数，该函数返回一个仅在 0 和 1(不包含 1)之间的伪随机数。例如，可以将随机数乘以表中的行数，从而从表中选择一个随机行。

(1) 在 Program.Queries.cs 中，添加一个名为 GetRandomProduct 的方法，如下所示：

```
private static void GetRandomProduct()
{
  using NorthwindDb db = new();

  SectionTitle("Get a random product");

  int? rowCount = db.Products?.Count();

  if (rowCount is null)
  {
    Fail("Products table is empty.");
    return;
  }

  Product? p = db.Products?.FirstOrDefault(
    p => p.ProductId == (int)(EF.Functions.Random() * rowCount));

  if (p is null)
  {
    Fail("Product not found.");
    return;
  }

  WriteLine($"Random product: {p.ProductId} - {p.ProductName}");
}
```

(2) 在 Program.cs 中，调用 GetRandomProduct。

(3) 运行代码并查看结果，如下所示：

```
dbug: 05/03/2023 13:19:01.783 RelationalEventId.CommandExecuting[20100]
(Microsoft.EntityFrameworkCore.Database.Command)
      Eecuting DbCommand [Parameters=[], CommandType='Text',
CommandTimeout='30']
      SELECT COUNT(*)
      FROM "Products" AS "p"
dbug: 05/03/2022 13:19:01.848 RelationalEventId.CommandExecuting[20100]
(Microsoft.EntityFrameworkCore.Database.Command)
      Executing DbCommand [Parameters=[@__p_1='77' (Nullable = true)],
CommandType='Text', CommandTimeout='30']
      SELECT "p"."ProductId", "p"."CategoryId", "p"."UnitPrice",
"p"."Discontinued", "p"."ProductName", "p"."UnitsInStock"
      FROM "Products" AS "p"
      WHERE "p"."ProductId" = CAST((abs(random() /
9.2233720368547799E+18) * @__p_1) AS INTEGER)
      LIMIT 1
Random product: 42 - Singaporean Hokkien Fried Mee
```

10.4.10 定义全局过滤器

Northwind 产品可能被停产，因此确保停产的产品不会返回结果可能是有用的(即使程序员没有在查询中使用 Where 子句过滤它们)。

(1) 在 NorthwindDb.cs 中，在 OnModelCreating 方法的底部，添加全局过滤器以删除停产的产品，如下所示：

```
// A global filter to remove discontinued products.
mdelBuilder.Entity<Product>()
  .HasQueryFilter(p => !p.Discontinued);
```

(2) 在 Program.cs 中，取消调用 QueryingWithLike 的注释，然后注释掉其他全部方法调用。

(3) 运行代码，输入部分产品名称 che，查看结果，注意 Chef Anton's Gumbo Mix 产品现在已经消失，因为生成的 SQL 语句包含了针对 Discontinued 列的过滤器，输出如下所示：

```
Enter part of a product name: che
dbug: 05/03/2022 13:34:27.290 RelationalEventId.CommandExecuting[20100]
(Microsoft.EntityFrameworkCore.Database.Command)
     Excuting DbCommand [Parameters=[@__Format_1='%che%' (Size = 5)],
CommandType='Text', CommandTimeout='30']
       SELECT "p"."ProductId", "p"."CategoryId", "p"."UnitPrice",
"p"."Discontinued", "p"."ProductName", "p"."UnitsInStock"
       FROM "Products" AS "p"
       WHERE NOT ("p"."Discontinued") AND ("p"."ProductName" LIKE @__
Format_1)
Chef Anton's Cajun Seasoning has 53 units in stock. Discontinued? False
Queso Manchego La Pastora has 86 units in stock. Discontinued? False
Gumbär Gummibärchen has 15 units in stock. Discontinued? False
```

你已经看到了使用 EF Core 查询数据的多种常见方式。接下来，我们将介绍如何加载和跟踪数据，以及为什么需要控制 EF Core 加载和跟踪数据的方式。

10.5 使用 EF Core 加载和跟踪模式

EF 通常使用如下 3 种加载模式。

- 立即加载：提前加载数据。
- 延迟加载：在需要数据的时候自动加载数据。
- 显式加载：手动加载数据。

本节将逐一介绍它们。

10.5.1 使用 Include 扩展方法立即加载实体

在 QueryingCategories 方法中，代码当前使用 Categories 属性循环遍历每个类别，输出类别名称和类别中的产品数量。

这种方法之所以能够工作，是因为在编写查询时，我们使用了 Include 方法以对相关产品使用立即加载模式。

我们来看看如果不调用 Include，会发生什么。

(1) 在 Program.Queries.cs 的 QueryingCategories 方法中，修改查询，注释掉 Include 方法调用，如下所示：

```
IQueryable<Category>? categories = db.Categories;
  //.Include(c => c.Products);
```

(2) 在 Program.cs 中，注释掉除了 ConfigureConsole 和 QueryingCategories 的所有方法。

(3) 运行代码并查看结果，部分输出如下所示：

```
Beverages has 0 products.
Condiments has 0 products.
Confections has 0 products.
Dairy Products has 0 products.
Grains/Cereals has 0 products.
Meat/Poultry has 0 products.
Produce has 0 products.
Seafood has 0 products.
```

foreach 循环中的每一项都是 Category 类的实例，Category 类的 Products 属性代表了类别中的产品列表。由于原始查询仅从 Categories 表中进行选择，因此对于每个类别，Products 属性都为空。

10.5.2　启用延迟加载

EF Core 2.1 引入了延迟加载，从而能够自动加载缺失的相关数据。要启用延迟加载，开发人员必须：

- 为代理引用 NuGet 包。
- 配置延迟加载以使用代理。

下面看看其在实际中的应用。

(1) 在 WorkingWithEFCore 项目中，添加一个用于 EF Core 代理的包引用，如下所示：

```
<PackageReference Version="8.0.0"
  Include="Microsoft.EntityFrameworkCore.Proxies" />
```

(2) 构建 WorkingWithEFCore 项目以还原包。

(3) 打开 NorthwindDb.cs，在 OnConfiguring 方法的底部调用一个扩展方法，使用延迟加载代理，如下所示：

```
optionsBuilder.UseLazyLoadingProxies();
```

现在，每当循环枚举并尝试读取 Products 属性时，延迟加载代理将检查它们是否已加载。如果没有加载，就执行 SELECT 语句，加载它们，以便仅加载当前类别的产品集合，然后将正确的计数结果返回到输出。

(4) 运行代码，并注意产品计数现在是正确的。显然，延迟加载带来的问题是，最终获取所有数据需要多次往返数据库服务器。例如，要获取所有类别以及第一个类别 Beverages 的产品，需要执行两个 SQL 命令，部分输出如下所示：

```
dbug: 05/03/2022 13:41:40.221 RelationalEventId.CommandExecuting[20100]
(Microsoft.EntityFrameworkCore.Database.Command)
      Executing DbCommand [Parameters=[], CommandType='Text',
```

```
CommandTimeout='30']
      SELECT "c"."CategoryId", "c"."CategoryName", "c"."Description"
      FROM "Categories" AS "c"
dbug: 05/03/2022 13:41:40.331 RelationalEventId.CommandExecuting[20100]
(Microsoft.EntityFrameworkCore.Database.Command)
      Executing DbCommand [Parameters=[@__p_0='1'], CommandType='Text',
CommandTimeout='30']
      SELECT "p"."ProductId", "p"."CategoryId", "p"."UnitPrice",
"p"."Discontinued", "p"."ProductName", "p"."UnitsInStock"
      FROM "Products" AS "p"
      WHERE NOT ("p"."Discontinued") AND "p"."CategoryId" = @__p_0
Beverages has 11 products.
...
```

10.5.3　使用 Load 方法显式加载实体

另一种加载类型是显式加载。显式加载的工作方式与延迟加载相似，不同之处在于可以控制加载哪些相关数据以及何时加载。

(1) 在 Program.Queries.cs 的顶部，导入更改跟踪名称空间，以使用 CollectionEntry 类手动加载相关实体，如下所示：

```
// To use CollectionEntry.
using Microsoft.EntityFrameworkCore.ChangeTracking;
```

(2) 在 QueryingCategories 方法中，修改语句以禁用延迟加载，然后提示用户是否希望启用立即加载和显式加载，如下所示：

```
IQueryable<Category>? categories;
// = db.Categories;
// .Include(c => c.Products);

db.ChangeTracker.LazyLoadingEnabled = false;

Write("Enable eager loading? (Y/N): ");
bool eagerLoading = (ReadKey().Key == ConsoleKey.Y);
bool explicitLoading = false;
WriteLine();

if (eagerLoading)
{
  ctegories = db.Categories?.Include(c => c.Products);
}
else
{
  categories = db.Categories;
  Write("Enable explicit loading? (Y/N): ");
  explicitLoading = (ReadKey().Key == ConsoleKey.Y);
  WriteLine();
}
```

(3) 在 foreach 循环内部，在 WriteLine 方法调用之前添加语句，以检查是否启用了显式加载。如果启用了，则提示用户指定是否希望显式加载每个单独的类别，如下所示：

```
if (explicitLoading)
{
  Wite($"Explicitly load products for {c.CategoryName}? (Y/N): ");
  ConsoleKeyInfo key = ReadKey();
  WriteLine();

  if (key.Key == ConsoleKey.Y)
  {
    CollectionEntry<Category, Product> products =
      db.Entry(c).Collection(c2 => c2.Products);

    if (!products.IsLoaded) products.Load();
  }
}
```

(4) 运行代码。

- 按 N 禁用立即加载。
- 按 Y 启用显式加载。
- 对于每个类别，按 Y 或按 N 即可按自己希望的方式加载产品。

笔者选择了八类中的两类——Beverages 和 Seafood，如下所示(为节省空间而对输出进行了编辑)：

```
Enable eager loading? (Y/N): n
Enable explicit loading? (Y/N): y
dbg: 05/03/2023 13:48:48.541 RelationalEventId.CommandExecuting[20100]
(Microsoft.EntityFrameworkCore.Database.Command)
      Executing DbCommand [Parameters=[], CommandType='Text',
CommandTimeout='30']
      SELECT "c"."CategoryId", "c"."CategoryName", "c"."Description"
      FROM "Categories" AS "c"
Explicitly load products for Beverages? (Y/N): y
dbug: 05/03/2023 13:49:07.416 RelationalEventId.CommandExecuting[20100]
(Microsoft.EntityFrameworkCore.Database.Command)
      Executing DbCommand [Parameters=[@__p_0='1'], CommandType='Text',
CommandTimeout='30']
      SELECT "p"."ProductId", "p"."CategoryId", "p"."UnitPrice",
"p"."Discontinued", "p"."ProductName", "p"."UnitsInStock"
      FROM "Products" AS "p"
      WHERE NOT ("p"."Discontinued") AND "p"."CategoryId" = @__p_0
Beverages has 11 products.
Explicitly load products for Condiments? (Y/N): n
Condiments has 0 products.
Explicitly load products for Confections? (Y/N): n
Confections has 0 products.
Explicitly load products for Dairy Products? (Y/N): n
Dairy Products has 0 products.
Explicitly load products for Grains/Cereals? (Y/N): n
Grains/Cereals has 0 products.
Explicitly load products for Meat/Poultry? (Y/N): n
Meat/Poultry has 0 products.
Explicitly load products for Produce? (Y/N): n
Produce has 0 products.
Explicitly load products for Seafood? (Y/N): y
dbug: 05/03/2023 13:49:16.682 RelationalEventId.CommandExecuting[20100]
```

```
(Microsoft.EntityFrameworkCore.Database.Command)

      Executing DbCommand [Parameters=[@__p_0='8'], CommandType='Text',
CommandTimeout='30']
      SELECT "p"."ProductId", "p"."CategoryId", "p"."UnitPrice",
"p"."Discontinued", "p"."ProductName", "p"."UnitsInStock"
      FROM "Products" AS "p"
      WHERE NOT ("p"."Discontinued") AND "p"."CategoryId" = @__p_0
Seafood has 12 products.
```

最佳实践：

仔细考虑哪种加载模式最适合自己的代码。延迟加载会让你成为一个变懒的数据库开发人员！有关加载模式的更多信息，请访问链接：https://learn.microsoft.com/en-us/ef/core/querying/relateddata。

10.5.4 控制实体跟踪

首先需要理解实体标识解析的定义。EF Core 通过读取实体实例的唯一主键值来解析每个实体实例。这确保对于实体的标识或者实体之间的关系不会存在二义性。

默认情况下，EF Core 假定你希望在本地内存中跟踪实体，这样如果你做出修改，如添加新实体、修改现有实体或者删除现有实体，就可以调用 SaveChanges，这会在底层数据存储中保存所有修改。

更多信息：

EF Core 只能跟踪具有键的实体，因为它使用键来唯一识别数据库中的实体。没有键的实体(如视图返回的实体)在任何情况下都不会被跟踪。

在 Northwind 数据库的 Customers 表中，有如下客户：

```
CustomerId: ALFKI
CompanyName: Alfreds Futterkiste
Country: Germany
Phone: 030-0074321
```

如果在一个数据上下文中执行查询，如获取德国的所有客户，然后在相同的数据上下文中执行另一个查询，如获取名称以 A 开头的所有客户，那么如果其中的一个客户实体已经在该上下文中存在，就能够识别该实体，并且不会再次加载该实体，这提高了性能。

但是，如果在两个查询执行之间，该客户的电话号码在数据库中被更新了，并不会使用新的电话号码刷新数据上下文中跟踪的实体。

如果你不需要跟踪本地修改，或者想要在每次执行查询时使用最新数据值加载实体的新实例，即使该实体已被加载，就可以禁用跟踪。

要针对单独查询禁用跟踪，可以在查询中调用 AsNoTracking 方法，如下所示：

```
var products = db.Products
  .AsoTracking()
  .Where(p => p.UnitPrice > price)
  .Select(p => new { p.ProductId, p.ProductName, p.UnitPrice });
```

要为一个数据上下文实例默认禁用跟踪，可将变更跟踪器的查询跟踪行为设置为 NoTracking，如下所示：

```
db.ChangeTracker.QueryTrackingBehavior = QueryTrackingBehavior.NoTracking;
```

要为单独查询禁用跟踪，但保留标识识别，可以在查询中调用 AsNoTrackingWithIdentity-Resolution 方法，如下所示：

```
var products = db.Products
  .AsNoTrackingWithIdentityResolution()
  .Where(p => p.UnitPrice > price)
  .Select(p => new { p.ProductId, p.ProductName, p.UnitPrice });
```

要为一个数据上下文实体默认禁用跟踪，但执行标识识别，可将变更跟踪器的查询跟踪行为设置为 NoTrackingWithIdentityResolution，如下所示：

```
db.ChangeTracker.QueryTrackingBehavior =
  QueryTrackingBehavior.NoTrackingWithIentityResolution;
```

要为一个数据上下文的所有新实例设置默认行为，可在其 OnConfiguring 方法中调用 UseQueryTrackingBehavior 方法，如下所示：

```
protected override void OnConfiguring(DbContextOptionsBuilder optionsBuilder)
{
  otionsBuilder.UseSqlServer(connectionString)
    .UseQueryTrackingBehavior(QueryTrackingBehavior.NoTracking);
}
```

10.5.5　3 种跟踪场景

首先，我们来看看使用默认跟踪的场景。默认行为是启用跟踪和标识解析。一旦将一个实体加载到数据上下文中，就不会反映底层修改，而只存在一个本地副本。实体的本地修改会被跟踪，调用 SaveChanges 将更新数据库。场景 1 的操作和状态如表 10.4 所示。

表 10.4　场景 1，启用变更跟踪和标识解析

操作	数据上下文中的实体	数据库中的行
查询德国的客户	Alfreds Futterkiste, 030-7432	Alfreds Futterkiste, 030-7432
修改数据库中的电话号码	Alfreds Futterkiste, 030-7432	Alfreds Futterkiste, 030-9876
查询以 A 开头的客户	Alfreds Futterkiste, 030-7432	Alfreds Futterkiste, 030-9876
查询德国的客户	Alfreds Futterkiste, 030-7432	Alfreds Futterkiste, 030-9876
修改本地实体的电话号码	Alfreds Futterkiste, 030-1928	Alfreds Futterkiste, 030-9876
保存修改	Alfreds Futterkiste, 030-1928	Alfreds Futterkiste, 030-1928

其次，我们来比较不启用跟踪和标识解析的相同操作。每个查询将把数据库行的另一个实例加载到数据上下文中，包括底层修改，这就允许数据上下文中存在重复数据以及混杂在一起的过时的数据和更新过的数据。由于不跟踪实体的本地修改，所以 SaveChanges 什么都不做。场景 2 的操作和状态如表 10.5 所示。

表 10.5 场景 2，不启用跟踪和标识解析

操作	数据上下文中的实体	数据库中的行
查询德国的客户	Alfreds Futterkiste, 030-7432	Alfreds Futterkiste, 030-7432
修改数据库中的电话号码	Alfreds Futterkiste, 030-7432	Alfreds Futterkiste, 030-9876
查询以 A 开头的客户	Alfreds Futterkiste, 030-7432 Alfreds Futterkiste, 030-9876	Alfreds Futterkiste, 030-9876
查询德国的客户	Alfreds Futterkiste, 030-7432 Alfreds Futterkiste, 030-9876 Alfreds Futterkiste, 030-9876	Alfreds Futterkiste, 030-9876
修改本地实体的电话号码	Alfreds Futterkiste, 030-7432 Alfreds Futterkiste, 030-9876 Alfreds Futterkiste, 030-1928	Alfreds Futterkiste, 030-9876
保存修改	Alfreds Futterkiste, 030-7432 Alfreds Futterkiste, 030-9876 Alfreds Futterkiste, 030-1928	Alfreds Futterkiste, 030-9876

最后，我们来比较不启用跟踪、但启用标识解析的相同操作。一旦将一个实体加载到数据上下文中，就不会反映底层修改，而只存在一个本地副本。实体的本地修改不会被跟踪，所以 SaveChanges 什么都不做。场景 3 的操作和状态如表 10.6 所示。

表 10.6 场景 3，不启用跟踪、但启用标识解析

操作	数据上下文中的实体	数据库中的行
查询德国的客户	Alfreds Futterkiste, 030-7432	Alfreds Futterkiste, 030-7432
修改数据库中的电话号码	Alfreds Futterkiste, 030-7432	Alfreds Futterkiste, 030-9876
查询以 A 开头的客户	Alfreds Futterkiste, 030-7432	Alfreds Futterkiste, 030-9876
查询德国的客户	Alfreds Futterkiste, 030-7432	Alfreds Futterkiste, 030-9876
修改本地实体的电话号码	Alfreds Futterkiste, 030-1928	Alfreds Futterkiste, 030-9876
保存修改	Alfreds Futterkiste, 030-1928	Alfreds Futterkiste, 030-9876

10.5.6 延迟加载未启用跟踪的查询

在 EF Core 7 和更早版本中，如果不启用跟踪，就不能使用延迟加载模式。如果尝试那么做，就会在运行时看到下面的异常：

```
Unhandled exception. System.InvalidOperationException: An error was
generated for warning 'Microsoft.EntityFrameworkCore.Infrastructure.
DetachedLazyLoadingWarning': An attempt was made to lazy-load navigation
'Category' on a detached entity of type 'ProductProxy'. Lazy loading is
not supported for detached entities or entities that are loaded with
'AsNoTracking'. This exception can be suppressed or logged by passing event ID
'CoreEventId.DetachedLazyLoadingWarning' to the 'ConfigureWarnings' method in
'DbContext.OnConfiguring' or 'AddDbContext'.
```

EF Core 8 则支持延迟加载未被跟踪的实体。

我们来看一个例子。

(1) 在 Program.Queries.cs 中，添加一个方法来请求一个用于获取产品的非跟踪查询。当枚举产品时，使用延迟加载来获取相关的类别名称，如下所示：

```
private static void LazyLoadingWithNoTracking()
{
  uing NorthwindDb db = new();

  SectionTitle("Lazy-loading with no tracking");

  IQueryable<Product>? products = db.Products?.AsNoTracking();

  if (products is null || !products.Any())
  {
    Fail("No products found.");
    return;
  }

  foreach (Product p in products)
  {
    WriteLine("{0} is in category named {1}.",
      p.ProductName, p.Category.CategoryName);
  }
}
```

(2) 在 Program.cs 中，添加对 LazyLoadingWithNoTracking 的调用。你可能需要注释掉除 ConfigureConsole 之外的其他方法调用，这可以确保你看到的货币和其他格式与本书相同。

(3) 运行代码，注意它能够工作，并不会像 EF Core 的早期版本那样抛出异常。

更多信息：

如果你想自己看到运行时异常，那么在项目文件中，可以将 3 个 EF Core 包的版本号从 8.0.0 改为任何较旧的版本，如 7.0.0 或 6.0.0。

关于跟踪的小结

应该选择哪种行为呢？这当然要取决于你的具体场景。

你有时候可能会在博客或者 LinkedIn 帖子中读到，通过调用 AsNoTracking，“这个不为人知的秘诀能够显著提升你的 EF Core 查询”。但是，如果你运行的查询返回几千个实体，然后在相同的数据上下文中再次运行了该查询，就会得到几千条重复数据。这浪费了内存，并会对性能造成负面影响，所以“调用 AsNoTracking”来改进性能这条建议并不总是有效。

你应该理解 3 种跟踪选项的行为，并为自己的数据上下文或单独的查询选择最合适的跟踪行为。

10.6　使用 EF Core 修改数据

使用 EF Core 插入、更新和删除实体是一项相对容易完成的任务。这些操作常被称为 CRUD，这是一个缩写词，包含了下面的操作：

- C 代表 Create(创建)
- R 代表 Retrieve(检索)或 Read(读取)
- U 代表 Update(更新)
- D 代表 Delete(删除)

默认情况下，DbContext 能够自动维护更改跟踪，因此本地实体可以跟踪多个更改，包括添加新实体、修改现有实体和删除实体。

当准备将这些更改发送到底层数据库时，请调用 SaveChanges 方法。该方法将返回成功更改的实体数量。

10.6.1 插入实体

下面首先看看如何向表中添加新行。

(1) 在 WorkingWithEFCore 项目中，添加一个新的类文件，命名为 Program.Modifications.cs。

(2) 在 Program.Modifications.cs 文件中，创建一个 Program 分部类，并在其中包含一个名为 ListProducts 的方法，输出每个产品的 ID、名称、成本、库存数量和停产信息，最昂贵的产品排在最前面，并突出显示与传入方法的 int 值列表(可选参数)匹配的产品，如下所示：

```
using Microsoft.EntityFrameworkCore; // To use ExecuteUpdate,
ExecuteDelete.
using Microsoft.EntityFrameworkCore.ChangeTracking; // To use
EntityEntry<T>.
using Northwind.EntityModels; // To use Northwind, Product.

partial class Program
{
  pivate static void ListProducts(
    int[]? productIdsToHighlight = null)
  {
    using NorthwindDb db = new();

    if (db.Products is null || !db.Products.Any())
    {
      Fail("There are no products.");
      return;
    }
    WriteLine("| {0,-3} | {1,-35} | {2,8} | {3,5} | {4} |",
      "Id", "Product Name", "Cost", "Stock", "Disc.");

    foreach (Product p in db.Products)
    {
      ConsoleColor previousColor = ForegroundColor;

      if (productIdsToHighlight is not null &&
        productIdsToHighlight.Contains(p.ProductId))
      {
        ForegroundColor = ConsoleColor.Green;
      }

      WriteLine("| {0:000} | {1,-35} | {2,8:$#,##0.00} | {3,5} | {4} |",
        p.ProductId, p.ProductName, p.Cost, p.Stock, p.Discontinued);
```

```
      ForegroundColor = previousColor;
    }
  }
}
```

更多信息：

记住，{1,-35}表示在 35 个字符宽的列中，参数 1 是左对齐的；而{3,5}表示在 5 个字符宽的列中，参数 3 是右对齐的。

(3) 在 Program.Modifications.cs 中，添加一个名为 AddProduct 的方法，它返回一个包含两个整数的元组，如下所示：

```
private static (int affected, int productId) AddProduct(
  int categoryId, string productName, decimal? price, short? stock)
{
  using NorthwindDb db = new();

  if (db.Products is null) return (0, 0);

  Product p = new()
  {
    CategoryId = categoryId,
    ProductName = productName,
    Cost = price,
    Stock = stock
  };
  // Set product as added in change tracking.
  EntityEntry<Product> entity = db.Products.Add(p);
  WriteLine($"State: {entity.State}, ProductId: {p.ProductId}");

  // Save tracked change to database.
  int affected = db.SaveChanges();
  WriteLine($"State: {entity.State}, ProductId: {p.ProductId}");

  return (affected, p.ProductId);
}
```

(4) 在 Program.cs 中注释掉前面的方法调用，然后调用 AddProduct 和 ListProducts 方法，如下所示：

```
var resultAdd = AddProduct(categoryId: 6,
  productName: "Bob's Burgers", price: 500M, stock: 72);

  if (resultAdd.affected == 1)
  {
    WriteLine($"Add product successful with ID: {resultAdd.productId}.");
  }

  ListProducts(productIdsToHighlight: new[] { resultAdd.productId });
```

(5) 运行代码，查看结果，注意我们添加了新产品，部分输出如下所示：

```
State: Added, ProductId: 0
```

```
dbug: 05/03/2022 14:21:37.818 RelationalEventId.CommandExecuting[20100]
(Microsoft.EntityFrameworkCore.Database.Command)
      Executing DbCommand [Parameters=[@p0='6', @p1='500' (Nullable =
true), @p2='False', @p3='Bob's Burgers' (Nullable = false) (Size = 13), @
p4=NULL (DbType = Int16)], CommandType='Text', CommandTimeout='30']
      INSERT INTO "Products" ("CategoryId", "UnitPrice", "Discontinued",
"ProductName", "UnitsInStock")
      VALUES (@p0, @p1, @p2, @p3, @p4);
      SELECT "ProductId"
      FROM "Products"
      WHERE changes() = 1 AND "rowid" = last_insert_rowid();
State: Unchanged, ProductId: 78
Add product successful with ID: 78.
| Id | Product Name                      |    Cost   | Stock | Disc. |
| 001 | Chai                             |  $18.00   |    39 | False |
| 002 | Chang                            |  $19.00   |    17 | False |
...
| 078 | Bob's Burgers                    |  $500.00  |    72 | False |
```

更多信息：

在内存中第一次创建新产品，并且 EF Core 更改跟踪器在跟踪该产品时，它的状态为 Added，ID 为 0。调用 SaveChanges 之后，它的状态为 Unchanged，ID 为 78，这是数据库赋给它的值。

10.6.2 更新实体

下面修改表中现有的行。

我们将通过指定产品名称的开头部分来找到要更新的产品，并且仅返回第一个匹配结果。在一个真实的应用程序中，如果需要更新特定的产品，必须使用一个唯一标识符，如 ProductId。

更多信息：

我无法知道你添加的产品的 ID 是多少，但我知道，在现有的 Northwind 数据库中，没有以“Bob”开头的产品。使用名称来找到要更新的产品，避免了告诉你需要先找到新添加的产品的 ID。该表中已经有 77 个产品，所以新添加的产品的 ID 很可能是 78，但是如果你添加了一个产品，然后删除了它，那么下一个添加的产品的 ID 将是 79，产品 ID 将变得不再同步。

现在来看看代码。

(1) 在 Program.Modifications.cs 中添加一个方法，使其将以指定值(本例中将使用 Bob)开头的第一个产品的价格增加指定金额(如 20 美元)，如下所示：

```
private static (int affected, int productId) IncreaseProductPrice(
  string productNameStartsWith, decimal amount)
{
  using NorthwindDb db = new();

  if (db.Products is null) return (0, 0);
  // Get the first product whose name starts with the parameter value.
```

```
  Product updateProduct = db.Products.First(
    p => p.ProductName.StartsWith(productNameStartsWith));

  updateProduct.Cost += amount;

  int affected = db.SaveChanges();
  return (affected, updateProduct.ProductId);
}
```

(2) 在 Program.cs 中，注释掉添加新产品的语句，然后添加语句调用 IncreaseProductPrice，再调用 ListProducts，如下所示：

```
var resultUpdate = IncreaseProductPrice(
  productNameStartsWith: "Bob", amount: 20M);

if (resultUpdate.affected == 1)
{
  WriteLine($"Increase price success for ID: {resultUpdate.productId}.");
}

ListProducts(productIdsToHighlight: new[] { resultUpdate.productId });
```

(3) 运行代码，查看结果，注意 Bob's Burgers 的现有实体的价格提高了 20 美元，如下所示：

```
dbug: 05/03/2022 14:44:47.024 RelationalEventId.CommandExecuting[20100]
(Microsoft.EntityFrameworkCore.Database.Command)

      Executing DbCommand [Parameters=[@__productNameStartsWith_0='Bob'
(Size = 3)], CommandType='Text', CommandTimeout='30']
      SELECT "p"."ProductId", "p"."CategoryId", "p"."UnitPrice",
"p"."Discontinued", "p"."ProductName", "p"."UnitsInStock"
      FROM "Products" AS "p"
      WHERE NOT ("p"."Discontinued") AND (@__productNameStartsWith_0 =
'' OR (("p"."ProductName" LIKE @__productNameStartsWith_0 || '%') AND
substr("p"."ProductName", 1, length(@__productNameStartsWith_0)) = @__
productNameStartsWith_0) OR @__productNameStartsWith_0 = '')
      LIMIT 1
dbug: 05/03/2022 14:44:47.028 RelationalEventId.CommandExecuting[20100]
(Microsoft.EntityFrameworkCore.Database.Command)

      Executing DbCommand [Parameters=[@p1='78', @p0='520' (Nullable =
true)], CommandType='Text', CommandTimeout='30']
      UPDATE "Products" SET "UnitPrice" = @p0
      WHERE "ProductId" = @p1;
      SELECT changes();
Increase price success for ID: 78.
| Id  | Product Name |    Cost   | Stock | Disc. |
| 001 | Chai  |  $18.00  |    39 | False |
...
| 078 | Bob's Burgers | $520.00  |    72  | False |
```

10.6.3　删除实体

可以使用 Remove 方法删除单个实体。当要删除多个实体时，RemoveRange 方法的效率更高。

现在看看如何从表中删除一行。

(1) 在 Program.Modifications.cs 的底部，添加方法 DeleteProducts 以删除所有名称以指定值(在本例中为 Bob)开头的产品，如下所示：

```
private static int DeleteProducts(string productNameStartsWith)
{
  using NorthwindDb db = new();

  IQueryable<Product>? products = db.Products?.Where(
    p => p.ProductName.StartsWith(productNameStartsWith));
  if (products is null || !products.Any())
  {
    WriteLine("No products found to delete.");
    return 0;
  }
  else
  {
    if (db.Products is null) return 0;
    db.Products.RemoveRange(products);
  }

  int affected = db.SaveChanges();
  return affected;
}
```

(2) 在 Program.cs 中，注释掉更新产品的语句，然后添加对 DeleteProducts 方法的调用，如下所示：

```
WriteLine("About to delete all products whose name starts with Bob.");
Write("Press Enter to continue or any other key to exit: ");
if (ReadKey(intercept: true).Key == ConsoleKey.Enter)
{
  int deleted = DeleteProducts(productNameStartsWith: "Bob");
  WriteLine($"{deleted} product(s) were deleted.");
}
  else
{
  WriteLine("Delete was canceled.");
}
```

(3) 运行代码，按 Enter 键，并查看结果，输出如下所示：

```
1 product(s) were deleted.
```

如果有多个产品的名称以 Bob 开头，那么它们都将被删除。作为一项可选的挑战，你可以修改语句来添加 3 个以 Bob 开头的新产品，然后删除它们。

10.6.4 更高效地更新和删除

刚才介绍了使用 EF Core 修改数据的传统方式，其步骤可以总结如下：

(1) 创建一个数据库上下文。默认会启用更改跟踪。

(2) 要插入实体，需要创建实体类的一个新实例，然后把它作为实参传入合适集合的 Add 方法，如 db.Products.Add(product)。

(3) 要更新实体，需要获取想要修改的实体，然后修改它们的属性。

(4) 要删除实体，需要获取想要删除的实体，然后把它们作为实参传入合适集合的 Remove 或 RemoveRange 方法，如 db.Products.Remove(product)。

(5) 调用数据库上下文的 SaveChanges 方法。这将使用更改跟踪器生成 SQL 语句，执行需要的插入、更新和删除，然后返回影响的实体数。

EF Core 7 引入了两个能够让更新和删除操作更高效的方法，它们不需要把实体加载到内存中并跟踪它们的更改。这两个方法是 ExecuteDelete 和 ExecuteUpdate(它们有对应的 Async 版本)。它们通过 LINQ 查询调用，会影响查询结果中的实体，但查询不会获取实体，所以不会在数据上下文中加载实体。

例如，要删除一个表中的全部行，可在任何表上调用 ExecuteDelete 或 ExecuteDeleteAsync 方法，如下所示：

```
await db.Products.ExecuteDeleteAsync();
```

上面的代码将在数据库中执行一条 SQL 语句，如下所示：

```
DELETE FROM Products
```

要删除所有单价大于 50 的产品，可以使用下面的代码：

```
await db.Products
  .Where(product => product.UnitPrice > 50)
  .ExecuteDeleteAsync();
```

上面的代码将在数据库中执行一条 SQL 语句，如下所示：

```
DELETE FROM Products p WHERE p.UnitPrice > 50
```

更多信息：

ExecuteUpdate 和 ExecuteDelete 只能作用于一个表，所以虽然可以编写非常复杂的 LINQ 查询，但它们只能在一个表中更新或删除行。

要更新所有未停产的产品，使它们的单价由于通货膨胀增加 10%，可以使用下面的代码：

```
await db.Products
  .Where(product => !product.Discontinued)
  .ExecuteUpdateAsync(s => s.SetProperty(
    p => p.UnitPrice, // Selects the property to update.
    p => p.UnitPrice * 0.1)); // Sets the value to update it to.
```

更多信息：

在同一个查询中，可以将多个对 SetProperty 的调用链接起来，从而在一个命令中更新多个属性。

我们来看几个例子。

(1) 在 Program.Modifications.cs 中添加一个方法，使其使用 ExecuteUpdate 更新名称以指定值开头的所有产品，如下所示：

```
private static (int affected, int[]? productIds)
  IncreaseProductPricesBetter(
  string productNameStartsWith, decimal amount)
{
```

```
  using NorthwindDb db = new();

  if (db.Products is null) return (0, null);

  // Get products whose name starts with the parameter value.
  IQueryable<Product>? products = db.Products.Where(
    p => p.ProductName.StartsWith(productNameStartsWith));

  int affected = products.ExecuteUpdate(s => s.SetProperty(
    p => p.Cost, // Property selector lambda expression.
    p => p.Cost + amount)); // Value to update to lambda expression.

  int[] productIds = products.Select(p => p.ProductId).ToArray();

  return (affected, productIds);
}
```

(2) 在 Program.cs 中，注释掉删除产品的语句，然后添加对 IncreaseProductPricesBetter 的调用，如下所示：

```
var resultUpdateBetter = IncreaseProductPricesBetter(
  productNameStartsWith: "Bob", amount: 20M);

if (resultUpdateBetter.affected > 0)
{
  WriteLine("Increase product price successful.");
}

ListProducts(productIdsToHighlight: resultUpdateBetter.productIds);
```

(3) 取消注释添加新产品的语句。

(4) 多次运行控制台应用程序，注意在每次运行时，带有 Bob 前缀的现有产品的价格都会增加，如下面的输出所示：

```
...
| 078 | Bob's Burgers                    | $560.00 | 72 | False |
| 079 | Bob's Burgers                    | $540.00 | 72 | False |
| 080 | Bob's Burgers                    | $520.00 | 72 | False |
```

(5) 在 Program.Modifications.cs 中，添加一个方法，使其使用 ExecuteDelete 删除名称以指定值开头的任何产品，如下所示：

```
private static int DeleteProductsBetter(
  string productNameStartsWith)
{
  using NorthwindDb db = new();

  int affected = 0;

  IQueryable<Product>? products = db.Products?.Where(
    p => p.ProductName.StartsWith(productNameStartsWith));

  if (products is null || !products.Any())
  {
```

```
    WriteLine("No products found to delete.");
    return 0;
  }
  else
  {
    affected = products.ExecuteDelete();
  }
  return affected;
}
```

(6) 在Program.cs中，注释掉除ConfigureConsole之外的方法调用，然后添加对DeleteProductsBetter的调用，如下所示：

```
WriteLine("About to delete all products whose name starts with Bob.");
Write("Press Enter to continue or any other key to exit: ");
if (ReadKey(intercept: true).Key == ConsoleKey.Enter)
{
  int deleted = DeleteProductsBetter(productNameStartsWith: "Bob");
  WriteLine($"{deleted} product(s) were deleted.");
}
else
{
  WriteLine("Delete was canceled.");
}
```

(7) 运行控制台应用程序，确认产品已被删除，如下面的输出所示：

```
3 product(s) were deleted.
```

警告：

如果你混用了传统的更改跟踪和ExecuteUpdate及ExecuteDelete方法，则需要注意，它们不会保持同步。更改跟踪器不会知道你使用这些方法更新和删除了哪些内容。

10.6.5　池化数据库环境

DbContext类是可销毁的，并且是按照单一工作单元原则设计的。前面的代码示例在using块中创建了所有DbContext派生类的NorthwindDb实例，以便在每个工作单元的末尾正确地调用Dispose。

ASP.NET Core与EF Core相关的一个特性是：在构建网站和Web服务时，可通过池化数据库上下文来提高代码的运行效率。这将允许创建和释放尽可能多的DbContext派生对象，同时确信代码仍然是尽可能高效的。

10.7　实践和探索

你可以通过回答一些问题来测试自己对知识的掌握程度，进行一些实践，并深入探索本章涵盖的主题。

10.7.1 练习 10.1：测试你掌握的知识

回答以下问题：

(1) 对于表示表的属性(例如，数据库上下文的 Products 属性)，应使用什么类型？

(2) 对于表示一对多关系的属性(例如，Category 实体的 Products 属性)，应使用什么类型？

(3) 主键的 EF Core 约定是什么？

(4) 何时在实体类中使用注解特性？

(5) 为什么选择使用 Fluent API 而不是注解特性？

(6) Serializable 事务隔离级别意指什么？

(7) DbContext.SaveChanges 方法会返回什么？

(8) 立即加载和显式加载的区别是什么？

(9) 如何定义 EF Core 实体类以匹配下面的表？

```
CREATE TABLE Employees(
  EmpId INT IDENTITY,
  FirstName NVARCHAR(40) NOT NULL,
  Salary MONEY
)
```

(10) 将实体导航属性声明为 virtual 有什么好处？

10.7.2 练习 10.2：练习使用不同的序列化格式导出数据

在 Chapter10 解决方案中，创建名为 Ch10Ex02DataSerialization 的控制台应用程序，查询 Northwind 示例数据库中的所有类别和产品，然后使用.NET 提供的至少 3 种序列化格式对数据进行序列化。哪种序列化格式使用的字节数最少？

10.7.3 练习 10.3：使用事务

在修改代码中添加事务：https://github.com/markjprice/cs12dotnet8/blob/main/docs/ch10-transactions.md。

10.7.4 练习 10.4：探索代码优先 EF Core 模型

练习一个代码优先模型的例子，它会生成一个空数据库，在其中填充样本数据，然后查询数据：https://github.com/markjprice/cs12dotnet8/blob/main/docs/ ch10-code-first.md。

10.7.5 练习 10.5：探索应用程序机密

连接到数据库时，常常需要包含敏感的机密值，如用户名或密码。任何时候都不应该把这些值存储在源代码中，甚至不应该把它们存储到可能会被添加到代码存储库的一个单独文件中。

在开发期间，应该在本地存储机密，而对于生产环境，应该把机密存储到一个安全的系统中。可以在本地开发中使用 Secret Manager，而在云生产系统中使用 Azure Key Vault。我写了一个在线小节来介绍应用程序机密，可以在以下地址阅读该小节：

https://github.com/markjprice/cs12dotnet8/blob/main/docs/ch10-app-secrets.md

10.7.6　练习 10.6：探索主题

可通过以下链接来阅读本章所涉及主题的更多细节：

https://github.com/markjprice/cs12dotnet8/blob/main/docs/book-links.md#chapter-10---working-with-data-using-entity-framework-core

10.7.7　练习 10.7：探索 NoSQL 数据库

本章主要介绍 RDBMS，如 SQL Server 和 SQLite。如果想了解更多关于 NoSQL 数据库(如 Cosmos DB 和 MongoDB)的知识，并了解如何在 EF Core 中使用它们，推荐访问以下网址。

- 欢迎访问 Azure Cosmos DB：

https://learn.microsoft.com/en-us/azure/cosmos-db/introduction

- 使用 NoSQL 数据库作为持久性基础设施：

https://learn.microsoft.com/en-us/dotnet/standard/microservices-architecture/microservice-ddd-cqrs-patterns/nosqldatabase-persistence-infrastructure

- 实体框架核心文档数据库提供程序：

https://github.com/BlueshiftSoftware/EntityFrameworkCore

10.8　本章小结

本章主要内容：

- 连接到数据库，以及如何为现有数据库构建实体数据模型
- 执行简单的 LINQ 查询并处理结果
- 使用 filtered includes 功能
- 控制加载和跟踪模式
- 插入、修改和删除数据

第 11 章将介绍如何编写更高级的 LINQ 查询对数据进行选择、筛选、排序、连接和分组。

第11章 使用 LINQ 查询和操作数据

本章介绍 LINQ(Language INtegrated Query，语言集成查询)。LINQ 是一组语言扩展，用于处理数据序列，然后对它们进行过滤、排序，并将它们投影到不同的输出。

本章涵盖以下主题：

- 编写 LINQ 表达式
- LINQ 的现实应用
- 排序等
- 使用 EF Core 和 LINQ
- 连接、分组和查找
- 聚合和分页序列

11.1 编写 LINQ 表达式

我们首先需要回答一个基本问题：为什么使用 LINQ？

11.1.1 对比命令式语言和声明式语言的特性

LINQ 在 2008 年随着 C# 3 和.NET Framework 3 一起引入。在此之前，如果 C#和.NET 程序员要处理一系列项，就必须使用过程式(即命令式)代码语句，例如，下面这个循环：

(1) 将当前位置设置为第一个项。

(2) 通过将该项的一个或更多个属性与指定值进行比较，检查是否应该处理该项。例如，单价是否大于 50，或者国家是不是 Belgium？

(3) 如果匹配条件，则处理该项。例如，将它的一个或多个属性输出给用户或者更新为新的值，删除项，或者执行聚合计算，如计数或求和。

(4) 移到下一项。重复这个过程，直到处理完所有项。

过程式代码告诉编译器如何实现目标。先这么做，然后那么做。因为编译器不知道你要实现什么，所以提供不了太多帮助。你自己完全负责确保每个步骤都是正确的。

LINQ 让常见的任务变得简单许多，并且更不容易引入 bug。程序员不需要显式指定每个操作，如移动、读取、更新等，因为 LINQ 让他们能够使用声明式或函数式风格来编写语句。

声明式(即函数式)代码告诉编译器要实现的目标。编译器会自己找出实现该目标的最佳方式。

这种语句一般也更加简洁。

最佳实践：

如果你没有完全理解LINQ的工作方式，则编写出的语句可能引入隐藏的bug。2022年一个很流行的代码难题涉及一个任务序列，需要理解它们的执行时间(https://twitter.com/amantinband/status/1559187912218099714)。大部分经验丰富的开发人员给出了错误的答案。客观地说，这个难题将LINQ行为和多线程行为混合到了一起，从而导致许多人感到困惑。但是，学完本章后，你将能够更好地理解LINQ行为为什么让那段代码变得危险。

我们虽然在第10章编写了一些LINQ表达式，但它们不是重点，因而也就没有恰当地解释LINQ是如何工作的。现在，我们花点时间来正确地理解它们。

11.1.2　LINQ的组成

LINQ由多个部分组成，有些是必需的，有些是可选的。

- 扩展方法(必要的)：包括Where、OrderBy和Select等方法，它们提供了LINQ的功能。
- LINQ提供程序(必要的)：包括LINQ to Objects(处理内存中的对象)、LINQ to Entities(处理外部数据库中用EF建模的数据)、LINQ to XML(处理存储为XML的数据)。这些提供程序以特定于不同类型数据的方式执行LINQ表达式。
- lambda表达式(可选的)：这些方法可以代替命名方法来简化LINQ查询，例如，用于过滤的Where方法的条件逻辑。
- LINQ查询理解语法(可选的)：包括from、in、where、orderby、descending和select等C#关键字。这些C#关键字是LINQ扩展方法的别名，使用它们可以简化编写的查询。特别是如果已经有使用其他查询语言(如SQL)的经验，简化效果将更好。

程序员第一次接触LINQ时，通常认为LINQ查询理解语法就是LINQ，但是，这只是LINQ中可选的部分之一!

11.1.3　使用Enumerable类构建LINQ表达式

LINQ扩展方法(如Where和Select)可由Enumerable静态类附加到任何类型，如实现了IEnumerable<T>的序列。序列包含0个、1个或更多个项。

例如，任何类型的数组都实现了IEnumerable<T>，其中T是数组元素的类型。所以，所有数组都支持使用LINQ来查询和操作它们。

所有的泛型集合(如List<T>、Dictionary<TKey, TValue>、Stack<T>和Queue<T>)都实现了IEnumerable<T>，因而也可以使用LINQ查询和操作它们。

Enumerable类定义了50个以上的扩展方法，如表11.1所示。

表11.1　LINQ扩展方法

扩展方法	说明
First，FirstOrDefault，Last，LastOrDefault	获取序列中的第一项或最后一项，或抛出异常，或返回类型的默认值。例如，如果没有第一项或最后一项，那么int值为0，引用类型为null

(续表)

扩展方法	说明
Where	返回与指定筛选器匹配的项的序列
Single, SingleOrDefault	返回与指定筛选器匹配的项或抛出异常。如果没有完全匹配的项，就返回类型的默认值
ElementAt, ElementAtOrDefault	返回位于指定索引位置的项或抛出异常。如果指定的索引位置没有项，就返回类型的默认值。.NET 6 中引入了重载，可以传递 Index 而不是 int，这在处理 Span<T>序列时更有效
Select，SelectMany	将许多项投影为不同的形状(即不同的类型)，并将嵌套的项的层次结构压平化
OrderBy，OrderByDescending, ThenBy，ThenByDescending	根据指定的字段或属性对项进行排序
Order，OrderDescending	根据项自身对项进行排序
Reverse	颠倒项的顺序
GroupBy，GroupJoin，Join	分组和/或连接序列
Skip，SkipWhile	跳过一些项，或在表达式为 true 时跳过这些项
Take，TakeWhile	提取一些项，或在表达式为 true 时提取这些项。在.NET 6 中引入了一个可以传递 Range 的 Take 重载方法，例如，Take(Range: 3..^5)意味着取一个子集，从开头的 3 个项开始，以结尾的 5 个项结束，或者可用 Take(4..)代替 Skip(4)
Aggregate，Average，Count, LongCount，Max，Min，Sum	计算聚合值
TryGetNonEnumeratedCount	Count()检查是否在序列上实现了 Count 属性并返回其值，或者枚举整个序列以计数其项。.NET 6 中引入了这个方法，它只检查 Count，如果缺少 Count，它将返回 false 并将 out 参数设置为 0，以避免潜在的性能较差的操作
All，Any，Contains	如果所有项或其中任何项与筛选器匹配，或序列中包含指定的项，就返回 true
Cast<T>	将项转换为指定的类型。在编译器会报错的情况下，将非泛型对象转换为泛型类型是很有用的
OfType<T>	移除与指定类型不匹配的项
Distinct	删除重复项
Except，Intersect，Union	执行返回集合的操作。集合中不能有重复的项。虽然这些扩展方法的输入可以是任何序列，可能有重复的项，但结果总是集合
DistinctBy，ExceptBy, IntersectBy，UnionBy，MinBy, MaxBy	允许在项的子集而不是所有项上执行比较操作。例如，不是使用 Distinct，通过比较整个 Person 对象来删除重复记录，而是使用 DistinctBy，仅通过比较 LastName 和 DateOfBirth 来删除重复记录
Chunk	将一个序列划分为大小不同的块。size 参数指定了每个块中的项数。最后一个块将包含剩余的项，可能会比 size 小
Append，Concat，Prepend	执行序列组合操作
Zip	根据项的位置对两个或三个序列执行匹配操作，例如，第一个序列中位置 1 的项与第二个序列中位置 1 的项相匹配
ToArray，ToList, ToDictionary，ToHashSet, ToLookup	将序列转换为数组或集合。这些是强制立即执行 LINQ 表达式，而不是延迟执行的扩展方法，后面将介绍延迟执行

更多信息：

表 11.1 将来很有用，但现在可以简单地浏览它，了解存在哪些扩展方法，等以后再回过头详细参考。以下链接提供了这个表的在线版本：https://github.com/markjprice/cs12dotnet8/blob/main/docs/ch11-linq-methods.md。

最佳实践：

确保你理解并记住以 As 开头和以 To 开头的 LINQ 扩展方法之间的区别。以 As 开头的方法，如 AsEnumerable，会将序列强制转换为不同的类型，但是不会分配内存，所以这些方法很快。以 To 开头的方法，如 ToList，会为一个新的项序列分配内存，所以它们可能很慢，并且总是会使用更多的内存资源。

Enumerable 类也有一些方法不是扩展方法，如表 11.2 所示。

表 11.2　Enumerable 类的非扩展方法

方法	说明
Empty<T>	返回指定类型 T 的空序列。将空序列传递给需要 IEnumerable<T>的方法时很有用
Range	返回一个包含 count 个项、从 start 值开始的整数序列。例如 Enumerable.Range(start: 5, count: 3)包含整数 5、6 和 7
Repeat	返回包含重复 count 次的相同元素的序列。例如 Enumerable.Repeat(element: "5", count: 3)包含字符串值"5"、"5"和"5"

11.2　LINQ 的现实应用

现在，我们可以构建一个控制台应用程序来探索 LINQ 的用法。

11.2.1　理解延迟执行

LINQ 使用的是延迟执行。重要的是要理解，调用上面的大部分扩展方法并不会执行查询并获得结果。这些扩展方法大多数返回一个 LINQ 表达式，表示一个问题，而不是答案。下面将进行探讨。

(1) 使用自己喜欢的代码编辑器创建一个新项目，定义如下：

- 项目模板：Console App/console
- 项目文件和文件夹：LinqWithObjects
- 解决方案文件和文件夹：Chapter11

(2) 在项目文件中，全局地、静态地导入 System.Console 类。

(3) 添加一个新的类文件，命名为 Program.Helpers.cs。

(4) 在 Program.Helpers.cs 中，删除现有语句，然后定义一个 Program 分部类，使其包含一个输出节标题的方法，如下所示：

```
partial class Program
{
  private static void SectionTitle(string title)
  {
    ConsoleColor previousColor = ForegroundColor;
    ForegroundColor = ConsoleColor.DarkYellow;
    WriteLine($"*** {title} ***");
    ForegroundColor = previousColor;
  }
}
```

(5) 添加一个新的类文件，命名为 Program.Functions.cs。

(6) 在 Program.Functions.cs 中，删除现有语句，然后定义一个 Program 分部类，在其中添加一个名为 DeferredExecution 的方法，向其传递一个 string 数组，并定义两个查询，如下所示：

```
partial class Program
{
  private static void DeferredExecution(string[] names)
  {
    SectionTitle("Deferred execution");

    // Question: Which names end with an M?
    // (using a LINQ extension method)
    var query1 = names.Where(name => name.EndsWith("m"));

    // Question: Which names end with an M?
    // (using LINQ query comprehension syntax)
    var query2 = from name in names where name.EndsWith("m") select name;
  }
}
```

(7) 在 Program.cs 中，删除现有语句，然后添加语句来定义一个字符串值序列，代表在办公室工作的人们，再把该序列作为实参传递给 DeferredExecution 方法，如下所示：

```
// A string array is a sequence that implements IEnumerable<string>.
string[] names = { "Michael", "Pam", "Jim", "Dwight",
  "Angela", "Kevin", "Toby", "Creed" };

DeferredExecution(names);
```

(8) 在 Program.Functions.cs 的 DeferredExecution 方法中，要获得答案(换句话说，要执行查询)，就必须调用一个 To 方法(如 ToArray、ToDictionary 或 ToLookup)或者枚举查询。添加相应的语句，如下所示：

```
// Answer returned as an array of strings containing Pam and Jim.
string[] result1 = query1.ToArray();

// Answer returned as a list of strings containing Pam and Jim.
List<string> result2 = query2.ToList();

// Answer returned as we enumerate over the results.
```

```
foreach (string name in query1)
{
  WriteLine(name); // outputs Pam
  names[2] = "Jimmy"; // Change Jim to Jimmy.
  // On the second iteration Jimmy does not
  // end with an "m" so it does not get output.
}
```

(9) 运行控制台应用程序并查看结果，如下所示：

```
*** Deferred execution ***
Pam
```

由于延迟执行，在输出第一个结果 Pam 后，如果原来的数组值改变了，那么当返回时，就没有更多的匹配了，因为 Jim 已变成 Jimmy，并没有以 m 结束，所以只输出 Pam。

在深入讨论这个问题前，下面先放慢速度，看看一些常见的 LINQ 扩展方法以及如何使用它们。

11.2.2　使用 Where 扩展方法过滤实体

使用 LINQ 的最常见原因是为了使用 Where 扩展方法过滤序列中的项。下面通过定义名称序列并对其应用 LINQ 操作来探索过滤功能。

(1) 在项目文件中，添加一个元素，使 System.Linq 名称空间不会被自动全局导入，如下面突出显示的代码所示：

```
<ItemGroup>
  <Using Include="System.Console" Static="true" />
  <Using Remove="System.Linq" />
</ItemGroup>
```

(2) 在 Program.Functions.cs 中，添加一个名为 FilteringUsingWhere 的新方法，如下所示：

```
private static void FilteringUsingWhere(string[] names)
{
}
```

(3) 如果你使用的是 Visual Studio 2022，则导航到 Tools | Options，然后在 Options 对话框中，导航到 Text Editor | C# | Intellisense，清除 Show items from unimported namespaces 复选框，然后单击 OK。

(4) 在 FilteringUsingWhere 中，尝试调用名称数组的 Where 扩展方法，如下所示：

```
SectionTitle("Filtering entities using Where");

var query = names.W
```

(5) 在输入 W 时，注意在较旧的代码编辑器(或者将“Show items from unimported namespaces”选项禁用的代码编辑器)中，智能感知为字符串数组显示的成员列表中不包含 Where 方法，如图 11.1 所示。

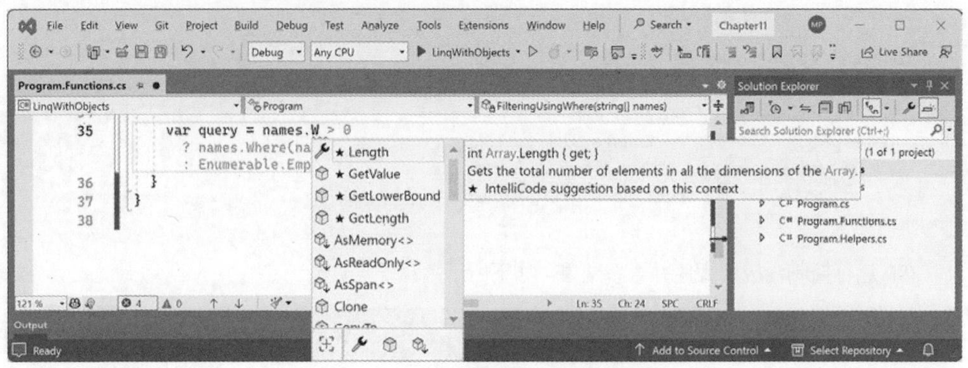

图 11.1　智能感知未显示 Where 扩展方法

更多信息：

这是因为 Where 是一个扩展方法。它在数组类型上不存在。要使 Where 扩展方法可用，就必须导入 System.Linq 名称空间。在.NET 6 及更新版本的项目中，这是默认隐式导入的，但是我们禁用了该功能以进行说明。近期版本的代码编辑器足够智能，能够建议使用 Where 方法，并指出会自动导入 System.Linq 名称空间。

(6) 如果你使用的是 Visual Studio 2022，则导航到 Tools | Options，然后在 Options 对话框中，导航到 Text Editor | C# | Intellisense，选中 Show items from unimported namespaces 复选框，然后单击 OK。

(7) 在项目文件中，注释掉删除 System.Linq 的元素，如下所示：

```
<!--<Using Remove="System.Linq" />-->
```

(8) 保存修改并构建项目。

(9) 重新输入 W 来代表 Where 方法，注意智能感知列表现在包含 Enumerable 类添加的扩展方法，如图 11.2 所示。

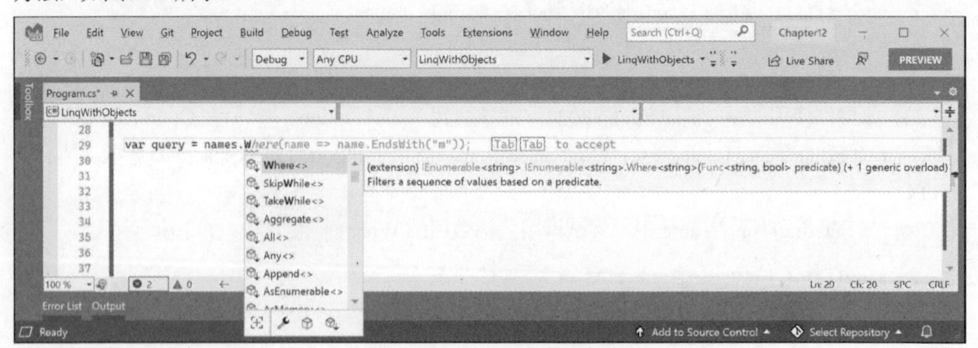

图 11.2　智能感知显示了 LINQ Enumerable 扩展方法

更多信息：

有趣的是，从我的计算机上的 Visual Studio 2022 截图可以看到，GitHub Copilot 甚至建议使用一个 lambda 表达式自动补全，该表达式与我们最终将编写的表达式十分类似。但是，在编写那个表达式之前，你还需要了解一些重要的中间步骤，所以如果你启用了 GitHub Copilot 建议，现在先不要两次按 Tab 来插入任何 GitHub Copilot 建议。

(10) 当输入 Where 扩展方法的圆括号时，智能感知指出，要调用 Where 扩展方法，就必须传递 Func<string,bool>委托的实例。

(11) 输入一个表达式以创建 Func<string, bool>委托的实例，现在请注意，我们还没有提供方法名，因为将在下一步定义它，如下所示：

```
var query = names.Where(new Func<string, bool>( ))
```

(12) 现在还保留该语句的未完成状态。

Func<string, bool>委托提示我们，对于传递给方法的每个字符串变量，该方法都必须返回一个布尔值。如果返回 true，就表示应该在结果中包含该字符串；如果返回 false，就表示应该排除该字符串。

11.2.3　以命名方法为目标

下面定义一个方法，该方法只包含长度超过 4 个字符的人名。

(1) 在 Program.Functions.cs 中，添加一个方法，使其仅为长度超过 4 个字符的人名返回 true，如下所示：

```
static bool NameLongerThanFour(string name)
{
  // Returns true for a name longer than four characters.
  return name.Length > 4;
}
```

(2) 在 FilteringUsingWhere 方法中，将该方法的名称传递给 Func<string, bool>委托，如下所示：

```
var query = names.Where(
  new Func<string, bool>(NameLongerThanFour));
```

(3) 在 FilteringUsingWhere 方法中，添加语句来使用 foreach 枚举 names 数组，如下所示：

```
foreach (string item in query)
{
  WriteLine(item);
}
```

(4) 在 Program.cs 中，注释掉 DeferredExecution 调用，然后将 names 作为实参传递给 FilteringUsingWhere 方法，如下所示：

```
// DeferredExecution(names);
FilteringUsingWhere(names);
```

(5) 运行代码并查看结果，注意只列出长于 4 个字母的人名，如下所示：

```
Michael
Dwight
Angela
Kevin
Creed
```

11.2.4 通过删除委托的显式实例化来简化代码

可通过删除 Func<string, bool>委托的显式实例化来简化代码，因为 C#编译器可以自动实例化委托。

(1) 为了帮助读者通过查看逐步改进的代码来学习，在 FilteringUsingWhere 方法中，注释掉查询，然后添加一条注释来说明它的工作方式，如下所示：

```
// Explicitly creating the required delegate.
// var query = names.Where(
//   new Func<string, bool>(NameLongerThanFour));
```

(2) 再次输入查询，但这一次不显式实例化委托，如下所示：

```
// The compiler creates the delegate automatically.
var query = names.Where(NameLongerThanFour);
```

(3) 运行代码，注意代码具有相同的行为。

11.2.5 以 lambda 表达式为目标

甚至可以使用 lambda 表达式代替命名方法，从而进一步简化代码。

虽然一开始看起来很复杂，但 lambda 表达式只是没有名称的函数。lambda 表达式使用=>符号表示返回值。

(1) 注释掉第二个查询，然后添加该查询的第三个版本，这一次使用 lamba 表达式，如下所示：

```
// Using a lambda expression instead of a named method.
var query = names.Where(name => name.Length > 4)
```

注意，lambda 表达式的语法包括 NameLongerThanFour 方法的所有重要部分，但也仅此而已。lambda 表达式只需要定义以下内容：

- 输入参数的名称：name。
- 返回值表达式：name.Length > 4。

name 输入参数的类型是从序列包含字符串这一事实推断出来的，但返回结果必须是布尔值(这是委托定义的)，这样 Where 扩展方法才能工作，因此=>符号之后的表达式也必须返回布尔值。编译器自动完成大部分工作，所以代码可以尽可能简洁。

(2) 运行代码，注意代码具有相同的行为。

11.2.6 具有默认参数值的 lambda 表达式

在 C# 12 中，可以为 lambda 表达式中的参数提供默认值，如下所示：

```
var query = names.Where((string name = "Bob") => name.Length > 4);
```

考虑到这个 lambda 表达式的目的，这里并没有必要设置默认值，但是后面会看到更有用的例子。

11.3 排序及其他操作

其他常用的扩展方法是 OrderBy 和 ThenBy，它们用于对序列进行排序。

11.3.1 使用 OrderBy 扩展方法按单个属性排序

如果前面的扩展方法返回另一个序列(即实现 IEnumerable<T>接口的类型)，就可以链接扩展方法。

下面继续使用当前的项目探索排序功能。

(1) 在 FilteringUsingWhere 方法中，将对 OrderBy 扩展方法的调用追加到现有查询的末尾，如下所示：

```
var query = names
  .Where(name => name.Length > 4)
  .OrderBy(name => name.Length);
```

最佳实践：
格式化 LINQ 语句，使每个扩展方法调用都发生在自己的行中，从而让它们更易于阅读。

(2) 运行代码，注意，最短的人名现在排在最前面，输出如下所示：

```
Kevin
Creed
Dwight
Angela
Michael
```

要将最长的人名放在最前面，可以使用 OrderByDescending 扩展方法。

11.3.2 使用 ThenBy 扩展方法按后续属性排序

你可能希望根据多个属性进行排序，例如，按照字母顺序对相同长度的人名进行排序。

(1) 在 FilteringUsingWhere 方法中，在现有查询的末尾添加对 ThenBy 扩展方法的调用，如下所示：

```
var query = names
  .Where(name => name.Length > 4)
  .OrderBy(name => name.Length)
  .ThenBy(name => name);
```

(2) 运行代码，并注意下面排序中的细微差别。在一组长度相同的人名中，由于要根据字符串的完整值按字母顺序进行排序，因此 Creed 排在 Kevin 之前、Angela 排在 Dwight 之前，如下所示：

```
Creed
Kevin
Angela
```

```
Dwight
Michael
```

11.3.3 按项自身排序

.NET 7 中引入了 Order 和 OrderDescending 扩展方法。它们简化了按项自身排序的操作。例如，如果有一个字符串值序列，那么在.NET 7 之前，需要调用 OrderBy 方法，并传入一个选择项自身的 lambda 表达式，如下所示：

```
var query = names.OrderBy(name => name);
```

在.NET 7 或更高版本中，可以简化这条语句，如下所示：

```
var query = names.Order();
```

OrderDescending 的行为类似，但是按降序排序。

记住，names 数组包含 string 类型的实例，而 string 类型实现了 IComparable 接口。这是它们能够被排序的原因。如果数组包含复杂类型(如 Person 或 Product)的实例，那么那些类型必须实现 IComparable 接口才能被排序。

11.3.4 使用 var 或指定类型声明查询

在编写 LINQ 表达式时，使用 var 来声明查询对象是很方便的。这是因为处理 LINQ 表达式时，返回类型经常会发生变化。例如，查询一开始是 IEnumerable<string>，现在是 IOrderedEnumerable<string>。

(1) 将鼠标悬停在 var 关键字上，注意它的类型是 IOrderedEnumerable<string>，如图 11.3 所示：

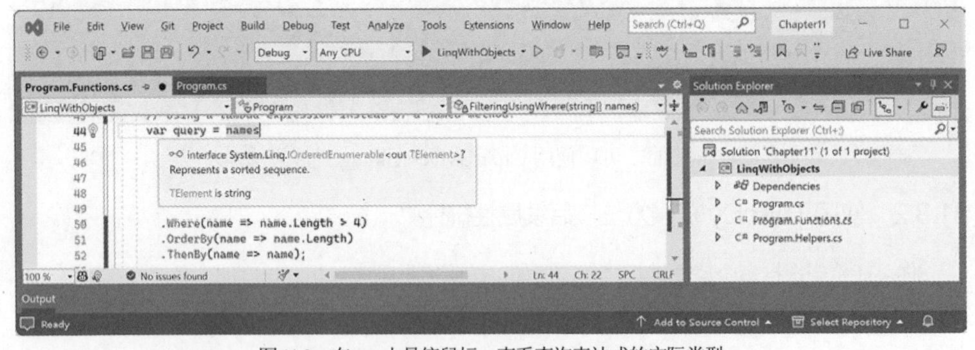

图 11.3　在 var 上悬停鼠标，查看查询表达式的实际类型

更多信息：

在图 11.3 中，我在 names 和.Where 之间添加了多余的空行，这是为了让工具提示不会遮盖查询。

(2) 用实际的类型替换 var，如下面突出显示的代码所示：

```
IOrderedEnumerable<string> query = names
.Where(name => name.Length > 4)
  .OrderBy(name => name.Length)
  .ThenBy(name => name);
```

最佳实践：

一旦完成了查询的工作，就可将声明的类型从 var 改为实际类型，以使其更清晰。这很容易，因为代码编辑器可说明它是什么。这么做只是为了让类型变得更加清晰，对性能并没有影响，因为 C#会在编译时将所有 var 声明改为实际类型。

(3) 运行代码，注意代码具有相同的行为。

11.3.5　根据类型进行过滤

Where 扩展方法非常适合根据值(如文本和数字)进行过滤。但是，如果序列中包含多个类型，并且希望根据特定的类型进行筛选，此外需要遵循任何继承层次结构，该怎么办呢？

假设有一系列异常，它们具有几百个异常类型，形成了一个复杂的层次结构，如图 11.4 所示。

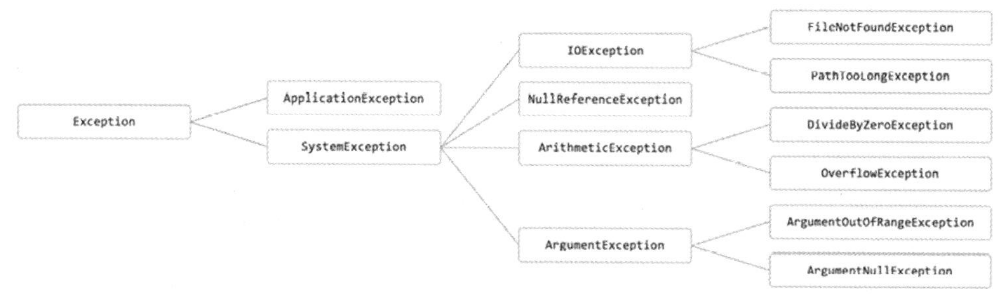

图 11.4　异常的部分层次结构

下面研究如何按类型进行过滤。

(1) 在 Program.Functions.cs 中，定义一个新方法来列举、然后过滤派生的异常对象，让它使用 OfType<T>扩展方法来删除除了数学运算异常之外的异常，并只将数学运算异常写到控制台，如下所示：

```
static void FilteringByType()
{
  SectionTitle("Filtering by type");

  List<Exception> exceptions = new()
  {
    new ArgumentException(), new SystemException(),
    new IndexOutOfRangeException(), new InvalidOperationException(),
    new NullReferenceException(), new InvalidCastException(),
    new OverflowException(), new DivideByZeroException(),
    new ApplicationException()
  };

  IEnumerable<ArithmeticException> arithmeticExceptionsQuery =
    exceptions.OfType<ArithmeticException>();

  foreach (ArithmeticException exception in arithmeticExceptionsQuery)
  {
    WriteLine(exception);
  }
}
```

(2) 在 Program.cs 中，注释掉对 FilteringUsingWhere 的调用，然后添加对 FilteringByType 方法的调用，如下所示：

```
// FilteringUsingWhere(names);
FilteringByType();
```

(3) 运行代码，注意结果中只包含 ArithmeticException 类型或 ArithmeticException 派生类型的异常，如下所示：

```
System.OverflowException: Arithmetic operation resulted in an overflow.
System.DivideByZeroException: Attempted to divide by zero.
```

11.3.6 处理集合和 bag

集合是数学中最基本的概念之一，其中包含一个或多个唯一的对象。multiset 或 bag 是一个或多个可以重复的对象的集合。

你可能还记得在学校学习过的韦恩图。常见的集合操作包括集合之间的交集或并集。

下面编写一些代码，为一组学生定义 3 个字符串数组，然后对它们执行一些常见的集合和 multiset 操作。

(1) 在 Program.Functions.cs 中，添加下面的方法，将任意字符串变量序列转换为逗号分隔的字符串值，并将其与可选的描述写入控制台输出，如下所示：

```
static void Output(IEnumerable<string> cohort, string description = "")
{
  if (!string.IsNullOrEmpty(description))
  {
    WriteLine(description);
  }
  Write(" ");
  WriteLine(string.Join(", ", cohort.ToArray()));
  WriteLine();
}
```

(2) 在 Program.Functions.cs 中添加一个方法，定义 3 个人名数组，输出它们，然后对它们执行各种集合操作，如下所示：

```
static void WorkingWithSets()
{
  string[] cohort1 =
    { "Rachel", "Gareth", "Jonathan", "George" };

  string[] cohort2 =
    { "Jack", "Stephen", "Daniel", "Jack", "Jared" };

  string[] cohort3 =
    { "Declan", "Jack", "Jack", "Jasmine", "Conor" };

  SectionTitle("The cohorts");

  Output(cohort1, "Cohort 1");
  Output(cohort2, "Cohort 2");
```

```
    Output(cohort3, "Cohort 3");

    SectionTitle("Set operations");

    Output(cohort2.Distinct(), "cohort2.Distinct()");
    Output(cohort2.DistinctBy(name => name.Substring(0, 2)),
      "cohort2.DistinctBy(name => name.Substring(0, 2)):");
    Output(cohort2.Union(cohort3), "cohort2.Union(cohort3)");
    Output(cohort2.Concat(cohort3), "cohort2.Concat(cohort3)");
    Output(cohort2.Intersect(cohort3), "cohort2.Intersect(cohort3)");
    Output(cohort2.Except(cohort3), "cohort2.Except(cohort3)");
    Output(cohort1.Zip(cohort2,(c1, c2) => $"{c1} matched with {c2}"),
      "cohort1.Zip(cohort2)");
  }
```

(3) 在 Program.cs 中，注释掉对 FilteringByType 的调用，然后添加对 WorkingWithSets 方法的调用，如下所示：

```
// FilteringByType();
WorkingWithSets();
```

(4) 运行代码并查看结果，输出如下所示：

```
Cohort 1
  Rachel, Gareth, Jonathan, George
Cohort 2
  Jack, Stephen, Daniel, Jack, Jared
Cohort 3
  Declan, Jack, Jack, Jasmine, Conor

cohort2.Distinct()
  Jack, Stephen, Daniel, Jared
cohort2.DistinctBy(name => name.Substring(0, 2)):
  Jack, Stephen, Daniel
cohort2.Union(cohort3)
  Jack, Stephen, Daniel, Jared, Declan, Jasmine, Conor
cohort2.Concat(cohort3)
  Jack, Stephen, Daniel, Jack, Jared, Declan, Jack, Jack, Jasmine, Conor
cohort2.Intersect(cohort3)
  Jack
cohort2.Except(cohort3)
  Stephen, Daniel, Jared
cohort1.Zip(cohort2)
  Rachel matched with Jack, Gareth matched with Stephen, Jonathan matched
with Daniel, George matched with Jack
```

对于 Zip，如果两个序列中的项数不相等，那么一些项将没有匹配的搭档。像 Jared 这样没有搭档的人将不会出现在结果中。

对于 DistinctBy 示例，我们不是通过比较整个名称来删除重复项，而是定义了一个 lambda 键选择器，通过比较前两个字符来删除重复项，因此删除了 Jared，因为 Jack 已经是以 Ja 开头的名称。

到目前为止，我们已经使用了 LINQ to Objects 提供程序来处理内存中的对象。接下来使用 LINQ to Entities 提供程序来处理存储在数据库中的实体。

11.4 使用 LINQ 与 EF Core

前面介绍了过滤和排序的 LINQ 查询，但没有一个查询会改变序列中项的形状。这叫作投影，因为它将一个形状的项投影到另一个形状。为理解投影，最好使用一些更复杂的类型，因此下一个项目将使用 Northwind 示例数据库(第 10 章介绍过)中的实体序列，而非字符串序列。

下面给出使用 SQLite 的说明，因为它是跨平台的。如果你更喜欢使用 SQL Server，那么请放心这样做。本书包括一些注释掉的代码，可以在需要的时候通过取消注释来启用 SQL Server。

11.4.1 为探索 LINQ to Entities 来创建一个控制台应用程序

首先必须创建一个控制台应用程序和要使用的 Northwind 数据库。

(1) 使用自己喜欢的代码编辑器将名为 LinqWithEFCore 的新 Console App/console 项目添加到 Chapter11 解决方案。

(2) 在项目文件中，全局地、静态地导入 System.Console 类。

(3) 在 LinqWithEFCore 项目中，添加对 EFCore 的 SQLite 或 SQL Server 提供程序的包引用，如下所示：

```
<ItemGroup>
  <!--To use SQLite-->
  <PackageReference Version="8.0.0"
    Include="Microsoft.EntityFrameworkCore.Sqlite" />

  <!--To use SQL Server-->
  <PackageReference Version="8.0.0"
    Include="Microsoft.EntityFrameworkCore.SqlServer" />
  <PackageReference Version="5.1.1"
    Include="Microsoft.Data.SqlClient" />
</ItemGroup>
```

(4) 构建 LinqWithEFCore 项目来还原包。

(5) 将 Northwind4Sqlite.sql 文件复制到 LinqWithEFCore 文件夹。

(6) 在命令提示符或终端的 LinqWithEFCore 文件中，执行以下命令创建 Northwind 数据库：

```
sqlite3 Northwind.db -init Northwind4Sqlite.sql
```

(7) 请耐心等待，因为这个命令可能需要一段时间来创建数据库结构。最后，将看到 SQLite 命令提示符，如下所示。

```
  -- Loading resources from Northwind4Sqlite.sql
SQLite version 3.38.0 2022-02-22 15:20:15
Enter ".help" for usage hints.
sqlite>
```

(8) 在 Windows 上按 Ctrl + C 组合键两次，或在 macOS 或 Linux 上按 Cmd + D 组合键，退出 SQLite 命令模式。

(9) 如果你更喜欢使用 SQL Server，则应该已经在学习上一章时在 SQL Server 中创建了 Northwind 数据库。

11.4.2　构建 EF Core 模型

必须定义一个 EF Core 模型来表示使用的数据库和表。我们将手动定义模型，以实现完全控制，并防止自动定义 Categories 和 Products 表之间的关系。稍后，使用 LINQ 来连接这两个实体集。

(1) 在 LinqWithEFCore 项目中，添加一个名为 EntityModels 的新文件夹。

(2) 在 EntityModels 文件夹中，向项目中添加 3 个类文件，将它们分别命名为 NorthwindDb.cs、Category.cs 和 Product.cs。

(3) 修改名为 Category.cs 的类文件，如下所示：

```
// To use [Required] and [StringLength].
using System.ComponentModel.DataAnnotations;

namespace Northwind.EntityModels;

public class Category
{
  public int CategoryId { get; set; }

  [Required]
  [StringLength(15)]
  public string CategoryName { get; set; } = null!;

  public string? Description { get; set; }
}
```

(4) 修改名为 Product.cs 的类文件，如下所示：

```
// To use [Required] and [StringLength].
using System.ComponentModel.DataAnnotations;

// To use [Column].
using System.ComponentModel.DataAnnotations.Schema;

namespace Northwind.EntityModels;

public class Product
{
  public int ProductId { get; set; }

  [Required]
  [StringLength(40)]
  public string ProductName { get; set; } = null!;

  public int? SupplierId { get; set; }
  public int? CategoryId { get; set; }

  [StringLength(20)]
  public string? QuantityPerUnit { get; set; }

  // Required for SQL Server provider.
  [Column(TypeName = "money")]
```

```
  public decimal? UnitPrice { get; set; }

  public short? UnitsInStock { get; set; }
  public short? UnitsOnOrder { get; set; }
  public short? ReorderLevel { get; set; }
  public bool Discontinued { get; set; }
}
```

更多信息：

我们故意没有定义 Category 和 Product 之间的关系，以便能够在后面查看如何使用 LINQ 手动方式在它们之间建立关联。

(5) 修改名为 NorthwindDb.cs 的类文件，如下所示：

```
using Microsoft.Data.SqlClient; // To use SqlConnectionStringBuilder.
using Microsoft.EntityFrameworkCore; // To use DbContext, DbSet<T>.

namespace Northwind.EntityModels;

public class NorthwindDb : DbContext
{
  public DbSet<Category> Categories { get; set; } = null!;
  public DbSet<Product> Products { get; set; } = null!;

  protected override void OnConfiguring(
    DbContextOptionsBuilder optionsBuilder)
  {
    #region To use SQLite

    string database = "Northwind.db";
    string dir = Environment.CurrentDirectory;
    string path = string.Empty;

    // The database file will stay in the project folder.
    // We will automatically adjust the relative path to
    // account for running in VS2022 or from terminal.

    if (dir.EndsWith("net8.0"))
    {
      // Running in the <project>\bin\<Debug|Release>\net8.0 directory.
      path = Path.Combine("..", "..", "..", database);
    }
    else
    {
      // Running in the <project> directory.
      path = database;
    }

    path = Path.GetFullPath(path); // Convert to absolute path.
    WriteLine($"SQLite database path: {path}");

    if (!File.Exists(path))
    {
```

```
        throw new FileNotFoundException(
          message: $"{path} not found.", fileName: path);
      }

      // To use SQLite.
      optionsBuilder.UseSqlite($"Data Source={path}");

      #endregion

      #region To use SQL Server

      SqlConnectionStringBuilder builder = new();

      builder.DataSource = ".";
      builder.InitialCatalog = "Northwind";
      builder.IntegratedSecurity = true;
      builder.Encrypt = true;
      builder.TrustServerCertificate = true;
      builder.MultipleActiveResultSets = true;

      string connection = builder.ConnectionString;
      // WriteLine($"SQL Server connection: {connection}");

      // To use SQL Server.
      // optionsBuilder.UseSqlServer(connection);

      #endregion
    }

    protected override void OnModelCreating(
    ModelBuilder modelBuilder)
  {
    if (Database.ProviderName is not null &&
      Database.ProviderName.Contains("Sqlite"))
    {
      // SQLite data provider does not directly support the
      // decimal type so we can convert to double instead.
      modelBuilder.Entity<Product>()
        .Property(product => product.UnitPrice)
        .HasConversion<double>();
      }
    }
  }
```

更多信息：

如果你想使用 SQL Server，则注释掉调用 UseSqlite 的语句，并恢复原本注释掉的调用 UseSqlServer 的语句。

(6) 生成项目并修复任何编译器错误。

11.4.3 序列的过滤和排序

下面编写语句以过滤和排序表中的行。

(1) 在 LinqWithEFCore 项目中，添加一个新的类文件，命名为 Program.Helpers.cs。

(2) 在 Program.Helpers.cs 中，定义一个 Program 分部类，使其包含一个方法来配置控制台，以支持特殊字符串(如欧元符号)并控制当前文化，然后添加一个输出节标题的方法，如下所示：

```
using System.Globalization; // To use CultureInfo.

partial class Program
{
  private static void ConfigureConsole(string culture = "en-US",
    bool useComputerCulture = false)
  {
    // To enable Unicode characters like Euro symbol in the console.
    OutputEncoding = System.Text.Encoding.UTF8;

    if (!useComputerCulture)
    {
      CultureInfo.CurrentCulture = CultureInfo.GetCultureInfo(culture);
    }
    WriteLine($"CurrentCulture: {CultureInfo.CurrentCulture.
DisplayName}");
  }

  private static void SectionTitle(string title)
  {
    ConsoleColor previousColor = ForegroundColor;
    ForegroundColor = ConsoleColor.DarkYellow;
    WriteLine($"*** {title} ***");
    ForegroundColor = previousColor;
  }
}
```

(3) 在 LinqWithEFCore 项目中，添加一个新的类文件，命名为 Program.Functions.cs。

(4) 在 Program.Functions.cs 中，定义一个 Program 分部类，在其中添加一个用于过滤和排序产品的方法，如下所示：

```
using Northwind.EntityModels; // To use NorthwindDb, Category, Product.
using Microsoft.EntityFrameworkCore; // To use DbSet<T>.

partial class Program
{
  private static void FilterAndSort()
  {
    SectionTitle("Filter and sort");

    using NorthwindDb db = new();

    DbSet<Product> allProducts = db.Products;

    IQueryable<Product> filteredProducts =
      allProducts.Where(product => product.UnitPrice < 10M);

    IOrderedQueryable<Product> sortedAndFilteredProducts =
      filteredProducts.OrderByDescending(product => product.UnitPrice);
```

```
    WriteLine("Products that cost less than $10:");

    foreach (Product p in sortedAndFilteredProducts)
    {
      WriteLine("{0}: {1} costs {2:$#,##0.00}",
        p.ProductId, p.ProductName, p.UnitPrice);
    }
    WriteLine();
  }
}
```

对于上面的代码，需要注意下面几点：

- DbSet<T>实现了 IEnumerable<T>，所以 LINQ 可以用来查询和操作你为 EF Core 构建的模型中的实体序列。实际上，是 TEntity 而不是 T，但这个泛型类型的名称没有功能影响。唯一的要求是：类型是一个类。这个名称只是表示该类应该是一个实体模型。
- 这些序列实现了 IQueryable<T>(也可在调用了排序用的 LINQ 方法之后实现 IOrderedQueryable<T>)而不是 IEnumerable<T>或 IOrderedEnumerable<T>。这表明我们正在使用 LINQ 提供程序，它使用表达式树来构建查询。它们以树状数据结构表示代码，并支持创建动态查询，这对于为 SQLite 等外部数据提供程序构建 LINQ 查询非常有用。
- LINQ 表达式转换成另一种查询语言，如 SQL。如果使用 foreach 枚举查询或调用 ToArray 方法，将强制执行查询并填充结果。

(5) 在 Program.cs 中，删除现有语句，然后调用 ConfigureConsole 和 FilterAndSort 方法，如下所示：

```
ConfigureConsole(); // Sets US English by default.
FilterAndSort();
```

(6) 运行代码并查看结果，输出如下所示：

```
CurrentCulture: English (United States)
*** Filter and sort ***
SQLite database path: C:\cs12dotnet8\Chapter11\LinqWithEFCore\Northwind.db
Products that cost less than $10:
41: Jack's New England Clam Chowder costs $9.65
45: Rogede sild costs $9.50
47: Zaanse koeken costs $9.50
19: Teatime Chocolate Biscuits costs $9.20
23: Tunnbröd costs $9.00
75: Rhönbräu Klosterbier costs $7.75
54: Tourtière costs $7.45
52: Filo Mix costs $7.00
13: Konbu costs $6.00
24: Guaraná Fantástica costs $4.50
33: Geitost costs $2.50
```

虽然这个查询能够输出我们想要的信息，但效率不高，因为要从 Products 表中获取所有列而不是需要的三列。我们来记录一下生成的 SQL。

(7) 在 FilterAndSort 方法中，使用 foreach 枚举结果之前，添加一条语句来输出 SQL，如下所示：

```
WriteLine("Products that cost less than $10:");
```

```
WriteLine(sortedAndFilteredProducts.ToQueryString());
```

(8) 运行代码并查看结果，该结果在显示产品细节之前显示了执行的 SQL，部分输出如下所示：

```
Products that cost less than $10:
SELECT "p"."ProductId", "p"."CategoryId", "p"."Discontinued",
"p"."ProductName", "p"."QuantityPerUnit", "p"."ReorderLevel",
"p"."SupplierId", "p"."UnitPrice", "p"."UnitsInStock", "p"."UnitsOnOrder"
FROM "Products" AS "p"
WHERE "p"."UnitPrice" < 10.0
ORDER BY "p"."UnitPrice" DESC
41: Jack's New England Clam Chowder costs $9.65
...
```

11.4.4 将序列投影到新的类型中

在学习投影前，需要回顾一下对象初始化语法。如果定义了类，就可以使用类名、new()和花括号实例化对象，设置字段和属性的初始值，如下所示：

```
// Person.cs
public class Person
{
  pblic string Name { get; set; }
  pblic DateTime DateOfBirth { get; set; }
}

// Program.cs
Person knownTypeObject = new()
{
  Name = "Boris Johnson",
  DateOfBirth = new(year: 1964, month: 6, day: 19)
};
```

C# 3 及后续版本允许使用 var 关键字实例化匿名类型，如下所示：

```
var anonymouslyTypedObject = new
{
  Nme = "Boris Johnson",
  DateOfBirth = new DateTime(year: 1964, month: 6, day: 19)
};
```

虽然没有指定类型，但编译器可从名为Name和DateOfBirth的两个属性设置中推断出匿名类型。编译器可以根据赋值推断出这两个属性的类型：一个字面值字符串和一个日期/时间值的新实例。

在编写 LINQ 查询以将现有类型投影到新类型，而不必显式定义新类型时，这一功能尤其有用。因为类型是匿名的，所以只能对使用 var 声明的局部变量起作用。

下面在 LINQ 查询中添加 Select 方法调用，通过将 Product 类的实例投影到只有 3 个属性的匿名类型的实例中，从而提高数据库表执行 SQL 命令的效率。

(1) 在 Program.Functions.cs 的 FilterAndSort 方法中添加一条语句，扩展 LINQ 查询，使用 Select 方法只返回 3 个需要的属性(即表列)，修改 ToQueryString 调用来使用新的 projectedProducts 查询，然后修改 foreach 语句，使用 var 关键字和新的 projectedProducts 查询，如下面加粗的代码所示：

```
IOrderedQueryable<Product> sortedAndFilteredProducts =
  flteredProducts.OrderByDescending(product => product.UnitPrice);

var projectedProducts = sortedAndFilteredProducts
  .Select(product => new // Anonymous type.
  {
    product.ProductId,
    product.ProductName,
    product.UnitPrice
  });
WriteLine("Products that cost less than $10:");
WriteLine(projectedProducts.ToQueryString());

foreach (var p in projectedProducts)
{
```

(2) 将鼠标悬停在 Select 方法调用中的 new 关键字或 foreach 语句中的 var 关键字上，注意它是一个匿名类型，如图 11.5 所示。

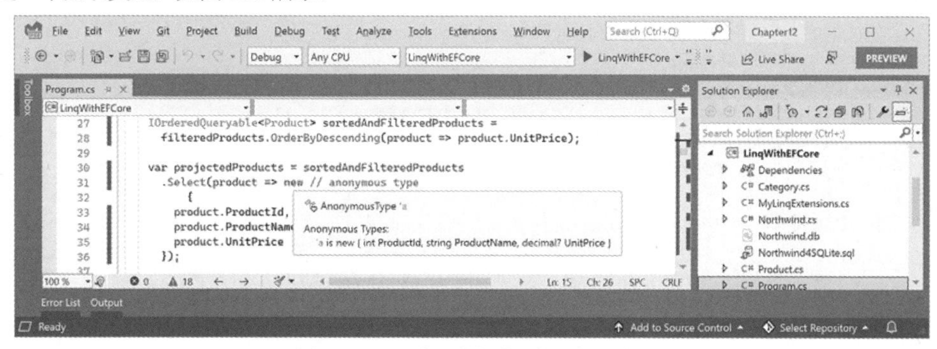

图 11.5　LINQ 投影期间使用的匿名类型

(3) 运行代码，确认输出与之前的相同，并且生成的 SQL 更高效，如下所示：

```
SELECT "p"."ProductId", "p"."ProductName", "p"."UnitPrice"
FROM "Products" AS "p"
WHERE "p"."UnitPrice" < 10.0
ORDER BY "p"."UnitPrice" DESC
```

更多信息：

从以下链接可以学习关于使用 Select 方法进行投影的更多信息：https://learn.microsoft.com/en-us/dotnet/csharp/programming-guide/concepts/linq/projection-operations。

接下来继续查看常用的 LINQ 查询，学习如何连接、分组和查找。

11.5　连接、分组和查找

用于连接、分组和创建分组查找的扩展方法有如下 3 个。

- Join：这个扩展方法有 4 个参数，分别是要连接的序列、要匹配的左序列的一个或多个属性、要匹配的右序列的一个或多个属性，以及一个投影。

- GroupJoin：这个扩展方法具有与 Join 扩展方法相同的参数，但会将匹配项组合成 group 对象，group 对象具有用于匹配值的 Key 属性和用于多个匹配的 IEnumerable<T>类型。
- ToLookup：这个方法将序列按键分组，创建出一个新的数据结构。

11.5.1 连接序列

下面探讨如何在处理 Categories和 Products 表时使用这几个扩展方法。

(1) 在 Program.Functions.cs 中，创建如下方法以选择类别和产品，同时将它们连接起来并输出：

```
private static void JoinCategoriesAndProducts()
{
  SectionTitle("Join categories and products");

  using NorthwindDb db = new();

  // Join every product to its category to return 77 matches.
  var queryJoin = db.Categories.Join(
    inner: db.Products,
    outerKeySelector: category => category.CategoryId,
    innerKeySelector: product => product.CategoryId,
    resultSelector: (c, p) =>
      new { c.CategoryName, p.ProductName, p.ProductId });

  foreach (var p in queryJoin)
  {
    WriteLine($"{p.ProductId}: {p.ProductName} in {p.CategoryName}.");
  }
}
```

更多信息：

连接中有两个序列：外部序列和内部序列。在前面的例子中，Categories 是外部序列，Products 是内部序列。

(2) 在 Program.cs 中，注释掉 FilterAndSort 调用，然后调用 JoinCategoriesAndProducts 方法，如下所示：

```
ConfigureConsole(); // Sets US English by default.
// FilterAndSort();
JoinCategoriesAndProducts();
```

(3) 运行代码并查看结果。注意，77 种产品中的每一种都有单行输出，如下所示(仅包括前 4 项)：

```
1: Chai in Beverages.
2: Chang in Beverages.
3: Aniseed Syrup in Condiments.
4: Chef Anton's Cajun Seasoning in Condiments.
...
```

(4) 在 Program.Functions.cs 的 JoinCategoriesAndProducts 方法中，在现有查询的末尾调用

OrderBy 方法，按 CategoryName 进行排序，如下所示：

```
var queryJoin = db.Categories.Join(
  inner: db.Products,
  outerKeySelector: category => category.CategoryId,
  innerKeySelector: product => product.CategoryId,
  resultSelector: (c, p) =>
    new { c.CategoryName, p.ProductName, p.ProductId })
  .OrderBy(cp => cp.CategoryName);
```

(5) 运行代码并查看结果，注意，77 种产品中的每一种都有一行输出，结果首先显示饮料类别的所有产品，然后是调味品类别的所有产品等，部分输出如下所示：

```
1: Chai in Beverages.
2: Chang in Beverages.
24: Guaraná Fantástica in Beverages.
34: Sasquatch Ale in Beverages.
...
```

11.5.2 分组连接序列

下面使用相同的两个表(Categories 和 Products)探索分组连接，以便比较两种连接方式的细微区别。

(1) 在 Program.Functions.cs 中，创建如下方法以分组和连接序列，首先显示组名，然后显示每一组中的所有产品，如下所示：

```
private static void GroupJoinCategoriesAndProducts()
{
  SectionTitle("Group join categories and products");

  using NorthwindDb db = new();

  // Group all products by their category to return 8 matches.
  var queryGroup = db.Categories.AsEnumerable().GroupJoin(
    inner: db.Products,
    outerKeySelector: category => category.CategoryId,
    innerKeySelector: product => product.CategoryId,
    resultSelector: (c, matchingProducts) => new
    {
      c.CategoryName,
      Products = matchingProducts.OrderBy(p => p.ProductName)
    });
  foreach (var c in queryGroup)
  {
    WriteLine($"{c.CategoryName} has {c.Products.Count()} products.");

    foreach (var product in c.Products)
    {
      WriteLine($" {product.ProductName}");
    }
  }
}
```

如果没有调用 AsEnumerable 方法，就会抛出运行时异常，如下所示：

```
Unhandled exception. System.ArgumentException: Argument type 'System.
Linq.IOrderedQueryable`1[Packt.Shared.Product]' does not match the
corresponding member type 'System.Linq.IOrderedEnumerable`1[Packt.Shared.
Product]' (Parameter 'arguments[1]')
```

这是因为并不是所有的 LINQ 扩展方法都可以从表达式树转换成其他查询语法，如 SQL。这些情况下，为从 IQueryable<T>转换为 IEnumerable<T>，可以调用 AsEnumerable 方法，从而强制查询处理过程使用 LINQ to EF Core，只将数据带入应用程序，然后使用 LINQ to Objects，在内存中执行更复杂的处理。但这通常是低效的。

(2) 在 Program.cs 中，调用 GroupJoinCategoriesAndProducts 方法。

(3) 运行代码，查看结果，注意每个类别中的产品都按照名称进行排序，正如查询中定义的那样，部分输出如下所示：

```
Beverages has 12 products.
  Chai
  Chang
  ...
Condiments has 12 products.
  Aniseed Syrup
  Chef Anton's Cajun Seasoning
  ...
```

11.5.3 分组查找

有时，你可能并不想编写一个 LINQ 查询表达式来执行连接和分组，然后只执行该查询表达式一次，而是想要使用 LIQN 扩展方法来创建并存储一个可重用的内存集合，使其包含已被分组的实体。

Northwind 数据库中有一个名为 Products 的表，它的一个列代表每个产品所属的类别，如表 11.3 所示。

表 11.3 简化的 Products 表

ProductName	CategoryID
Chai	1
Chang	1
Aniseed Syrup	2
Chef Anton’s Cajun Seasoning	2
Chef Anton’s Gumbo Mix	2
...	...

你可能想在内存中创建一个数据结构，使其按照类别将 Product 实体分组，然后提供一种快速查找特定类别中的所有产品的方式。

这可以使用 ToLookup LINQ 方法实现，如下所示：

```
ILookup<int, Product>? productsByCategoryId =
  db.Products.ToLookup(keySelector: category => category.CategoryId);
```

当调用 ToLookup 方法时，必须指定一个键选择器，用于选择按什么键进行分组。后面可用这个值来查找分组及其包含的项。

ToLookup 方法在内存中创建一个类似字典的、包含键值对的数据结构，它的键是唯一类别 ID，值是 Product 对象的集合，如表 11.4 所示。

表 11.4　简化的 Product 查找

键	值(每个值是一个 Product 对象集合)
1	[Chai] [Chang] and so on.
2	[Aniseed Syrup] [Chef Anton's Cajun Seasoning] [Chef Anton's Gumbo Mix] and so on.
...	...

注意，方括号中的产品名称，如[Chai]，代表整个 Product 对象。

除了使用 CategoryId 值作为查找的键，也可使用相关的类别表中的类别名称进行查找。

下面就在代码中实现这种行为。

(1) 在 Program.Functions.cs 中，添加一个方法将产品连接到类别名称，然后把它们转换成一个查找，并通过使用 IGrouping<string, Product>代表查找字典中的每一行来枚举整个查找，然后查找特定类别中的单独产品集合，如下所示：

```
private static void ProductsLookup()
{
  SectionTitle("Products lookup");

  using NorthwindDb db = new();

  // Join all products to their category to return 77 matches.
  var productQuery = db.Categories.Join(
    inner: db.Products,
    outerKeySelector: category => category.CategoryId,
    innerKeySelector: product => product.CategoryId,
    resultSelector: (c, p) => new { c.CategoryName, Product = p });

  ILookup<string, Product> productLookup = productQuery.ToLookup(
    keySelector: cp => cp.CategoryName,
    elementSelector: cp => cp.Product);

  foreach (IGrouping<string, Product> group in productLookup)
  {
    // Key is Beverages, Condiments, and so on.
    WriteLine($"{group.Key} has {group.Count()} products.");

    foreach (Product product in group)
  {
    WriteLine($" {product.ProductName}");
  }
}

// We can look up the products by a category name.
Write("Enter a category name: ");
string categoryName = ReadLine()!;
```

```
  WriteLine();
  WriteLine($"Products in {categoryName}:");
    IEnumerable<Product> productsInCategory = productLookup[categoryName];
    foreach (Product product in productsInCategory)
    {
      WriteLine($"  {product.ProductName}");
    }
  }
```

更多信息：

选择器参数是针对不同目的选择子元素的 lambda 表达式。例如，ToLookup 的 keySelector 选择每个项中的键，elementSelector 选择每个项中的值。从以下链接可以了解更多信息：https://learn.microsoft.com/en-us/dotnet/api/system.linq.enumerable.tolookup。

(2) 在 Program.cs 中，调用 ProductsLookup 方法。

(3) 运行代码，查看结果，输入一个类别名称(如 Seafoods)，注意代码会查找并列举该类别中的产品，如下面的部分输出所示：

```
Beverages has 12 products.
  Chai
  Chang
  ...
Condiments has 12 products.
  Aniseed Syrup
  Chef Anton's Cajun Seasoning
  ...
Enter a category name: Seafood

Products in Seafood:
  Ikura
  Konbu
  Carnarvon Tigers
  Nord-Ost Matjeshering
  Inlagd Sill
  Gravad lax
  Boston Crab Meat
  Jack's New England Clam Chowder
  Rogede sild
  Spegesild
  Escargots de Bourgogne
  Röd Kaviar
```

11.6 聚合和分页序列

一些 LINQ 扩展方法可用于执行聚合操作，如 Average 和 Sum 扩展方法。下面编写一些代码，看看其中一些扩展方法如何聚合来自 Products 表的信息。

(1) 在 Program.Functions.cs 中，创建如下方法以展示聚合扩展方法的使用：

```
private static void AggregateProducts()
{
  SectionTitle("Aggregate products");

  using NorthwindDb db = new();

  // Try to get an efficient count from EF Core DbSet<T>.
  if (db.Products.TryGetNonEnumeratedCount(out int countDbSet))
  {
    WriteLine($"{"Product count from DbSet:",-25} {countDbSet,10}");
  }
  else
  {
    WriteLine("Products DbSet does not have a Count property.");
  }

  // Try to get an efficient count from a List<T>.
  List<Product> products = db.Products.ToList();

  if (products.TryGetNonEnumeratedCount(out int countList))
  {
    WriteLine($"{"Product count from list:",-25} {countList,10}");
  }
  else
  {
    WriteLine("Products list does not have a Count property.");
  }

  WriteLine($"{"Product count:",-25} {db.Products.Count(),10}");

  WriteLine($"{"Discontinued product count:",-27} {db.Products
    .Count(product => product.Discontinued),8}");

  WriteLine($"{"Highest product price:",-25} {db.Products
    .Max(p => p.UnitPrice),10:$#,##0.00}");

  WriteLine($"{"Sum of units in stock:",-25} {db.Products
    .Sum(p => p.UnitsInStock),10:N0}");

  WriteLine($"{"Sum of units on order:",-25} {db.Products
    .Sum(p => p.UnitsOnOrder),10:N0}");

  WriteLine($"{"Average unit price:",-25} {db.Products
    .Average(p => p.UnitPrice),10:$#,##0.00}");

  WriteLine($"{"Value of units in stock:",-25} {db.Products
    .Sum(p => p.UnitPrice * p.UnitsInStock),10:$#,##0.00}");
}
```

最佳实践：
获取计数看起来是一个简单的操作，但它的开销可能很大。DbSet<T>这样的 Products 没有 Count 属性，所以 TryGetNonEnumeratedCount 会返回 false。List<T>这样的 products 有一个 Count 属性(它实现了 ICollection)，所以 TryGetNonEnumeratedCount 会返回 true(在这种情况下，我们必须实例化一个列表，这本身也是一个开销很大的操作。但是，如果你已经有一个列表，并需要知道列表中的项数，则这会是一个高效的操作)。你总是可以在 DbSet<T>上调用 Count()，但是取决于数据提供程序的实现，这可能需要枚举序列，所以效率可能很低下。可以向 Count()传递一个 lambda 表达式，过滤出应该在序列中统计的项，这是使用 Count 或 Length 属性所做不到的。

(2) 在 Program.cs 中，调用 AggregateProducts 方法。

(3) 运行代码并查看结果，输出如下所示：

```
Products DbSet does not have a Count property.
Product count from list:          77
Product count:                    77
Discontinued product count:        8
Highest product price:       $263.50
Sum of units in stock:         3,119
Sum of units on order:           780
Average unit price:           $28.87
Value of units in stock:  $74,050.85
```

11.6.1 检查空序列

有多种方法可以检查序列是为空还是包含任何项：

- 调用 LINQ Count()方法，看它是否大于 0。有时，如果它必须枚举整个序列来统计项，那它是最糟的方法。下一节将提供更多解释。但是，当使用 ILSpy 来反编译 Count 方法的实现时，我们看到它足够智能，会检查序列是否实现了 ICollection 或 ICollection<T>，并因而实现了更高效的 Count 属性。
- 调用 LINQ Any()方法，看它是否返回 true。这是比 Count()更好的方法，但不如接下来的两个选项。
- 调用序列的 Count 属性(如果有)，看它是否大于 0。任何实现了 ICollection 或 ICollection<T>的序列都有一个 Count 属性。
- 调用序列的 Length 属性(如果有)，看它是否大于 0。任何数组都有一个 Length 属性。

11.6.2 小心使用 Count

Amichai Mantinband 是微软的一位软件工程师，他在介绍 C#和.NET 开发技术栈的有趣之处方面，做了很出色的工作。

2022 年，他在 Twitter、LinkedIn 和 YouTube 上发布了一个代码难题，并通过调查的方式来了解开发人员认为一段代码应该具有的行为。

这段代码如下所示：

```
IEnumerable<Task> tasks = Enumerable.Range(0, 2)
  .Select(_ => Task.Run(() => Console.WriteLine("*")));

await Task.WhenAll(tasks);

Console.WriteLine($"{tasks.Count()} stars!");
```

输出会是什么呢？

```
**2 stars!
**2 stars!**
****2 stars!
Something else
```

大部分人给出了错误的答案，如图 11.6 所示。

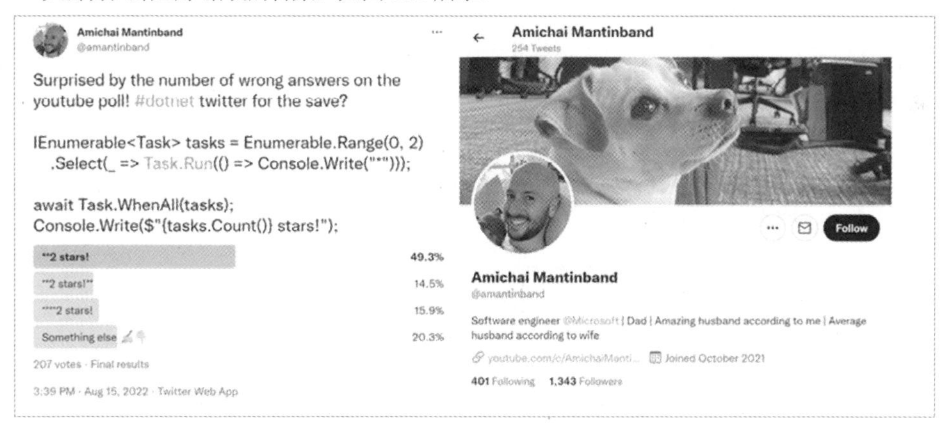

图 11.6　Amichai Mantinband 发布的一个棘手的 LINQ 和 Task 代码难题

学习到本章的这个部分，我希望你已经能够理解这个难题的 LINQ 部分。不必担心，我不期望你理解使用任务的多线程的细微之处。不过，分解这段代码，确保你理解了其中关于 LINQ 的部分是有帮助的，如表 11.5 所示。

表 11.5　分解代码

代码	说明
Enumerable.Range(0, 2)	返回由两个整数(0 和 1)组成的一个序列。在生产代码中，应该添加命名参数来帮助理解，如下所示：Enumerable.Range(start: 0, count: 2)
Select(_ => Task.Run(...)	为两个数字都创建拥有自己线程的任务。_参数丢弃了数字值。每个任务在控制台输出一个星号(*)
await Task.WhenAll(tasks);	阻塞主线程，直到两个任务都完成。此时，我们知道在控制台已输出了两个星号(**)
tasks.Count()	要想让 LINQ Count()扩展方法在这种场景下能够工作，它必须枚举序列。这会触发两个任务再次执行。但是，我们不知道这两个任务什么时候会执行。这个方法调用会返回值 2
Console.WriteLine($"... stars!");	控制台输出了 2 stars!

因此，我们知道控制台首先输出了**，然后一个或两个任务可能会输出它们的星号，之后再输出 2 stars!，最后，如果之前没有机会输出星号，一个或两个任务会在这个时候输出星号，或者主线程可能结束，在任务输出星号之前就关闭了控制台应用程序：

```
**[each task could output * here]2 stars![each task could output * here]
```

因此，Amichai 的难题的最佳答案是 Something else。

最佳实践：

当调用需要枚举序列来计算返回值的 LINQ 扩展方法(如 Count)时，一定要小心。即使你没有使用像任务这样的可执行对象的序列，重新枚举序列也很可能是低效的。

11.6.3 使用 LINQ 分页

接下来看看如何使用 Skip 和 Take 扩展方法实现分页。

(1) 在 Program.Functions.cs 中，添加一个方法，将作为数组传递给该方法的产品表输出到控制台，如下所示：

```
private static void OutputTableOfProducts(Product[] products,
  int currentPage, int totalPages)
{
  string line = new('-', count: 73);
  string lineHalf = new('-', count: 30);

  WriteLine(line);
  WriteLine("{0,4} {1,-40} {2,12} {3,-15}",
    "ID", "Product Name", "Unit Price", "Discontinued");
  WriteLine(line);

  foreach (Product p in products)
  {
    WriteLine("{0,4} {1,-40} {2,12:C} {3,-15}",
      p.ProductId, p.ProductName, p.UnitPrice, p.Discontinued);
  }
  WriteLine("{0} Page {1} of {2} {3}",
    lineHalf, currentPage + 1, totalPages + 1, lineHalf);
}
```

更多信息：

按照计算中的常规做法，我们的代码从 0 开始计数，所以在把 currentPage 和 totalPages 计数显示在用户界面中之前，需要先给这两个值加 1。

(2) 在 Program.Functions.cs 中，添加一个方法来创建一个 LINQ 查询，该查询创建一个产品页，输出生成的 SQL，然后把结果作为一个产品数组传递给输出产品表的方法，如下所示：

```
private static void OutputPageOfProducts(IQueryable<Product> products,
  int pageSize, int currentPage, int totalPages)
{
  // We must order data before skipping and taking to ensure
  // the data is not randomly sorted in each page.
  var pagingQuery = products.OrderBy(p => p.ProductId)
```

```
    .Skip(currentPage * pageSize).Take(pageSize);

  Clear(); // Clear the console/screen.

  SectionTitle(pagingQuery.ToQueryString());

  OutputTableOfProducts(pagingQuery.ToArray(),
    currentPage, totalPages);
}
```

更多信息：

为什么在分页时要进行排序？EF Core 团队在下面的地址给出了一个好例子：https://devblogs.microsoft.com/dotnet/announcing-ef7-preview7-entity-framework/#linq-expression-tree-interception。在本书的配套图书 Apps and Services with .NET 8 中，我也介绍了分页时的排序。

(3) 在 Program.Functions.cs 中，添加一个方法来进行循环，允许用户按左或右方向键逐页查看数据库中的产品，一次显示一页，如下所示：

```
private static void PagingProducts()
{
  SectionTitle("Paging products");

  using NorthwindDb db = new();

  int pageSize = 10;
  int currentPage = 0;
  int productCount = db.Products.Count();
  int totalPages = productCount / pageSize;

  while (true) // Use break to escape this infinite loop.
  {
    OutputPageOfProducts(db.Products, pageSize, currentPage, totalPages);

    Write("Press <- to page back, press -> to page forward, any key to
exit.");
    ConsoleKey key = ReadKey().Key;

    if (key == ConsoleKey.LeftArrow)
      currentPage = currentPage == 0 ? totalPages : currentPage - 1;
    else if (key == ConsoleKey.RightArrow)
      currentPage = currentPage == totalPages ? 0 : currentPage + 1;
    else
      break; // Break out of the while loop.
    WriteLine();
  }
}
```

(4) 在 Program.cs 中，注释掉其他方法，然后调用 PagingProducts 方法。

(5) 运行代码并查看结果，如下所示：

```
-----------------------------------------------------------------------------
ID Product Name                                           Unit Price Discontinued
-----------------------------------------------------------------------------
 1 Chai £18.00 False
 2 Chang £19.00 False
 3 Aniseed Syrup                                               £10.00 False
 4 Chef Anton's Cajun Seasoning                                £22.00 False
 5 Chef Anton's Gumbo Mix                                      £21.35 True
 6 Grandma's Boysenberry Spread                                £25.00 False
 7 Uncle Bob's Organic Dried Pears                             £30.00 False
 8 Northwoods Cranberry Sauce                                  £40.00 False
 9 Mishi Kobe Niku                                             £97.00 True
10 Ikura                                                       £31.00 False
------------------------------ Page 1 of 8 ------------------------------
Press <- to page back, press -> to page forward.
```

更多信息：

前面的输出没有显示用于高效获取产品页面的 SQL 语句，该语句使用 ORDER BY、LIMIT 和 OFFSET 来实现高效获取，如下所示：

```
.param set @__p_1 10
.param set @__p_0 0

SELECT "p"."ProductId", "p"."CategoryId",
"p"."Discontinued", "p"."ProductName",
"p"."QuantityPerUnit", "p"."ReorderLevel",
"p"."SupplierId", "p"."UnitPrice", "p"."UnitsInStock",
"p"."UnitsOnOrder"
FROM "Products" AS "p"
ORDER BY "p"."ProductId"
LIMIT @__p_1 OFFSET @__p_0
```

确保在按键时，命令提示符或终端窗口获得了焦点。

(6) 按右方向键，注意显示了结果的第二页，如下所示：

```
-----------------------------------------------------------------------------
ID Product Name                                           Unit Price Discontinued
-----------------------------------------------------------------------------
11 Queso Cabrales                                          £21.00 False
12 Queso Manchego La Pastora                               £38.00 False
13 Konbu                                                    £6.00 False
14 Tofu                                                    £23.25 False
15 Genen Shouyu                                            £15.50 False
16 Pavlova                                                 £17.45 False
17 Alice Mutton                                            £39.00 True
18 Carnarvon Tigers                                        £62.50 False
19 Teatime Chocolate Biscuits                               £9.20 False
20 Sir Rodney's Marmalade                                  £81.00 False
------------------------------ Page 2 of 8 ------------------------------
Press <- to page back, press -> to page forward.
```

(7) 按左方向键两次，注意这次循环到了结果的最后一个页面，如下所示：

```
------------------------------------------------------------------------
ID Product Name                                    Unit Price Discontinued
------------------------------------------------------------------------
71 Flotemysost                                     £21.50 False
72 Mozzarella di Giovanni                          £34.80 False
73 Röd Kaviar                                      £15.00 False
74 Longlife Tofu                                   £10.00 False
75 Rhönbräu Klosterbier                             £7.75 False
76 Lakkalikööri                                    £18.00 False
77 Original Frankfurter grüne Soße                 £13.00 False
----------------------------- Page 8 of 8 -----------------------------
Press <- to page back, press -> to page forward.
```

(8) 按其他任何键退出循环。

(9) 作为可选操作，在 Program.Functions.cs 的 OutputPageOfProducts 方法中，注释掉用于输出所用 SQL 的语句，如下所示：

```
// SectionTitle(pagingQuery.ToQueryString());
```

更多信息：

作为一个可选的任务，你可以探索如何使用 Chunk 方法来输出产品页面。在下面的链接中，可以了解更多关于使用 Skip、Take 和 Chunk 对序列中的项进行分页的信息：https://learn.microsoft.com/en-us/dotnet/csharp/programming-guide/concepts/linq/partitioning-data。

最佳实践：

如果想要实现分页，那么在调用 Skip 和 Take 之前，总是应该对数据进行排序。这是因为每次执行查询时，除非明确指定了顺序，否则 LINQ 提供程序未必按相同的顺序返回数据。因此，如果 SQLite 提供程序愿意，在你第一次请求产品页面时，可能按照 ProductId 排序，但在下一次请求产品页面时，可能按照 UnitPrice 排序，或者随机排序，这会让用户感到困惑。在实践中，至少对于关系数据库，默认顺序通常是按照主键上的索引排序。

11.6.4　使用语法糖美化 LINQ 语法

C# 3 在 2008 年引入了一些新的语言关键字，以便有 SQL 经验的程序员更容易地编写 LINQ 查询。这种语法糖有时候被称为 LINQ 查询理解语法。

考虑以下字符串数组：

```
string[] names = new[] { "Michael", "Pam", "Jim", "Dwight",
  "Angela", "Kevin", "Toby", "Creed" };
```

要对人名进行过滤和排序，可以使用扩展方法和 lambda 表达式，如下所示：

```
var query = names
  .Where(name => name.Length > 4)
  .OrderBy(name => name.Length)
  .ThenBy(name => name);
```

也可通过使用 LINQ 查询理解语法来获得相同的结果，如下所示：

```
var query = from name in names
  where name.Length > 4
  orderby name.Length, name
  select name;
```

编译器会自动将 LINQ 查询理解语法更改为等效的扩展方法和 lambda 表达式。

更多信息：

select 关键字对于 LINQ 查询理解语法总是必要的。当使用扩展方法和 lambda 表达式时，Select 扩展方法是可选的，因为如果不调用 Select，会隐式选择整个项。

并不是所有的扩展方法都具有与 C#相同的关键字，如 Skip 和 Take 扩展方法，它们通常用于实现大量数据的分页。

进行分页的查询不能只使用 LINQ 查询理解语法来编写，因而可使用所有扩展方法来编写查询，如下所示：

```
var query = names
  .Where(name => name.Length > 4)
  .Skip(80)
  .Take(10);
```

也可将 LINQ 查询理解语法放在圆括号中，然后改用扩展方法，如下所示：

```
var query = (from name in names
  where name.Length > 4
  select name)
  .Skip(80)
  .Take(10);
```

最佳实践：

了解这两个扩展方法使用 lambda 表达式和查询理解语法编写 LINQ 查询的方式，因为你很可能需要维护使用这两种方式的代码。

11.7 实践和探索

你可以通过回答一些问题来测试自己对知识的掌握程度，进行一些实践，并深入探索本章涵盖的主题。

11.7.1 练习 11.1：测试你掌握的知识

回答以下问题：

(1) LINQ 的两个必要部分是什么？

(2) 可使用哪个 LINQ 扩展方法返回类型的属性子集？

(3) 可使用哪个 LINQ 扩展方法过滤序列？

(4) 列出 5 个用于执行聚合操作的 LINQ 扩展方法。

(5) Select 和 SelectMany 扩展方法之间的区别是什么？
(6) IEnumerable<T>和 IQueryable <T>有什么区别？如何在它们之间进行切换？
(7) 泛型 Func 委托(如 Func<T1, T2, T>)中的最后一个类型参数代表什么？
(8) 使用以 OrDefault 结尾的 LINQ 扩展方法有什么好处？
(9) 为什么 LINQ 查询理解语法是可选的？
(10) 如何创建自己的 LINQ 扩展方法？

11.7.2　练习 11.2：练习使用 LINQ 进行查询

在 Chapter11 解决方案中，创建名为 Ch11Ex02LinqQueries 的控制台应用程序，提示用户输入一座城市的名字，然后列出这座城市中 Northwind 客户的公司名，如下所示：

```
Enter the name of a city: London
There are 6 customers in London:
  Around the Horn
  B's Beverages
  Consolidated Holdings
  Eastern Connection
  North/South
  Seven Seas Imports
```

然后，在用户输入他们想要查看的城市之前，显示客户当前所在的所有城市的列表，作为提示以增强应用程序，如下所示：

```
Aachen, Albuquerque, Anchorage, Århus, Barcelona, Barquisimeto, Bergamo,
Berlin, Bern, Boise, Bräcke, Brandenburg, Bruxelles, Buenos Aires, Butte,
Campinas, Caracas, Charleroi, Cork, Cowes, Cunewalde, Elgin, Eugene, Frankfurt
a.M., Genève, Graz, Helsinki, I. de Margarita, Kirkland, Kobenhavn, Köln,
Lander, Leipzig, Lille, Lisboa, London, Luleå, Lyon, Madrid, Mannheim,
Marseille, México D.F., Montréal, München, Münster, Nantes, Oulu, Paris,
Portland, Reggio Emilia, Reims, Resende, Rio de Janeiro, Salzburg, San
Cristóbal, San Francisco, Sao Paulo, Seattle, Sevilla, Stavern, Strasbourg,
Stuttgart, Torino, Toulouse, Tsawassen, Vancouver, Versailles, Walla Walla,
Warszawa
```

11.7.3　练习 11.3：在并行 LINQ 中使用多线程

通过使用多个线程来运行 LINQ 查询，可以提高性能和可伸缩性。通过完成以下链接提供的在线小节来学习如何使用多个线程运行 LINQ 查询：

https://github.com/markjprice/cs12dotnet8/blob/main/docs/ch11-plinq.md

11.7.4　练习 11.4：使用 LINQ to XML

如果你想使用 LINQ 处理或生成 XML，则可以通过完成以下链接提供的在线小节来学习相关的基础知识：

https://github.com/markjprice/cs12dotnet8/blob/main/docs/ch11-linq-to-xml.md

11.7.5　练习 11.5：创建自己的 LINQ 扩展方法

如果你想创建自己的 LINQ 扩展方法，则可以通过完成以下链接提供的在线小节来学习相关的基础知识：

https://github.com/markjprice/cs12dotnet8/blob/main/docs/ch11-custom-linq-methods.md

11.7.6 练习 11.6：探索主题

可通过以下链接来阅读本章所涉及主题的更多细节：

https://github.com/markjprice/cs12dotnet8/blob/main/docs/book-links.md#chapter-11---querying-and-manipulating-data-using-linq

11.8 本章小结

本章介绍了如何编写 LINQ 查询，从而执行一些常见的任务，例如：

- 只选择项中你需要的属性
- 根据条件过滤项
- 对项进行排序
- 将项投影到不同的类型
- 连接和分组项
- 聚合项

第 12 章将介绍如何使用 ASP.NET Core 进行 Web 开发。在本书剩余的章节中，你将学习如何实现 ASP.NET Core 的主要组件，如 Razor Pages、MVC、Web API 和 Blazor。

第12章 使用 ASP.NET Core 进行 Web 开发

本章将介绍如何使用 ASP.NET Core 进行 Web 开发。你将学习如何构建跨平台的项目，如网站、Web 服务和 Web 浏览器应用程序。

微软将用于构建应用程序的平台称为应用模型或工作负载。

我建议你按顺序学习本章和后续章节，因为后面的章节将引用前面章节中的项目，并且通过前面章节的学习，你将积累足够的知识和技能来处理后面章节中更棘手的问题。

本章涵盖以下主题：

- 理解 ASP.NET Core
- ASP.NET Core 的新特性
- 结构化项目
- 创建一个实体模型，供本书剩余部分使用
- 理解 Web 开发

12.1 理解 ASP.NET Core

因为本书介绍的是 C#和.NET，所以本章将介绍的应用模型使用 C#和.NET 来构建后续章节中将会用到的实际应用程序。

更多信息：

微软在.NET Application Architecture Guidance 文档中详细说明了如何实现应用模型，通过以下链接可以阅读该文档：https://dotnet.microsoft.com/en-us/learn/dotnet/ architecture-guides。

微软使用许多技术来构建网站和服务，这些技术多年来一直在不断演化，ASP.NET Core 也是这个发展历史的一部分：

- Active Server Pages (ASP)发布于 1996 年，是微软第一次尝试为服务器端动态执行网站代码提供的一个平台。ASP 文件混合了 HTML 和使用 VBScript 语言编写且在服务器上执行的代码。

- ASP.NET Web Forms 在 2002 年与.NET Framework 一起发布，它被设计为让非 Web 开发人员(如熟悉 Visual Basic 的开发人员)能够通过拖放可视的组件，以及使用 Visual Basic 或 C#编写事件驱动的代码，快速创建网站。对于新的.NET Framework Web 项目，应该使用 ASP.NET MVC，避免使用 Web Forms。
- Windows Communication Foundation (WCF)发布于 2006 年，它使开发人员能够构建 SOAP 和 REST 服务。SOAP 很强大，但也很复杂，所以除非需要一些高级特性，如分布式事务和复杂的消息拓扑，否则应该避免使用 SOAP。
- ASP.NET MVC 发布于 2009 年，用于干净地隔离 Web 开发人员的关注点，将这些关注点拆分为 3 种类型：模型，用于临时存储数据；视图，用于使用多种格式在 UI 中展示数据；控制器，用于获取模型并将其传递给视图。这种关注点隔离对代码重用和单元测试提供了帮助。
- ASP.NET Web API 发布于 2012 年，使开发人员能够创建比 SOAP 服务更简单、伸缩性更好的 HTTP 服务(也称 REST 服务)。
- ASP.NET SignalR 发布于 2013 年，它通过将底层的技术(如 WebSockets 和长轮询)抽象出去，支持网站中的实时通信。这可以在多种多样的 Web 浏览器中实现实时聊天或者实时更新对时间敏感的数据(如股票价格)等功能，即使浏览器不支持 WebSockets 等底层技术也可实现这种功能。
- ASP.NET Core 发布于 2016 年，它将.NET Framework 技术(如 MVC、Web API 和 SignalR)的现代实现和更新的技术(如 Razor Pages、gRPC 和 Blazor)结合了起来，让它们都运行在现代.NET 上。因此，ASP.NET Core 可以跨平台运行。ASP.NET Core 提供了许多项目模板，帮助你使用它支持的技术。

最佳实践：
请选择使用 ASP.NET Core 来开发网站和 Web 服务，因为它包含现代的、跨平台的 Web 相关技术。

12.1.1 经典 ASP.NET 与现代 ASP.NET Core 的对比

在现代.NET 出现之前，ASP.NET 构建在.NET Framework 中一个名为 System.Web.dll 的大程序集之上，并且与一个只能用在 Windows 上的 Web 服务器紧密耦合在一起，这个 Web 服务器就是 Internet Information Services (IIS)。多年来，这个程序集增加了许多特性，其中很多不适合现代跨平台开发。

ASP.NET Core 是对 ASP.NET 进行的重要的重新设计。它移除了对 System.Web.dll 程序集和 IIS 的依赖，并由模块化的轻量级包组成，这一点与现代.NET 的其他部分一样。ASP.NET Core 仍然支持使用 IIS 作为 Web 服务器，但有一种更好的选择。

你可以在 Windows、macOS 和 Linux 上开发并跨平台运行 ASP.NET Core 应用程序。微软甚至创建了一个跨平台的、性能极佳的 Web 服务器，命名为 Kestrel，并且整个技术栈都是开源的。

ASP.NET Core 2.2 及之后版本的项目默认使用新的进程内托管模型。当在 Microsoft IIS 中托管项目时，这带来了 400%的性能改进，但微软仍然推荐使用 Kestrel 来获得更好的性能。

12.1.2 使用 ASP.NET Core 构建网站

网站由多个 Web 页面组成，这些页面是从文件系统静态加载的，或者由服务器端技术(如 ASP.NET Core)动态生成。Web 浏览器使用能够识别每个页面的统一资源定位符(Uniform Resource Locator，URL)发出 GET 请求，还可以使用 POST、PUT 和 DELETE 请求操作服务器上存储的数据。

许多网站将 Web 浏览器视为展示层，几乎在服务器端执行所有处理。客户端可能使用一些 JavaScript 来实现表单验证警告和一些展示特性，如轮播图。

ASP.NET Core 为构建网站的用户界面提供了多种技术：

- ASP.NET Core Razor Pages 用于为简单的网站动态生成 HTML。第 13 章将详细介绍它们。
- ASP.NET Core MVC 是模型-视图-控制器(Model-View-Controller，MVC)设计模式的一种实现，MVC 是开发复杂网站时的一种很流行的设计模式。
- Blazor 让你能够使用 C#和.NET 构建用户界面组件，而不是使用基于 JavaScript 的 UI 框架，如 Angular、React 和 Vue。Blazor 的早期版本需要开发人员选择一种托管模型。Blazor WebAssembly 托管模型在浏览器中运行你的代码，这与基于 JavaScript 的框架一样。Blazor 服务器托管模型在服务器上运行你的代码，动态更新 Web 页面。.NET 8 引入了一种统一的全栈托管模型，允许组件在服务器或者客户端执行，甚至在运行时动态调整。第 15 章将详细介绍 Blazor。

12.1.3 ASP.NET Core 中使用的不同文件类型

总结一下这些技术使用的文件类型很有用，因为它们虽然相似、但却并不相同。如果读者不理解一些细微但重要的区别，那么在尝试实现自己的项目时就可能产生混淆。请注意表 12.1 中列出的区别：

表 12.1 对比 ASP.NET Core 中使用的文件类型

技术	特殊文件名	文件扩展名	指令
Razor Component (Blazor)		.razor	
Razor Component (使用页面路由的 Blazor)		.razor	@page
Razor Page		.cshtml	@page
Razor View (MVC)		.cshtml	
Razor Layout		.cshtml	
Razor View Start	_ViewStart	.cshtml	
Razor View Imports	_ViewImports	.cshtml	

指令(如@page)需要添加到文件内容的顶部。

如果文件没有特殊文件名，就可以任意命名它们。例如，你可能会在一个 Blazor 项目中创建一个名为 Customer.razor 的 Razor 组件，也可能在 MVC 或 Razor Pages 项目中创建一个名为 _MobileLayout.cshtml 的 Razor Layout。

更多信息：

共享 Razor 文件(如布局或分部视图)的命名约定是使用一个下画线(_)作为前缀，如_ViewStart.cshtml、_Layout.cshtml 或_Product.cshtml(这可能是用于渲染产品的一个分部视图)。

Razor Layout 文件(如_MyCustomLayout.cshtml)与 Razor View 是相同的。它之所以成为一个布局文件，是因为它被赋值给另一个 Razor 文件的 Layout 属性，如下所示：

```
@{
Layout = "_MyCustomLayout"; // File extension is not needed.
}
```

警告：

要在文件顶部使用正确的文件扩展名和指令，否则将遇到意外的错误。

12.1.4 使用内容管理系统构建网站

大部分网站都有大量内容，如果在每次需要修改某些内容时，都需要开发人员参与进来，这种网站就不能很好地伸缩。

内容管理系统(Content Management System，CMS)使开发人员能够通过定义内容结构和模板来提供一致性和良好的设计，同时让不懂技术的内容所有者能够轻松地管理实际的内容。他们能够创建新的页面或者内容块，以及更新现有内容，并且知道，只需要做很少的工作，就能够让内容对于访问者来说看起来很出色。

对于各种 Web 平台，存在大量 CMS，如针对 PHP 的 WordPress 或针对 Python 的 Django CMS。支持现代.NET 的 CMS 包括 Optimizely Content Cloud、Umbraco、Piranha CMS 和 Orchard Core。

使用 CMS 的关键优势是，它提供了友好的内容管理用户界面。内容所有者可以登录网站，自己管理内容。之后，渲染内容并将其返回给访问者，这个过程会使用 ASP.NET Core MVC 控制器和视图，或者使用称为“无头 CMS”的 Web 服务端点，将内容提供给“头”，这些“头”被实现为移动或桌面应用、店内接触点或者使用 JavaScript 框架或 Blazor 构建的客户端。

本书不讨论.NET CMS，所以我在 GitHub 存储库中包含了一些链接，通过这些链接可以学习关于.NET CMS 的更多知识：https://github.com/markjprice/cs12dotnet8/blob/main/docs/booklinks.md#net-content-management-systems。

12.1.5 使用 SPA 框架构建 Web 应用程序

Web 应用程序常常是使用称为单页面应用程序(Single-Page Application，SPA)框架的技术构建的，如 Blazor、Angular、React、Vue 或者专有的 JavaScript 库。它们可以在需要时，向后台 Web 服务发送请求来获取更多数据，以及使用常用的序列化格式(如 XML 和 JSON)来提交更新后的数据。Google Web 应用是典型的例子，如 Gmail、Maps 和 Docs。

在 Web 应用程序中，客户端使用 JavaScript 框架或 Blazor 来实现复杂的用户交互，但大部分重要的处理和数据访问仍然发生在服务器端，这是因为 Web 浏览器对于本地系统资源的访问是受限的。

JavaScript 是一种松散类型的语言，并不是针对复杂的项目而设计的，所以近来大部分

JavaScript 库使用了 TypeScript，它为 JavaScript 添加了强类型，并且在语言设计中包含了许多现代语言特性，用于处理复杂的实现。

.NET SDK 有针对基于 JavaScript 和 TypeScript 的 SPA 的项目模板，但本书不会讨论如何构建基于 JavaScript 和 TypeScript 的 SPA。尽管 ASP.NET Core 项目常常使用它们作为后端，但本书的主题是 C#语言，而不是其他语言。

总之，在构建网站时，C#和.NET 既可以用在服务器端，又可以用在客户端，如图 12.1 所示。

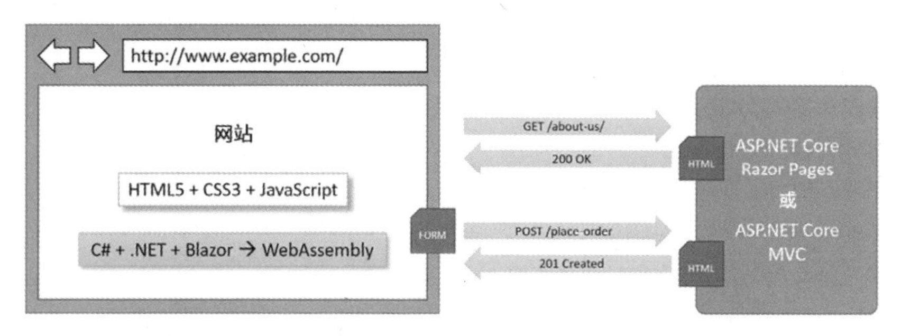

图 12.1 在服务器端和客户端使用 C#和.NET 构建网站

12.1.6 构建 Web 服务和其他服务

尽管我们不讨论基于 JavaScript 和 TypeScript 的 SPA，但会讨论如何使用 ASP.NET Core Web API 构建一个 Web 服务，然后在 ASP.NET Core 网站的服务器端代码中调用该 Web 服务。后面将在 Blazor 组件中调用该 Web 服务。

对于服务，不存在正式的定义，但有时候会根据它们的复杂性来描述它们。

- 服务：客户端应用需要的全部功能包含在一个单体式服务中。
- 微服务：存在多个服务，每个服务关注一个较小的功能子集。
- 纳米服务：作为服务提供的单个函数。与 24/7/365 托管的服务和微服务不同，在被调用前，纳米服务通常是不活跃的，以便减少资源和开销。

在本书开头，我们简要回顾了 C#的语言特性以及引入那些特性的版本。在第 7 章，我们简要回顾了.NET 库的特性以及引入那些特性的版本。现在，我们将简要回顾 ASP.NET Core 的特性以及引入它们的版本。

在以下地址的 GitHub 存储库中可以阅读这些信息：https://github.com/markjprice/cs12dotnet8/blob/main/docs/ch12-features.md。

12.2 结构化项目

应该如何结构化项目？前面创建了小型的独立控制台应用程序来说明语言或库功能，有时候还创建了类库和单元测试项目来支持它们。本书的其余部分将使用不同的技术构建多个项目。将这些技术合并起来，以提供单一的解决方案。

对于大型、复杂的解决方案，在所有代码中导航可能很困难。因此，结构化项目的主要目的是使组件更容易找到。最好为解决方案设置一个反映应用程序或解决方案的整体名称。

下面为一个名为 Northwind 的虚构公司构建多个项目。把解决方案命名为 PracticalApps，并使用名称 Northwind 作为所有项目名称的前缀。

有许多方法可以对项目和解决方案进行结构化和命名，例如，使用文件夹层次结构和命名约定。如果你在一个团队中工作，确保你知道团队是如何做的。

在解决方案中结构化项目

最好在解决方案中为项目设置命名约定，这样任何开发人员都可以立即知道每个项目的功能。一种常见的选择是使用项目的类型，如类库、控制台应用程序、网站等。

你可能想要同时运行多个 Web 项目，而这些项目将托管在本地 Web 服务器上，此时需要针对 HTTP 和 HTTPS，为这些项目的端口指定不同的端口号，从而能够区分它们。

常用的本地端口号是为 HTTP 使用 5000，为 HTTPS 使用 5001。我们将要使用的编号约定是为 HTTP 使用 5<*章名*>0，为 HTTPS 使用 5<*章名*>1。例如，对于第 13 章将创建的一个网站项目，我们将为 HTTP 使用 5130，为 HTTPS 使用 5131。

因此，我们将使用表 12.2 中显示的项目名称和端口号。

表 12.2　命名约定

名称	端口	说明
Northwind.Common	N/A	一个类库项目，用于跨多个项目使用的通用类型，如接口、枚举、类、记录和结构
Northwind.EntityModels	N/A	一个用于通用 EF Core 实体模型的类库项目。实体模型通常在服务器端和客户端都使用，因此最好分离对特定数据库提供程序的依赖
Northwind.DataContext	N/A	用于 EF Core 数据库上下文的类库项目，依赖于特定的数据库提供程序
Northwind.UnitTests	N/A	解决方案中的 xUnit 测试项目
Northwind.Web	http 5130, https 5131	用于简单网站的 ASP.NET Core 项目，使用了静态 HTML 文件和动态 Razor Pages 的混合
Northwind.Mvc	http 5140, https 5141	ASP.NET Core 项目，用于使用 MVC 模式的复杂网站，可以更容易地进行单元测试
Northwind.WebApi	http 5150, https 5151	用于 Web API(也称为 HTTP 服务)的 ASP.NET Core 项目。这是与网站集成的一种很好的选择，因为可以使用任何 JavaScript 库或 Blazor 与服务进行交互
Northwind.MinimalApi	http 5152	用于最小 API(也称为 HTTP 服务)的 ASP.NET Core 项目。与 Web API 项目不同，可以使用原生 AOT 编译最小 API，从而缩短启动时间和降低内存占用
Northwind.MinimalApi	http 5160, https 5161	ASP.NET Core Blazor 项目

12.3 建立实体模型供本书剩余部分章节使用

实际的应用程序通常需要处理关系数据库或其他数据存储中的数据。本节将为存储在 SQL Server 或 SQLite 中的 Northwind 示例数据库构建实体数据模型，以便后续章节创建的大多数应用程序中使用。

12.3.1 创建 Northwind 数据库

用于为 SQLite 和 SQL Server 创建 Northwind 数据库的脚本文件是不同的。SQL Server 的脚本创建 13 个表以及相关的视图和存储过程。SQLite 的脚本是一个简化版本，它只创建 10 个表，因为 SQLite 不支持那么多特性。本书中的主要项目只需要这 10 个表，因此可以使用任意一个数据库完成本书中的每个任务。

下面的链接提供了 SQL 脚本：https://github.com/markjprice/cs12dotnet8/tree/main/scripts/sql-scripts。

有多个 SQL 脚本可供选择，如下所述。

- Northwind4Sqlite.sql 脚本：用于在本地 Windows、macOS 或 Linux 计算机上使用 SQLite。这个脚本很可能也可以用于其他 SQL 系统，如 PostgreSQL 或 MySQL，但我没有针对那些系统进行测试。
- Northwind4SqlServer.sql 脚本：用于在本地 Windows 计算机上使用 SQL Server。这个脚本会检查 Northwind 数据库是否已经存在，如果是，就先删除该数据库，然后重新创建。
- Northwind4AzureSqlDatabaseCloud.sql 脚本：用于在 Azure 云中创建的 Azure SQL Database 资源中使用 SQL Server。这些资源只要存在，就会收费。这个脚本并没有删除或创建 Northwind 数据库，因为你应该使用 Azure 门户用户界面手动创建 Northwind 数据库。
- Northwind4AzureSqlEdgeDocker.sql 脚本：用于在本地计算机的 Docker 中使用 SQL Server。这个脚本会创建 Northwind 数据库。如果 Northwind 数据库已经存在，它并不会删除该数据库，因为每次都会启动一个新的 Docker 容器，所以它反正都会是空的。

安装 SQLite 的说明参见第 10 章，该章还将提供了安装 dotnet-ef 工具的说明，使用该工具可以从现有数据库中构建实体模型。

关于在本地 Windows 计算机上(免费)安装 SQL Server Developer Edition 的说明，可以在本书 GitHub 存储库的以下链接找到：https://github.com/markjprice/cs12dotnet8/blob/main/docs/sql-server/README.md。

关于在 Windows、macOS 或 Linux 的 Docker 中设置 Azure SQL Edge 的说明，可在本书配套图书的 GitHub 存储库的以下链接找到：https://github.com/markjprice/apps-services-net8/blob/main/docs/ch02-sql-edge.md。

12.3.2 使用 SQLite 创建实体模型类库

现在，在类库中定义实体数据模型，以便它们可以在包括客户端应用程序模型的其他类型的项目中重用。

最佳实践：

应该为实体数据模型创建单独的类库项目。这便于后端 Web 服务器和前端桌面、移动端和 Blazor 客户端之间的共享。

下面使用 EF Core 命令行工具自动生成一些实体模型。

(1) 使用自己喜欢的代码编辑器创建一个新的项目和解决方案，定义如下。

- 项目模板：Class Library/classlib
- 项目文件和文件夹：Northwind. EntityModels.Sqlite
- 解决方案文件和文件夹：PracticalApps

(2) 在 Northwind.EntityModels.Sqlite 项目中，添加 SQLite 数据库提供程序和 EF Core 设计时支持的包引用，如下所示：

```
<ItemGroup>
  <PackageReference Version="8.0.0"
    Include="Microsoft.EntityFrameworkCore.Sqlite" />
  <PackageReference Version="8.0.0"
    Include="Microsoft.EntityFrameworkCore.Design">
    <PrivateAssets>all</PrivateAssets>
    <IncludeAssets>runtime; build; native; contentfiles; analyzers;
buildtransitive</IncludeAssets>
  </PackageReference>
</ItemGroup>
```

(3) 删除 Class1.cs 文件。

(4) 构建 Northwind.EntityModels.Sqlite 项目以还原包。

(5) 将 Northwind4Sqlite.sql 文件复制到 PracticalApps 解决方案文件夹(不是项目文件夹)。

(6) 在 PracticalApps 文件夹的命令提示符或终端输入以下命令，为 SQLite 创建 Northwind.db 文件：

```
sqlite3 Northwind.db -init Northwind4SQLite.sql
```

请耐心等待，因为该命令可能需要一段时间才能创建数据库结构。

(7) 在 Windows 上按 Ctrl + C 组合键两次，在 macOS 或 Linux 上按 Cmd + D 组合键退出 SQLite 命令模式。

(8) 在 Northwind. EntityModels.Sqlite 项目文件夹(包含.csproj 项目文件的文件夹)的命令提示符或终端，为所有表生成实体类模型，如下所示：

```
dotnet ef dbcontext scaffold "Data Source=../Northwind.db" Microsoft.
EntityFrameworkCore.Sqlite --namespace Northwind.EntityModels --dataannotations
```

请注意以下几点。

- 要执行的命令：dbcontext scaffold
- 连接字符串引用了解决方案文件夹中的数据库文件，解决方案文件夹是当前项目文件夹的上一级文件夹："Data Source=../Northwind.db"
- 数据库提供程序：Microsoft.EntityFrameworkCore.Sqlite

- 名称空间：--namespace Northwind.EntityModels
- 使用数据注解以及 Fluent API：--data-annotations

警告：

必须在包含项目的文件夹中，在一行中输入 dotnet-ef 命令，否则会看到下面的错误 No project was found. Change the current working directory or use the --project option。记住，可以在下面的链接找到并复制所有的命令行：https://github. com/markjprice/cs12dotnet8/blob/main/docs/command-lines.md。

更多信息：

如果你使用 SQLite，则会看到表列和实体类模型的属性之间存在不兼容类型映射的警告。例如，The column 'BirthDate' on table 'Employees' should map to a property of type 'DateOnly', but its values are in an incompatible format. Using a different type。这是因为 SQLite 使用动态类型。下一节将修复这些问题。

12.3.3　使用 SQLite 为数据库上下文创建类库

现在来定义一个数据库上下文类库。

(1) 在解决方案中添加一个新项目，其定义如下所示：

- 项目模板：Class Library/classlib
- 项目文件和文件夹：Northwind.DataContext.Sqlite
- 解决方案文件和文件夹：PracticalApps

(2) 在 Northwind.DataContext.Sqlite 项目中，静态地、全局地导入 Console 类，添加对 EF Core 的 SQLite 数据提供程序的包引用，然后添加对 Northwind.EntityModels.Sqlite 项目的项目引用，如下所示：

```
<ItemGroup>
  <Using Include="System.Console" Static="true" />
</ItemGroup>

<ItemGroup>
  <PackageReference Version="8.0.0"
    Include="Microsoft.EntityFrameworkCore.Sqlite" />
</ItemGroup>

<ItemGroup>
  <ProjectReference Include="..\Northwind.EntityModels.Sqlite
\Northwind.EntityModels.Sqlite.csproj" />
</ItemGroup>
```

警告：

在项目文件中，项目引用的路径不能包含换行符。

(3) 在 Northwind.DataContext.Sqlite 项目中，删除 Class1.cs 文件。

(4) 构建 Northwind.DataContext.Sqlite 项目来还原包。

(5) 在 Northwind.DataContext.Sqlite 项目中，添加名为 NorthwindContextLogger.cs 的类。

(6) 修改其内容，定义一个名为 WriteLine 的静态方法，让它在桌面上一个名为 northwindlog.txt 的文本文件的末尾追加一个字符串，如下所示：

```
using static System.Environment;

namespace Northwind.EntityModels;

public class NorthwindContextLogger
{
  public static void WriteLine(string message)
  {
    string path = Path.Combine(GetFolderPath(
      SpecialFolder.DesktopDirectory), "northwindlog.txt");

    StreamWriter textFile = File.AppendText(path);
    textFile.WriteLine(message);
    textFile.Close();
  }
}
```

(7) 将 NorthwindContext.cs 文件从 Northwind.EntityModels.Sqlite 项目/文件夹移动到 Northwind.DataContext.Sqlite 项目/文件夹。

更多信息：

在 Visual Studio 2022 的 Solution Explorer 中，如果在项目之间拖放文件，会复制该文件。如果在拖放的同时按下 Shift 键，会移动该文件。在 Visual Studio Code EXPLORER 中，如果在项目之间拖放文件，会移动该文件。如果在拖放的同时按下 Ctrl 键，会复制该文件。

(8) 在 NorthwindContext.cs 中，注意可以为第二个构造函数传递一个 options 参数，这允许我们在任何需要使用 Northwind 数据库的项目(如网站)中，覆盖默认的数据库连接字符串，如下所示：

```
public NorthwindContext(DbContextOptions<NorthwindContext> options)
  : base(options)
{
}
```

(9) 在 NorthwindContext.cs 的 OnConfiguring 方法中，删除连接字符串的编译器#warning，然后添加语句来检查当前目录的末尾，以便针对在 Visual Studio 2022 中运行和在 Visual Studio Code 的命令提示符中运行的不同情况进行调整，如下所示：

```
protected override void OnConfiguring(DbContextOptionsBuilder
optionsBuilder)
{
  if (!optionsBuilder.IsConfigured)
  {
  string database = "Northwind.db";
```

```
    string dir = Environment.CurrentDirectory;
    string path = string.Empty;

    if (dir.EndsWith("net8.0"))
    {
      // In the <project>\bin\<Debug|Release>\net8.0 directory.
      path = Path.Combine("..", "..", "..", "..", database);
    }
    else
    {
      // In the <project> directory.
      path = Path.Combine("..", database);
    }

    path = Path.GetFullPath(path); // Convert to absolute path.
    NorthwindContextLogger.WriteLine($"Database path: {path}");

    if (!File.Exists(path))
    {
      throw new FileNotFoundException(
        message: $"{path} not found.", fileName: path);
    }

    optionsBuilder.UseSqlite($"Data Source={path}");

    optionsBuilder.LogTo(NorthwindContextLogger.WriteLine,
      new[] { Microsoft.EntityFrameworkCore
        .Diagnostics.RelationalEventId.CommandExecuting });
    }
  }
```

更多信息：

抛出异常很重要，因为如果数据库文件不存在，SQLite 数据库提供程序会创建一个空数据库文件，所以如果测试连接，是能够成功的。但是，如果查询该数据库，就会发生关于表不存在的异常，因为该数据库中不包含任何表。在把相对路径转换为绝对路径后，就可以在调试的时候设置一个断点来更轻松地查看数据库文件应该在什么位置，或者添加一条语句来记录该路径。

12.3.4 自定义模型并定义扩展方法

现在来简化 OnModelCreating 方法。我会简单解释每个步骤，然后展示最终完成的方法。你可以执行每个步骤，也可以直接使用最终方法的代码：

(1) 在 OnModelCreating 方法中，删除所有调用 ValueGeneratedNever 方法的 Fluent API 语句，如下面的代码中显示的语句。ValueGeneratedNever 会把主键属性(如 CategoryId)配置为从不自动生成值或调用 HasDefaultValueSql 方法：

```
modelBuilder.Entity<Category>(entity =>
{
  entity.Property(e => e. CategoryId).ValueGeneratedNever();
});
```

更多信息：

如果不删除如上面语句那样的配置，那么在添加新的 Category 时，CategoryId 值将总会是 0，我们将只能添加一个具有该值的 Category；继续添加时将抛出异常。你可以将 NorthwindContext.cs 文件与 GitHub 存储库中位于以下链接位置的文件进行比较：https://github.com/markjprice/cs12dotnet8/blob/main/code/PracticalApps/Northwind.DataContext.Sqlite/NorthwindContext.cs。

(2) 在 OnModelCreating 方法中，对于 Product 实体，告诉 SQLite 可将 UnitPrice 从 decimal 转换为 double，如下所示：

```
entity.Property(product => product.UnitPrice)
  .HasConversion<double>();
```

(3) 现在，OnModelCreating 方法应该更加简单了，如下所示：

```
protected override void OnModelCreating(ModelBuilder modelBuilder)
{
modelBuilder.Entity<Order>(entity =>
{
  entity.Property(e => e.Freight).HasDefaultValueSql("0");
});

  modelBuilder.Entity<OrderDetail>(entity =>
  {
    entity.Property(e => e.Quantity).HasDefaultValueSql("1");
    entity.Property(e => e.UnitPrice).HasDefaultValueSql("0");

    entity.HasOne(d => d.Order).WithMany(p =>
      p.OrderDetails).OnDelete(DeleteBehavior.ClientSetNull);

    entity.HasOne(d => d.Product).WithMany(p =>
      p.OrderDetails).OnDelete(DeleteBehavior.ClientSetNull);
  });

  modelBuilder.Entity<Product>(entity =>
  {
    entity.Property(e => e.Discontinued).HasDefaultValueSql("0");
    entity.Property(e => e.ReorderLevel).HasDefaultValueSql("0");
    entity.Property(e => e.UnitPrice).HasDefaultValueSql("0");
    entity.Property(e => e.UnitsInStock).HasDefaultValueSql("0");
    entity.Property(e => e.UnitsOnOrder).HasDefaultValueSql("0");

    entity.Property(product => product.UnitPrice)
      .HasConversion<double>();
  });

  OnModelCreatingPartial(modelBuilder);
}
```

(4) 在 Northwind.DataContext.Sqlite 项目中，添加一个名为 NorthwindContextExtensions.cs 的类。修改该类的内容，通过定义一个扩展方法把 Northwind 数据库上下文添加到一个依赖服务集合中，如下所示：

```
using Microsoft.EntityFrameworkCore; // To use UseSqlite.
using Microsoft.Extensions.DependencyInjection; // To use
IServiceCollection.

namespace Northwind.EntityModels;

public static class NorthwindContextExtensions
  {
    /// <summary>
    /// Adds NorthwindContext to the specified IServiceCollection. Uses the
Sqlite database provider.
    /// </summary>
    /// <param name="services">The service collection.</param>
    /// <param name="relativePath">Default is ".."</param>
    /// <param name="databaseName">Default is "Northwind.db"</param>
    /// <returns>An IServiceCollection that can be used to add more
services.</returns>
    public static IServiceCollection AddNorthwindContext(
      this IServiceCollection services, // The type to extend.
      string relativePath = "..",
      string databaseName = "Northwind.db")
    {
      string path = Path.Combine(relativePath, databaseName);
      path = Path.GetFullPath(path);
      NorthwindContextLogger.WriteLine($"Database path: {path}");

      if (!File.Exists(path))
    {
      throw new FileNotFoundException(
        message: $"{path} not found.", fileName: path);
    }

    services.AddDbContext<NorthwindContext>(options =>
    {
      // Data Source is the modern equivalent of Filename.
      Options.UseSqlite($"Data Source={path}");

      options.LogTo(NorthwindContextLogger.WriteLine,
        new[] { Microsoft.EntityFrameworkCore
          .Diagnostics.RelationalEventId.CommandExecuting });
    },
    // Register with a transient lifetime to avoid concurrency
    // issues in Blazor server-side projects.
    contextLifetime: ServiceLifetime.Transient,
    optionsLifetime: ServiceLifetime.Transient);

    return services;
  }
}
```

(5) 构建两个类库并修复发生的任何编译错误。

12.3.5 注册依赖服务的作用域

默认情况下，使用作用域生存期注册 DbContext 类，这意味着多个线程可以共享相同的实例。但是，DbContext 不支持多个线程。如果多个线程试图同时使用相同的 NorthwindContext 类实例，将抛出下面的运行时异常：A second operation started on this context before a previous operation completed. This is usually caused by different threads using the same instance of a DbContext, however instance members are not guaranteed to be thread safe。

在 Blazor 项目中，把组件设置为在服务器端运行时会发生这种情况，因为每当发生客户端交互时，就会向服务器发回一个 SignalR 调用，而多个客户端共享着相同的一个服务器端数据库上下文实例。如果将组件设置为在客户端运行，就不会发生这种问题。

12.3.6 使用 SQL Server 为实体模型创建类库

如果你想使用 SQL Server 而不是 SQLite，则可以参考下面链接给出的说明：

https://github.com/markjprice/cs12dotnet8/blob/main/docs/sql-server/README.md#chapter-12---introducing-web-development-using-aspnet-core

12.3.7 改进类到表的映射

命令行工具 dotnet-ef 为 SQL Server 和 SQLite 生成不同的代码，因为它们支持不同级别的功能，并且 SQLite 使用动态类型。例如，在 EF Core 7 中，SQLite 中的所有整数列会被映射到可空的 long 属性，以实现最大程度的灵活性。

在 EF Core 8 及更高版本中，会检查实际存储的值，如果它们都能够存储到一个 int 中，就会把映射的属性声明为 int。如果它们都能够存储到一个 short 中，就会把映射的属性声明为 short。

在这个版本中，我们做更少的工作就能够改进映射。

作为另外一个例子，SQL Server 文本列可以限制字符的数量。SQLite 不支持此功能。因此，dotnet-ef 将生成验证特性，以确保 SQL Server(而不是 SQLite)的字符串属性被限制在指定的字符数，代码如下所示：

```
// SQLite database provider-generated code.
[Column(TypeName = "nvarchar (15)")]
public string CategoryName { get; set; } = null!;

// SQL Server database provider-generated code.
[StringLength(15)]
public string CategoryName { get; set; } = null!;
```

下面做一些小的改变来改进 SQLite 的实体模型映射和验证规则。在线提供的说明中为 SQL Server 提供了类似的修改。

更多信息：

记住，所有代码都可通过扫描本书封底的二维码下载。虽然通过自己输入代码，能够获得更深刻的认识，但并不是必须自己输入代码。访问下面的链接，然后在键盘上按.键，可在浏览器中打开一个实时的代码编辑器：https://github.com/markjprice/cs12dotnet8。

首先，将添加一个正则表达式，验证 CustomerId 的值刚好是 5 个大写字符。之后，将添加字符串长度要求，验证实体模型的多个属性是否知道它们的文本值允许的最大长度。

(1) 激活代码编辑器的查找和替换功能：

- 在 Visual Studio 2022 中，导航到 Edit | Find and Replace | Quick Replace，然后打开 Use Regular Expressions。

(2) 在搜索框中输入正则表达式，如图 12.2 和下面的表达式所示：

```
\[Column\(TypeName = "(nchar|nvarchar) \((.*)\)"\)\]
```

(3) 在替换框中，输入替换正则表达式，如下所示：

```
$0\n [StringLength($2)]
```

在换行符\n 之后，我包含了 4 个空格字符，以便在系统上正确缩进，它在每个缩进级别使用两个空格字符。你可插入任意数量的空白。

(4) 将 Find and Replace 设置为搜索当前项目中的文件。

(5) 执行搜索和替换，替换全部，如图 12.2 所示。

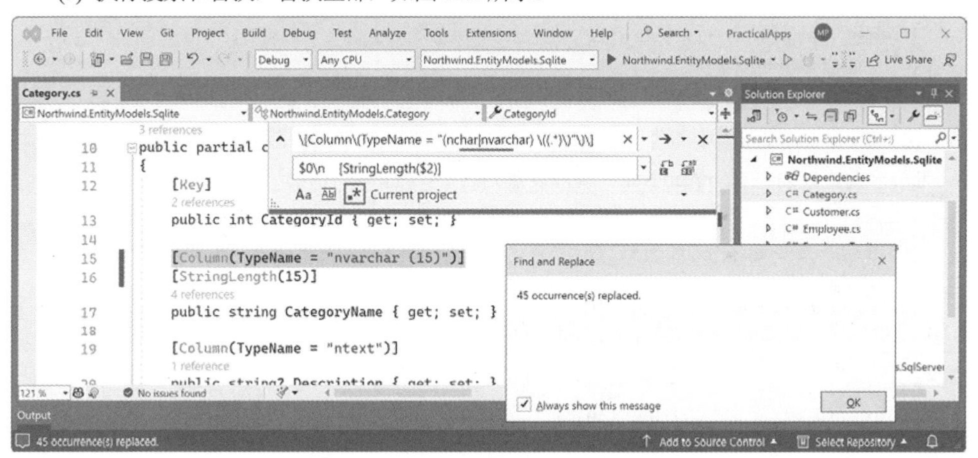

图 12.2　在 Visual Studio 2022 中使用正则表达式搜索和替换所有匹配项

(6) 更改任何日期/时间列，例如在 Employee.cs 中，使用可空的 DateTime 值而不是字符串，如下所示：

```
// Before:
[Column(TypeName = "datetime")]
public string? BirthDate { get; set; }

// After:
[Column(TypeName = "datetime")]
public DateTime? BirthDate { get; set; }
```

更多信息：

使用代码编辑器的查找功能搜索 datetime，以找到需要更改的所有属性。在 Employee.cs 中，应该有两个，在 Order.cs 中，应该有 3 个。

(7) 更改任何 money 列，例如，在 Order.cs 中，使用一个可空的 decimal 而不是 double，如下所示：

```
// Before:
[Column(TypeName = "money")]
public double? Freight { get; set; }

// After:
[Column(TypeName = "money")]
public decimal? Freight { get; set; }
```

更多信息：

使用代码编辑器的查找功能搜索 money，以找到需要更改的所有属性。在 Order.cs 中，应该有 1 个，在 Orderdetail.cs 中，应该有 1 个，在 Product.cs 中，也应该有 1 个。

(8) 在 Category.cs 中，将 CategoryName 属性设置为必要属性，如下所示：

```
[Required]
[Column(TypeName = "nvarchar (15)")]
[StringLength(15)]
public string CategoryName { get; set; }
```

(9) 在 Customer.cs 中，添加一个正则表达式，以验证它的主键 CustomerId 只允许使用大写 Western 字符，然后将 CompanyName 属性设置为必要属性，如下所示：

```
[Key]
[Column(TypeName = "nchar (5)")]
[StringLength(5)]
[RegularExpression("[A-Z]{5}")]
public string CustomerId { get; set; } = null!;

[Required]
[Column(TypeName = "nvarchar (40)")]
[StringLength(40)]
public string CompanyName { get; set; }
```

(10) 在 Employee.cs 中，将 FirstName 和 LastName 属性设置为必要属性。

(11) 在 EmployeeTerritory.cs 中，将 TerritoryId 属性设置为必要属性。

(12) 在 Order.cs 中，使用正则表达式装饰 CustomerId 属性，以强制使用 5 个大写字符。

(13) 在 Product.cs 中，将 ProductName 属性设置为必要属性。

(14) 在 Shipper.cs 中，将 CompanyName 属性设置为必要属性。

(15) 在 Supplier.cs 中，将 CompanyName 属性设置为必要属性。

(16) 在 Territory.cs 中，将 TerritoryId 和 TerritoryDescription 属性设置为必要属性。

12.3.8 测试类库

现在构建一些单元测试，确保类库正确工作。

警告：

如果你使用的是 SQLite 数据库提供程序，那么当使用错误的或者不存在的数据库文件调用 CanConnect 方法时，提供程序会创建一个 0 字节的 Northwind.db。因此，在我们的 NorthwindContext 类中，显式检查数据库文件是否存在，并且如果数据库文件不存在就在它被实例化时抛出异常，以阻止这种行为出现。这么做十分重要。

(1) 使用自己喜欢的编码工具，在 PracticalApps 解决方案中添加一个新的 xUnit Test Project [C#]/xunit 项目，命名为 Northwind.UnitTests。

(2) 在 Northwind.UnitTests 项目中，为 SQLite 或 SQL Server 添加 Northwind.DataContext 项目的项目引用，如下面突出显示的代码所示：

```
<ItemGroup>
  <!-- change Sqlite to SqlServer if you prefer -->
  <ProjectReference Include="..\Northwind.DataContext
.Sqlite\Northwind.DataContext.Sqlite.csproj" />
</ItemGroup>
```

注意：

项目引用必须在一行中，不能换行。

(3) 构建 Northwind.UnitTests 项目以构建被引用的项目。

(4) 将 UnitTest1.cs 重命名为 EntityModelTests.cs。

(5) 修改该文件的内容以定义两个测试，一个用于连接到数据库，另一个用于确认数据库中包含 8 个类别，如下所示：

```
using Northwind.EntityModels; // To use NorthwindContext.

namespace Northwind.UnitTests
{
  public class EntityModelTests
  {
    [Fact]
    public void DatabaseConnectTest()
    {
      using NorthwindContext db = new();
      Assert.True(db.Database.CanConnect());
    }

    [Fact]
    public void CategoryCountTest()
    {
      using NorthwindContext db = new();

      int expected = 8;
      int actual = db.Categories.Count();

      Assert.Equal(expected, actual);
    }
```

```
    [Fact]
    public void ProductId1IsChaiTest()
    {
      using NorthwindContext db = new();

      string expected = "Chai";
      Product? product = db.Products.Find(keyValues: 1);
      string actual = product?.ProductName ?? string.Empty;

      Assert.Equal(expected, actual);
    }
  }
}
```

(6) 运行单元测试:

- 如果使用的是 Visual Studio 2022，则导航到 Test | Run All Tests，然后在 Test Explorer 中查看结果。
- 如果使用的是 Visual Studio Code，则在 Northwind.UnitTest 项目的终端窗口中，使用命令 dotnet test 运行测试。

(7) 注意，结果应该显示，运行了 3 个测试，并且 3 个测试都通过了。如果任何一个测试失败，则修复问题。例如，如果使用的是 SQLite，则检查解决方案目录(项目目录的上一级目录)中的 Northwind.db 文件。检查桌面上的 northwindlog.txt 文件中的数据库路径，其中应该输出了 3 次它为 3 个测试使用的数据库路径，如下面的日志记录所示。

```
Database path: C:\cs12dotnet8\PracticalApps\Northwind.db
Database path: C:\cs12dotnet8\PracticalApps\Northwind.db
dbug: 18/09/2023 14:20:16.712 RelationalEventId.CommandExecuting[20100]
(Microsoft.EntityFrameworkCore.Database.Command)
      Executing DbCommand [Parameters=[@__p_0='?' (DbType = Int32)],
CommandType='Text', CommandTimeout='30']
      SELECT "p"."ProductId", "p"."CategoryId", "p"."Discontinued",
"p"."ProductName", "p"."QuantityPerUnit", "p"."ReorderLevel",
"p"."SupplierId", "p"."UnitPrice", "p"."UnitsInStock", "p"."UnitsOnOrder"
      FROM "Products" AS "p"
      WHERE "p"."ProductId" = @__p_0
      LIMIT 1
Database path: C:\cs12dotnet8\PracticalApps\Northwind.db
dbug: 18/09/2023 14:20:16.832 RelationalEventId.CommandExecuting[20100]
(Microsoft.EntityFrameworkCore.Database.Command)
      Executing DbCommand [Parameters=[], CommandType='Text',
CommandTimeout='30']
      SELECT COUNT(*)
      FROM "Categories" AS "c"
```

最后，我们来介绍一些关于 Web 开发的关键概念，以便为下一章学习 ASP.NET Core Razor Pages 做好准备。

12.4　了解 Web 开发

Web 开发就是使用 HTTP(超文本传输协议)进行开发。因此本章首先回顾这项重要的基础技术。

12.4.1　理解 HTTP

为了与 Web 服务器通信，客户端(也称用户代理)使用 HTTP 通过网络发出调用。因此，HTTP 是 Web 的技术基础。当讨论网站或 Web 服务时，背后的含义就是使用 HTTP 在客户端(通常是 Web 浏览器)和服务器之间进行通信。

客户端对资源(如页面)发出 HTTP 请求，并通过 URL(统一资源定位器)进行唯一标识，服务器返回 HTTP 响应，如图 12.3 所示。

可使用 Google Chrome 或其他浏览器来记录请求和响应。

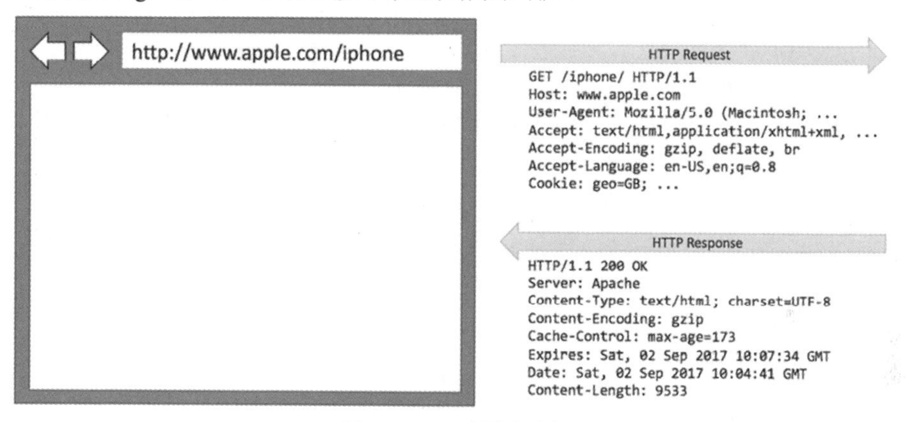

图 12.3　HTTP 请求和响应

最佳实践：

目前，全世界的网站访问者中大约有 2/3 使用 Google Chrome 来访问网站，而且它内置了强大的开发工具，是测试网站的首选浏览器。建议始终使用 Google Chrome 和至少其他两种浏览器测试网站，例如用于 macOS 和 iPhone 的 Firefox 与 Safari。Microsoft Edge 在 2019 年从使用微软自己的渲染引擎切换到使用 Chromium，所以用它进行测试就不那么重要了，不过有些人说 Edge 提供了最好的开发工具。如果使用微软的 Internet Explorer，往往是组织的内部网在使用。

URL 的组成

URL 由以下几个组件组成。

- **方案：** http(明文)或 https(加密)。
- **域名：** 对于一个生产网站或服务，顶级域名(TLD)可能是 example.com，也可能有 www、jobs 或 extranet 等子域。在开发过程中，通常对所有网站和服务使用 localhost。

- **端口号**：对于生产站点或服务，http 为 80，https 为 443。这些端口号通常从方案中推断出来。在开发过程中，通常会使用其他端口号，如 5000、5001 等，以区分所有使用共享域 localhost 的网站和服务。
- **路径**：资源的相对路径，如/customers/germany。
- **查询字符串**：传递参数值的一种方式，如?country=Germany&searchext=shoes。
- **片段(fragment)**：在网页上通过 id 引用一个元素，如#toc。

更多信息：

URL 是 URI(统一资源标识符)的子集。URL 指定了资源的位置以及如何获取资源。URI 通过 URL 或 URN(统一资源名称)标识资源。

12.4.2 使用 Google Chrome 浏览器发出 HTTP 请求

下面探讨如何使用 Google Chrome 发出 HTTP 请求。

(1) 启动 Google Chrome。

(2) 导航到 More tools | Developer tools。

(3) 单击 Network 选项卡，Google Chrome 立即开始记录浏览器和任何 Web 服务器之间的网络流量(注意那个红色的圆点)，如图 12.4 所示。

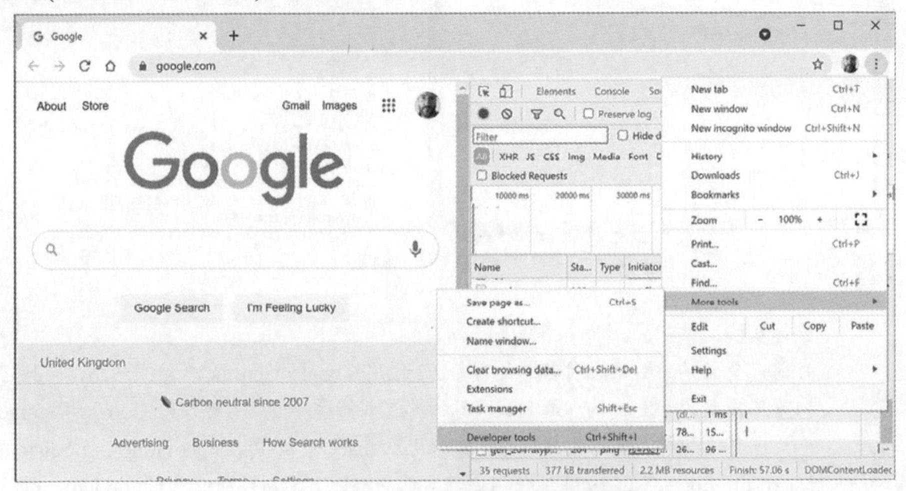

图 12.4　Chrome Developer Tools 记录网络流量

(4) 在 Chrome 浏览器的地址栏中，输入微软的 ASP.NET 学习网站的地址：https://dotnet.microsoft.com/en-us/learn/aspnet。

(5) 在 Developer Tools 窗口中，在记录的请求列表中，滚动到顶部并单击 Type 是 document 的第一个条目，如图 12.5 所示。

(6) 在右侧单击 Headers 选项卡，会显示关于请求头和响应头的详细信息，如图 12.6 所示。

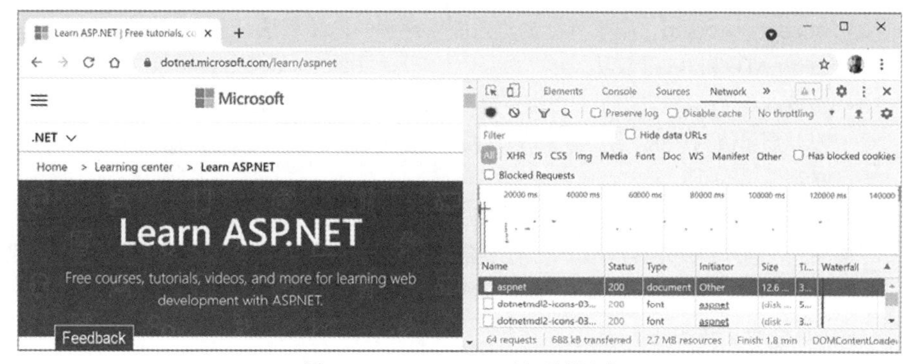

图 12.5　Developer Tools 中记录的请求

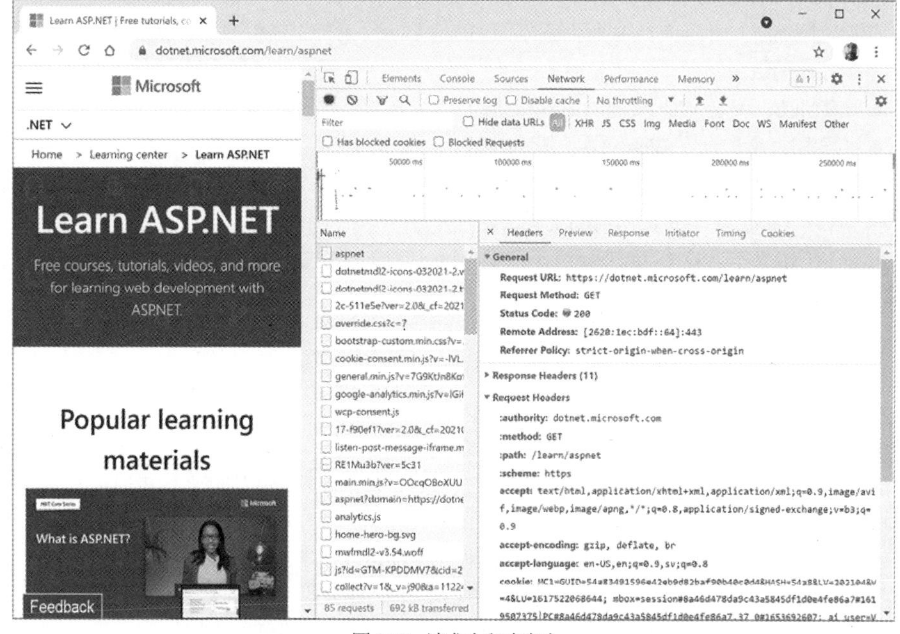

图 12.6　请求头和响应头

注意以下几个方面。

- **请求方法为 GET**。HTTP 定义的其他请求方法包括 POST、PUT、DELETE、HEAD 和 PATCH。
- **状态码是 200 OK**。这意味着服务器找到了浏览器请求的资源，并且在响应体中返回了它们。你可能在响应 GET 请求时看到的其他状态码，包括 301 Moved Permanently、400 Bad Request、401 Unauthorized 和 404 Not Found。
- **浏览器发送给 Web 服务器的请求头信息包括：**
    - accept，用于列出浏览器允许的格式。在本例中，浏览器能理解 HTML、XHTML、XML 和一些图像格式，并可接收其他所有文件(*/*)。默认的权重(也称为质量值)是 1.0。XML 的质量值为 0.9，因此 XML 不如 HTML 或 XHTML 受欢迎。所有其他类型文件的质量值都是 0.8，因此是最不受欢迎的。

  - accept-encoding，用于列出浏览器能够理解的压缩算法。在本例中，包括 GZIP、DEFLATE 和 Brotli 算法。
  - accept-language，用于列出浏览器希望内容使用的人类语言。在本例中，美式英语的默认质量值为 1.0，为其他英语方言显式指定的质量值为 0.9。为瑞典语方言显式指定的质量值为 0.8。
- 响应头，其中的 content-encoding 指出服务器已返回使用 GZIP 算法压缩的 HTML Web 页面响应，因为它知道客户端可以解压缩这种格式。这在图 12.6 中是不可见的，因为没有足够的空间来展开 Response Headers 部分。

(7) 关闭 Google Chrome。

12.4.3 了解客户端 Web 开发技术

在构建网站时，开发人员需要了解的不仅仅是 C#和.NET。在客户端(如 Web 浏览器)，经常使用下列技术的组合。

- HTML5：用于 Web 页面的内容和结构。
- CSS3：用于设置 Web 页面元素的样式。
- JavaScript：用于编写 Web 页面所需的任何业务逻辑。例如，验证表单输入或调用 Web 服务以获取 Web 页面所需的更多数据。

尽管 HTML5、CSS3 和 JavaScript 是前端 Web 开发的基本组件，但还有许多额外的技术可以使前端 Web 开发更有效：

- Bootstrap，世界上最流行的前端开源工具集。
- SASS 和 LESS，用于样式的 CSS 预处理器。
- 微软提供的用于编写更健壮代码的 TypeScript 语言。
- Angular、jQuery、React 和 Vue 等 JavaScript 库。

所有这些高级技术最终都将转换或编译为底层的 3 种核心技术，因此它们可以跨所有现代浏览器工作。

作为构建和部署过程的一部分，你可能会使用下面这些技术：

- Node.js，用于使用 JavaScript 进行服务器端开发的框架。
- Node Package Manager (npm)和 Yarn，它们都是客户端包管理器。
- Webpack，一个流行的模块捆绑器，用于编译、转换和捆绑网站源文件。

12.5 实践和探索

你可以通过回答一些问题来测试自己对知识的掌握程度，进行一些实践，并深入探索本章涵盖的主题。

12.5.1 练习 12.1：测试你掌握的知识

回答以下问题：

(1) 微软的第一个服务器端执行的动态 Web 页面技术是什么？知道这段历史为什么在今天仍然有用？

(2) 微软提供的两个Web服务器的名称是什么?
(3) 微服务和纳米服务有什么区别?
(4) 什么是Blazor?
(5) 不能在.NET Framework中托管的第一个ASP.NET Core版本是多少?
(6) 什么是用户代理?
(7) HTTP请求-响应通信模型对Web开发人员有什么影响?
(8) 描述URL的4个组成部分。
(9) 浏览器的Developer Tools提供了什么功能?
(10) 客户端Web开发的3种主要技术是什么?它们有什么作用?

12.5.2 练习12.2:了解Web开发中常用的缩写

(1) URI
(2) URL
(3) WCF
(4) TLD
(5) API
(6) SPA
(7) CMS
(8) Wasm
(9) SASS
(10) REST

12.5.3 练习12.3:探索主题

使用以下页面的链接，可以了解本章主题的更多细节：https://github.com/markjprice/cs12dotnet8/blob/main/docs/book-links.md#chapter-12--- introducing-web-development-using-aspnet-core

12.6 本章小结

本章主要内容:
- 使用C#和.NET构建网站和Web服务的一些应用程序模型。
- 创建了类库来定义实体数据模型，以使用SQLite或SQL Server处理Northwind数据库。

后面几章将详细讨论以下内容:
- 简单的网站使用静态HTML页面和动态Razor Pages。
- 复杂的网站使用模型-视图-控制器(MVC)设计模式(在线小节)。
- Web服务可以被任何发出HTTP请求的平台和调用这些Web服务的客户端网站调用。
- Blazor用户界面组件可托管在Web服务器、浏览器、混合的Web原生移动应用和桌面应用上。

第13章 使用 ASP.NET Core Razor Pages 构建网站

本章讨论如何使用微软 ASP.NET Core 在服务器端构建具有现代 HTTP 架构的网站，以及如何使用 ASP.NET Core 2 引入的 Razor Pages 和 ASP.NET Core 2.1 引入的 Razor 类库功能构建简单的网站。

本章涵盖以下主题：

- 了解 ASP.NET Core
- 了解 ASP.NET Core Razor Pages
- 使用 Entity Framework Core 与 ASP.NET Core
- 配置服务和 HTTP 请求管道

13.1 了解 ASP.NET Core

首先我们将创建一个空的 ASP.NET Core 项目，并探索如何让它服务 Web 页面。

13.1.1 创建空的 ASP.NET Core 项目

下面创建一个 ASP.NET Core 项目以显示 Northwind 示例数据库中的供应商列表。

dotnet 工具有很多项目模板，可以自动完成很多工作。但是很难辨别在特定的情况下，哪种方法是最好的，所以建议从空白的网站项目模板开始，逐步添加功能，这样就可以了解所有细节。

(1) 使用自己喜欢的代码编辑器打开 PracticalApps 解决方案，然后添加一个新项目，其定义如下所示。

- 项目模板：ASP.NET Core Empty [C#]/web。对于 JetBrains Rider，选择名为 ASP.NET Core Web Application 的项目模板，然后将 Type 设置为 Empty。
- 项目文件和文件夹：Northwind.Web
- 解决方案文件和文件夹：PracticalApps
- 对于 Visual Studio 2022，保留所有其他选项的默认值，例如，将 Framework 设置为.NET 8.0 (Long Term Support)，选中 Configure for HTTPS，清除 Enable Docker，并清除 Do not use top-level statements。

- 对于Visual Studio Code和dotnet new web命令，默认选项就是我们想要的选项。在将来的项目中，如果你想从顶级语句改为原来的Program类风格，可以指定--use-program-main开关。

更多信息：

在GitHub存储库的以下链接，我总结了Visual Studio 2022和dotnet new在创建新项目时的选项：https://github.com/markjprice/cs12dotnet8/blob/main/docs/ch01-project- options.md。

(2) 构建Northwind.Web项目。

(3) 打开Northwind.Web.csproj文件，注意该项目类似于一个类库，只是SDK是Microsoft.NET.Sdk.Web，如下面突出显示的代码所示：

```
<Project Sdk="Microsoft.NET.Sdk.Web">

  <PropertyGroup>
    <TargetFramework>net8.0</TargetFramework>
    <Nullable>enable</Nullable>
    <ImplicitUsings>enable</ImplicitUsings>
  </PropertyGroup>

</Project>
```

(4) 添加一个元素，以全局地、静态地导入System.Console类。

(5) 如果使用Visual Studio 2022，请在Solution Explorer中，打开Show All Files。如果使用JetBrains Rider，则将光标移动到Solution窗格上，然后单击眼球图标。

(6) 依次展开obj文件夹、Debug文件夹和net8.0文件夹，选择Northwind.Web. GlobalUsings.g.cs文件，并注意隐式导入的名称空间包括用于控制台应用程序或类库的所有名称空间，以及一些ASP.NET Core名称空间，如Microsoft.AspNetCore.Builder，如下所示：

```
// <autogenerated />
global using global::Microsoft.AspNetCore.Builder;
global using global::Microsoft.AspNetCore.Hosting;
global using global::Microsoft.AspNetCore.Http;
global using global::Microsoft.AspNetCore.Routing;
global using global::Microsoft.Extensions.Configuration;
global using global::Microsoft.Extensions.DependencyInjection;
global using global::Microsoft.Extensions.Hosting;
global using global::Microsoft.Extensions.Logging;
global using global::System;
global using global::System.Collections.Generic;
global using global::System.IO;
global using global::System.Linq;
global using global::System.Net.Http;
global using global::System.Net.Http.Json;
global using global::System.Threading;
global using global::System.Threading.Tasks;
global using static global::System.Console;
```

(7) 关闭文件并折叠 obj 文件夹。

(8) 在 Northwind.Web 项目/文件夹中，展开名为 Properties 的文件夹，打开名为 launchSettings.json 的文件，注意其中名为 http 和 https 的配置节。它们具有随机分配的端口号，下个步骤将修改它们，所以现在只需要注意它们的位置，如下所示：

```
{
  "$schema": "http://json.schemastore.org/launchsettings.json",
  "iisSettings": {
    "windowsAuthentication": false,
    "anonymousAuthentication": true,
    "iisExpress": {
      "applicationUrl": "http://localhost:14842",
      "sslPort": 44352
    }
  },
  "profiles": {
    "http": {
      "commandName": "Project",
      "dotnetRunMessages": true,
      "launchBrowser": true,
      "applicationUrl": "http://localhost:5122",
      "environmentVariables": {
        "ASPNETCORE_ENVIRONMENT": "Development"
    }
  },
  "https": {
    "commandName": "Project",
    "dotnetRunMessages": true,
    "launchBrowser": true,
      "applicationUrl": "https://localhost:7155;http://localhost:5122",
      "environmentVariables": {
        "ASPNETCORE_ENVIRONMENT": "Development"
      }
    },
    "IIS Express": {
      "commandName": "IISExpress",
      "launchBrowser": true,
      "environmentVariables": {
        "ASPNETCORE_ENVIRONMENT": "Development"
      }
    }
  }
}
```

更多信息：

launchSettings.json 只在开发中使用，它对构建过程没有影响。它不会与编译后的网站项目一起部署，所以对于生产运行时没有影响。它只是被代码编辑器(如 Visual Studio 2022 和 JetBrains Rider)用来设置环境变量，以及定义代码编辑器启动项目时，Web 服务器侦听的 URL。

(9) 对于 https 配置节的 applicationUrl，将为 http 分配的端口号改为 5130，将为 https 分配的端口号改为 5131，然后改变它们的顺序，使 http 在列表中第一个出现，这样就会默认使用 http，如下所示：

```
"applicationUrl": "http://localhost:5130;https://localhost:5131",
```

更多信息：

http 和 https 启动配置的 commandName 是 Project，这意味着它们使用项目中配置的 Web 服务器来托管网站，在默认情况下是 Kestrel。另外也有针对 IIS 的配置节和设置，IIS 是只能在 Windows 上使用的 Web 服务器。由于 Kestrel 是跨平台的 Web 服务器，所以本书中只使用 Kestrel。为了让 launchSettings.json 文件更加整洁，你甚至可以删除 iisSettings 和 IIS Express 节。

(10) 在 Program.cs 中，注意以下几点：

- ASP.NET Core 项目就像顶级的控制台应用程序，有一个隐藏的<Main>$方法作为入口点，它有一个使用 args 名称传递的参数。
- 调用 WebApplication.CreateBuilder，它为网站创建一个主机，为稍后构建的 Web 主机使用默认设置。
- 网站将用纯文本“Hello World!”响应所有 HTTP GET 请求。
- 对 Run 方法的调用是一个阻塞调用，所以隐藏的<Main>$方法不会返回，直到 Web 服务器停止运行。

Program.cs 的内容如下面的代码所示：

```
var builder = WebApplication.CreateBuilder(args);
var app = builder.Build();

app.MapGet("/", () => "Hello World!");

app.Run();
```

(11) 在 Program.cs 文件的底部，添加一条注释来解释 Run 方法，然后添加一条语句，在调用 Run 方法之后，也就是 Web 服务器停止运行之后，向控制台写入一条消息，如下所示：

```
// Start the web server, host the website, and wait for requests.
app.Run(); // This is a thread-blocking call.
WriteLine("This executes after the web server has stopped!");
```

13.1.2 测试和保护网站

下面测试 ASP.NET Core Empty 网站项目的功能。从 HTTP 切换到 HTTPS，为浏览器和 Web 服务器之间的所有流量启用加密功能以保护隐私。HTTPS 是 HTTP 的安全加密版本。

(1) 对于 Visual Studio 2022，可执行以下操作。

- 在工具栏中，确保选择的是 https 配置而不是 http、IIS Express 或 WSL，然后将 Web Browser 切换到 Google Chrome，如图 13.1 所示。

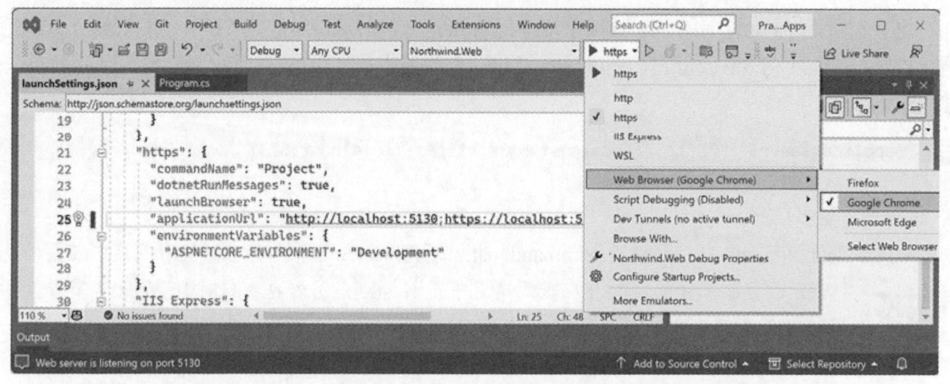

图 13.1 在 Visual Studio 中选择 https 配置文件和 Kestrel Web 服务器

- 导航到 Debug | Start Without Debugging...。
- 在 Windows 上，如果你看到 Windows Security Alert 指出 Windows Defender Firewall has blocked some features of this app，就单击 Allow access 按钮。
- 当第一次启动安全的网站时，可能会提示项目配置为使用 SSL，为了避免浏览器中的警告，可以选择信任 ASP.NET Core 生成的自签名证书。单击 Yes 按钮。当看到安全警告对话框时，再次单击 Yes 按钮。

(2) 对于 Visual Studio Code，输入命令以使用 https 配置启动项目，如下所示：dotnet run --launch-profile https。然后，启动 Chrome。

(3) 对于 JetBrains Rider：

- 导航到 Run | Edit Configurations…
- 在 Run/Debug Configurations 对话框中，选择 Northwind.Web: https。
- 在对话框底部，After launch 复选框右边，选择 Chrome，然后单击 OK。
- 导航到 Run | Run 'Northwind.Web: https'。

(4) 在 Visual Studio 的命令提示符窗口或 Visual Studio Code 的终端，注意下面的内容，下面的输出中也显示了它们：

- Web 服务器已经开始侦听我们为 HTTP 和 HTTPS 分配的端口。
- 可以按 Ctrl + C 快捷键关闭 Kestrel Web 服务器。
- 托管环境是 Development。

```
info: Microsoft.Hosting.Lifetime[14]
  Now listening on: http://localhost:5130
info: Microsoft.Hosting.Lifetime[14]
  Now listening on: https://localhost:5131
info: Microsoft.Hosting.Lifetime[0]
  Application started. Press Ctrl+C to shut down.
info: Microsoft.Hosting.Lifetime[0]
  Hosting environment: Development
info: Microsoft.Hosting.Lifetime[0]
  Content root path: C:\cs12dotnet8\PracticalApps\Northwind.Web
```

更多信息：

Visual Studio 2022也会自动启动选择的浏览器，并导航到第一个URL。如果使用的是Visual Studio Code，就必须手动启动Chrome。

(5) 在命令行提示符或终端，让Kestrel Web服务器处于运行状态。

(6) 在Chrome浏览器中，显示Developer Tools，单击Network选项卡。

(7) 请求网站项目的主页：

- 如果使用的是Visual Studio 2022，并且Chrome自动启动且已输入了URL，则单击Reload this page按钮或按F5键。
- 如果使用的是Visual Studio Code和终端或命令行，则在Chrome的地址栏中，输入地址http://localhost:5130/。

(8) 在Network选项卡中，单击localhost，注意响应是纯文本的Hello World!，该响应来自跨平台的Kestrel Web服务器，如图13.2所示。

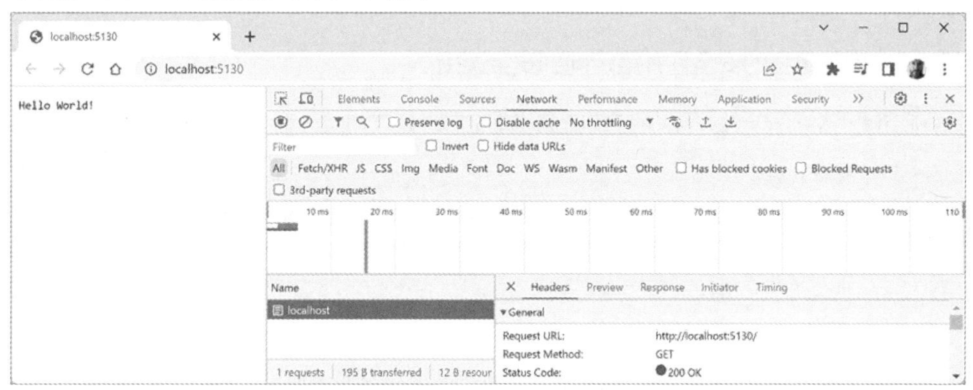

图13.2　来自网站项目的纯文本响应

更多信息：

Chrome这样的浏览器可能还会请求favicon.ico文件，以在浏览器窗口或选项卡中显示，但我们的项目中没有这个文件，所以它显示为404 Not Found错误。如果这让你感到烦躁，可以在下面的链接免费生成一个favicon.ico文件，并把它添加到项目文件夹中：https://favicon.io/。在Web页面中，还可以在元标记中指定一个favicon，例如，一个使用Base64编码的空白favicon，如下所示：

```
<link rel="icon" href="data:;base64,iVBORw0KGgo=">
```

(9) 输入地址https://localhost:5131/。注意，如果没有使用Visual Studio 2022，或者当提示信任SSL证书时单击No按钮，那么响应是一个隐私错误。这是因为没有配置浏览器可以信任的证书来加密和解密HTTPS通信(如果未显示这条错误消息，就说明已配置了证书)。在生产环境中，可能希望向Verisign这样的公司付费来获得一个SSL证书，因为此类公司提供了责任保护和技术支持。在开发期间，可以让操作系统信任ASP.NET Core提供的临时开发证书。

更多信息：

对于 Linux 开发人员来说，如果不能创建自签名的证书，或者不介意每隔 90 天重新申请证书，那么可以从以下链接获得免费证书：https://letsencrypt.org。

(10) 在命令行或终端中，按 Ctrl + C 快捷键关闭 Web 服务器，并注意所写的信息，如下所示：

```
info: Microsoft.Hosting.Lifetime[0]
      Application is shutting down...
This executes after the web server has stopped!
C:\cs12dotnet8\PracticalApps\Northwind.Web\bin\Debug\net8.0\Northwind.
Web.exe (process 19888) exited with code 0.
```

(11) 如果需要信任本地的自签名 SSL 证书，那么在命令行或终端中，输入下面的命令：dotnet dev-certs https --trust。

(12) 注意消息 Trusting the HTTPS development certificate was requested。系统可能会提示输入密码，并且可能已经存在有效的 HTTPS 证书。

13.1.3 启用更强的安全性并重定向到安全连接

启用更严格的安全性并自动将 HTTP 请求重定向到 HTTPS 是一种良好的实践。

最佳实践：

HSTS (HTTP 严格传输安全)是一种可选择的安全增强，但推荐始终启用它。如果网站指定了它，浏览器也支持它，它就强制所有通信通过 HTTPS 进行，并阻止访问者使用不受信任或无效的证书。

下面就来实现这种行为：

(1) 在 Program.cs 中，在构建 app 的语句的后面添加区域和一个 if 语句，在非开发环境中启用 HSTS，并把 HTTP 请求重定向到 HTTPS，代码如下所示：

```
var builder = WebApplication.CreateBuilder(args);
var app = builder.Build();

#region Configure the HTTP pipeline and routes

if (!app.Environment.IsDevelopment())
{
  app.UseHsts();
}

app.UseHttpsRedirection();

app.MapGet("/", () => "Hello World!");

#endregion

// Start the web server, host the website, and wait for requests.
app.Run(); // This is a thread-blocking call.
WriteLine("This executes after the web server has stopped!");
```

(2) 使用 https 启动配置来启动 Northwind.Web 网站项目，但不进行调试。

(3) 如果Chrome仍在运行，请关闭并重新启动。

(4) 在Chrome浏览器中，显示Developer Tools，单击Network选项卡。

(5) 输入地址 http://localhost:5130/，注意服务器如何用307 Temporary Redirect重定向到 https://localhost:5131/进行响应。证书现在是有效且受信任的，如图13.3所示。

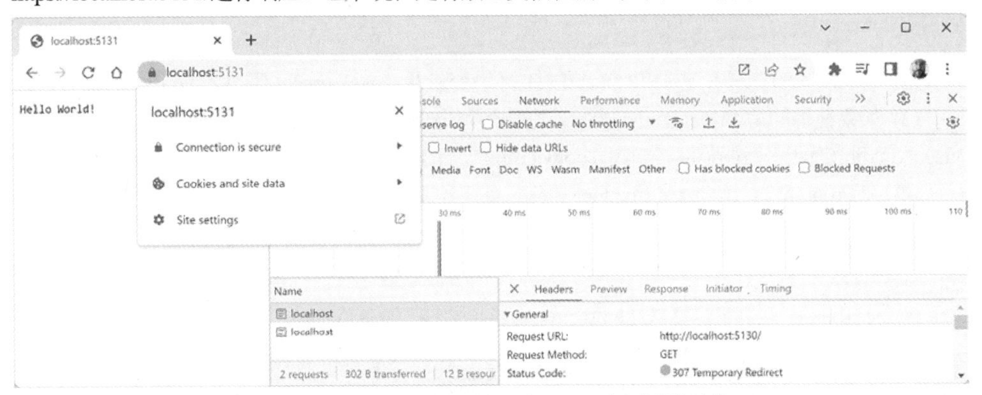

图13.3 现在使用一个有效的证书和307重定向保护连接

(6) 关闭Chrome，然后关闭Web服务器。

最佳实践：

在完成网站的测试后，记得切换到命令提示符或终端，然后按Ctrl+C来关闭Kestrel Web服务器。

13.1.4 控制托管环境

在ASP.NET Core 5及更早的版本中，项目模板设置了一个规则，表示在开发模式下，任何未处理的异常将显示在浏览器窗口中，以便开发人员查看异常的详细信息，代码如下所示：

```
if (app.Environment.IsDevelopment())
{
  app.UseDeveloperExceptionPage();
}
```

在ASP.NET Core 6及后续版本中，这段代码是自动执行的，所以它未包含在项目模板的Program.cs源代码中。

ASP.NET Core如何知道我们何时在开发模式中运行，从而让IsDevelopment方法返回true，并执行这段额外的代码来设置开发异常页面？下面寻找答案。

ASP.NET Core可以通过从settings文件和环境变量中读取信息来确定使用什么托管环境，例如DOTNET_ENVIRONMENT或ASPNETCORE_ENVIRONMENT。

可在本地开发期间重写这些设置。

(1) 在Northwind.Web文件夹中，展开名为Properties的子文件夹，打开名为launchSettings.json的文件。注意https启动配置将托管环境的环境变量设置为Development，如下所示：

```
"https": {
  "commandName": "Project",
```

```
    "dotnetRunMessages": true,
    "launchBrowser": true,
    "applicationUrl": "https://localhost:5131;http://localhost:5130",
    "environmentVariables": {
      "ASPNETCORE_ENVIRONMENT": "Development"
    }
  },
```

(2) 将 ASPNETCORE_ENVIRONMENT 环境变量从 Development 更改为 Production。

(3) 如果使用的是 Visual Studio 2022，则作为可选项，将 launchBrowser 更改为 false，以防止 Visual Studio 自动启动浏览器。当使用 dotnet run 或 JetBrains Rider 启动网站项目时会忽略此设置。

(4) 在 Program.cs 中，修改 MapGet 语句，如下所示：

```
app.MapGet("/", () =>
  $"Environment is {app.Environment.EnvironmentName}");
```

(5) 使用 https 启动配置来启动网站，注意托管环境为 Production，如下所示：

```
info: Microsoft.Hosting.Lifetime[0]
  Hosting environment: Production
```

(6) 在 Chrome 中，注意纯文本显示是 Environment is Production.

(7) 关闭 Web 服务器。

(8) 在 launchSettings.json 文件中，将托管环境改回为 Development。

更多信息：

在以下链接可以学习更多关于环境的知识: https:// learn.microsoft.com/en-us/aspnet/core/fundamentals/environments。

13.1.5 使网站能够提供静态内容

只返回一条纯文本消息的网站没有多大用处！

对于网站来说，至少应该返回静态的 HTML 页面、用于样式化 Web 页面的 CSS 以及其他任何静态资源(如图像和视频)。

按照惯例，这些文件应该存储在一个名为 wwwroot 的目录中，以使它们与网站项目的动态执行部分分开。

1. 为静态文件和网页创建文件夹

下面创建文件夹以存放静态的网站资源，并创建使用 Bootstrap 进行样式化的基本索引页。

(1) 在 Northwind.Web 项目/文件夹中创建一个名为 wwwroot 的文件夹。注意，Visual Studio 2022 会识别出它是一种特殊类型的文件夹，并为它显示一个地球图标。

(2) 将名为 index.html 的新文件添加到 wwwroot 文件夹中(在 Visual Studio 2022 中，项目项模板的名称是 HTML Page)。

(3) 修改 index.html 文件的标记以链接到 CDN 托管的 Bootstrap，进行样式化，并实现一些现代的良好实践，如设置视口，如下所示：

```
<!doctype html>
```

```
<html lang="en">
<head>
  <!-- Required meta tags -->
  <meta charset="utf-8" />
  <meta name="viewport" content=
    "width=device-width, initial-scale=1, shrink-to-fit=no" />
  <!-- Bootstrap CSS -->
  <link href="https://cdn.jsdelivr.net/npm/bootstrap@5.3.0/dist/css/
bootstrap.min.css" rel="stylesheet" integrity="sha384-9ndCyUaIbzAi2FUVXJi
0CjmCapSmO7SnpJef0486qhLnuZ2cdeRhO02iuK6FUUVM" crossorigin="anonymous">
  <title>Welcome ASP.NET Core!</title>
</head>
<body>
  <div class="container">
    <div class="jumbotron">
      <h1 class="display-3">Welcome to Northwind B2B</h1>
      <p class="lead">We supply products to our customers.</p>
        <hr />
        <h2>This is a static HTML page.</h2>
        <p>Our customers include restaurants, hotels, and cruise lines.</p>
        <p>
          <a class="btn btn-primary"
            href="https://www.asp.net/">Learn more</a>
      </p>
    </div>
  </div>
</body>
</html>
```

更多信息：

在以下链接检查最新版本：https://getbootstrap. com/docs/versions/。单击最新版本来访问其Get started with Bootstrap页面。向下滚动页面到Step 2，找到最新的<link>和<script>元素，然后可以复制和粘贴它们。

2. 启用静态文件和默认文件

如果现在启动网站，并在浏览器的地址栏中输入 http://localhost:5130/index.html 或 https://localhost:5131/index.html，网站将返回404 Not Found错误，这说明没有找到网页。为了使网站能够返回静态文件，如index.html，必须显式地配置这些功能。

即使启用了静态文件，如果启动网站，并在浏览器的地址框中输入 http://localhost:5130 或 https://localhost:5131，网站也会返回404 Not Found错误。因为如果没有请求指定的文件，Web服务器在默认情况下将不知道该返回什么。

现在启用静态文件并显式地配置默认文件，然后更改已注册的用于返回纯文本响应的URL路径。

(1) 在Program.cs中，在启用HTTPS重定向的语句后面添加语句，以启用静态文件和默认文件。另外，修改将GET请求映射到返回包含环境名称的纯文本响应的语句，以便只响应URL路径/hello，如下所示：

```
app.UseDefaultFiles(); // index.html, default.html, and so on.
```

```
app.UseStaticFiles();

app.MapGet("/hello", () =>
  $"Environment is {app.Environment.EnvironmentName}");
```

> **警告：**
> UseDefaultFiles 调用必须在 UseStaticFiles 调用之前，否则将无法工作！本章最后将进一步介绍中间件和端点路由的排序。

(2) 启动网站。

(3) 启动 Chrome，显示 Developer Tools。

(4) 在 Chrome 中输入 http://localhost:5130/，注意浏览器会重定向到位于端口 5131 的 HTTPS 地址。现在通过该安全连接返回 index.html 文件，因为它是这个网站可能的默认文件，并且是在 wwwroot 文件夹中找到的第一个匹配。

(5) 在 Developer Tools 中，注意对 Bootstrap 样式表的请求。

(6) 在 Chrome 中输入 http://localhost:5130/hello，注意返回的是纯文本环境名称，就像以前一样。

(7) 关闭 Chrome 浏览器，关闭 Web 服务器。

如果所有的网页都是静态的，也就是说，它们只能通过 Web 编辑器手动修改，那么网站编程工作就完成了。但是，几乎所有的网站都需要动态内容，这意味着网页是在运行时通过执行代码生成的。

最简单的方法就是使用 ASP.NET Core 的一个名为 Razor Pages 的特性。但在介绍 Razor Pages 之前，我们先来理解为什么你可能会在 Developer Tools 等工具中看到没有想到的其他请求。

3. 理解开发时的浏览器请求

在 Developer Tools 中，我们可以看到浏览器发出的所有请求。其中一些是你期望看到的，例如：

- localhost：这是对网站项目的主页发出的请求。对于我们当前的项目，地址将是 http://localhost:5130/或 https://localhost:5131/。
- bootstrap.min.css：这是对 Bootstrap 的样式的请求。我们在主页上添加了对 Bootstrap 的引用，所以浏览器会请求样式表。

一些请求则只在开发时发出，你使用的代码编辑器决定了发出什么请求。如果你在 Developer Tools 中看到了它们，通常可以忽略它们。例如：

- browserLink 和 aspnetcore-browser-refresh.js：这些是 Visual Studio 2022 发出的请求，用于将浏览器连接到 Visual Studio 来实现调试和 Hot Reload。例如 https://localhost:5131/_vs/browserLink 和 https://localhost:5131/_framework/aspnetcorebrowser- refresh.js。
- negotiate?requestUrl、connect?transport、abort?Transport 等：这些是用于将 Visual Studio 2022 和浏览器连接起来的其他请求。
- Northwind.Web/：这是与 SignalR 有关的 WebSockets 请求，用于将 Visual Studio 2022 和浏览器连接起来：wss://localhost:44396/Northwind.Web/。

前面看到了如何创建一个基本的网站，使其支持静态文件(如 HTML Web 页面和 CSS 样式表)，接下来改进这个网站，添加对动态 Web 页面的支持。对于创建动态 Web 页面，ASP.NET Core Razor

Pages 是最简单的技术。

13.2 了解 ASP.NET Core Razor Pages

ASP.NET Core Razor Pages 允许开发人员轻松地将 HTML 标记和 C#代码混合在一起，动态生成 Web 页面。这就是 Razor 页面使用.cshtml 文件扩展名的原因。

按照约定，ASP.NET Core 在名为 Pages 的文件夹中查找 Razor Pages。

13.2.1 启用 Razor Pages

下面将复制并修改静态的 HTML 页面，使其成为动态的 Razor Page，然后添加并启用 Razor Pages 服务。

(1) 在 Northwind.Web 项目文件夹中创建一个名为 Pages 的文件夹。

(2) 将 index.html 文件复制到 Pages 文件夹(在 Visual Studio 2022 或 JetBrains Rider 中，按下 Ctrl 键并拖放)。

(3) 将 Pages 文件夹中的 index.html 文件的文件扩展名从.html 重命名为.cshtml。

(4) 在 Pages 文件夹的 index.cshtml 文件的顶部添加@page 指令。

(5) 在 index.cshtml 中，删除表明这是一个静态 HTML 页面的<h2>元素。

(6) 在 Program.cs 中，创建 builder 的语句之后，添加语句以添加 ASP.NET Core Razor Pages 及相关服务，如模型绑定、授权、防伪、视图和标记助手，并可以选择定义一个#region，如下所示：

```
#region Configure the web server host and services.

var builder = WebApplication.CreateBuilder(args);

builder.Services.AddRazorPages();

var app = builder.Build();

#endregion
```

(7) 在 Program.cs 中，在映射 HTTP GET 请求路径/hello 的语句之前，添加一条调用 MapRazorPages 方法的语句，如下所示：

```
app.MapRazorPages();
app.MapGet("/", () =>
  $"Environment is {app.Environment.EnvironmentName}");
```

注意：
如果你为 Visual Studio 安装了 ReSharper，或者使用了 JetBrains Rider，则它们可能在你的 Razor Pages、Razor View 和 Blazor 组件中给出“无法解析符号”等警告。这并不一定意味着实际存在问题。如果文件能够编译，就可以忽略它们给出的错误。有时候，这些工具会令人感到困惑，让开发人员产生不必要的担心。

(8) 使用 https 启动配置来启动网站项目。

(9) 在 Chrome 中，输入 https://localhost:5131/，注意说这是一个静态 HTML 页面的元素已经

不见了。如果它还存在，你可能需要清空浏览器缓存。为此，查看 Developer Tools，单击并按住 Reload this page 按钮，然后选择 Empty cache and hard reload，如图 13.4 所示：

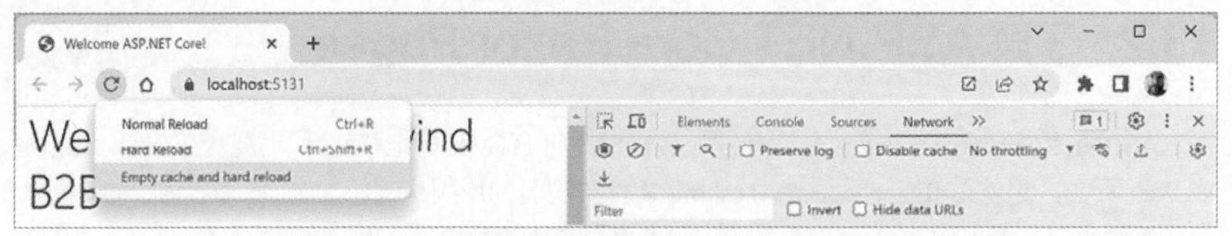

图 13.4 查看 Developer Tools，然后单击并按住 Reload this page 按钮来查看更多命令

13.2.2 给 Razor Pages 添加代码

在 Web 页面的 HTML 标记中，Razor 语法由@符号表示。Razor Pages 可以如下描述。

- Razor Pages 需要在文件顶部添加@page 指令。

> **警告：**
> Razor Pages 和 Razor View(用在 ASP.NET Core MVC 中)不同，但它们都具有相同的.cshtml 文件扩展名。Razor Pages 必须有@page 指令。Razor View 不能使用@page 指令。

- Razor Pages 可以有一个@functions 部分，其中定义了以下内容：
  - 用于存储数据值的属性，就像类定义中那样。这种类的实例可自动实例化为模型，模型可以在特殊方法中设置属性，可以在 HTML 中获取属性值。
  - OnGet、OnPost、OnDelete 等方法，这些方法会在发出 GET、POST 和 DELETE 等 HTTP 请求时执行。
- Razor Pages 标记可以使用@*和*@来添加注释，例如：@* This is a comment. *@。

下面使用一个@functions 代码块为 Razor Pages 添加一些动态内容：

(1) 在 Pages 文件夹中打开 index.cshtml，按照下面的列表进行修改：

- 在@page 指令之后添加@functions 语句块。
- 定义一个属性，将当前日期的名称存储为字符串。
- 定义一个用于设置 DayName 的方法，该方法会在对页面发出 HTTP GET 请求时执行，如下所示：

```
@page
@functions
{
  public string? DayName { get; set; }

  public void OnGet()
  {
    DayName = DateTime.Now.ToString("dddd");
  }
}
```

(2) 在另一个 HTML 段落<p>中输出日期名称，如下面突出显示的代码所示：

```
<p>It's @DayName! Our customers include restaurants, hotels, and cruise
lines.</p>
```

更多信息：
当你在一个@functions 块中定义属性时，是在一个自动生成的、名为 Pages_<razorpagename>的类中添加代码。在本例中，类名将会是 Pages_index。这个类会自动获得一个名为 Model 的属性，用于代表自身。你可以使用 DayName、this.DayName 或 Model.DayName 在代码或者 HTML 标记中指代该属性。但是，如果你使用 Model.DayName，JetBrains Rider 和 ReSharper 会报错，尽管该语法是有效的，并且能够编译和运行。

(3) 使用 https 配置来启动网站。

(4) 在 Chrome 中，如有必要，输入 https://localhost:5131/，注意页面上显示的是当前日期的名称，如图 13.5 所示。

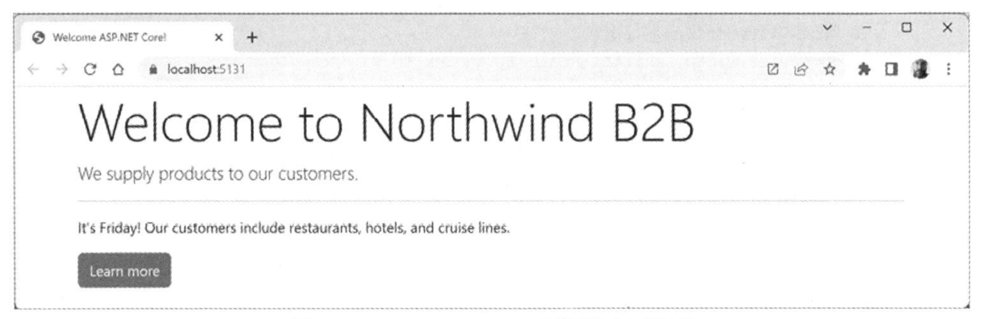

图 13.5 Welcome to Northwind 页面显示当前日期

(5) 在 Chrome 中输入 https://localhost:5131/index.html 以完全匹配静态文件名，注意浏览器会像以前一样返回静态的 HTML 页面。

(6) 在 Chrome 中输入 https://localhost:5131/hello，它与返回纯文本的端点路由完全匹配，并注意它会像以前一样返回纯文本。

(7) 关闭 Chrome 浏览器，关闭 Web 服务器。

13.2.3 对 Razor Pages 使用共享布局

大多数网站都包含多个页面。如果每个页面都必须包含当前 index.cshtml 中的所有样板标记，那么管理起来将十分烦琐。为此，ASP.NET Core 支持使用布局。

要想使用布局，就必须创建一个 Razor 文件以定义所有 Razor Pages 以及所有 MVC 视图的默认布局，并将它存储在 Shared 文件夹中，这样就可以很方便地按照约定找到它。这个文件的名称是任意的，因为我们可以指定它，但_Layout.cshtml 是一个很好的选择。

还必须创建一个特殊命名的文件来设置所有 Razor Pages 以及 MVC 视图的默认布局文件。这个文件必须命名为_ViewStart.cshtml。

下面看看实际的布局。

(1) 在 Pages 文件夹中添加一个名为_ViewStart.cshtml 的文件。Visual Studio 2022 的项目项模板是 Razor View Start。

(2) 如果使用的是 Visual Studio Code，则修改_ViewStart.cshtml 文件中的内容，如下所示：

```
@{
  Layout = "_Layout";
}
```

(3) 在 Pages 文件夹中创建一个名为 Shared 的文件夹。

(4) 在 Shared 文件夹中创建一个名为_Layout.cshtml 的文件。Visual Studio 项模板是 Razor Layout。

(5) 修改_Layout.cshtml 文件中的内容。因为内容类似于 index.cshtml，所以可从该文件复制并粘贴 HTML 标记，然后进行修改，如下所示：

```
<!doctype html>
<html lang="en">
<head>
  <!-- Required meta tags -->
  <meta charset="utf-8" />
  <meta name="viewport" content=
    "width=device-width, initial-scale=1, shrink-to-fit=no" />
  <!-- Bootstrap CSS -->
  <link href="https://cdn.jsdelivr.net/npm/bootstrap@5.3.0/dist/css/
bootstrap.min.css" rel="stylesheet" integrity="sha384-9ndCyUaIbzAi2FUVXJi
0CjmCapSmO7SnpJef0486qhLnuZ2cdeRhO02iuK6FUUVM" crossorigin="anonymous">
  <title>@ViewData["Title"]</title>
</head>
<body>
  <div class="container">
    @RenderBody()
    <hr />
    <footer>
      <p>Copyright &copy; 2023 - @ViewData["Title"]</p>
    </footer>
  </div>
  <!-- JavaScript to enable features like carousel -->
  <script src="https://cdn.jsdelivr.net/npm/bootstrap@5.3.0/dist/js/
bootstrap.bundle.min.js" integrity="sha384-geWF76RCwLtnZ8qwWowPQNguL3RmwH
VBC9FhGdlKrxdiJJigb/j/68SIy3Te4Bkz" crossorigin="anonymous"></script>
  @RenderSection("Scripts", required: false)
</body>
</html>
```

当回顾前面的标记时，请注意以下几点：

- <title>是服务器端代码使用 ViewData 字典动态设置的。这是在 ASP.NET Core 网站的不同部分传递数据的一种简单方法。这种情况下，数据是在 Razor Pages 类文件中进行设置的，然后在共享布局中输出。
- @RenderBody()用于标记被请求视图的插入点。
- 水平分隔线和页脚将出现在每个页面的底部。
- 布局的底部是一个脚本，用来实现 Bootstrap 的一些很酷的特性，如图片的轮播。
- 在 Bootstrap 的<script>元素之后，定义名为 Scripts 的部分，以便 Razor Pages 可以选择性地插入需要的其他脚本。

(6) 修改 index.cshtml 以删除除了<div class="jumbotron">及其内容外的所有 HTML 标记，并将 C#代码保留在前面添加的@functions 语句块中。在 OnGet 方法中添加一条语句，将页面标题存储在ViewData字典中，并修改按钮以导航到供应商页面(下一节创建)，如下面突出显示的代码所示：

```
@page
@functions
{
  public string? DayName { get; set; }

  public void OnGet()
  {
    ViewData["Title"] = "Northwind B2B";
    DayName = DateTime.Now.ToString("dddd");
  }
}
<div class="jumbotron">
  <h1 class="display-3">Welcome to @ViewData["Title"]</h1>
  <p class="lead">We supply products to our customers.</p>
  <hr />
  <p>It's @DayName! Our customers include restaurants, hotels, and cruise
lines.</p>
  <p>
    <a class="btn btn-primary" href="suppliers">
      Learn more about our suppliers
    </a>
  </p>
</div>
```

(7) 使用https启动配置来启动网站。

(8) 在Chrome中访问这个网站，注意这个网站的行为与之前的类似，不过单击供应商按钮将显示404 Not Found错误，因为尚未创建供应商页面。

(9) 关闭Chrome，关闭Web服务器。

13.2.4　临时存储数据

你常常需要在一个共享位置临时存储数据，以便后面能够在网站的其他组件中访问这些数据。这就允许网站的一个部分与另外一个部分共享数据。例如，一个页面可以与布局共享数据，让布局能够渲染这些数据，或者一个页面可以与另一个页面共享数据。

有两个有用的字典可以用来读写数据：

- ViewData：这个字典在一个HTTP请求的生存期间存在。网站的一个组件(如控制器或特定的页面)可以在该字典中存储数据，之后，网站的另外一个在同一个请求过程中执行的组件(如视图或共享布局)能够读取该字典中的数据。它被命名为ViewData，是因为它存储的信息主要用于后面在Razor Pages或Razor View中渲染使用。
- TempData：这个字典在一个HTTP请求的生存期和同一个浏览器发出的下一个HTTP请求期间存在。它允许网站的某个部分(如控制器)存储一些数据，用重定向响应浏览器，然后让网站的另外一个部分在处理第二个请求时读取那些数据。只有发出原始请求的浏览器能够访问这些数据。

图13.6　显示了一个典型的ViewData场景。

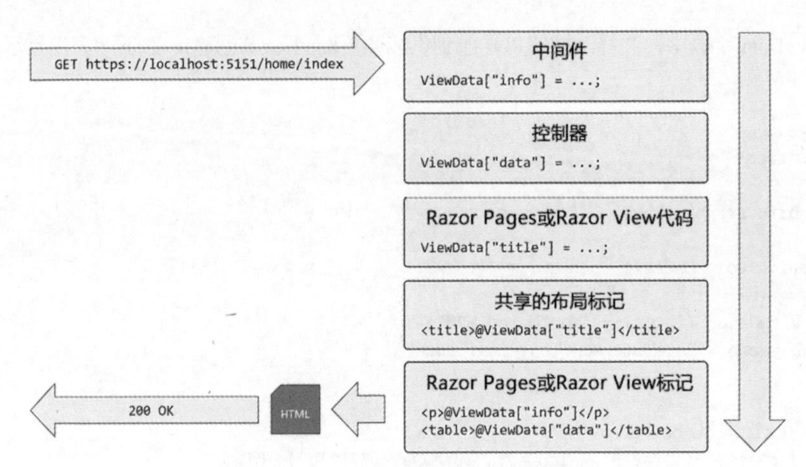

图 13.6 在一个请求中使用 ViewData 共享信息

该图中包含以下步骤：

(1) 浏览器发出对一个页面(如主页)的请求。

(2) 中间件在 ViewData 字典中存储关于请求的一些信息(本章后面将详细介绍中间件)。

(3) MVC 控制器可以在 ViewData 字典中存储请求需要的一些信息，如类别列表。

(4) 主页可以在 ViewData 字典中存储它的标题。

(5) 共享布局可以从 ViewData 字典中读取标题，然后在页面的<head>节的<title>元素中渲染该标题。

(6) 主页可以从 ViewData 字典中读取关于请求的信息和数据，并在页面上的合适元素中渲染它们。

(7) 将 Web 页面作为 HTML 返回给浏览器。

图 13.7 显示了一个典型的 Temp Data 场景，它包含以下步骤：

(1) 浏览器发出对一个页面(如主页)的请求。

(2) 中间件或 MVC 控制器在 TempData 字典中存储关于请求的一些信息，然后响应 307 状态码，告诉浏览器发出第二个请求。

(3) 浏览器发出第二个请求，例如请求订单页面。

(4) MVC 控制器可以读取 TempData 字典中存储的数据，以处理请求。

(5) Razor Pages、Razor View 或 Razor Layout 可以读取 TempData 中存储的数据，将其渲染到 HTML 中。

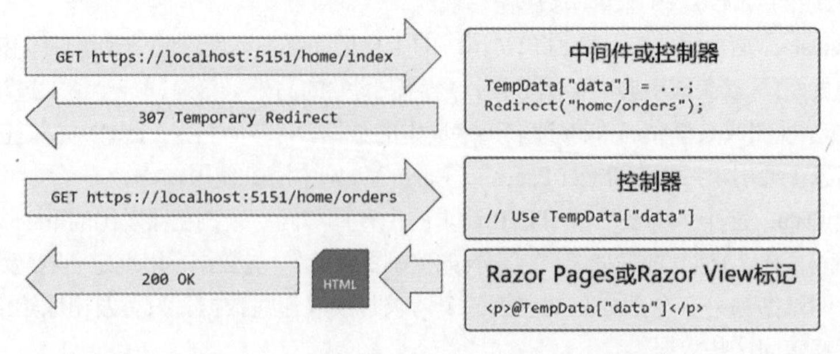

图 13.7 在两个请求中使用 TempData 共享信息

13.2.5　使用后台代码文件与 Razor Pages

有时，最好将 HTML 标记与数据和可执行代码分开，这样文件更加整洁。Razor Pages 允许将 C#代码放到后台代码文件中。它们与.cshtml 文件的名称相同，但以.cshtml.cs 结尾。

下面创建显示供应商列表的 Razor Pages。在本例中，我们主要学习后台代码文件。下一个主题介绍从数据库中加载供应商列表，但现在用字符串值的硬编码数组来模拟。

(1) 在 Pages 文件夹中，添加一个名为 Suppliers.cshtml 的新 Razor Pages 文件：

- 如果使用的是 Visual Studio 2022 或 JetBrains Rider，项目项模板的名称是 Razor Page – Empty，它会分别创建名为 Suppliers.cshtml 和 Suppliers.cshtml.cs 的标记文件和后台代码文件。
- 如果使用的是 Visual Studio Code，则需要手动创建两个新文件，分别命名为 Suppliers.cshtml 和 Suppliers.cshtml.cs，或者也可以在 Pages 文件夹中使用 dotnet new 命令，如下所示：

```
dotnet new page -n Suppliers --namespace Northwind.Web.Pages
```

(2) 在 Suppliers.cshtml.cs 中添加语句，定义一个属性来存储供应商公司名称的列表，当收到对这个页面的 HTTP GET 请求时填充这个属性，如下所示：

```
using Microsoft.AspNetCore.Mvc.RazorPages; // To use PageModel.

namespace Northwind.Web.Pages;

public class SuppliersModel : PageModel
{
  public IEnumerable<string>? Suppliers { get; set; }

  public void OnGet()
  {
    ViewData["Title"] = "Northwind B2B - Suppliers";

    Suppliers = new[]
    {
      "Alpha Co", "Beta Limited", "Gamma Corp"
    };
  }
}
```

警告：

如果使用的是 JetBrains Rider，则类的名称将是 Suppliers。建议将其重命名为 SuppliersModel。

当查看上面的标记时，请注意以下几点：

- SuppliersModel 继承自 PageModel，因此其中有一些成员，如用于共享数据的 ViewData 字典。可以右击 PageModel，并选择 Go To Definition 以查看更多有用的特性，比如当前请求的整个 HttpContext。
- SuppliersModel 定义了用于存储字符串集合的 Suppliers 属性。

- 对这个 Razor Pages 发出 HTTP GET 请求时，OnGet 方法会执行，Suppliers 属性会从字符串值数组中填充一些供应商名称。稍后将从 Northwind 数据库填充它。

(3) 修改 suppliers.cshtml 文件中的标记，渲染一个标题，以及包含供应商公司名称的一个 HTML 表，如下所示：

```
@page
@model Northwind.Web.Pages.SuppliersModel
<div class="row">
  <h1 class="display-2">Suppliers</h1>
  <table class="table">
    <thead class="thead-inverse">
      <tr>
        <th>Company Name</th>
      </tr>
    </thead>
    <tbody>
    @if (Model.Suppliers is not null)
    {
      @foreach(string name in Model.Suppliers)
      {
        <tr>
          <td>@name</td>
        </tr>
      }
    }
    </tbody>
  </table>
</div>
```

当查看上面的标记时，请注意以下几点：

- 这个 Razor Pages 的模型类型被设置为 SuppliersModel。这是名为 Model 的属性的类型，我们可以在 HTML 标记的任何位置访问该属性。
- 这个 Razor Pages 输出了一个带有 Bootstrap 样式的 HTML 表。
- 这个 Razor Pages 使用 Razor 语法@if 和@for 语句，在 HTML 中嵌入 C#代码。
- 这个 HTML 表中的数据行是通过遍历 Model 的 Suppliers 属性(如果它不为空)生成的。

(4) 使用 https 启动配置来启动网站，然后使用 Chrome 访问这个网站。

(5) 单击按钮以了解供应商的更多信息，注意供应商表，如图 13.8 所示。

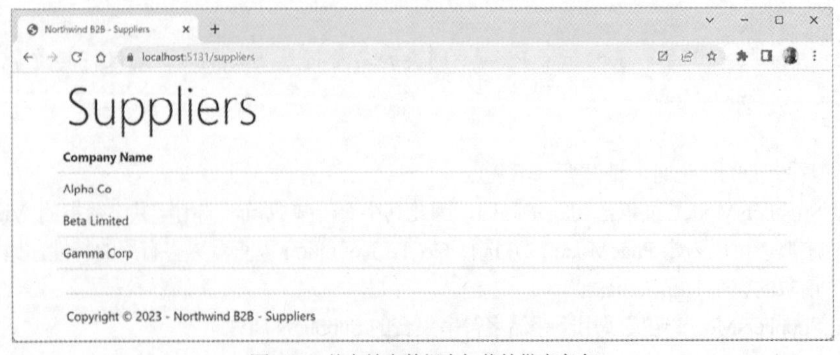

图 13.8　从字符串数组中加载的供应商表

13.2.6　配置 ASP.NET Core 项目中包含的文件

到目前为止，我们的大部分项目都是简单的控制台应用程序和类库，其中只包含少数 C#类文件。默认情况下，当我们编译那些项目时，会在编译时的构建中自动包含项目文件夹和子文件夹中的所有.cs 文件。

ASP.NET Core 项目更复杂，其中包含多得多的文件类型；一些文件类型可在运行时编译、而不是在编译时编译；一些文件类型只不过是内容，并不需要被编译，但是需要随着编译后的程序集一起部署。

通过在项目文件中添加元素，你可以控制构建过程中如何处理文件，以及在部署中包含或排除哪些文件。MS Build 和其他工具会在构建和部署时处理这些元素。

在项目文件中，你可以在<ItemGroup>元素下面声明项作为其子元素。例如：

```
<--Include the greet.proto file in the build process.-->
<ItemGroup>
  <Protobuf Include="Protos\greet.proto" GrpcServices="Server" />
</ItemGroup>

<--Remove the stylecop.json file from the build process.-->
<ItemGroup>
  <None Remove="stylecop.json" />
</ItemGroup>

<--Include the stylecop.json file in the deployment.-->
<ItemGroup>
  <AdditionalFiles Include="stylecop.json" />
</ItemGroup>
```

在项目文件中可以有任意多个<ItemGroup>元素，所以按照元素的类型把它们进行逻辑分组是一种很好的做法。构建工具会自动把它们合并起来。

通常，当你知道需要使用这些元素的时候会手动添加它们，但有些时候，尽管 Visual Studio 2022 和其他代码编辑器想要提供帮助，却不恰当地修改了项目文件。

在一种场景中，你可能在 Pages 文件夹中添加了一个名为 index.cshtml 的 Razor Pages 文件。你启动 Web 服务器，却看不到该页面。或者，在另外一种场景中，你开发了一个 GraphQL 服务，添加了一个名为 seafoodProducts.graphql 的文件。但是，当你运行 GraphQL 工具来自动生成客户端代理时，它失败了。

这两种常见的场景说明，代码编辑器认为新文件不应该是项目的一部分。它在你不知道的情况下，自动在项目文件中添加了元素，从构建过程移除了文件。

为了解决这类问题，可以检查项目文件中是否存在如下所示的异常条目，然后删除它们：

```
<ItemGroup>
  <Content Remove="Pages\index.cshtml" />
</ItemGroup>

<ItemGroup>
  <GraphQL Remove="seafoodProducts.graphql" />
</ItemGroup>
```

最佳实践：

当使用有可能在不告诉你的情况下自动“修复”问题的工具时，应该在出现意外的结果时检查项目文件中是否存在异常的元素。

更多信息：

在以下链接可以了解更多关于如何管理 MS 构建项的更多信息：https://learn.microsoft.com/en-us/visualstudio/msbuild/msbuild-items。

13.2.7 项目文件构建操作

正如刚才所见，ASP.NET Core 开发人员理解项目构建操作对编译的影响是非常重要的。

.NET SDK 项目中的所有文件都有一个构建操作，大部分是基于文件扩展名隐式设置的。通过显式设置构建操作，可以覆写默认行为。为此，既可以直接编辑.csproj 文件，也可以使用代码编辑器的 Properties 窗口，如图 13.9 所示。

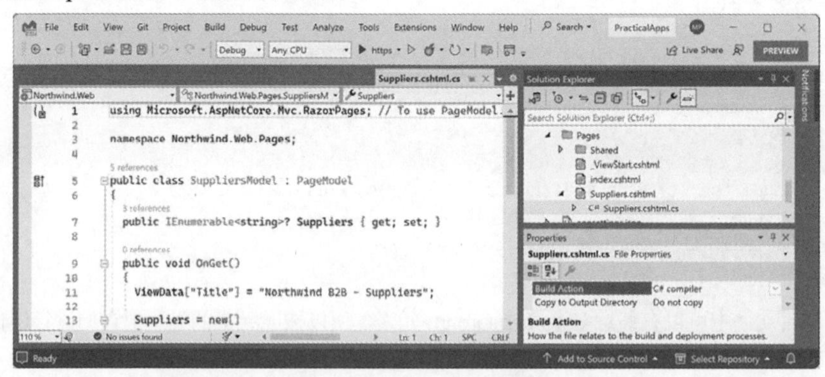

图 13.9 Suppliers.cshtml.cs 的 Properties 窗口显示了它的默认构建操作是 C# compiler

表 13.1 显示了 ASP.NET Core 项目文件的常见构建操作。

表 13.1 ASP.NET Core 项目文件的常见构建操作

构建操作	说明
AdditionalFiles	为分析器提供输入，以验证代码质量
Compile 或 C# complier	作为源文件传递给编译器
Content	在部署网站时，作为网站的一部分包含在内
Embedded Resource	传递给编译器，作为资源嵌入程序集中
None	不是构建的一部分。可以为不应该随着网站一起部署的文档和其他文件使用这个值

更多信息：

在以下链接可以学习关于构建操作和.csproj 条目的更多信息：https://learn.microsoft.com/en-us/visualstudio/ide/buildactions。

13.3　使用 Entity Framework Core 与 ASP.NET Core

Entity Framework Core 是一种将真实数据导入网站的自然方式。第 12 章创建了两个类库：一个用于实体模型，另一个用于 Northwind 数据库上下文(分别针对 SQL Server 和 SQLite 创建了它们)。现在，可在网站项目中使用它们。

13.3.1　将 Entity Framework Core 配置为服务

诸如 ASP.NET Core 项目所需的 Entity Framework Core 数据库上下文等功能，必须在网站启动期间注册为依赖服务。GitHub 存储库解决方案中的代码和下面的代码使用的是 SQLite，但如果你愿意，也可以很方便地使用 SQL Server。

下面来看如何进行注册：

(1) 在 Northwind.Web 项目中，为 SQLite 或 SQL Server 添加对 Northwind.DataContext 项目的引用，如下所示：

```
<!-- Change Sqlite to SqlServer if you prefer. -->
<ItemGroup>
  <ProjectReference Include="..\Northwind.DataContext.Sqlite\
Northwind.DataContext.Sqlite.csproj" />
</ItemGroup>
```

注意：
引用项目的代码必须全部在一行中，不能换行。

(2) 构建 Northwind.Web 项目。

(3) 在 Program.cs 中，导入名称空间以处理实体模型类型，代码如下所示：

```
using Northwind.EntityModels; // To use AddNorthwindContext method.
```

(4) 在 Program.cs 中，把 Razor Pages 添加到注册服务的语句之后，添加一条语句来注册 Northwind 数据库上下文类，如下所示：

```
builder.Services.AddNorthwindContext();
```

(5) 在 Pages 文件夹的 Suppliers.cshtml.cs，导入用于数据库上下文的名称空间，如下所示：

```
using Northwind.EntityModels; // To use NorthwindContext.
```

(6) 在 SuppliersModel 类中，添加如下私有字段和构造函数，以分别存储和设置 Northwind 数据库上下文：

```
private NorthwindContext _db;

public SuppliersModel(NorthwindContext db)
{
  _db = db;
}
```

(7) 更改 Suppliers 属性，将其声明为一个 Supplier 对象序列，而不是字符串值，如下所示：

```
public IEnumerable<Supplier>? Suppliers { get; set; }
```

(8) 在 OnGet 方法中，修改语句，从数据库上下文的 Suppliers 属性设置模型的 Suppliers 属性，先按国家后按公司名称排序，如下面突出显示的代码所示：

```
public void OnGet()
{
  ViewData["Title"] = "Northwind B2B - Suppliers";

  Suppliers = _db.Suppliers
    .OrderBy(c => c.Country)
    .ThenBy(c => c.CompanyName);
}
```

(9) 修改 Suppliers.cshtml 的内容，导入 Northwind 实体模型的名称空间并为每个供应商渲染多个列，如下面突出显示的代码所示：

```
@page
@using Northwind.EntityModels
@model Northwind.Web.Pages.SuppliersModel
<div class="row">
  <h1 class="display-2">Suppliers</h1>
  <table class="table">
    <thead class="thead-inverse">
      <tr>
        <th>Company Name</th>
        <th>Country</th>
        <th>Phone</th>
      </tr>
  </thead>
  <tbody>
  @if (Model.Suppliers is not null)
  {
    @foreach(Supplier s in Model.Suppliers)
    {
      <tr>
        <td>@s.CompanyName</td>
        <td>@s.Country</td>
        <td>@s.Phone</td>
        </tr>
      }
    }
    </tbody>
  </table>
</div>
```

(10) 使用 https 启动配置来启动网站，然后访问网站的主页。

(11) 单击 Learn more about our suppliers。注意，供应商列表现在从数据库中加载，并且数据先按国家后按公司名称排序，如图 13.10 所示。

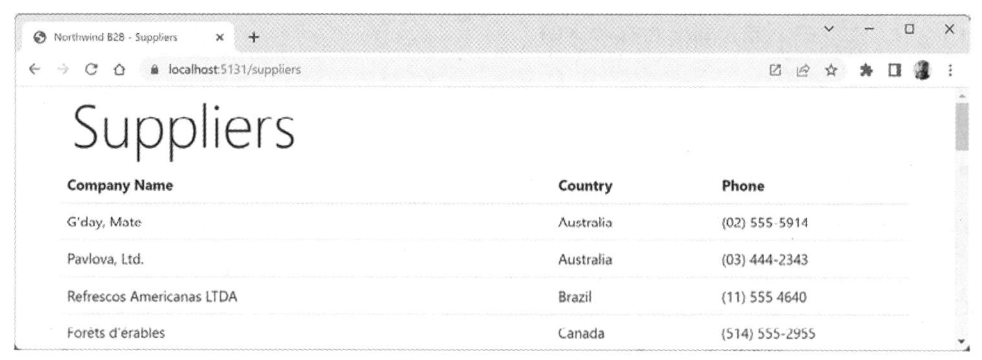

图 13.10　从 Northwind 数据库中加载的供应商列表

13.3.2　启用模型以插入实体

下面添加功能以插入新的供应商。首先，修改供应商模型，使其能够在访问者提交表单以插入新的供应商时，响应 HTTP POST 请求。

(1) 在 Pages 文件夹的 Suppliers.cshtml.cs 中导入以下名称空间：

```
using Microsoft.AspNetCore.Mvc; // To use [BindProperty], IActionResult.
```

(2) 在 SuppliersModel 类中，添加属性以存储供应商，并添加名为 OnPost 的方法，从而在供应商模型有效时给 Northwind 数据库的 Suppliers 表添加供应商，如下所示：

```
[BindProperty]
public Supplier? Supplier { get; set; }

public IActionResult OnPost()
{
  if (Supplier is not null && ModelState.IsValid)
  {
    _db.Suppliers.Add(Supplier);
    _db.SaveChanges();
    return RedirectToPage("/suppliers");
  }
  else
  {
    return Page(); // Return to original page.
  }
}
```

当查看上述代码时，请注意以下事项：

- 这里添加了名为 Supplier 的属性，通过使用[BindProperty]特性装饰 Supplier 属性，就可以轻松地将 Web 页面上的 HTML 元素与 Supplier 类中的属性连接起来。
- 这里还添加了用于响应 HTTP POST 请求的方法，检查所有属性值是否符合 Supplier 类实体模型上的验证规则(如[Required]和[StringLength])，然后将供应商添加到现有表中，并将更改保存到数据库上下文中。这将生成一条 SQL 语句以执行对数据库的插入操作。然后它重定向到 Suppliers 页面，以便访问者看到新添加的供应商。

13.3.3 定义用来插入新供应商的表单

其次，修改 Razor Pages 以定义访问者可以填写和提交的表单，从而插入新的供应商。

(1) 打开 Suppliers.cshtml，并在@model 声明之后添加微软公共标记助手，这样就可以在 Razor Pages 上使用类似于 asp-for 的标记助手，如下所示：

```
@addTagHelper *, Microsoft.AspNetCore.Mvc.TagHelpers
```

(2) 在文件底部添加表单，以插入新的供应商，并使用 asp-for 标记助手将 Supplier 类的 CompanyName、Country 和 Phone 属性绑定到输入框，如下所示：

```
<div class="row">
  <p>Enter details for a new supplier:</p>
  <form method="POST">
    <div><input asp-for="Supplier.CompanyName"
                placeholder="Company Name" /></div>
    <div><input asp-for="Supplier.Country"
                placeholder="Country" /></div>
    <div><input asp-for="Supplier.Phone"
                placeholder="Phone" /></div>
    <input type="submit" />
  </form>
</div>
```

当查看上述标记时，请注意以下事项：

- 带有 POST 方法的<form>元素是普通的 HTML 标记，<input type="submit" />子元素则用于将 HTTP POST 请求发送回当前页面，其中包含这个表单中其他任何元素的值。
- 带有 asp-for 标记助手的<input>元素允许将数据绑定到 Razor Pages 背后的模型。
- JetBrains Rider 可能会过于积极地给出 null 警告。如果你在模型绑定表达式中收到 null 警告，就可以使用空值忽略操作符，如下面的代码表达式所示：Supplier!.CompanyName。

(3) 使用 https 启动配置启动网站，并导航到网站的主页。

(4) 单击 Learn more about our suppliers，向下滚动到页面底部，输入 Bob's Burgers、USA 和(603) 555-4567，然后单击 Submit 按钮。

(5) 注意，现在将看到刷新后的供应商表。由于新供应商是美国供应商，所以按照排序规则，它被添加到了供应商表的底部。

(6) 关闭 Chrome 浏览器，关闭 Web 服务器。

13.3.4 将依赖服务注入 Razor Pages 中

如果.cshtml Razor Page 文件没有后台代码文件，就可以使用@inject 指令注入依赖服务，而不是使用构造函数参数注入，然后在标记中间使用 Razor 语法直接引用注入的数据库上下文。

下面介绍一个简单例子。

(1) 在 Pages 文件夹中，添加一个名为 Orders.cshtml 的新文件(Visual Studio 2022 项模板是 Razor Page - Empty，它创建了两个文件。删除.cshtml.cs 文件)。

(2) 在 Orders.cshtml 中，编写代码和标记来替换现有代码，输出 Northwind 数据库的订单数量，标记如下所示：

```
@page
@using Northwind.EntityModels
@inject NorthwindContext _db
@{
  string title = "Orders";
  ViewData["Title"] = $"Northwind B2B - {title}";
}
<div class="row">
  <h1 class="display-2">@title</h1>
  <p>
    There are @_db.Orders.Count() orders in the Northwind database.
  </p>
</div>
```

(3) 使用 https 启动配置来启动网站，然后导航到网站的主页。

(4) 在浏览器的地址栏中，导航到相对地址/orders，注意 Northwind 数据库中有 830 个订单。

(5) 关闭 Chrome 浏览器，关闭 Web 服务器。

13.4　配置服务和 HTTP 请求管道

现在已经构建了一个读写数据库的网站，接下来将返回网站配置，看看服务和 HTTP 请求管道是如何工作的。

13.4.1　了解端点路由

端点路由的设计目的是在需要路由的框架(如 Razor Pages、MVC 或 Web API)和需要理解路由如何影响它们的中间件(如本地化、授权等)之间提供更好的互操作性。

端点路由之所以得名，是因为它将路由表表示为一个已编译的端点树，路由系统可以有效地遍历这些端点。最大的改进之一在于路由和操作方法选择的性能。

13.4.2　配置端点路由

对于比我们前面看到的场景更加复杂的场景，端点路由需要调用一对 UseRouting 和 UseEndpoints 方法：

- UseRouting 标记了路由决策的管道位置。
- UseEndpoints 标记执行所选端点的管道位置。

在这些方法之间运行的中间件(如本地化)可以看到选定的端点，并可以在必要时切换到不同的端点。

端点路由使用了自 2010 年以来 ASP.NET MVC 就在使用的路由模板语法，以及 2013 年的 ASP.NET MVC 5 中引入的[Route]特性。

13.4.3　查看项目中的端点路由配置

查看 Program.cs 类文件，如下所示：

```
using Northwind.EntityModels; // To use AddNorthwindContext method.

#region Configure the web server host and services
```

```
var builder = WebApplication.CreateBuilder(args);

builder.Services.AddRazorPages();
builder.Services.AddNorthwindContext();

var app = builder.Build();

#endregion

#region Configure the HTTP pipeline and routes

if (!app.Environment.IsDevelopment())
{
  app.UseHsts();
}

app.UseHttpsRedirection();

app.UseDefaultFiles(); // index.html, default.html, and so on.
app.UseStaticFiles();

app.MapRazorPages();
app.MapGet("/", () =>
  $"Environment is {app.Environment.EnvironmentName}");

#endregion

// Start the web server, host the website, and wait for requests.
app.Run(); // This is a thread-blocking call.
WriteLine("This executes after the web server has stopped!");
```

Web 应用程序 builder 使用依赖注入注册服务，后面在需要这些服务提供的功能时，可以获取它们。注册服务的方法的命名约定是 AddService，其中 Service 是服务名称，例如 AddRazorPages 或 AddNorthwindContext。我们的代码注册了两个服务：Razor Pages 和 EF Core 数据库上下文。

为了注册依赖服务，包括组合了其他调用方法来注册服务的服务，通常会使用表 13.2 中显示的方法。

表 13.2 注册依赖服务的常用方法

方法	注册的服务
AddMvcCore	路由请求和调用控制器所需的最小服务集，大多数网站都需要进行更多的配置
AddAuthorization	身份验证和授权服务
AddDataAnnotations	MVC 数据注解服务
AddCacheTagHelper	MVC 缓存标记助手服务
AddRazorPages	Razor Pages 服务，包括 Razor View 引擎，通常用于简单的网站项目。可调用以下附加方法: • AddMvcCore • AddAuthorization • AddDataAnnotations • AddCacheTagHelper

(续表)

方法	注册的服务
AddApiExplorer	Web API explorer服务
AddCors	为提高安全性而支持CORS
AddFormatterMappings	URL格式与对应的媒体类型之间的映射
AddControllers	控制器服务，但不是视图或页面的服务。常用于ASP.NET Core Web API项目。 可调用以下附加方法： • AddMvcCore • AddAuthorization • AddDataAnnotations • AddCacheTagHelper • AddApiExplorer • AddCors • AddFormatterMappings
AddViews	用于支持.cshtml视图，包括默认约定
AddRazorViewEngine	用于支持Razor View引擎，包括处理@符号
AddControllersWithViews	控制器、视图和页面服务，常用于ASP.NET Core MVC网站项目。可调用以下附加方法： • AddMvcCore • AddAuthorization • AddDataAnnotations • AddCacheTagHelper • AddApiExplorer • AddCors • AddFormatterMappings • AddViews • AddRazorViewEngine
AddMvc	类似于AddControllersWithViews，但应该仅为了向后兼容才使用
AddDbContext<T>	DbContext类型及其可选的DbContextOptions<TContext>
AddNorthwindContext	我们创建的一个自定义扩展方法，以便更容易为基于引用的项目的SQLite或SQL Server注册NorthwindContext类

接下来的几章在使用ASP.NET Core MVC和ASP.NET Core Web API服务时，你将看到更多使用这些扩展方法注册服务的例子。

13.4.4 配置HTTP管道

在构建了Web应用程序及其服务后，接下来的语句配置HTTP管道，HTTP请求和响应就通过这个管道进入和传出。HTTP管道由连接的委托序列组成。这些委托可以执行处理，然后决定是返回响应还是将处理传递给管道中的下一个委托。返回的响应也是可以操控的。

请记住，委托定义了方法签名，在委托的实现中可以插入方法签名。可以回顾第6章对委托的介绍。

HTTP 请求管道的委托很简单，如下所示：

```
public delegate Task RequestDelegate(HttpContext context);
```

可以看到，输入参数是 HttpContext，这个对象提供了在处理传入的 HTTP 请求时可能需要访问的所有内容，包括 URL 路径、查询字符串参数、cookie、用户代理等。

这些委托通常又称中间件，因为它们位于浏览器客户端和网站或 Web 服务之间。

对于中间件委托的配置，可使用以下方法之一或调用它们的自定义方法。

- Run：添加一个中间件委托，通过立即返回响应来终止管道，而不是调用下一个中间件委托。
- Map：添加一个中间件委托，当存在匹配的请求(通常基于 URL 路径，如/hello)时，就在管道中创建分支。
- Use：添加一个中间件委托作为管道的一部分，这样就可以决定是否将请求传递给管道中的下一个委托，并且可以在下一个委托的前后修改请求和响应。

此外，还有很多扩展方法，它们使管道的构建变得更容易，如 UseMiddleware<T>。其中的 T 用来表示这样的一个类：

- 这个类的构造函数带有 RequestDelegate 参数，该参数会被传递给下一个管道组件。
- 这个类还包含带有 HTTPContext 参数的 Invoke 方法，调用后返回的是 Task 对象。

13.4.5 总结关键的中间件扩展方法

在代码中使用的关键中间件扩展方法如下。

- UseHsts：添加中间件以使用 HSTS，HSTS 则添加了 Strict-Transport-Security 头。
- UseHttpsRedirection：添加中间件以重定向 HTTP 请求到 HTTPS，因此对 http://localhost:5130 的请求将在响应中给出 307 状态码，告诉浏览器需要请求 https://localhost:5131。
- UseDefaultFiles：添加中间件以允许在当前路径上进行默认的文件映射，从而识别像 index.html 或 default.html 这样的文件。
- UseStaticFiles：添加中间件，从而在 wwwroot 文件夹中查找要在 HTTP 响应中返回的静态文件。
- MapRazorPages：添加中间件，用于将 URL 路径(如/suppliers)映射到/Pages 文件夹中名为 suppliers.cshtml 的 Razor Pages 文件并将结果作为 HTTP 响应返回。
- MapGet：添加中间件，用于将 URL 路径(如/hello)映射到内联委托，内联委托则负责直接向 HTTP 响应写入纯文本。

如果我们选择了支持更复杂的路由场景的其他项目模板，如 ASP.NET Core MVC 网站项目模板，则会看到其他常用的中间件扩展方法，包括：

- UseRouting：添加中间件以定义管道中做出路由决策的点，并且必须与执行处理的 UseEndpoints 调用相结合。
- UseEndpoints：添加想要执行的中间件，以根据管道中早期做出的决策生成响应。

13.4.6 可视化 HTTP 管道

可将 HTTP 请求和响应管道可视化为逐个调用的请求委托序列，如图 13.11 中的简化图所示，其中排除了一些中间件委托，如 UseHsts 和 MapGet。

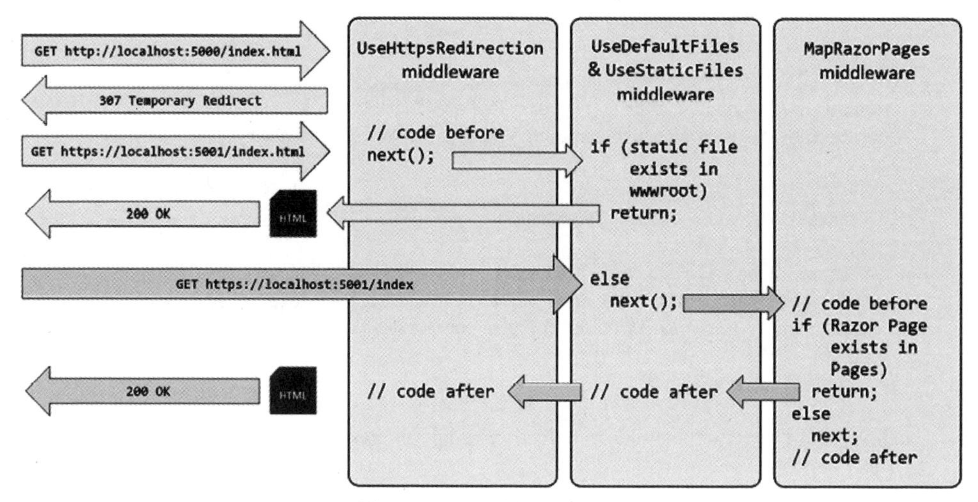

图 13.11　HTTP 请求和响应管道

图中显示了两个 HTTP 请求，下面描述了它们：

- 首先是用浅灰色显示的请求。这是对静态文件 index.html 发出的 HTTP 请求。处理该请求的第一个中间件是 HTTPS 重定向，它检测到请求不是 HTTPS 请求，所以返回 307 状态码和资源的安全版本的 URL 作为响应。之后，浏览器使用 HTTPS 发出另外一个请求，它通过了 HTTPS 重定向中间件，传递给 UseDefaultFiles 和 UseStaticFiles 中间件。这在 wwwroot 文件夹中找到了匹配的静态文件，并返回了该文件。
- 其次是用深灰色显示的请求。这是对相对路径 index 发出的 HTTPS 请求。这个请求使用了 HTTPS，所以 HTTPS 重定向中间件把它传递给了下一个中间件组件。在 wwwroot 文件夹中找不到匹配的静态文件，所以静态文件中间件把请求传递给了管道中的下一个中间件。在 Pages 文件夹中，发现 Razor Pages 文件 index.cshtml 能够匹配请求。执行该 Razor Pages 生成一个 HTML 页面，作为要返回的 HTTP 响应。在响应通过 HTTP 管道返回给浏览器时，管道中的任何中间件都可以根据需要修改这个 HTTP 响应，不过在本例中没有中间件修改响应。

13.4.7 实现匿名内联委托作为中间件

委托可指定为内联匿名方法。下面注册这样的一个委托，在为端点做出路由决策之后，将这个委托插入管道中。

它将输出选择了哪个端点，以及处理特定的路由/bonjour。如果路由得到了匹配，就以纯文本进行响应，而不再进一步调用管道来寻找匹配。

(1) 在 Program.cs 文件中，在调用 UseHttpsRedirection 之前添加语句，使用匿名方法作为中间件委托，如下所示：

```
// Implementing an anonymous inline delegate as middleware
// to intercept HTTP requests and responses.
app.Use(async (HttpContext context, Func<Task> next) =>
{
  RouteEndpoint? rep = context.GetEndpoint() as RouteEndpoint;
```

```
  if (rep is not null)
  {
    WriteLine($"Endpoint name: {rep.DisplayName}");
    WriteLine($"Endpoint route pattern: {rep.RoutePattern.RawText}");
  }

  if (context.Request.Path == "/bonjour")
  {
    // In the case of a match on URL path, this becomes a terminating
    // delegate that returns so does not call the next delegate.
    await context.Response.WriteAsync("Bonjour Monde!");
    return;
  }

  // We could modify the request before calling the next delegate.
  await next();

  // We could modify the response after calling the next delegate.
});
```

(2) 使用 https 启动配置来启动网站。

(3) 调整命令提示符或终端以及浏览器窗口，以便能够同时看到它们。

(4) 在 Chrome 中，导航到 https://localhost:5131/，查看控制台输出，并注意端点路由/的匹配结果，它被处理为/index，所以执行了 Razor Pages Index.cshtml 来返回响应，如下所示：

```
Endpoint name: /index
Endpoint route pattern:
```

(5) 导航到 https://localhost:5131/suppliers，可以看到，端点路由/Suppliers 能够匹配，执行了 Razor Pages Suppliers.cshtml 来返回响应，如下所示：

```
Endpoint name: /Suppliers
Endpoint route pattern: Suppliers
```

(6) 导航到 https://localhost:5131/index，可以看到，端点路由/index 存在匹配，执行了 Razor Pages Index.cshtml 来返回响应，如下所示：

```
Endpoint name: /index
Endpoint route pattern: index
```

(7) 导航到 https://localhost:5131/index.html，由于无法匹配端点路由，因此控制台中没有写出输出，但由于能够匹配到静态文件，因此返回该文件作为响应。

(8) 导航到 https://localhost:5131/bonjour，注意由于无法匹配到端点路由，因此控制台中没有输出。而委托匹配了/bonjour，直接写入响应流，然后未做进一步处理就返回。

(9) 关闭 Google Chrome 浏览器，关闭 Web 服务器。

更多信息：

在以下链接可以学习关于 HTTP 管道和中间件的更多知识：https://learn.microsoft.com/en-us/aspnet/core/ fundamentals/middleware/#middleware-order。

13.5 实践和探索

你可以通过回答一些问题来测试自己对知识的掌握程度，进行一些实践，并深入探索本章涵盖的主题。

13.5.1 练习 13.1：测试你掌握的知识

回答以下问题：

(1) 列出 HTTP 请求中 6 个特定的方法名。

(2) 列出可以在 HTTP 响应中返回的 6 个状态码并描述它们。

(3) 在 ASP.NET Core 中，Program 类的用途是什么？

(4) HSTS 这个缩写词代表什么？作用是什么？

(5) 如何为网站启用静态 HTML 页面？

(6) 如何将 C#代码混合到 HTML 中以创建动态页面？

(7) 如何为 Razor Pages 定义共享布局？

(8) 如何将标记与 Razor Page 中的后台代码分开？

(9) 如何配置 Entity Framework Core 数据上下文，以与 ASP.NET Core 网站一起使用？

(10) 如何在 ASP.NET Core 2.2 或更高版本中重用 Razor Pages？

13.5.2 练习 13.2：使用 Razor 类库

与 Razor Pages 有关的任何东西都可被编译为一个类库，从而方便在多个项目中重用。我撰写了一个在线小节，介绍了如何构建 Razor 类库，以及如何在 ASP.NET Core 项目(如 Northwind.Web)中使用 Razor 类库。在以下链接可以阅读该小节：

https://github.com/markjprice/cs12dotnet8/blob/main/docs/ch13-razor-library.md

13.5.3 练习 13.3：启用 HTTP/3 和对请求解压缩的支持

HTTP/3 可以让所有连接到因特网的应用程序受益，但移动应用程序受益尤其大。我撰写了一个在线小节来介绍 HTTP/3，并说明了如何在针对.NET 7 或更高版本的 ASP.NET Core 项目(如 Northwind.Web)中启用 HTTP/3。

在.NET 8 预览中，默认启用了 HTTP/3，但是由于一些杀毒软件造成了问题，微软团队后来决定改回默认禁用 HTTP/3。希望到了 ASP.NET Core 9，他们能够解决问题，并再次默认启用 HTTP/3。在下面的链接可以了解他们为什么做出这种决定：

https://devblogs.microsoft.com/dotnet/asp-net-core-updates-in-dotnet-8-rc-1/#http-3-disabled-by-default

我撰写的这个在线小节的同一个页面中还介绍了如何启用对解压缩请求的支持。在下面这个链接可以阅读该页面：

https://github.com/markjprice/cs12dotnet8/blob/main/docs/ch13-enabling-http3.md

13.5.4 练习 13.4：练习构建数据驱动的网页

为 Northwind.Web 网站添加一个 Razor Pages，使用户能够看到按国家分组的客户列表。当用户单击一条客户记录时，就会看到一个页面，其中显示了相应客户的完整联系信息，并列出了他们的订单。

在下面的链接可以看到我建议的解决方案：

- https://github.com/markjprice/cs12dotnet8/blob/main/code/PracticalApps/Northwind.Web/Pages/Customers.cshtml
- https://github.com/markjprice/cs12dotnet8/blob/main/code/PracticalApps/Northwind.Web/Pages/Customers.cshtml.cs
- https://github.com/markjprice/cs12dotnet8/blob/main/code/PracticalApps/Northwind.Web/Pages/CustomerOrders.cshtml
- https://github.com/markjprice/cs12dotnet8/blob/main/code/PracticalApps/Northwind.Web/Pages/CustomerOrders.cshtml.cs

13.5.5 练习 13.5：练习为函数构建 Web 页面

将前面章节中(如第 4 章)的一些控制台应用程序重新实现为 Razor Pages。例如，可通过提供 Web 用户界面来输出乘法表，计算税金并生成阶乘和斐波那契数列。

在下面的链接可以看到我建议的解决方案：

- https://github.com/markjprice/cs12dotnet8/blob/main/code/PracticalApps/Northwind.Web/Pages/Functions.cshtml
- https://github.com/markjprice/cs12dotnet8/blob/main/code/PracticalApps/Northwind.Web/Pages/Functions.cshtml.cs

13.5.6 练习 13.6：Bootstrap 简介

对于构建响应性强、移动优先的网站，Bootstrap 是世界上最流行的框架。我针对本书的配套图书撰写了一个在线小节，介绍了 Bootstrap 的一些最重要特性。在以下链接可以阅读该小节：

https://github.com/markjprice/apps-services-net8/blob/main/docs/ch14-bootstrap.md

13.5.7 练习 13.7：探索主题

可通过以下链接来阅读本章所涉及主题的更多细节。

https://github.com/markjprice/cs12dotnet8/blob/main/docs/book-links.md#chapter-13---building-websites-using-aspnet-core-razor-pages

13.5.8 练习 13.8：使用 MVC 模式构建网站

这是在线提供的一章。在该章中，你将学习如何使用 ASP.NET Core MVC 构建更加复杂的网站。ASP.NET Core MVC 将构建网站时的技术关注点拆分成了模型、视图和控制器，从而更容易管理它们。在以下链接可以阅读该章：https://github.com/markjprice/cs12dotnet8/blob/main/docs/aspnetcoremvc.md。

13.6 本章小结

本章主要内容：

- 使用 HTTP 进行 Web 开发的基础知识
- 如何构建返回静态文件的简单网站
- 如何使用 ASP.NET Core Razor Pages 和 Entity Framework Core，根据数据库中的信息创建动态生成的 Web 页面
- 如何配置 HTTP 请求和响应管道，助手扩展方法的作用，以及如何添加自己的中间件来影响处理。

第 14 章将学习如何构建和使用将 HTTP 用作通信层的服务，也就是 Web 服务。

第14章 构建和消费 Web 服务

本章介绍如何使用 ASP.NET Core Web API 构建 Web 服务(也称为 HTTP 或 REST 服务)，以及如何使用 HTTP 客户端消费 Web 服务，这些 HTTP 客户端可以是其他任何类型的.NET 应用，包括网站、桌面应用或移动应用。

本章假设读者已掌握第 10 章和第 12~13 章介绍的知识及技能。

本章涵盖以下主题：

- 使用 ASP.NET Core Web API 构建 Web 服务
- 为 Northwind 数据库创建 Web 服务
- 记录和测试 Web 服务
- 使用 HTTP 客户端消费 Web 服务

14.1 使用 ASP.NET Core Web API 构建 Web 服务

在构建现代 Web 服务之前，我们先介绍一些背景知识。

14.1.1 理解 Web 服务缩写词

虽然 HTTP 最初的设计目的是使用 HTML 和其他资源发出请求，做出响应，供人们查看，但 HTTP 也很适合构建服务。

Roy Fielding 在自己的博士论文中描述了 REST(Representational State Transfer，具象状态转移)体系结构风格，他认为 HTTP 对于构建服务非常有用，因为 HTTP 定义了以下内容：

- 可唯一标识资源的 URI，如 https://localhost:5151/api/products/23。
- 对这些资源执行常见任务的方法，如 GET、POST、PUT 和 DELETE。
- 能够协商在请求和响应中交换的内容的媒体类型，如 XML 和 JSON。当客户端指定请求头(如 Accept: application/xml,*/*;q=0.8)时，就会发生内容协商。ASP.NET Core Web API 使用的默认响应格式是 JSON，这意味着其中一种响应头是 Content-Type:application/json;charset=utf-8。

Web 服务(也称为 Web API)使用 HTTP 通信标准，因此它们有时被称为 HTTP 或 RESTful 服务。HTTP 或 RESTful 服务是本章要重点介绍的内容。

14.1.2　理解 Web API 的 HTTP 请求和响应

HTTP 定义了请求的标准类型和表示响应类型的标准代码。它们中的大多数都可用于实现 Web API 服务。

最常见的请求类型是 GET，用来检索由唯一路径标识的资源，还有一些额外选项(如什么媒体类型是可接受的)被设置为请求头，如 Accept，如下所示：

```
GET /path/to/resource
Accept: application/json
```

常见的响应包括成功和多种类型的失败，如表 14.1 所示。

表 14.1 GET 方法常见的 HTTP 状态码响应

状态码	描述
101 Switching Protocols	请求方请求服务器切换协议，并且服务器已经同意。例如，为了实现更高效的通信，从 HTTP 切换到 WS (WebSockets)是很常见的

103 Early Hints	用于传递一些提示，为客户端处理最终的响应做准备。例如，在为一个使用样式表和 JavaScript 文件的 Web 页面返回标准的 200 OK 响应之前，服务器可能先发送下面的响应：
	`HTTP/1.1 103 Early Hints`
	`Link: </style.css>; rel=preload; as=style`
	`Link: </script.js>; rel=preload; as=script`

200 OK	路径正确形成，资源被成功找到，序列化为可接受的媒体类型，然后在响应体中返回。响应头指定 Content-Type、Content-Length 和 Content-Encoding，如 GZIP
301 Moved Permanently	随着时间的推移，Web 服务可能会改变其资源模型，包括用于标识现有资源的路径。Web 服务可通过返回此状态码和具有新路径的响应头 Location 来指示新路径
302 Found	与 301 相似
304 Not Modified	如果请求包含 If-Modified-Since 头，那么 Web 服务可以用这个状态码来响应。响应体为空，因为客户端应该使用其缓存的资源副本
307 Temporary Redirect	被请求的资源已被临时移动到 Location 头指定的 URL 位置。浏览器应该使用该 URL 发出新请求。例如，如果你启用了 UseHttpsRedirection，而客户端发出了一个 HTTP 请求，就会发生这种情况
400 Bad Request	该请求无效，例如，为产品使用了一个需要整数 ID 的路径，但没有提供 ID 值
401 Unauthorized	请求有效，资源已找到，但客户端没有提供凭据或没有被授权访问该资源。通过添加或更改 Authorization 请求头，重新验证身份可以启用访问
403 Forbidden	请求有效，资源已找到，但客户端没有权限访问该资源。重新验证身份无法解决该问题
404 Not Found	请求有效，但没有找到资源。如果稍后重复请求，可能会找到资源。要表示资源永远找不到，需要返回 410 Gone
406 Not Acceptable	请求的 Accept 报头中只列出了 Web 服务不支持的媒体类型。例如，客户端请求 JSON，但 Web 服务只能返回 XML
451 Unavailable for Legal Reasons	美国的网站可能对来自欧洲的请求返回这个状态代码，以避开通用数据保护条例(GDPR)。这个数字是根据小说 *Fahrenheit 451* 选择的。在该小说中，书籍被禁止和焚烧

(续表)

状态码	描述
500 Server Error	请求有效，但是服务器端在处理请求时出错。稍后再试可能会有效
503 Service Unavailable	Web 服务繁忙，无法处理请求。稍后再试可能会有效

其他常见的 HTTP 请求类型包括 POST、PUT、PATCH 或 DELETE，用于创建、修改或删除资源。

要创建新资源，可以用包含新资源的请求体发出 POST 请求，代码如下所示：

```
POST /path/to/resource
Content-Length: 123
Content-Type: application/json
```

要创建新的资源或更新现有资源，可以发出 PUT 请求，在请求体中包含现有资源的全新版本。如果资源不存在，就创建它；如果它存在，就取代它(有时称为 upsert 操作)。如以下代码所示。

```
PUT /path/to/resource
Content-Length: 123
Content-Type: application/json
```

为了更高效地更新现有的资源，可以发出 PATCH 请求，在请求体中包含一个对象，该对象只包含需要更改的属性，代码如下所示：

```
PATCH /path/to/resource
Content-Length: 123
Content-Type: application/json
```

要删除现有的资源，可以发出 DELETE 请求，代码如下所示：

```
DELETE /path/to/resource
```

除了表 14.1 中显示的 GET 请求的响应，所有类型的创建、修改或删除资源的请求都有其他可能的常见响应，如表 14.2 所示。

表 14.2　其他方法(如 POST 和 PUT)的常见 HTTP 状态码响应

状态码	描述
201 Created	新资源创建成功，响应头 Location 包含了它的路径，响应体包含了新创建的资源。立即用 GET 获取资源应该返回 200
202 Accepted	新资源不能立即创建，因此请求要排队，等待后续处理，立即用 GET 获取资源可能会返回 404。请求体可以包含指向某种形式的状态检查器的资源，或者对资源何时可用的估计
204 No Content	通常用于响应 DELETE 请求，因为在删除资源后在响应体中返回资源通常没有意义！如果客户端不需要确认请求是否正确处理，则此状态码有时用于响应 POST、PUT 或 PATCH 请求
405 Method Not Allowed	当请求使用了不支持的方法时返回。例如，设计为只读的 Web 服务可能显式地禁止 PUT、DELETE 等
415 Unsupported Media Type	当请求体中的资源使用 Web 服务不能处理的媒体类型时返回。例如，请求体包含 XML 格式的资源，但 Web 服务只能处理 JSON 格式的资源

14.1.3 创建 ASP.NET Core Web API 项目

下面使用 ASP.NET Core 构建一个 Web 服务，这个 Web 服务可以处理 Northwind 示例数据库中的数据，以便任何平台上能够发出 HTTP 请求和接收 HTTP 响应的任何客户端应用程序能够使用那些数据。

过去会使用 ASP.NET Core Web API/dotnet new webapi 项目模板。这允许创建一个使用控制器(如 MVC)或更新的最小 API 实现的 Web 服务。由于它们提供了最大的灵活性，本章将使用它们。

警告：

在.NET 6 和.NET 7 中，dotnet new webapi 命令会创建使用控制器实现的服务。要使用最小 API 实现服务，需要在命令中添加--use-minimal-apis 开关。在.NET 8 中，dotnet new webapi 命令会创建使用最小 API 实现的服务。要使用控制器实现服务，需要添加--use-controllers 开关。

.NET 8 引入了 ASP.NET Core Web API (native AOT) /dotnet new webapiaot 项目模板，它只使用最小 API，并支持原生 AOT 发布。如果你想查看它的应用，可以根据本章后面的介绍，阅读一个在线小节。

对于印刷版，我们将考虑到你的 MVC 经验，使用控制器创建一个 Web API。

(1) 使用自己喜欢的代码编辑器打开 PracticalApps 解决方案，然后添加一个新项目，如下所示。

- 项目模板：ASP.NET Core Web API / webapi --use-controllers
- 解决方案文件和文件夹：PracticalApps
- 项目文件和文件夹：Northwind.WebApi

(2) 如果使用的是 Visual Studio 2022，则确认已选择了下列默认值。

- Authentication Type：None
- Configure for HTTPS：选中
- Enable Docker：未选中
- Enable OpenAPI support：选中
- Do not use top-level statements：未选中
- Use controllers：选中

更多信息：

确保选中 Use controllers 复选框，否则你的代码会与这里的代码有很大区别。

(3) 如果使用的是 Visual Studio Code 或 JetBrains Rider，则在命令提示符或终端的 PracticalApps 目录中，输入下面的命令：

```
dotnet new webapi --use-controllers -o Northwind.WebApi
```

更多信息：

JetBrains Rider 的新建项目对话框没有提供一个选项来选择与 Use controllers/--use-controllers 或-controllers 等效的功能。

(4) 构建 Northwind.WebApi 项目。

(5) 在项目文件的<PropertyGroup>中，将 InvariantGlobalization 设置为 false，如下所示：

```
<InvariantGlobalization>false</InvariantGlobalization>
```

更多信息：

.NET 8 的 ASP.NET Core Web API 项目模板的新改变是将 InvariantGlobalization 显式设置为 true。这是为了让 Web 服务不特定于某个文化，从而能够被部署到世界上的任何位置，但具有相同的行为。通过将这个属性设置为 false，Web 服务将默认使用托管它的计算机的文化。通过下面的链接，可以了解关于 Invariant Globalization 模式的更多信息：https://github.com/dotnet/runtime/blob/main/docs/design/features/globalization-invariant-mode.md。

(6) 在 Controllers 文件夹中，打开并查看 WeatherForecastController.cs，代码如下所示：

```
using Microsoft.AspNetCore.Mvc;

namespace Northwind.WebApi.Controllers
{
  [ApiController]
  [Route("[controller]")]
  public class WeatherForecastController : ControllerBase
  {
    private static readonly string[] Summaries = new[]
    {
      "Freezing", "Bracing", "Chilly", "Cool", "Mild",
      "Warm", "Balmy", "Hot", "Sweltering", "Scorching"
    };

    private readonly ILogger<WeatherForecastController> _logger;
    public WeatherForecastController(
      ILogger<WeatherForecastController> logger)
    {
      _logger = logger;
    }

    [HttpGet(Name = "GetWeatherForecast")]
    public IEnumerable<WeatherForecast> Get()
    {
      return Enumerable.Range(1, 5).Select(index => new WeatherForecast
      {
        Date = DateOnly.FromDateTime(DateTime.Now.AddDays(index)),
        TemperatureC = Random.Shared.Next(-20, 55),
        Summary = Summaries[Random.Shared.Next(Summaries.Length)]
      })
      .ToArray();
    }
  }
}
```

在查看上述代码时，请注意以下事项：

- 这里的 Controller 类继承自 ControllerBase 类。这相比 MVC 中使用的 Controller 类更简单，因为它没有像 View 这样的方法(通过将视图模型传递给 Razor 文件来生成 HTML 响应)。
- [Route]特性用来注册/weatherforecast 相对 URL，以便客户端使用该 URL 发出 HTTP 请求，这些 HTTP 请求将由控制器处理。例如，控制器将处理针对 https://localhost:5001/weatherforecast/的 HTTP 请求。一些开发人员喜欢在控制器名称之前加上 api/，这是在混合项目中区分 MVC 和 Web API 的一种约定。如果像这里这样使用[controller]，它会使用类名中 Controller 之前的字符，在本例中是 WeatherForecast。也可以简单地输入没有方括号的不同名称，如[Route("api/forecast")]。

最佳实践：
像这样使用字面值字符串指定路由不是一种好方法。这里这么做，只是为了让示例保持简单。在实践中，更好的方法是定义一个包含字符串常量的静态类，然后使用该类中的常量。这样，如果将来需要修改路由，就可以在一个集中的位置进行修改。

- ASP.NET Core 2.1 引入了[ApiController]特性，以支持特定于 REST 的控制器行为，比如针对无效模型的自动 HTTP 400 响应，本章后面将会看到相关的例子。
- [HttpGet]特性用来在 Controller 类中注册 Get 方法以响应 HTTP GET 请求，其实现可使用共享的 Random 对象返回一个 WeatherForecast 对象数组，其中包含随机温度和总结信息，例如用于未来五天天气的 Bracing或 Balmy。

(7) 在 WeatherForecastController.cs 中，添加另一个 Get 方法，以指定预报应该提前多少天，具体操作如下：

- 在原有 Get 方法的上方添加注释，以显示响应的操作方法和 URL 路径。
- 添加一个带有整型参数 days 的新方法。
- 剪切原有 Get 方法的实现代码并粘贴到新的 Get 方法中。之所以剪切，是因为我们需要将原方法的语句移到新方法中。
- 修改新的 Get 方法，创建一个 IEnumerable，其中包含要求的天数。
- 修改原来的 Get 方法，在其中调用新的 Get 方法并传递值 5。
- 将原来的 Get 方法的注册名称修改为 GetWeatherForecastFiveDays。

修改和添加的代码如下所示：

```
// GET /weatherforecast
[HttpGet(Name = "GetWeatherForecastFiveDays")]
public IEnumerable<WeatherForecast> Get()
{
  return Get(days: 5); // Five-day forecast.
}

// GET /weatherforecast/7
[HttpGet(template: "{days:int}", Name = "GetWeatherForecast")]
public IEnumerable<WeatherForecast> Get(int days)
{
  return Enumerable.Range(1, days).Select(index => new WeatherForecast
    {
    Date = DateOnly.FromDateTime(DateTime.Now.AddDays(index)),
    TemperatureC = Random.Shared.Next(-20, 55),
```

```
    Summary = Summaries[Random.Shared.Next(Summaries.Length)]
  })
  .ToArray();
}
```

更多信息：

请注意在[HttpGet]特性中，路由的模板模式{days:int}已将 days 参数约束为 int 值。

14.1.4 检查 Web 服务的功能

下面测试 Web 服务的功能。

(1) 在 Properties 文件夹的 launchSettings.json 文件中，注意，默认情况下，如果使用的是 Visual Studio 2022，https 配置会启动浏览器并导航到/swagger 相对 URL 路径，如下面突出显示的代码所示：

```
"https": {
  "commandName": "Project",
  "dotnetRunMessages": true,
  "launchBrowser": true,
  "launchUrl": "swagger",
```

(2) 对于 https 配置的 applicationUrl，将 HTTPS 的随机端口号更改为 5151，将 HTTP 的随机端口号更改为 5150，如下所示：

```
"applicationUrl": "https://localhost:5151;http://localhost:5150",
```

(3) 保存对所有文件的修改。

(4) 使用 https 启动配置来启动 Northwind.WebApi Web 服务。

(5) 在 Windows 上，如果你看到一个 Windows Security Alert 对话框显示 Windows Defender Firewall has blocked some features of this app，就单击 Allow access 按钮。

(6) 启动 Chrome，导航到 https://localhost:5151/，注意会得到 404 状态码响应。因为没有启用静态文件，也没有 index.html。另外，没有配置了路由的 MVC 控制器。请记住，这个项目不是为人类查看和交互而设计的，所以这是 Web 服务的预期行为。

(7) 在 Chrome 浏览器中显示 Developer tools。

(8) 导航到 https://localhost:5151/weatherforecast，注意 Web API 服务应该返回一个 JSON 文档，其中包含 5 个随机天气预报对象，如图 14.1 所示。

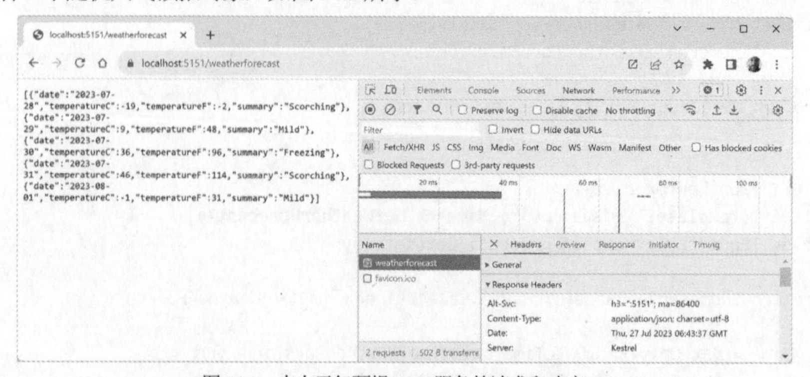

图 14.1　来自天气预报 Web 服务的请求和响应

(9) 注意，像Chrome这样的浏览器会尝试请求一个favicon.ico文件来显示在浏览器标签上。如果404错误让你感到厌烦，就可以创建一个favicon.ico文件，但我们这一次只是使用浏览器来进行基本的Web服务测试。

(10) 关闭Developer tools。

(11) 导航到https://localhost:5151/weatherforecast/14，注意请求两周天气预报时的响应包含14个预报对象。

(12) 关闭Chrome浏览器，然后关闭Web服务器。

14.2 为Northwind示例数据库创建Web服务

与MVC控制器不同，Web API控制器并不通过调用Razor View来返回HTML响应供人们在浏览器中查看。相反，它们使用内容协商与发出HTTP请求的客户端应用程序进行协商，在HTTP响应中返回XML、JSON或X-WWW-FORM-URLENCODED等格式的数据，如下所示：

```
firstName=Mark&lastName=Price&jobtitle=Author
```

然后，客户端应用程序必须从协商的格式中反序列化数据。现代Web服务最常用的格式是JSON，因为在使用Angular、React和Vue等客户端技术构建单页面应用程序(SPA)时，JSON格式非常紧凑，可以与浏览器中的JavaScript在本地协同工作。

我们将引用第12章为Northwind示例数据库创建的Entity Framework Core实体数据模型。

(1) 在Northwind.WebApi项目中，为SQLite或SQL Server添加一个对Northwind数据上下文类库的项目引用，如下所示：

```
<ItemGroup>
  <!-- change Sqlite to SqlServer if you prefer -->
  <ProjectReference Include=
"..\Northwind.DataContext.Sqlite\Northwind.DataContext.Sqlite.csproj" />
</ItemGroup>
```

(2) 在Northwind.WebApi项目中，全局地、静态地导入System.Console类。

(3) 生成Northwind.WebApi项目并修复代码中的任何编译错误。

(4) 打开Program.cs并导入用于Web媒体格式化器和共享Packt类的名称空间，代码如下所示：

```
using Microsoft.AspNetCore.Mvc.Formatters; // To use IOutputFormatter.
using Northwind.EntityModels; // To use AddNorthwindContext method.
```

(5) 在Program.cs中，在调用AddControllers之前添加一个语句来注册Northwind数据库上下文类(它是使用SQLite还是SQL Server取决于在项目文件中引用的数据库提供程序)，代码如下所示：

```
builder.Services.AddNorthwindContext();
```

(6) 在对AddControllers的调用中，添加一个带有语句的lambda块，将默认输出格式化器的名称和支持的媒体类型写入控制台，然后添加用于XML序列化的格式化程序，代码如下所示：

```
builder.Services.AddControllers(options =>
{
```

```
    WriteLine("Default output formatters:");
    foreach (IOutputFormatter formatter in options.OutputFormatters)
    {
      OutputFormatter? mediaFormatter = formatter as OutputFormatter;
      if (mediaFormatter is null)
      {
        WriteLine($"  {formatter.GetType().Name}");
      }
      else // OutputFormatter class has SupportedMediaTypes.
      {
        WriteLine("  {0}, Media types: {1}",
          arg0: mediaFormatter.GetType().Name,
          arg1: string.Join(", ",
            mediaFormatter.SupportedMediaTypes));
      }
    }
  })
  .AddXmlDataContractSerializerFormatters()
  .AddXmlSerializerFormatters();
```

(7) 使用 https 启动配置来启动 Northwind.WebApi Web 服务。

(8) 在命令提示符或终端中，注意有 4 个默认的输出格式化程序，包括将 null 值转换为 204 No Content 的格式化程序以及支持纯文本、字节流和 JSON 响应的格式化程序，如下所示：

```
Default output formatters:
  HttpNoContentOutputFormatter
  StringOutputFormatter, Media types: text/plain
  StreamOutputFormatter
  SystemTextJsonOutputFormatter, Media types: application/json, text/
json, application/*+json
```

(9) 关闭 Web 服务器。

14.2.1 注册依赖服务

你可以注册具有不同生存期的服务，如下面的列表所示。

- 暂态：这些服务在每次被请求时都会创建。暂态服务应该是轻量级的、无状态的。
- 作用域：这些服务在每个客户端请求期间创建一次，当把响应返回给客户端时，它们会被释放。
- 单例：这些服务在第一次被请求时创建，然后会被共享，不过你也可以在注册时提供一个实例。

在.NET 8 中，能够为依赖服务设置一个键。这允许使用不同的键注册多个服务，然后使用该键来获取服务。

```
builder.Services.AddKeyedsingleton<IMemoryCache, BigCache>("big");
builder.Services.AddKeyedSingleton<IMemoryCache, SmallCache>("small");

class BigCacheConsumer([FromKeyedServices("big")] IMemoryCache cache)
{
  public object? GetData() => cache.Get("data");
}
```

```
class SmallCacheConsumer(IKeyedServiceProvider keyedServiceProvider)
{
  public object? GetData() => keyedServiceProvider
    .GetRequiredKeyedService<IMemoryCache>("small");
}
```

本书将用到 3 种类型的生存期，但不会使用具有键的服务。

14.2.2　创建带实体缓存的数据存储库

定义和实现数据存储库以提供 CRUD 操作是很好的实践。下面为 Northwind 示例数据库中的 Customers 表创建数据存储库。Customers 表中只有 91 个客户，因此可在内存中缓存整个表的副本，以提高读取客户记录时的可伸缩性和性能。

最佳实践：
在真实的 Web 服务中，应该使用分布式缓存，如 Redis(一种开源的数据结构存储，可以用作高性能和高可用的数据库、缓存或消息代理)。在下面的链接可以了解更多信息：https:// learn.microsoft.com/en-us/aspnet/core/performance/caching/distributed。

这里将遵循现代的良好实践，使存储库 API 异步化。存储库 API 可使用 Controller 类通过构造函数参数注入技术进行实例化，因此下面创建一个新的 Controller 实例来处理每个 HTTP 请求。它将使用一个内存中缓存的单例实例。

(1) 在 Northwind.WebApi 项目的 Program.cs 中，导入用于使用内存中缓存的名称空间，如下所示：

```
using Microsoft.Extensions.Caching.Memory; // To use IMemoryCache and so on.
```

(2) 在 Program.cs 中，CreateBuilder 调用的后面，配置服务的节中，注册内存缓存的实现作为一个单例实例，它将被立即构造出来，如下面的代码所示：

```
builder.Services.AddSingleton<IMemoryCache>(
  new MemoryCache(new MemoryCacheOptions()));
```

(3) 在 Northwind.WebApi 项目中，创建 Repositories 文件夹。

(4) 在 Repositories 文件夹中添加接口文件和类文件：ICustomerRepository.cs 和 CustomerRepository.cs。

(5) 在 ICustomerHistory.cs 文件中，为 ICustomerRepository 接口定义 5 个 CRUD 方法，如下所示：

```
using Northwind.EntityModels; // To use Customer.

namespace Northwind.WebApi.Repositories;

public interface ICustomerRepository
{
  Task<Customer?> CreateAsync(Customer c);
  Task<Customer[]> RetrieveAllAsync();
  Task<Customer?> RetrieveAsync(string id);
  Task<Customer?> UpdateAsync(Customer c);
  Task<bool?> DeleteAsync(string id);
}
```

(6) 在 CustomerRepository.cs 中，定义一个类来实现上面的接口，并使其使用单例内存缓存，让该缓存的缓存条目具有 30 分钟的滑动过期时间(接下来的几个步骤将实现它的方法)，如下所示：

```
using Microsoft.EntityFrameworkCore.ChangeTracking; // To use
EntityEntry<T>.
using Northwind.EntityModels; // To use Customer.
using Microsoft.Extensions.Caching.Memory; // To use IMemoryCache.
using Microsoft.EntityFrameworkCore; // To use ToArrayAsync.

namespace Northwind.WebApi.Repositories;

public class CustomerRepository : ICustomerRepository
{
  private readonly IMemoryCache _memoryCache;

  private readonly MemoryCacheEntryOptions _cacheEntryOptions = new()
  {
    SlidingExpiration = TimeSpan.FromMinutes(30)
  };

  // Use an instance data context field because it should not be
  // cached due to the data context having internal caching.
  private NorthwindContext _db;

  public CustomerRepository(NorthwindContext db,
    IMemoryCache memoryCache)
  {
    _db = db;
    _memoryCache = memoryCache;
  }
}
```

警告：

确保使用 MemoryCacheEntryOptions，而不是 MemoryCacheOptions。

(7) 实现创建方法，如下所示：

```
public async Task<Customer?> CreateAsync(Customer c)
{
  c.CustomerId = c.CustomerId.ToUpper(); // Normalize to uppercase.

  // Add to database using EF Core.
  EntityEntry<Customer> added = await _db.Customers.AddAsync(c);
  int affected = await _db.SaveChangesAsync();
  if (affected == 1)
  {
    // If saved to database then store in cache.
    _memoryCache.Set(c.CustomerId, c, _cacheEntryOptions);
    return c;
  }
  return null;
}
```

(8) 实现获取全部记录的方法，使其总是读取数据库中的最新客户，如下所示：

```
public Task<Customer[]> RetrieveAllAsync()
{
  return _db.Customers.ToArrayAsync();.
}
```

(9) 实现获取方法，使其在有缓存的时候使用内存中的缓存，如下所示：

```
public Task<Customer?> RetrieveAsync(string id)
{
  id = id.ToUpper(); // Normalize to uppercase.

  // Try to get from the cache first.
  if (_memoryCache.TryGetValue(id, out Customer? fromCache))
    return Task.FromResult(fromCache);

  // If not in the cache, then try to get it from the database.
  Customer? fromDb = _db.Customers.FirstOrDefault(c => c.CustomerId ==
id);

  // If not -in database then return null result.
  if (fromDb is null) return Task.FromResult(fromDb);

  // If in the database, then store in the cache and return customer.
  _memoryCache.Set(fromDb.CustomerId, fromDb, _cacheEntryOptions);
  return Task.FromResult(fromDb)!;
}
```

(10) 实现更新方法来更新数据库，并且如果更新成功，就也更新缓存的客户，如下所示：

```
public async Task<Customer?> UpdateAsync(Customer c)
{
  c.CustomerId = c.CustomerId.ToUpper();

  _db.Customers.Update(c);
  int affected = await _db.SaveChangesAsync();
  if (affected == 1)
  {
    _memoryCache.Set(c.CustomerId, c, _cacheEntryOptions);
    return c;
  }
  return null;
}
```

(11) 实现删除方法从数据库中删除客户，并且如果删除成功，也将删除缓存的客户，如下所示：

```
public async Task<bool?> DeleteAsync(string id)
{
  id = id.ToUpper();

  Customer? c = await _db.Customers.FindAsync(id);
  if (c is null) return null;

  _db.Customers.Remove(c);
  int affected = await _db.SaveChangesAsync();
```

```
    if (affected == 1)
    {
      _memoryCache.Remove(c.CustomerId);
      return true;
    }
    return null;
  }
```

14.2.3 路由 Web 服务

对于 MVC 控制器，像/home/index/这样的路由指出了 Controller 类名和操作方法名，如 HomeController 类和 Index 操作方法。

对于 Web API 控制器，像/weatherforecast 这样的路由指出了 Controller 类名，如 WeatherForecastController。为了确定要执行的操作方法，必须将 HTTP 方法(如 GET 和 POST)映射到 Controller 类中的方法。

我们应该使用以下特性装饰 Controller 方法，以指示要响应的 HTTP 方法。

- [HttpGet]和[HttpHead]：响应 GET 或 HEAD 请求以检索资源，并返回资源及响应头，或者只返回响应头。
- [HttpPost]：响应 POST 请求，以创建新资源或执行服务定义的其他操作。
- [HttpPut]和[HttpPatch]：响应 PUT 或 PATCH 请求，可通过替换来更新现有资源或更新现有资源的某些属性。
- [HttpDelete]：响应 DELETE 请求以删除资源。
- [HttpOptions]：响应 OPTIONS 请求。

14.2.4 路由约束

路由约束允许我们基于数据类型和其他验证来控制匹配。表 14.3 总结了可用的路由约束。

表 14.3 路由约束及其示例和描述

约束	示例	描述
required	{id:required}	必须提供参数
int，long	{id:int}	正确大小的整数
decimal，double，float	{unitprice:decimal}	正确大小的实数
bool	{discontinued:bool}	对 true 和 false 进行区分大小写的匹配
datetime	{hired:datetime}	不变文化的日期/时间
guid	{id:guid}	一个 GUID 值
minlength(n), maxlength(n), length(n), length(n, m)	{title:minlength(5)}, {title:length(5, 25)}	文本必须具有指定的最小和/最大长度
min(n)，max(n)，range(n, m)	{age:range(18, 65)}	整数必须在指定的最小值/最大值范围内
alpha，regex	{firstname:alpha}, {id:regex(^[A-Z]{{5}}$)}	参数必须匹配一个或多个字母字符，或者匹配正则表达式

使用冒号来分隔多个约束，如下所示：

```
[Route("employees/{years:int:minlength(3)}")]
public Employees[] GetLoyalEmployees(int years)
```

对于正则表达式，会自动添加RegexOptions.IgnoreCase | RegexOptions.Compiled | RegexOptions.CultureInvariant。正则表达式的token必须经过转义(将\替换为\\，将{替换为{{，将}替换为}})，或者使用逐字字符串字面值。

更多信息：

通过定义一个实现了IRouteConstraint的类，可以创建自定义路由约束。这不在本书讨论范围内，但你可以在下面的链接阅读相关介绍：https://learn.microsoft.com/en-us/aspnet/core/fundamentals/routing#custom-route-constraints。

14.2.5 ASP.NET Core 8中的短路路由

当路由把一个请求匹配到端点时，会让其余中间件管道先运行，然后调用端点逻辑。但这需要一点时间，所以在ASP.NET Core 8中，允许立即调用端点，然后返回响应。

这可以通过在映射的端点路由上调用ShortCircuit方法来实现，如下所示：

```
app.MapGet("/", () => "Hello World").ShortCircuit();
```

对于不需要进一步处理的资源，可以调用MapShortCircuit方法来响应404 Missing Resource或其他状态码，如下所示：

```
app.MapShortCircuit(404, "robots.txt", "favicon.ico");
```

14.2.6 ASP.NET Core 8中改进的路由工具

在.NET 8中，微软针对所有ASP.NET Core技术(包括最小API、Web API和Blazor)，改进了处理路由的工具。下面列出了改进的特性。

- 路由语法高亮：现在代码编辑器会高亮显示路由的不同部分。
- 自动补全参数和路由名称，以及路由约束。
- 路由分析器和修复器：它们解决了开发人员在实现路由时常见的问题。

在以下链接的博客文章*ASP.NET Core Route Tooling Enhancements in .NET 8*中，可以了解更多信息：https://devblogs.microsoft.com/dotnet/aspnet-core-route-toolingdotnet-8/。

14.2.7 理解操作方法的返回类型

操作方法可以返回.NET类型(如单个字符串值)，返回由类、记录或结构定义的复杂对象，或返回复杂对象的集合。如果注册了合适的序列化器，那么ASP.NET Core会自动将它们序列化为HTTP请求的Accept头中设置的请求数据格式，如JSON。

要对响应进行更多控制，可以使用一些辅助方法，这些辅助方法会返回.NET类型的ActionResult封装器。

如果操作方法可根据输入或其他变量返回不同的类型，那么可以将返回类型声明为

IActionResult。如果操作方法只返回单个类型，但是状态码不同，可将返回类型声明为 ActionResult<T>。

最佳实践：

建议使用[ProducesResponseType]特性装饰操作方法，以指示客户端希望在响应中包含的所有已知类型和 HTTP 状态码。然后可以公开这些信息，以记录客户端应该如何与 Web 服务交互。可以把它想象为你的正式文档的一部分。稍后将介绍如何安装代码分析器，以便在不像这样装饰操作方法时发出警告。

例如，根据 id 参数获取产品的操作方法可使用三个特性进行装饰：一个用来指示响应 GET 请求并具有 id 参数，另外两个用来指示当操作成功时以及当客户端提供无效的产品 ID 时会发生什么，如下所示：

```
[HttpGet("{id}")]
[ProducesResponseType(200, Type = typeof(Product))]
[ProducesResponseType(404)]
public IActionResult Get(string id)
```

ControllerBase 类有一些方法，可以方便地返回不同的响应，如表 14.4 所示。

表 14.4　ControllerBase 类的一些方法

方法	说明
Ok	返回 200 状态码，以及要转换为客户端首选格式(如 JSON 或 XML)的资源。通常用于响应 GET 请求
CreatedAtRoute	返回 201 状态码，以及到新资源的路径。通常用于响应 POST 请求，以创建可以快速创建的资源
Accepted	返回 202 状态码，表明请求正在处理但尚未完成。通常用于响应对需要很长时间才能完成的后台进程的请求，如 POST、PUT、PATCH 或 DELETE 请求
NoContentResult	返回 204 状态码和空的响应体。通常在响应不需要包含被影响的资源时，用于响应 PUT、PATCH 或 DELETE 请求
BadRequest	返回 400 状态码和一个可选的消息字符串，字符串中可能提供了更多细节
NotFound	返回一个错误码并自动填充 ProblemDetails(需要兼容 2.2 或更高版本)

14.2.8　配置客户存储库和 Web API 控制器

现在已经学习了足够的理论，接下来将把理论付诸实践，配置存储库以便可以从 Web API 控制器调用。

当 Web 服务启动时，为存储库注册作用域生存期的依赖服务实现，然后使用构造函数参数注入技术将其放入新的 Web API 控制器，以便处理客户。

它将有 5 个操作方法，用于对客户执行 CRUD 操作：两个 GET 方法(用于获取所有客户和单个客户)、POST(创建)、PUT(更新)和 DELETE。

为了展示如何使用路由区分 MVC 和 Web API 控制器，下面对 Customers 控制器使用常用的 URL 前缀约定/api。

(1) 在 Program.cs 中，导入用于使用客户存储库的名称空间，如下所示：

```
using Northwind.WebApi.Repositories; // To use ICustomerRepository.
```

(2) 在 Program.cs 中，在调用 Build 方法之前添加一条语句，该语句将注册 CustomerRepository，以便在运行时作为一个作用域生存期的依赖项使用，如下所示：

```
builder.Services.AddScoped<ICustomerRepository, CustomerRepository>();
```

最佳实践：

存储库使用的数据库上下文是一个注册为作用域生存期的依赖项。只能在作用域生存期的依赖项中使用其他作用域生存期的依赖项，因此不能将存储库注册为单例。参见以下链接：https://learn.microsoft.com/en-us/dotnet/core/extensions/dependency-injection#scoped。

(3) 在 Controllers 文件夹中添加一个名为 CustomersController.cs 的类文件。如果使用的是 Visual Studio 2022，则可以选择 MVC Controller – Empty 项目项模板。

(4) 在 CustomersController.cs 类文件中添加语句，定义 Web API 控制器类处理客户，如下所示：

```
// To use [Route], [ApiController], ControllerBase and so on.
using Microsoft.AspNetCore.Mvc;
using Northwind.EntityModels; // To use Customer.
using Northwind.WebApi.Repositories; // To use ICustomerRepository.

namespace Northwind.WebApi.Controllers;

// Base address: api/customers
[Route("api/[controller]")]
[ApiController]
public class CustomersController : ControllerBase
{
  private readonly ICustomerRepository _repo;

  // Constructor injects repository registered in Program.cs.
  public CustomersController(ICustomerRepository repo)
  {
    _repo = repo;
  }
}
```

更多信息：

通过使用一个以 api/开头，并包含控制器名称的[Route]特性，Controller 类注册了一个路由，即 api/customers。[controller]部分会自动替换为去掉 Controller 后缀后的类名。因此，对于 CustomersController，路由的基地址是 api/customers。构造函数使用依赖注入来获取注册的存储库，用于处理客户。

(5) 在 CustomerController.cs 中，添加语句来定义一个操作方法，使其响应针对所有客户的 HTTP GET 请求，如下所示：

```
// GET: api/customers
// GET: api/customers/?country=[country]
// this will always return a list of customers (but it might be empty)
[HttpGet]
[ProducesResponseType(200, Type = typeof(IEnumerable<Customer>))]
public async Task<IEnumerable<Customer>> GetCustomers(string? country)
{
  if (string.IsNullOrWhiteSpace(country))
  {
    return await _repo.RetrieveAllAsync();
  }
  else
  {
    return (await _repo.RetrieveAllAsync())
      .Where(customer => customer.Country == country);
  }
}
```

更多信息：

GetCustomers 方法可以有一个 string 参数，可以通过该参数传入国家名称。如果没有传递该参数，就返回所有客户；如果传递了该参数，就使用它来按国家过滤客户。

(6) 在 CustomersController.cs 中，添加语句来定义一个操作方法，使其响应针对单个客户的 HTTP GET 请求，如下所示：

```
// GET: api/customers/[id]
[HttpGet("{id}", Name = nameof(GetCustomer))] // Named route.
[ProducesResponseType(200, Type = typeof(Customer))]
[ProducesResponseType(404)]
public async Task<IActionResult> GetCustomer(string id)
{
  Customer? c = await _repo.RetrieveAsync(id);
  if (c == null)
  {
    return NotFound(); // 404 Resource not found.
  }
  return Ok(c); // 200 OK with customer in body
}
```

更多信息：

GetCustomer 方法有一个显式命名为 GetCustomer 的路由，所以可以使用它在插入新客户后生成一个 URL。

(7) 在 CustomersController.cs 中，添加语句来定义一个操作方法，使其响应插入新客户实体的 HTTP POST 请求，如下所示：

```
// POST: api/customers
// BODY: Customer (JSON, XML)
[HttpPost]
[ProducesResponseType(201, Type = typeof(Customer))]
[ProducesResponseType(400)]
```

```
public async Task<IActionResult> Create([FromBody] Customer c)
{
  if (c == null)
  {
    return BadRequest(); // 400 Bad request.
  }
  Customer? addedCustomer = await _repo.CreateAsync(c);
  if (addedCustomer == null)
  {
    return BadRequest("Repository failed to create customer.");
  }
  else
  {
    return CreatedAtRoute( // 201 Created.
      routeName: nameof(GetCustomer),
      routeValues: new { id = addedCustomer.CustomerId.ToLower() },
      value: addedCustomer);
  }
}
```

(8) 在 CustomersController.cs 中，添加语句来定义一个操作方法，使其响应 HTTP PUT 请求，如下所示：

```
// PUT: api/customers/[id]
// BODY: Customer (JSON, XML)
[HttpPut("{id}")]
[ProducesResponseType(204)]
[ProducesResponseType(400)]
[ProducesResponseType(404)]
public async Task<IActionResult> Update(
  string id, [FromBody] Customer c)
{
  id = id.ToUpper();
  c.CustomerId = c.CustomerId.ToUpper();
  if (c == null || c.CustomerId != id)
  {
    return BadRequest(); // 400 Bad request.
  }
  Customer? existing = await _repo.RetrieveAsync(id);
  if (existing == null)
  {
    return NotFound(); // 404 Resource not found.
  }
  await _repo.UpdateAsync(c);
  return new NoContentResult(); // 204 No content.
}
```

注意以下几点：

- Create 和 Update 方法使用[FromBody]特性装饰 customer 参数，从而告诉模型绑定程序使用 POST 请求体中的值进行填充。
- Create 方法会返回使用了 GetCustomer 路由的响应，以便客户端知道如何在将来获得新创建的资源。我们正在匹配两个方法以创建并获得客户。

- 过去，Create 和 Update 方法需要检查在 HTTP 请求体中传递的客户的模型状态，如果无效，就返回包含模型验证错误细节的 400 Bad Request。因为这个控制器由[ApiController]装饰，它自动实现了这一点。

(1) 在 CustomersController.cs 中，添加语句来定义一个操作方法，使其响应 HTTP DELETE 请求，如下所示：

```
// DELETE: api/customers/[id]
[HttpDelete("{id}")]
[ProducesResponseType(204)]
[ProducesResponseType(400)]
[ProducesResponseType(404)]
public async Task<IActionResult> Delete(string id)
{

  Customer? existing = await _repo.RetrieveAsync(id);
  if (existing == null)
  {
    return NotFound(); // 404 Resource not found.
  }
  bool? deleted = await _repo.DeleteAsync(id);
  if (deleted.HasValue && deleted.Value) // Short circuit AND.
  {
    return new NoContentResult(); // 204 No content.
  }
  else
  {
    return BadRequest( // 400 Bad request.
      $"Customer {id} was found but failed to delete.");
  }
}
```

(2) 保存所有修改。

当服务接收到 HTTP 请求时，就创建控制器类的实例，调用适当的操作方法，以客户端首选的格式返回响应，并释放控制器使用的资源，包括存储库及数据上下文。

14.2.9 指定问题的细节

微软在 ASP.NET Core 2.1 及后续版本中添加的功能是实现了用于指定问题细节的 Web 标准。在与 ASP.NET Core 2.2 或其更高版本兼容的项目中，在使用[APIController]特性装饰的 Web API 控制器中，操作方法返回 IActionResult，而 IActionResult 返回客户端错误状态码，即 4xx，因而操作方法会自动在响应体中包含 ProblemDetails 类的序列化实例。

如果想获得控制权，可以创建 ProblemDetails 实例并包含其他信息。

下面模拟有问题的请求，它需要把自定义数据返回给客户端。

(1) 在 Delete 操作方法实现的顶部添加语句，检查 id 是否与字符串"bad"匹配。如果匹配，就返回自定义的 ProblemDetails 对象，如下所示：

```
// Take control of problem details.
if (id == "bad")
{
  ProblemDetails problemDetails = new()
```

```
    {
      Status = StatusCodes.Status400BadRequest,
      Type = "https://localhost:5151/customers/failed-to-delete",
      Title = $"Customer ID {id} found but failed to delete.",
      Detail = "More details like Company Name, Country and so on.",
      Instance = HttpContext.Request.Path
    };
    return BadRequest(problemDetails); // 400 Bad Request
  }
```

(2) 稍后将测试此功能。

14.2.10　控制 XML 序列化

在 Program.cs 文件中添加了 XmlSerializer，以便 Web API 服务可以在客户端请求时返回 XML 和 JSON。

然而，XmlSerializer 不能序列化接口，实体类需要使用 ICollection<T>来定义相关的子实体；这将导致在运行时对 Customer 类及其 Orders 属性发出警告，如下所示：

```
warn: Microsoft.AspNetCore.Mvc.Formatters.XmlSerializerOutputFormatter[1]
An error occurred while trying to create an XmlSerializer for the type
'Northwind.EntityModels.Customer'.
System.InvalidOperationException: There was an error reflecting type
'Northwind.EntityModels.Customer'.
---> System.InvalidOperationException: Cannot serialize member 'Northwind.
EntityModels.Customer.Orders' of type 'System.Collections.Generic.
ICollection`1[[Northwind.EntityModels.Order, Northwind.EntityModels,
Version=1.0.0.0, Culture=neutral, PublicKeyToken=null]]', see inner exception
for more details.
```

要将 Customer 序列化为 XML，可以通过排除 Orders 属性来阻止上述警告。

(1) 在 Northwind.EntityModels.Sqlite 和 Northwind.EntityModels.SqlServer 项目(如果你创建了这两个项目)中，打开 Customers.cs 类文件。

(2) 导入下面的名称空间，以使用[XmlIgnore]特性：

```
using System.Xml.Serialization; // To use [XmlIgnore].
```

(3) 使用[XmlIgnore]特性装饰 Orders 属性，以在序列化时排除该属性，如下面突出显示的代码所示：

```
[InverseProperty(nameof(Order.Customer))]
[XmlIgnore]
public virtual ICollection<Order> Orders { get; set; } = new
List<Order>();
```

(4) 在 Northwind.EntityModels.SqlServer 项目的 Customers.cs 中，也用[XmlIgnore]装饰 CustomerTypes 属性，如下所示：

```
[ForeignKey("CustomerId")]
[InverseProperty("Customers")]
[XmlIgnore]
public virtual ICollection<CustomerDemographic> CustomerTypes
  { get; set; } = new List<CustomerDemographic>();
```

14.3 记录和测试 Web 服务

通过让浏览器发出 HTTP GET 请求，就可以轻松地测试 Web 服务。为了测试其他 HTTP 方法，需要使用更高级的工具。

14.3.1 使用浏览器测试 GET 请求

下面使用 Chrome 浏览器测试 GET 请求的三种实现，分别针对所有客户、特定国家的客户以及使用唯一客户 ID 的单个客户。

(1) 使用 https 启动配置来启动 Northwind.WebApi Web 服务。

(2) 启动 Chrome 浏览器，导航到 https://localhost:5151/api/customers，注意返回的 JSON 文档中包含 Northwind 示例数据库中的所有 91 个客户(未排序)，如图 14.2 所示。

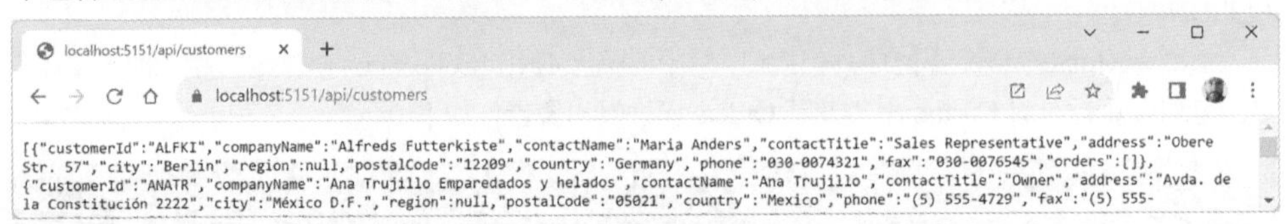

图 14.2 将来自 Northwind 示例数据库的客户作为 JSON 文档

(3) 导航到 https://localhost:5151/api/customers?country=Germany，并注意返回的 JSON 文档只包含德国的客户。

更多信息：

如果返回的是空数组，那么应确保使用正确的大小写输入国家名，因为数据库查询是区分大小写的。例如，比较 uk 和 UK 的结果。

(4) 导航到 https://localhost:5151/api/customers/alfki，注意返回的 JSON 文档只包含名为 Alfreds Futterkiste 的客户。

与国家名不同，不必担心客户 id 值的大小写，因为在客户存储库实现中，已将字符串规范化为大写形式。

但是，如何测试其他 HTTP 方法，比如 POST、PUT 和 DELETE 方法呢？如何记录 Web 服务，使任何人都容易理解如何与之交互?

更多信息：

有许多测试 Web API 的工具，如 Postman。虽然 Postman 很流行，但我更喜欢 Visual Studio 2022 中的 HTTP Editor 或 Visual Studio Code 中的 REST Client，因为它们不隐藏实际上发生了什么。我觉得 Postman 使用了过多图形用户界面。但我鼓励你探索不同的工具，并找到适合自己的工具。有关 Postman 的详情，请浏览 https://www.postman.com。

为解决第一个问题，可以使用 Visual Studio 2022 内置的 HTTP Editor 工具，或者安装一个名为 REST Client 的 Visual Studio Code 扩展。JetBrains Rider 也有自己的类似工具。这些工具允许你发送任意类型的 HTTP 请求，并在代码编辑器中查看响应。

为了解决第二个问题，可以启用 Swagger，这是世界上最流行的记录和测试 HTTP API 的技术。下面首先来看看代码编辑器的 HTTP/REST 工具都有哪些功能。

14.3.2　使用 HTTP/REST 工具发出 GET 请求

首先创建一个用于测试 GET 请求的文件。

(1) 如果还没有安装由 Huachao Mao 提供的 REST Client(humao.rest-client)，那么现在就请在 Visual Studio Code 中安装。

(2) 在自己喜欢的代码编辑器中，打开 PracticalApps 解决方案，然后启动 Northwind.WebApi 项目 Web 服务。

(3) 在 File Explorer、Finder 或其他你喜欢使用的 Linux 文件工具中，在 PracticalApps 文件夹中，创建一个 HttpRequests 文件夹。

(4) 在 HttpRequests 文件夹中，创建一个名为 get-customers.http 的文件，并在代码编辑器中打开它。

(5) 在 get-customers.http 中，修改其内容以包含一个用于检索所有客户的 HTTP GET 请求，代码如下所示：

```
### Configure a variable for the web service base address.
@base_address = https://localhost:5151/api/customers/

### Make a GET request to the base address.
GET {{base_address}}
```

(6) 在 HTTP GET 请求上方，单击 Send Request，如图 14.3 所示。

(7) 注意响应显示在一个新的选项卡中。

(8) 如果使用的是 Visual Studio 2022，则单击 Raw 选项卡，注意返回的 JSON，如图 14.3 所示。

更多信息：

HTTP Editor 是 Visual Studio 2022 中新增的特性，用于添加类似于 REST Client 的功能，其用户界面很可能会快速演化。在下面的链接可以阅读其官方文档：https://learn.microsoft. com/en-us/aspnet/core/test/http-files。

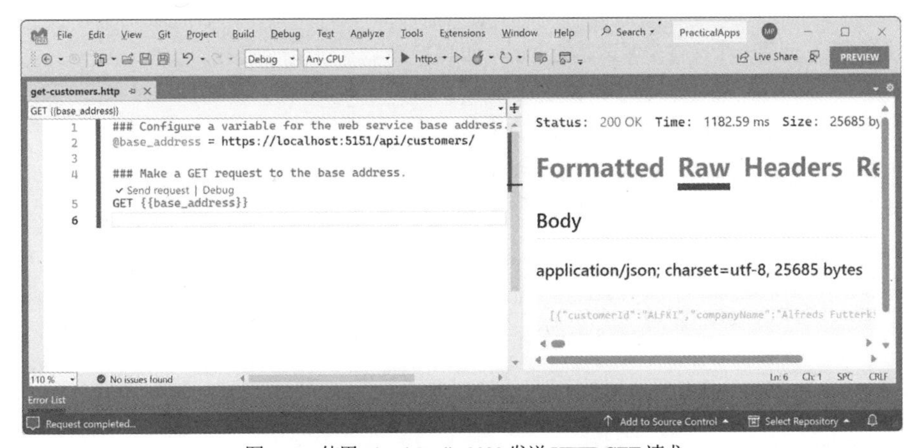

图 14.3　使用 Visual Studio 2022 发送 HTTP GET 请求

(9) 在 get-customers.http 中，输入更多的 GET 请求，将每个请求用###符号分隔，以测试获取不同国家的客户，以及使用客户的 ID 获取客户，如下所示：

```
### Get customers in Germany
GET {{base_address}}?country=Germany

### Get customers in USA in XML format
GET {{base_address}}?country=USA
Accept: application/xml

### Get Alfreds Futterkiste
GET {{base_address}}ALFKI

### Get a non-existant customer
GET {{base_address}}abcxy
```

(10) 使用 Visual Studio Code 的 REST Client 扩展时，单击每个请求上方的 Send Request 链接发送请求；例如，GET 有一个请求头以 XML(而不是 JSON)的格式请求美国的客户，如图 14.4 所示。

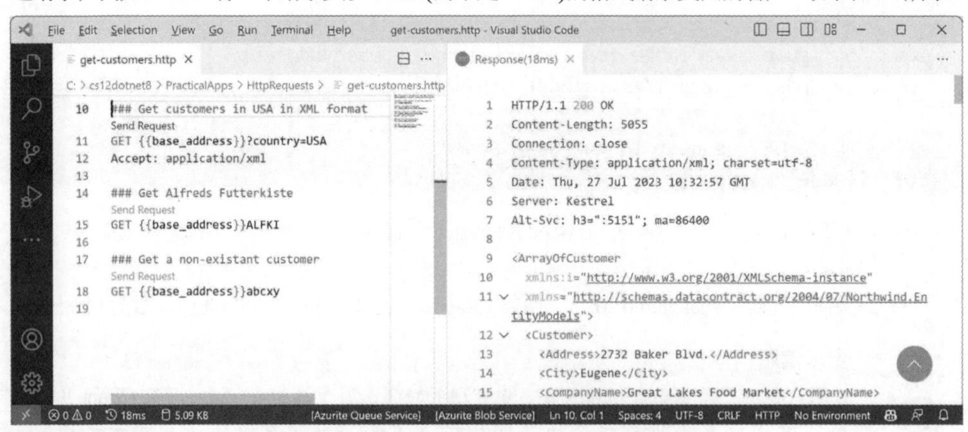

图 14.4　使用 REST Client 发送对 XML 的请求并获得响应

14.3.3 使用 HTTP/REST 工具发出其他请求

接下来，创建一个文件来测试其他请求，如 POST。

(1) 在 HttpRequests 文件夹中，创建一个名为 create-customer.http 的文件，修改它的内容，定义一个 POST 请求来创建新客户，代码如下所示：

```
### Configure a variable for the web service base address.
@base_address = https://localhost:5151/api/customers/

### Make a POST request to the base address.
POST {{base_address}}
Content-Type: application/json

{
  "customerID": "ABCXY",
  "companyName": "ABC Corp",
  "contactName": "John Smith",
```

```
  "contactTitle": "Sir",
  "address": "Main Street",
  "city": "New York",
  "region": "NY",
  "postalCode": "90210",
  "country": "USA",
  "phone": "(123) 555-1234"
}
```

(2) 发送请求，并注意响应是 201 Created。还要注意，新创建客户的位置(即 URL)是 https://localhost:5151/api/Customers/abcxy，并在响应体中包含新创建的客户，如图 14.5 所示。

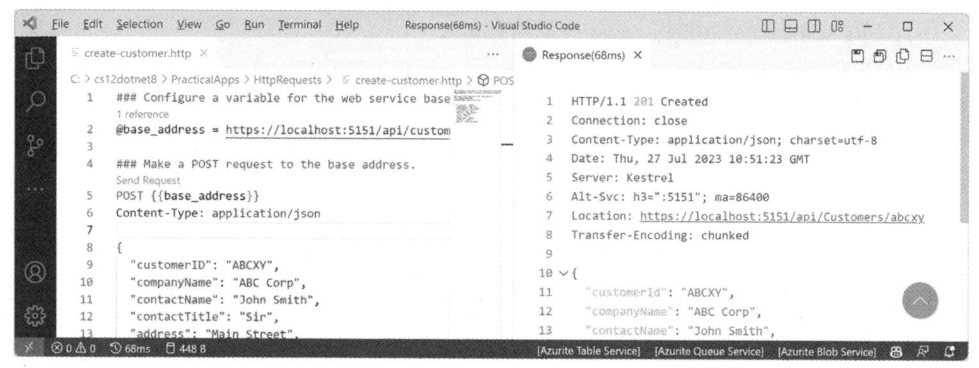

图 14.5　通过 POST 到 Web API 服务来添加一个新客户

这里把创建下面描述的.http 文件的任务留作练习：测试更新客户(使用 PUT)和删除客户(使用 DELETE)的功能。对存在的客户和不存在的客户都进行尝试。解决方案在本书的 GitHub 存储库中的以下地址：https://github.com/markjprice/cs12dotnet8/tree/main/code/PracticalApps/HttpRequests。

14.3.4　传递环境变量

为了获得环境变量，可以使用$processenv，如下所示：

```
{{$processEnv [%]envVarName}}
```

例如，如果你有机密值不能存储到要提交到 GitHub 存储库的文件中，所以设置了环境变量来存储它们，如连接 SQL Server 数据库的密码，就可以使用下面的命令：

```
{{$processEnv MY_SQL_PWD}}
```

更多信息：

在以下链接可以了解更多关于在 REST Client 中使用环境变量的信息：https://marketplace.visualstudio.com/ items?itemName=humao.rest-client#environments。在以下链接可以了解更多关于在 HTTP Editor 中使用环境变量和 Secret Manager 的信息：https://devblogs.microsoft.com/visualstudio/safely-use-secrets-in-httprequests-in-visual-studio-2022/。

前面介绍了一种测试服务的快速且简单的方法，这正是学习 HTTP 的好方法。对于外部开发人员，我们希望他们在学习并调用我们的服务时尽可能容易。为此，我们将启用 Swagger。

14.3.5 理解 Swagger

Swagger 最重要的部分是 OpenAPI 规范，OpenAPI 规范为 API 定义了 REST 风格的契约，并以人和机器可读的格式详细描述所有资源和操作，从而便于开发、发现和集成。

开发人员可以为 Web API 使用 OpenAPI 规范，以他们喜欢的语言或库自动生成强类型的客户端代码。

对于我们来说，另一个有用的特性是 Swagger UI，Swagger UI 能为 API 自动生成文档，并带有内置的可视化测试功能。

下面使用 Swashbuckle 包为 Web 服务启用 Swagger。

(1) 如果 Web 服务正在运行，请关闭 Web 服务器。

(2) 打开 Northwind.WebApi.csproj，注意项目模板添加的 Swashbuckle.AspNetCore 的包引用，如下所示：

```
<PackageReference Include="Swashbuckle.AspNetCore" Version="6.4.0" />
```

(3) 在 Program.cs 中，导入 Swashbuckle 的 SwaggerUI 名称空间，代码如下所示：

```
using Swashbuckle.AspNetCore.SwaggerUI; // To use SubmitMethod.
```

(4) 在 Program.cs 中向容器添加服务的部分，注意项目模板为使用 Swagger 和端点 API explorer 注册的服务，如下所示：

```
// Learn more about configuring Swagger/OpenAPI at https://aka.ms/
aspnetcore/swashbuckle
builder.Services.AddEndpointsApiExplorer();
builder.Services.AddSwaggerGen();
```

(5) 在配置 HTTP 请求管道的部分，注意在开发模式下使用 Swagger 和 Swagger UI 的语句，并为 OpenAPI 规范 JSON 文档定义一个端点。添加代码以显式列出希望在 Web 服务中支持的 HTTP 方法，并更改端点名称，如下面突出显示的代码所示：

```
// Configure the HTTP request pipeline.
if (builder.Environment.IsDevelopment())
{
  app.UseSwagger();
  app.UseSwaggerUI(c =>
  {
    c.SwaggerEndpoint("/swagger/v1/swagger.json",
      "Northwind Service API Version 1");

    c.SupportedSubmitMethods(new[] {
      SubmitMethod.Get, SubmitMethod.Post,
      SubmitMethod.Put, SubmitMethod.Delete });
  });
}
```

14.3.6 使用 Swagger UI 测试请求

下面使用 Swagger 测试 HTTP 请求。

(1) 使用 https 启动配置来启动 Northwind.WebApi Web 服务项目。

(2) 在 Chrome 浏览器中导航到 https://localhost:5151/swagger，注意已发现和记录的 Web API 控制器 Customers 和 WeatherForecast，如图 14.6 所示。

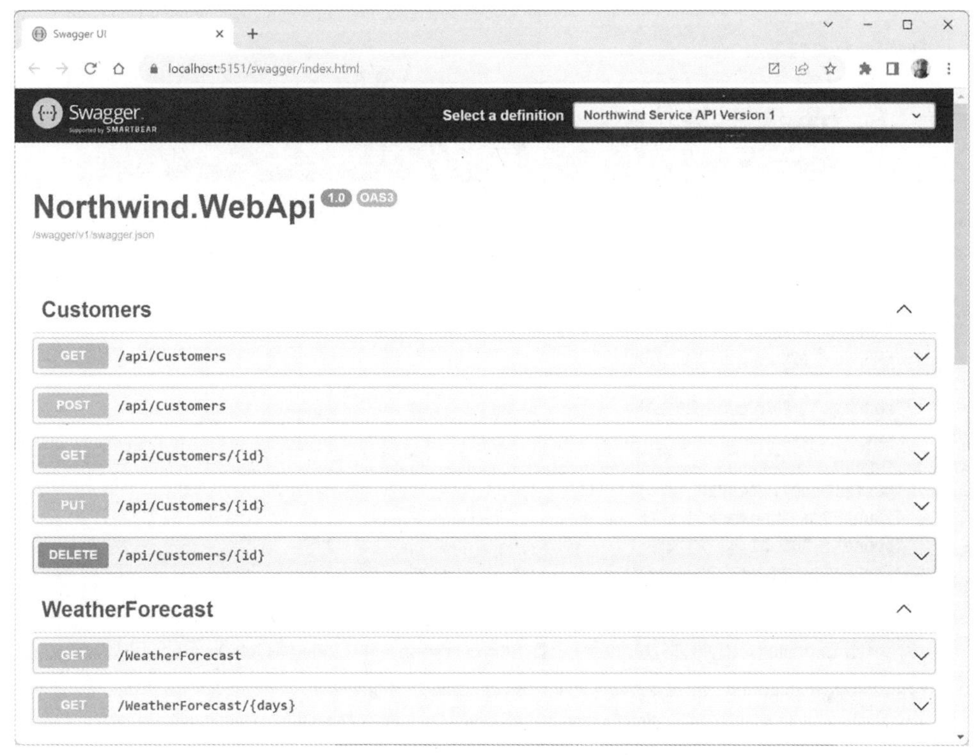

图 14.6　Northwind Web API 服务端点的 Swagger 文档

(3) 单击 GET/api/Customers/{id}，展开该端点，并注意客户 id 所需的参数。

(4) 单击 Try it out 按钮，输入 alfki 作为 id，然后单击 Execute 按钮，如图 14.7 所示。

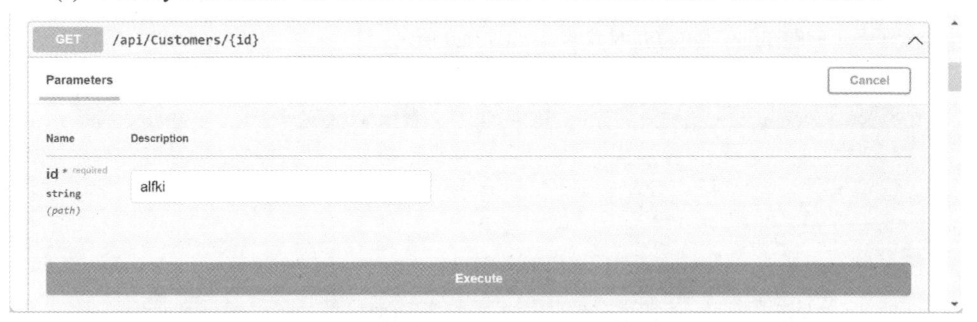

图 14.7　在单击 Execute 按钮之前输入客户 id

(5) 向下滚动页面，观察 Request URL、Server response 的 Code 和 Details 部分，包括 Response body 和 Response headers，如图 14.8 所示。

(6) 回滚到页面顶部，单击 POST /api/Customers，展开该端点，然后单击 Try it out 按钮。

(7) 在 Request body 文本框内单击，修改 JSON，定义如下新客户：

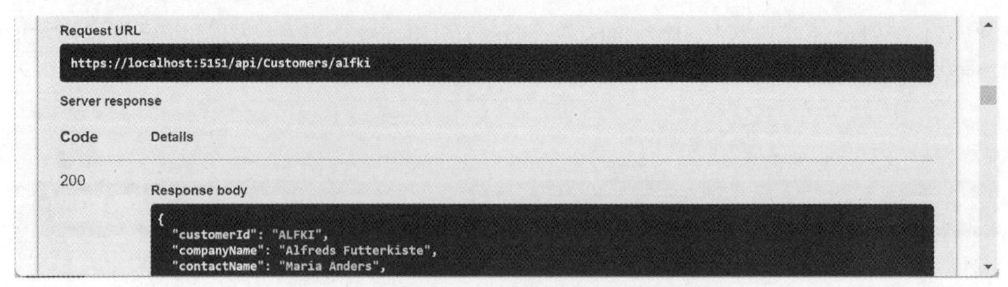

图 14.8　成功的 Swagger 请求中关于 ALFKI 的信息

```
{
  "customerID": "SUPER",
  "companyName": "Super Company",
  "contactName": "Rasmus Ibensen",
  "contactTitle": "Sales Leader",
  "address": "Rotterslef 23",
  "city": "Billund",
  "region": null,
  "postalCode": "4371",
  "country": "Denmark",
  "phone": "31 21 43 21",
  "fax": "31 21 43 22"
}
```

(8) 单击 Execute 按钮，观察 Request URL、Server response 的 Code 和 Details 部分，包括 Response body 和 Response headers，注意响应码 201 意味着已成功创建了客户。

(9) 向上滚动到页面顶部，单击 GET /api/Customers，展开该端点，单击 Try it out 按钮，输入 Denmark 作为国家参数，然后单击 Execute 按钮，确认新客户已添加到数据库中。

(10) 单击 DELETE /api/Customers/{id}，展开该端点，单击 Try it out 按钮，输入 super 作为 id，单击 Execute 按钮，注意服务器返回的响应码为 204，表示删除成功。

(11) 再次单击 Execute 按钮，注意服务器返回的响应码是 404，这表示客户不存在，响应体中包含了关于问题详细信息的 JSON 文件，如图 14.9 所示。

图 14.9　已删除的客户将不再存在

(12) 为id输入bad，再次单击Execute按钮，注意服务器返回的响应码是400，这表明客户确实存在，但未能删除(在本例中，这是因为Web服务在模拟这种错误)，响应体中包含了定制的问题细节的JSON文档，如图14.10所示。

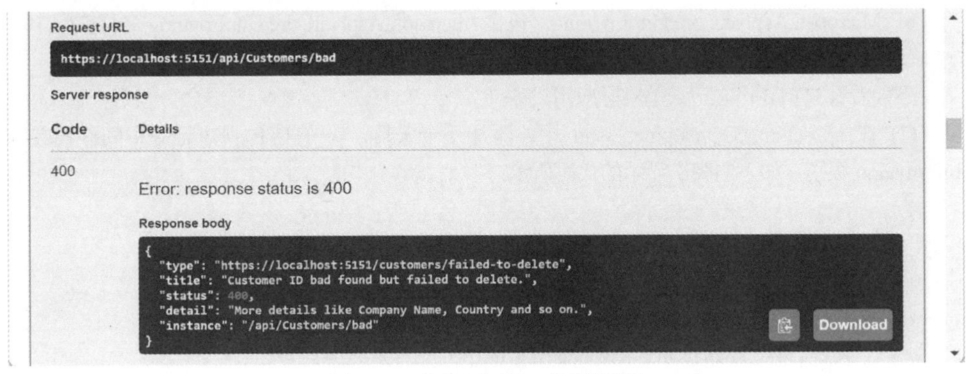

图14.10 客户确实存在，但未能删除

更多信息：

在14.2.5节“指定问题的细节”中添加了代码来实现这种行为。在该节中，检查了值为bad的id，然后返回包含问题细节的一个问题请求。

(13) 使用GET方法确认新客户已从数据库中删除(之前在丹麦只有两个客户)。

更多信息：

作为练习，读者可以使用PUT方法来测试更新现有客户的操作。

(14) 关闭Chrome浏览器，关闭Web服务器。

14.3.7 启用HTTP日志记录

HTTP日志记录是一个可选的中间件组件，在测试Web服务时很有用。它记录关于HTTP请求和HTTP响应的信息，包括以下内容：

- HTTP请求信息
- 请求头
- 请求体
- HTTP响应信息

这在Web服务的审计和调试场景中很有价值，但是要小心，它可能对性能产生负面影响。还可能记录个人身份信息(PII)，这可能在某些管辖区导致合规问题。

可以设置如下日志记录级别。

- Error：只记录Error级别的日志
- Warning：记录Error和Warning级别的日志
- Information：记录Error、Warning和Information级别的日志
- Verbose：记录所有级别的日志

可以针对定义了日志记录功能的名称空间设置日志级别。嵌套的名称空间允许我们控制为哪

个功能启用日志记录。

- Microsoft：包含 Microsoft 名称空间中的所有日志类型
- Microsoft.AspNetCore：包含 Microsoft.AspNetCore 名称空间中的所有日志类型
- Microsoft.AspNetCore.HttpLogging：包含 Microsoft.AspNetCore.HttpLogging 名称空间中的所有日志类型

下面看看 HTTP 日志记录的实际应用。

(1) 在 appsettings.Development.json 中，添加一个条目，将 HTTP 日志记录中间件设置为 Information 级别，如下面突出显示的代码所示：

```
{
  "Logging": {
    "LogLevel": {
      "Default": "Information",
      "Microsoft.AspNetCore": "Warning",
      "Microsoft.AspNetCore.HttpLogging.HttpLoggingMiddleware":
"Information"
    }
  }
}
```

更多信息：

尽管 Default 日志级别可能被设置为 Information，但更具体的配置具有更高优先级。例如，Microsoft.AspNetCore 名称空间中的任何日志记录系统使用 Warning 级别。在我们做出修改后，Microsoft.AspNetCore.HttpLogging.HttpLoggingMiddleware 名称空间中的任何日志系统现在将使用 Information 级别。

(2) 在 Program.cs 中，导入使用 HTTP 日志记录的名称空间，如下所示：

```
using Microsoft.AspNetCore.HttpLogging; // To use HttpLoggingFields.
```

(3) 在服务配置部分，WebApplication.CreateBuilder 调用之后，添加一条语句来配置 HTTP 日志记录，代码如下所示：

```
builder.Services.AddHttpLogging(options =>
{
  options.LoggingFields = HttpLoggingFields.All;
  options.RequestBodyLogLimit = 4096; // Default is 32k.
  options.ResponseBodyLogLimit = 4096; // Default is 32k.
});
```

(4) 在 HTTP 管道配置部分，builder.Build 调用之后，添加一条语句，在调用使用路由之前添加 HTTP 日志记录，代码如下所示：

```
app.UseHttpLogging();
```

(5) 使用 https 启动配置来启动 Northwind.WebApi Web 服务。

(6) 启动 Chrome，并导航到 https://localhost:5151/api/customers。

(7) 在命令提示符或终端中，注意请求和响应已被记录，如下所示：

```
info: Microsoft.AspNetCore.HttpLogging.HttpLoggingMiddleware[1]
      Request:
```

```
      Protocol: HTTP/2
      Method: GET
      Scheme: https
      PathBase:
      Path: /api/customers
      Accept: text/html,application/xhtml+xml,application/
xml;q=0.9,image/avif,image/webp,image/apng,*/*;q=0.8,application/signedexchange;
v=b3;q=0.7
      Host: localhost:5151
      User-Agent: Mozilla/5.0 (Windows NT 10.0; Win64; x64)
AppleWebKit/537.36 (KHTML, like Gecko) Chrome/115.0.0.0 Safari/537.36
      Accept-Encoding: gzip, deflate, br
      Accept-Language: en-US,en-GB;q=0.9,en;q=0.8,fr-FR;q=0.7,fr;q=0.6
      Upgrade-Insecure-Requests: [Redacted]
...
info: Microsoft.AspNetCore.HttpLogging.HttpLoggingMiddleware[2]
      Response:
      StatusCode: 200
      Content-Type: application/json; charset=utf-8
info: Microsoft.AspNetCore.HttpLogging.HttpLoggingMiddleware[4]
      ResponseBody: [{"customerId":"ALFKI","companyName":"Alfreds
Futterkiste","contactName":"Maria Anders","contactTitle":"Sales
Representative","address":"Obere Str. 57","city":"Berlin","region":null,"
postalCode":"12209","country":"Germany","phone":"030-0074321","fax":"030-
0076545","orders":[]},...
```

(8) 关闭 Chrome 浏览器，关闭 Web 服务器。

14.3.8　W3CLogger 支持记录额外的请求头

W3CLogger 是一个中间件，它以 W3C 的标准格式写日志。使用它可以：

- 记录 HTTP 请求和响应的详细信息。
- 进行过滤，只记录请求和响应消息的指定头和部分。

警告：

W3CLogger 可能会降低应用程序的性能。

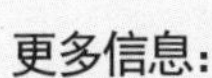

更多信息：

W3CLogger 与 HTTP 日志记录类似，所以本书不详细介绍它的用法。从以下链接可以了解关于 W3CLogger 的更多信息：https://learn.microsoft. com/en-us/aspnet/core/fundamentals/w3c-logger/。

在 ASP.NET Core 7 和更高版本中使用 W3CLogger 时，可以指定记录额外的请求头。只需要调用 AdditionalRequestHeaders 方法，并传入想要记录的头的名称，如下所示：

```
services.AddW3CLogging(options =>
{
    options.AdditionalRequestHeaders.Add("x-forwarded-for");
    options.AdditionalRequestHeaders.Add("x-client-ssl-protocol");
});
```

现在可以构建使用 Web 服务的应用程序了。

14.4 使用 HTTP 客户端消费 Web 服务

构建并测试 Northwind 服务后，下面学习如何使用 HttpClient 类及其工厂从任何.NET 应用程序中调用 Northwind 服务。

14.4.1 了解 HttpClient 类

消费 Web 服务的最简单方法是使用 HttpClient 类。然而，许多人以错误的方式使用 HttpClient 类，因为它实现了 IDisposable，而微软自己的文档也没有很好地使用它。有关这方面的更多讨论，请参阅 GitHub 存储库中的本书的相关链接。

通常，如果类型实现了 IDisposable 接口，就应该在 using 语句中创建它，以确保能尽快被释放。但 HttpClient 类是不同的，因为它是共享的、可重入的，并且部分是线程安全的。

这个问题与如何管理底层网络套接字有关。底线是，应该为应用程序生命周期中使用的每个 HTTP 端点使用单个实例。这允许每个 HttpClient 实例拥有默认设置，默认设置十分适合它所处理的端点，同时能够有效地管理底层网络套接字。

14.4.2 使用 HttpClientFactory 配置 HTTP 客户端

微软意识到.NET 开发人员没有恰当地使用 HttpClient，因此在 ASP.NET Core 2.1 中引入了 HttpClientFactory，以鼓励开发人员采用最佳实践，这正是我们要使用的技术。

下面的示例使用在介绍 MVC 的那个在线章中创建的 Northwind MVC 网站作为 Northwind Web API 服务的客户端。下面来配置 HTTP 客户端。

(1) 在 Northwind.Mvc 项目的 Program.cs 中，导入设置媒体类型头值的名称空间，如下所示：

```
using System.Net.Http.Headers; // To use MediaTypeWithQualityHeaderValue.
```

(2) 在 Northwind.Mvc 项目的 Program.cs 中，在调用 Build 方法之前，添加一条语句以启用 HttpClientFactory，使指定的客户端使用端口 5151 上的 HTTPS 调用 Northwind Web API 服务，并请求 JSON 作为默认的响应格式，如下所示：

```
builder.Services.AddHttpClient(name: "Northwind.WebApi",
  configureClient: options =>
  {
    options.BaseAddress = new Uri("https://localhost:5151/");
    options.DefaultRequestHeaders.Accept.Add(
      new MediaTypeWithQualityHeaderValue(
      mediaType: "application/json", quality: 1.0));
  });
```

14.4.3 在控制器中以 JSON 格式获取客户

创建以下的 MVC 控制器操作方法：

- 使用工厂创建 HTTP 客户端

- 发出获取客户的 GET 请求
- 使用.NET 5 在 System.Net.Http.Json 程序集和名称空间中引入的方便的扩展方法来反序列化 JSON 响应。

(1) 在 Northwind.Mvc 项目的 Controllers 文件夹的 HomeController.cs 文件中，声明如下字段以存储 HTTP 客户端工厂：

```
private readonly IHttpClientFactory _clientFactory;
```

(2) 在构造函数中设置如下字段：

```
public HomeController(
  ILogger<HomeController> logger,
  NorthwindContext db,
  IHttpClientFactory httpClientFactory)
{
  _logger = logger;
  _db = db;
  _clientFactory = httpClientFactory;
}
```

(3) 创建如下新的操作方法以调用 Northwind Web API 服务，获取所有客户并将它们传递给视图：

```
public async Task<IActionResult> Customers(string country)
{
  sring uri;

  if (string.IsNullOrEmpty(country))
  {
    ViewData["Title"] = "All Customers Worldwide";
    uri = "api/customers";
  }
  else
  {
    ViewData["Title"] = $"Customers in {country}";
    uri = $"api/customers/?country={country}";
  }

  HttpClient client = _clientFactory.CreateClient(
    name: "Northwind.WebApi");

  HttpRequestMessage request = new(
    method: HttpMethod.Get, requestUri: uri);

  HttpResponseMessage response = await client.SendAsync(request);

  IEnumerable<Customer>? model = await response.Content
    .ReadFromJsonAsync<IEnumerable<Customer>>();

  return View(model);
}
```

(4) 在 Views/Home 文件夹中创建一个名为 Customers.cshtml 的 Razor 文件。

(5) 修改这个 Razor 文件以渲染客户，如下所示：

```
@using Northwind.EntityModels
@model IEnumerable<Customer>

<h2>@ViewData["Title"]</h2>
<table class="table">
  <head>
    <tr>
    <th>Company Name</th>
    <th>Contact Name</th>
    <th>Address</th>
    <th>Phone</th>
  </tr>
</thead>
<tbody>
  @if (Model is not null)
  {
    @foreach (Customer c in Model)
    {
      <tr>
        <td>
          @Html.DisplayFor(modelItem => c.CompanyName)
        </td>
        <td>
          @Html.DisplayFor(modelItem => c.ContactName)
        </td>
        <td>
          @Html.DisplayFor(modelItem => c.Address)
          @Html.DisplayFor(modelItem => c.City)
          @Html.DisplayFor(modelItem => c.Region)
          @Html.DisplayFor(modelItem => c.Country)
          @Html.DisplayFor(modelItem => c.PostalCode)
        </td>
        <td>
            @Html.DisplayFor(modelItem => c.Phone)
          </td>
        </tr>
    }
  }
  </tbody>
</table>
```

(6) 在 Views/Home 文件夹的 Index.cshtml 中，在显示访客人数的代码下方添加如下表单，以允许访问者输入国家名并查看指定国家的客户：

```
<h3>Query customers from a service</h3>
<form asp-action="Customers" method="get">
  <inpu name="country" placeholder="Enter a country" />
  <input type="submit" />
</form>
```

14.4.4　启动多个项目

到现在为止，我们只是一次启动一个项目。现在，我们有了两个需要启动的项目，分别是一个 Web 服务和一个 MVC 客户端网站。在接下来的分步骤说明中，只会告诉你一次启动一个单独的项目，但你应该使用自己首选的任何技术来启动它们。

1. 如果使用的是 Visual Studio 2022

如果没有附加调试器，则 Visual Studio 2022 允许以手动方式一个个启动多个项目，如下所示：

(1) 在 Solution Explorer 中，右击解决方案或任何项目，然后选择 Configure Startup Projects…，或者选择解决方案，然后导航到 Project | Configure Startup Projects…。

(2) 在 Solution ‘<name>’ Property Pages 对话框中，选中 Current selection.

(3) 单击 OK。

(4) 在 Solution Explorer 中选择一个项目，其名称将加粗显示。

(5) 导航到 Debug | Start Without Debugging，或者按 Ctrl + F5。

(6) 根据需要，为任意多个项目重复步骤(2)和(3)。

如果需要调试项目，则必须启动 Visual Studio 2022 的多个实例。每个实例在进行调试时都能够启动一个项目。

按照下面的步骤，可将多个项目配置为同时启动：

(1) 在 Solution Explorer 中，右击解决方案或任何项目，然后选择 Configure Startup Projects…，或者选择解决方案，然后导航到 Project | Configure Startup Projects…。

(2) 在 Solution'<name>'Property Pages 对话框中，选中 Multiple startup projects，然后对于想要启动的任何项目，选择 Start 或 Start without debugging，如图 14.11 所示。

(3) 单击 OK。

(4) 导航到 Debug | Start Debugging 或 Debug | Start Without Debugging，或者单击工具栏中的等效按钮，启动选择的所有项目。

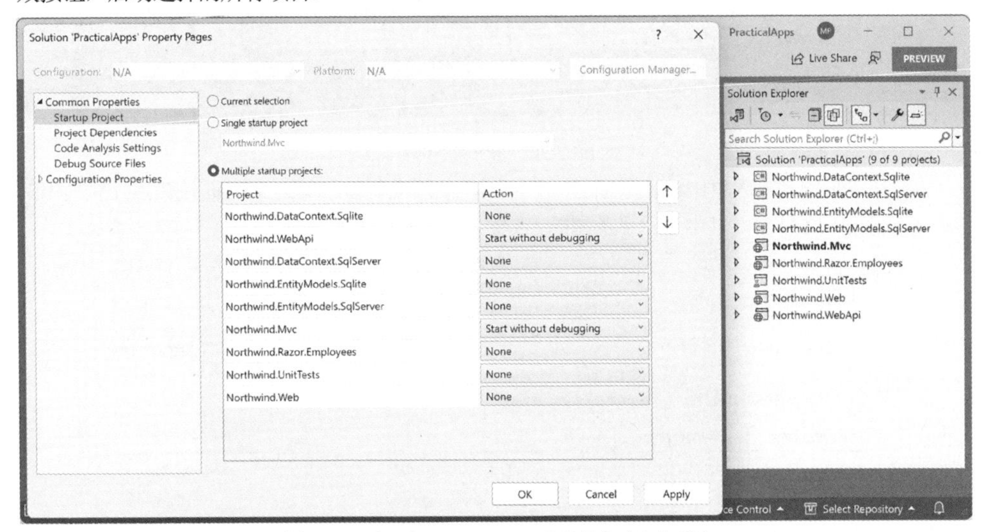

图 14.11　在 Visual Studio 2022 中选择启动多个项目

更多信息：

在以下链接，可以学习关于使用 Visual Studio 2022 启动多个项目的更多信息：https://learn.microsoft.com/en-us/visualstudio/ide/how-to-setmultiple-startup-projects。

2. 如果使用的是 Visual Studio Code

如果需要在命令行使用 dotnet 启动多个项目，则可以编写一个脚本或批处理文件来执行多个 dotnet run 命令，或者打开多个命令提示符或终端窗口。

如果需要使用 Visual Studio Code 调试多个项目，则在启动第一个调试会话后，可以启动另一个会话。当第二个会话开始运行后，用户界面将切换到多目标模式。例如，在 CALL STACK 中，可以看到两个项目有各自的线程，而调试工具栏将显示一个可下拉的会话列表，其中已选中活跃的会话。另一种方式是在 launch.json 中定义复合的启动配置。

更多信息：

通过以下链接可以学习关于使用 Visual Studio Code 进行多目标调试的更多信息：https://code.visualstudio.com/Docs/editor/debugging#_multitargetdebugging。

14.4.5 启动 Web 服务和 MVC 客户端项目

现在可以尝试用 MVC 客户端调用 Web 服务：

(1) 启动 Northwind.WebApi 项目。确认 Web 服务正在侦听 5151 和 5150 端口，如下所示：

```
info: Microsoft.Hosting.Lifetime[14]
  Now listening on: https://localhost:5151
info: Microsoft.Hosting.Lifetime[14]
  Now listening on: http://localhost:5150
```

(2) 启动 Northwind.Mvc 项目。确认网站正在侦听 5141 和 5140 端口，如下所示：

```
info: Microsoft.Hosting.Lifetime[14]
  Now listening on: https://localhost:5141
info: Microsoft.Hosting.Lifetime[14]
  Now listening on: http://localhost:5140
```

(3) 启动 Chrome 浏览器并导航到 https://localhost:5141/。

(4) 在主页的客户表单中输入国家名，如德国、英国或美国，单击 Submit 按钮，注意列出的客户，如图 14.12 所示，其中显示了英国的客户。

图 14.12　位于英国的客户

(5) 在浏览器中单击 Back 按钮，清除输入的国家名，单击 Submit 按钮，结果将列出所有客户。

(6) 在命令提示符或终端中，请注意 HttpClient 输出了它发出的每个 HTTP 请求和它收到的每个 HTTP 响应，如下所示：

```
info: System.Net.Http.HttpClient.Northwind.WebApi.ClientHandler[100]
  Sending HTTP request GET https://localhost:5151/api/
customers/?country=UK
info: System.Net.Http.HttpClient.Northwind.WebApi.ClientHandler[101]
  Received HTTP response headers after 931.864ms - 200
```

(7) 关闭 Chrome 浏览器，然后关闭两个 Web 服务器。

14.5 实践和探索

你可以通过回答一些问题来测试自己对知识的掌握程度，进行一些实践，并深入探索本章涵盖的主题。

14.5.1 练习 14.1：测试你掌握的知识

回答以下问题：

(1) 对于 ASP.NET Core Web API 服务，要创建控制器类，应该继承哪个基类？

(2) 配置 HTTP 客户端时，如何指定 Web 服务的响应中的首选数据格式？

(3) 如何指定执行哪个控制器操作方法以响应 HTTP 请求？

(4) 调用操作方法时，为了得到期望的响应，应该做些什么？

(5) 列出 3 个方法，使得调用它们可以返回具有不同状态码的响应。

(6) 列出测试 Web 服务的 4 种方法。

(7) 为什么不将 HttpClient 封装到 using 语句中，以便在完成时释放(即使 HttpClient 实现了 IDisposable 接口)？应该怎么做？

(8) HTTP/2 和 HTTP/3 相较于 HTTP/1.1 的优势有哪些？

(9) 如何使用 ASP.NET Core 2.2 及更高版本，使客户端能够检测 Web 服务是否健康？

(10) 端点路由提供了哪些好处？

14.5.2 练习 14.2：练习使用 HttpClient 创建和删除客户

扩展 Northwind.Mvc 网站项目，让访问者可通过填写表单来创建新客户或搜索客户，然后删除客户。MVC 控制器应该调用 Northwind Web 服务来创建和删除客户。

14.5.3 练习 14.3：为 Web 服务实现高级特性

如果你想了解 Web 服务健康检查、OpenAPI 分析器、添加安全 HTTP 头，以及为 HttpClient 启用 HTTP/3 支持，可以阅读下面的链接提供的在线小节：

https://github.com/markjprice/cs12dotnet8/blob/main/docs/ch14-advanced.md

14.5.4 练习 14.4：使用最小 API 构建 Web 服务

如果你想了解如何使用最小 API 构建 Web 服务，可以阅读下面的链接提供的在线小节：
https://github.com/markjprice/cs12dotnet8/blob/main/docs/ch14-minimal-apis.md

14.5.5 练习 14.5：探索主题

可通过以下链接来阅读关于本章所涉及主题的更多细节：
https://github.com/markjprice/cs12dotnet8/blob/main/docs/book-links.md#chapter-14---building-and-consuming-web-services

14.6 本章小结

本章主要内容：

- 如何构建 ASP.NET Core Web API 服务，任何平台上的可以发出 HTTP 请求并处理 HTTP 响应的应用程序都可以调用这种服务。
- 如何使用 Swagger 测试和记录 Web 服务 API。
- 如何高效地消费服务。
- 如何使用最小 API 构建一个基本的 HTTP API 服务。

下一章将学习如何使用 Blazor 构建用户界面。Blazor 是微软的一项组件技术，使开发人员能够使用 C#(而不是 JavaScript)为网站构建客户端单页面应用程序(SPA)，以及为桌面构建 PWA 或混合应用程序。

第15章 使用 Blazor 构建用户界面

本章介绍如何使用 Blazor 构建用户界面。你将学习如何构建 Blazor 组件，以便在 Web 服务器或 Web 浏览器中执行 C#和.NET 代码。当组件在服务器上执行时，Blazor 使用 SignalR 向浏览器发送用户界面所需的更新。当组件使用 WebAssembly 在浏览器中执行时，必须通过 HTTP 调用来与服务器上的数据交互。

本章涵盖以下主题：

- Blazor 的历史
- Blazor Web App 项目模板简介
- 使用 Blazor Server 构建组件
- 使用 WebAssembly 启用客户端执行

15.1 Blazor 的历史

Blazor 允许使用 C#(而不是 JavaScript)来构建交互式 Web 用户界面组件。

15.1.1 JavaScript 和它的朋友们

传统上，任何需要在 Web 浏览器中执行的代码都是使用 JavaScript 编程语言或更高级别的技术编写的，这些技术可以将代码转换或编译成 JavaScript。因为所有浏览器都已经支持 JavaScript 超过 20 年了，所以 JavaScript 已成为在客户端实现业务逻辑的最常用语言。

然而，JavaScript 确实存在一些问题。尽管它在表面上与 C#和 Java 等 C 风格语言有相似之处，但一旦深入挖掘，就会发现实际上它是非常不同的。它是一种动态类型的伪函数语言，使用原型(而不是类继承)来实现对象重用。就像你认为自己看到了一个地球人，但当你发现它实际上是外星的斯库鲁人时，会大吃一惊。

如果可以在 Web 浏览器中使用与服务器端相同的语言和库，这不是很好吗?

更多信息：

即使 Blazor 也不能完全取代 JavaScript。例如，浏览器的某些部分只能通过 JavaScript 访问。Blazor 提供了一个互操作服务，使得 C#代码和 JavaScript 代码之间能够相互调用。本书在线内容中的 Interop with JavaScript 小节介绍了相关信息。

15.1.2 Silverlight——使用插件的 C#和.NET

微软曾尝试使用名为 Silverlight 的技术来实现这个目标。当 Silverlight 2 在 2008 年发布时，C#和.NET 开发人员可以使用他们的技能来构建库和可视化组件，这些库和可视化组件可以通过 Silverlight 插件在浏览器中执行。

微软公司在 2011 年发布了 Silverlight 5.0，但苹果公司在 iPhone 上的成功以及史蒂夫・乔布斯对 Flash 等浏览器插件的憎恨最终导致微软放弃了 Silverlight。因为和 Flash 一样，Silverlight 也被 iPhone 和 ipad 禁止使用。

15.1.3 WebAssembly——Blazor 的目标

浏览器的发展给了微软再次尝试的机会。2017 年，WebAssembly Consensus 完成，现在所有主流浏览器都支持它：Chromium (Chrome、Edge、Opera、Brave)、Firefox 和 WebKit (Safari)。

WebAssembly (Wasm)是一种用于虚拟机的二进制指令格式，它提供了一种在网络上以接近本地速度运行用多种语言编写的代码的方式。Wasm 被设计为用于编译高级语言(如 C#)的可移植目标。

虽然当组件在服务器上运行时，Internet Explorer 11 支持 Blazor，但由于它不支持 WebAssembly，所以不支持在客户端运行的 Blazor 组件。

15.1.4 .NET 7 和更早版本中的 Blazor 托管模型

Blazor 是一种编程或应用模式。在.NET 7 和更早版本中，开发人员必须为每个项目选择一种托管模型：

- Blazor 服务器运行在服务器端，所以 C#代码可以完全访问业务逻辑可能需要的所有资源，而不需要提供凭据来进行身份验证。然后，可使用 SignalR 将 UI 更新发送给客户端。服务器必须保持到每个客户端的实时 SignalR 连接，并跟踪每个客户端的当前状态；因此，如果需要支持大量的客户端，Blazor 服务器的可伸缩性将降低。它最初是作为 ASP.NET Core 3 的一部分在 2019 年 9 月发布的。
- Blazor WebAssembly 项目在客户端运行，所以 C#代码只能访问浏览器中的资源，必须进行 HTTP 调用(可能需要身份验证才能访问服务器上的资源。它最初是作为 ASP.NET Core 3.1 的扩展在 2020 年 5 月发布的，当时的版本是 3.2，由于是当前版本，因此 ASP.NET Core 3.1 的长期支持版本没有覆盖它。Blazor WebAssembly 3.2 版本使用了 Mono 运行时和 Mono 库；.NET 5 及后续版本使用 Mono 运行时和.NET 库。
- .NET MAUI Blazor App(又名 Blazor Hybrid)项目使用本地互操作通道将其 Web UI 渲染为 Web 视图控件，并托管在.NET MAUI 应用中。它在概念上类似于 Electron 应用。

15.1.5 .NET 8 统一了 Blazor 托管模型

在.NET 8 中，Blazor 团队创建了一个统一的托管模型，允许每个组件使用不同的渲染模型来执行。

- 服务器端渲染(SSR)：在服务器端执行代码，就像 Razor Pages 和 MVC 那样。之后，将完整的响应发送给浏览器以显示给访问者。服务器和客户端之间不再有进一步交互，直到浏览器发出新的 HTTP 请求为止。

- 流式渲染：在服务器端执行代码。可以将 HTML 标记返回给浏览器显示，并且在连接仍然打开的情况下，异步操作能够继续执行。当所有异步操作完成后，服务器将发送最终的标记来更新页面的内容。这能够提升访问者的体验，因为他们在等待内容的时候，能够看到类似“Loading…”的消息。
- 交互式服务器渲染：在实时交互的过程中，在服务器端执行代码，这意味着代码能够完整地、轻松地访问服务器端资源，如数据库。这可以让实现功能变得简单。交互式请求是通过 SignalR 发出的，所以要比完整的请求更加高效。浏览器和服务器之间需要存在永久连接，这限制了可伸缩性。对于内部网的网站，这是一个很好的选项，因为内部网网站的客户端数量是有限的，并且具有很高的网络带宽。
- 交互式 WebAssembly 渲染：在客户端执行代码，这意味着代码只能访问浏览器中的资源。这会让实现变得复杂，因为每当需要新数据时，都必须回调服务器。对于可能有很多客户端，并且其中一些客户端具有低带宽连接的面向公众的网站，这是一个很好的选项。
- 交互式自动渲染：一开始在服务器端渲染，以实现较快的初始显示，然后在后台下载 WebAssembly 组件，并对后续交互切换到 WebAssembly。

这种统一的模型意味着在精心规划后，开发人员能够编写 Blazor 组件一次，然后选择在 Web 服务器端或者 Web 客户端运行它们，或者也可以动态地进行切换。这就获得了各种方式的优势。

在.NET 8 中，仍然必须在一个单独的项目中定义任何 Blazor WebAssembly 组件。在.NET 9 或更高版本中，这种情况可能会改变。

15.1.6　理解 Blazor 组件

Blazor 用于创建用户界面组件，理解这一点非常重要。组件定义了如何渲染软件用户界面和如何响应用户事件，它们可被组合和嵌套，并且可以被编译成 Razor 类库以进行打包和分发。

例如，要为电子商务网站上的产品评分提供一个用户界面，可以创建一个名为 Rating.razor 的组件，如下所示：

```
<div>
@for (int i = 0; i < Maximum; i++)
{
  if (i < Value)
  {
    <span class="oi oi-star-filled" />
  }
  else
  {
    <span class="oi oi-star-empty" />
  }
}
</div>

@code {
  [Parameter]
  public byte Maximum { get; set; }
  [Parameter]
  public byte Value { get; set; }
}
```

然后可以在网页上使用该组件，如下所示：

```
<h1>Review</h1>
<Rating id="rating" Maximum="5" Value="3" />
<textarea id="comment" />
```

创建组件实例的标记看起来与 HTML 标签类似，只不过标签的名称是组件类型。可以使用元素(如<Rating Value="5" />)把组件嵌入到 Web 页面中，或者也可以路由到它们，就像 Razor Pages 或 MVC 控制器那样。

代码可以存储在单独的名为 Rating.razor.cs 的后台代码文件中，而不是包含标记和@code 块的单个文件中。这个文件中的类必须是分部的，并且与组件具有相同的名称。

有许多内置的 Blazor 组件，包括用于设置元素的组件，如 Web 页面的<head>部分中的<title>，还有大量用于常用目的的第三方组件。

15.1.7 比较 Blazor 和 Razor

为什么 Blazor 组件使用.razor 作为文件扩展名呢？Razor 作为一种模板标记语法，允许混合使用 HTML 和 C#。支持 Razor 的旧技术则使用.cshtml 文件扩展名来表示 C#和 HTML 的混合。

Razor 语法可用于：

- 使用.cshtml 文件扩展名的 ASP.NET Core MVC 视图和分部视图。业务逻辑被分离到控制器类中，控制器类将视图视为模板，并将视图模型推入其中，最后输出到 Web 页面上。
- 使用.cshtml 文件扩展名的 Razor Pages。可将业务逻辑嵌入或分离到使用.cshtml.cs 文件扩展名的文件中，最后输出一个 Web 页面。
- 使用.razor 文件扩展名的 Blazor 组件。其输出被渲染为 Web 页面的一部分，不过可以使用布局来封装组件，使其输出为一个 Web 页面。@page 指令可以用来分配一个路由，使其定义用来将组件作为一个页面获取的 URL 路径。

了解了 Blazor 的背景后，我们来看一些更实用的东西。下面将介绍.NET 8 中引入的、最新的 Blazor Web App 项目模板，它支持新的、统一的托管模型。

15.2 Blazor Web App 项目模板简介

在.NET 8 之前，对于不同的托管模型，存在不同的项目模板，如 Blazor Server App、Blazor WebAssembly App 和 Blazor WebAssembly App Empty。.NET 8 引入了一个名为 Blazor Web App 的统一项目模板，以及一个重命名为 Blazor WebAssembly Standalone App 的仅用于客户端的项目模板。可以认为其他模板都是遗留模板，除非你必须使用较老的.NET SDK，否则应该避免使用它们。

15.2.1 创建一个 Blazor Web App 项目

下面来看看 Blazor Web App 项目的默认模板。它看起来与 ASP.NET Core Empty 模板大体相似，但增加了一些关键特性。

(1) 使用代码编辑器打开 PracticalApps 解决方案，添加一个新项目，其定义如下所示。

- 项目模板：Blazor Web App/blazor --inteactivity None
- 解决方案文件和文件夹：PracticalApps

- 项目文件和文件夹：Northwind.Blazor
- Configure for HTTPS：选中
- Authentication type：None
- Interactivity type：None
- Interactivity location：Per page/component
- Include sample page：选中
- Do not use top-level statements：未选中

更多信息：

如果使用的是 Visual Studio Code 或 JetBrains Rider，则在命令提示符或终端输入下面的命令：dotnet new blazor --interactivity None -o Northwind.Blazor。

最佳实践：

我们没有选择使用交互式 WebAssembly 或服务器组件的选项，这是为了能够帮助你一步步建立起对 Blazor 的工作方式的认识。在真实项目中，你可能一开始就想选择那些选项。另外，我们选择了包含示例页面，在真实的项目中，你很可能不会想要包含它们。

(2) 构建 Northwind.Blazor 项目。

(3) 在 Northwind.Blazor.csproj 中，注意它的内容与使用 Web SDK 并针对.NET 8 的 ASP.NET Core 项目相同。

(4) 注意，Program.cs 与 ASP.NET Core 项目几乎完全相同，但配置服务的部分有区别：它调用了 AddRazorComponents 方法，如下所示：

```
var builder = WebApplication.CreateBuilder(args);

// Add services to the container.
builder.Services.AddRazorComponents();

var app = builder.Build();
```

(5) 还要注意，配置 HTTP 管道的部分调用了 MapRazorComponents<App>方法。这配置了一个名为 App.razor 的根应用程序组件，如下所示：

```
// Configure the HTTP request pipeline.
if (!app.Environment.IsDevelopment())
{
  app.UseExceptionHandler("/Error", createScopeForErrors: true);
  // The default HSTS value is 30 days. You may want to change this for
production scenarios, see https://aka.ms/aspnetcore-hsts.
  app.UseHsts();
}

app.UseHttpsRedirection();

app.UseStaticFiles();
app.UseAntiforgery();
```

```
app.MapRazorComponents<App>();

app.Run();
```

15.2.2 Blazor 的路由、布局和导航

接下来看看如何在 Blazor 项目中配置路由，以及 Blazor 的布局和导航菜单。

(1) 在 Northwind.Blazor 项目文件夹的 Components 文件夹的 App.razor 中，注意它定义了基本的 HTML 页面标记，并且该页面标记引用了 Bootstrap 的本地副本来设置样式。App.razor 还包含一些特定于 Blazor 的元素，如下面标记中突出显示的部分所示，标记后面的项目列表解释了它们：

```
<!DOCTYPE html>
<html lang="en">

<head>
  <meta charset="utf-8" />
  <meta name="viewport" content="width=device-width,
    initial-scale=1.0, maximum-scale=1.0, user-scalable=no" />
  <base href="/" />
  <link rel="stylesheet" href="css/bootstrap/bootstrap.min.css" />
  <link rel="stylesheet" href="css/app.css" />
  <link rel="stylesheet" href="Northwind.Blazor.styles.css" />
  <link rel="icon" type="image/png" href="favicon.png" />
  <HeadOutlet />
</head>

<body>
  <Routes />
  <script src="_framework/blazor.web.js"></script>
</body>

</html>
```

在查看上面的标记时，需要注意以下几点：

- <HeadOutlet /> Blazor 组件将额外的内容注入<head>节。这是所有 Blazor 项目中都可用的内置组件之一。
- <Routes /> Blazor 组件定义了这个项目中的自定义路由。它是当前项目的一部分，包含在一个名为 Routes.razor 的文件中，可被开发人员完全定制。
- blazor.web.js 脚本管理与服务器的通信，以实现 Blazor 的动态特性，如在后台下载 WebAssembly 组件，并在后面从服务器端组件执行切换到客户端组件执行。

(2) 在 Components 文件夹的 Routes.razor 中，注意有一个<Router>为当前程序集中找到的所有 Blazor 组件启用了路由，并且如果找到匹配的路由，就执行 RouteView，它会把组件的默认布局设置为 MainLayout，并将任何路由数据参数传递给该组件。该组件的第一个<h1>元素将获得焦点，如下所示：

```
<Router AppAssembly="@typeof(Program).Assembly">
  <Found Context="routeData">
    <RouteView RouteData="@routeData"
```

```
                DefaultLayout="@typeof(Layout.MainLayout)" />
    <FocusOnNavigate RouteData="@routeData" Selector="h1" />
  </Found>
</Router>
```

(3) 在 Components 文件夹的_Imports.razor 中，注意这个文件导入了一些有用的名称空间，可被所有自定义 Blazor 组件使用。

(4) 在 Components\Layout 文件夹的 MainLayout.razor 中，注意它为一个包含导航菜单(由这个项目中的 NavMenu.razor 组件文件实现)的边栏定义了一个<div>，还为内容定义了<main>和<article>等 HTML5 元素，如下所示：

```
@inherits LayoutComponentBase

<div class="page">
  <div class="sidebar">
    <NavMenu />
  </div>

  <main>
    <div class="top-row px-4">
      <a href="https://learn.microsoft.com/aspnet/core/"
         target="_blank">About</a>
    </div>

    <article class="content px-4">
      @Body
    </article>
  </main>
</div>
```

(5) 在 Components\Layout 文件夹的 MainLayout.razor.css 中，注意它为该组件包含独立的 CSS 样式。命名约定决定了相比其他位置定义的、可能影响该组件的样式，这个文件中定义的样式具有更高的优先级。

更多信息：

Blazor 组件常常需要提供自己的 CSS 来应用样式，或者提供 JavaScript 来执行无法纯粹用 C#执行的活动，如访问浏览器 API。为了确保它们不会与站点级别的 CSS 和 JavaScript 产生冲突，Blazor 支持 CSS 和 JavaScript 隔离。如果你有一个名为 Home.razor 的组件，就只需要创建一个名为 Home.razor.css 的 CSS 文件。这个文件中定义的样式将覆盖项目中的其他任何样式。

(6) 在 Components\Layout 文件夹的 NavMenu.razor 中，注意它有 Home 和 Weather 菜单项。这些菜单项是使用名为 NavLink 的组件创建的，如下所示：

```
<div class="top-row ps-3 navbar navbar-dark">
  <div class="container-fluid">
    <a class="navbar-brand" href="">Northwind.Blazor</a>
  </div>
</div>

<input type="checkbox" title="Navigation menu" class="navbar-toggler" />
```

```
<div class="nav-scrollable" onclick=
    "document.querySelector('.navbar-toggler').click()">
  <nav class="flex-column">
    <div class="nav-item px-3">
      <NavLink class="nav-link" href="" Match="NavLinkMatch.All">
        <span class="bi bi-house-door-fill" aria-hidden="true"></span>
Home
      </NavLink>
    </div>

    <div class="nav-item px-3">
      <NavLink class="nav-link" href="weather">
        <span class="bi bi-list-nested" aria-hidden="true"></span>
Weather
      </NavLink>
    </div>
  </nav>
</div>
```

(7) 注意，NavMenu.razor 有自己的隔离的样式表，名为 NavMenu.razor.css。

(8) 在 Components\Pages 文件夹的 Home.razor 中，注意它定义了一个组件来设置页面标题，然后渲染标题和欢迎消息，如下所示：

```
@page "/"

<PageTitle>Home</PageTitle>

<h1>Hello, world!</h1>

Welcome to your new app.
```

(9) 在 Components\Pages 文件夹的 Weather.razor 中，注意它定义了一个组件来从注入的依赖项天气服务中获取天气预报，然后在一个表中渲染这些天气预报，如下所示：

```
@page "/weather"
@attribute [StreamRendering(true)]

<PageTitle>Weather</PageTitle>

<h1>Weather</h1>

<p>This component demonstrates showing data.</p>

@if (forecasts == null)
{
  <p><em>Loading...</em></p>
}
else
{
  <table class="table">
    <thead>
      <tr>
        <th>Date</th>
```

```
        <th>Temp. (C)</th>
        <th>Temp. (F)</th>
        <th>Summary</th>
      </tr>
    </thead>
    <tbody>
    @foreach (var forecast in forecasts)
    {
      <tr>
        <td>@forecast.Date.ToShortDateString()</td>
        <td>@forecast.TemperatureC</td>
        <td>@forecast.TemperatureF</td>
        <td>@forecast.Summary</td>
      </tr>
    }
    </tbody>
  </table>
}

@code {
  private WeatherForecast[]? forecasts;

  protected override async Task OnInitializedAsync()
  {
    // Simulate asynchronous loading to demonstrate streaming rendering
    await Task.Delay(500);

    var startDate = DateOnly.FromDateTime(DateTime.Now);
    var summaries = new[] { "Freezing", "Bracing", "Chilly", "Cool",
      "Mild", "Warm", "Balmy", "Hot", "Sweltering", "Scorching" };
    forecasts = Enumerable.Range(1, 5).Select(index =>
      new WeatherForecast
      {
        Date = startDate.AddDays(index),
        TemperatureC = Random.Shared.Next(-20, 55),
        Summary = summaries[Random.Shared.Next(summaries.Length)]
      }).ToArray();
}

private class WeatherForecast
{
  public DateOnly Date { get; set; }
  public int TemperatureC { get; set; }
  public string? Summary { get; set; }
  public int TemperatureF => 32 + (int)(TemperatureC / 0.5556);
  }
}
```

1. 如何定义可路由的页面组件

要创建可路由的页面组件，将@page 指令添加到组件的.razor 文件的顶部，如下所示：

```
@page "customers"
```

前面的代码相当于一个用[Route]特性装饰的 MVC 控制器，代码如下所示：

```
[Route("customers")]
public class CustomersController
{
```

任何单页组件都可以使用多个@page 指令来注册多个路由，如下所示：

```
@page "/weather"
@page "/forecast"
```

Router 组件在它的 AppAssembly 参数中专门扫描带有[Route]特性装饰的组件，并注册它们的 URL 路径。

在运行时，页面组件与指定的任何特定布局合并，就像 MVC 视图或 Razor Pages 一样。默认情况下，Blazor Web App 项目模板定义 MainLayout.razor 作为页面组件的布局。

最佳实践：

按照约定，将可路由的页面 Blazor 组件放在 Components\Pages 文件夹中。

2. 如何导航 Blazor 路由和传递路由参数

微软提供了一个名为 NavigationManager 的依赖服务，它可以理解 Blazor 路由和 NavLink 组件。NavigateTo 方法用于转到指定的 URL。

Blazor 路由可包含大小写不敏感的命名参数，通过使用[parameter]特性将参数绑定到代码块中的一个属性，你可以很容易地访问传递的值，如下面的标记所示：

```
@page "/customers/{country}"

<div>Country parameter as the value: @Country</div>

@code {
  [Parameter]
  public string Country { get; set; }
}
```

当参数丢失时，处理应该有默认值的参数的推荐方法是在参数后面加上“?”，并在 OnParametersSet 方法中使用空合并操作符，如下所示：

```
@page "/customers/{country?}"

<div>Country parameter as the value: @Country</div>

@code {
  [Parameter]
  public string Country { get; set; }

  protected override void OnParametersSet()
  {
    // If the automatically set property is null, then
    // set its value to USA.
    Country = Country ?? "USA";
  }
}
```

3. 如何使用导航链接组件与路由

在 HTML 中，使用<a>元素来定义导航链接，如下所示：

```
<a href="/customers">Customers</a>
```

在 Blazor 中，使用<NavLink>组件，如下所示：

```
<NavLink href="/customers">Customers</NavLink>
```

NavLink 组件比锚定元素更好，因为如果它的 href 与当前的位置 URL 匹配，会自动将类设置为活动的。如果 CSS 使用不同的类名，那么可以在 NavLink.ActiveClass 属性中设置类名。

默认情况下，在匹配算法中，href 是路径前缀，所以如果 NavLink 的 href 是/customers，如前面的代码示例所示，将匹配以下所有路径，并将它们都设置为 active 类样式。

```
/customers
/customers/USA
/customers/Germany/Berlin
```

为了保证匹配算法只匹配路径中的全部文本，换句话说，只有当路径的全部文本匹配、而不只是部分文本匹配时，才认为存在匹配，可将 Match 参数设置为 NavLinkMatch.All，代码如下所示：

```
<NavLink href="/customers" Match="NavLinkMatch.All">Customers</NavLink>
```

如果设置了 target 等其他属性，则将它们传递给生成的底层<a>元素。

4. 理解基组件类

OnParametersSet 方法是由组件继承的基类定义的，默认命名为 ComponentBase，代码如下所示：

```
using Microsoft.AspNetCore.Components;

public abstract class ComponentBase : IComponent, IHandleAfterRender,
IHandleEvent
{
  // Members not shown.
}
```

ComponentBase 有一些有用的方法，可以调用和覆盖这些方法，如表 15.1 所示。

表 15.1　ComponentBase 的一些可以覆盖的有用方法

方法	说明
InvokeAsync	调用此方法以便在相关渲染器的同步上下文中执行函数
OnAfterRender, OnAfterRenderAsync	每次渲染组件后，覆盖这些方法来调用代码
OnInitialized, OnInitializedAsync	组件在渲染树中从它的父组件初始化参数后，覆盖这些方法来调用代码
OnParametersSet, OnParametersSetAsync	组件收到参数并把参数值赋值给属性后，覆盖这些方法来调用代码
ShouldRender	覆盖这个方法来指示是否应该渲染组件
StateHasChanged	调用这个方法来重新渲染组件

Blazor 组件可采用类似于 MVC 视图和 Razor Pages 的方式共享布局。可以创建一个.razor 组件文件，让它显式地从 LayoutComponentBase 继承，如下所示：

```
@inherits LayoutComponentBase

<div>
  ...
  @Body
  ...
</div>
```

基类有一个名为 Body 的属性，可以在布局中使用标记在正确位置渲染它。

在 App.razor 文件及其 Router 组件中设置组件的默认布局。要显式地设置组件的布局，使用@layout 指令，如下所示：

```
@page "/customers"

@layout AlternativeLayout

<div>
  ...
</div>
```

15.2.3 运行 Blazor Web App 项目模板

前面介绍了项目模板和 Blazor 服务器特有的重要部分，下面启动网站并查看具体行为。

(1) 在 Properties 文件夹的 launchSettings.json 中，对于 https 配置，修改 applicationUrl，为 HTTPS 使用端口 5161，为 HTTP 使用端口 5160，如下面突出显示的代码所示：

```
"applicationUrl": "https://localhost:5161;http://localhost:5160",
```

(2) 使用 https 启动配置来启动 Northwind.Blazor 项目。

(3) 启动 Chrome，导航到 https://localhost:5161/。

(4) 在左侧导航菜单中，单击 Weather，如图 15.1 所示。

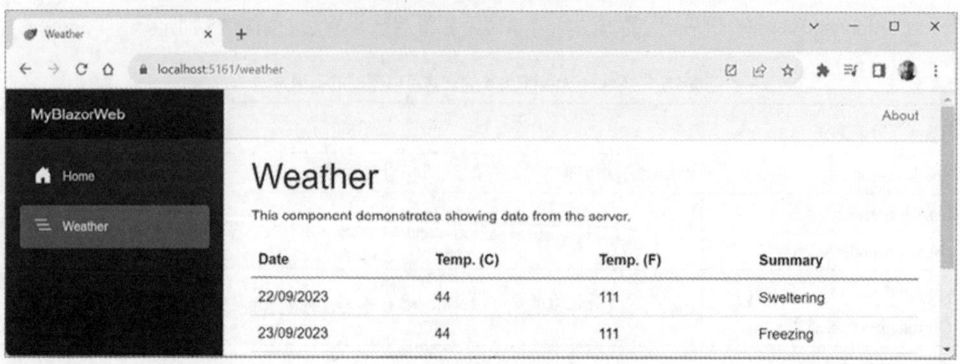

图 15.1　将天气数据抓取到 Blazor Web App 项目中

(5) 关闭Chrome浏览器，关闭Web服务器。

15.3 使用Blazor构建组件

本节将构建一个组件来列出、创建和编辑Northwind示例数据库中的客户。

通过下面的步骤来创建这个组件：

(1) 创建一个Blazor组件，使其渲染通过参数传入的国家的名称。

(2) 使其不只是一个组件，也是一个可路由的页面。

(3) 实现对数据库中的客户执行CRUD操作需要的功能。

15.3.1 定义和测试简单的Blazor组件

我们将把新组件添加到现有的Blazor Web App项目中。

(1) 在Northwind.Blazor项目的Components\Pages文件夹中，添加一个名为Customers.razor的新文件。在Visual Studio 2022中，项目项模板为Razor Component。在JetBrains Rider中，项目项模板为Blazor Component。

最佳实践：

Blazor组件文件名必须以大写字母开头，否则会出现编译错误！

(2) 添加一些语句，输出Customers组件的标题，并定义一个代码块，该代码块定义了一个属性来存储国家的名称，如下面突出显示的代码所示：

```
<h3>
  Customers @(string.IsNullOrWhiteSpace(Country)
    ? "Worldwide" : "in " + Country)
</h3>

@code {
  [Parameter]
  public string? Country { get; set; }
}
```

(3) 在Components\Pages文件夹的Home.razor组件中，在文件底部添加语句以实例化Customers组件两次，一次将Germany作为Country参数，另一次不设置国家，如下所示：

```
<Customers Country="Germany" />
<Customers />
```

(4) 使用https启动配置来启动Northwind.Blazor项目。

(5) 启动Chrome，导航到https://localhost:5161/，并注意Customers组件，如图15.2所示。

图 15.2　两个 Customers 组件，一个组件的 Country 参数设置为 Germany，另一个没有设置

(6) 关闭 Chrome 浏览器，关闭 Web 服务器。

15.3.2　使用 Bootstrap 图标

较老的 Blazor 项目模板包含所有 Bootstrap 图标。在新的项目模板中，只是使用 SVG 定义了 3 个图标。我们来看看 Blazor 团队如何定义这些图标，然后添加一些图标供自己使用。

(1) 在 Components\Layout 文件夹的 NavMenu.razor.css 中，找到文本 bi-house，注意使用 SVG 定义的 3 个图标，下面部分显示了它们：

```
.bi-house-door-fill {
    background-image: url("data:image/svg+xml,...");
}
.bi-plus-square-fill {
    background-image: url("data:image/svg+xml,...");
}

.bi-list-nested {
    background-image: url("data:image/svg+xml,...");
}
```

(2) 在浏览器中导航到 https://icon-sets.iconify.design/bi/，注意 Bootstrap Icons 具有 MIT 证书，包含超过 2000 个图标。

(3) 在 Search Bootstrap Icons 框中，输入 globe，注意找到了 6 个地球图标。

(4) 单击第一个地球，向下滚动页面，单击 SVG as data: URI 按钮，注意可以复制并粘贴这个图标的定义，将其用在 CSS 样式表中，但是你不需要这么做，因为我已经为你创建了一个 CSS 文件，其中包含你的 Blazor 项目中可以使用的 5 个图标。

(5) 在浏览器中导航到 https://github.com/markjprice/cs12dotnet8/blob/main/code/PracticalApps/Northwind.Blazor/wwwroot/icons.css，下载该文件，并把它保存到你自己的项目的 wwwroot 文件夹中。

(6) 在 Components 文件夹的 App.razor 组件的<head>中，添加一个<link>元素来引用 icons.css 样式表，如下所示：

```
<link rel="stylesheet" href="icons.css" />
```

(7) 保存并关闭文件。

15.3.3 将组件转换成可路由的页面组件

将这个组件转换成一个可路由的页面组件(路由参数是国家)很简单。

(1) 在Components\Pages文件夹的Customers.razor组件中，在文件顶部添加一条语句，用一个可选的country路由参数来注册/customers作为它的路由，如下所示：

```
@page "/customers/{country?}"
```

(2) 在Components\Layout文件夹的NavMenu.razor中，在现有列表项元素的底部，为可路由页面组件添加两个列表项元素，以分别显示全球和德国的客户(都使用人像图标)，如下所示：

```
<div class="nav-item px-3">
  <NavLink class="nav-link" href="customers"
           Match="NavLinkMatch.All">
    <span class="bi bi-globe" aria-hidden="true"></span>
    Customers Worldwide
  </NavLink>
</div>
<div class="nav-item px-3">
  <NavLink class="nav-link" href="customers/Germany">
    <span class="bi bi-globe-europe-africa"
          aria-hidden="true"></span>
    Customers in Germany
  </NavLink>
</div>
```

(3) 在Components\Pages文件夹的Home.razor中，删除两个<Customers>组件，因为从现在开始，我们可以使用它们的导航菜单项进行测试，并且我们想让主页尽可能简单。

(4) 使用https启动配置来启动Northwind.Blazor项目。

(5) 启动Chrome，导航到https://localhost:5161/。

(6) 在左侧导航菜单中，单击Customers in Germany，注意国家名称已正确传递给页面组件，并且该组件使用与其他页面组件(如Home.razor)相同的共享布局。还要注意URL：https://localhost:5161/customers/Germany。

(7) 关闭Chrome浏览器，关闭Web服务器。

15.3.4 将实体放入组件

得到了组件的最小实现，就可以为组件添加一些有用的功能了。下面使用Northwind数据库上下文从数据库中获取客户。

(1) 在Northwind.Blazor.csproj中，为SQL Server或SQLite添加如下用于引用Northwind数据库上下文项目的语句，并全局地导入Northwind实体的名称空间：

```
<ItemGroup>
  <!-- change Sqlite to SqlServer if you prefer -->
  <ProjectReference Include="..\Northwind.DataContext.Sqlite
\Northwind.DataContext.Sqlite.csproj" />
</ItemGroup>

<ItemGroup>
  <Using Include="Northwind.EntityModels" />
</ItemGroup>
```

(2) 构建 Northwind.Blazor 项目。

(3) 在 Program.cs 中，在调用 Build 之前添加一条语句，在依赖服务集合中注册 Northwind 数据库上下文，代码如下所示：

```
builder.Services.AddNorthwindContext();
```

15.3.5 为 Blazor 组件抽象服务

我们可以实现 Blazor 组件，使其使用实体模型直接调用 Northwind 数据库上下文来获取客户。如果 Blazor 组件在服务器端执行，这种方法能够工作，但如果组件使用 WebAssembly 在浏览器中运行，这种方法不能工作。

下面创建一个本地依赖服务，以便更好地重用 Blazor 组件。

(1) 使用你的编码工具来添加一个新项目，其定义如下所示。

- 项目模板：Class Library / classlib
- 项目文件和文件夹：Northwind.Blazor.Services
- 解决方案文件和文件夹：PracticalApps

(2) 在 Northwind.Blazor.Services.csproj 项目文件中，添加对 Northwind 实体模型库的项目引用，如下所示：

```
<ItemGroup>
  <!-- change Sqlite to SqlServer if you prefer -->
  <ProjectReference Include="..\Northwind.EntityModels.Sqlite\
Northwind.EntityModels.Sqlite.csproj" />
</ItemGroup>
```

(3) 构建 Northwind.Blazor.Services 项目。

(4) 在 Northwind.Blazor.Services 项目中，将 Class1.cs 重命名为 INorthwindService.cs。

(5) 在 INorthwindService.cs 中，为抽象 CRUD 操作的本地服务定义契约，如下所示

```
using Northwind.EntityModels; // To use Customer.

namespace Northwind.Blazor.Services;

public interface INorthwindService
{
  Task<List<Customer>> GetCustomersAsync();
  Task<List<Customer>> GetCustomersAsync(string country);
  Task<Customer?> GetCustomerAsync(string id);
  Task<Customer> CreateCustomerAsync(Customer c);
  Task<Customer> UpdateCustomerAsync(Customer c);
  Task DeleteCustomerAsync(string id);
}
```

(6) 在 Northwind.Blazor.csproj 项目文件中，添加对 services 库的项目引用，如下所示：

```
<ItemGroup>
  <!-- change Sqlite to SqlServer if you prefer -->
  <ProjectReference Include="..\Northwind.DataContext.Sqlite
\Northwind.DataContext.Sqlite.csproj" />
  <ProjectReference Include="..\Northwind.Blazor.Services\
```

```
Northwind.Blazor.Services.csproj" />
</ItemGroup>
```

(7) 构建 Northwind.Blazor 项目。

(8) 在 Northwind.Blazor 项目中，添加一个名为 Services 的新文件夹。

(9) 在 Services 文件夹中，添加一个名为 NorthwindServiceServerSide.cs 的新文件，并修改其内容，通过使用 Northwind 数据库上下文来实现 INorthwindService 接口，如下所示：

```
using Microsoft.EntityFrameworkCore; // To use ToListAsync<T>.

namespace Northwind.Blazor.Services;

public class NorthwindServiceServerSide : INorthwindService
{
  private readonly NorthwindContext _db;

  public NorthwindServiceServerSide(NorthwindContext db)
  {
    _db = db;
  }

  public Task<List<Customer>> GetCustomersAsync()
  {
    return _db.Customers.ToListAsync();
  }

  public Task<List<Customer>> GetCustomersAsync(string country)
  {
    return _db.Customers.Where(c => c.Country == country).ToListAsync();
  }

  public Task<Customer?> GetCustomerAsync(string id)
  {
    return _db.Customers.FirstOrDefaultAsync
      (c => c.CustomerId == id);
  }

  public Task<Customer> CreateCustomerAsync(Customer c)
  {
    _db.Customers.Add(c);
    _db.SaveChangesAsync();
    return Task.FromResult(c);
  }

  public Task<Customer> UpdateCustomerAsync(Customer c)
  {
    _db.Entry(c).State = EntityState.Modified;
    _db.SaveChangesAsync();
    return Task.FromResult(c);
  }

  public Task DeleteCustomerAsync(string id)
  {
    Customer? customer = _db.Customers.FirstOrDefaultAsync
```

```
        (c => c.CustomerId == id).Result;

      if (customer == null)
      {
        return Task.CompletedTask;
    }
    else
    {
      _db.Customers.Remove(customer);
      return _db.SaveChangesAsync();
    }
  }
}
```

(10) 在 Program.cs 中，导入我们的服务的名称空间，如下所示：

```
using Northwind.Blazor.Services; // To use INorthwindService.
```

(11) 在 Program.cs 中，在调用 Build 之前添加一条语句，用于将 NorthwindServiceServerSide 注册为实现 INorthwindService 接口的暂态服务，如下所示：

```
builder.Services.AddTransient<INorthwindService,
  NorthwindServiceServerSide>();
```

更多信息：

暂态服务是为每个请求创建一个新实例的服务。通过以下链接可以阅读关于服务的不同生存期的更多信息：https:// learn.microsoft.com/en-us/dotnet/core/extensions/dependencyinjection#service-lifetimes。

(12) 在 Components 文件夹中，打开_Imports.razor，导入用于使用 Northwind 实体和我们的服务的名称空间，这样我们构建的 Blazor 组件就不需要单独导入名称空间了，如下所示：

```
@using Northwind.Blazor.Services @* To use INorthwindService. *@
@using Northwind.EntityModels @* To use Northwind entities. *@
```

更多信息：

_Imports.razor 文件只适用于.razor 文件。如果使用后台代码.cs 文件来实现组件代码，那么必须单独导入名称空间，或者使用全局 using 来隐式导入名称空间。

(13) 在 Components\Pages 文件夹的 Customers.razor 中，添加语句来注入服务，然后使用服务和同步数据库操作来输出所有客户的一个表，如下所示：

```
@page "/customers/{country?}"
@inject INorthwindService _service
<h3>
  Customers @(string.IsNullOrWhiteSpace(Country)
    ? "Worldwide" : "in " + Country)
</h3>
@if (customers is null)
{
<p><em>Loading...</em></p>
}
```

```
else
{
<table class="table">
  <thead>
    <tr>
      <th>Id</th>
      <th>Company Name</th>
      <th>Address</th>
      <th>Phone</th>
      <th></th>
    </tr>
  </thead>
  <tbody>
@foreach (Customer c in customers)
{
  <tr>
    <td>@c.CustomerId</td>
    <td>@c.CompanyName</td>
    <td>
      @c.Address<br/>
      @c.City<br/>
      @c.PostalCode<br/>
      @c.Country
    </td>
    <td>@c.Phone</td>
    <td>
      <a class="btn btn-info" href="editcustomer/@c.CustomerId">
        <i class="bi bi-pencil"></i></a>
      <a class="btn btn-danger"
        href="deletecustomer/@c.CustomerId">
      <i class="bi bi-trash"></i></a>
    </td>
  </tr>
  }
  </tbody>
</table>
}
@code {
  [Parameter]
  public string? Country { get; set; }

  private IEnumerable<Customer>? customers;

  protected override async Task OnParametersSetAsync()
  {
    if (string.IsNullOrWhiteSpace(Country))
    {
      customers = await _service.GetCustomersAsync();
    }
    else
    {
      customers = await _service.GetCustomersAsync(Country);
    }
  }
}
```

(14) 使用 https 启动配置来启动 Northwind.Blazor 项目。

(15) 启动 Chrome，导航到 https://localhost:5161/。

(16) 在左侧导航菜单中，单击 Customers in Germany，注意一个包含客户信息的表将从数据库加载并渲染在 Web 页面中，如图 15.3 所示。

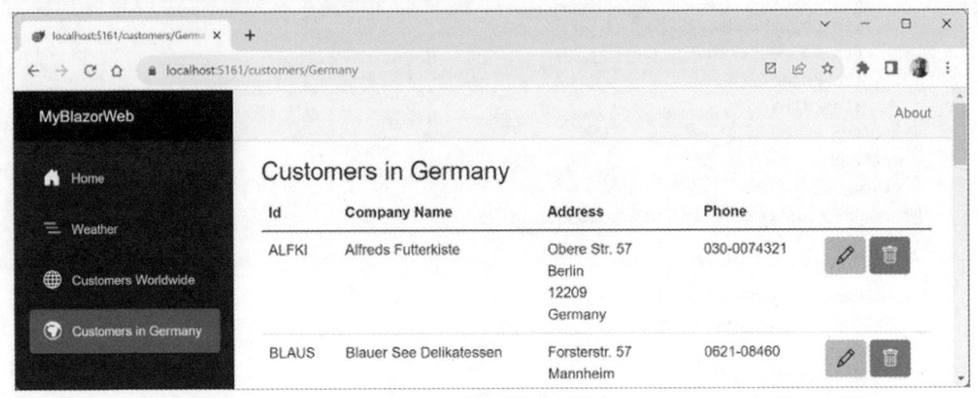

图 15.3 德国的客户列表

(17) 在浏览器的地址栏中，将 Germany 修改为 UK，注意客户表被过滤为只显示英国的客户。

(18) 在左侧导航菜单中，单击 Customers Worldwide，注意客户表没有用任何国家进行过滤。

(19) 单击任何编辑或删除按钮，并注意它们会返回一条消息：Error: 404。这是因为我们还没有实现相应的功能。另外，注意用于编辑客户的链接，它使用包含 5 个字符的 Id 来标识客户：https://localhost:5161/editcustomer/ALFKI。

(20) 关闭 Chrome 浏览器，关闭 Web 服务器。

15.3.6 启用流式渲染

现在，我们来改进客户表的渲染，使得在把页面显示给访问者后才渲染该表。我们已经使用一个异步操作来获取数据，但只有在这个操作完成后才会把 Web 页面响应返回给浏览器。这就是为什么我们没有在页面上看到 Loading…消息。要看到该消息，我们必须启用流式渲染。但是如果我们从本地数据库获取数据，那么操作可能发生得太快，也看不到该消息。所以，为了确保能够看到该消息，我们还会添加一个延迟来减慢获取数据的过程。

(1) 在 Components\Pages 文件夹的 Customers.razor 文件的顶部，添加一个特性来启用流式渲染，如下所示：

```
@attribute [StreamRendering(true)]
```

(2) 在 Customers.razor 的 OnParametersSetAsync 方法中，添加一条语句来以异步方式延迟 1 秒钟，如下所示：

```
protected override async Task OnParametersSetAsync()
{
  await Task.Delay(1000); // Delay for one second.
  ...
}
```

(3) 使用 https 启动配置来启动 Northwind.Blazor 项目。

(4) 启动 Chrome，导航到 https://localhost:5161/。

(5) 在左侧的导航菜单中，单击 Customers in Germany，注意 Loading…消息会显示 1 秒钟，然后会被客户表替换。

到目前为止，组件只是提供了客户的一个只读的表格。接下来，我们将扩展该组件，使其支持完整的 CRUD 操作。

15.3.7　使用 EditForm 组件定义表单

微软为构建表单提供了一些现成的组件，下面使用它们提供创建、编辑和删除客户的功能。

微软提供了 EditForm 组件和一些表单元素(如 InputText)，从而方便了在 Blazor 中使用表单。

EditForm 可以通过设置模型来绑定对象，对象具有用于自定义验证的属性和事件处理程序，我们还可以从模型类中识别标准的微软验证特性，如下所示：

```
<EditForm Model="@customer" OnSubmit="ExtraValidation">
  <DataAnnotationsValidator />
  <ValidationSummary />
  <InputText id="name" @bind-Value="customer.CompanyName" />
  <button type="submit">Submit</button>
</EditForm>

@code {
  private Customer customer = new();

  private void ExtraValidation()
  {
    // Perform any extra validation you want.
  }
}
```

作为 ValidationSummary 组件的替代方案，我们可以使用 ValidationMessage 组件在单个表单元素的旁边显示一条消息。要将验证消息绑定到属性，可以使用一个 lambda 表达式来选择属性，如下所示：

```
<ValidationMessage For="@(() => Customer.CompanyName)" />
```

15.3.8　构建客户详细信息组件

下面创建一个组件来显示客户的详细信息。它只是一个组件，不是一个页面。

(1) 在 Northwind.Blazor 项目的 Components 文件夹中，创建一个名为 CustomerDetail.razor 的新文件(Visual Studio 2022 中的项目项模板是 Razor Component。JetBrains Rider 中的项目项模板是 Blazor Component)。

(2) 修改其中的内容，定义一个表单以编辑客户的属性，如下所示：

```
<EditForm Model="@Customer" OnValidSubmit="@OnValidSubmit">
  <DataAnnotationsValidator />
  <div class="form-group">
    <div>
```

```
      <label>Customer Id</label>
      <div>
        <InputText @bind-Value="@Customer.CustomerId" />
        <ValidationMessage For="@(() => Customer.CustomerId)" />
      </div>
    </div>
  </div>
  <div class="form-group ">
    <div>
      <label>Company Name</label>
      <div>
        <InputText @bind-Value="@Customer.CompanyName" />
        <ValidationMessage For="@(() => Customer.CompanyName)" />
      </div>
    </div>
  </div>
  <div class="form-group ">
    <div>
      <label>Address</label>
      <div>
        <InputText @bind-Value="@Customer.Address" />
        <ValidationMessage For="@(() => Customer.Address)" />
      </div>
    </div>
  </div>
  <div class="form-group ">
    <div>
      <label>Country</label>
      <div>
        <InputText @bind-Value="@Customer.Country" />
        <ValidationMessage For="@(() => Customer.Country)" />
      </div>
    </div>
  </div>
  <button type="submit" class="btn btn-@ButtonStyle">
    @ButtonText
  </button>
</EditForm>

@code {
  [Parameter]
  public Customer Customer { get; set; } = null!;

  [Parameter]
  public string ButtonText { get; set; } = "Save Changes";

  [Parameter]
  public string ButtonStyle { get; set; } = "info";

  [Parameter]
  public EventCallback OnValidSubmit { get; set; }
}
```

15.3.9　构建创建、编辑和删除客户的组件

现在，可以创建 3 个可路由的页面组件，让它们使用前面创建的组件：

(1) 在 Components\Pages 文件夹中，创建一个名为 CreateCustomer.razor 的文件。

(2) 修改 CreateCustomer.razor 的内容，使用 CustomerDetail 组件创建新客户，如下所示：

```
@page "/createcustomer"
@inject INorthwindService _service
@inject NavigationManager _navigation

<h3>Create Customer</h3>

<CustomerDetail ButtonText="Create Customer"
                Customer="@customer"
                OnValidSubmit="@Create" />

@code {
  private Customer customer = new();

  private async Task Create()
  {
    await _service.CreateCustomerAsync(customer);
    _navigation.NavigateTo("customers");
  }
}
```

(3) 在 Components\Pages 文件夹的 Customers.razor 中，在<h3>元素之后添加一个<div>元素，这个<div>元素带有一个按钮，用于导航到创建客户的页面组件，如下所示：

```
<div class="form-group">
  <a class="btn btn-info" href="createcustomer">
  <i class="bi bi-plus-square"></i> Create New</a>
</div>
```

(4) 在 Components\Pages 文件夹中，创建一个名为 EditCustomer.razor 的文件，并修改其中的内容，使用 CustomerDetail 组件编辑并保存对现有客户所做的更改，如下所示：

```
@page "/editcustomer/{customerid}"
@inject INorthwindService _service
@inject NavigationManager _navigation

<h3>Edit Customer</h3>

<CustomerDetail ButtonText="Update"
                Customer="@customer"
                OnValidSubmit="@Update" />

@code {
  [Parameter]
  public string CustomerId { get; set; } = null!;

  private Customer? customer = new();

    protected override async Task OnParametersSetAsync()
```

```
    {
      customer = await _service.GetCustomerAsync(CustomerId);
    }

    private async Task Update()
    {
      if (customer is not null)
      {
        await _service.UpdateCustomerAsync(customer);
      }

      _navigation.NavigateTo("customers");
    }
}
```

(5) 在 Components\Pages 文件夹中，创建一个名为 DeleteCustomer.razor 的新文件，并修改其中的内容，使用 CustomerDetail 组件显示即将被删除的客户，如下所示：

```
@page "/deletecustomer/{customerid}"
@inject INorthwindService _service
@inject NavigationManager _navigation

<h3>Delete Customer</h3>

<div class="alert alert-danger">
  Warning! This action cannot be undone!
</div>

<CustomerDetail ButtonText="Delete Customer"
                ButtonStyle="danger"
                Customer="@customer"
                OnValidSubmit="@Delete" />

  @code {
    [Parameter]
    public string CustomerId { get; set; } = null!;

    private Customer? customer = new();

    protected override async Task OnParametersSetAsync()
    {
      customer = await _service.GetCustomerAsync(CustomerId);
    }

    private async Task Delete()
    {
      if (customer is not null)
      {
        await _service.DeleteCustomerAsync(CustomerId);
      }

      _navigation.NavigateTo("customers");
    }
}
```

15.3.10　启用服务器端交互

在 Blazor 项目中，没有启用服务器端和客户端交互。我们首先启用服务器端交互，以便当我们尝试添加新客户时，会进行验证并显示错误消息：

(1) 在 Program.cs 中，添加 Razor 组件的语句的最后，添加对启用服务器端交互的方法的调用，如下所示：

```
builder.Services.AddRazorComponents()
  .AddInteractiveServerComponents();
```

(2) 在 Program.cs 中，映射 Razor 组件的语句的最后，添加对启用服务器端交互的方法的调用，如下所示：

```
app.MapRazorComponents<App>()
  .AddInteractiveServerRenderMode();
```

(3) 在 Components\Pages 文件夹的 CreateCustomer.razor 文件的顶部，添加一个声明来启用服务器端渲染，如下所示：

```
@rendermode RenderMode.InteractiveServer
```

(4) 在 Components\Pages 文件夹的 EditCustomer.razor 文件的顶部，添加一个声明来启用服务器端渲染，如下所示：

```
@rendermode RenderMode.InteractiveServer
```

(5) 在 Components\Pages 文件夹的 DeleteCustomer.razor 文件的顶部，添加一个声明来启用服务器端渲染，如下所示：

```
@rendermode RenderMode.InteractiveServer
```

15.3.11　测试客户组件

现在可以测试客户组件，看看如何使用它们来创建、编辑和删除客户。

(1) 使用 https 启动配置来启动 Northwind.Blazor 项目。

(2) 启动 Chrome，导航到 https://localhost:5161/。

(3) 导航到 Customers in Germany，单击+ Create New 按钮。

(4) 输入一个无效的 Customer Id，如 ABCDEF。离开文本框，并注意验证消息，如图 15.4 所示。

(5) 将 Customer Id 更改为 ABCDE，为其他文本框输入值，如 Alpha Corp、Main Street 和 Germany，然后单击 Create Customer 按钮。

(6) 当客户表出现时，单击 Customers in Germany，然后向下滚动到页面底部以查看新客户。

(7) 在 ABCDE 客户行上，单击 Edit 图标按钮，更改地址，如改为 Upper Avenue，然后单击 Update 按钮，并注意客户记录已被更新。

(8) 在 ABCDE 客户行上，单击 Delete 图标按钮。可以看到警告消息，单击 Delete Customer 按钮，注意该客户记录已被删除。

(9) 关闭 Chrome 浏览器，关闭 Web 服务器。

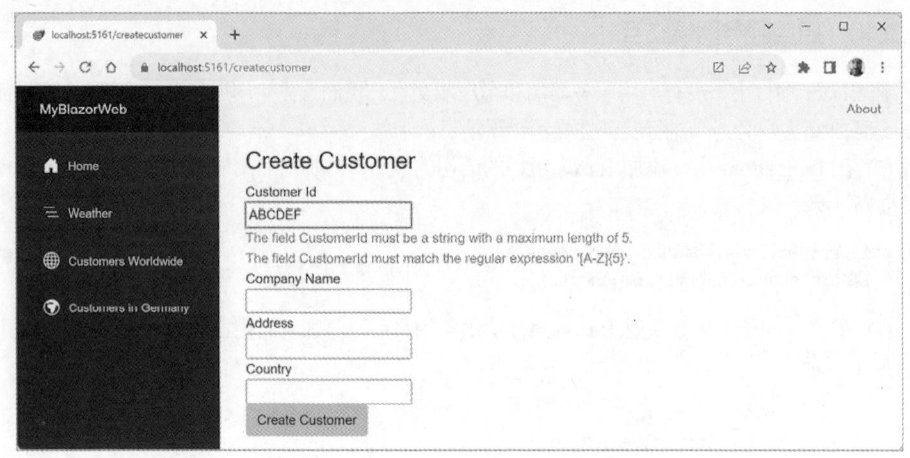

图 15.4　创建一个新客户并输入无效的客户 Id

15.4　使用 WebAssembly 启用客户端执行

.NET 8 Release Candidate 1 有一个上线许可，但由于 Blazor 团队雄心勃勃，想要对 Blazor 做出重大修改，以至于在本书完成最终草稿版本时，他们还未完成对客户端的支持。我们把相关内容放到线上，以便能够根据.NET 8 的 GA 版本来更新。.NET 8 的 GA 版本应该会完成 Blazor 的客户端支持。在以下链接可以阅读相关内容：

https://github.com/markjprice/cs12dotnet8/blob/main/docs/ch15-blazor-wasm.md

15.5　实践和探索

你可以通过回答一些问题来测试自己对知识的掌握程度，进行一些实践，并深入探索本章涵盖的主题。

15.5.1　练习 15.1：测试你掌握的知识

回答以下问题：

(1) Blazor 提供了哪 4 种渲染模式？它们之间有什么区别？

(2) 相较于 ASP.NET Core MVC 项目，Blazor Web App 项目需要什么额外的配置？

(3) 为什么应该避免使用 Blazor Server 和 Blazor Server Empty 项目模板？

(4) 在 Blazor Web App 项目中，App.razor 文件有什么作用？

(5) 使用<NavLink>组件有什么好处？

(6) 如何将值传递给组件？

(7) 使用<EditForm>组件有什么好处？

(8) 当设置了参数时，如何执行一些语句？

(9) 当组件出现时，如何执行一些语句？

(10) Blazor 的一个优势是能够使用 C#和.NET 代替 JavaScript 实现客户端组件。Blazor 组件需要任何 JavaScript 吗？

15.5.2 练习 15.2：通过创建乘法表组件进行练习

在 Northwind.Blazor 项目中，创建一个可路由的页面组件，使其基于名为 Number 的参数来渲染乘法表，并使用两种方式测试这个组件。

首先，在 Home.razor 文件中添加组件的实例(如下面的标记所示)，以使用默认大小 12 行来生成 6 的乘法表，或者使用 10 行来生成 7 的乘法表：

```
<TimesTable Number="6" />
<TimesTable Number="7" Size="10" />
```

其次，在浏览器的地址栏中输入路径，如下所示：

```
https://localhost:5161/timestable/6
https://localhost:5161/timestable/7/10
```

15.5.3 练习 15.3：通过创建国家导航项进行练习

在 Northwind.Blazor 项目的 NavMenu 组件中，调用客户的 Web 服务来获取国家名称列表，并对它们进行循环，为每个国家创建一个菜单项。

例如：

(1) 在 Northwind.Blazor 项目的 INorthwindService.cs 中，添加下面的代码：

```
List<string?> GetCountries();
```

(2) 在 NorthwindServiceServerside.cs 中，添加下面的代码：

```
public List<string?> GetCountries()
{
  return _db.Customers.Select(c => c.Country)
    .Distinct().OrderBy(country => country).ToList();
}
```

(3) 在 NavMenu.razor 中，添加下面的标记：

```
@inject INorthwindService _service

...

@foreach(string? country in _service.GetCountries())
{
    string countryLink = "customers/" + country;

    <div class="nav-item px-3">
    <NavLink class="nav-link" href="@countryLink">
    <span class="oi oi-people" aria-hidden="true"></span>
    Customers in @country
    </NavLink>
  </div>
}
```

更多信息：

不能使用<NavLink class="nav-link" href="customers/@c">，因为 Blazor 不允许在组件中组合 text 和@Razor 表达式。这就是为什么在上面的代码中，创建了一个局部变量来进行组合，生成国家 URL。

15.5.4 练习 15.4：增强 Blazor 应用程序

要了解如何使用 AOT 原生发布和与 JavaScript 的互操作来增强 Blazor 应用程序，以及如何处理位置改变事件，可以阅读下面的链接提供的在线小节：

https://github.com/markjprice/cs12dotnet8/blob/main/docs/ch15-enhanced-blazor.md

15.5.5 练习 15.5：使用开源的 Blazor 组件库

针对如何使用一些常用的 Blazor 开源组件，我为本书的配套图书撰写了一个在线小节，可以在下面的链接阅读该小节：https:// github.com/markjprice/apps-services-net8/blob/main/docs/ch15-blazor-libraries.md。

15.5.6 练习 15.6：探索主题

可通过以下链接阅读本章所涉及主题的更多细节：

https://github.com/markjprice/cs12dotnet8/blob/main/docs/book-links.md#chapter-15---building-user-interfaces-using-blazor

15.6 本章小结

本章主要内容：

- Blazor 组件的概念
- 如何构建在服务器端执行的 Blazor 组件。
- 如何构建使用 WebAssembly 在客户端执行的 Blazor 组件。
- 这两种托管模型之间的一些关键区别，比如应该如何使用依赖服务管理数据。

在结语中，我将推荐一些图书，你可以通过阅读它们更加深入地理解 C#和.NET。

第16章 结语

我想让本书不同于市面上的其他书，阅读它是一种轻快且有趣的体验，每个主题都充满实战演练。

本结语部分包含下面几个小节：

- C#和.NET学习之旅的下一步
- 祝你好运

16.1 C#和.NET学习之旅的下一步

对于你可能想要了解，但是本书中没有篇幅介绍的主题，希望GitHub存储库中的说明、最佳实践提示和链接能够为你指明方向：

https://github.com/markjprice/cs12dotnet8/blob/main/docs/book-links.md

16.1.1 使用设计指南来完善技能

前面学习了使用C#和.NET进行开发的基础知识，你可以通过学习更详细的设计准则来提高代码的质量。

早在.NET Framework时代，微软就出版过一本关于.NET开发各个领域最佳实践的图书。这些建议仍然适用于现代.NET开发。

该图书涵盖以下主题：

- 命名指南
- 类型设计指南
- 成员设计指南
- 可扩展性设计
- 异常设计指南
- 使用指南
- 常见的设计模式

为了使指南尽可能容易地遵循，这些建议被简单地贴上“做”“考虑”“避免”和“不做”的标签。

微软在以下链接中提供了有关该书的摘录：

https://learn.microsoft.com/en-us/dotnet/standard/design-guidelines/

强烈建议查看所有的指南，并将它们应用到代码中。

16.1.2 本书的配套图书

我很快会撰写另外两本图书，帮助你在通过本书开启的学习.NET 8 的旅途中继续前行。另外两本图书是本书的配套图书，它们共同构成了介绍.NET 8 的一个三部曲。

- 第一本图书(你正在阅读的这本书)介绍了 C#、.NET 和使用 ASP.NET Core 进行 Web 开发的基础知识。
- 第二本图书介绍更加具体的主题，如国际化和流行的第三方包，包括 Serilog 和 Noda Time。你将学习如何使用 ASP.NET Core 最小 API 构建使用原生 AOT 编译的服务，以及如何使用缓存、排队和后台服务来提高性能、可伸缩性和可靠性。你将使用 GraphQL、gRPC、SignalR 和 Azure Functions 实现更多服务。最后，你将学习如何使用 Blazor 和.NET MAUI 来为网站、桌面应用和移动应用构建图形用户界面。
- 第三本图书介绍你应该学习的一些重要的工具和技能，以便成为一个全面的.NET 专业开发人员。这本书的主题包括设计模式和解决方案架构、调试、内存分析、重要的测试类型(从单元测试到性能测试，包括 Web 测试和移动测试)，以及托管和部署主题(如 Docker 和 Azure Pipelines)。最后，这本书将介绍如何准备面试，让你能够开启自己想要的.NET 职业开发生涯。

图 16.1 总结了.NET 8 三部曲和它们最重要的主题。

图 16.1 学习 C#和.NET 的配套图书(图中文字：

更多信息：

计划在 2024 年上半年出版 *Tools and Skills for .NET 8 Pros* 一书。请前往你常逛的书店来找寻这本书，完成你的.NET 8 三部曲。

要查看我在 Packt 出版的所有图书的列表，可以访问下面的链接：

https://subscription.packtpub.com/search?query=mark+j.+price

16.1.3 可以让学习更深入的其他图书

如果寻找我的出版商出版的其他涉及相关主题的书，有很多书可供选择，如图 16.2 所示。

在位于以下链接的 GitHub 存储库中，也可以找到 Packt 出版的相关图书的列表：

https://github.com/markjprice/cs12dotnet8/blob/main/docs/book-links.md#learn-fromother-packt-books

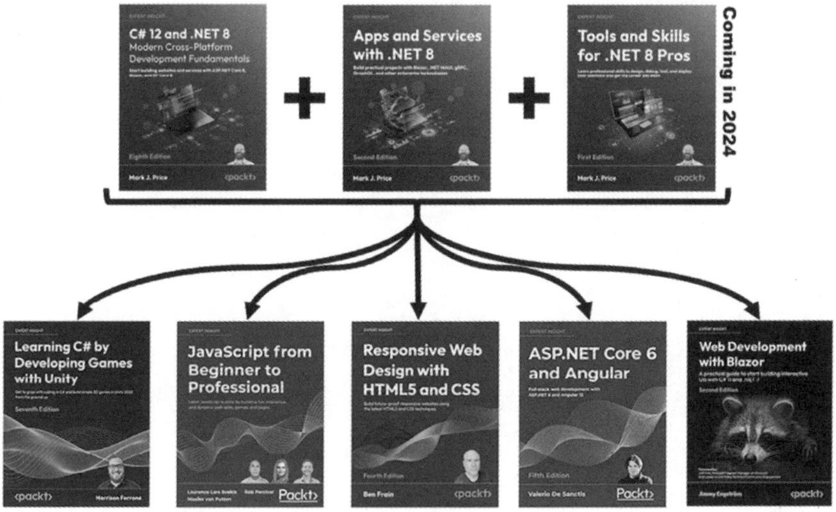

图 16.2 Packt 出版的许多图书可以帮助你深入学习 C#和.NET

16.2 祝你好运

祝愿读者在学习 C#和.NET 项目的过程中一切顺利！

16.3 分享意见

现在你已经完成了 *C# 12 and .NET 8 - Modern Cross-Platform Development Fundamentals, Eighth Edition*，我们希望听到你的意见。如果你是在 Amazon 上购买的本书，请单击这里来访问本书的 Amazon 书评页面并分享你的反馈。如果你是从其他地方购买的本书，请在相应的网站上留下你的书评。

你的书评对我们和技术社区很重要，可以帮助我们确保提供高质量的内容。